기아 EV6 정비지침서 II 권

목차

전기차 냉각 시스템

제원

3웨이 밸브

항목	제원
작동 전압(V)	9 ~ 16
작동 전류(A)	최대 1.3
작동 온도(°C)	-40 ~ 115

전자식 워터 펌프(EWP)

항목	제원	비고
형식	워터펌프	전기식 (BLDC)
작동 전압(V)	9 ~ 16	-
작동 조건	LIN control	-
용량(ℓ)(V)	1.43 kgf/cm² / 14 LPM(분당 리터) / 13.5 ~ 14.5	-
정격 전류(A)	Max 10	-
최대 전류(A)	Max 15	-
작동 온도 조건(°C)	-40 ~ 135	-

배터리 히터

항목	제원
정격 전압(V)	DC 653
입력 전압(V)	DC 450 ~ 774
히터 용량(kW)	3.8 ~ 4.2
전류(A)	최대 7.3
히터 저항(Ω)	101.65 ~ 112.35
작동 온도(°C)	-40 ~ 105

냉각수 온도 센서

항목	제원
작동 온도(°C)	-40 ~ 140

냉각수 온도 표

온도(°C)	저항(kΩ)
-20	14.13 ~ 16.83
-10	8.39 ~ 10.22
0	5.28 ~ 6.30
10	3.42 ~ 4.01
20	2.31 ~ 2.59
30	1.55 ~ 1.76

40	1.08 ~ 1.21
50	0.77 ~ 0.85
60	0.55 ~ 0.61
70	0.42 ~ 0.45
80	0.31 ~ 0.33
90	0.24 ~ 0.25
100	0.18 ~ 0.19
110	0.15 ~ 0.15
120	0.11 ~ 0.12

냉각수

냉각수	제원	
	160kW(2WD)	70kW+160kW(4WD)
기본형(ℓ)	17.7	17.9
항속형(ℓ)	19.4	19.6

모터 냉각수

냉각수	제원	
	160kW(2WD)	70kW+160kW(4WD)
기본형(ℓ)	6.7	6.9
항속형(ℓ)	6.7	6.9

배터리 냉각수

냉각수	제원	
	160kW(2WD)	70kW+160kW(4WD)
기본형(ℓ)	11.0	11.0
항속형(ℓ)	12.7	12.7

체결토크

쿨링 팬

항목	체결토크(kgf·m)
쿨링 팬 볼트(LH,RH)	0.5 ~ 0.8

라디에이터

항목	체결토크(kgf·m)
라디에이터 상부 및 하부 에어가드 볼트	0.8 ~ 1.2
라디에이터 상부 마운팅 브래킷 볼트	0.8 ~ 1.2
고온 라디에이터 마운팅 볼트	0.5 ~ 0.8
저온 라디에이터 마운팅 볼트	0.5 ~ 0.8

리저버 탱크

항목	체결토크(kgf·m)
리저버 탱크 볼트 및 너트	0.8 ~ 1.2
리저버 탱크 브래킷 볼트	0.8 ~ 1.2

액티브 에어 플랩(AAF)

항목	체결토크(kgf·m)
액티브 에어 플랩(AAF) 스크루	0.1 ~ 0.2
액티브 에어 플랩(AAF) 액추에이터 스크루	0.1 ~ 0.2

모터 & 감속기 오일 쿨러

항목	체결토크(kgf·m)
모터 & 감속기 오일 쿨러 볼트	2.0 ~ 2.4

3웨이 밸브

항목	체결토크(kgf·m)
냉각수 3웨이 밸브 볼트	0.8 ~ 1.2
3웨이 밸브 볼트	2.0 ~ 2.4

모터 전자식 워터 펌프(EWP)

항목	체결토크(kgf·m)
모터 EWP 볼트	0.20 ~ 0.25

배터리 EWP

항목	체결토크(kgf·m)
배터리 EWP 볼트	0.20 ~ 0.25

배터리 EWP 2

항목	체결토크(kgf·m)
배터리 EWP 2 볼트	0.7 ~ 1.0

냉각수 분배 파이프

항목	체결토크(kgf·m)
냉각수 분배 파이프 볼트	2.0 ~ 2.4

배터리 히터

항목	체결토크(kgf·m)
배터리 히터 볼트	0.7 ~ 1.0

특수공구

공구 명칭/번호	형상	용도
냉각수 주입 및 배출 공구 0K253 - J2300		고전압 배터리 시스템 어셈블리 내 냉각수 주입 및 배출 시 사용

냉각수 흐름도

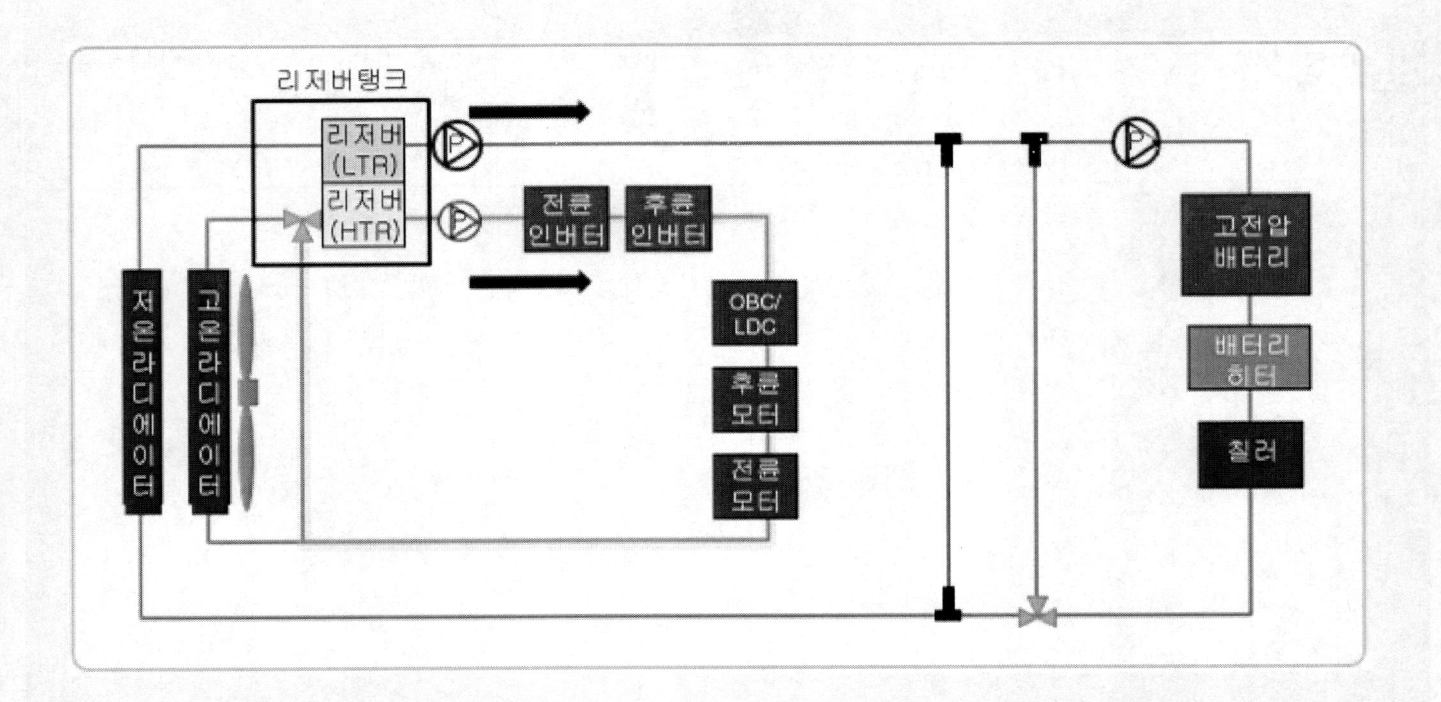
리저버탱크
리저버 (LTR)
리저버 (HTR)
전륜 인버터
후륜 인버터
OBC/ LDC
후륜 모터
전륜 모터
저온라디에이터
고온라디에이터
고전압 배터리
배터리 히터
칠러

특수공구

공구 명칭/번호	형상	용도
냉각수 주입 및 배출 공구 0K253 - J2300		고전압 배터리 시스템 어셈블리 내 냉각수 주입 및 배출 시 사용

특수공구(0K253 - J2300) 세부 명칭

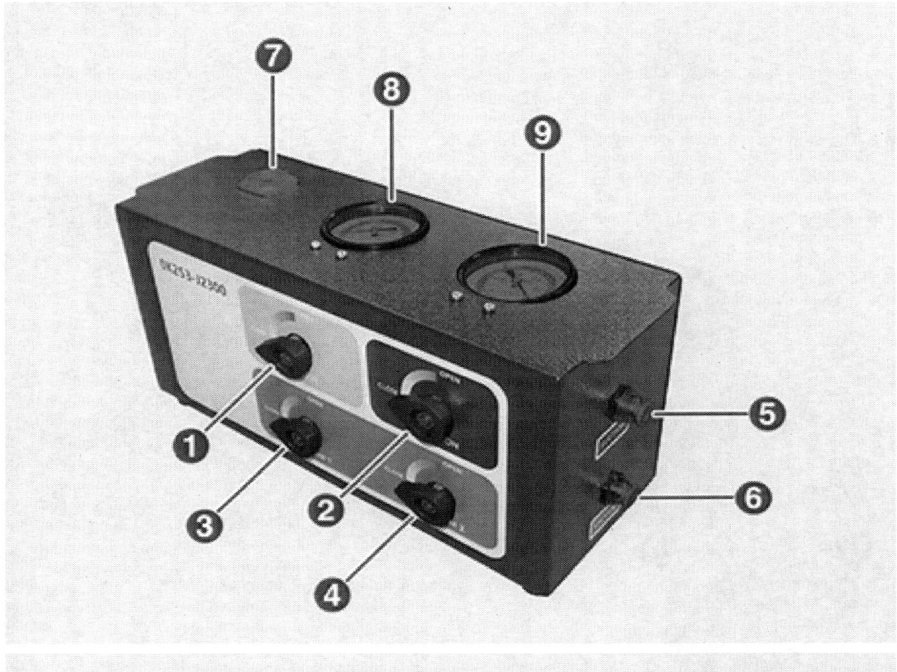

1. 압력 밸브 2. 석션 밸브 3. 진공 밸브 1 4. 진공 밸브 2	7. 레귤레이터 압력 게이지 8. 압력 게이지 9. 진공 게이지 10. 에어 가압 밸브 11. 진공 배출 밸브

5. 냉각수 주입 밸브 6. 진공 발생 밸브	12. 에어 연결 밸브 13. 레귤레이터 조절 노브

냉각수 교환 및 공기 빼기

⚠ 경 고

- 고전압 시스템 관련 작업 시, 관련 교육을 이수한 작업자가 정비를 진행한다. 고전압 시스템에 대한 이해가 부족한 경우 감전 또는 누전 등으로 인한 심각한 사고를 초래할 수 있다.
- 고전압 시스템 또는 주변 부품 작업 시, 반드시 "안전 사항 및 주의, 경고" 내용을 숙지하고 준수해야 한다. 미 준수 시, 감전 또는 누전 등으로 인한 심각한 사고를 초래할 수 있다.
- 고전압 시스템 작업 특성 상, 개인보호장구(PPE) 및 사전 고전압 차단 절차를 반드시 확인한다.

유 의

- 차체 도장부의 손상을 방지하기 위해 펜더 커버를 사용한다.
- 커넥터 및 와이어링이 손상되지 않도록 주의하여 분리한다.
- 퀵 커넥터 분리 시 아래 사항에 유의한다.
  - 퀵 커넥터 클램프(A)를 화살표 방향으로 누르며 분리한다.
  - 호스 내측 러버 실(B)을 만지지 않는다.

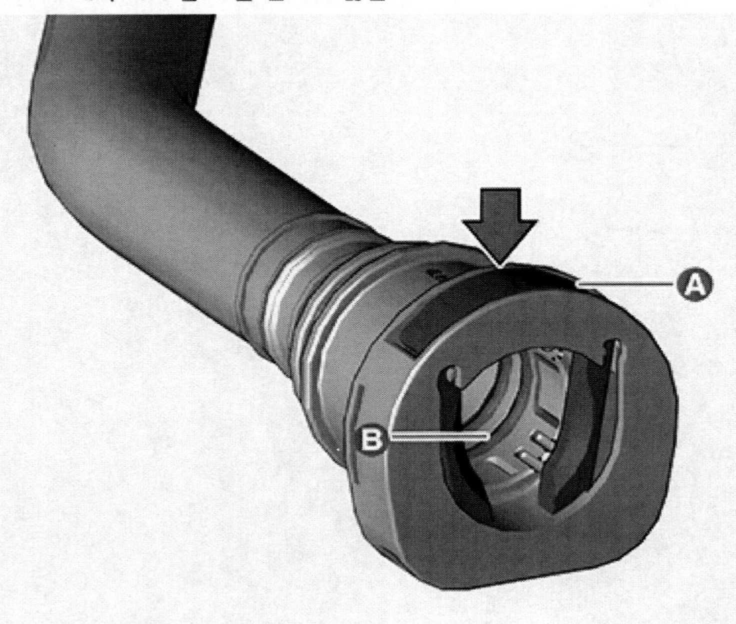

- 냉각수 보충 또는 교환시 압력 캡 라벨과 리저버탱크의 냉각수 색깔을 확인하여 동일한 냉각수를 사용한다.

  img

1. 배터리 (-) 단자와 서비스 인터록 커넥터를 분리한다.
   (배터리 제어 시스템 - "보조 배터리 (12 V)-2WD" 참조)
   (배터리 제어 시스템 - "보조 배터리 (12 V)-4WD" 참조)
2. 리저버 탱크 압력 캡(A)을 연다

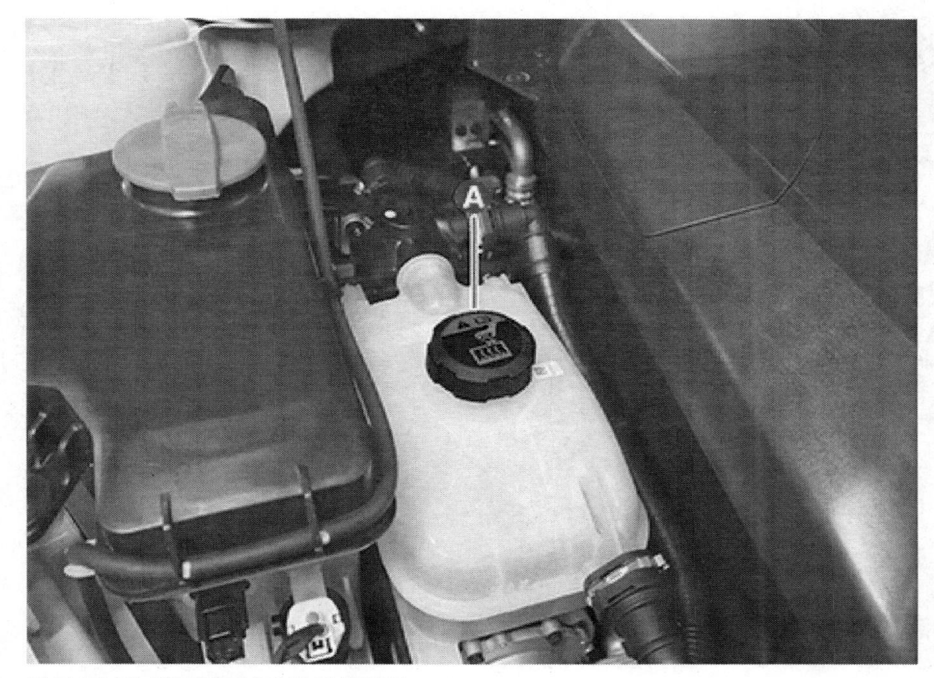

3. 라디에이터 캡 어댑터(A)를 장착한다.

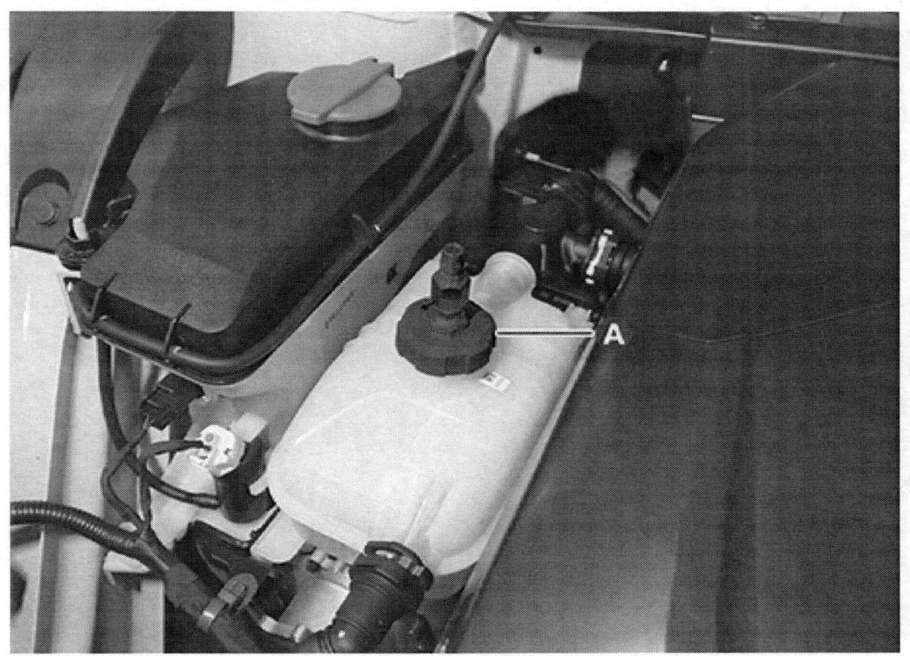

4. 라디에이터 캡 연결 호스(A)를 라디에이터 캡 어댑터(B)에 장착한다.

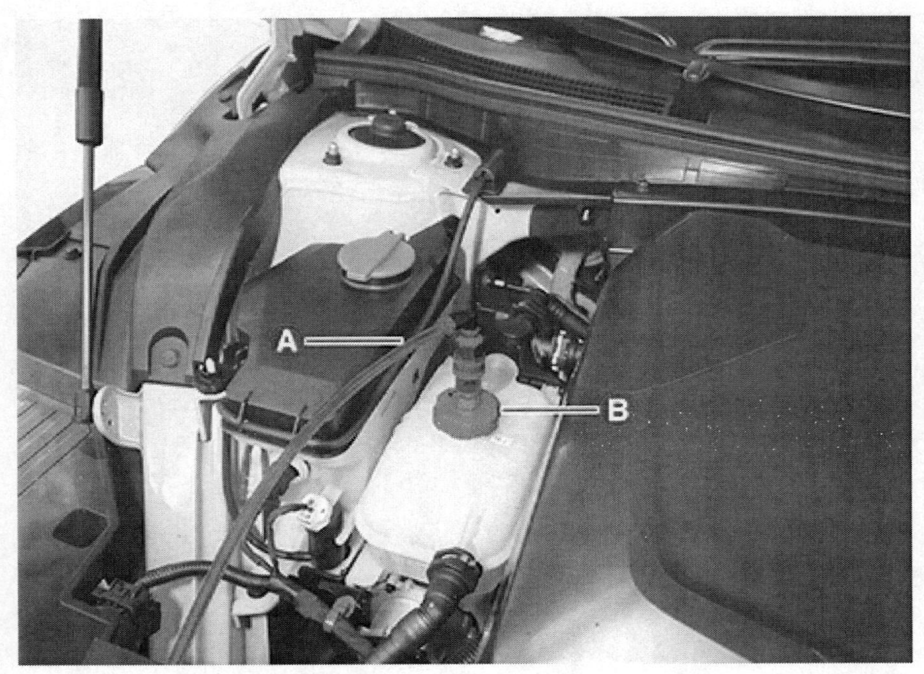

5. 라디에이터 캡 연결 호스(A)의 반대편을 특수공구(0K253 - J2300) 에어 가압 밸브에 연결한다.

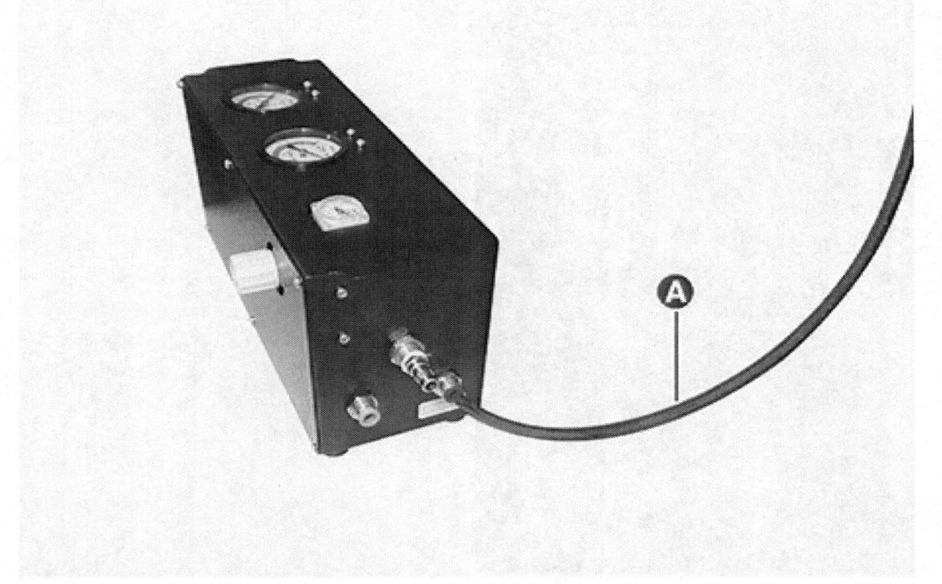

6. 에어 호스(A)를 특수공구(0K253 - J2300) 에어 연결 밸브에 연결한다.

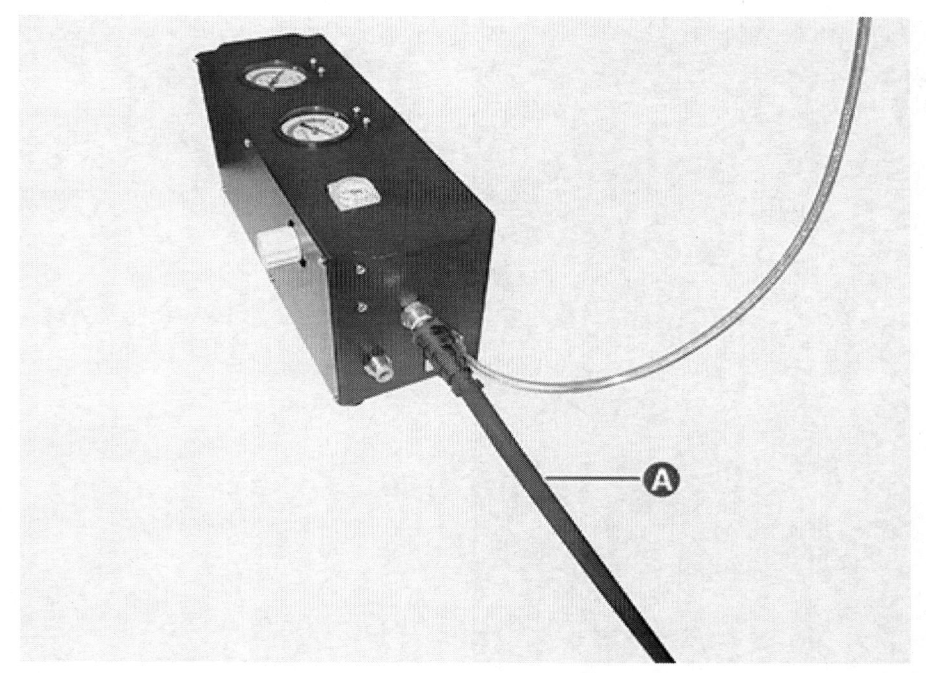

7. 레귤레이터 조절 노브(A)를 돌려 레귤레이터 압력 게이지(B)의 눈금을 0.2Mpa에 맞춘다.

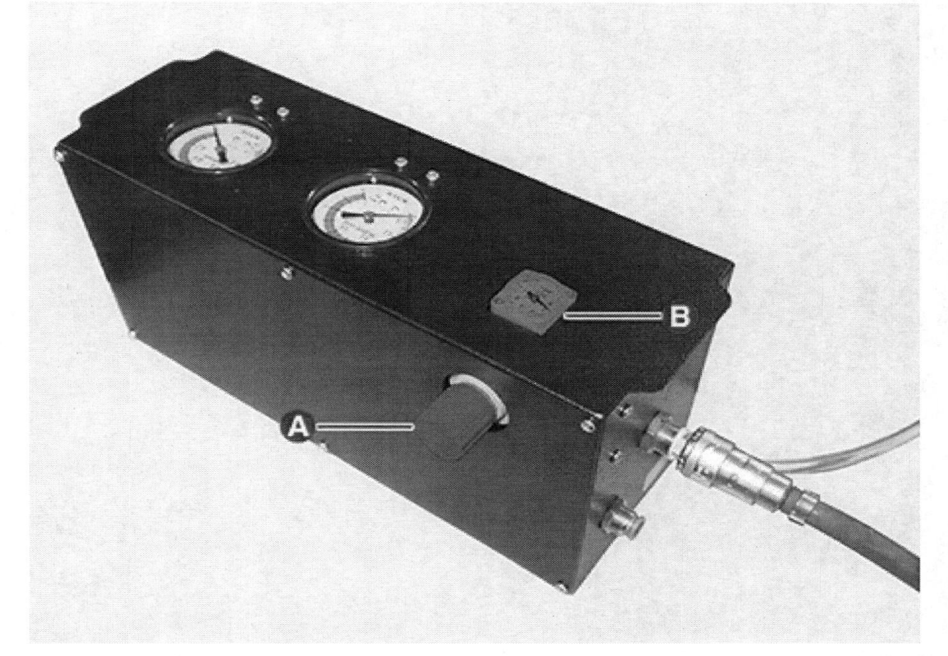

8. 프런트 언더 커버를 탈거한다.
   (모터 및 감속기 시스템 - "프런트 언더 커버" 참조)
9. 퀵 커넥터를 해제하여 배터리 전자식 워터 펌프(EWP) 냉각 호스(A)를 분리한다.
   [2WD]

[4WD]

10. 냉각수 배출 어댑터 & 호스(A)를 배터리 EWP와 배터리 EWP 냉각 호스에 연결한다.
    [2WD]

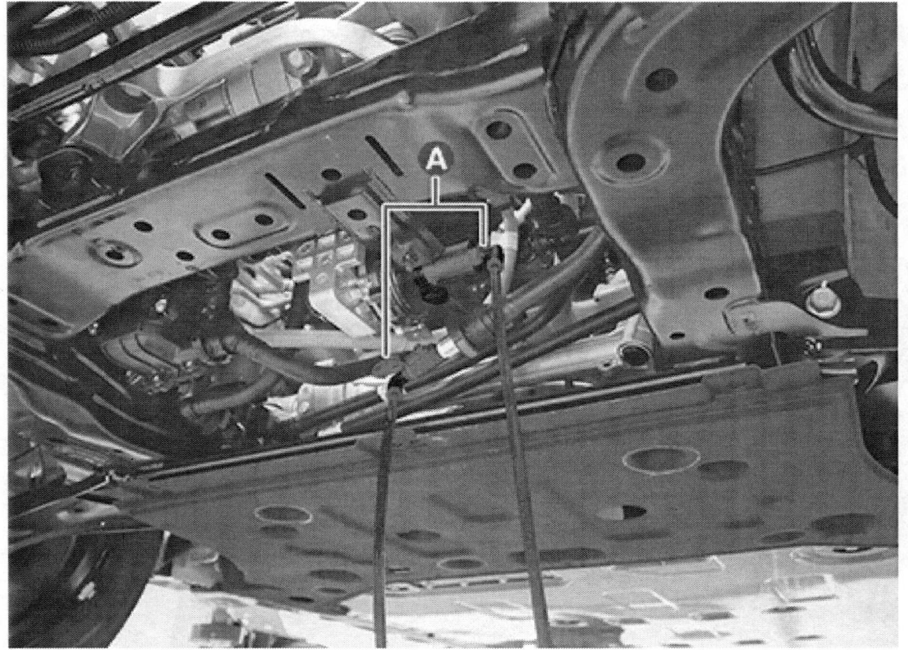

[4WD]

11. 냉각수 배출 어댑터 & 호스(A) 반대편을 냉각수를 받을 통(B)에 넣는다.

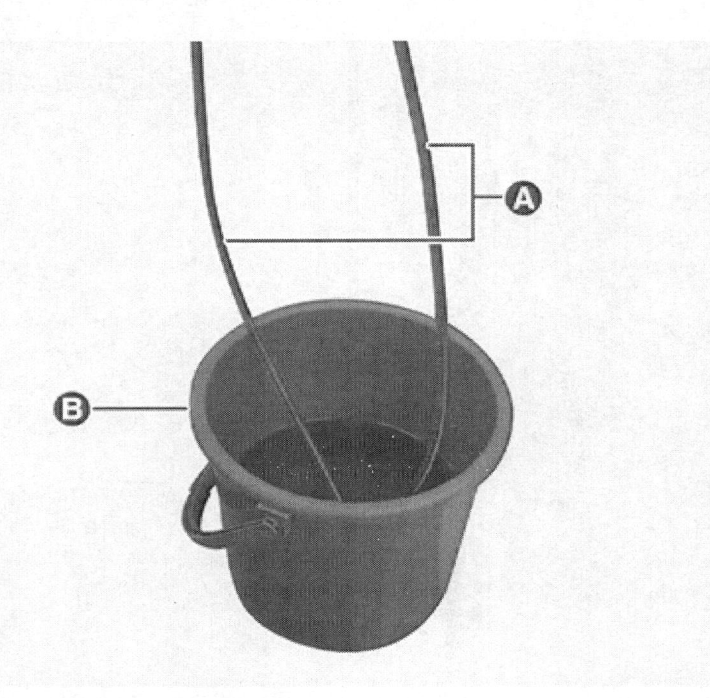

12. 특수공구(0K253 - J2300) 압력 밸브(A)를 화살표 방향으로 돌려서 냉각수를 배출한다.

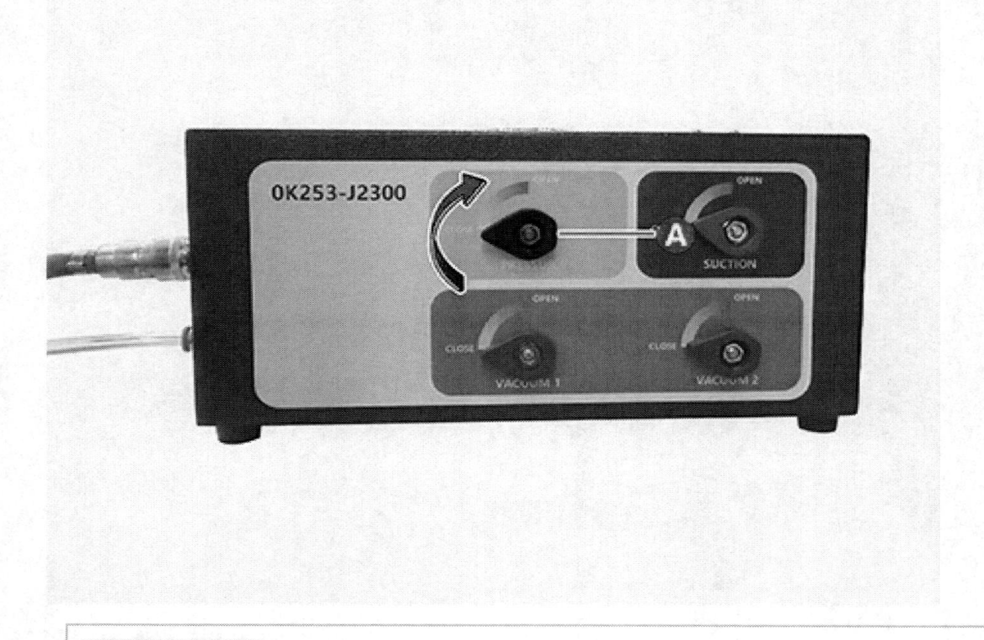

유 의

압력 밸브(A)를 제외한 밸브들이 잠겨있는지 확인한다.

13. 냉각수 배출 후 압력 밸브를 잠그고 배터리 EWP 냉각 호스(A)를 장착한다.
[2WD]

[4WD]

14. 리어 언더 커버를 탈거한다.
    (모터 및 감속기 시스템 - "리어 언더 커버" 참조)
15. 퀵 커넥터를 해제하여 워터 호스(A)를 분리한다.

16. 냉각수 배출 어댑터 & 호스(A)를 워터 호스에 연결한다.

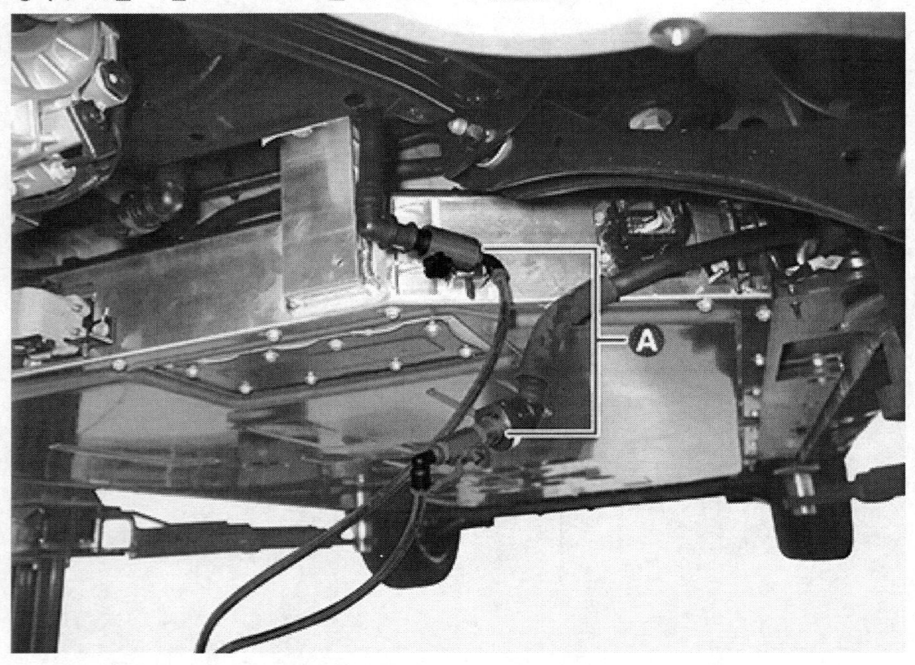

17. 냉각수 배출 어댑터 & 호스(A) 반대편을 냉각수를 받을 통(B)에 넣는다.

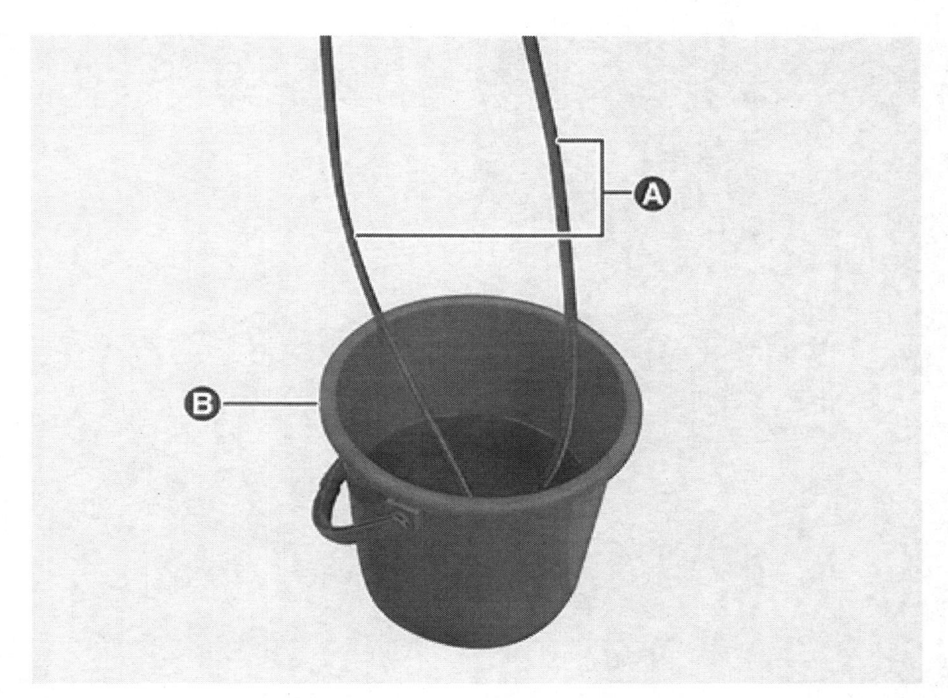

18. 특수공구(0K253 - J2300) 압력 밸브(A)를 화살표 방향으로 돌려서 냉각수를 배출한다.

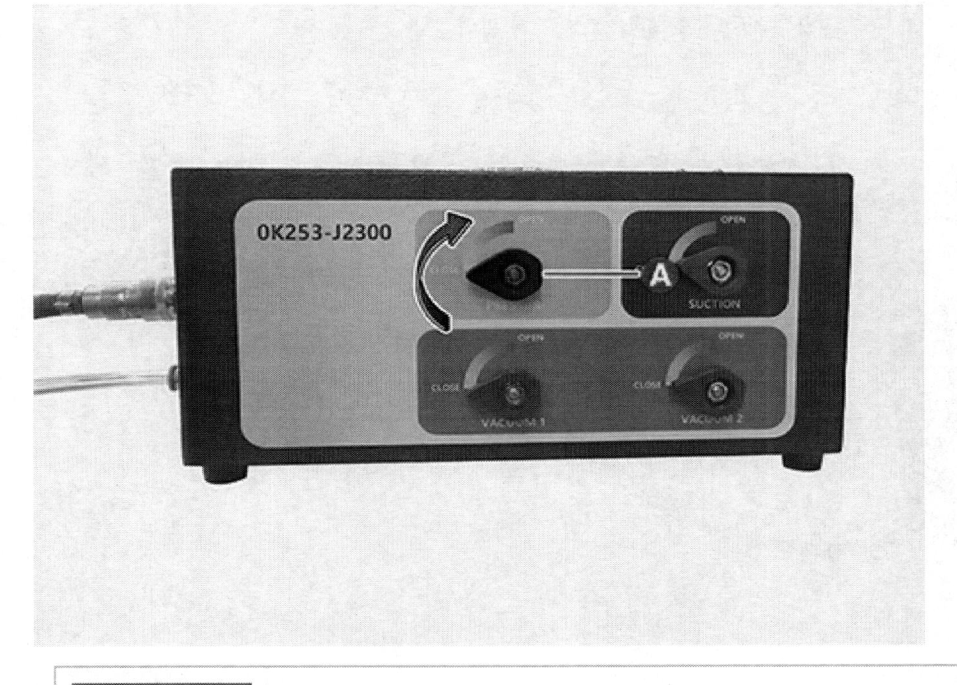

유 의
압력 밸브(A)를 제외한 밸브들이 잠겨있는지 확인한다.

19. 냉각수 배출 후 압력 밸브를 잠그고 워터 호스(A)를 장착한다.

20. 리저버 탱크 내부의 냉각수를 배출하고 리저버 탱크를 청소한다.

21. 특수공구(0K253 - J2300) 에어 가압 밸브에 연결한 라디에이터 캡 연결 호스(A)를 분리한다.

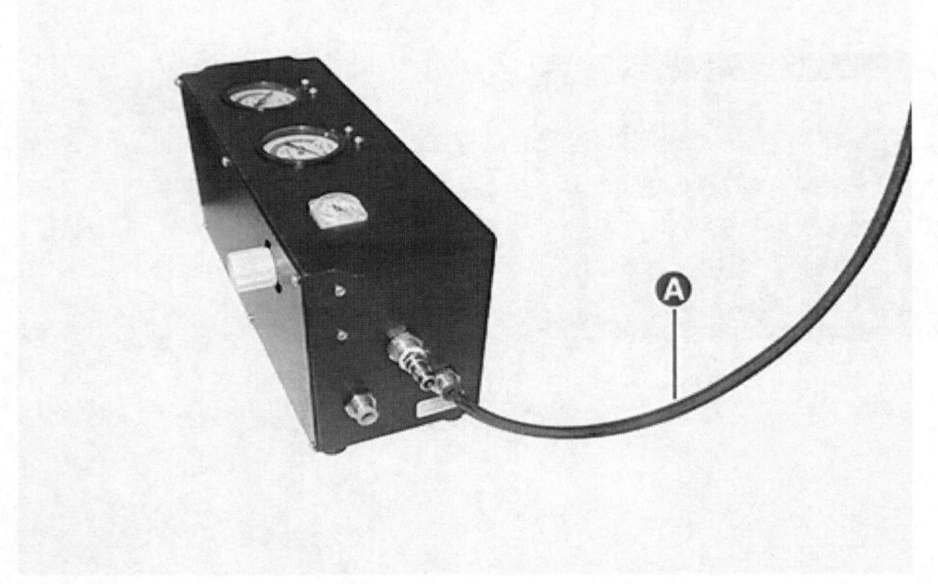

22. 라디에이터 캡 연결 호스(A)를 특수공구(0K253 - J2300) 진공 발생 밸브에 연결한다.

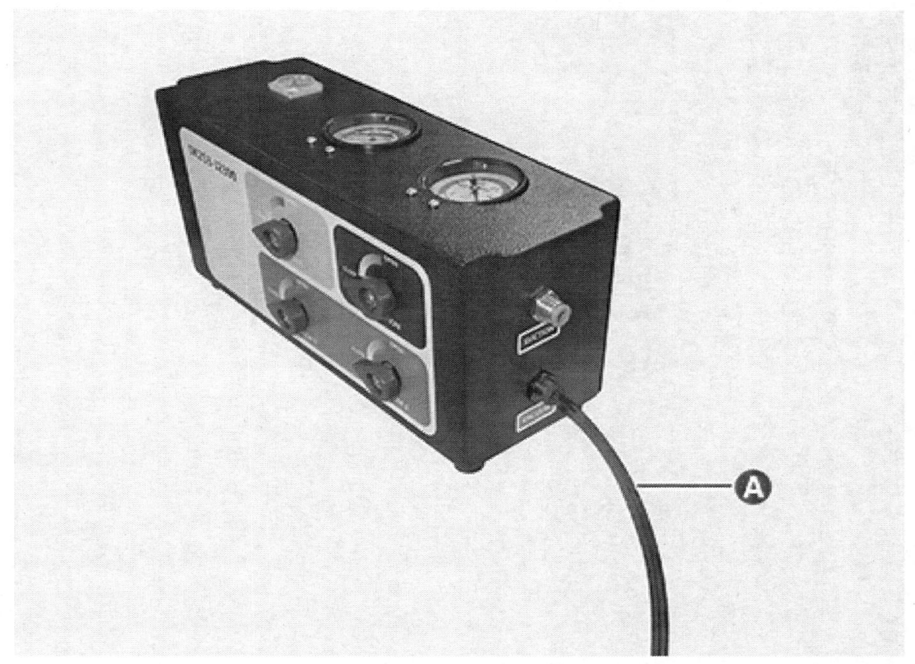

23. 특수공구(0K253 - J2300) 진공 밸브(A)를 화살표 방향으로 돌려 열고, 진공 게이지의 눈금(B)이 초록색 구간(C)에 도달하면 진공 밸브를 잠근다.

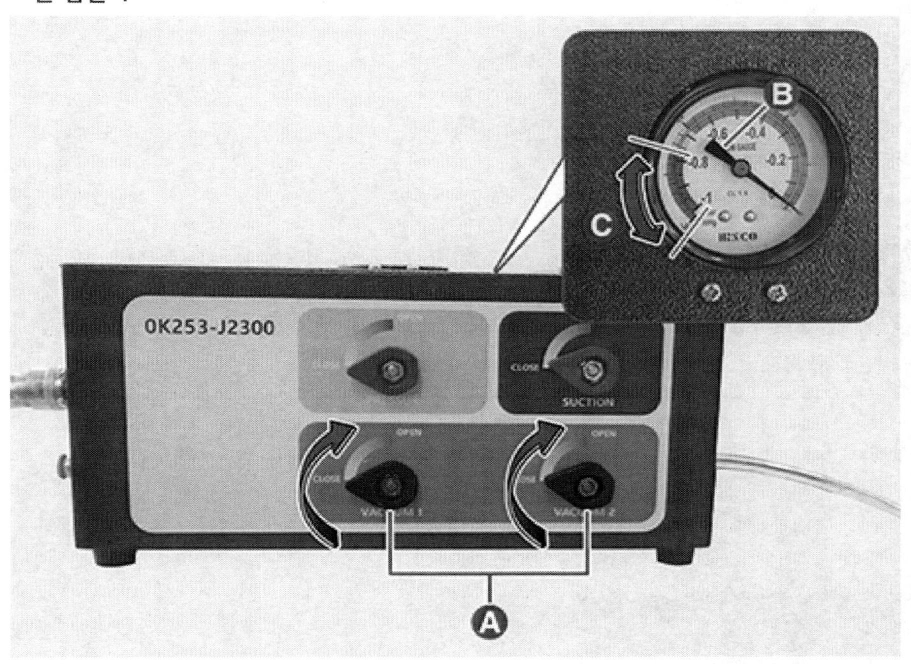

> **유 의**
>
> 진공 밸브(A)를 제외한 밸브들이 잠겨있는지 확인한다.

24. 냉각수 흡입 호스(A)를 특수공구(0K253 - J2300) 냉각수 주입 밸브에 연결하고 반대편 호스는 신품 냉각수를 담은 통(B)에 넣는다.

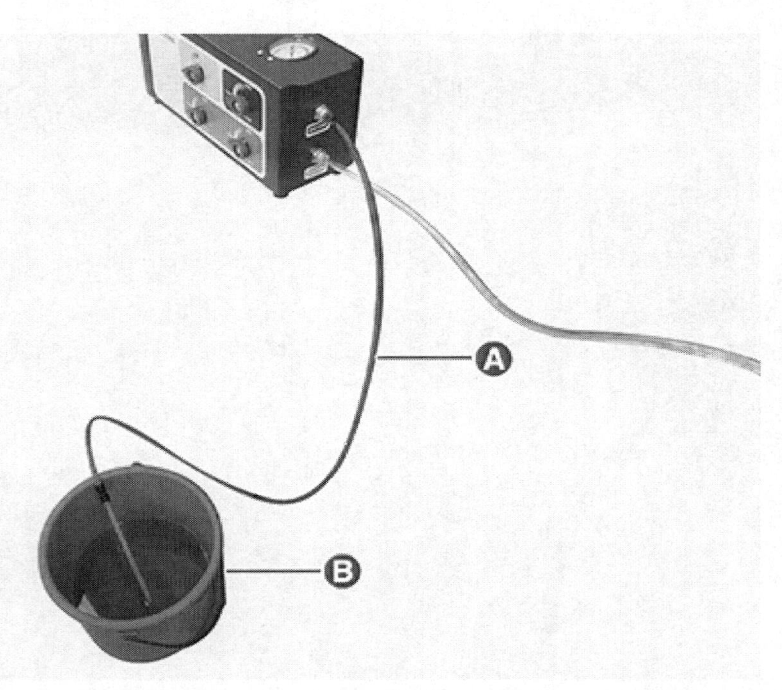

25. 특수공구(0K253 - J2300) 석션 밸브(A)를 화살표 방향으로 돌려 진공 게이지 눈금이 0이 될 때까지 신규 냉각수를 주입 후 석션 밸브를 잠근다.

유 의

- 냉각수 성능을 최상으로 유지하기 위하여 규격에 맞는 부동액을 사용한다.
  순정 부동액은 품질과 성능을 당사가 보증하는 부동액이다.
- 서로 다른 상표의 부동액/냉각수를 혼합하여 사용하지 않는다.
- 추가적으로 녹방지제를 첨가하여 사용하지 않는다.
- 부동액과 물을 혼합 시 반드시 증류수를 사용한다.
- 냉각수의 농도가 45% 미만이면 부식 또는 동결이 발생할 수 있고 냉각수의 농도가 60% 이상이면 냉각 효과를 감소시킬 수 있음으로 냉각수의 농도는 45~50%로 유지해야 한다.

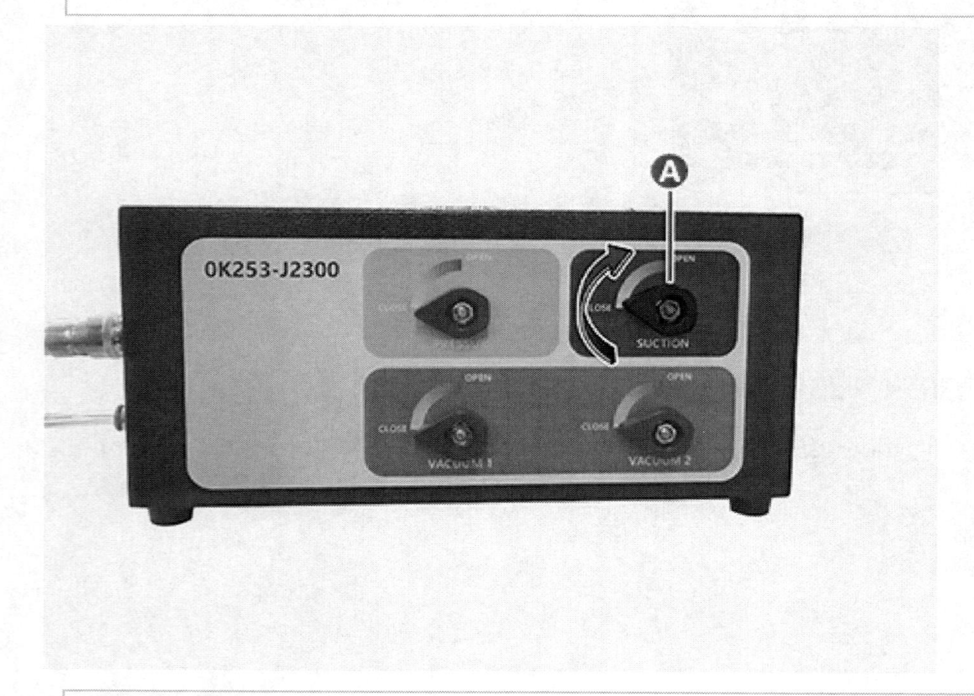

유 의

석션 밸브(A)를 제외한 밸브들이 잠겨있는지 확인한다.

26. 라디에이터 캡 어댑터(A)를 탈거한다.

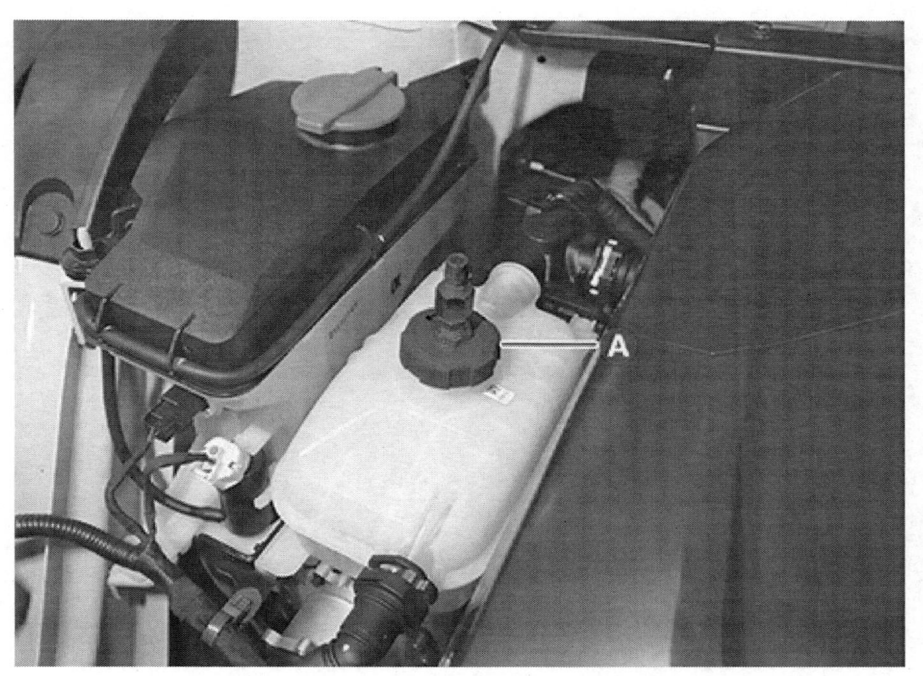

27. 진단 장비(KDS)를 연결한 후 부가기능의 "전자식 워터 펌프 구동" 항목을 수행한다.

> **유 의**
>
> 전자식 워터 펌프(EWP)가 작동하는 동안 리저버 탱크의 냉각수가 공기 방울 발생없이 잘 순환되는지 육안으로 리저버 탱크 내부를 확인한다.

> **참 고**
>
> 전자식 워터 펌프(EWP) 강제 구동 시 배터리 방전을 막기 위해 보조 배터리 (12 V)를 충전시키면서 작업한다.

홈
오프라인
EV6(CV)/2022/160kW (2W..
VCI
VCI II 탐색 중
탐색 중지
시스템별
작업 분류별
모두 펼치기
■ 모터제어유닛-앞
■ 모터제어유닛-뒤
■ 사양정보
■ 전자식 워터펌프 구동 검사
■ 레졸버 옵셋 보정 초기화
■ EPCU(MCU) 자가진단 기능
■ 배터리 매니지먼트 시스템
■ 통합충전제어장치
■ 차량 충전 관리 제어기
■ 차량제어
■ 전자식변속레버
■ 전자식변속제어
■ 제동제어
■ 전방레이더
■ 에어백(1차충돌)
■ 에어백(2차충돌)
기능 수행 중에는 다른 기능이 동작되지 않도록 주의하십시오.

부가기능

• 전자식 워터펌프 구동 검사

검사목적	하이브리드 차량 또는 전기 차량의 EPCU/고전압배터리/냉각 부품(EWP, 3way Valve 등) 정비 후 냉각수 보충시 공기빼기 및 냉각수 순환을 위해 EWP를 구동하는 기능.
검사조건	1. IG ON 2. 시동 전 3. NO DTC(EWP 관련 코드 : P0C73) 4. NO DTC(BMS 수냉각 시스템 정상)
연계단품	하이브리드 차량: Motor Control Unit(MCU), Electric Water Pump(EWP) 전기 차량: Motor Control Unit(MCU), Battery Management System(BMS), Electric Water Pump(BEWP), 배터리용 3way valve, 배터리용 승온히터(옵션), 히트펌프용 3way valve(옵션)
연계DTC	-
불량현상	-
기 타	-

확인

! 기능 수행 중에는 다른 기능이 동작되지 않도록 주의하십시오.

부가기능

■ 전자식 워터펌프 구동 검사

● [전자식 워터펌프 구동 검사]

이 기능은 전기 차량의 구동모터/EPCU/고전압 배터리/냉각부품

(EWP, 3way valve 등) 관련 정비 후, 냉각수 보충시 공기빼기 및

냉각수 순환을 위해 전자식 워터 펌프를 구동하는데 사용됩니다.

● [검사 조건]

1. IG ON
2. 시동 전
3. NO DTC (EWP 관련코드 : P0C73)
4. NO DTC (BMS 수냉각 시스템 정상)

냉각수 보충 후, [확인] 버튼을 누르세요.

확인 | 취소

! 기능 수행 중에는 다른 기능이 동작되지 않도록 주의하십시오.

부가기능

■ 전자식 워터펌프 구동 검사

● [전자식 워터펌프 구동 검사]

< EWP 구동중 확인 해야될 사항 >

1. 육안으로 리저버 탱크의 냉각수가 순환 되는지 확인

2. 냉각수 부족시 보충해야 되며, EWP는 30분 정도 구동

3. 냉각수가 순환 될때 냉각수에 공기 방울이 있다면, 구동이 종료 된 다음 30초후 기능을 재 실행

4. 12V 보조배터리 방전 주의(보조배터리 충전기 연결)

구동을 중지 하려면 [취소] 버튼을 누르십시오.

[[구동 중]]　4 초 경과

취소

! 기능 수행 중에는 다른 기능이 동작되지 않도록 주의하십시오.

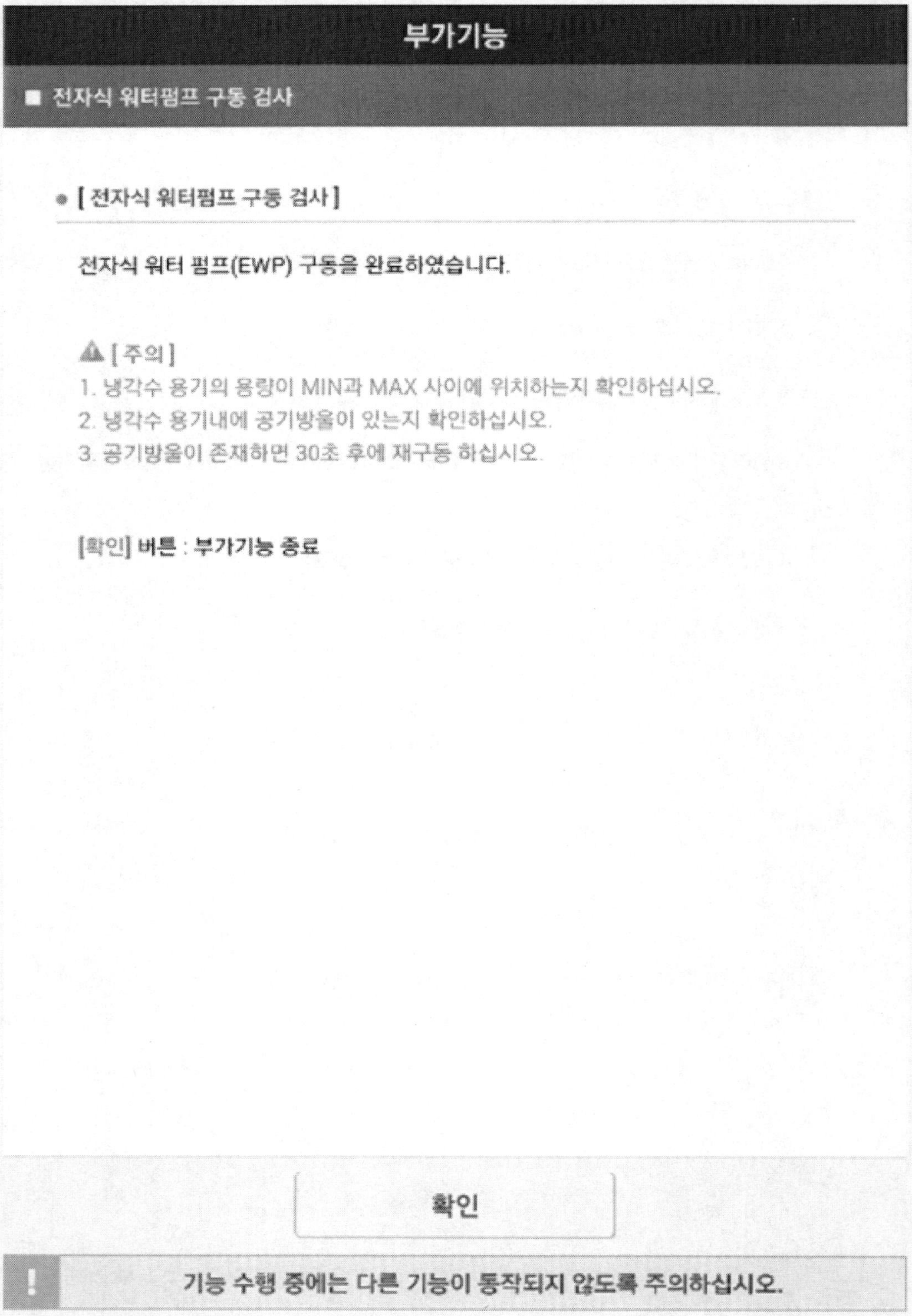

부가기능

■ 전자식 워터펌프 구동 검사

● [전자식 워터펌프 구동 검사]

전자식 워터 펌프(EWP) 구동을 완료하였습니다.

⚠ [주의]
1. 냉각수 용기의 용량이 MIN과 MAX 사이에 위치하는지 확인하십시오.
2. 냉각수 용기내에 공기방울이 있는지 확인하십시오.
3. 공기방울이 존재하면 30초 후에 재구동 하십시오.

[확인] 버튼 : 부가기능 종료

확인

! 기능 수행 중에는 다른 기능이 동작되지 않도록 주의하십시오.

28. 전자식 워터 펌프(EWP)가 작동하고 냉각수가 순환하면 리저버 탱크를 통해 냉각수를 보충한다.

유 의

- 전자식 워터 펌프(EWP)가 냉각수 없는 상태에서 작동되면 베어링 마찰로 인해 손상될 수 있다.
- 냉각수 흐름이 원활하지 않거나 공기방울이 여전히 발생되면 27~28번 절차를 반복한다
- 전자식 워터 펌프(EWP) 강제 구동은 공기 빼기가 완료될 때까지 작동시킨다.

29. 진단 장비(KDS)를 연결한 후 강제 구동 BMS에서 "배터리 EWP 구동(냉각유로 공기제거/냉각수 순환용)" 항목을 수행한다.

유 의

전자식 워터 펌프(EWP)가 작동하는 동안 리저버 탱크의 냉각수가 공기 방울 발생없이 잘 순환되는지 육안으로 리저버 탱크 내부를 확인한다.

참 고

배터리 EWP 강제 구동 시 배터리 방전을 막기 위해 보조 배터리 (12 V)를 충전시키면서 작업한다.

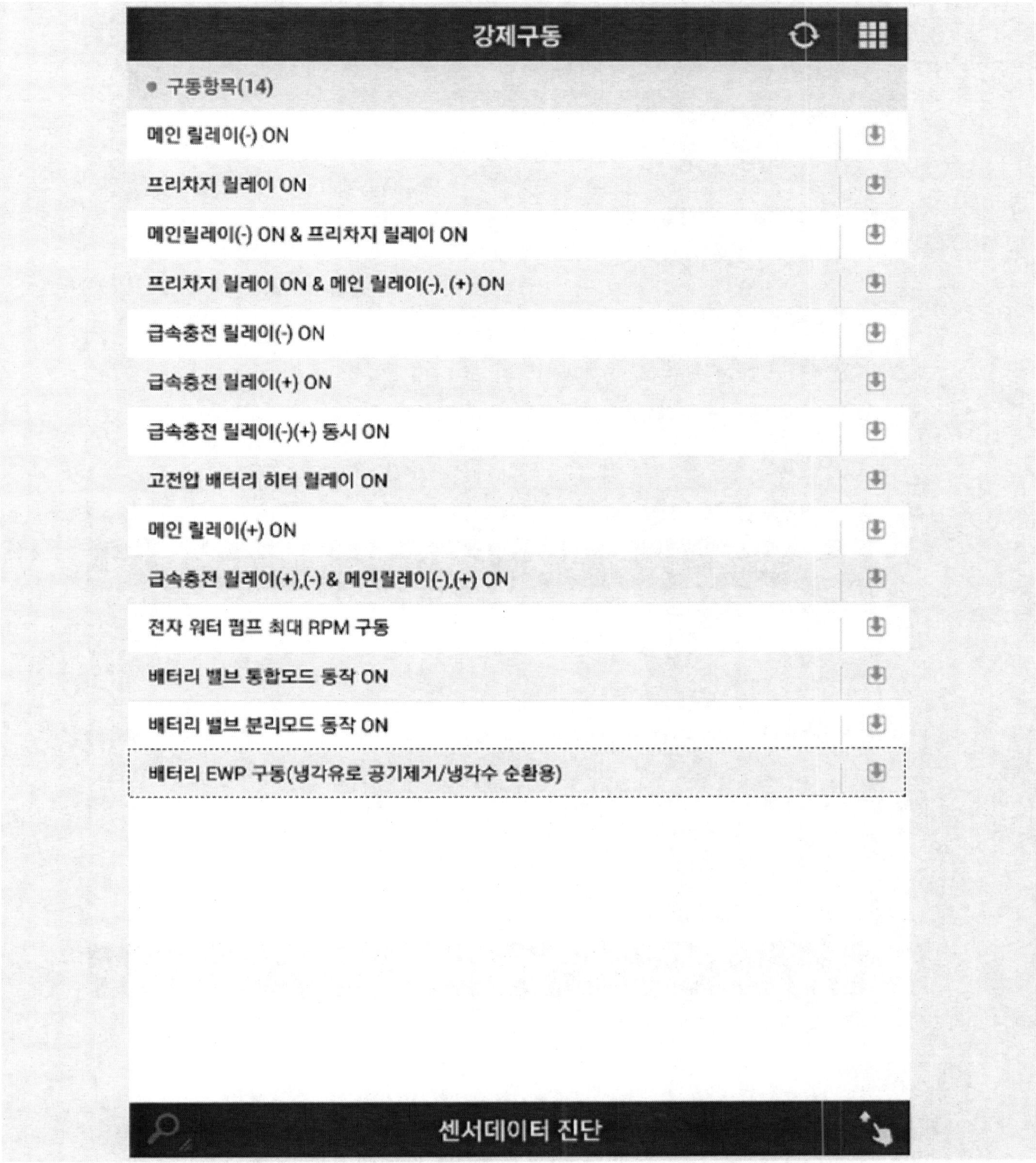

강제구동

● 구동항목(14)

메인 릴레이(-) ON

프리차지 릴레이 ON

메인릴레이(-) ON & 프리차지 릴레이 ON

프리차지 릴레이 ON & 메인 릴레이(-), (+) ON

급속충전 릴레이(-) ON

급속충전 릴레이(+) ON

급속충전 릴레이(-)(+) 동시 ON

고전압 배터리 히터 릴레이 ON

메인 릴레이(+) ON

급속충전 릴레이(+),(-) & 메인릴레이(-),(+) ON

전자 워터 펌프 최대 RPM 구동

배터리 밸브 통합모드 동작 ON

배터리 밸브 분리모드 동작 ON

배터리 EWP 구동(냉각유로 공기제거/냉각수 순환용)

센서데이터 진단

30. 배터리 EWP가 작동하고 냉각수가 순환하면 리저버 탱크를 통해 냉각수를 보충한다.

유 의

- 전자식 워터 펌프(EWP)가 냉각수 없는 상태에서 작동되면 베어링 마찰로 인해 손상될 수 있다.
- 냉각수 흐름이 원활하지 않거나 공기방울이 여전히 발생되면 29 ~ 30번 절차를 반복한다
- 배터리 EWP 강제 구동은 공기 빼기가 완료될 때까지 작동시킨다.

31. 공기 빼기가 완료되면 배터리 EWP의 작동을 멈추고 리저버 탱크의 "MAX" 선까지 냉각수를 채운 후 압력 캡을 잠근다.

유 의

- 배터리 EWP 작동 중 소음이 적어지고 리저버 탱크에서 더 이상 공기 방울이 발생하지 않으면 냉각 시스템의 공기 빼기는 완료된 것이다.
- 냉각수가 완전히 식었을 때, 냉각 시스템 내부 공기 배출 및 냉각수 보충이 가장 용이하게 이루어지며 냉각수 교환 후 2~3일 정도는 리저버 탱크의 냉각수 용량 재확인이 필요함을 안내한다.
- 퀵 커넥터(A)가 확실히 장착 되었는지 확인한다.

32. 차량 시동을 걸고 냉각 호스 및 파이프 연결부위 누수여부를 점검한다.
33. 프런트 언더 커버를 장착한다.
    (모터 및 감속기 시스템 - "프런트 언더 커버" 참조)
34. 리어 언더 커버를 장착한다.
    (모터 및 감속기 어셈블리 - "리어 언더 커버" 참조)

특수공구

공구 명칭/번호	형상	용도
냉각수 주입 및 배출 공구 0K253 - J2300		고전압 배터리 시스템 어셈블리 내 냉각수 주입 및 배출 시 사용

특수공구(0K253 - J2300) 세부 명칭

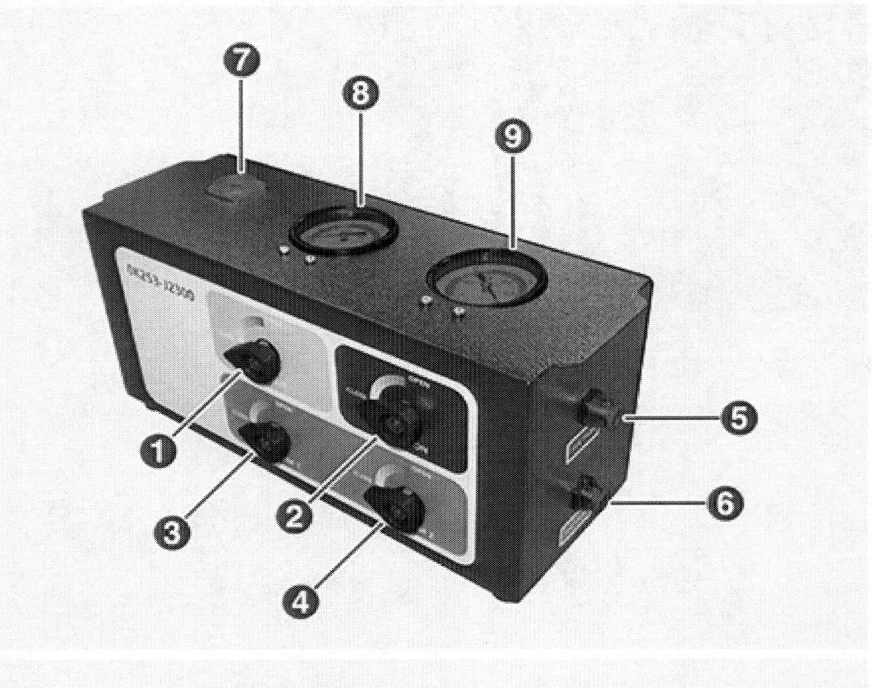

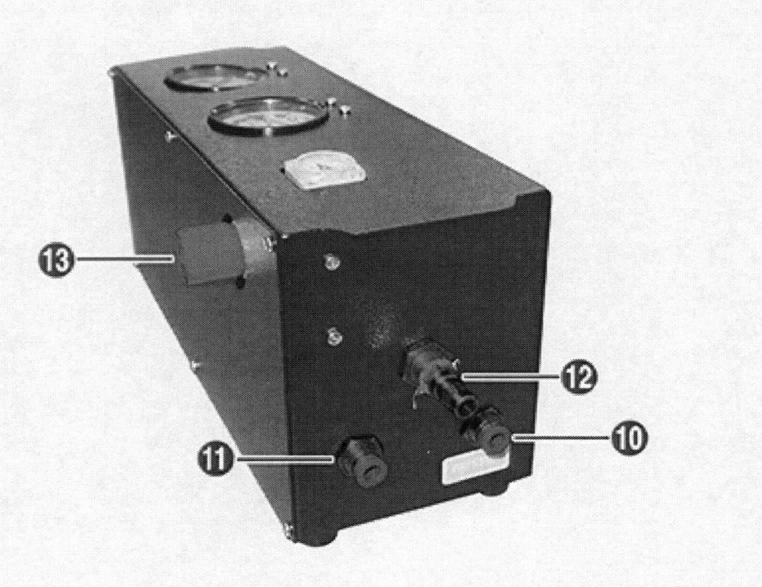

1. 압력 밸브 2. 석션 밸브 3. 진공 밸브 1 4. 진공 밸브 2	7. 레귤레이터 압력 게이지 8. 압력 게이지 9. 진공 게이지 10. 에어 가압 밸브 11. 진공 배출 밸브

5. 냉각수 주입 밸브	12. 에어 연결 밸브
6. 진공 발생 밸브	13. 레귤레이터 조절 노브

냉각수 교환 및 공기 빼기

⚠ 경 고

- 고전압 시스템 관련 작업 시, 관련 교육을 이수한 작업자가 정비를 진행한다. 고전압 시스템에 대한 이해가 부족한 경우 감전 또는 누전 등으로 인한 심각한 사고를 초래할 수 있다.
- 고전압 시스템 또는 주변 부품 작업 시, 반드시 "안전 사항 및 주의, 경고" 내용을 숙지하고 준수해야 한다. 미 준수 시, 감전 또는 누전 등으로 인한 심각한 사고를 초래할 수 있다.
- 고전압 시스템 작업 특성 상, 개인보호장구(PPE) 및 사전 고전압 차단 절차를 반드시 확인한다.

유 의

- 차체 도장부의 손상을 방지하기 위해 펜더 커버를 사용한다.
- 커넥터 및 와이어링이 손상되지 않도록 주의하여 분리한다.
- 퀵 커넥터 분리 시 아래 사항에 유의한다.
  - 퀵 커넥터 클램프(A)를 화살표 방향으로 누르며 분리한다.
  - 호스 내측 러버 실(B)을 만지지 않는다.

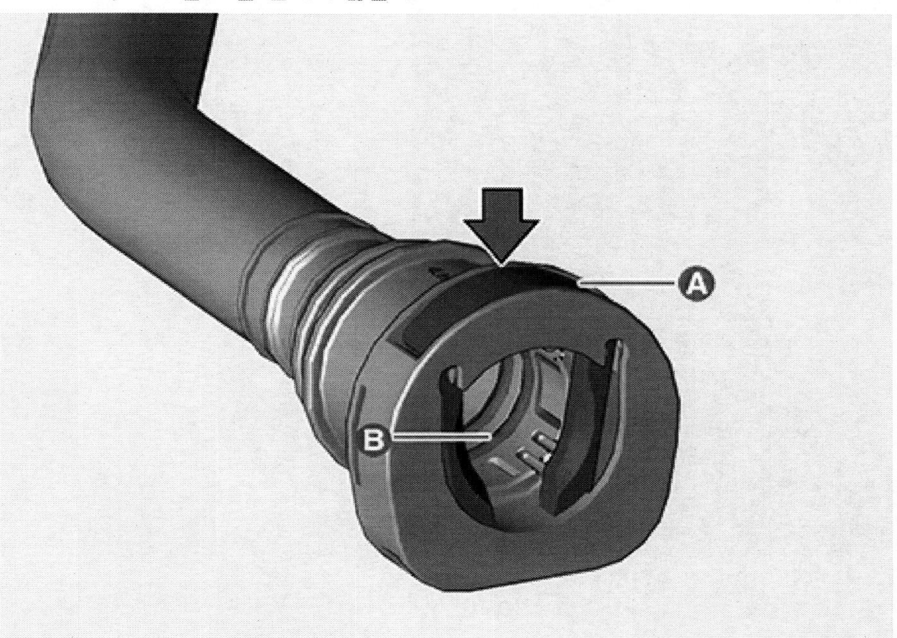

- 냉각수 보충 또는 교환시 압력 캡 라벨과 리저버탱크의 냉각수 색깔을 확인하여 동일한 냉각수를 사용한다.

1. 배터리 (-) 단자와 서비스 인터록 커넥터를 분리한다.
   (배터리 제어 시스템 - "보조 배터리 (12 V)-2WD" 참조)
   (배터리 제어 시스템 - "보조 배터리 (12 V)-4WD" 참조)
2. 리저버 탱크 압력 캡(A)을 연다

3. 라디에이터 캡 어댑터(A)를 장착한다.

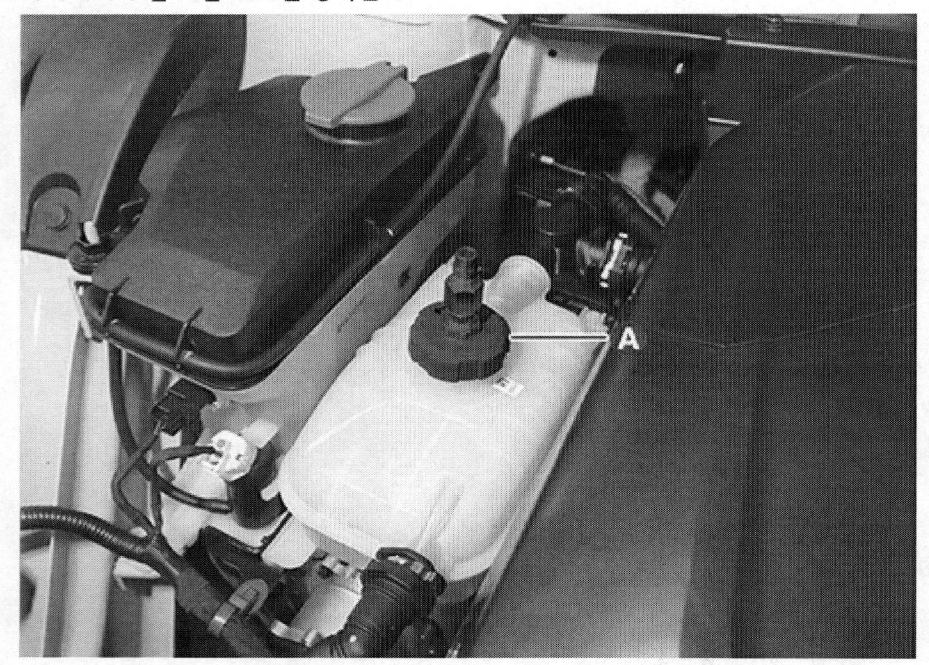

4. 라디에이터 캡 연결 호스(A)를 라디에이터 캡 어뎁터(B)에 장착한다.

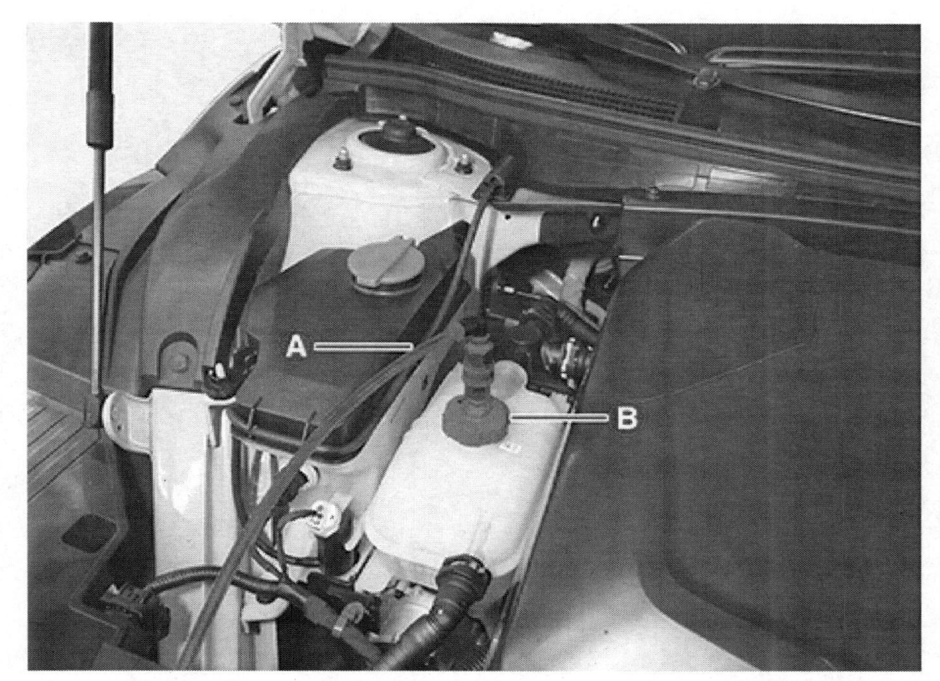

5. 라디에이터 캡 연결 호스(A)의 반대편을 특수공구(0K253 - J2300) 에어 가압 밸브에 연결한다.

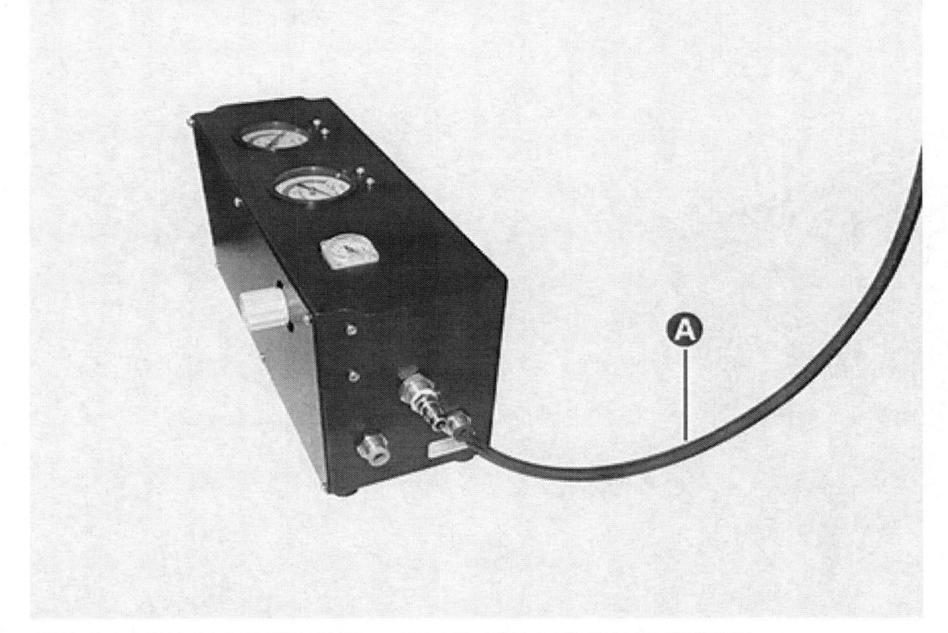

6. 에어 호스(A)를 특수공구(0K253 - J2300) 에어 연결 밸브에 연결한다.

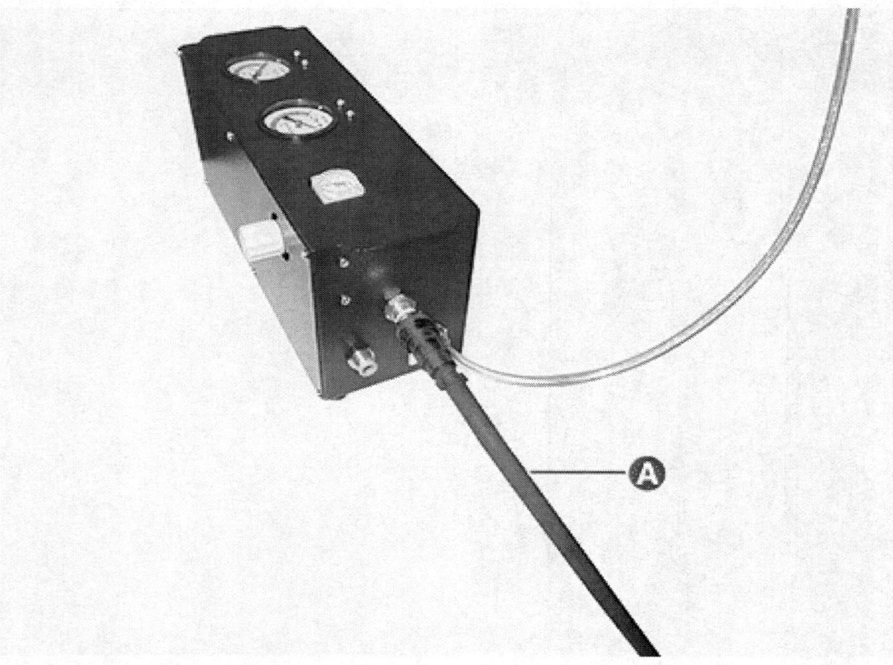

7. 레귤레이터 조절 노브(A)를 돌려 레귤레이터 압력 게이지(B)의 눈금을 0.2Mpa에 맞춘다.

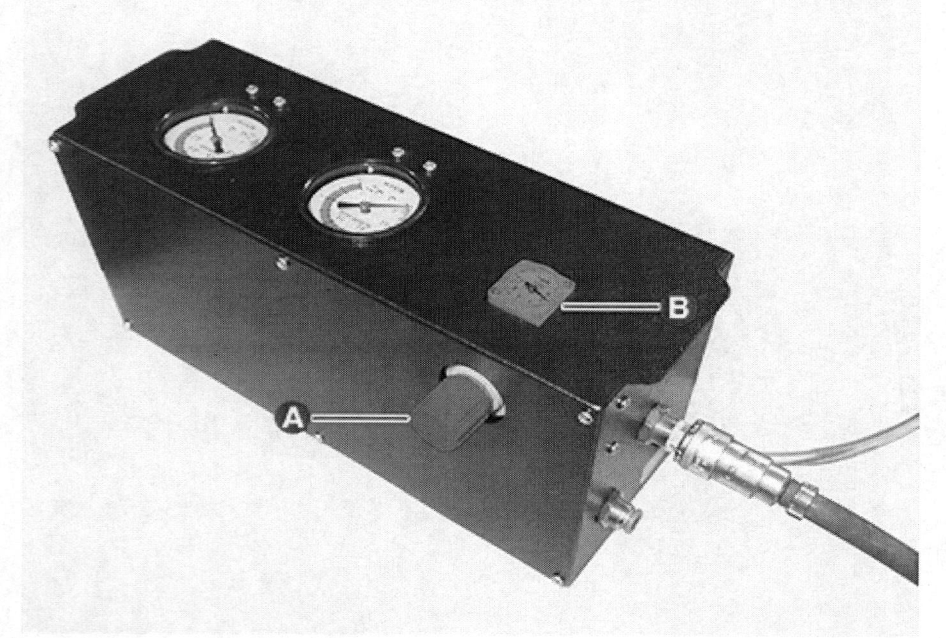

8. 리어 언더 커버를 탈거한다.
   (모터 및 감속기 시스템 - "리어 언더 커버" 참조)
9. 퀵 커넥터를 해제하여 워터 호스(A)를 분리한다.

10. 냉각수 배출 어뎁터 & 호스(A)를 워터 호스에 연결한다.

11. 냉각수 배출 어뎁터 & 호스(A) 반대편을 냉각수를 받을 통(B)에 넣는다.

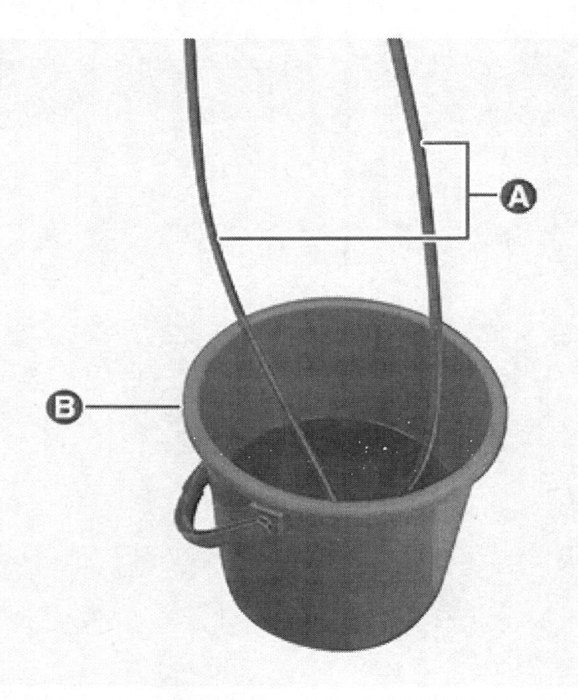

12. 특수공구(0K253 - J2300) 압력 밸브(A)를 화살표 방향으로 돌려서 냉각수를 배출한다.

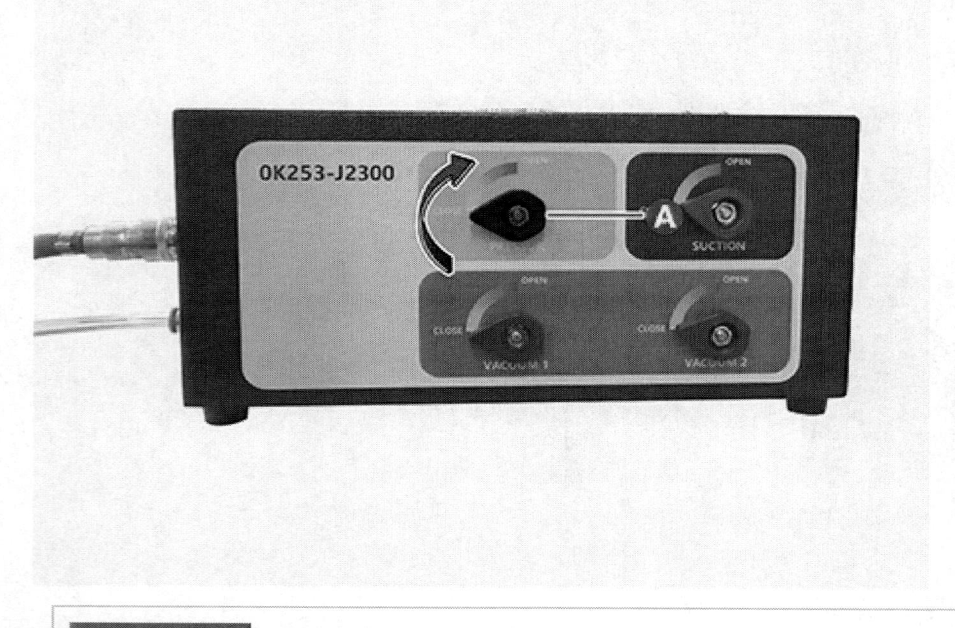

유 의

압력 밸브(A)를 제외한 밸브들이 잠겨있는지 확인한다.

13. 냉각수 배출 후 압력 밸브를 잠그고 워터 호스(A)를 장착한다.

14. 리저버 탱크 내부의 냉각수를 배출하고 리저버 탱크를 청소한다.
15. 특수공구(0K253 - J2300) 에어 가압 밸브에 연결한 라디에이터 캡 연결 호스(A)를 분리한다.

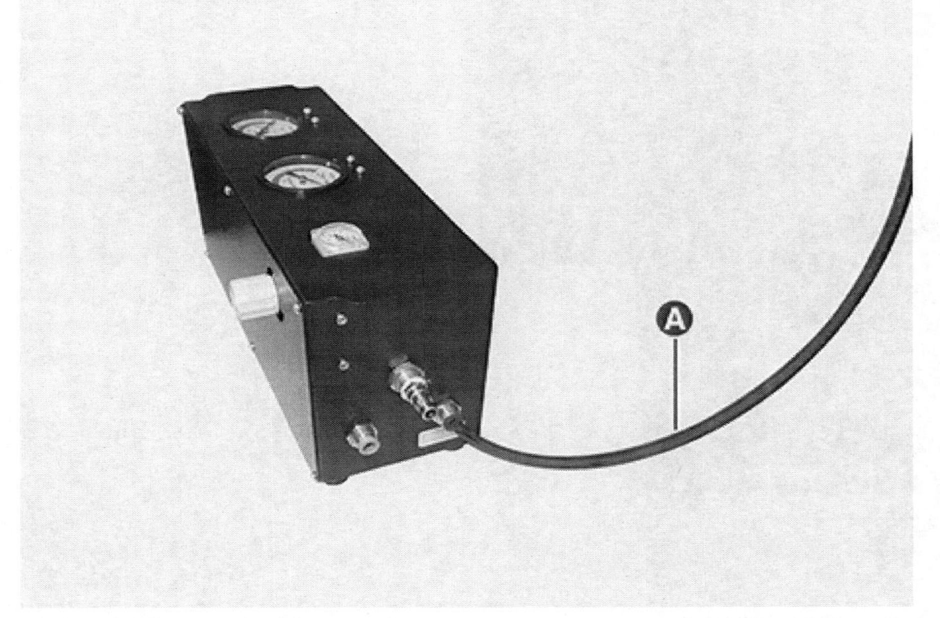

16. 라디에이터 캡 연결 호스(A)를 특수공구(0K253 - J2300) 진공 발생 밸브에 연결한다.

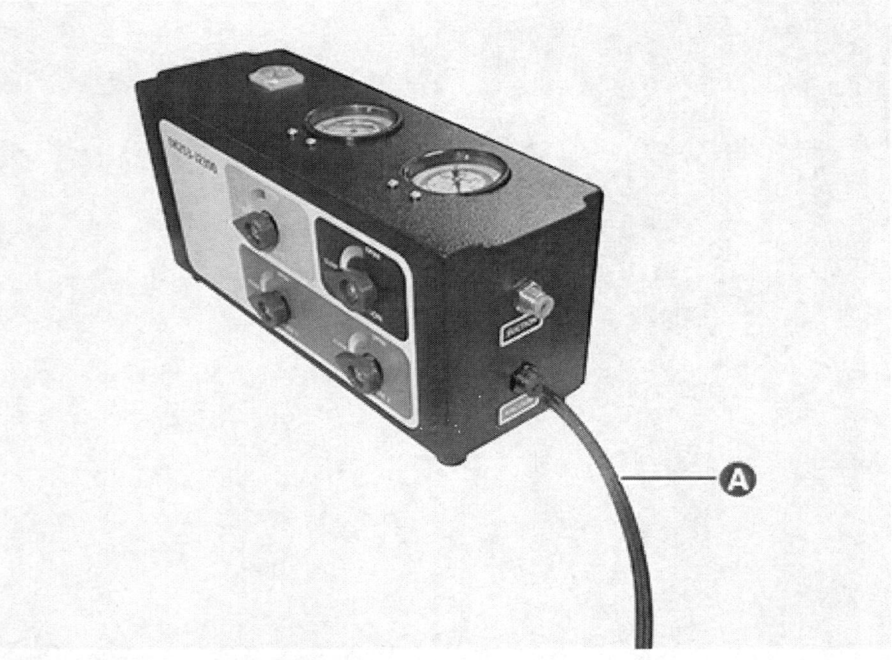

17. 특수공구(0K253 - J2300) 진공 밸브(A)를 화살표 방향으로 돌려 열고, 진공 게이지의 눈금(B)이 초록색 구간(C)에 도달하면 진공 밸브를 잠근다.

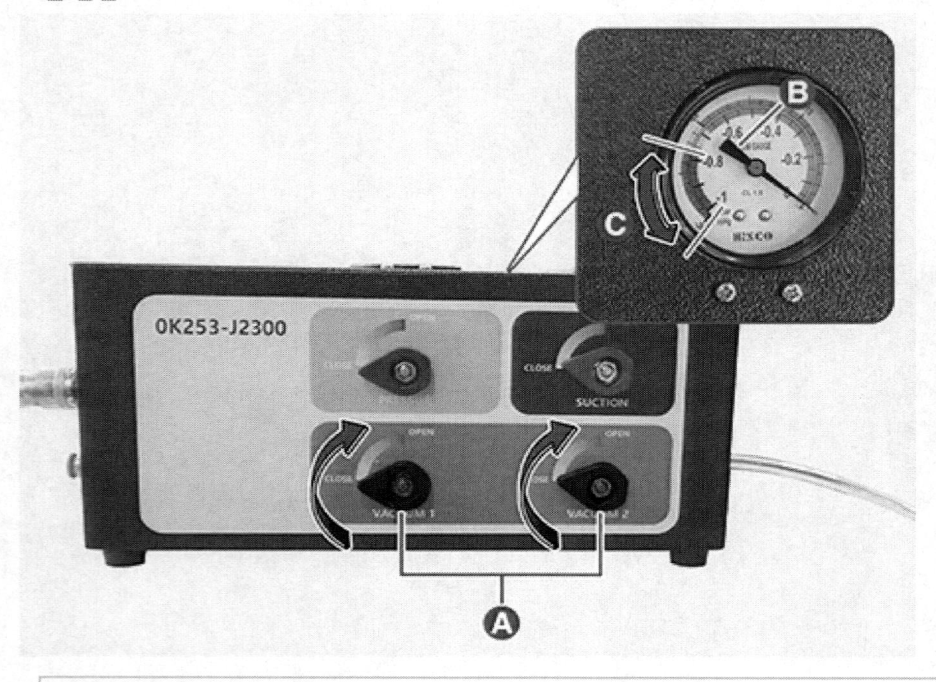

유 의

압력 밸브(A)를 제외한 밸브들이 잠겨있는지 확인한다.

18. 냉각수 흡입 호스(A)를 특수공구(0K253 - J2300) 냉각수 주입 밸브에 연결하고 반대편 호스는 신품 냉각수를 담은 통(B)에 넣는다.

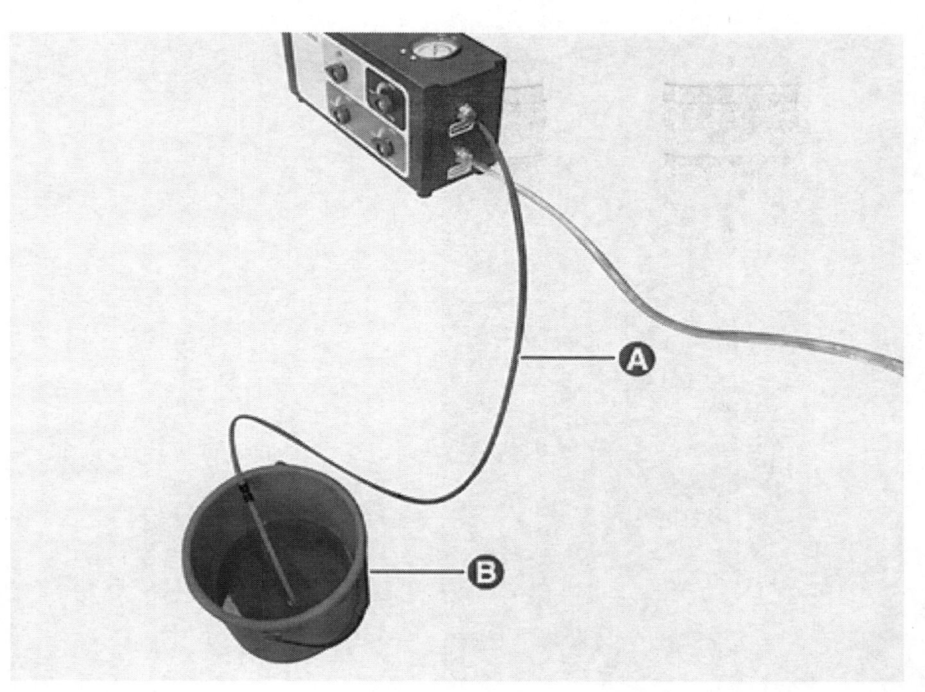

19. 특수공구(0K253 - J2300) 석션 밸브(A)를 화살표 방향으로 돌려 진공 게이지 눈금이 0이 될 때까지 신규 냉각수를 주입 후 석션 밸브를 잠근다.

유 의

- 냉각수 성능을 최상으로 유지하기 위하여 규격에 맞는 부동액을 사용한다.
  순정 부동액은 품질과 성능을 당사가 보증하는 부동액이다.
- 서로 다른 상표의 부동액/냉각수를 혼합하여 사용하지 않는다.
- 추가적으로 녹방지제를 첨가하여 사용하지 않는다.
- 부동액과 물을 혼합 시 반드시 증류수를 사용한다.
- 냉각수의 농도가 50% 미만이면 부식 또는 동결이 발생할 수 있고 냉각수의 농도가 60% 이상이면 냉각 효과를 감소시킬 수 있음으로 냉각수의 농도는 50~55%로 유지해야 한다.

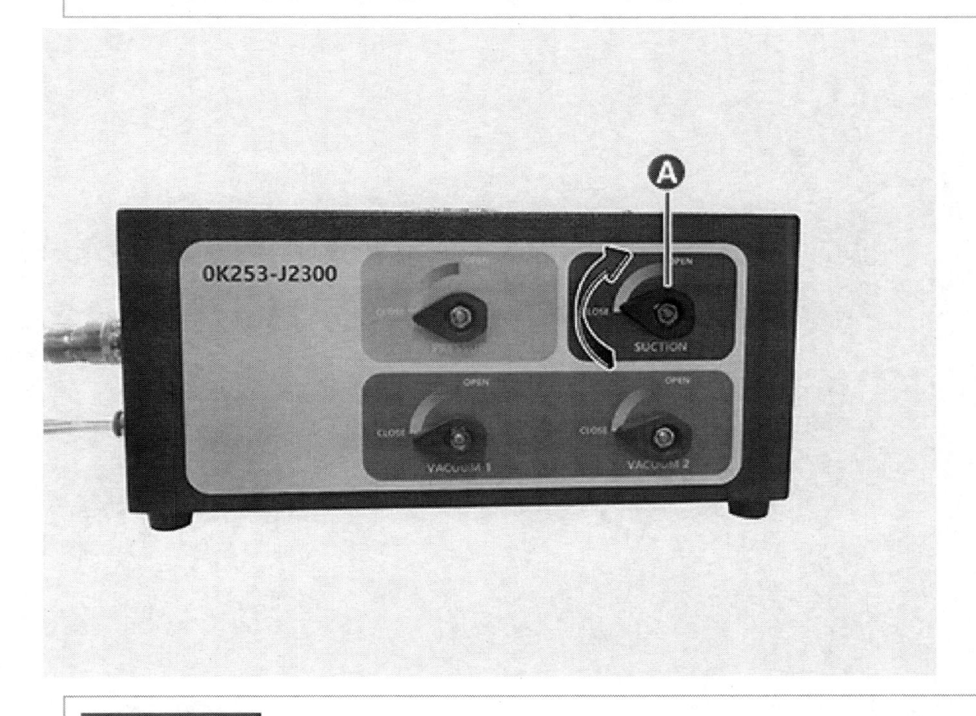

유 의

석션 밸브(A)를 제외한 밸브들이 잠겨있는지 확인한다.

20. 라디에이터 캡 어댑터(A)를 탈거한다.

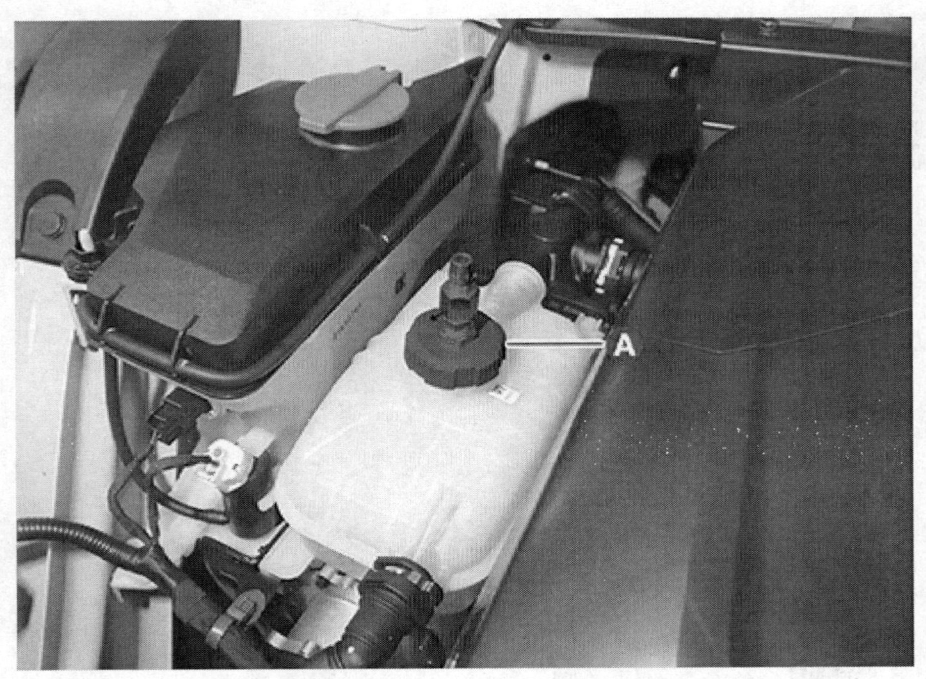

21. 진단 장비(KDS)를 연결한 후 부가기능의 "전자식 워터 펌프 구동" 항목을 수행한다.

유 의

전자식 워터 펌프(EWP)가 작동하는 동안 리저버 탱크의 냉각수가 공기 방울 발생없이 잘 순환되는지 육안으로 리저버 탱크 내부를 확인한다.

참 고

전자식 워터 펌프(EWP) 강제 구동 시 배터리 방전을 막기 위해 보조 배터리 (12 V)를 충전시키면서 작업한다.

홈
오프라인
EV6(CV)/2022/160kW (2W..
VCI
VCI II 탐색 중
탐색 중지
시스템별
작업 분류별
모두 펼치기
모터제어유닛-앞
모터제어유닛-뒤
사양정보
전자식 워터펌프 구동 검사
레졸버 옵셋 보정 초기화
EPCU(MCU) 자가진단 기능
배터리 매니지먼트 시스템
통합충전제어장치
차량 충전 관리 제어기
차량제어
전자식변속레버
전자식변속제어
제동제어
전방레이더
에어백(1차충돌)
에어백(2차충돌)
기능 수행 중에는 다른 기능이 동작되지 않도록 주의하십시오.

부가기능

• 전자식 워터펌프 구동 검사

검사목적	하이브리드 차량 또는 전기 차량의 EPCU/고전압배터리/냉각부품(EWP, 3way Valve 등) 정비 후 냉각수 보충시 공기빼기 및 냉각수 순환을 위해 EWP를 구동하는 기능.
검사조건	1. IG ON 2. 시동 전 3. NO DTC(EWP 관련 코드 : P0C73) 4. NO DTC(BMS 수냉각 시스템 정상)
연계단품	하이브리드 차량: Motor Control Unit(MCU), Electric Water Pump(EWP) 전기 차량: Motor Control Unit(MCU), Battery Management System(BMS), Electric Water Pump(BEWP), 배터리용 3way valve, 배터리용 승온히터(옵션), 히트펌프용 3way valve(옵션)
연계DTC	-
불량현상	-
기 타	-

확인

! 기능 수행 중에는 다른 기능이 동작되지 않도록 주의하십시오.

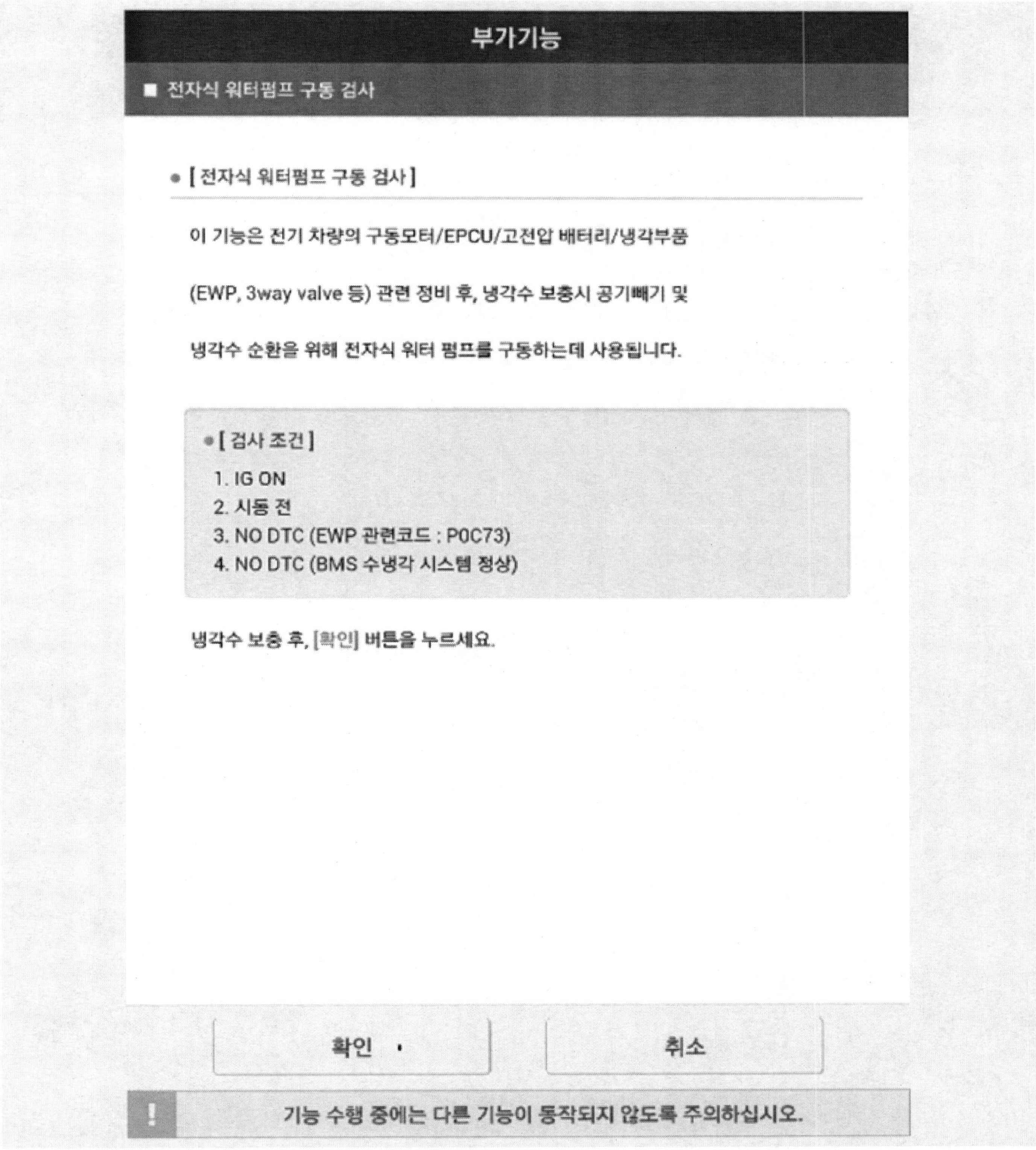

부가기능

■ 전자식 워터펌프 구동 검사

● [전자식 워터펌프 구동 검사]

이 기능은 전기 차량의 구동모터/EPCU/고전압 배터리/냉각부품

(EWP, 3way valve 등) 관련 정비 후, 냉각수 보충시 공기빼기 및

냉각수 순환을 위해 전자식 워터 펌프를 구동하는데 사용됩니다.

● [검사 조건]

1. IG ON
2. 시동 전
3. NO DTC (EWP 관련코드 : P0C73)
4. NO DTC (BMS 수냉각 시스템 정상)

냉각수 보충 후, [확인] 버튼을 누르세요.

확인 · 취소

! 기능 수행 중에는 다른 기능이 동작되지 않도록 주의하십시오.

부가기능

■ 전자식 워터펌프 구동 검사

● [전자식 워터펌프 구동 검사]

< EWP 구동중 확인 해야될 사항 >

1. 육안으로 리저버 탱크의 냉각수가 순환 되는지 확인

2. 냉각수 부족시 보충해야 되며, EWP는 30분 정도 구동

3.냉각수가 순환 될때 냉각수에 공기 방울이 있다면, 구동이 종료 된 다음 30초후 기능을 재 실행

4. 12V 보조배터리 방전 주의(보조배터리 충전기 연결)

구동을 중지 하려면 [취소] 버튼을 누르십시오.

[[구동 중]]　4 초 경과

취소

! 기능 수행 중에는 다른 기능이 동작되지 않도록 주의하십시오.

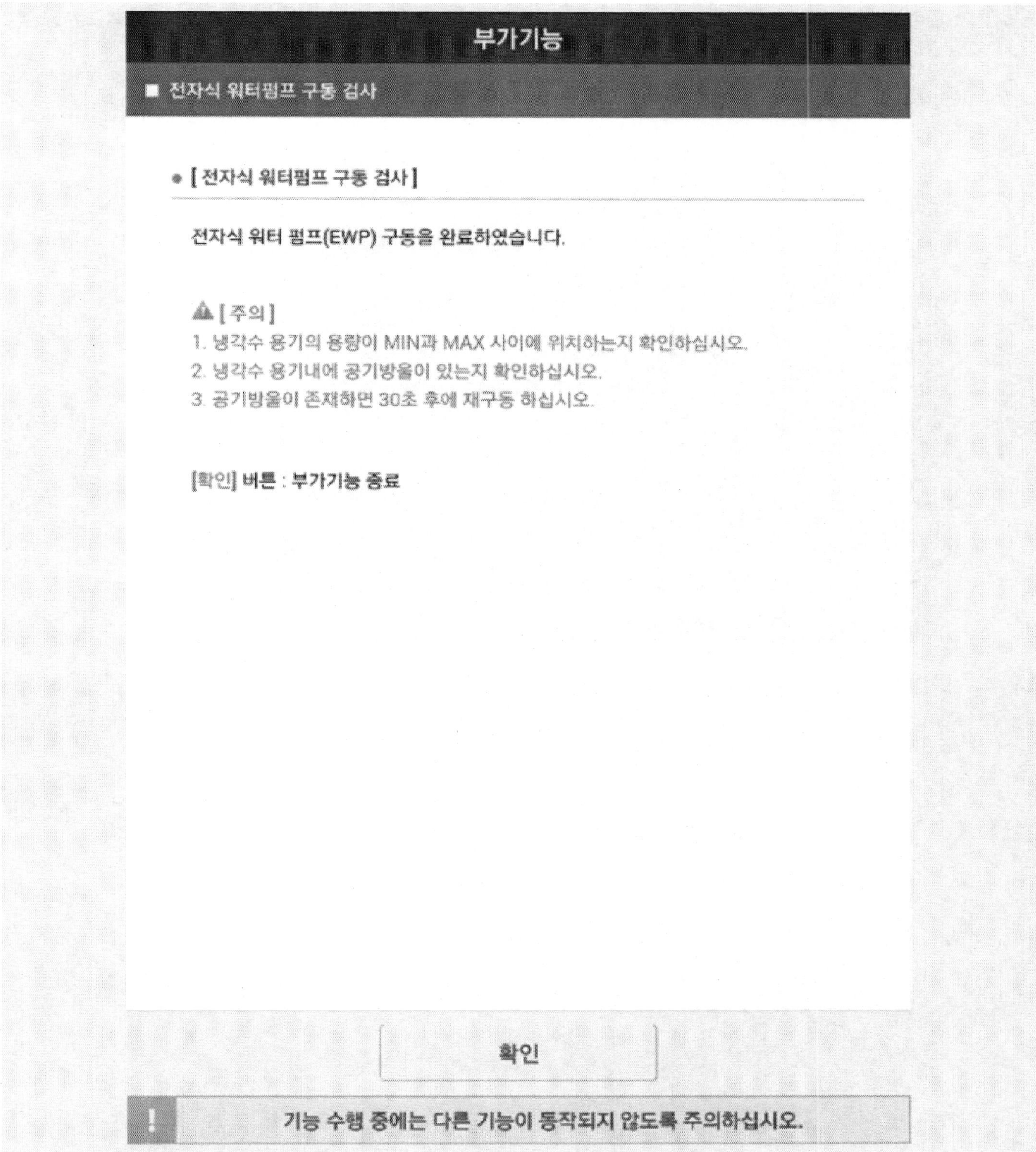

부가기능

■ 전자식 워터펌프 구동 검사

● [전자식 워터펌프 구동 검사]

전자식 워터 펌프(EWP) 구동을 완료하였습니다.

⚠ [주의]
1. 냉각수 용기의 용량이 MIN과 MAX 사이에 위치하는지 확인하십시오.
2. 냉각수 용기내에 공기방울이 있는지 확인하십시오.
3. 공기방울이 존재하면 30초 후에 재구동 하십시오.

[확인] 버튼 : 부가기능 종료

확인

! 기능 수행 중에는 다른 기능이 동작되지 않도록 주의하십시오.

22. 전자식 워터 펌프(EWP)가 작동하고 냉각수가 순환하면 리저버 탱크를 통해 냉각수를 보충한다.

유 의

- 전자식 워터 펌프(EWP)가 냉각수 없는 상태에서 작동되면 베어링 마찰로 인해 손상될수 있다.
- 만일 냉각수 흐름이 원활하지 않거나 공기 방울이 여전히 발생되면 21 ~ 22번 절차를 반복한다.
- 전자식 워터 펌프(EWP) 강제 구동은 공기 빼기가 완료될 때까지 작동시킨다.

23. 공기 빼기가 완료되면 전자식 워터 펌프(EWP)의 작동을 멈추고 리저버 탱크의 "MAX" 선까지 냉각수를 채운 후 압력 캡을 잠근다.

유 의

- 배터리 EWP 작동 중 소음이 적어지고 리저버 탱크에서 더 이상 공기 방울이 발생하지 않으면 냉각 시스템의 공기 빼기는 완료된 것이다.
- 냉각수가 완전히 식었을 때, 냉각 시스템 내부 공기 배출 및 냉각수 보충이 가장 용이하게 이루어지며 냉각수 교환 후 2~3일 정도는 리저버 탱크의 냉각수 용량을 재확인한다.
- 퀵 커넥터(A)가 확실히 장착 되었는지 확인한다.

24. 차량시동을 걸고 냉각 호수 및 파이프 연결부위 누수여부를 점검한다.
25. 리어 언더 커버를 장착한다.
    (모터 및 감속기 어셈블리 - "리어 언더 커버" 참조)

특수공구

공구 명칭/번호	형상	용도
냉각수 주입 및 배출 공구 0K253 - J2300		고전압 배터리 시스템 어셈블리 내 냉각수 주입 및 배출 시 사용

특수공구(0K253 - J2300) 세부 명칭

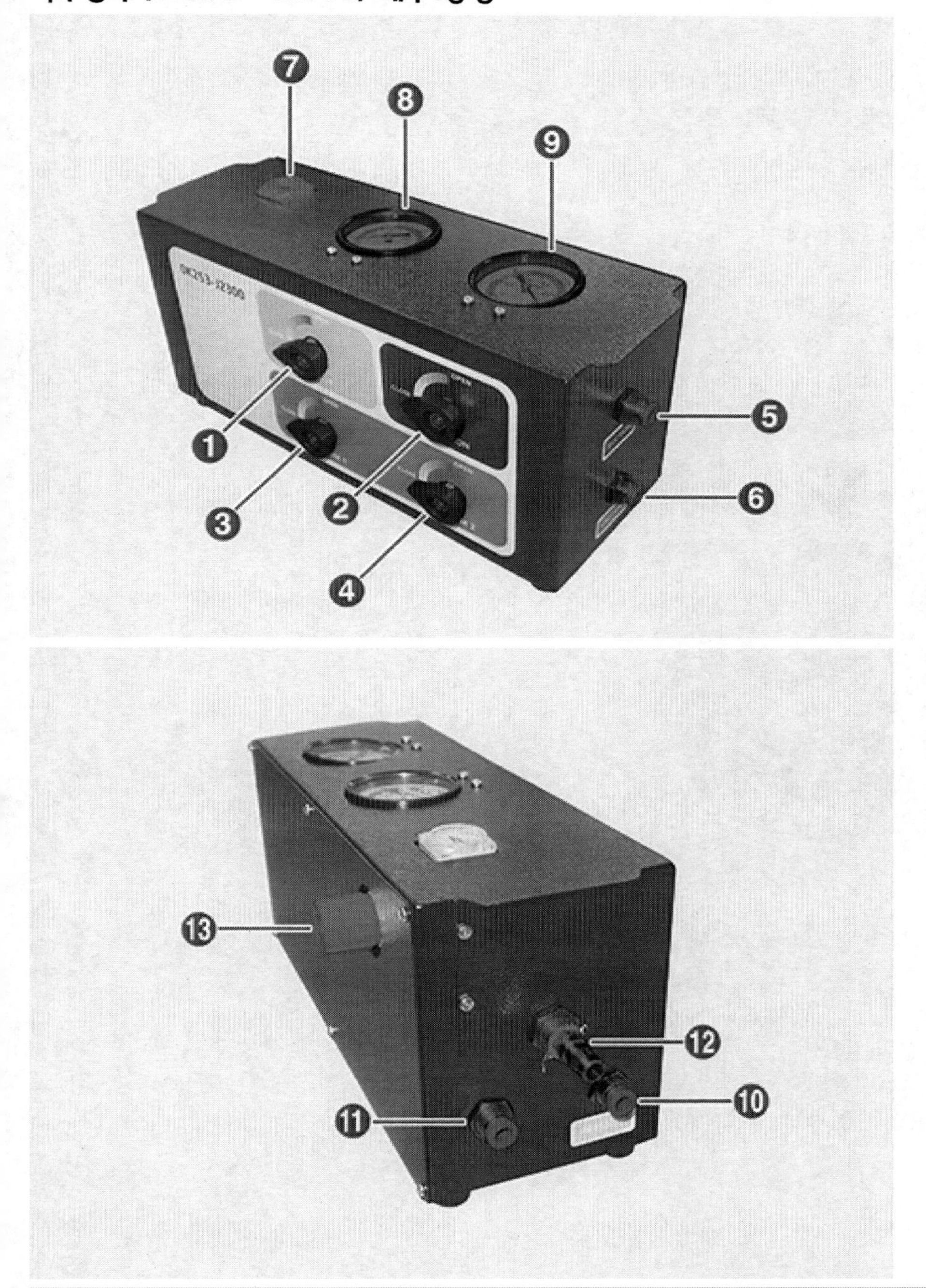

1. 압력 밸브 2. 석션 밸브 3. 진공 밸브 1 4. 진공 밸브 2	7. 레귤레이터 압력 게이지 8. 압력 게이지 9. 진공 게이지 10. 에어 가압 밸브 11. 진공 배출 밸브

5. 냉각수 주입 밸브 6. 진공 발생 밸브	12. 에어 연결 밸브 13. 레귤레이터 조절 노브

냉각수 교환 및 공기 빼기

⚠ 경 고

- 고전압 시스템 관련 작업 시, 관련 교육을 이수한 작업자가 정비를 진행한다. 고전압 시스템에 대한 이해가 부족한 경우 감전 또는 누전 등으로 인한 심각한 사고를 초래할 수 있다.
- 고전압 시스템 또는 주변 부품 작업 시, 반드시 "안전 사항 및 주의, 경고" 내용을 숙지하고 준수해야 한다. 미 준수 시, 감전 또는 누전 등으로 인한 심각한 사고를 초래할 수 있다.
- 고전압 시스템 작업 특성 상, 개인보호장구(PPE) 및 사전 고전압 차단 절차를 반드시 확인한다.

유 의

- 차체 도장부의 손상을 방지하기 위해 펜더 커버를 사용한다.
- 커넥터 및 와이어링이 손상되지 않도록 주의하여 분리한다.
- 퀵 커넥터 분리 시 아래 사항에 유의한다.
  - 퀵 커넥터 클램프(A)를 화살표 방향으로 누르며 분리한다.
  - 호스 내측 러버 실(B)을 만지지 않는다.

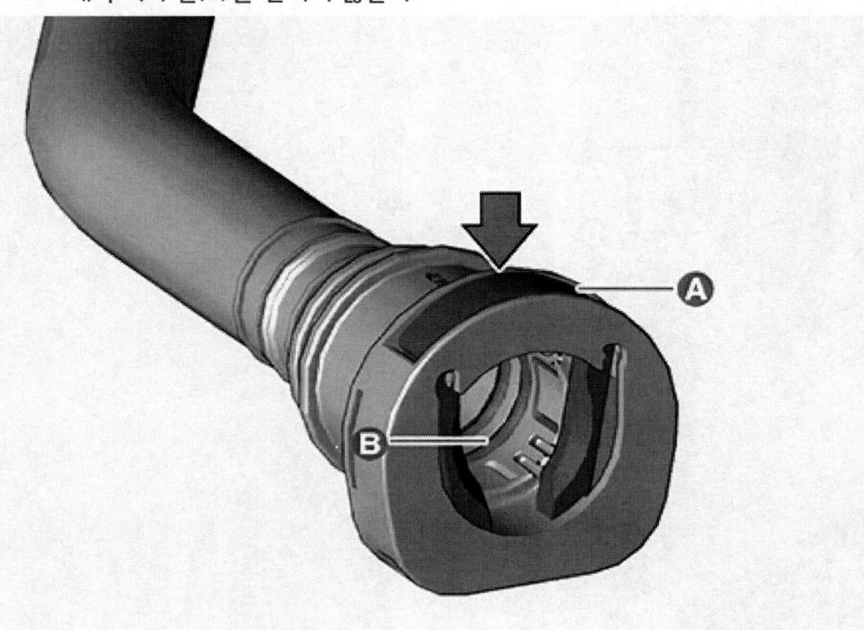

- 냉각수 보충 또는 교환시 압력 캡 라벨과 리저버탱크의 냉각수 색깔을 확인하여 동일한 냉각수를 사용한다.

1. 배터리 (-) 단자와 서비스 인터록 커넥터를 분리한다.
   (배터리 제어 시스템 - "보조 배터리 (12 V)-2WD" 참조)
   (배터리 제어 시스템 - "보조 배터리 (12 V)-4WD" 참조)
2. 리저버 탱크 압력 캡(A)을 연다

3. 라디에이터 캡 어댑터(A)를 장착한다.

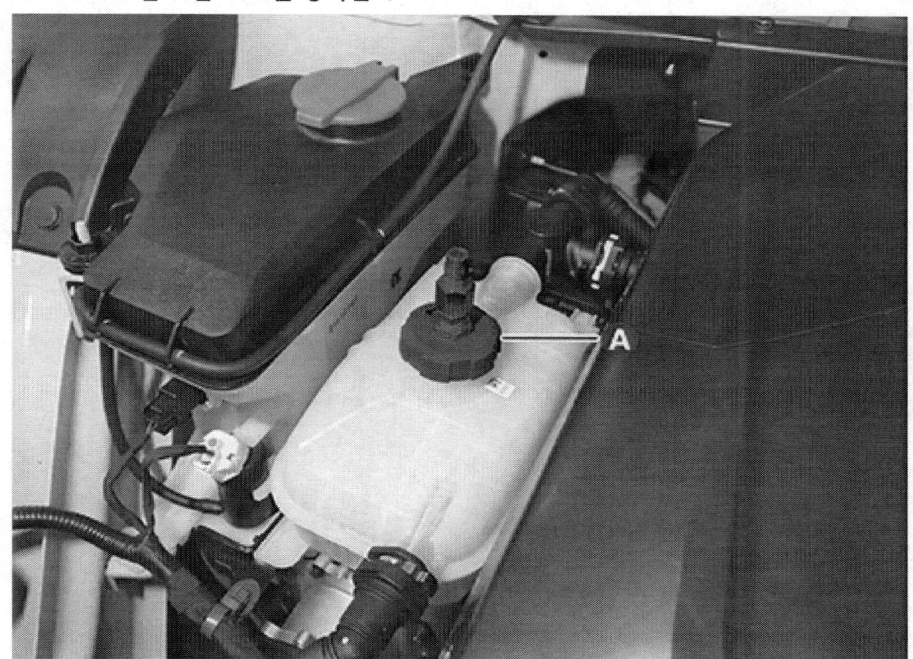

4. 라디에이터 캡 연결 호스(A)를 라디에이터 캡 어뎁터(B)에 장착한다.

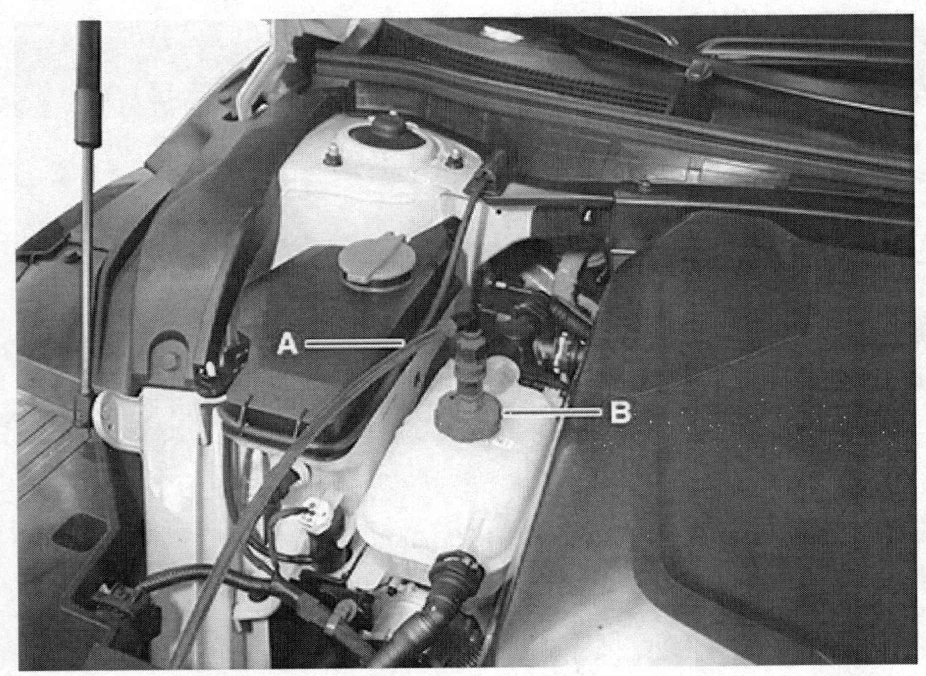

5. 라디에이터 캡 연결 호스(A)의 반대편을 특수공구(0K253 - J2300) 에어 가압 밸브에 연결한다.

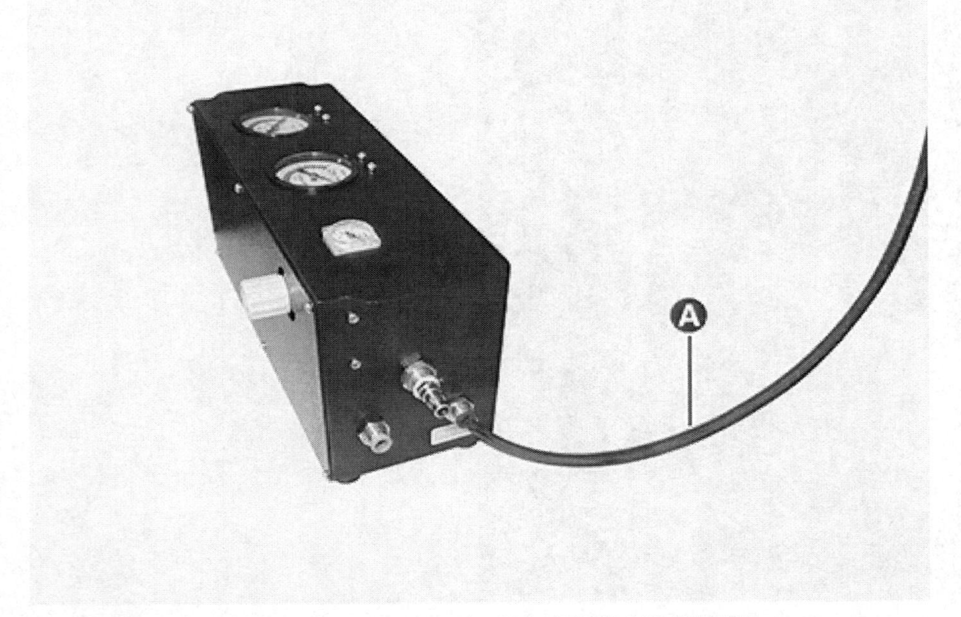

6. 에어 호스(A)를 특수공구(0K253 - J2300) 에어 연결 밸브에 연결한다.

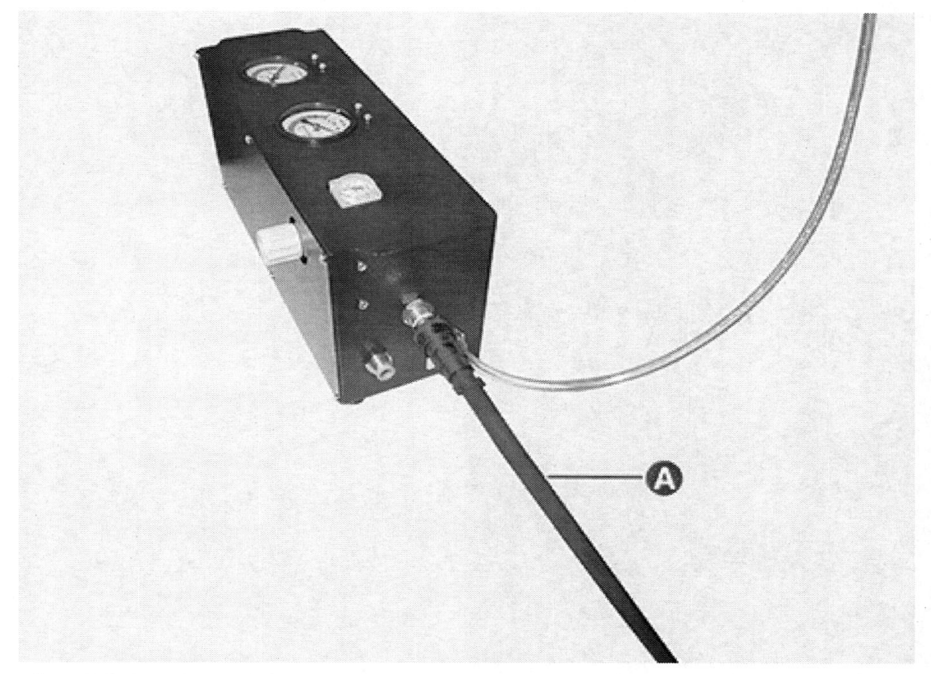

7. 레귤레이터 조절 노브(A)를 돌려 레귤레이터 압력 게이지(B)의 눈금을 0.2Mpa에 맞춘다.

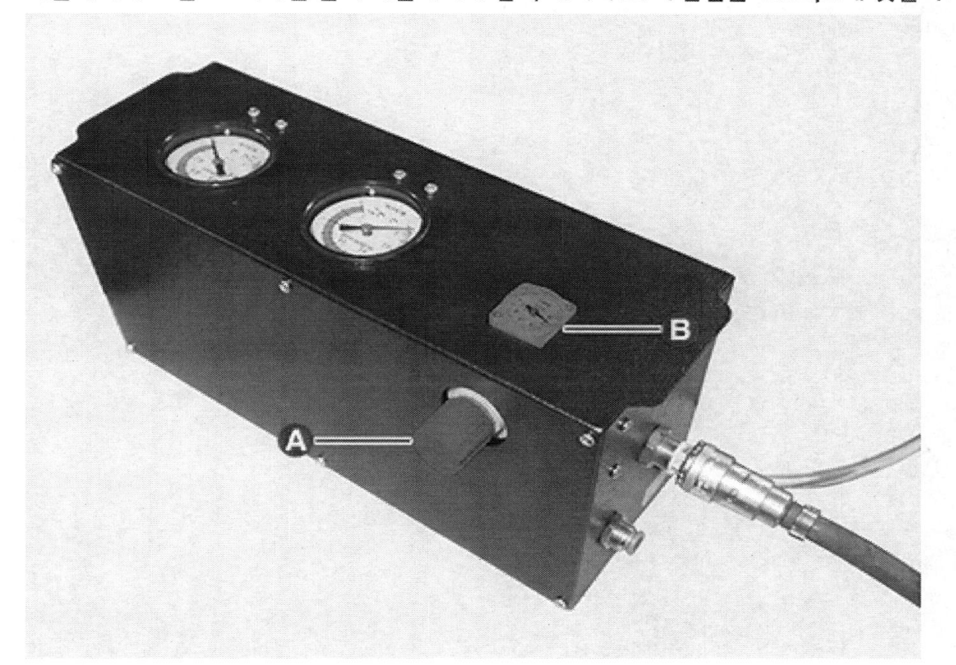

8. 프런트 언더 커버를 탈거한다.
   (모터 및 감속기 시스템 - "프런트 언더 커버" 참조)
9. 퀵 커넥터를 해제하여 배터리 전자식 워터 펌프(EWP) 냉각 호스(A)를 분리한다.
   [2WD]

[4WD]

10. 냉각수 배출 어뎁터 & 호스(A)를 배터리 EWP 와 배터리 EWP 냉각 호스에 연결한다.
   [2WD]

[4WD]

11. 냉각수 배출 어뎁터 & 호스(A) 반대편을 냉각수를 받을 통(B)에 넣는다.

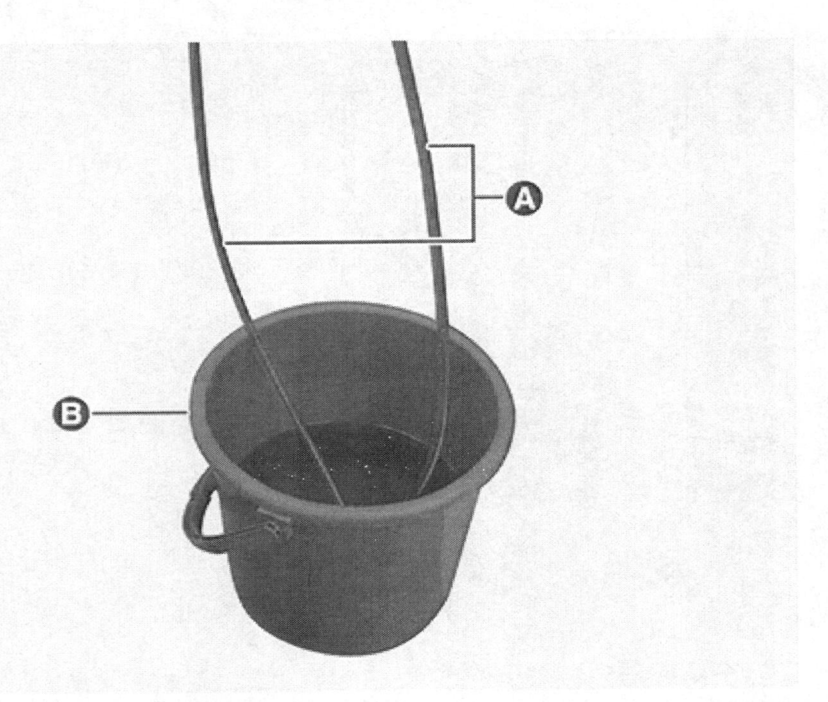

12. 특수공구(0K253 - J2300) 압력 밸브(A)를 화살표 방향으로 돌려서 냉각수를 배출한다.

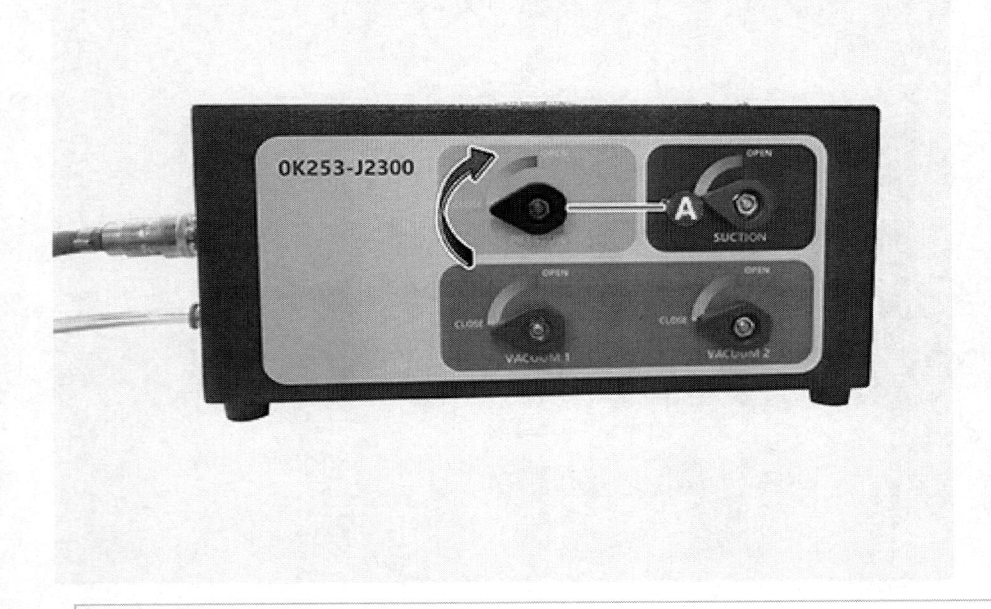

유 의

압력 밸브(A)를 제외한 밸브들이 잠겨있는지 확인한다.

유 의

냉각수 호스 장착 후 퀵 커넥터가 확실히 장착되었는지 확인한다.
[타입 A]
- 퀵 커넥터(A)가 확실히 장착 되었는지 확인한다.

[타입 B]

- 퀵 커넥터와 퀵 커넥터 클램프가 확실히 장착 되었는지 확인한다.
- 퀵 커넥터 클램프 돌출부(A)와 퀵 커넥터 홈(B)이 일치하는지 확인한다.

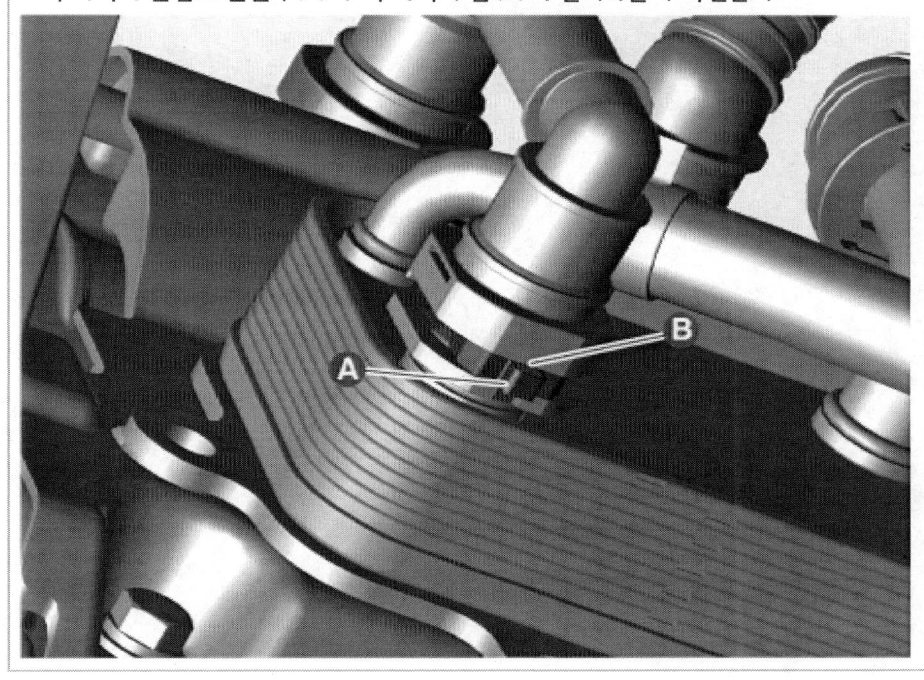

13. 냉각수 배출 후 압력 밸브를 잠그고 배터리 EWP 냉각 호스(A)를 장착한다.
    [2WD]

[4WD]

14. 리저버 탱크 내부의 냉각수를 배출하고 리저버 탱크를 청소한다.
15. 특수공구(0K253 - J2300) 에어 가압 밸브에 연결한 라디에이터 캡 연결 호스(A)를 분리한다.

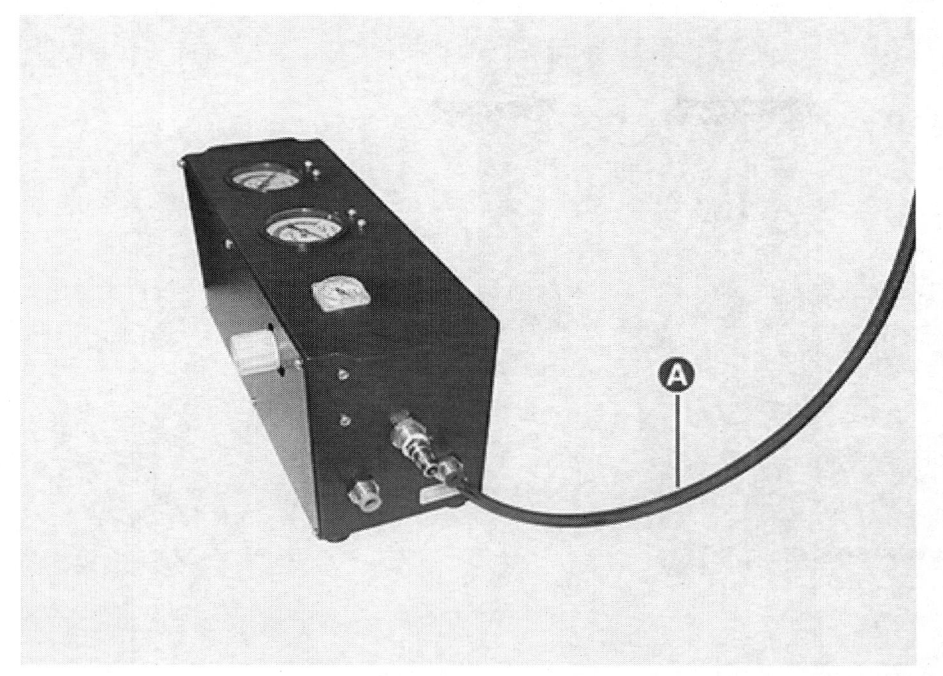

16. 라디에이터 캡 연결 호스(A)를 특수공구(0K253 - J2300) 진공 발생 밸브에 연결한다.

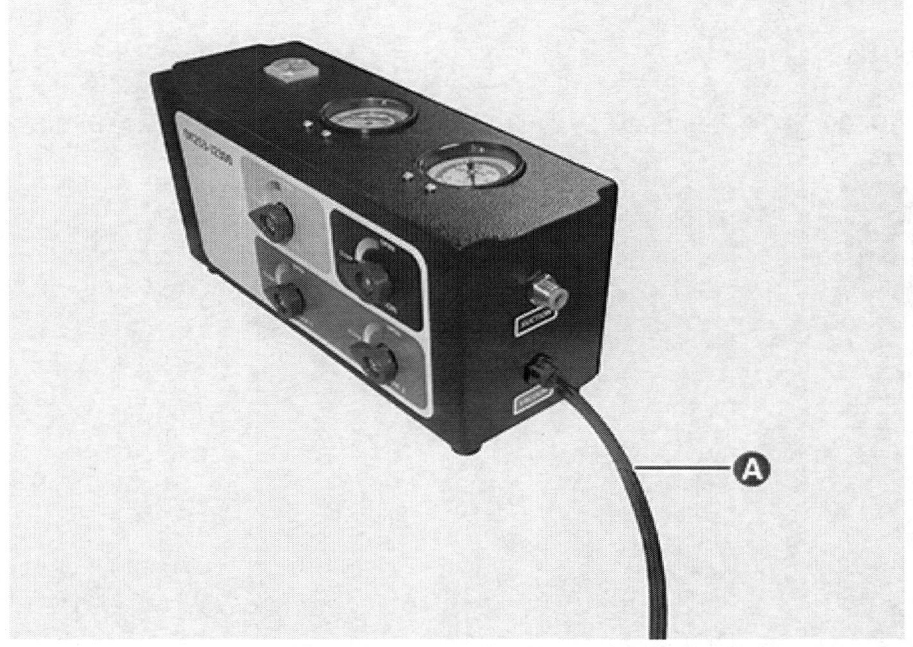

17. 특수공구(0K253 - J2300) 진공 밸브(A)를 화살표 방향으로 돌려 열고, 진공 게이지의 눈금(B)이 초록색 구간(C)에 도달하면 진공 밸브를 잠근다.

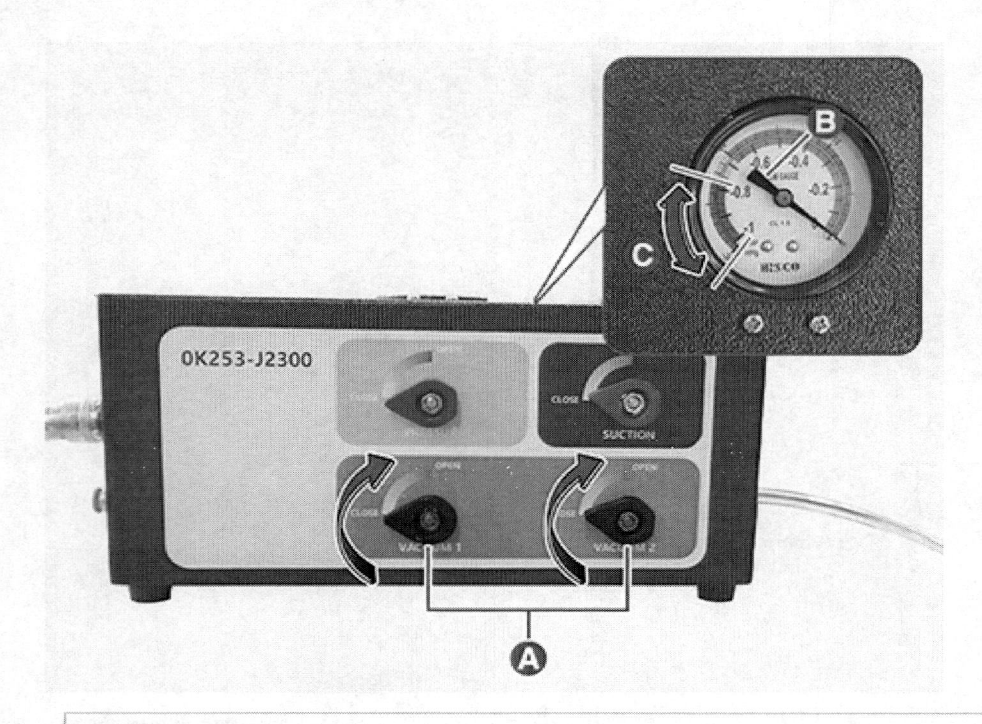

> **유 의**
>
> 진공 밸브(A)를 제외한 밸브들이 잠겨있는지 확인한다.

18. 냉각수 흡입 호스(A)를 특수공구(0K253 - J2300) 냉각수 주입 밸브에 연결하고 반대편 호스는 신품 냉각수를 담은 통(B)에 넣는다.

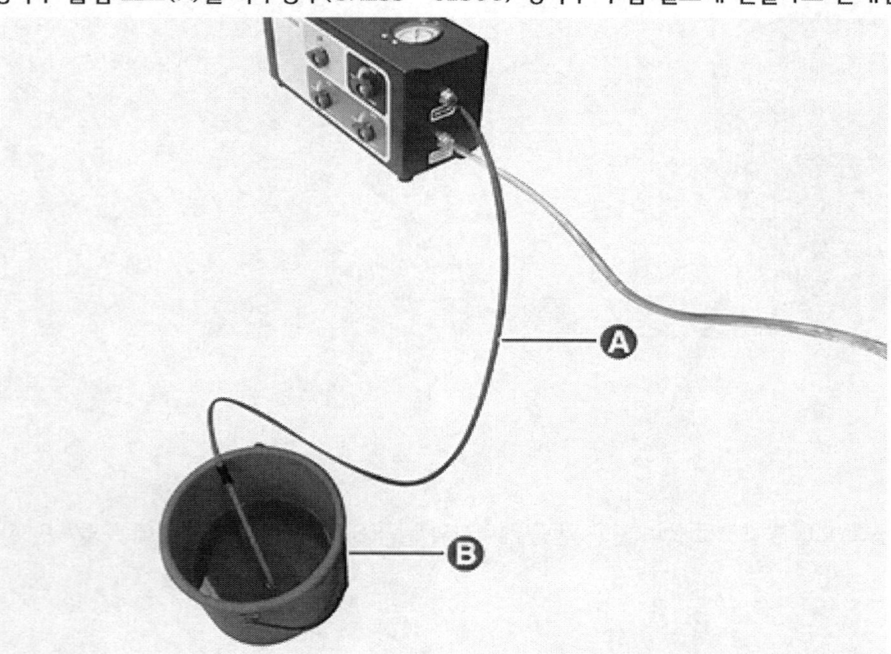

19. 특수공구(0K253 - J2300) 석션 밸브(A)를 화살표 방향으로 돌려 진공 게이지 눈금이 0이 될 때까지 신규 냉각수를 주입 후 석션 밸브를 잠근다.

> **유 의**
>
> - 냉각수 성능을 최상으로 유지하기 위하여 규격에 맞는 부동액을 사용한다.
>   순정 부동액은 품질과 성능을 당사가 보증하는 부동액이다.
> - 서로 다른 상표의 부동액/냉각수를 혼합하여 사용하지 않는다.
> - 추가적으로 녹방지제를 첨가하여 사용하지 않는다.
> - 부동액과 물을 혼합 시 반드시 증류수를 사용한다.
> - 냉각수의 농도가 50% 미만이면 부식 또는 동결이 발생할 수 있고 냉각수의 농도가 60% 이상이면 냉각 효과를 감소시킬 수 있음으로 냉각수의 농도는 50~55%로 유지해야 한다.

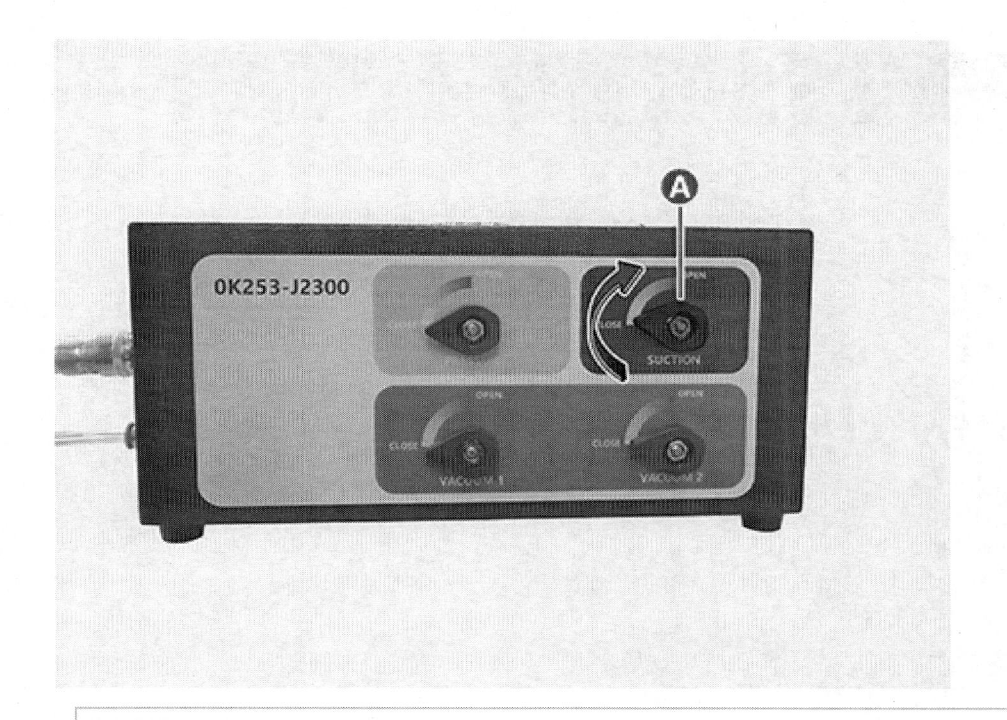

유 의

석션 밸브(A)를 제외한 밸브들이 잠겨있는지 확인한다.

20. 라디에이터 캡 어댑터(A)를 탈거한다.

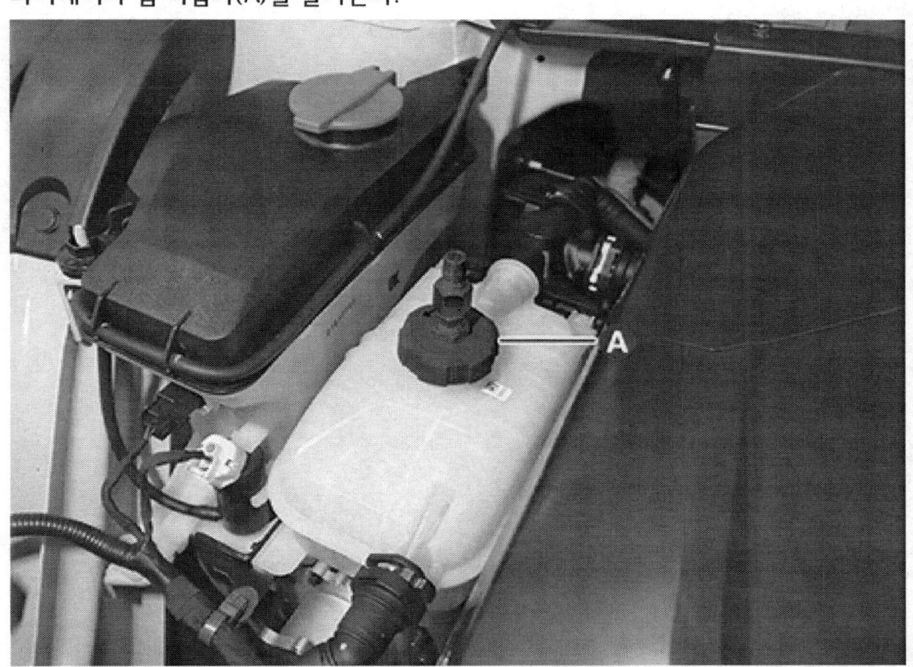

21. 진단 장비(KDS)를 연결한 후 강제 구동 BMS에서 "배터리 EWP 구동(냉각유로 공기제거/냉각수 순환용)" 항목을 수행한다.

유 의

전자식 워터 펌프(EWP)가 작동하는 동안 리저버 탱크의 냉각수가 공기 방울 발생없이 잘 순환되는지 육안으로 리저버 탱크 내부를 확인한다.

참 고

배터리 EWP 강제 구동 시 배터리 방전을 막기 위해 보조 배터리 (12 V)를 충전시키면서 작업한다.

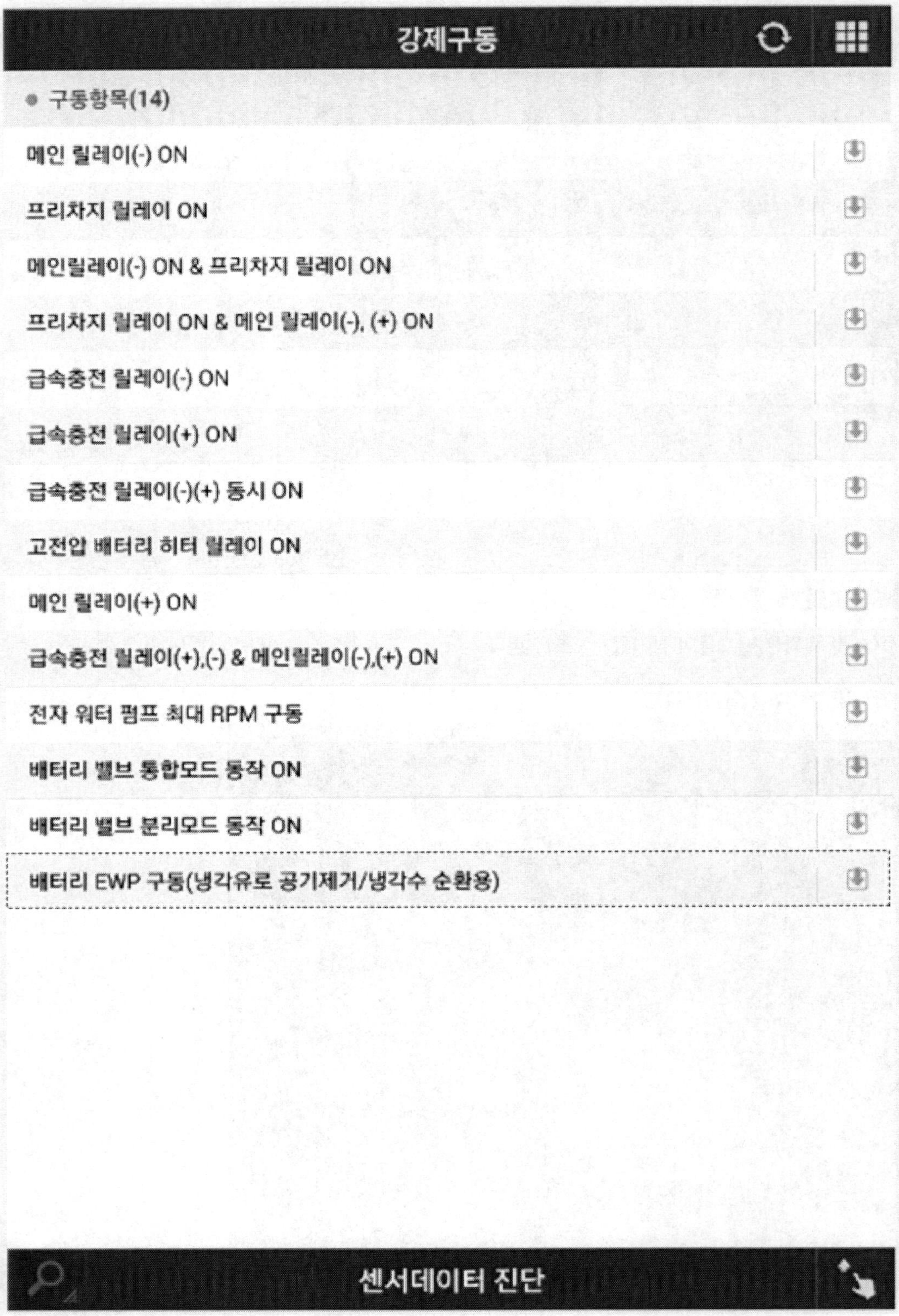

강제구동

● 구동항목(14)

메인 릴레이(-) ON

프리차지 릴레이 ON

메인릴레이(-) ON & 프리차지 릴레이 ON

프리차지 릴레이 ON & 메인 릴레이(-), (+) ON

급속충전 릴레이(-) ON

급속충전 릴레이(+) ON

급속충전 릴레이(-)(+) 동시 ON

고전압 배터리 히터 릴레이 ON

메인 릴레이(+) ON

급속충전 릴레이(+),(-) & 메인릴레이(-),(+) ON

전자 워터 펌프 최대 RPM 구동

배터리 밸브 통합모드 동작 ON

배터리 밸브 분리모드 동작 ON

배터리 EWP 구동(냉각유로 공기제거/냉각수 순환용)

센서데이터 진단

22. 배터리 EWP가 작동하고 냉각수가 순환하면 리저버 탱크를 통해 냉각수를 보충한다.

유 의

- 전자식 워터 펌프(EWP)가 냉각수 없는 상태에서 작동되면 베어링 마찰로 인해 손상될수 있다.
- 냉각수 흐름이 원활하지 않거나 공기방울이 여전히 발생되면 21~22번 절차를 반복한다.
- 배터리 EWP 강제 구동은 공기 빼기가 완료될 때까지 작동시킨다.

23. 공기 빼기가 완료되면 배터리 EWP의 작동을 멈추고 리저버 탱크의 "MAX" 선까지 냉각수를 채운 후 압력 캡을 잠근다.

유 의

- 배터리 EWP 작동 중 소음이 적어지고 리저버 탱크에서 더 이상 공기 방울이 발생하지 않으면 냉각 시스템의 공기 빼기는 완료된 것이다.
- 냉각수가 완전히 식었을 때, 냉각 시스템 내부공기 배출 및 냉각수 보충이 가장 용이하게 이루어지며 냉각수 교환 후 2 ~ 3 일 정도는 리저버 탱크의 냉각수 용량을 재확인한다.
- 퀵 커넥터(A)가 확실히 장착 되었는지 확인한다.

24. 차량시동을 걸고 냉각 호수 및 파이프 연결부위 누수여부를 점검한다.
25. 프런트 언더 커버를 장착한다.
    (모터 및 감속기 시스템 - "프런트 언더 커버" 참조)

COMPONENTS

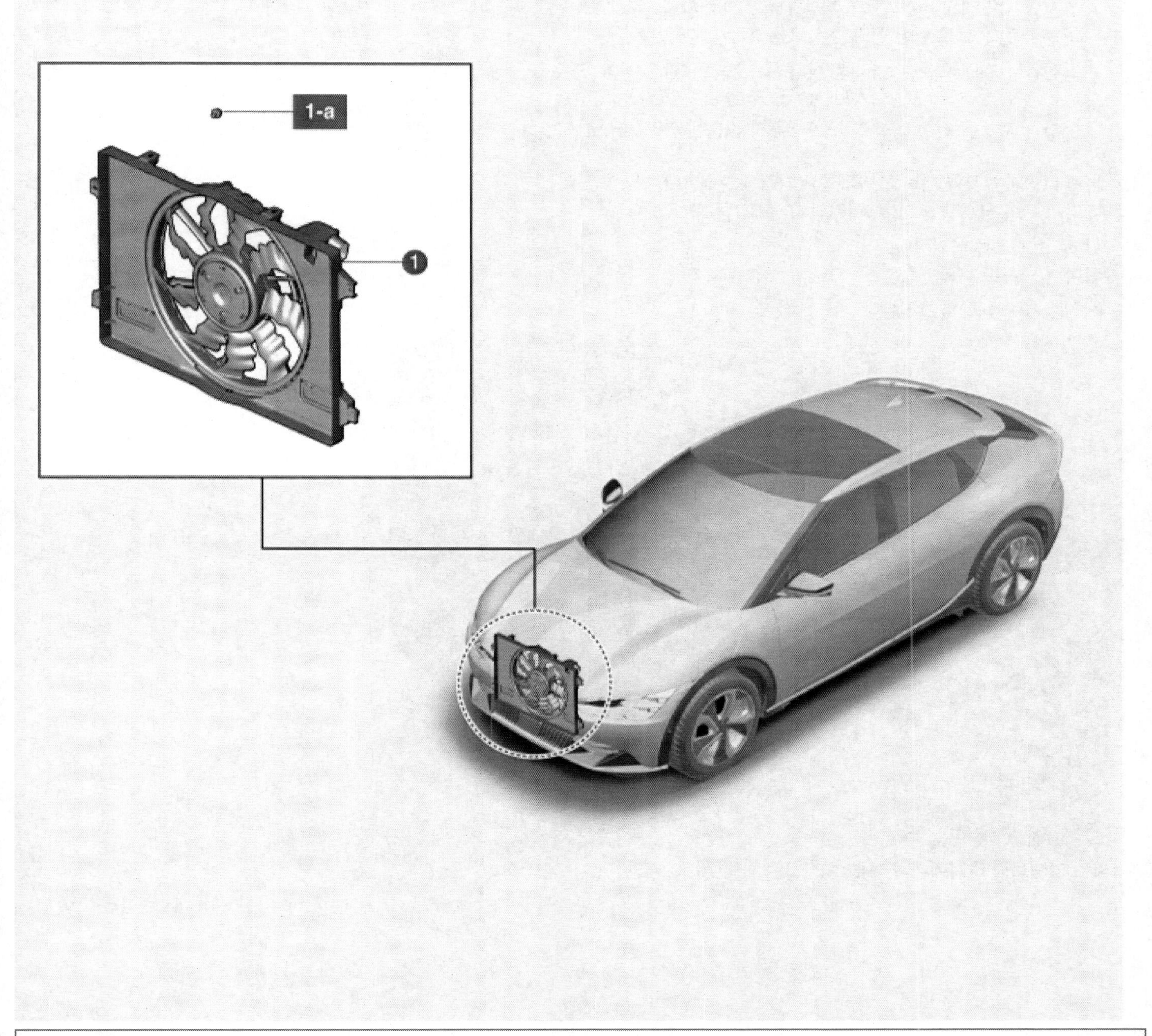

1. 쿨링 팬 어셈블리
1-a. 0.5 ~ 0.8 kgf·m

탈거

⚠ 경 고

- 고전압 시스템 관련 작업 시, 관련 교육을 이수한 작업자가 정비를 진행한다. 고전압 시스템에 대한 이해가 부족한 경우 감전 또는 누전 등으로 인한 심각한 사고를 초래할 수 있다.
- 고전압 시스템 또는 주변 부품 작업 시, 반드시 "안전 사항 및 주의, 경고" 내용을 숙지하고 준수해야 한다. 미 준수 시, 감전 또는 누전 등으로 인한 심각한 사고를 초래할 수 있다.
- 고전압 시스템 작업 특성 상, 개인보호장구(PPE) 및 사전 고전압 차단 절차를 반드시 확인한다.

1. 배터리 (-) 단자와 서비스 인터록 커넥터를 분리한다.
   (배터리 제어 시스템 - "보조 배터리 (12 V)" 참조)
2. 프런트 트렁크를 탈거한다.
   (바디 - "프런트 트렁크" 참조)
3. 쿨링 팬 커넥터(A)를 분리한다.

4. 파워 일렉트릭 라디에이터 상부 호스 고정 클립(A)을 분리한다.

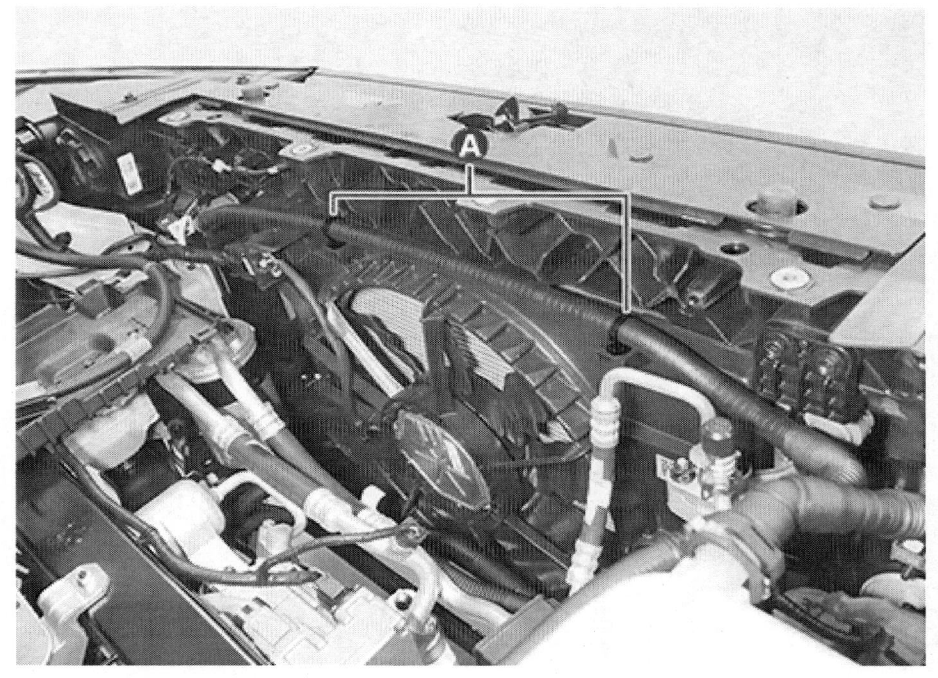

5. 쿨링 팬 볼트(A)를 탈거한다.

체결토크 : 0.5 ~ 0.8 kgf·m

[LH]

[RH]

6. 쿨링 팬 어셈블리(A)를 탈거한다.

장착

7. 장착은 탈거의 역순으로 진행한다.

탈거

⚠ 경 고

- 고전압 시스템 관련 작업 시, 관련 교육을 이수한 작업자가 정비를 진행한다. 고전압 시스템에 대한 이해가 부족한 경우 감전 또는 누전 등으로 인한 심각한 사고를 초래할 수 있다.
- 고전압 시스템 또는 주변 부품 작업 시, 반드시 "안전 사항 및 주의, 경고" 내용을 숙지하고 준수해야 한다. 미 준수 시, 감전 또는 누전 등으로 인한 심각한 사고를 초래할 수 있다.
- 고전압 시스템 작업 특성 상, 개인보호장구(PPE) 및 사전 고전압 차단 절차를 반드시 확인한다.

1. 배터리 (-) 단자와 서비스 인터록 커넥터를 분리한다.
   (배터리 제어 시스템 - "보조 배터리 (12 V)" 참조)
2. 프런트 트렁크를 탈거한다.
   (바디 - "프런트 트렁크" 참조)
3. 프런트 언더 커버를 탈거한다.
   (모터 및 감속기 시스템 - "프런트 언더 커버" 참조)
4. 쿨링 팬 커넥터(A)를 분리한다.

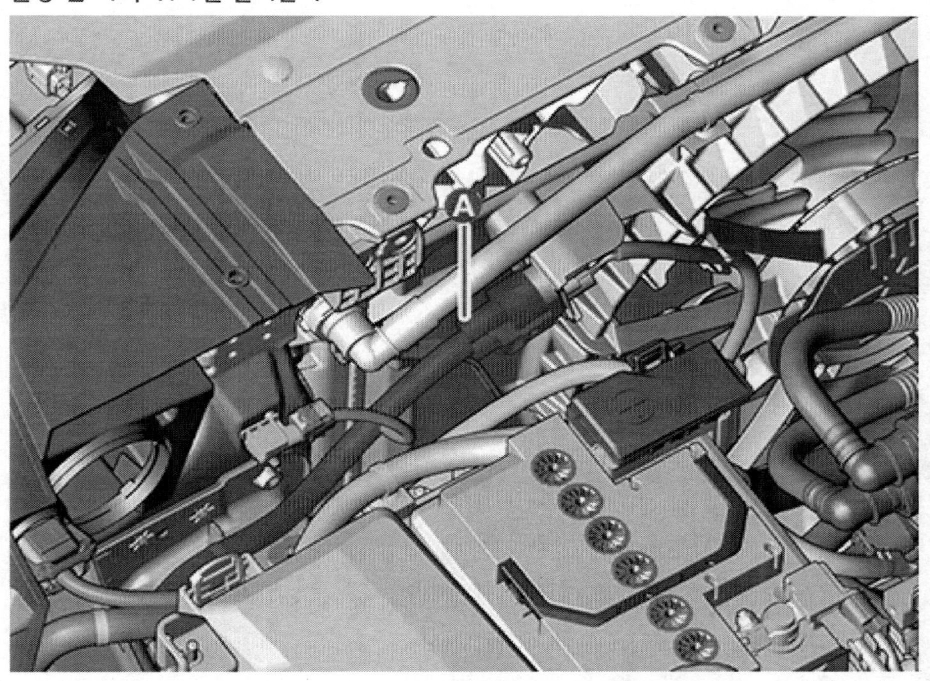

5. 파워 일렉트릭 라디에이터 상부 호스 고정 클립(A)을 분리한다.

6. 쿨링 팬 볼트(A)를 탈거한다.

체결토크 : 0.5 ~ 0.8 kgf·m

[LH]

[RH]

7. 쿨링 팬 어셈블리(A)를 탈거한다.

장착

1. 장착은 탈거의 역순으로 한다.

점검

팬 모터

1. 진단 장비(KDS)를 연결하여 쿨링 팬 모터를 강제 구동 시킨다.

> **참 고**
>
> 팬 모터 강제 구동 항목은 저속, 고속 2가지가 있다.

[팬 모터 저속]

(1) 강제 구동 기능의 "팬 모터 저속" 항목을 수행한다.

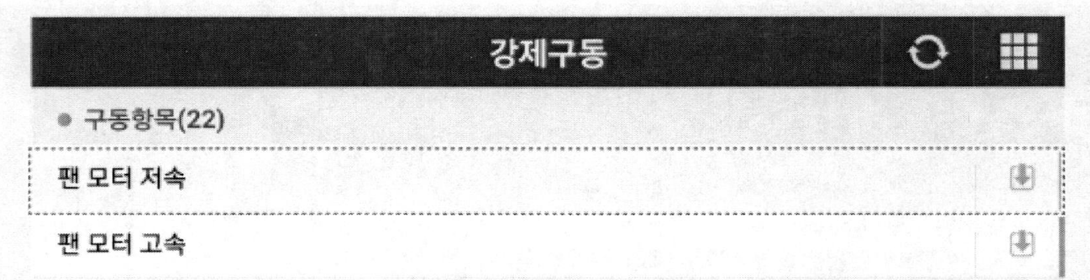

(2) 시작 버튼을 눌러 강제 구동을 실행한다.

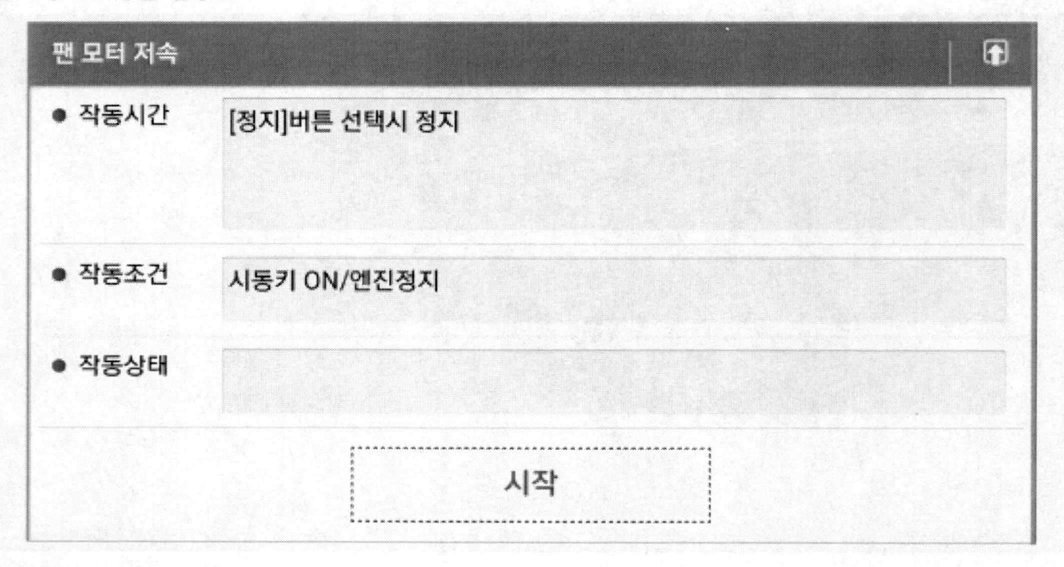

(3) 쿨링 팬의 작동을 육안으로 확인한다.

(4) 정지 버튼을 눌러 강제 구동을 정지시킨다.

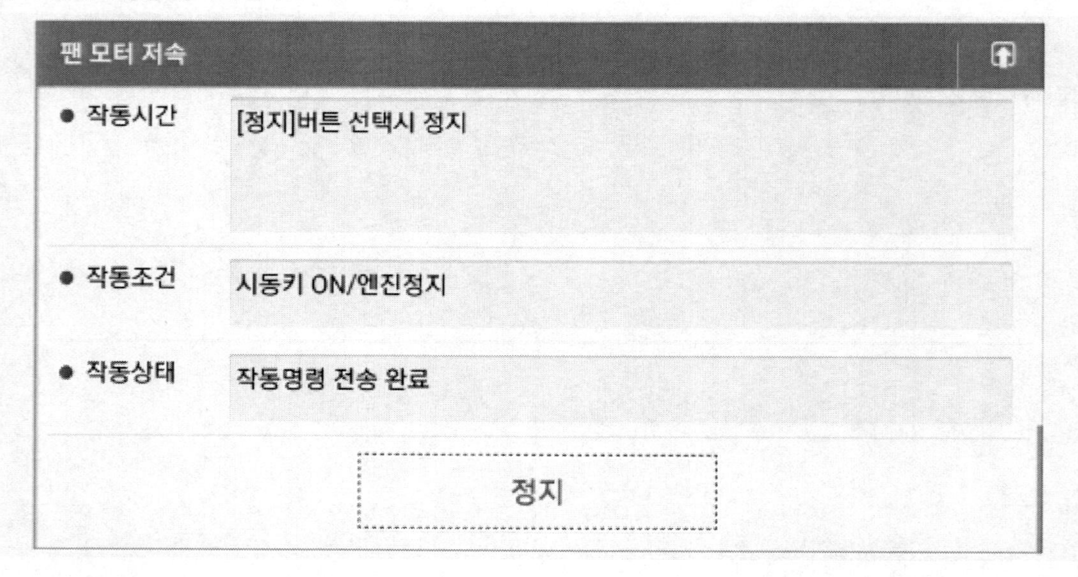

[팬 모터 고속]

[팬 모터 고속]

(1) 강제 구동 기능의 "팬 모터 고속" 항목을 수행한다.

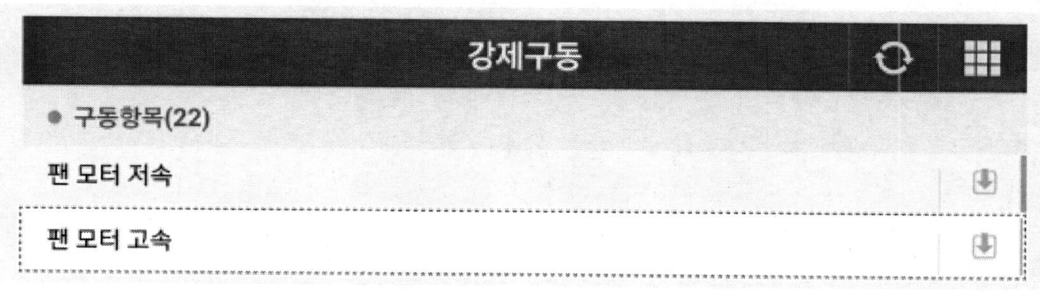

(2) 시작 버튼을 눌러 강제 구동을 실행한다.

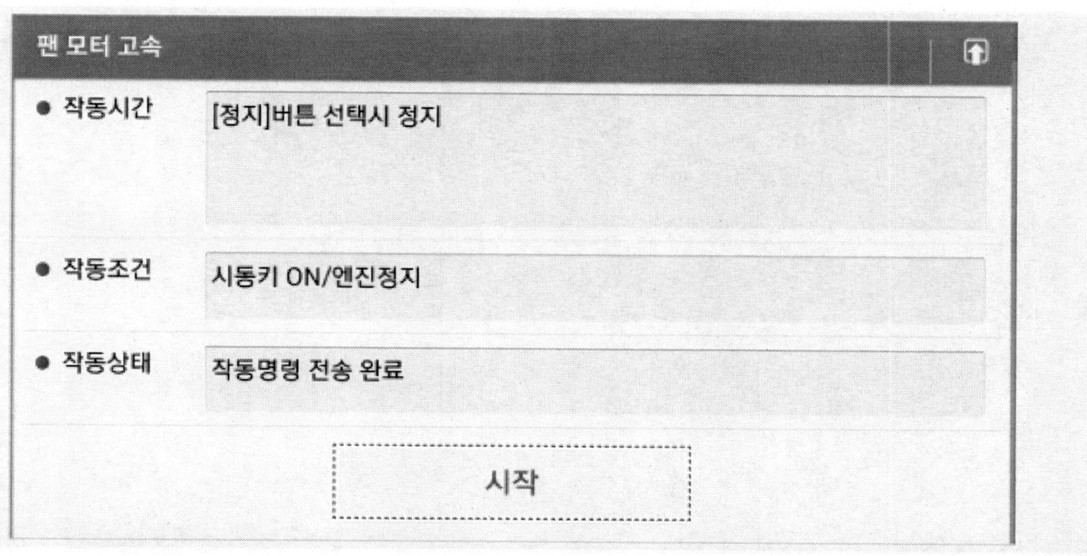

(3) 쿨링 팬의 작동을 육안으로 확인한다.

(4) 정지 버튼을 눌러 강제 구동을 정지시킨다.

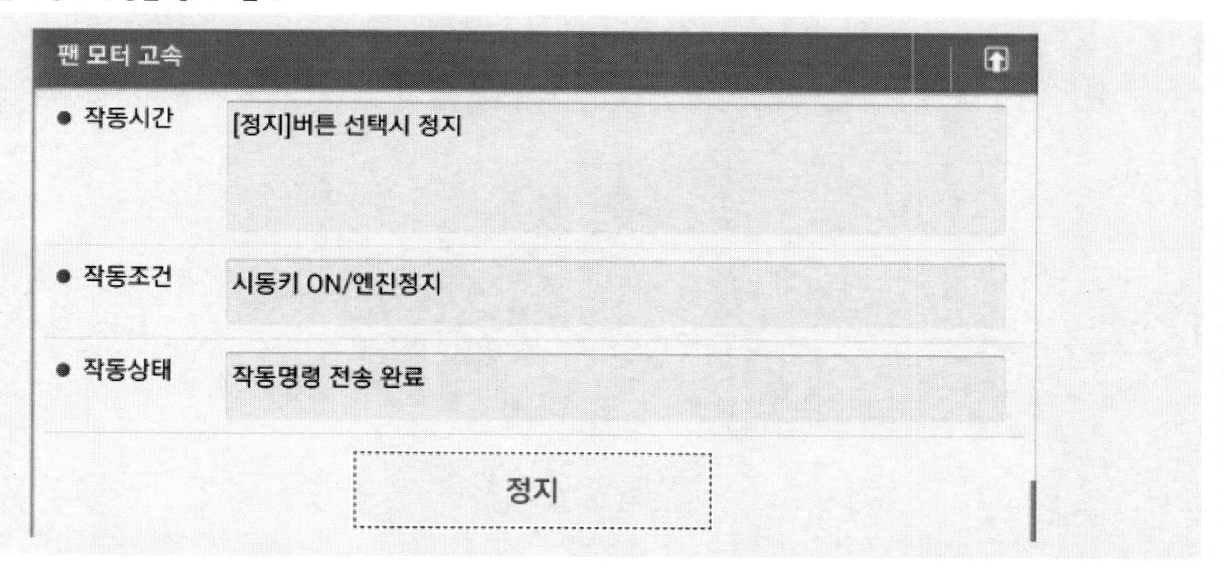

구성부품

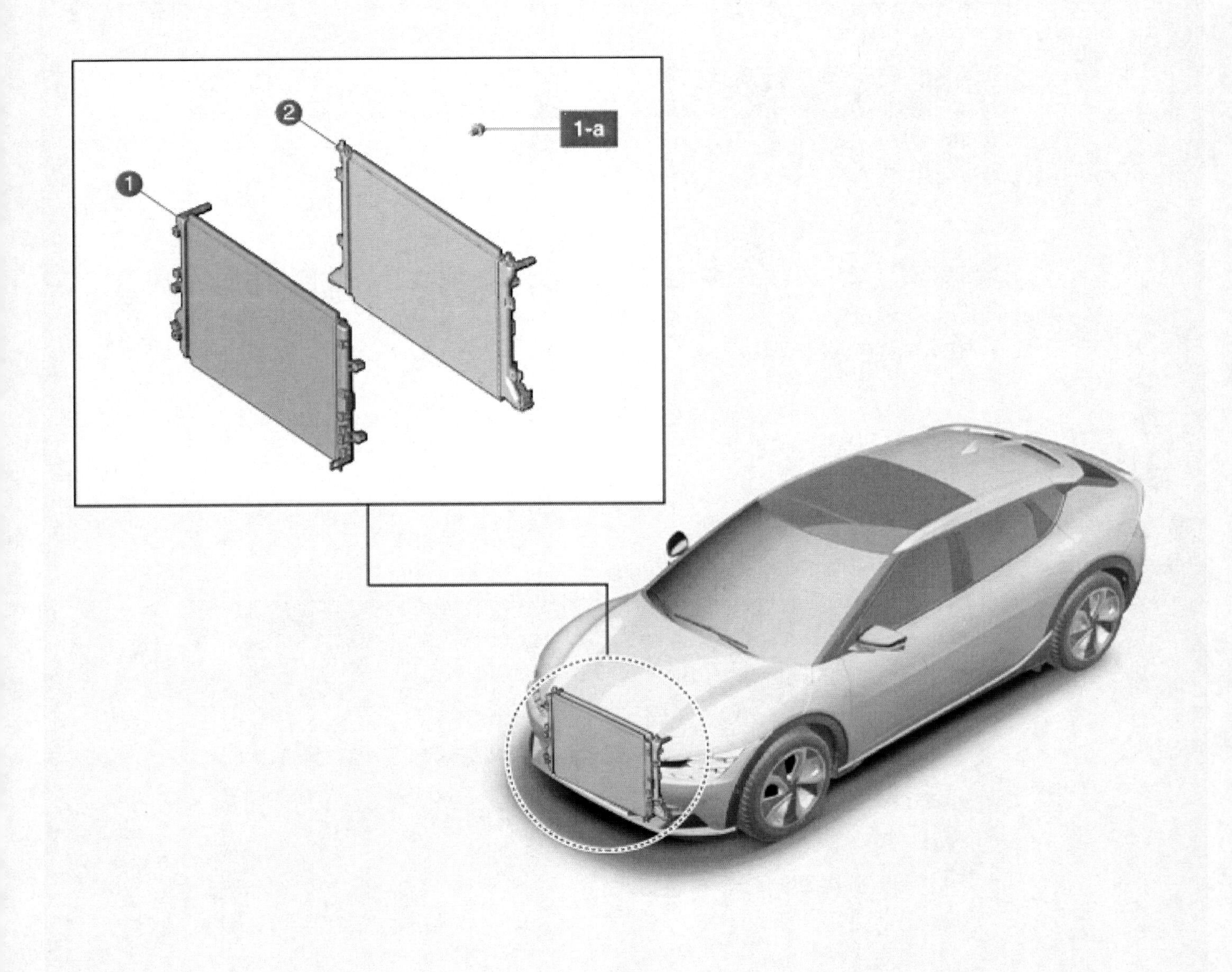

1. 저온 라디에이터
1-a. 0.5 ~ 0.8 kgf·m
2. 고온 라디에이터

탈거

⚠ 경 고

- 고전압 시스템 관련 작업 시, 관련 교육을 이수한 작업자가 정비를 진행한다. 고전압 시스템에 대한 이해가 부족한 경우 감전 또는 누전 등으로 인한 심각한 사고를 초래할 수 있다.
- 고전압 시스템 또는 주변 부품 작업 시, 반드시 "안전 사항 및 주의, 경고" 내용을 숙지하고 준수해야 한다. 미 준수 시, 감전 또는 누전 등으로 인한 심각한 사고를 초래할 수 있다.
- 고전압 시스템 작업 특성 상, 개인보호장구(PPE) 및 사전 고전압 차단 절차를 반드시 확인한다.

유 의

- 차체 도장부의 손상을 방지하기 위해 펜더 커버를 사용한다.
- 커넥터 및 와이어링이 손상되지 않도록 주의하여 분리한다.
- 퀵 커넥터 분리 시 아래 사항에 유의한다.
  - 퀵 커넥터 클램프(A)를 화살표 방향으로 당겨 클램프를 분리하고 호스를 분리한다.
  - 호스 내측 러버 실(B)을 만지지 않는다.

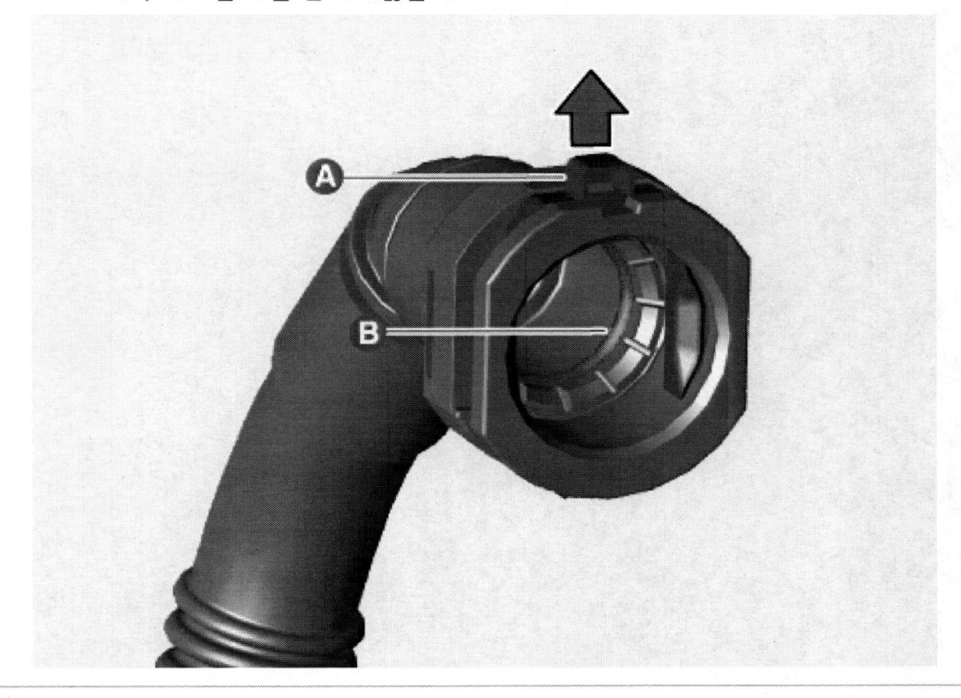

저온 라디에이터

1. 배터리 (-) 단자와 서비스 인터록 커넥터를 분리한다.
   (배터리 제어 시스템 - "보조 배터리 (12 V)-2WD" 참조)
   (배터리 제어 시스템 - "보조 배터리 (12 V)-4WD" 참조)
2. 프런트 트렁크를 탈거한다.
   (바디 - "프런트 트렁크" 참조)
3. 프런트 언더 커버를 탈거한다.
   (모터 및 감속기 시스템 - "프런트 언더 커버" 참조)
4. 냉각수를 배출한다.
   (전기차 냉각 시스템 - "냉각수" 참조)
5. 프런트 범퍼를 탈거한다.
   (바디 - "프런트 범퍼 어셈블리" 참조)
6. 프런트 범퍼 빔을 탈거한다.
   (바디 - "프런트 범퍼 빔 어셈블리" 참조)

7.

8. 퀵 커넥터를 해제하여 저온 라디에이터 상부 호스(A)를 분리한다.

9. 쿨링 팬을 탈거한다.
   (전기차 냉각 시스템 - "쿨링 팬-2WD" 참조)
   (전기차 냉각 시스템 - "쿨링 팬-4WD" 참조)

10. 와이어링 고정 클립(A)을 분리한다.

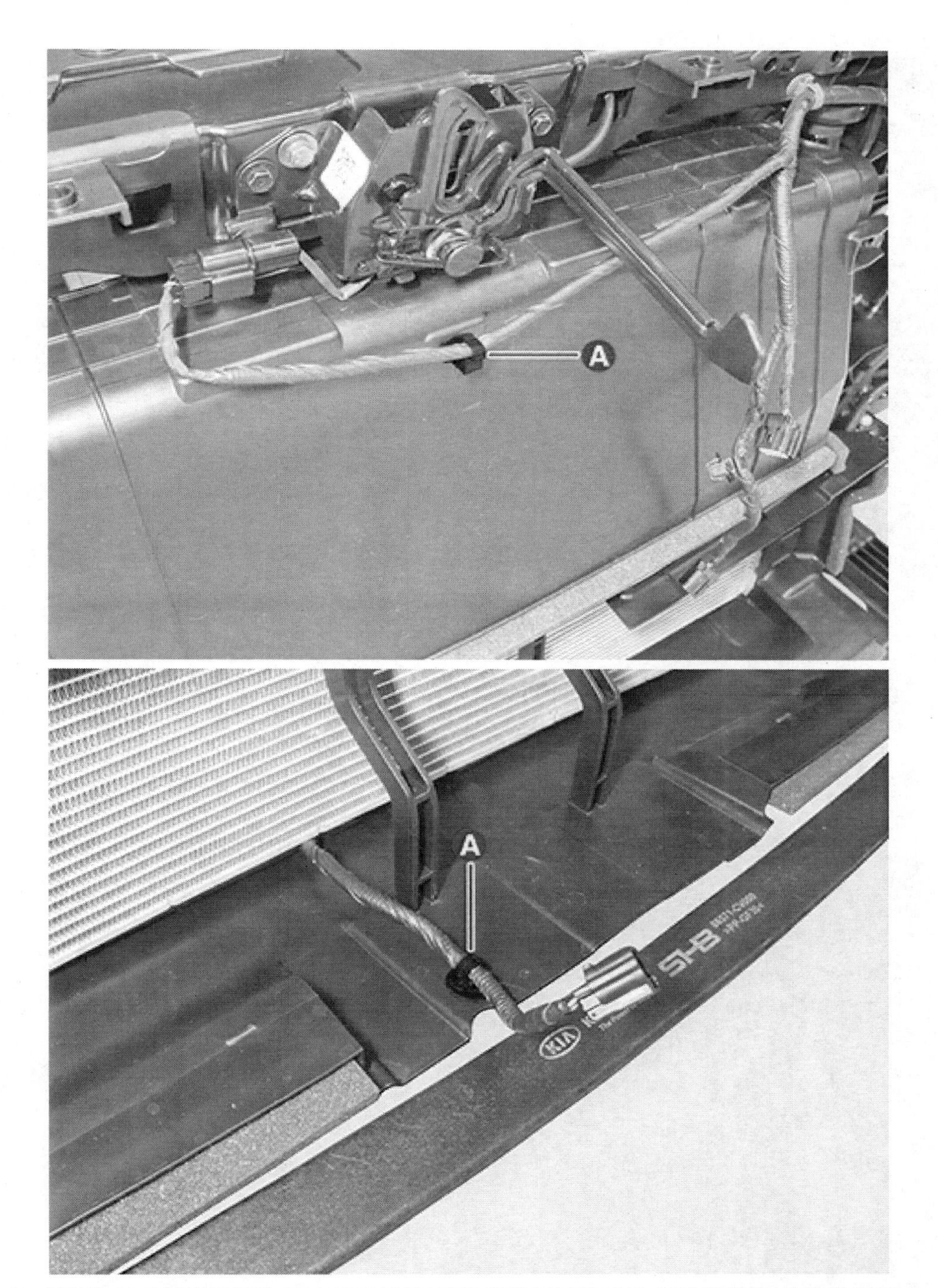

11. 볼트를 풀어 라디에이터 상부 에어 가드(A)와 라디에이터 하부 에어 가드(B)를 탈거한다.

체결토크 : 0.8 ~ 1.2 kgf·m

12. 에어컨 냉매 파이프 마운팅 볼트(A)를 탈거한다.

체결토크 : 0.8 ~ 1.2 kgf·m

13. 콘덴서 볼트(A)를 탈거한다.

체결토크 : 0.5 ~ 0.8 kgf·m

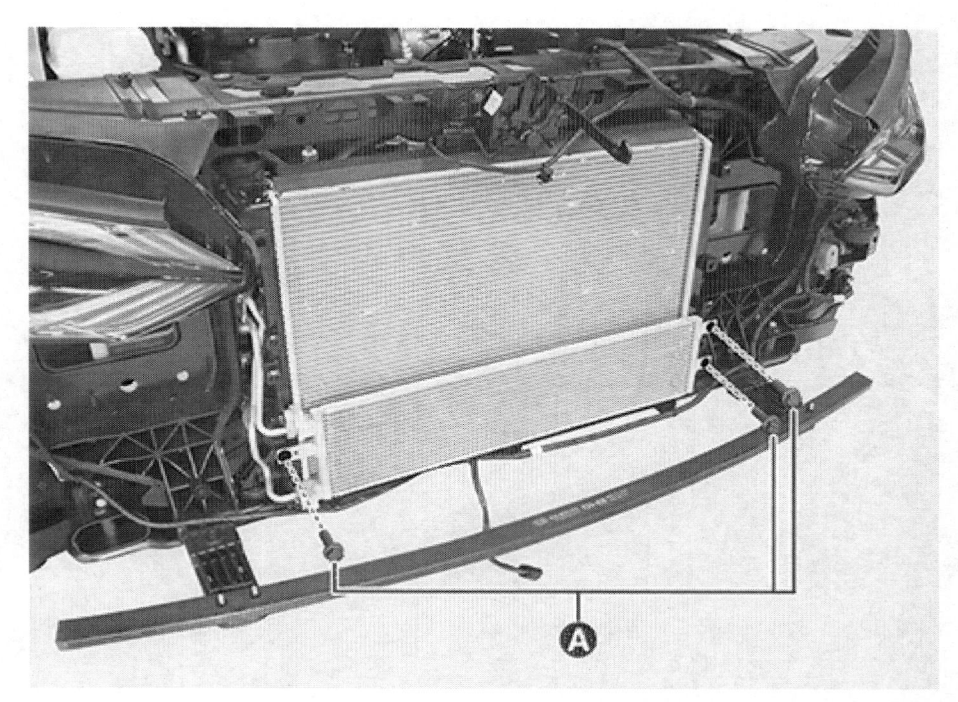

14. 퀵 커넥터를 해제하여 고온 라디에이터 하부 호스(A)와 저온 라디에이터 하부 호스(B)를 분리한다.

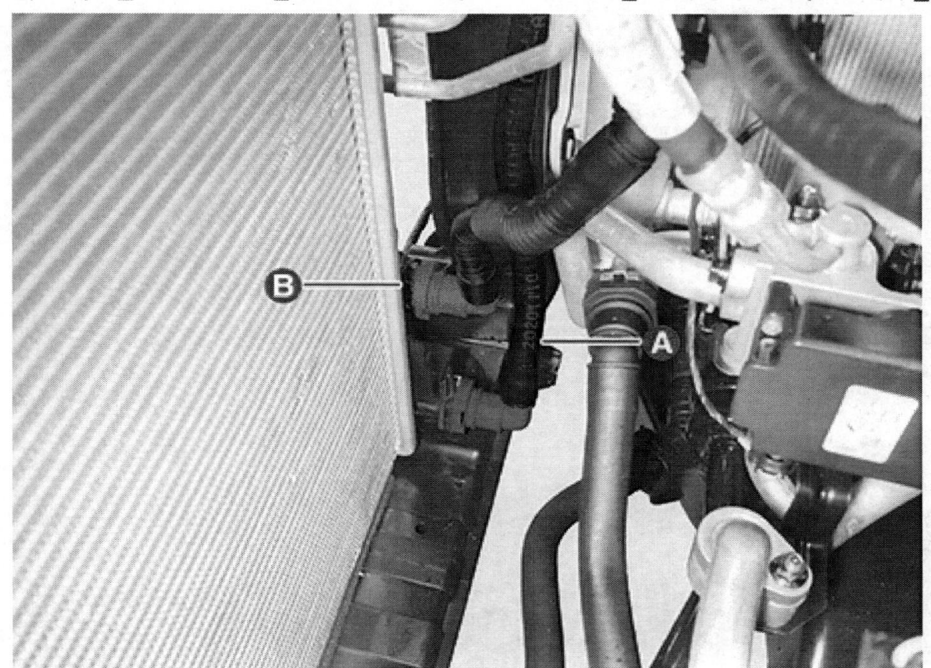

15. 볼트를 풀어 라디에이터 상부 마운팅 브래킷(A)을 탈거한다.

체결토크 : 0.8 ~ 1.2 kgf·m

[LH]

[RH]

16. 고온 라디에이터와 저온 라디에이터(A)를 탈거한다.

17. 저온 라디에이터 마운팅 볼트(A)를 탈거한다.

체결토크 : 0.5 ~ 0.8 kgf·m

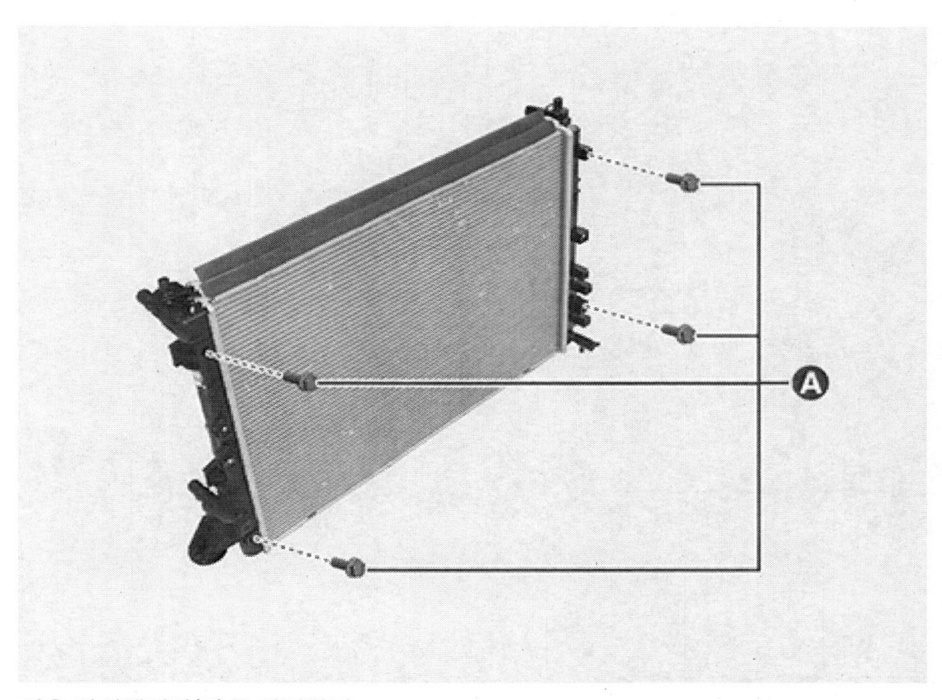

18. 저온 라디에이터(A)를 탈거한다.

고온 라디에이터

1. 고온 라디에이터와 저온 라디에이터를 탈거한다.
2. 저온 라디에이터 마운팅 볼트(A)를 탈거한다.

체결토크 : 0.5 ~ 0.8 kgf·m

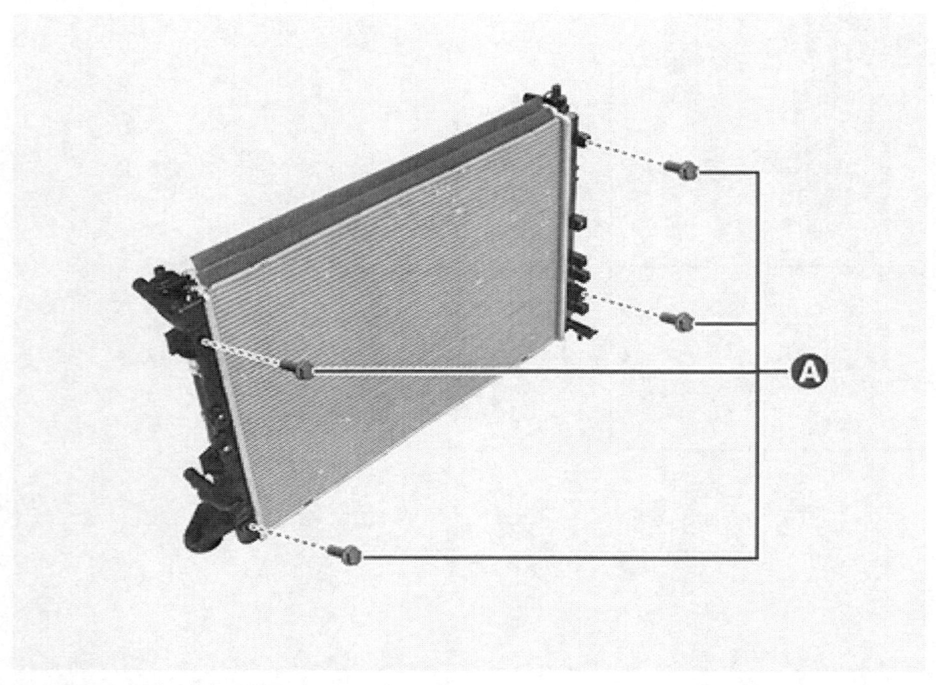

3. 고온 라디에이터(A)를 탈거한다.

장착

저온 라디에이터

1. 장착은 탈거의 역순으로 진행한다.

유 의

냉각수 호스 장착 후 퀵 커넥터가 확실히 장착되었는지 확인한다.
- 퀵 커넥터와 퀵 커넥터 클램프가 확실히 장착 되었는지 확인한다.
- 퀵 커넥터 클램프 돌출부(A)와 퀵 커넥터 홈(B)이 일치하는지 확인한다.

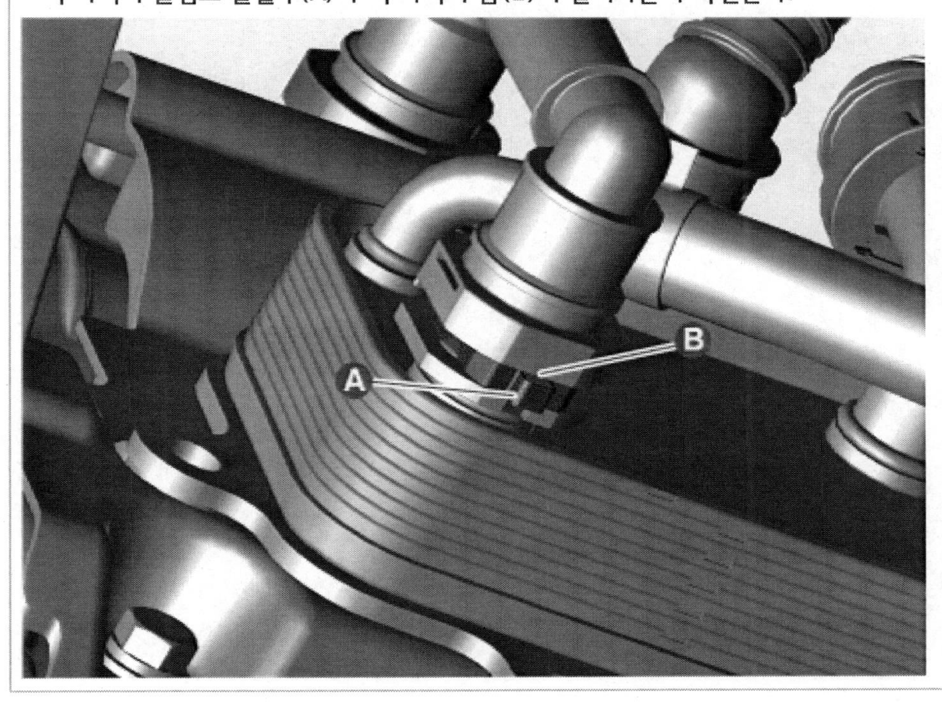

2. 냉각수를 주입한다.
(전기차 냉각 시스템 - "냉각수" 참조)

유 의

냉각수 주입 시 진단 장비(KDS)를 이용하여 전자식 워터 펌프(EWP)를 강제 구동시켜 공기 빼기를 실시한다.

고온 라디에이터

1. 장착은 탈거의 역순으로 진행한다.

유 의

냉각수 호스 장착 후 퀵 커넥터가 확실히 장착되었는지 확인한다.
- 퀵 커넥터와 퀵 커넥터 클램프가 확실히 장착 되었는지 확인한다.
- 퀵 커넥터 클램프 돌출부(A)와 퀵 커넥터 홈(B)이 일치하는지 확인한다.

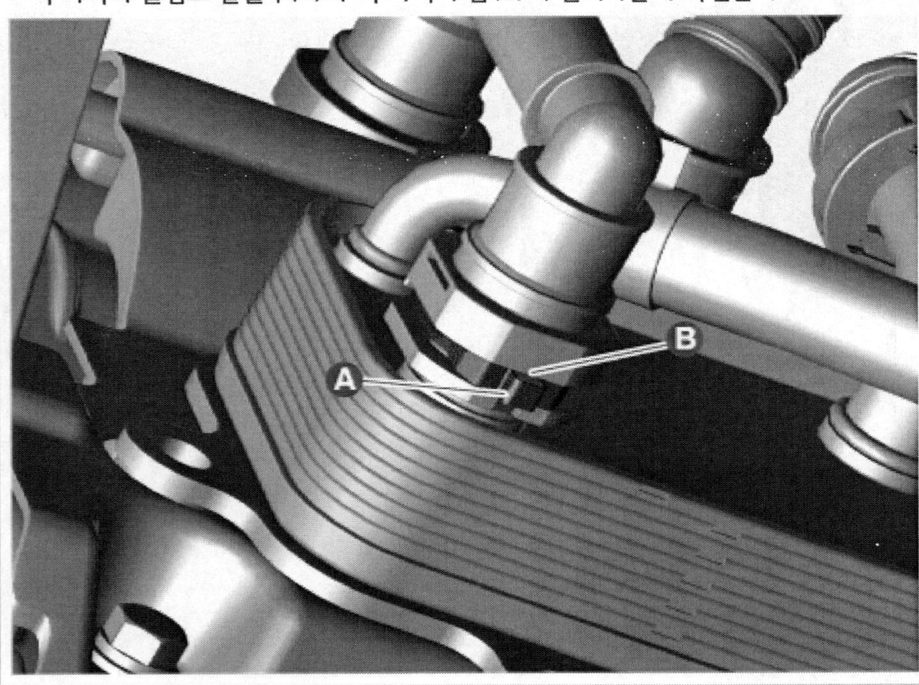

2. 냉각수를 주입한다.
   (전기차 냉각 시스템 - "냉각수" 참조)

유 의

냉각수 주입 시 진단 장비(KDS)를 이용하여 전자식 워터 펌프(EWP)를 강제 구동시켜 공기 빼기를 실시한다.

구성부품 및 부품위치

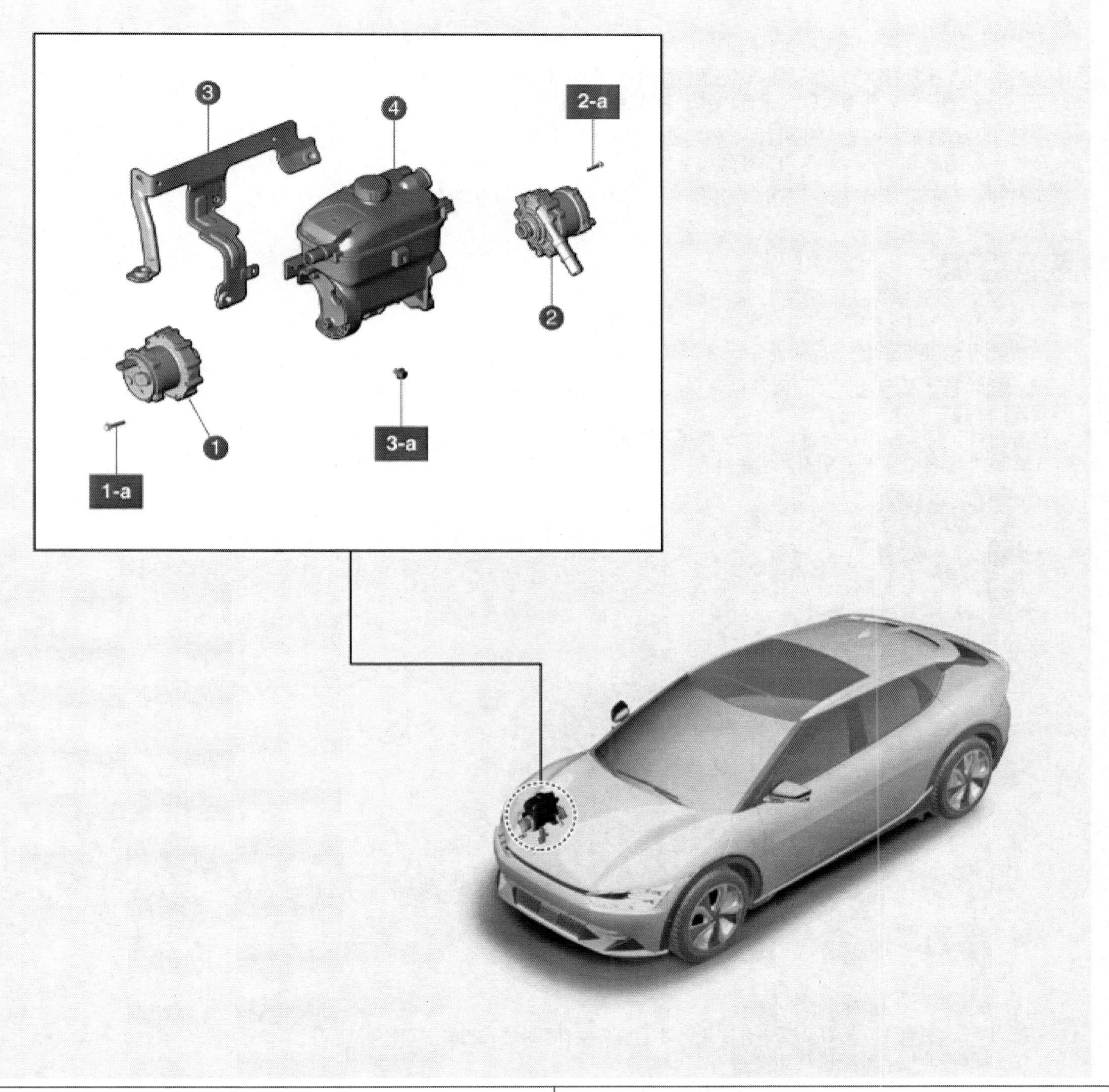

1. 배터리 전자식 워터 펌프(EWP) 1 1-a. 0.8 ~ 1.2 kgf·m 2. 모터 전자식 워터 펌프(EWP) 2-a. 0.8 ~ 1.2 kgf·m	3. 리저버 탱크 브래킷 3-a. 0.8 ~ 1.2 kgf·m 4. 리저버 탱크

탈거

⚠ 경 고

- 고전압 시스템 관련 작업 시, 관련 교육을 이수한 작업자가 정비를 진행한다. 고전압 시스템에 대한 이해가 부족한 경우 감전 또는 누전 등으로 인한 심각한 사고를 초래할 수 있다.
- 고전압 시스템 또는 주변 부품 작업 시, 반드시 "안전 사항 및 주의, 경고" 내용을 숙지하고 준수해야 한다. 미 준수 시, 감전 또는 누전 등으로 인한 심각한 사고를 초래할 수 있다.
- 고전압 시스템 작업 특성 상, 개인보호장구(PPE) 및 사전 고전압 차단 절차를 반드시 확인한다.

유 의

- 차체 도장부의 손상을 방지하기 위해 펜더 커버를 사용한다.
- 커넥터 및 와이어링이 손상되지 않도록 주의하여 분리한다.
- 퀵 커넥터 분리 시 퀵 커넥터 타입에 따라 아래 사항에 유의한다.

  [타입 A]

  - 퀵 커넥터 클램프(A)를 화살표 방향으로 누르며 분리한다.
  - 호스 내측 러버 실(B)을 만지지 않는다.

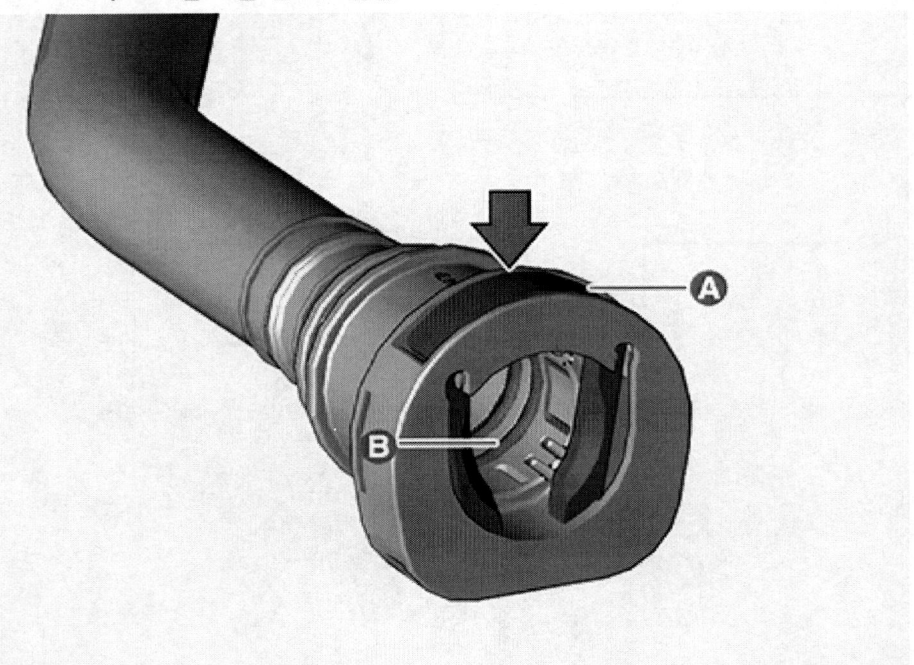

  [타입 B]

  - 퀵 커넥터 클램프(A)를 화살표 방향으로 당겨 클램프를 분리하고 호스를 분리한다.
  - 호스 내측 러버 실(B)을 만지지 않는다.

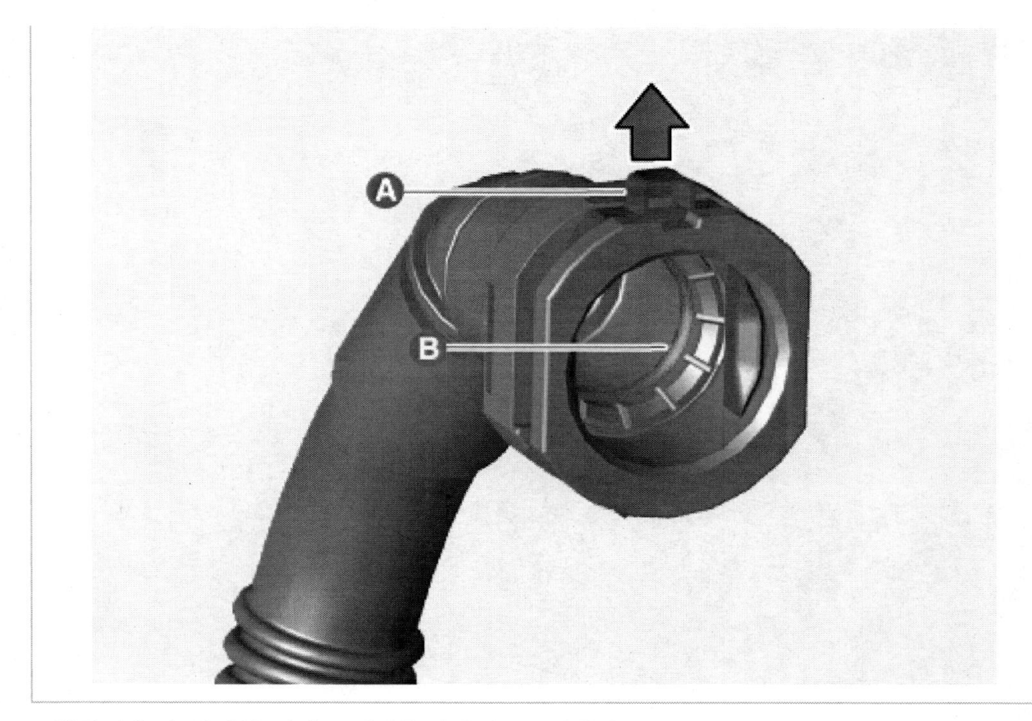

1. 배터리 (-) 단자와 서비스 인터록 커넥터를 분리한다.
   (배터리 제어 시스템 - "보조 배터리 (12 V)" 참조)
2. 프런트 트렁크를 탈거한다.
   (바디 - "프런트 트렁크" 참조)
3. 냉각수를 배출한다.
   (전기차 냉각 시스템 - "냉각수" 참조)
4. 3웨이 밸브를 탈거한다.
   (전기차 냉각 시스템 - "3웨이 밸브" 참조)
5. 퀵 커넥터를 해제하여 고전압 배터리 라디에이터 상부 호스(A)를 분리한다.

6. 퀵 커넥터를 해제하여 모터 전자식 워터 펌프(EWP) 인렛 호스(A)를 분리한다.

7. 고전압 배터리 EWP 커넥터(A)와 와이어링 고정 클립(B)을 분리한다.

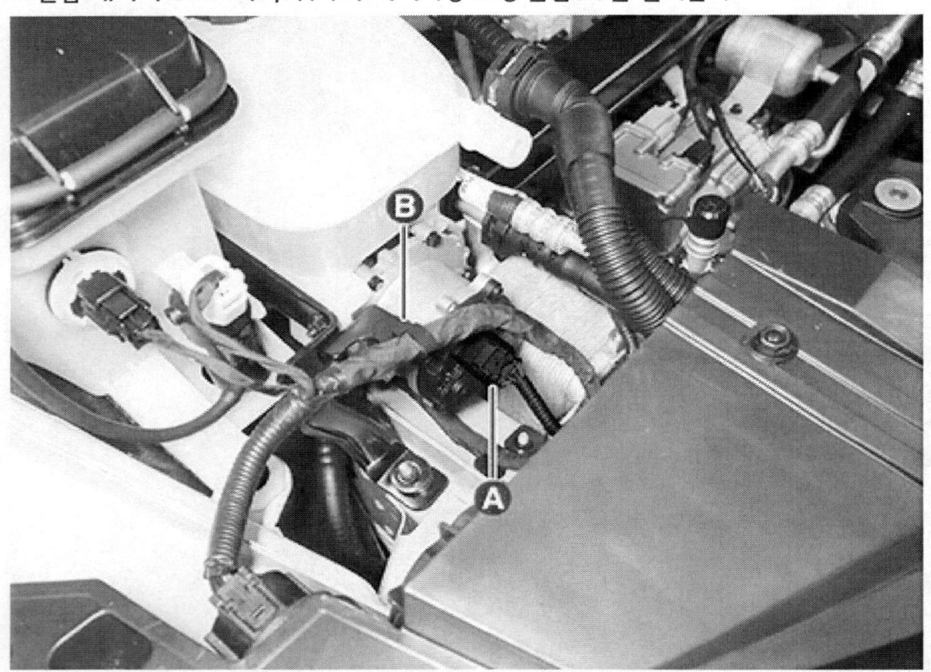

8. 모터 EWP 커넥터(A)를 분리한다.

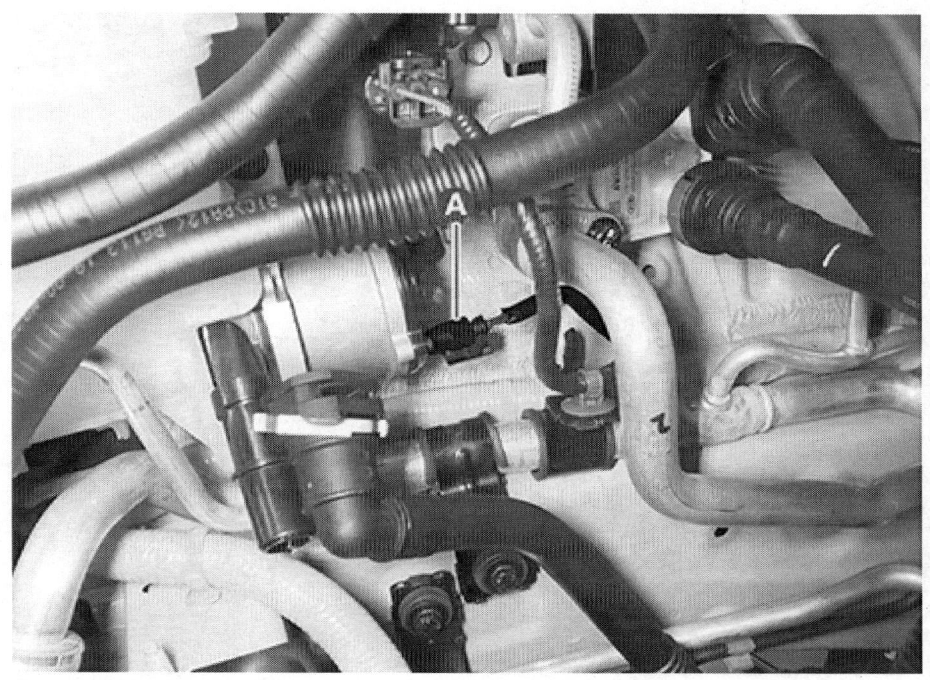

9. 휠 및 타이어를 탈거한다.
   (서스펜션 시스템 - "휠" 참조)

10. 프런트 휠 가드를 탈거한다.
    (바디 - "프런트 휠 가드" 참조)

11. 퀵 커넥터를 해제하여 고전압 배터리 EWP 호스(A)를 분리한다.

12. 볼트 및 너트를 풀어 리저버 탱크(A)를 탈거한다.

체결토크 : 0.8 ~ 1.2 kgf·m

13. 모터 전자식 워터 펌프(EWP)와 배터리 EWP를 탈거한다.
    (전기차 냉각 시스템 - "전자식 워터 펌프(EWP)" 참조)
14. 볼트를 풀어 리저버 탱크 브래킷에서 리저버 탱크(A)를 탈거한다.

체결토크 : 0.8 ~ 1.2 kgf·m

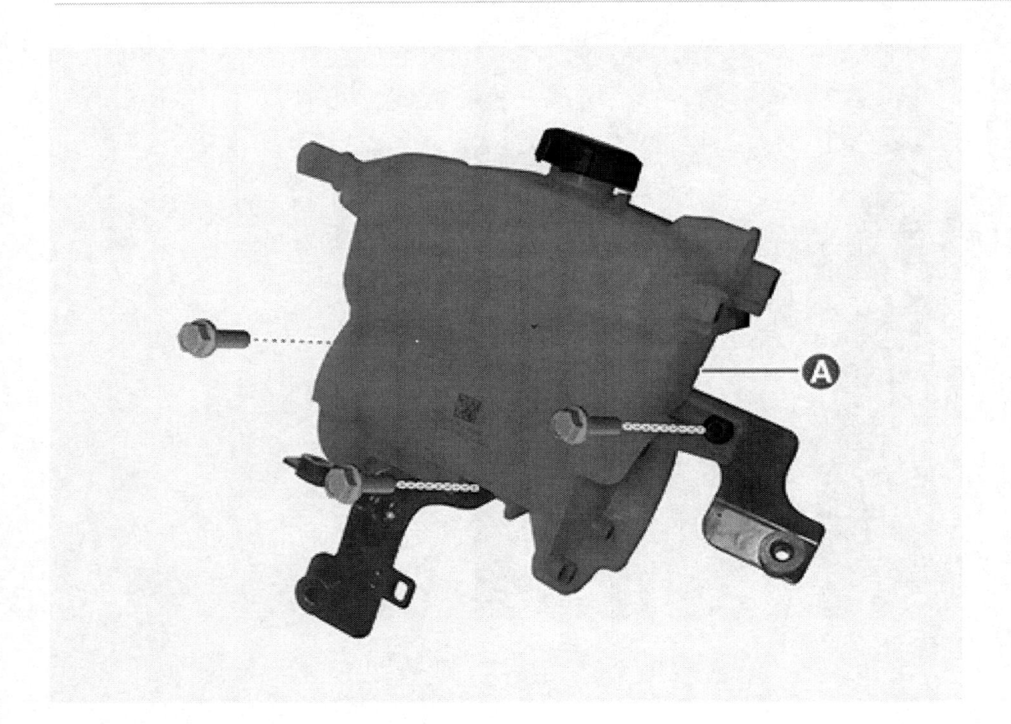

장착

1. 장착은 탈거의 역순이다.

유 의

냉각수 호스 장착 후 퀵 커넥터가 확실히 장착되었는지 확인한다.
[타입 A]
- 퀵 커넥터(A)가 확실히 장착 되었는지 확인한다.

[타입 B]

- 퀵 커넥터와 퀵 커넥터 클램프가 확실히 장착 되었는지 확인한다.
- 퀵 커넥터 클램프 돌출부(A)와 퀵 커넥터 홈(B)이 일치하는지 확인한다.

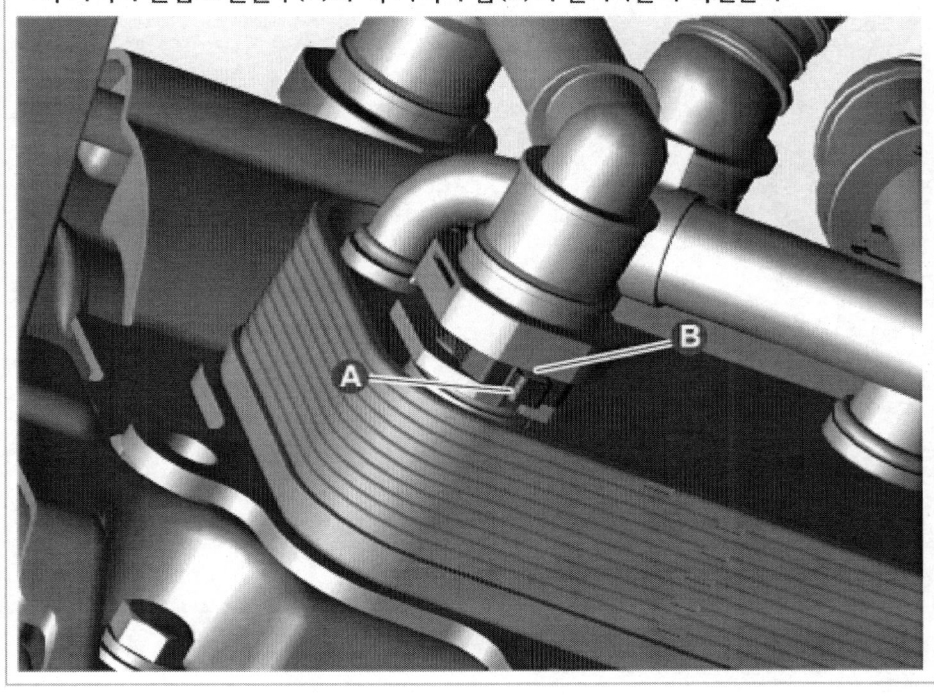

2. 냉각수를 주입한다.
   (전기차 냉각 시스템 - "냉각수" 참조)

유 의

냉각수 주입 시 진단 장비(KDS)를 이용하여 전자식 워터 펌프(EWP)를 강제 구동시켜 공기 빼기를 실시한다.

탈거

경 고

- 고전압 시스템 관련 작업 시, 관련 교육을 이수한 작업자가 정비를 진행한다. 고전압 시스템에 대한 이해가 부족한 경우 감전 또는 누전 등으로 인한 심각한 사고를 초래할 수 있다.
- 고전압 시스템 또는 주변 부품 작업 시, 반드시 "안전 사항 및 주의, 경고" 내용을 숙지하고 준수해야 한다. 미 준수 시, 감전 또는 누전 등으로 인한 심각한 사고를 초래할 수 있다.
- 고전압 시스템 작업 특성 상, 개인보호장구(PPE) 및 사전 고전압 차단 절차를 반드시 확인한다.

유 의

- 차체 도장부의 손상을 방지하기 위해 펜더 커버를 사용한다.
- 커넥터 및 와이어링이 손상되지 않도록 주의하여 분리한다.
- 퀵 커넥터 분리 시 퀵 커넥터 타입에 따라 아래 사항에 유의한다.

[타입 A]
- 퀵 커넥터 클램프(A)를 화살표 방향으로 누르며 분리한다.
- 호스 내측 러버 실(B)을 만지지 않는다.

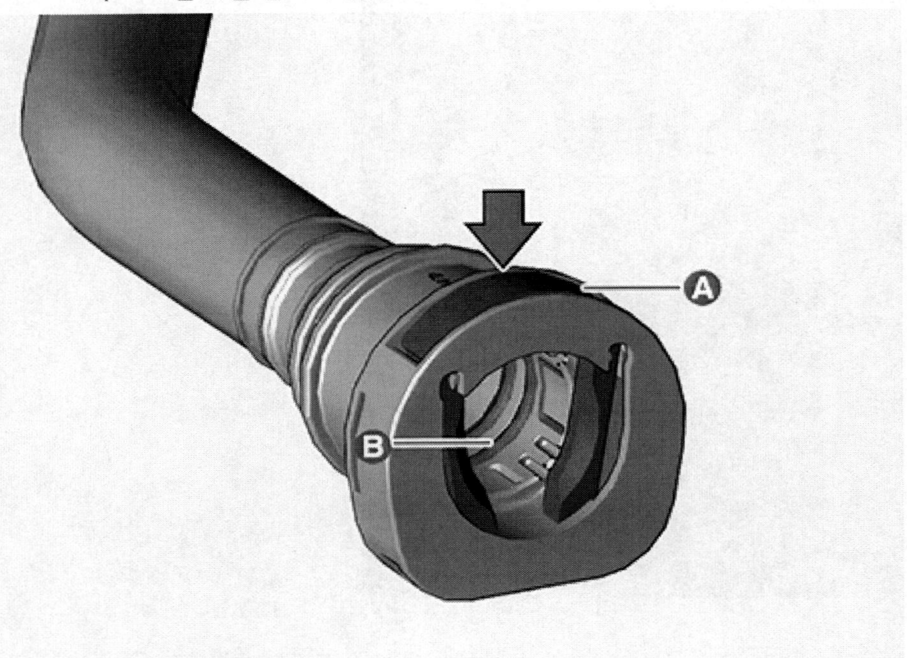

[타입 B]
- 퀵 커넥터 클램프(A)를 화살표 방향으로 당겨 클램프를 분리하고 호스를 분리한다.
- 호스 내측 러버 실(B)을 만지지 않는다.

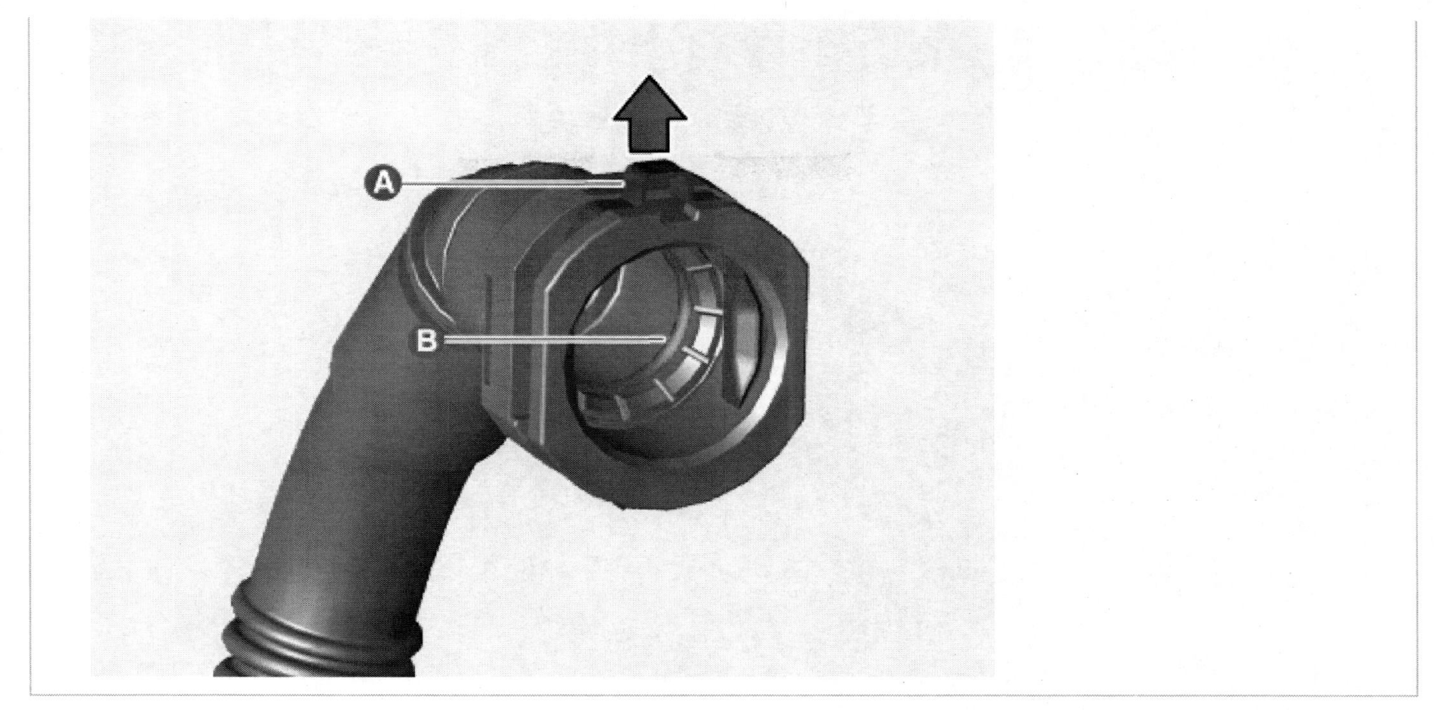

1. 배터리 (-) 단자와 서비스 인터록 커넥터를 분리한다.
   (배터리 제어 시스템 - "보조 배터리 (12 V)" 참조)
2. 프런트 트렁크를 탈거한다.
   (바디 - "프런트 트렁크" 참조)
3. 냉각수를 배출한다.
   (전기차 냉각 시스템 - "냉각수" 참조)
4. 퀵 커넥터를 해제하여 모터 라디에이터 상부 호스(A)와 고정 클립(B)을 분리한다.

5. 퀵 커넥터를 해제하여 고전압 배터리 라디에이터 상부 호스(A)를 분리한다.

6. 고전압 배터리 EWP 커넥터(A)와 와이어링 고정 클립(B)을 분리한다.

7. 모터 EWP 커넥터(A)를 분리한다.

8. 퀵 커넥터를 해제하여 모터 전자식 워터 펌프(EWP) 인렛 호스(A)를 분리한다.

9. 휠 및 타이어를 탈거한다.
   (서스펜션 시스템 - "휠" 참조)

10. 프런트 휠 가드를 탈거한다.
    (바디 - "프런트 휠 가드" 참조)

11. 퀵 커넥터를 해제하여 고전압 배터리 EWP 호스(A)를 분리한다.

12. 볼트 및 너트를 풀어 리저버 탱크(A)를 탈거한다.

체결토크 : 0.8 ~ 1.2 kgf·m

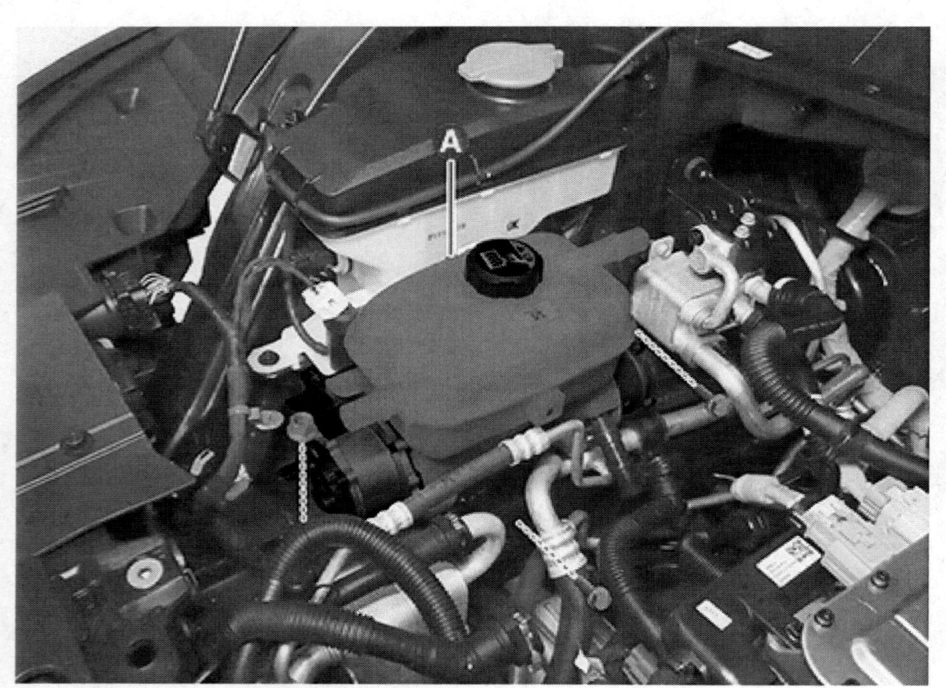

13. 모터 전자식 워터 펌프(EWP)와 배터리 EWP를 탈거한다.
    (전기차 냉각 시스템 - "전자식 워터 펌프(EWP)" 참조)
14. 볼트를 풀어 리저버 탱크 브래킷에서 리저버 탱크(A)를 탈거한다.

체결토크 : 0.8 ~ 1.2 kgf·m

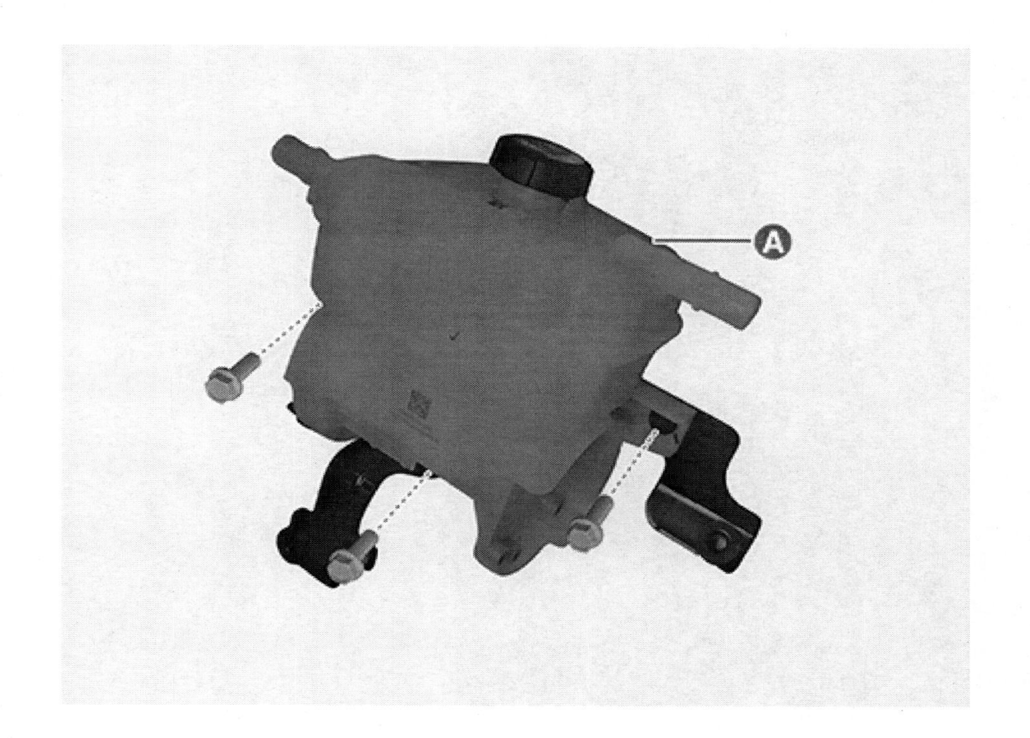

장착

1. 장착은 탈거의 역순이다.

유 의

냉각수 호스 장착 후 퀵 커넥터가 확실히 장착되었는지 확인한다.

[타입 A]

- 퀵 커넥터(A)가 확실히 장착 되었는지 확인한다.

[타입 B]

- 퀵 커넥터와 퀵 커넥터 클램프가 확실히 장착 되었는지 확인한다.
- 퀵 커넥터 클램프 돌출부(A)와 퀵 커넥터 홈(B)이 일치하는지 확인한다.

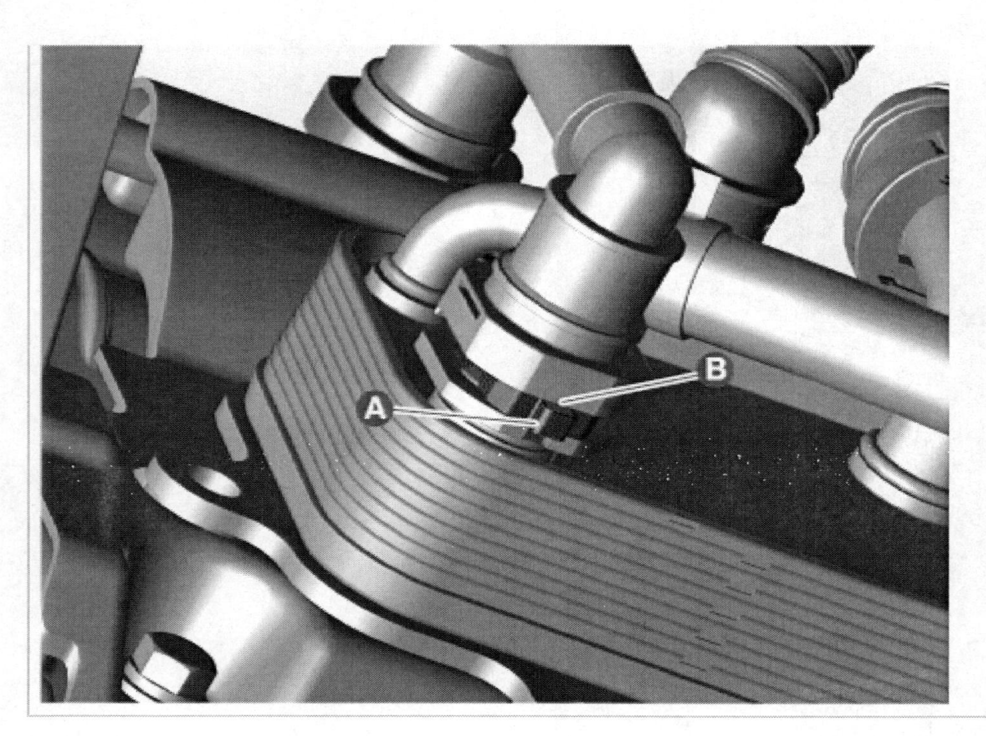

2. 냉각수를 주입한다
   (전기차 냉각 시스템 - "냉각수" 참조)

> **유 의**
>
> 냉각수 주입 시 진단 장비(KDS)를 이용하여 전자식 워터 펌프(EWP)를 강제 구동시켜 공기 빼기를 실시한다.

부품위치

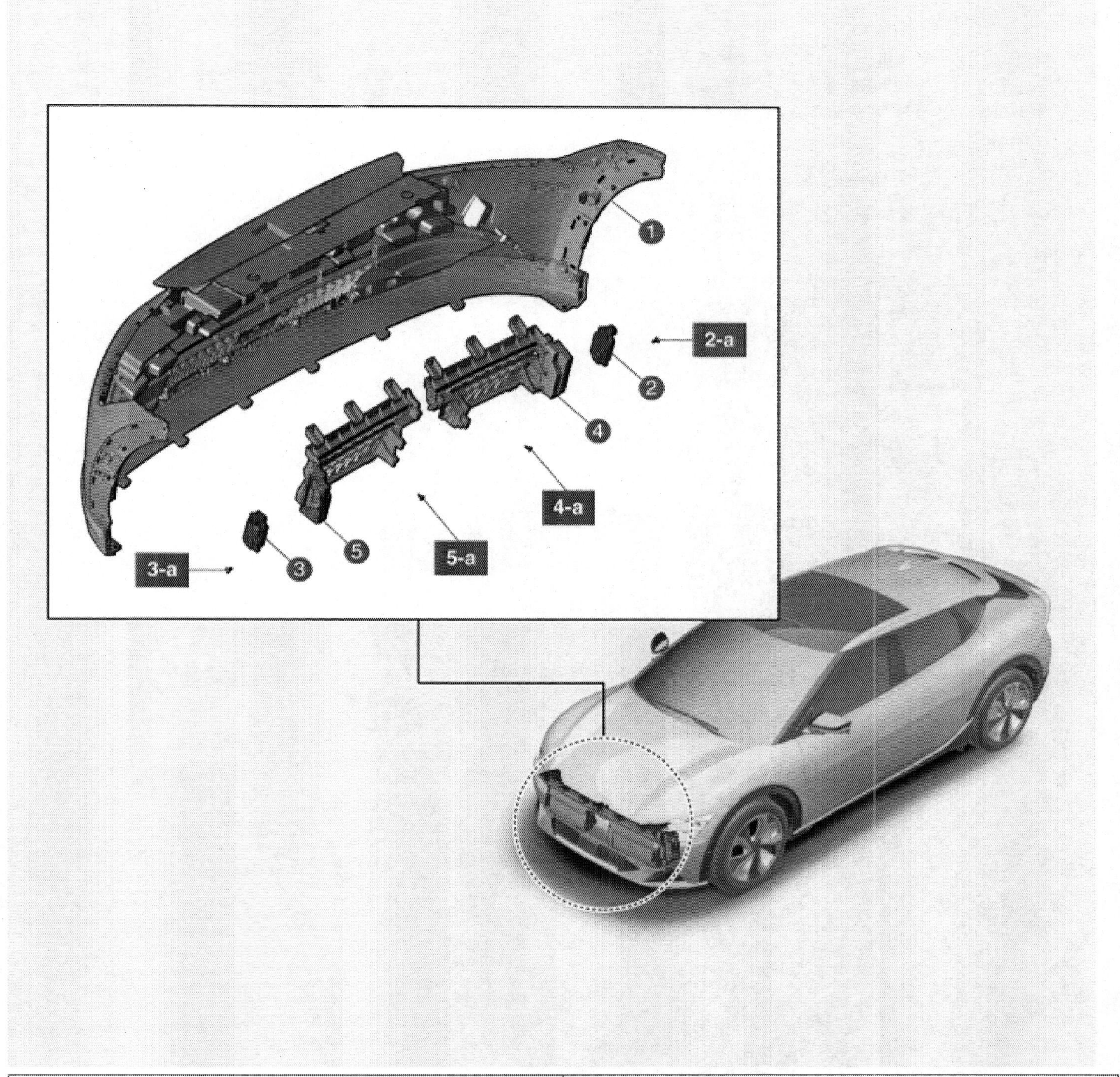

1. 프런트 범퍼 2. 액티브 에어 플랩(AAF)액추에이터 [RH] 2-a. 0.1 ~ 0.2 kgf·m 3. AAF 액추에이터 [LH] 3-a. 0.1 ~ 0.2 kgf·m	4. AAF [RH] 4-a. 0.1 ~ 0.2 kgf·m 5. AAF [LH] 5-a. 0.1 ~ 0.2 kgf·m

탈거

액티브 에어 플랩(AAF)

1. 배터리 (-) 단자와 서비스 인터록 커넥터를 분리한다.
   (배터리 제어 시스템 - "보조 배터리 (12 V)-2WD" 참조)
   (배터리 제어 시스템 - "보조 배터리 (12 V)-4WD" 참조)
2. 프런트 범퍼를 탈거한다.
   (바디) - "프런트 범퍼 어셈블리" 참조)
3. 액티브 에어 플랩 컨트롤 유닛 커넥터(A)를 분리한다.

[LH]

[RH]

4. 스크루를 풀어 액티브 에어 플랩(A)을 탈거한다.

체결토크 : 0.1 ~ 0.2 kgf·m

[LH]

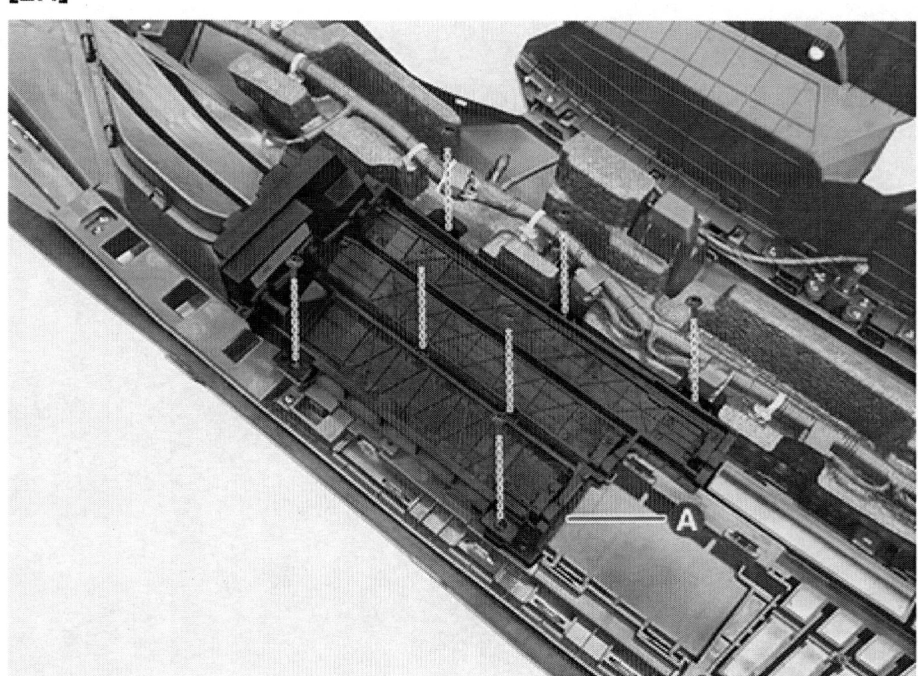

[RH]

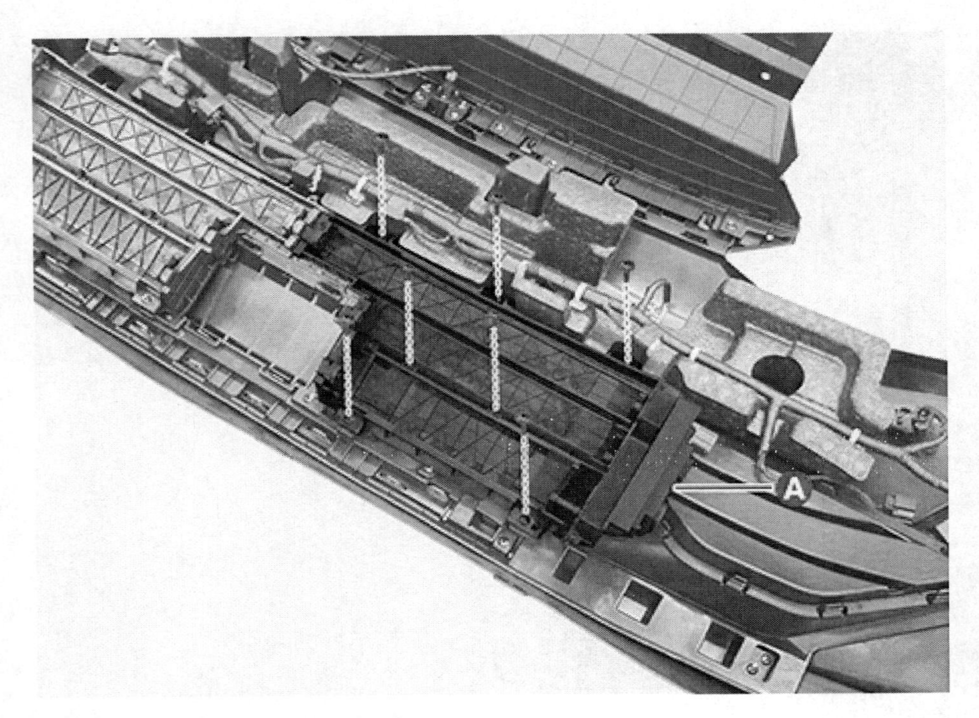

액티브 에어 플랩(AAF) 액추에이터

1. 스크루를 풀어 액티브 에어 플랩 액추에이터(A)를 탈거한다.

체결토크 : 0.1 ~ 0.2 kgf·m

[LH]

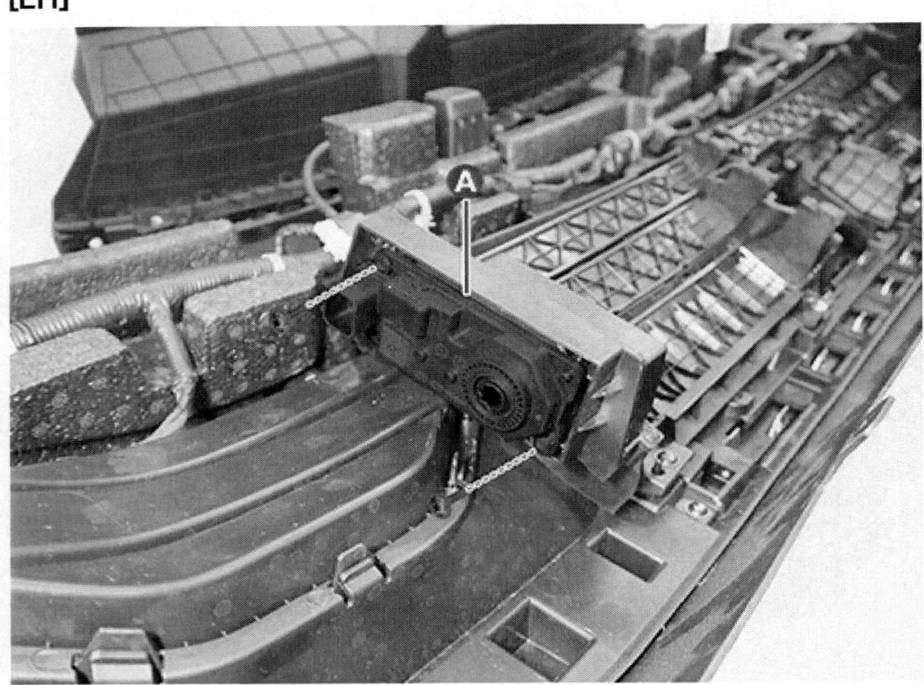

[RH]

장착

액티브 에어 플랩(AAF)

1. 장착은 탈거의 역순으로 한다.

액티브 에어 플랩(AAF) 액추에이터

1. 장착은 탈거의 역순으로 한다.

부품위치

전륜 모터

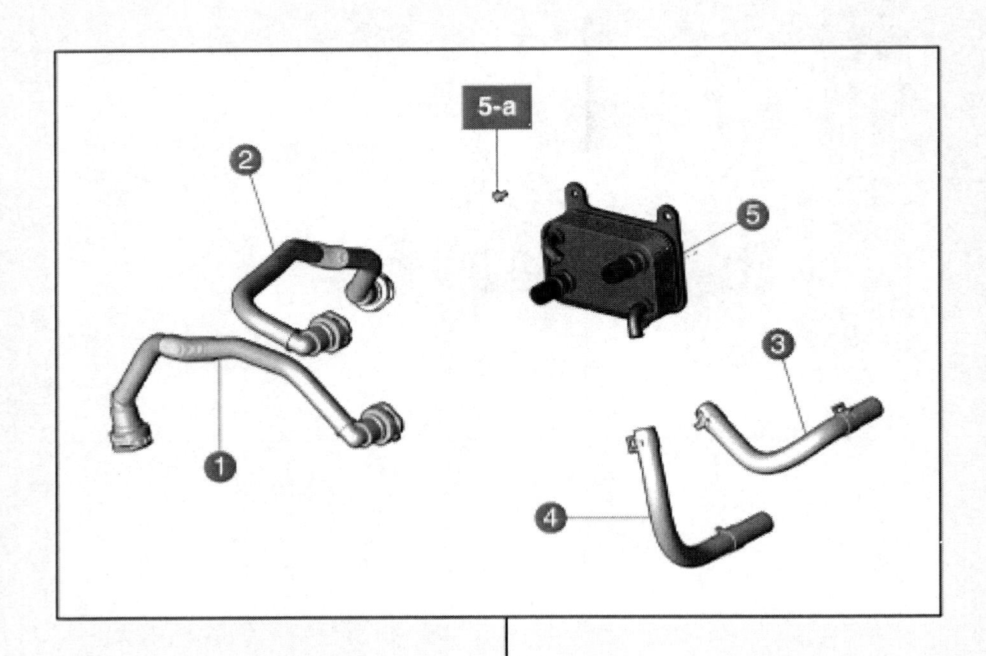

1. 모터 & 감속기 오일 쿨러 냉각수 호스	4. 모터 & 감속기 오일 쿨러 오일 호스
2. 모터 & 감속기 오일 쿨러 냉각수 호스	5. 프런트 모터 & 감속기 오일 쿨러
3. 모터 & 감속기 오일 쿨러 오일 호스	5-a. 2.0 ~ 2.4 kgf·m

후륜 모터

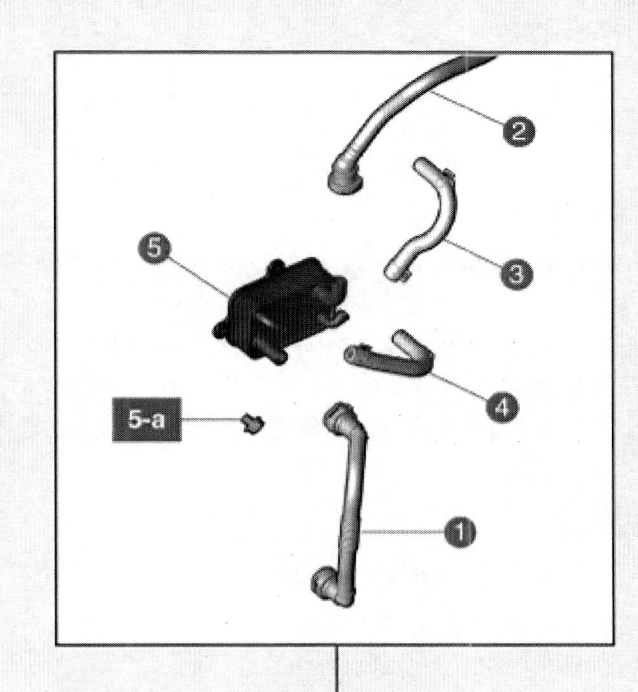

1. 모터 & 감속기 오일 쿨러 냉각수 호스	4. 모터 & 감속기 오일 쿨러 오일 호스
2. 모터 & 감속기 오일 쿨러 냉각수 호스	5. 리어 모터 & 감속기 오일 쿨러
3. 모터 & 감속기 오일 쿨러 오일 호스	5-a. 2.0 ~ 2.4 kgf·m

탈거

⚠ 경 고

- 고전압 시스템 관련 작업 시, 관련 교육을 이수한 작업자가 정비를 진행한다. 고전압 시스템에 대한 이해가 부족한 경우 감전 또는 누전 등으로 인한 심각한 사고를 초래할 수 있다.
- 고전압 시스템 또는 주변 부품 작업 시, 반드시 "안전 사항 및 주의, 경고" 내용을 숙지하고 준수해야 한다. 미 준수 시, 감전 또는 누전 등으로 인한 심각한 사고를 초래할 수 있다.
- 고전압 시스템 작업 특성 상, 개인보호장구(PPE) 및 사전 고전압 차단 절차를 반드시 확인한다.

유 의

- 차체 도장부의 손상을 방지하기 위해 펜더 커버를 사용한다.
- 커넥터 및 와이어링이 손상되지 않도록 주의하여 분리한다.
- 퀵 커넥터 분리 시 아래 사항에 유의한다.
  - 퀵 커넥터 클램프(A)를 화살표 방향으로 당겨 클램프를 분리하고 호스를 분리한다.
  - 호스 내측 러버 실(B)을 만지지 않는다.

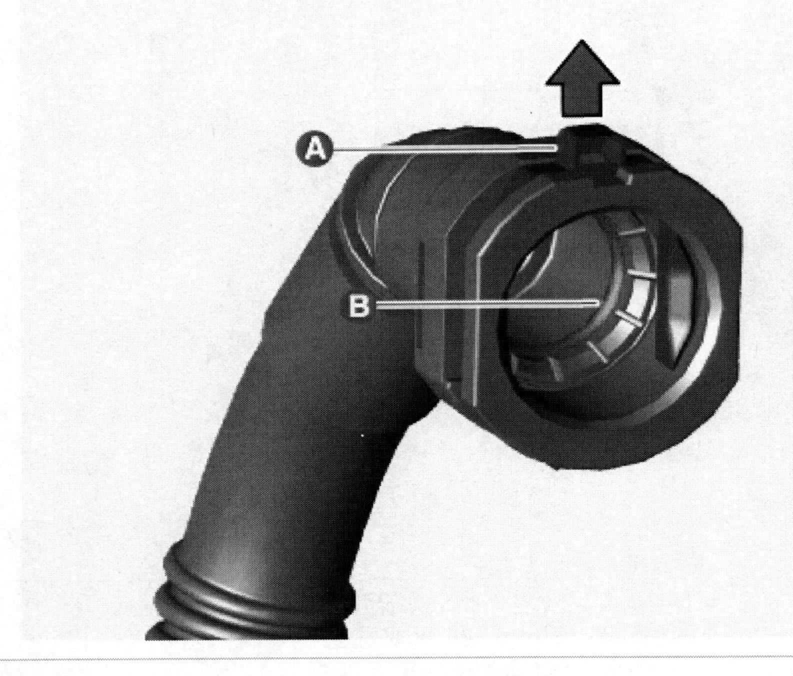

4. 배터리 (-) 단자와 서비스 인터록 커넥터를 분리한다.
   (배터리 제어 시스템 - "보조 배터리 (12 V)" 참조)
5. 프런트 언더 커버를 탈거한다.
   (모터 및 감속기 시스템 - "프런트 언더 커버" 참조)
6. 모터 냉각수를 배출한다.
   (전기차 냉각 시스템 - "모터 냉각수" 참조)
7. 전륜 모터 및 감속기 오일을 배출한다.
   (모터 및 감속기 시스템 - "전륜 모터 및 감속기 오일" 참조)
8. 퀵 커넥터를 해제하여 모터 & 감속기 오일 쿨러 냉각수 호스(A)를 분리한다.

9. 클램프를 해제하여 모터 & 감속기 오일 쿨러 오일 호스(A)를 분리한다.

10. 볼트 및 너트를 풀어 프런트 모터 & 감속기 오일 쿨러(A)를 탈거한다.

체결토크 : 2.0 ~ 2.4 kgf·m

장착

1. 장착은 탈거의 역순으로 한다.

> **유 의**
>
> 냉각수 호스 장착 후 퀵 커넥터가 확실히 장착되었는지 확인한다.
> - 퀵 커넥터와 퀵 커넥터 클램프가 확실히 장착 되었는지 확인한다.
> - 퀵 커넥터 클램프 돌출부(A)와 퀵 커넥터 홈(B)이 일치하는지 확인한다.

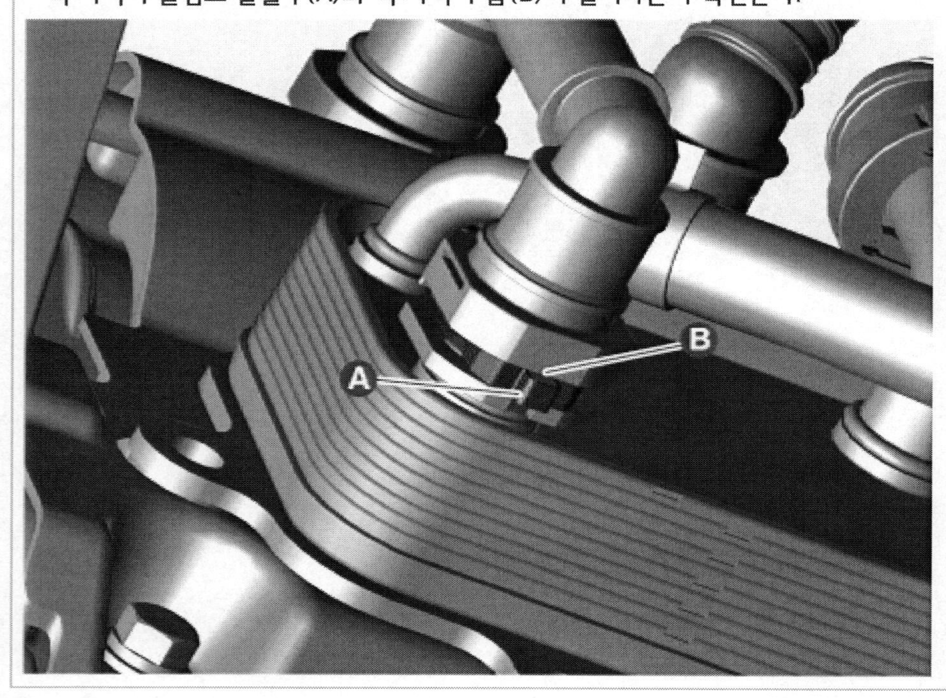

2. 모터 냉각수를 주입한다.
   (전기차 냉각 시스템 - "모터 냉각수" 참조)

> **유 의**
>
> 냉각수 주입 시 진단 장비(KDS)를 이용하여 전자식 워터 펌프(EWP)를 강제 구동시켜 공기 빼기를 실시한다.

3. 전륜 모터 및 감속기 오일을 보충한다.

(모터 및 감속기 시스템 - "전륜 모터 및 감속기 오일" 참조)

탈거

유 의

- 차체 도장부의 손상을 방지하기 위해 펜더 커버를 사용한다.
- 커넥터 및 와이어링이 손상되지 않도록 주의하여 분리한다.
- 퀵 커넥터 분리 시 퀵 커넥터 타입에 따라 아래 사항에 유의한다.

  [타입 A]

  - 퀵 커넥터 클램프(A)를 화살표 방향으로 누르며 분리한다.
  - 호스 내측 러버 실(B)을 만지지 않는다.

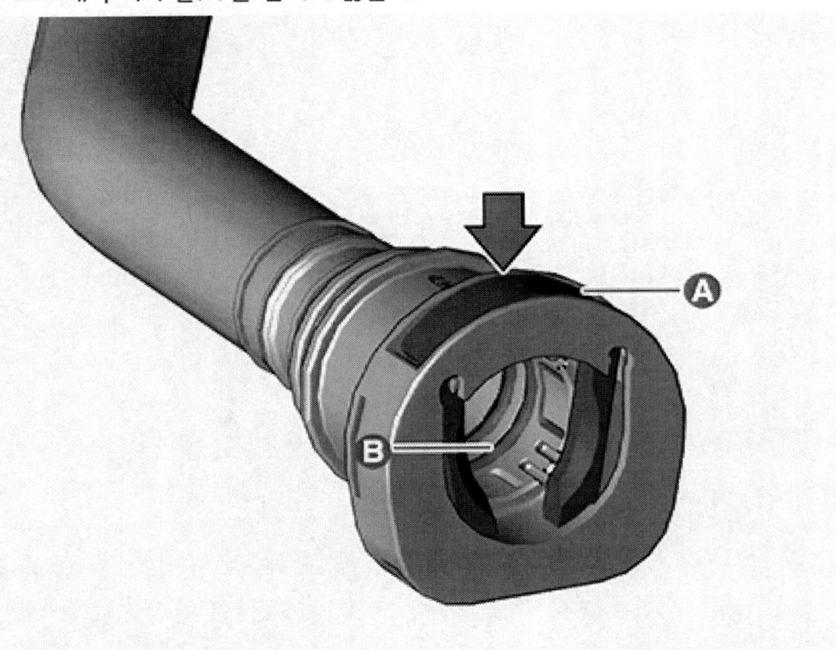

  [타입 B]

  - 퀵 커넥터 클램프(A)를 화살표 방향으로 당겨 클램프를 분리하고 호스를 분리한다.
  - 호스 내측 러버 실(B)을 만지지 않는다.

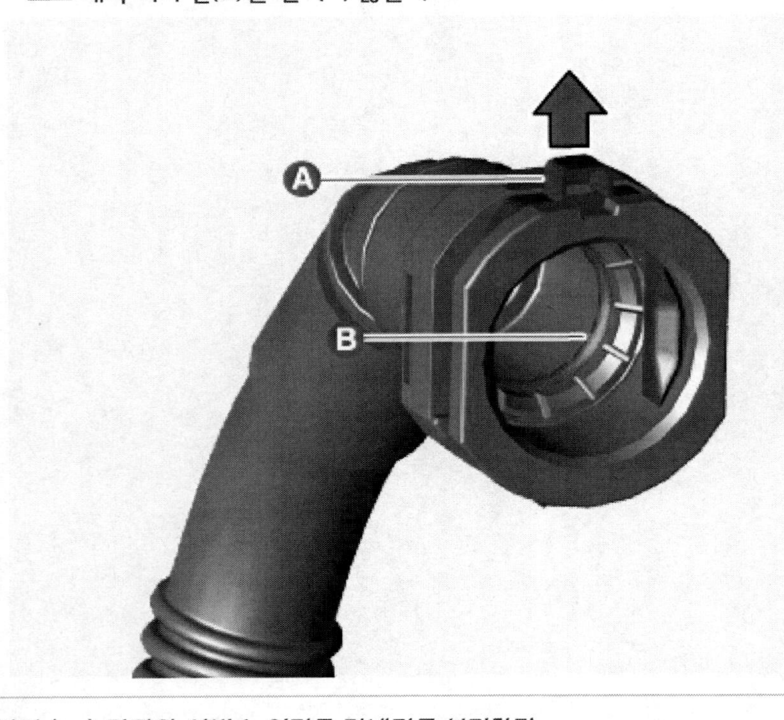

4. 배터리 (-) 단자와 서비스 인터록 커넥터를 분리한다.

(배터리 제어 시스템 - "보조 배터리 (12 V)" 참조)

5. 리어 언더 커버를 탈거한다.
   (모터 및 감속기 시스템 - "리어 언더 커버" 참조)
6. 모터 냉각수를 배출한다.
   (전기차 냉각 시스템 - "모터 냉각수" 참조)
7. 후륜 모터 및 감속기 오일을 배출한다.
   (모터 및 감속기 시스템 - "후륜 모터 및 감속기 오일" 참조)
8. 클램프를 해제하여 모터 & 감속기 오일 쿨러 오일 호스(A)를 분리한다.

9. 퀵 커넥터를 해제하여 모터 & 감속기 오일 쿨러 냉각수 호스(A)를 분리한다.

10. 볼트 및 너트를 풀어 리어 모터 & 감속기 오일 쿨러(A)를 탈거한다.

체결토크 : 2.0 ~ 2.4 kgf·m

장착

1. 장착은 탈거의 역순으로 한다.

유 의

냉각수 호스 장착 후 퀵 커넥터가 확실히 장착되었는지 확인한다.
[타입 A]
- 퀵 커넥터(A)가 확실히 장착 되었는지 확인한다.

[타입 B]
- 퀵 커넥터와 퀵 커넥터 클램프가 확실히 장착 되었는지 확인한다.
- 퀵 커넥터 클램프 돌출부(A)와 퀵 커넥터 홈(B)이 일치하는지 확인한다.

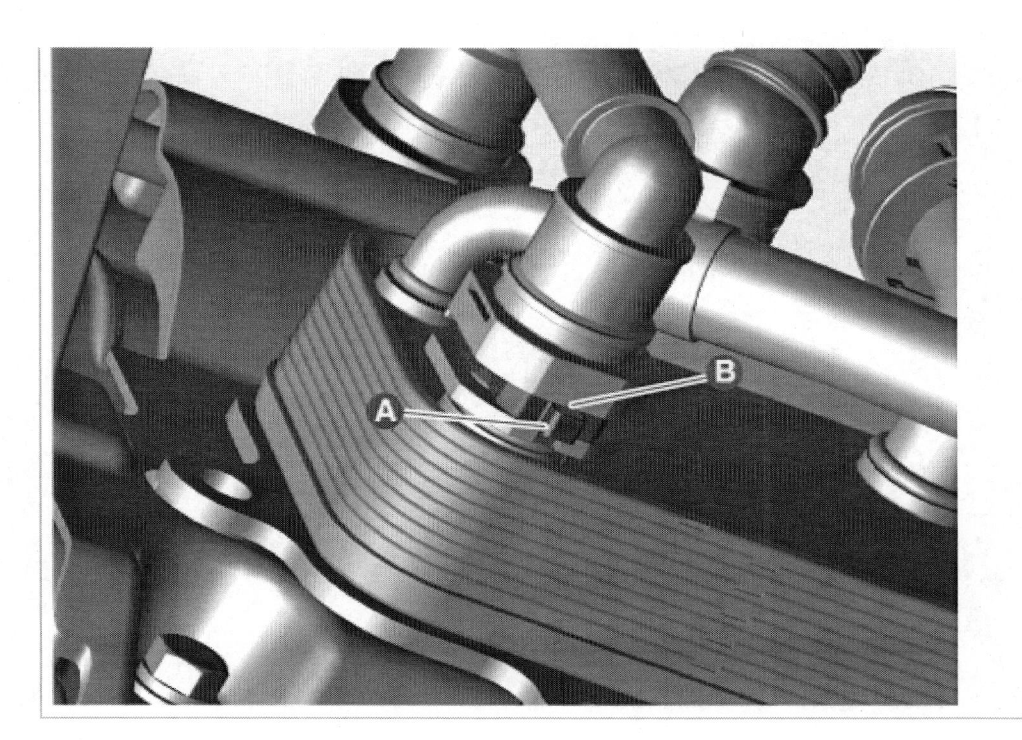

2. 모터 냉각수를 주입한다.
   (전기차 냉각 시스템 - "모터 냉각수" 참조)

> **유 의**
>
> 냉각수 주입 시 진단 장비(KDS)를 이용하여 전자식 워터 펌프(EWP)를 강제 구동시켜 공기 빼기를 실시한다.

3. 후륜 모터 및 감속기 오일을 보충한다.
   (모터 및 감속기 시스템 - "후륜 모터 및 감속기 오일" 참조)

제원

항목	제원
작동 전압(V)	9 ~ 16
작동 전류(A)	최대 1.3
작동 온도(°C)	-40 ~ 115

부품위치

2WD

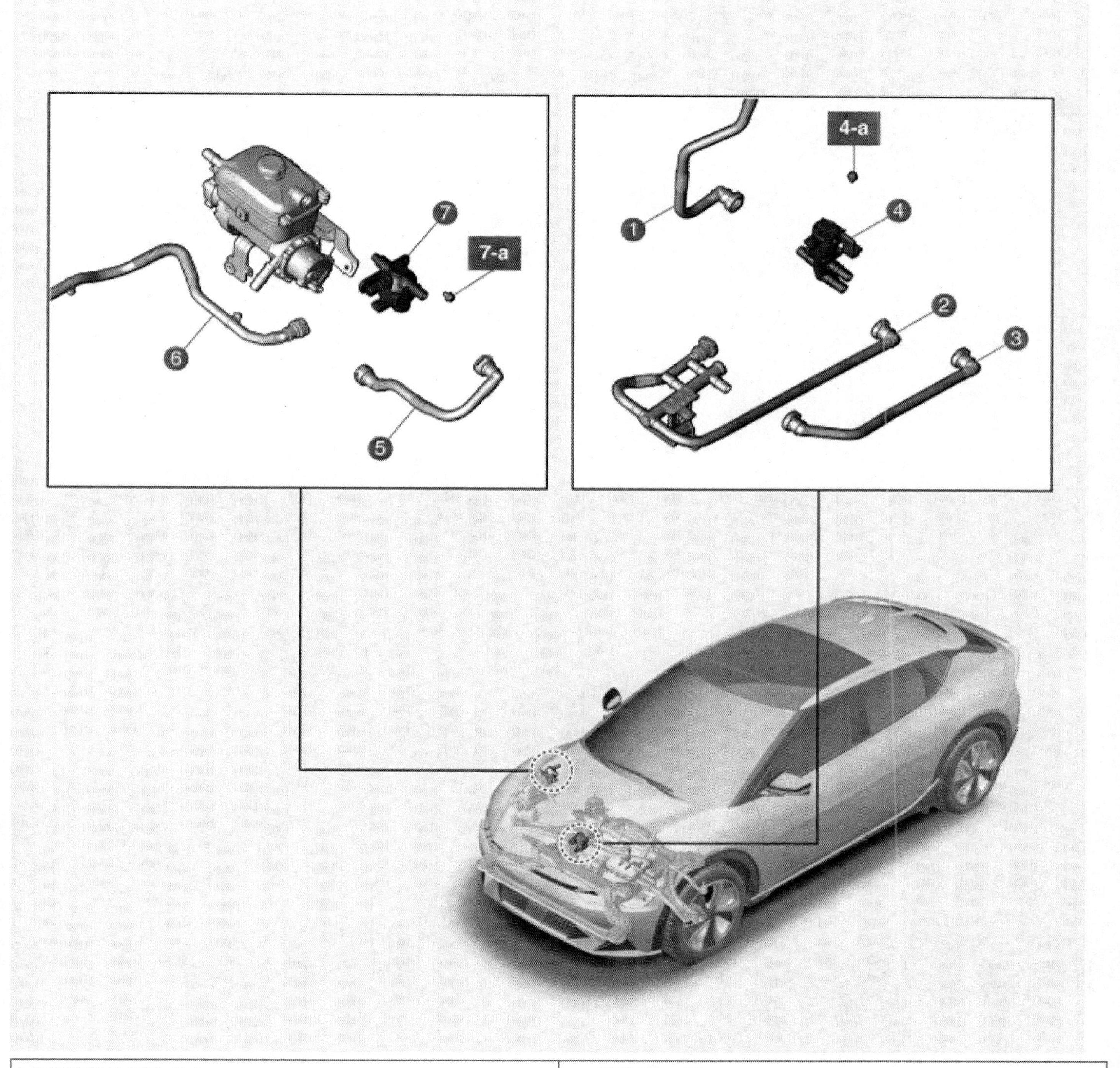

1. 3웨이 밸브 냉각 호스 2. 3웨이 밸브 냉각 호스 3. 3웨이 밸브 냉각 호스 4. 3웨이 밸브 4-a. 2.0 ~ 2.4 kgf·m	5. 3웨이 밸브 호스 6. 3웨이 밸브 호스 7. 냉각수 3웨이 밸브 7-a. 0.8 ~ 1.2 kgf·m

4WD

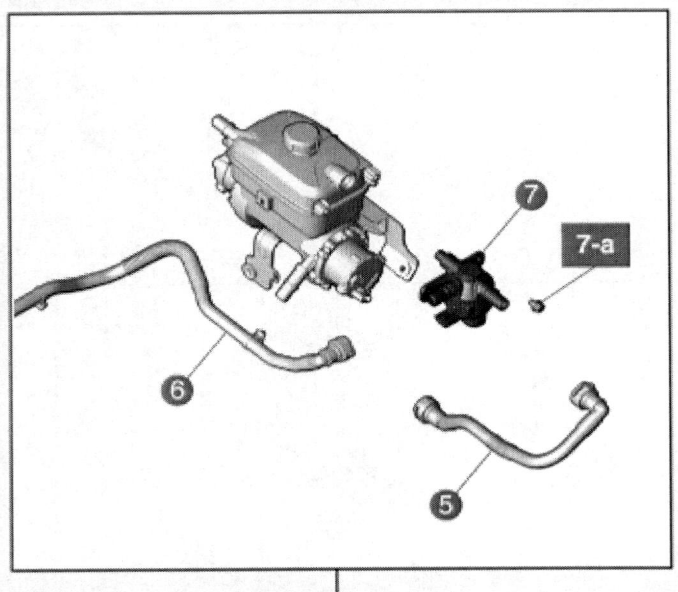

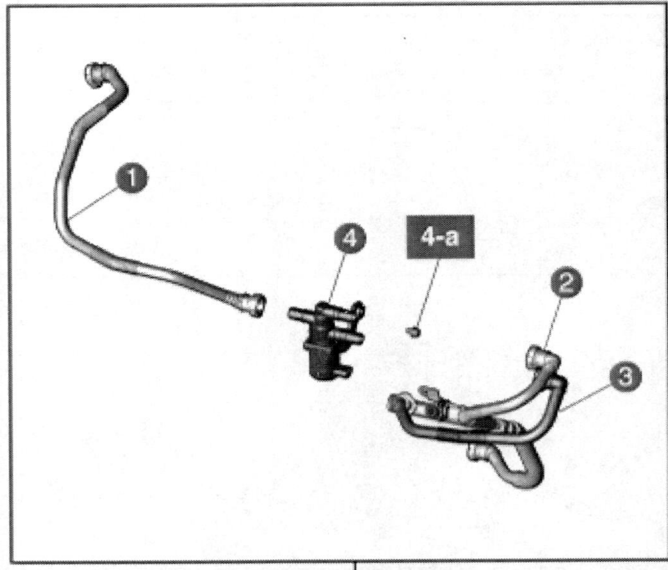

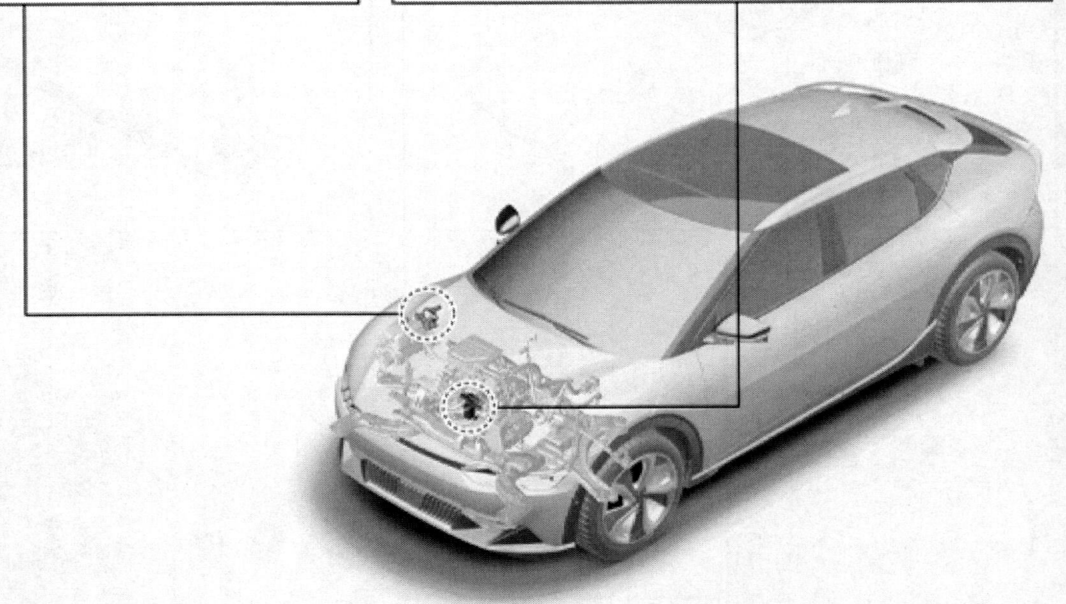

1. 3웨이 밸브 인렛 호스 2. 3웨이 밸브 아웃렛 호스 3. 3웨이 밸브 아웃렛 호스 4. 3웨이 밸브 4-a. 2.0 ~ 2.4 kgf·m	5. 3웨이 밸브 호스 6. 3웨이 밸브 호스 7. 냉각수 3웨이 밸브 7-a. 0.8 ~ 1.2 kgf·m

개요 및 작동원리

히트 펌프 작동 시 라디에이터로 가는 냉각수를 바이패스 시켜 히트 펌프의 난방성능을 향상한다.
히트 펌프용 3 웨이 밸브는 전압인가 시, 전자식 액추에이터가 볼 밸브를 회전시키고 볼의 각도에 따라 냉각수의 출입구가 결정된다.

탈거

⚠ 경 고

- 고전압 시스템 관련 작업 시, 관련 교육을 이수한 작업자가 정비를 진행한다. 고전압 시스템에 대한 이해가 부족한 경우 감전 또는 누전 등으로 인한 심각한 사고를 초래할 수 있다.
- 고전압 시스템 또는 주변 부품 작업 시, 반드시 "안전 사항 및 주의, 경고" 내용을 숙지하고 준수해야 한다. 미 준수 시, 감전 또는 누전 등으로 인한 심각한 사고를 초래할 수 있다.
- 고전압 시스템 작업 특성 상, 개인보호장구(PPE) 및 사전 고전압 차단 절차를 반드시 확인한다.

유 의

- 차체 도장부의 손상을 방지하기 위해 펜더 커버를 사용한다.
- 커넥터 및 와이어링이 손상되지 않도록 주의하여 분리한다.
- 퀵 커넥터 분리 시 퀵 커넥터 타입에 따라 아래 사항에 유의한다.
  [타입 A]
  - 퀵 커넥터 클램프(A)를 화살표 방향으로 누르며 분리한다.
  - 호스 내측 러버 실(B)을 만지지 않는다.

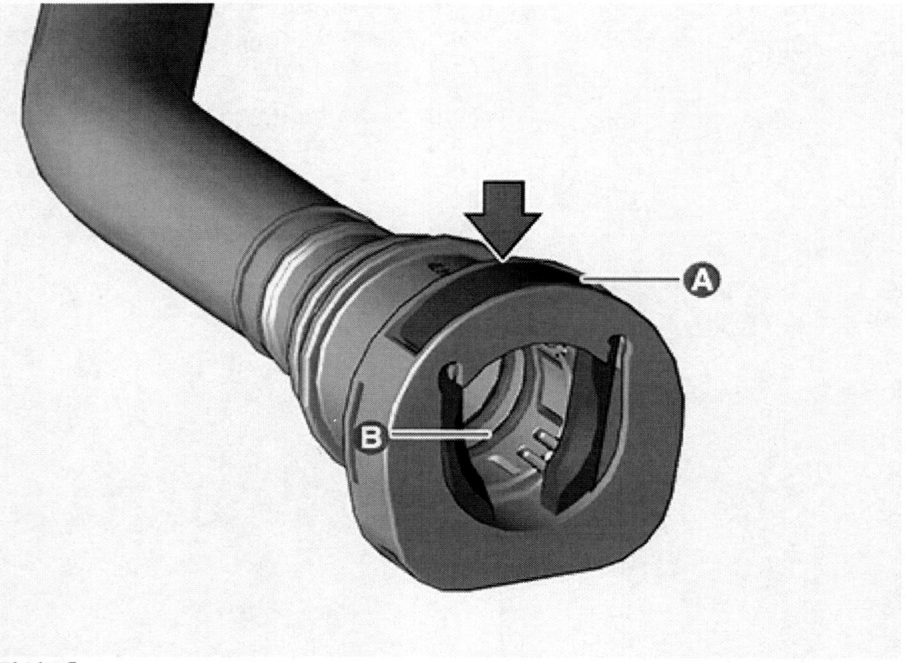

  [타입 B]
  - 퀵 커넥터 클램프(A)를 화살표 방향으로 당겨 클램프를 분리하고 호스를 분리한다.
  - 호스 내측 러버 실(B)을 만지지 않는다.

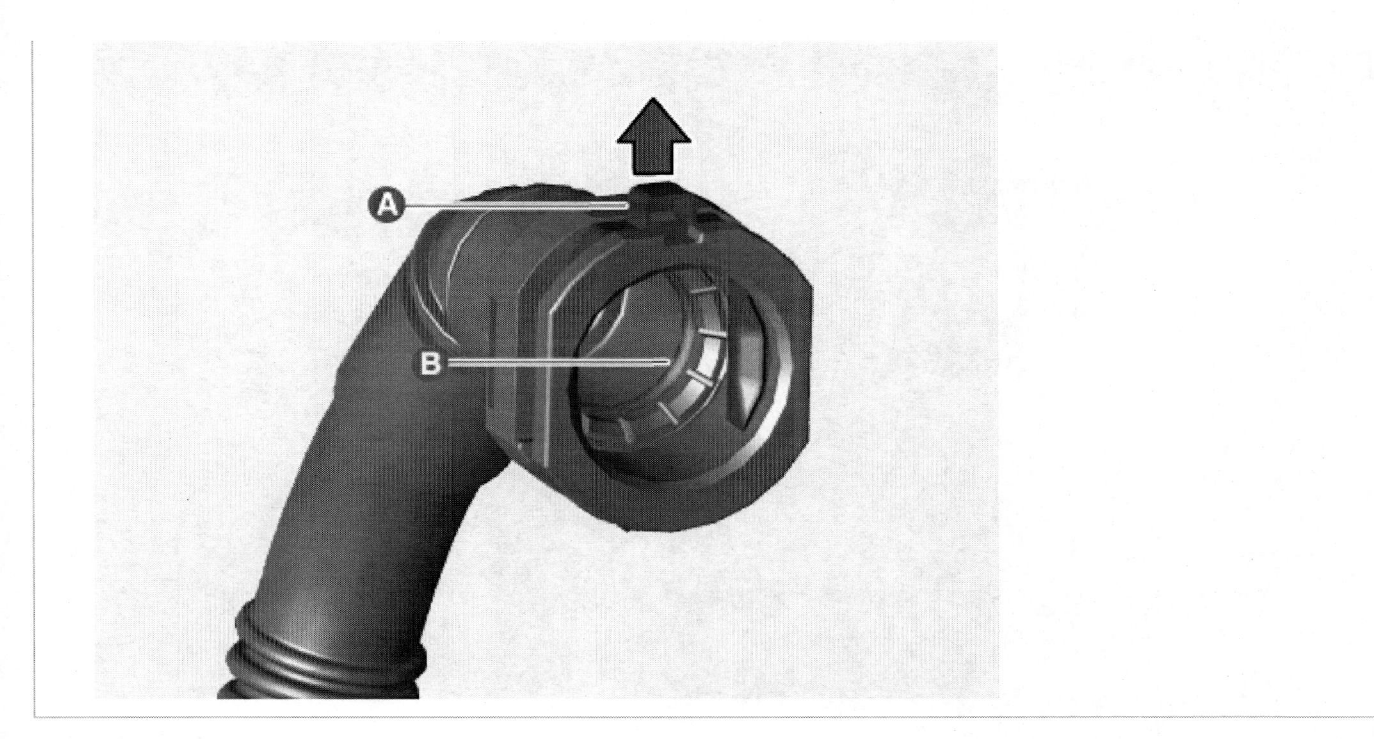

냉각수 3웨이 밸브

1. 배터리 (-) 단자와 서비스 인터록 커넥터를 분리한다.
   (배터리 제어 시스템 - "보조 배터리 (12 V)" 참조)
2. 모터 냉각수를 배출한다.
   (전기차 냉각 시스템 - "모터 냉각수" 참조)
3. 냉각수 3웨이 밸브 호스(A)를 분리한다.

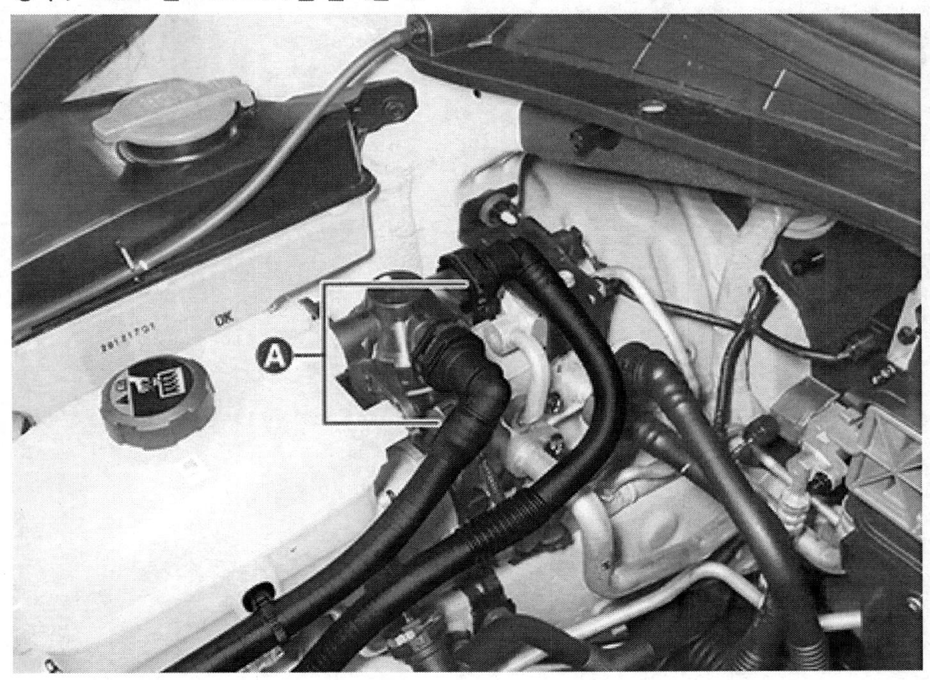

4. 냉각수 3웨이 밸브 커넥터(A)를 분리한다.

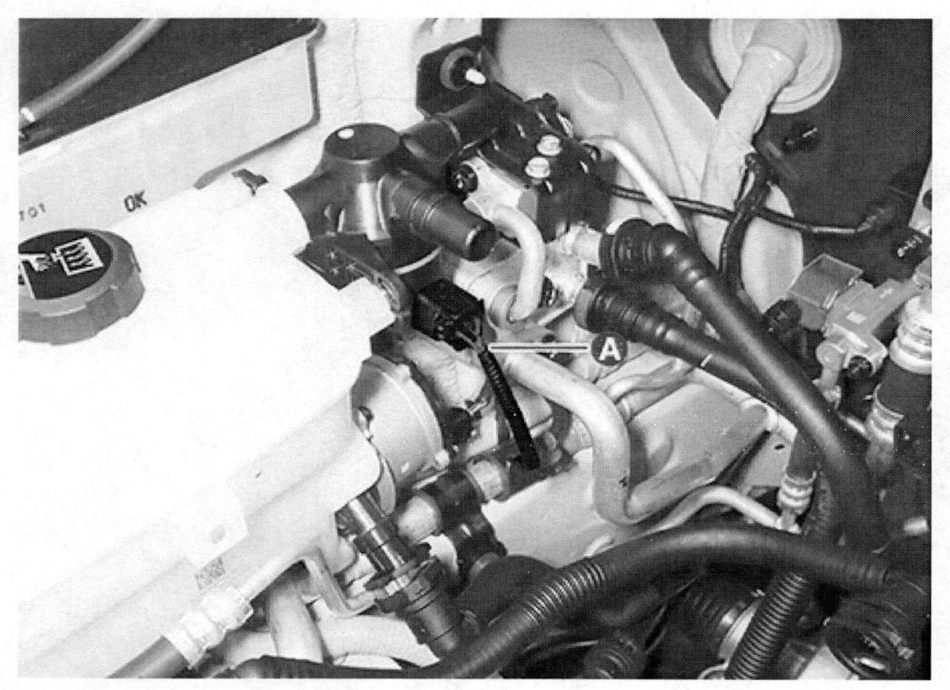

5. 볼트를 풀어 냉각수 3웨이 밸브(A)를 탈거한다.

체결토크 : 0.8 ~ 1.2 kgf·m

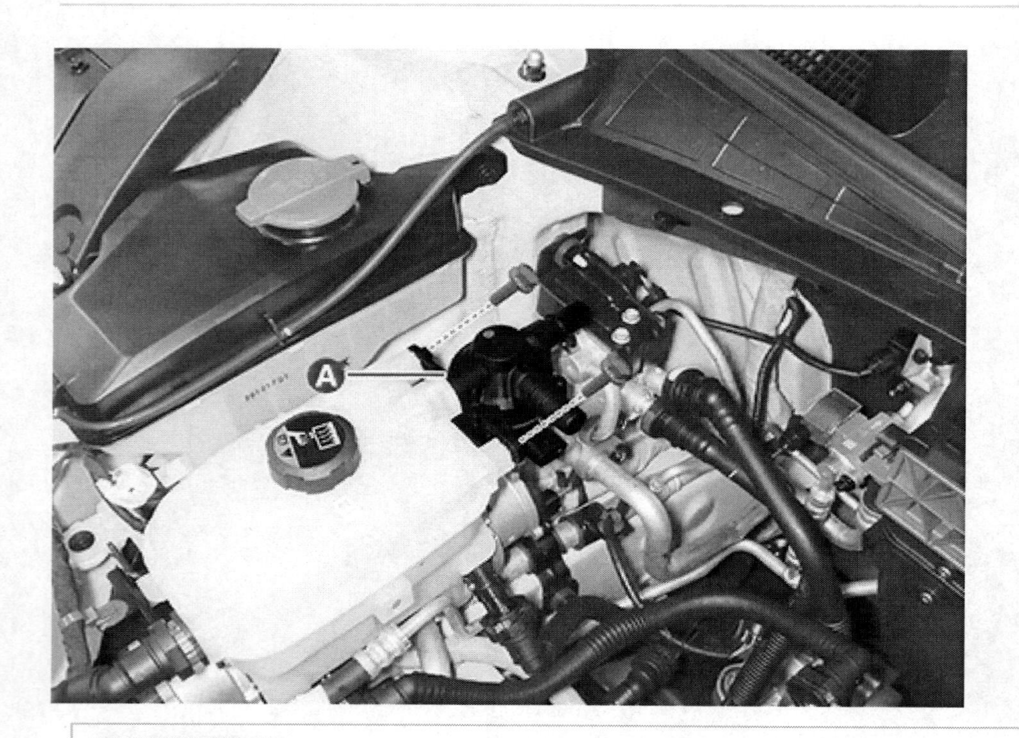

유 의

냉각수 3웨이 밸브 O-링(A) 2개가 장착되어 있는지 확인한다.

3웨이 밸브

1. 배터리 (-) 단자와 서비스 인터록 커넥터를 분리한다.
   (배터리 제어 시스템 - "보조 배터리 (12 V)" 참조)
2. 배터리 냉각수를 배출한다.
   (전기차 냉각 시스템 - "배터리 냉각수" 참조)
3. 프런트 언더 커버를 탈거한다.
   (모터 및 감속기 시스템 - "프런트 언더 커버" 참조)
4. 3웨이 밸브 냉각 호스(A,B,C)를 탈거한다.

5. 3웨이 벨브 커넥터(A)를 분리한다.

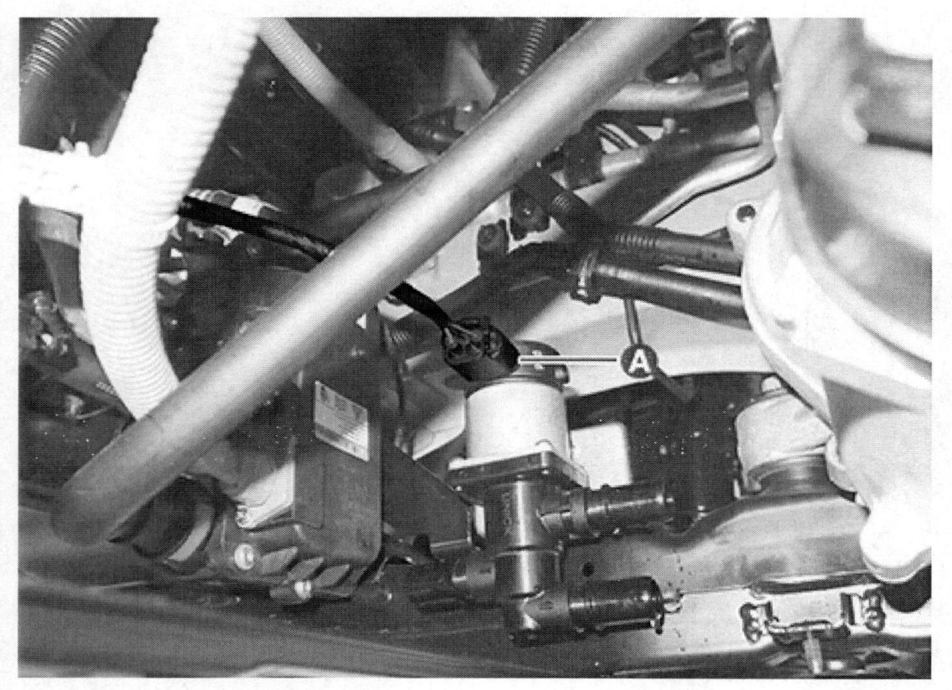

6. 볼트를 풀어 3웨이 밸브(A)를 탈거한다.

체결토크 : 2.0 ~ 2.4 kgf·m

장착

냉각수 3웨이 밸브

1. 장착은 탈거의 역순으로 한다.

유 의

냉각수 호스 장착 후 퀵 커넥터가 확실히 장착되었는지 확인한다.
[타입 A]
- 퀵 커넥터(A)가 확실히 장착 되었는지 확인한다.

[타입 B]

- 퀵 커넥터와 퀵 커넥터 클램프가 확실히 장착 되었는지 확인한다.
- 퀵 커넥터 클램프 돌출부(A)와 퀵 커넥터 홈(B)이 일치하는지 확인한다.

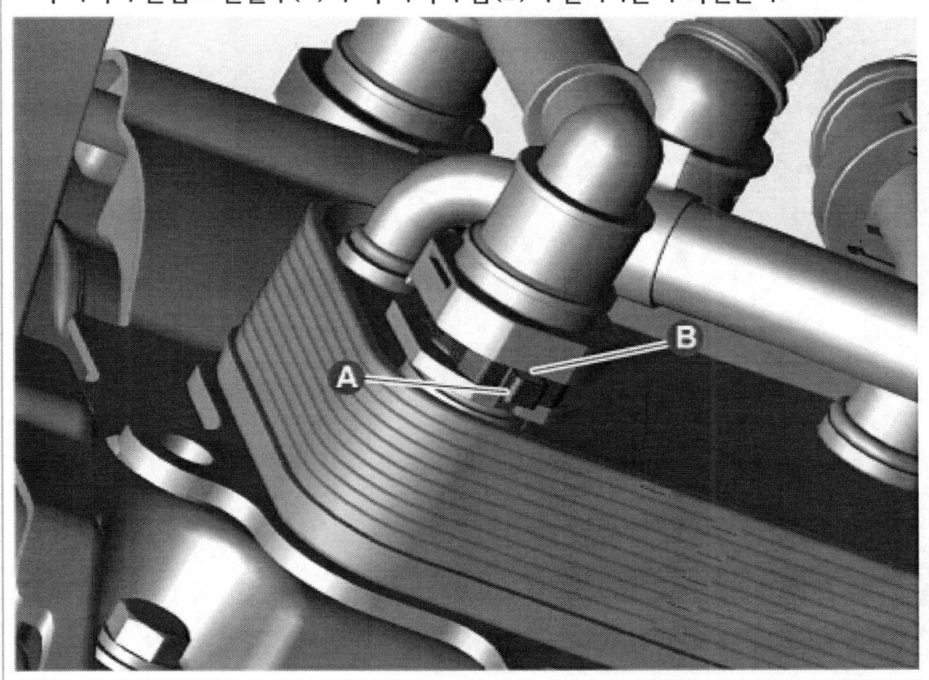

2. 모터 냉각수를 주입한다.
   (전기차 냉각 시스템 - "모터 냉각수" 참조)

유 의

냉각수 주입 시 진단 장비(KDS)를 이용하여 전자식 워터 펌프(EWP)를 강제 구동시켜 공기 빼기를 실시한다.

3웨이 밸브

1. 장착은 탈거의 역순으로 한다.

유 의

냉각수 호스 장착 후 퀵 커넥터가 확실히 장착되었는지 확인한다.
[타입 A]
- 퀵 커넥터(A)가 확실히 장착 되었는지 확인한다.

[타입 B]

- 퀵 커넥터와 퀵 커넥터 클램프가 확실히 장착 되었는지 확인한다.
- 퀵 커넥터 클램프 돌출부(A)와 퀵 커넥터 홈(B)이 일치하는지 확인한다.

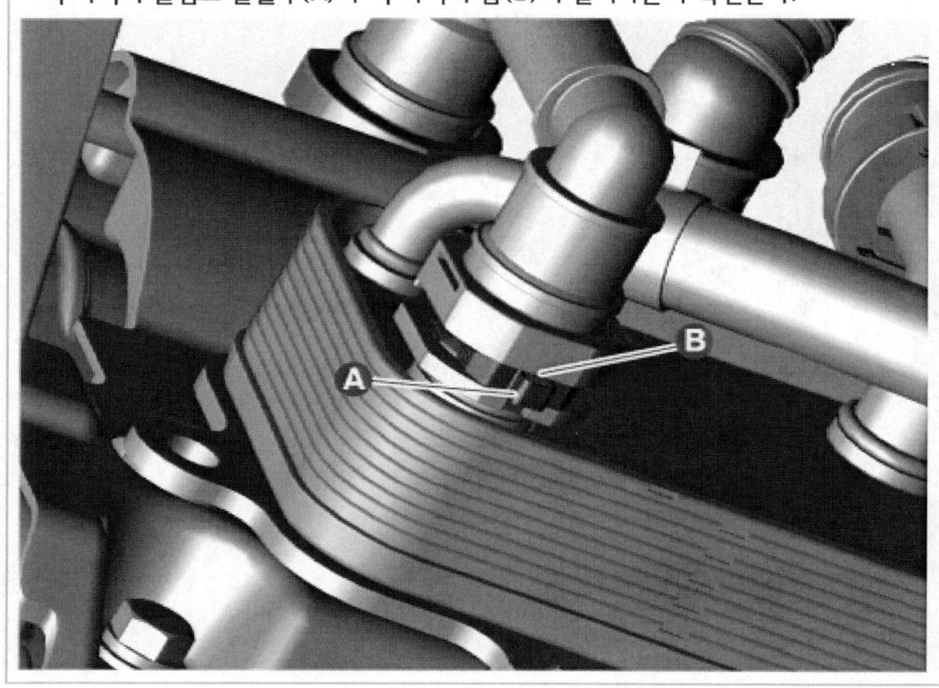

2. 배터리 냉각수를 주입한다.
   (전기차 냉각 시스템 - "배터리 냉각수" 참조)

유 의

냉각수 주입 시 진단 장비(KDS)를 이용하여 전자식 워터 펌프(EWP)를 강제 구동시켜 공기 빼기를 실시한다.

탈거

경 고

- 고전압 시스템 관련 작업 시, 관련 교육을 이수한 작업자가 정비를 진행한다. 고전압 시스템에 대한 이해가 부족한 경우 감전 또는 누전 등으로 인한 심각한 사고를 초래할 수 있다.
- 고전압 시스템 또는 주변 부품 작업 시, 반드시 "안전 사항 및 주의, 경고" 내용을 숙지하고 준수해야 한다. 미 준수 시, 감전 또는 누전 등으로 인한 심각한 사고를 초래할 수 있다.
- 고전압 시스템 작업 특성 상, 개인보호장구(PPE) 및 사전 고전압 차단 절차를 반드시 확인한다.

유 의

- 차체 도장부의 손상을 방지하기 위해 펜더 커버를 사용한다.
- 커넥터 및 와이어링이 손상되지 않도록 주의하여 분리한다.
- 퀵 커넥터 분리 시 퀵 커넥터 타입에 따라 아래 사항에 유의한다.

[타입 A]
- 퀵 커넥터 클램프(A)를 화살표 방향으로 누르며 분리한다.
- 호스 내측 러버 실(B)을 만지지 않는다.

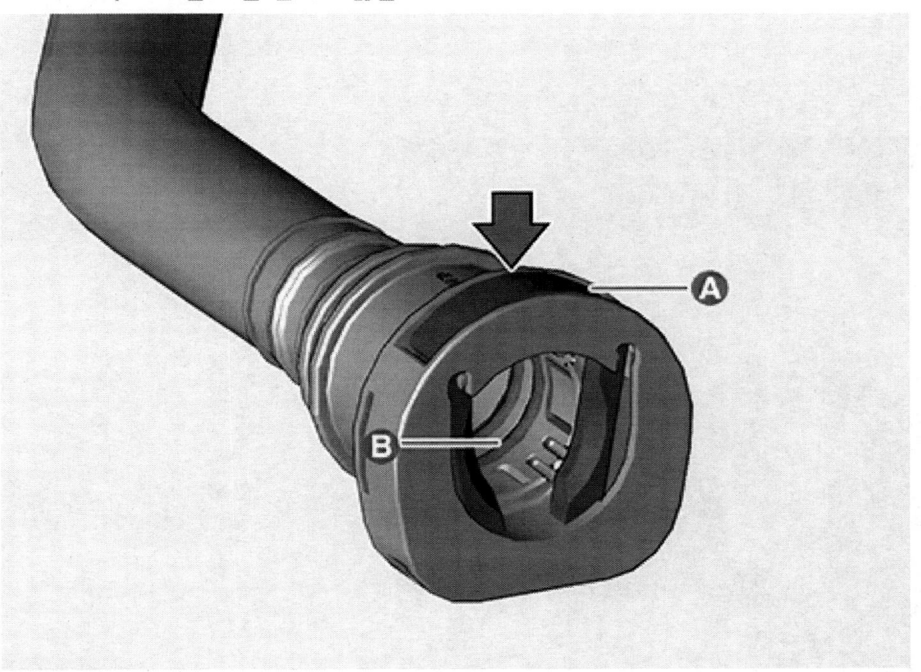

[타입 B]
- 퀵 커넥터 클램프(A)를 화살표 방향으로 당겨 클램프를 분리하고 호스를 분리한다.
- 호스 내측 러버 실(B)을 만지지 않는다.

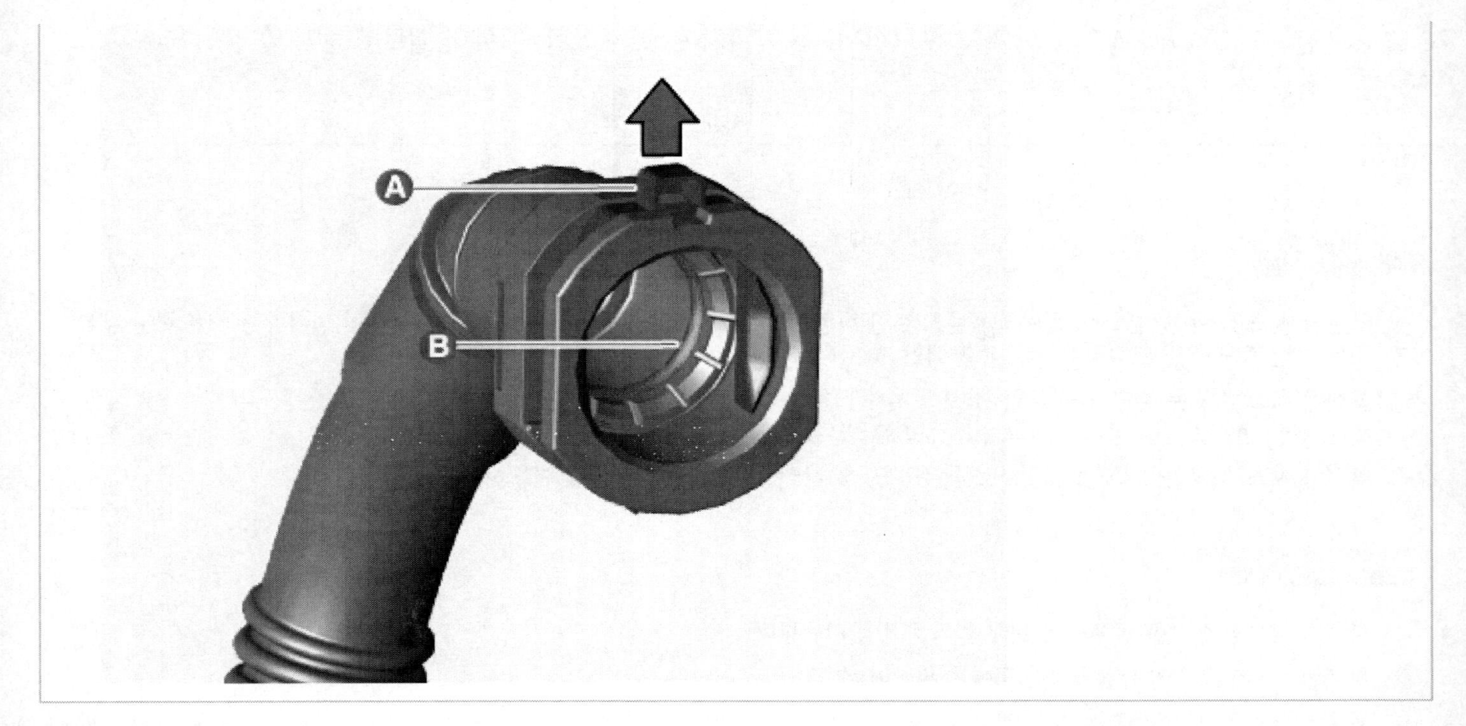

냉각수 3웨이 밸브

1. 배터리 (-) 단자와 서비스 인터록 커넥터를 분리한다.
   (배터리 제어 시스템 - "보조 배터리 (12 V)" 참조)
2. 모터 냉각수를 배출한다.
   (전기차 냉각 시스템 - "모터 냉각수" 참조)
3. 냉각수 3웨이 밸브 호스(A)를 분리한다.

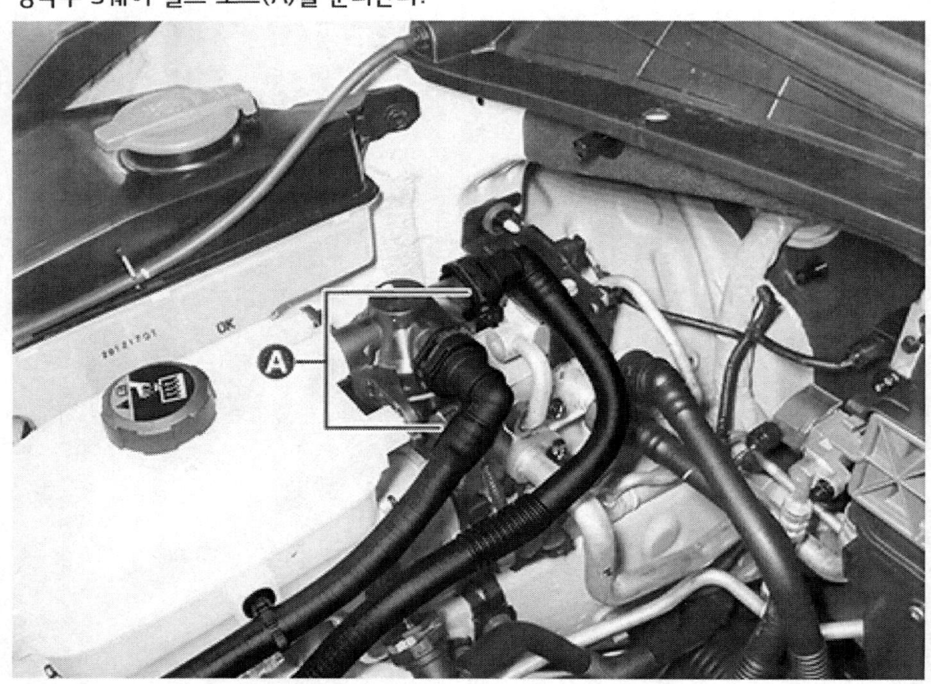

4. 냉각수 3웨이 밸브 커넥터(A)를 분리한다.

5. 볼트를 풀어 냉각수 3웨이 밸브(A)를 탈거한다.

체결토크 : 0.8 ~ 1.2 kgf·m

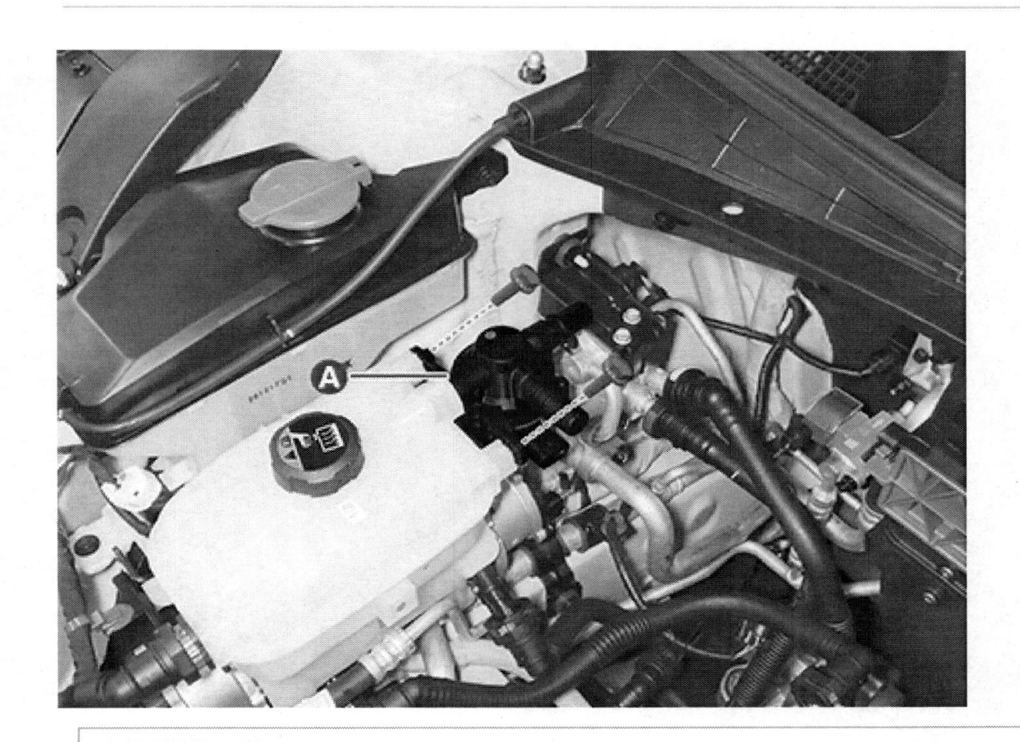

유　의

O-링 2개가 장착되어 있는지 확인한다.

3웨이 밸브

1. 고전압 차단 절차를 수행한다.
   (전기차 냉각 시스템 - "고전압 차단 절차" 참조)
2. 프런트 트렁크를 탈거한다.
   (바디 - "프런트 트렁크" 참조)
3. 배터리 냉각수를 배출한다.
   (전기차 냉각 시스템 - "배터리 냉각수" 참조)
4. 퀵 커넥터를 해제하여 3웨이 밸브 인렛 호스(A)를 분리한다.

5. 퀵 커넥터를 해제하여 3웨이 밸브 아웃렛 호스(A)를 분리한다.

6. 3웨이 밸브 커넥터(A)를 분리한다.

7. 볼트를 풀어 3웨이 밸브(A)를 탈거한다.

체결토크 : 2.0 ~ 2.4 kgf·m

장착

냉각수 3웨이 밸브

1. 장착은 탈거의 역순으로 한다.

유 의

냉각수 호스 장착 후 퀵 커넥터가 확실히 장착되었는지 확인한다.

[타입 A]

- 퀵 커넥터(A)가 확실히 장착 되었는지 확인한다.

[타입 B]

- 퀵 커넥터와 퀵 커넥터 클램프가 확실히 장착 되었는지 확인한다.
- 퀵 커넥터 클램프 돌출부(A)와 퀵 커넥터 홈(B)이 일치하는지 확인한다.

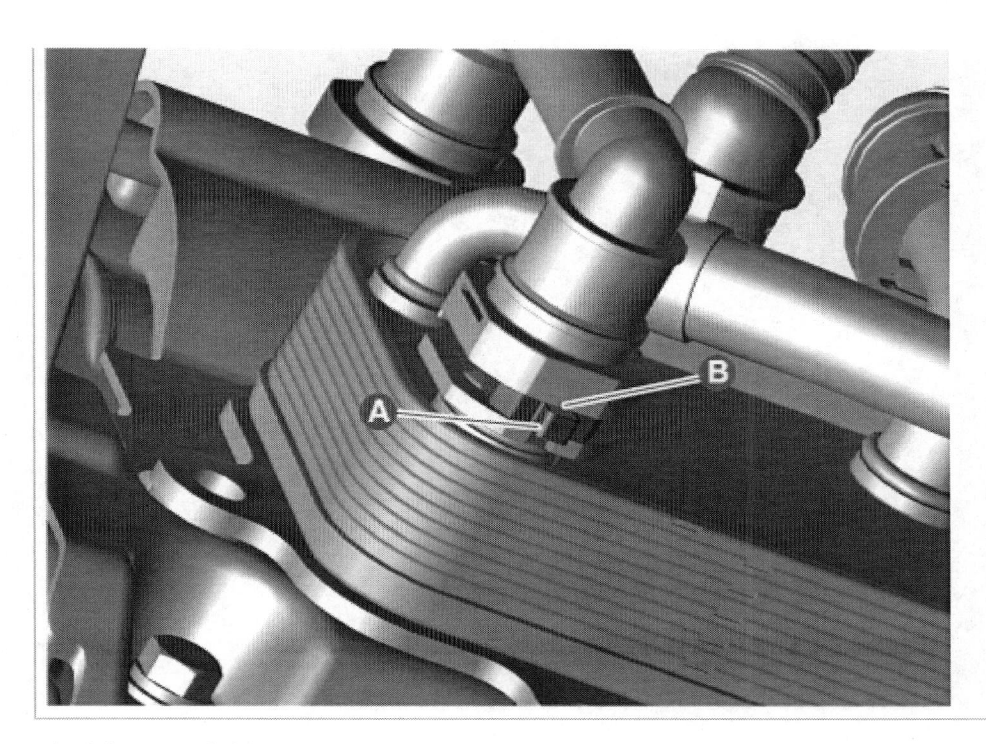

2. 모터 냉각수를 주입한다.
   (전기차 냉각 시스템 - "모터 냉각수" 참조)

> **유 의**
>
> 냉각수 주입 시 진단 장비(KDS)를 이용하여 전자식 워터 펌프(EWP)를 강제 구동시켜 공기 빼기를 실시한다.

3웨이 밸브

1. 장착은 탈거의 역순으로 한다.

> **유 의**
>
> 냉각수 호스 장착 후 퀵 커넥터가 확실히 장착되었는지 확인한다.
> **[타입 A]**
> - 퀵 커넥터(A)가 확실히 장착 되었는지 확인한다.
>
> 
>
>
> **[타입 B]**
> - 퀵 커넥터와 퀵 커넥터 클램프가 확실히 장착 되었는지 확인한다.
> - 퀵 커넥터 클램프 돌출부(A)와 퀵 커넥터 홈(B)이 일치하는지 확인한다.

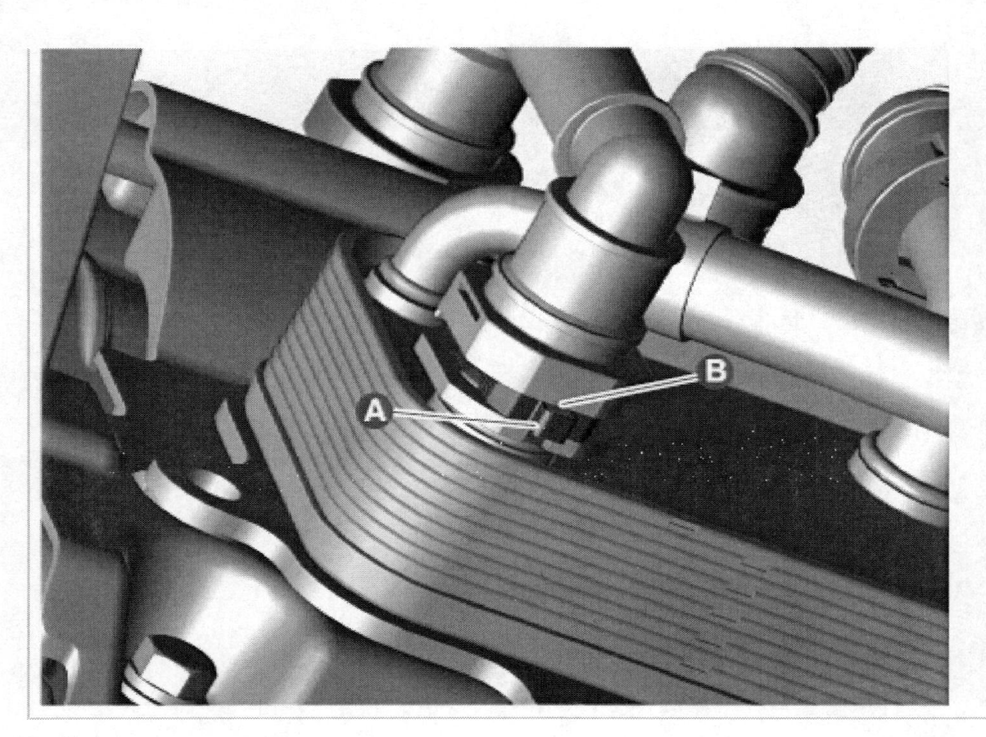

2. 배터리 냉각수를 주입한다.
   (전기차 냉각 시스템 - "배터리 냉각수" 참조)

> **유 의**
>
> 냉각수 주입 시 진단 장비(KDS)를 이용하여 전자식 워터 펌프(EWP)를 강제 구동시켜 공기 빼기를 실시한다.

제원

항목	제원	비고
형식	워터 펌프	전기식 (BLDC)
작동 전압(V)	9 ~ 16	-
작동 조건	LIN control	-
용량(ℓ)(V)	1.43 kgf/cm² / 14 LPM(분당 리터) / 13.5 ~ 14.5	-
정격 전류(A)	Max 10	-
최대 전류(A)	Max 15	-
작동 온도 조건(°C)	-40 ~ 135	-

부품위치

유 의

KDS 센서 데이터와 정비 지침서상의 EWP 표기 번호가 상이하므로 혼동하지 않도록 유의한다.

파트넘버 (명칭)	장착 위치	표기 번호	
		KDS	정비지침서
375W5-CV000 (워터 펌프 어셈블리-일렉트로닉 1)	리저버 앞쪽	EWP#2	EWP1
375V5-GI000,GI200 (워터 펌프 어셈블리-일렉트로닉 2)	차량 하부 (모터 뒤쪽)	EWP#1	EWP2

[2WD]

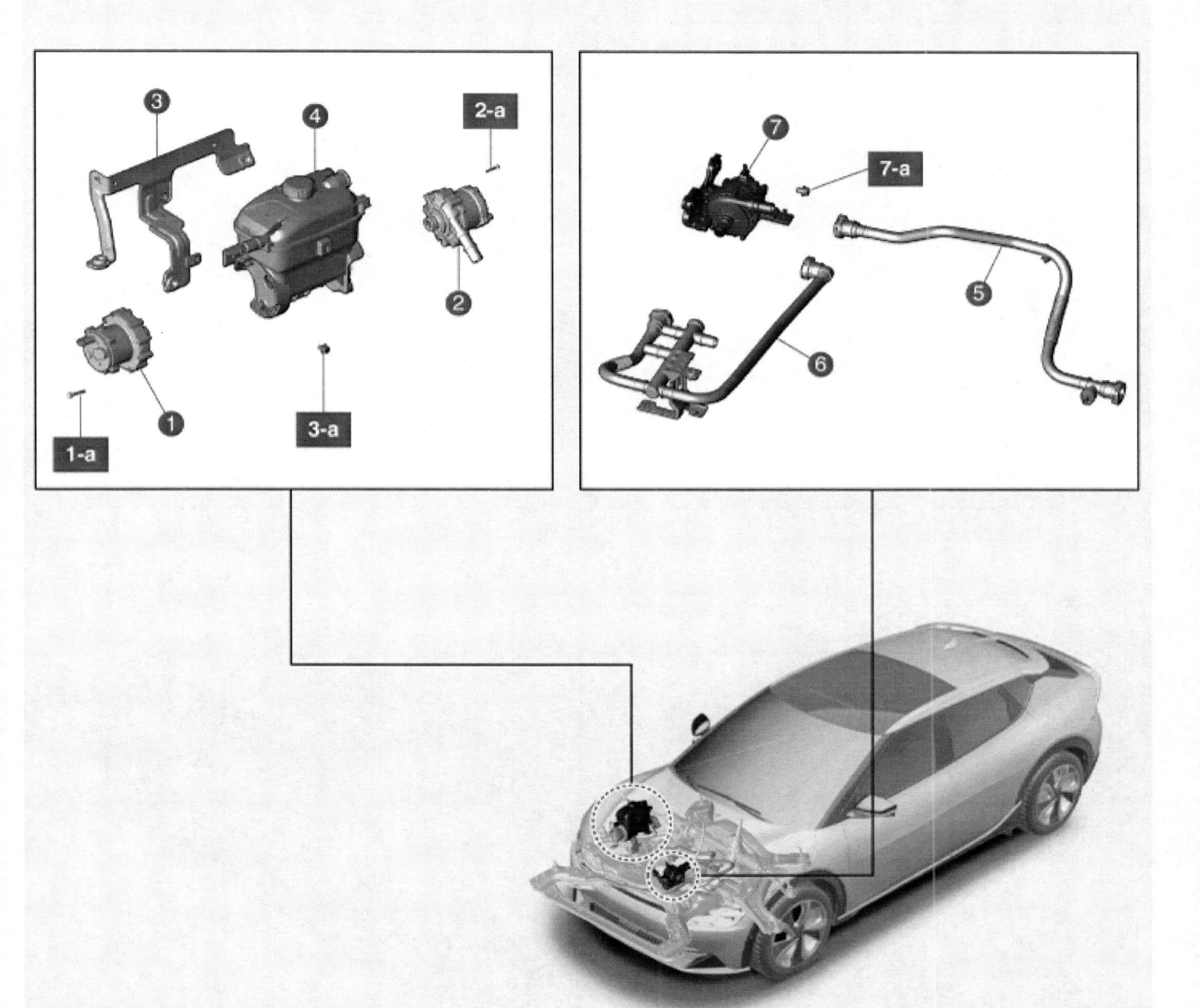

1. 배터리 전자식 워터 펌프(EWP) 1 1-a. 0.20 ~ 0.25 kgf·m 2. 모터 전자식 워터 펌프(EWP) 2-a. 0.20 ~ 0.25 kgf·m 3. 리저버 탱크 브래킷 3-a. 0.8 ~ 1.2 kgf·m	4. 리저버 탱크 5. 전자식 워터 펌프 호스 6. 분배 파이프 7. 배터리 전자식 워터 펌프(EWP) 2 7-a. 0.7 ~ 1.0 kgf·m

[4WD]

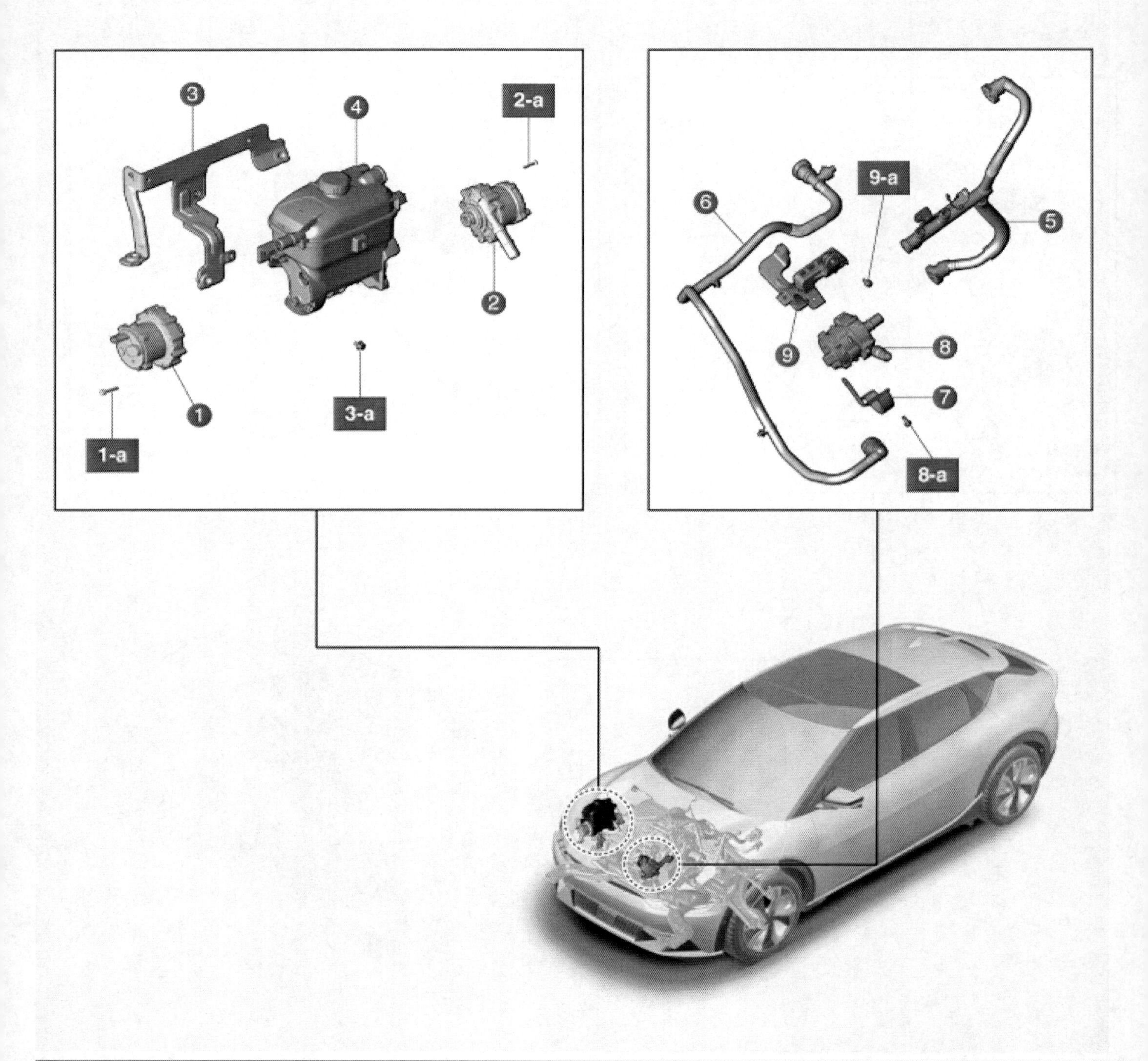

1. 배터리 전자식 워터 펌프(EWP) 1 1-a. 0.20 ~ 0.25 kgf·m 2. 모터 전자식 워터 펌프(EWP) 2-a. 0.20 ~ 0.25 kgf·m 3. 리저버 탱크 브래킷 3-a. 0.8 ~ 1.2 kgf·m	4. 리저버 탱크 5. 분배 파이프 6. 전자식 워터 펌프 호스 7. 배터리 전자식 워터 펌프(EWP) 2 브래킷 1 8. 배터리 전자식 워터 펌프(EWP) 2 8-a. 0.7 ~ 1.0 kgf·m 9. 배터리 전자식 워터 펌프(EWP) 2 브래킷 2

개요

전자식 워터 펌프(EWP)는 모터 시스템[통합 충전 및 컨버터 유닛(ICCU), 전방/후방 모터 인버터, 모터 및 감속 기어 오일 쿨러]의 냉각 회로 냉각수를 순환시킨다.

탈거

⚠ 경 고

- 고전압 시스템 관련 작업 시, 관련 교육을 이수한 작업자가 정비를 진행한다. 고전압 시스템에 대한 이해가 부족한 경우 감전 또는 누전 등으로 인한 심각한 사고를 초래할 수 있다.
- 고전압 시스템 또는 주변 부품 작업 시, 반드시 "안전 사항 및 주의, 경고" 내용을 숙지하고 준수해야 한다. 미 준수 시, 감전 또는 누전 등으로 인한 심각한 사고를 초래할 수 있다.
- 고전압 시스템 작업 특성 상, 개인보호장구(PPE) 및 사전 고전압 차단 절차를 반드시 확인한다.

유 의

- 차체 도장부의 손상을 방지하기 위해 펜더 커버를 사용한다.
- 커넥터 및 와이어링이 손상되지 않도록 주의하여 분리한다.
- 퀵 커넥터 분리 시 아래 사항에 유의한다.
  - 퀵 커넥터 클램프(A)를 화살표 방향으로 누르며 분리한다.
  - 호스 내측 러버 실(B)을 만지지 않는다.

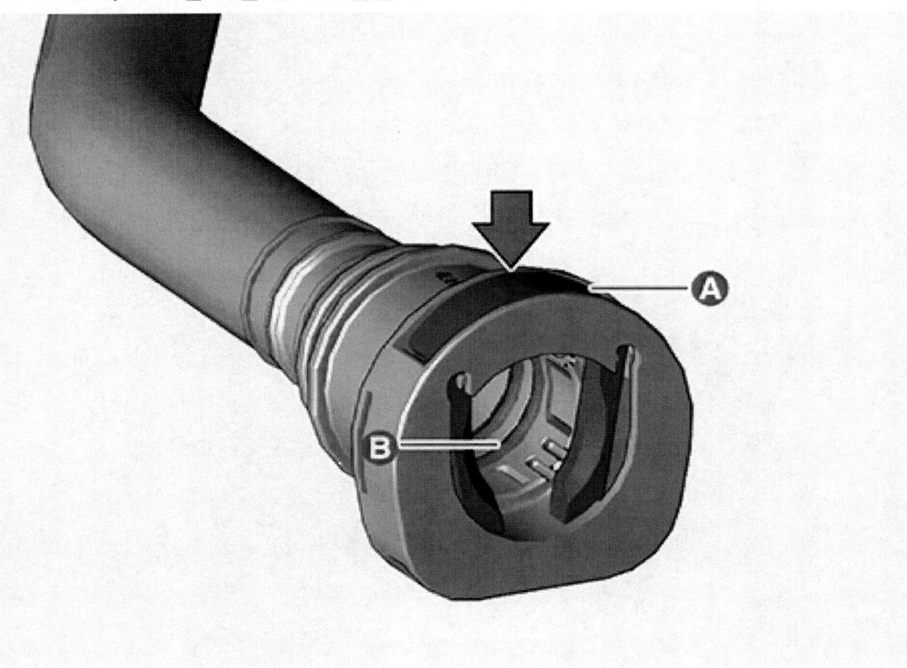

모터 전자식 워터 펌프(EWP)

1. 프런트 언더 커버를 탈거한다.
   (모터 및 감속기 시스템 - "프런트 언더 커버" 참조)
2. 냉각수를 배출한다.
   (전기차 냉각 시스템 - "냉각수" 참조)
3. 프런트 트렁크를 탈거한다.
   (바디 - "프런트 트렁크" 참조)
4. 리저버 탱크를 탈거한다.
   (전기차 냉각 시스템 - "리저버 탱크" 참조)
5. 볼트를 풀어 모터 EWP(A)를 탈거한다.

체결토크 : 0.20 ~ 0.25 kgf·m

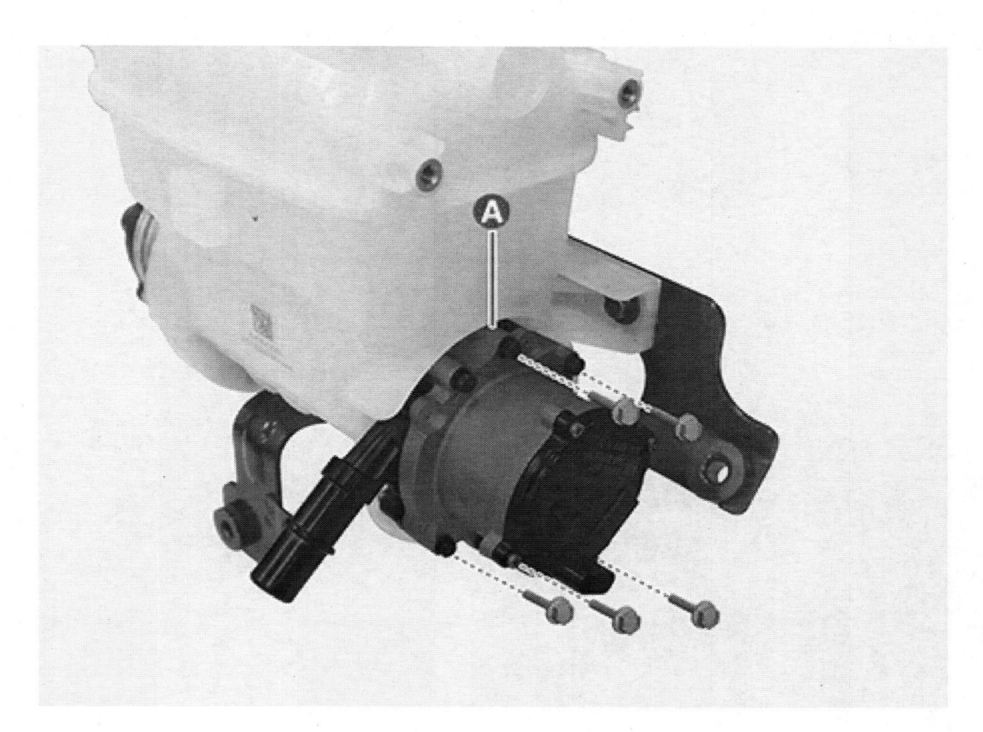

배터리 EWP

1. 프런트 언더 커버를 탈거한다.
   (모터 및 감속기 시스템 - "프런트 언더 커버" 참조)
2. 냉각수를 배출한다.
   (전기차 냉각 시스템 - "냉각수" 참조)
3. 프런트 트렁크를 탈거한다.
   (바디 - "프런트 트렁크" 참조)
4. 리저버 탱크를 탈거한다.
   (전기차 냉각 시스템 - "리저버 탱크" 참조)
5. 볼트를 풀어 배터리 EWP(A)를 탈거한다.

체결토크 : 0.20 ~ 0.25 kgf·m

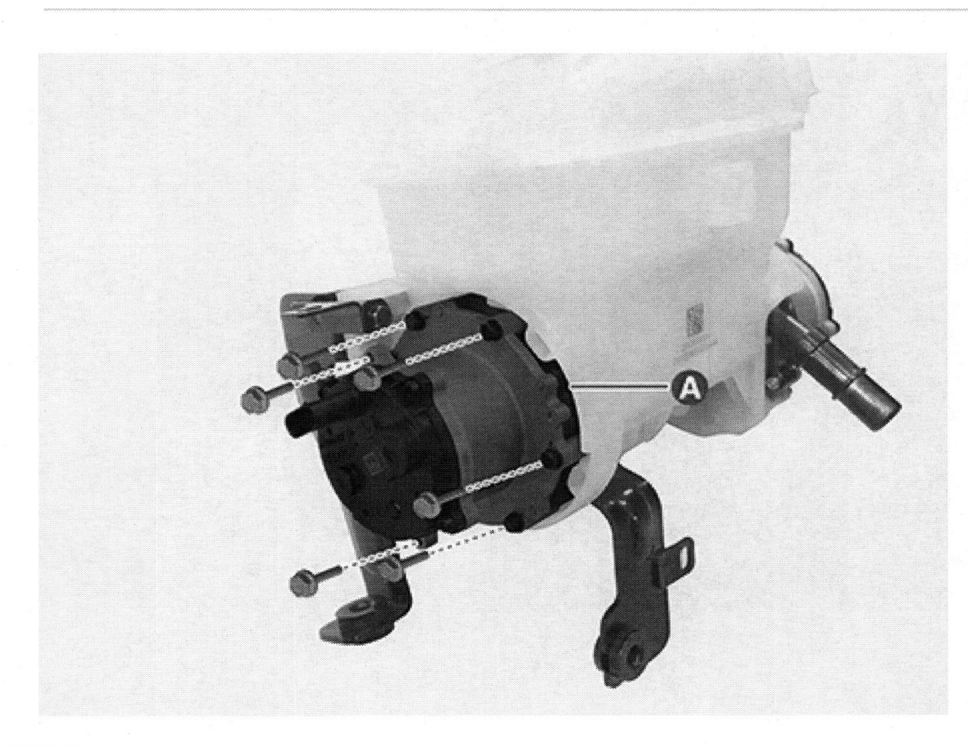

배터리 EWP 2

1. 배터리 (-) 단자와 서비스 인터록 커넥터를 분리한다.
   (배터리 제어 시스템 - "보조 배터리 (12 V)" 참조)
2. 프런트 언더 커버를 탈거한다.
   (모터 및 감속기 시스템 - "프런트 언더 커버" 참조)
3. 배터리 냉각수를 배출한다.
   (전기차 냉각 시스템 - "배터리 냉각수" 참조)
4. 프런트 언더 커버를 탈거한다.
   (모터 및 감속기 시스템 - "프런트 언더 커버" 참조)
5. 냉각수를 배출한다.
   (전기차 냉각 시스템 - "냉각수" 참조)
6. 전자식 워터 펌프(EWP) 퀵 커넥터 호스(A)를 분리한다.

7. 와이어링 고정 클립(A)를 분리한다.

8. 배터리 EWP 2 커넥터(A)를 분리한다.

9. 볼트 및 너트를 풀어 배터리 EWP 2(A)를 탈거한다.

체결토크 : 0.7 ~ 1.0 kgf·m

장착

모터 전자식 워터 펌프(EWP)

1. 장착은 탈거의 역순으로 한다.
2. 냉각수를 주입한다.
   (전기차 냉각 시스템 - "냉각수" 참조)

> **유 의**
>
> 냉각수 주입 시 진단 장비(KDS)를 이용하여 공기 빼기를 실시한다.

배터리 EWP

1. 장착은 탈거의 역순으로 한다.
2. 배터리 냉각수를 주입한다.
   (전기차 냉각 시스템 - "배터리 냉각수" 참조)

> **유 의**
>
> 냉각수 주입 시 진단 장비(KDS)를 이용하여 공기 빼기를 실시한다.

배터리 EWP 2

1. 장착은 탈거의 역순으로 한다.

> **유 의**
>
> 퀵 커넥터(A)가 확실히 장착 되었는지 확인한다.

2. 배터리 냉각수를 주입한다.
   (전기차 냉각 시스템 - "배터리 냉각수" 참조)

> **유 의**
>
> 냉각수 주입 시 진단 장비(KDS)를 이용하여 공기 빼기를 실시한다.

탈거

⚠ 경 고

- 고전압 시스템 관련 작업 시, 관련 교육을 이수한 작업자가 정비를 진행한다. 고전압 시스템에 대한 이해가 부족한 경우 감전 또는 누전 등으로 인한 심각한 사고를 초래할 수 있다.
- 고전압 시스템 또는 주변 부품 작업 시, 반드시 "안전 사항 및 주의, 경고" 내용을 숙지하고 준수해야 한다. 미 준수 시, 감전 또는 누전 등으로 인한 심각한 사고를 초래할 수 있다.
- 고전압 시스템 작업 특성 상, 개인보호장구(PPE) 및 사전 고전압 차단 절차를 반드시 확인한다.

유 의

- 차체 도장부의 손상을 방지하기 위해 펜더 커버를 사용한다.
- 커넥터 및 와이어링이 손상되지 않도록 주의하여 분리한다.
- 퀵 커넥터 분리 시 아래 사항에 유의한다.
  - 퀵 커넥터 클램프(A)를 화살표 방향으로 누르며 분리한다.
  - 호스 내측 러버 실(B)을 만지지 않는다.

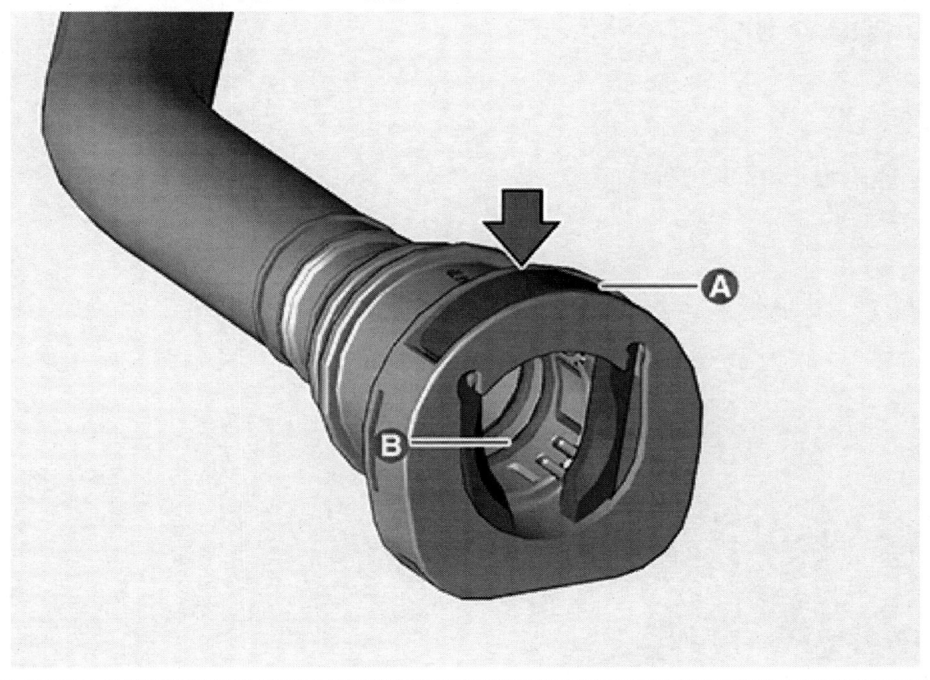

모터 전자식 워터 펌프(EWP)

1. 프런트 언더 커버를 탈거한다.
   (모터 및 감속기 시스템 - "프런트 언더 커버" 참조)
2. 냉각수를 배출한다.
   (전기차 냉각 시스템 - "냉각수" 참조)
3. 프런트 트렁크를 탈거한다.
   (바디 - "프런트 트렁크" 참조)
4. 리저버 탱크를 탈거한다.
   (전기차 냉각 시스템 - "리저버 탱크" 참조)
5. 볼트를 풀어 모터 EWP(A)를 탈거한다.

체결토크 : 0.20 ~ 0.25 kgf·m

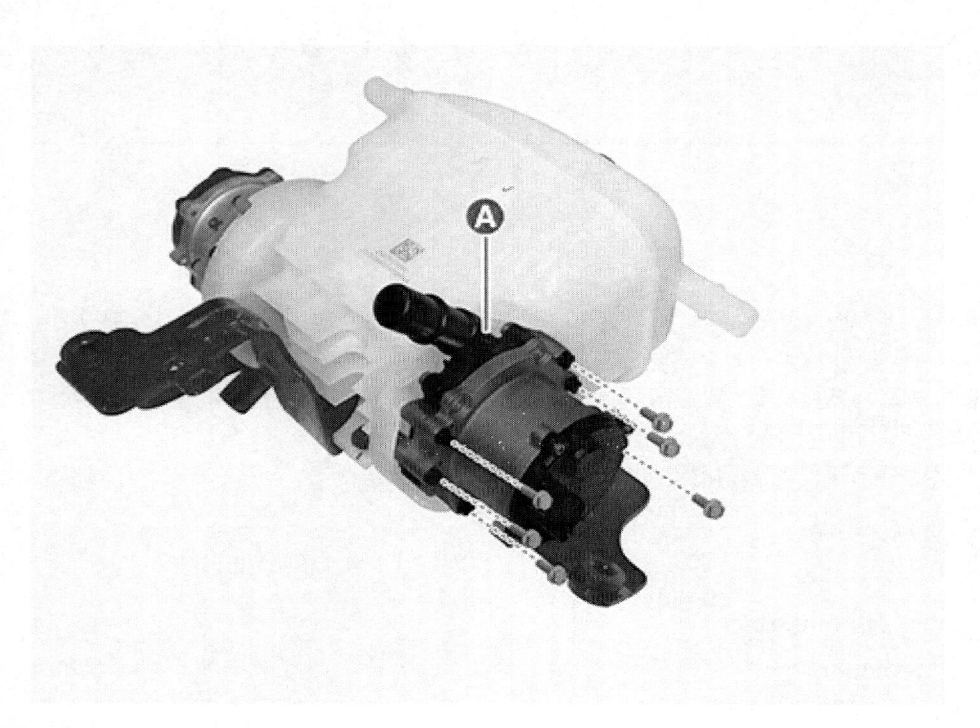

배터리 EWP

1. 프런트 언더 커버를 탈거한다.
   (전륜 모터 및 감속기 시스템 - "프런트 언더 커버" 참조)
2. 냉각수를 배출한다.
   (전기차 냉각 시스템 - "냉각수" 참조)
3. 프런트 트렁크를 탈거한다.
   (바디 - "프런트 트렁크" 참조)
4. 리저버 탱크를 탈거한다.
   (전기차 냉각 시스템 - "리저버 탱크" 참조)
5. 볼트를 풀어 배터리 EWP(A)를 탈거한다.

체결토크 : 0.20 ~ 0.25 kgf·m

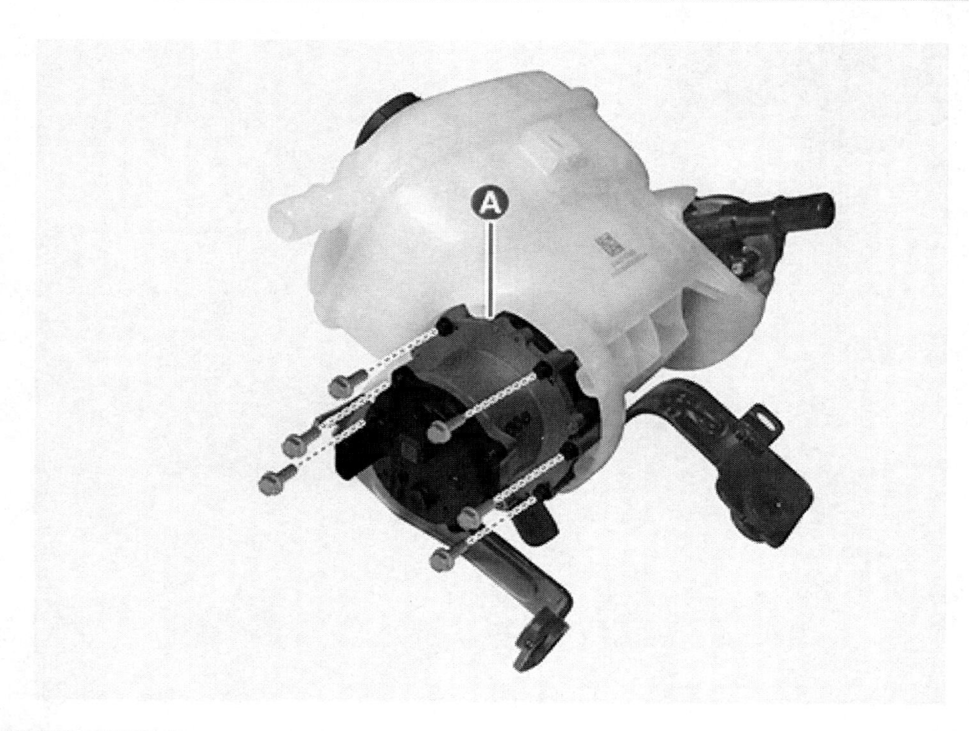

배터리 EWP 2

1. 배터리 (-) 단자와 서비스 인터록 커넥터를 분리한다.
   (배터리 제어 시스템 - "보조 배터리 (12 V)" 참조)
2. 프런트 언더 커버를 탈거한다.
   (모터 및 감속기 시스템 - "프런트 언더 커버" 참조)
3. 배터리 냉각수를 배출한다.
   (전기차 냉각 시스템 - "배터리 냉각수" 참조)
4. 퀵 커넥터를 해제하여 전자식 워터 펌프(EWP) 냉각 호스(A)를 분리한다.

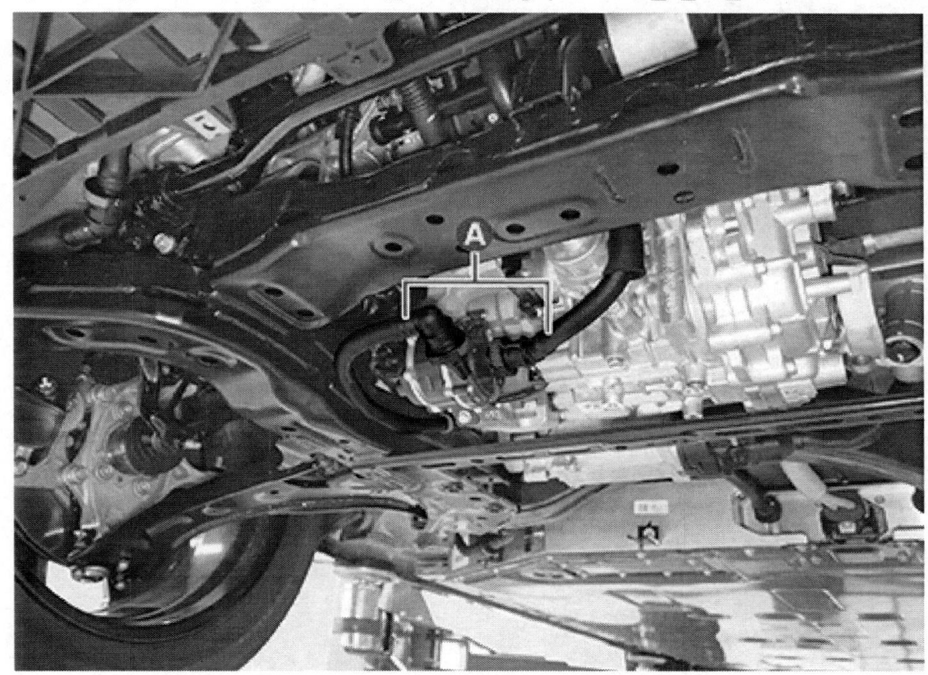

5. 배터리 EWP 2 커넥터(A)와 와이어링 고정 클립(B)을 분리한다.

6. 볼트를 풀어 배터리 EWP 2(A)를 탈거한다.

체결토크 : 0.7 ~ 1.0 kgf·m

7. 배터리 EWP 2 브래킷을 탈거한다.
   (1) 와이어링 고정 클립(A)을 분리한다.
   (2) 볼트를 풀어 배터리 EWP 2 브래킷(B)을 탈거한다.

체결토크 : 2.0 ~ 2.4 kgf·m

장착

모터 전자식 워터 펌프(EWP)

1. 장착은 탈거의 역순으로 한다.
2. 냉각수를 주입한다.
   (전기차 냉각 시스템 - "냉각수" 참조)

유 의

냉각수 주입 시 진단 장비(KDS)를 이용하여 공기 빼기를 실시한다.

배터리 EWP

1. 장착은 탈거의 역순으로 한다.
2. 냉각수를 주입힌다.
   (전기차 냉각 시스템 - "냉각수" 참조)

유 의

냉각수 주입 시 진단 장비(KDS)를 이용하여 공기 빼기를 실시한다.

배터리 EWP 2

1. 장착은 탈거의 역순으로 한다.

유 의

퀵 커넥터(A)가 확실히 장착 되었는지 확인한다.

2. 배터리 냉각수를 주입한다.
   (전기차 냉각 시스템 - "배터리 냉각수" 참조)

유 의

냉각수 주입 시 진단 장비(KDS)를 이용하여 공기 빼기를 실시한다.

탈거

⚠ 경 고

- 고전압 시스템 관련 작업 시, 관련 교육을 이수한 작업자가 정비를 진행한다. 고전압 시스템에 대한 이해가 부족한 경우 감전 또는 누전 등으로 인한 심각한 사고를 초래할 수 있다.
- 고전압 시스템 또는 주변 부품 작업 시, 반드시 "안전 사항 및 주의, 경고" 내용을 숙지하고 준수해야 한다. 미 준수 시, 감전 또는 누전 등으로 인한 심각한 사고를 초래할 수 있다.
- 고전압 시스템 작업 특성 상, 개인보호장구(PPE) 및 사전 고전압 차단 절차를 반드시 확인한다.

유 의

- 차체 도장부의 손상을 방지하기 위해 펜더 커버를 사용한다.
- 커넥터 및 와이어링이 손상되지 않도록 주의하여 분리한다.
- 퀵 커넥터 분리 시 아래 사항에 유의한다.
  - 퀵 커넥터 클램프(A)를 화살표 방향으로 누르며 분리한다.
  - 호스 내측 러버 실(B)을 만지지 않는다.

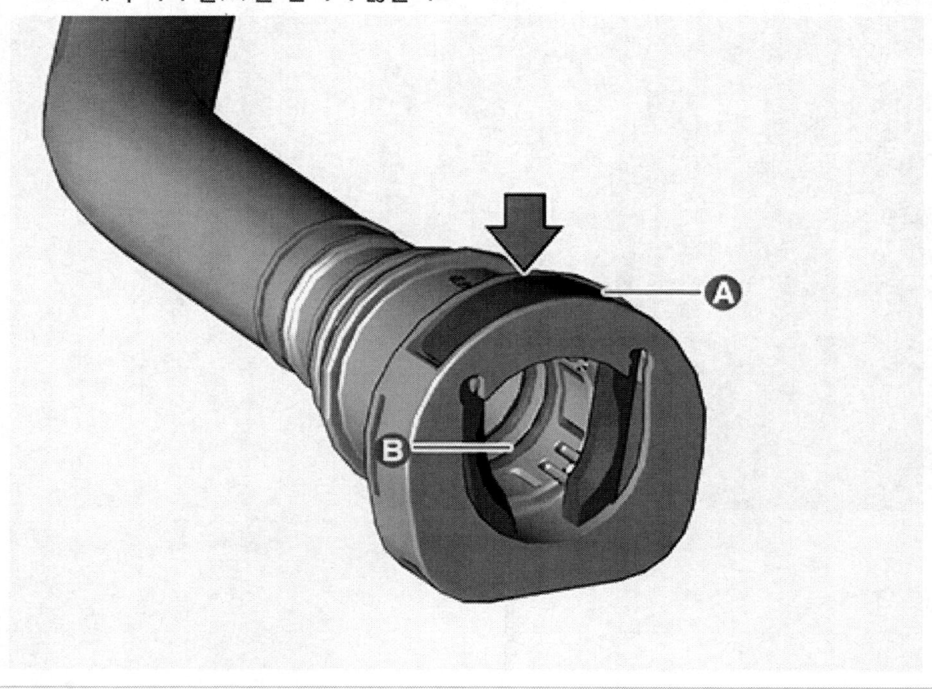

모터 전자식 워터 펌프(EWP)

1. 프런트 언더 커버를 탈거한다.
   (모터 및 감속기 시스템 - "프런트 언더 커버" 참조)
2. 냉각수를 배출한다.
   (전기차 냉각 시스템 - "냉각수" 참조)
3. 프런트 트렁크를 탈거한다.
   (바디 - "프런트 트렁크" 참조)
4. 리저버 탱크를 탈거한다.
   (전기차 냉각 시스템 - "리저버 탱크" 참조)
5. 볼트를 풀어 모터 EWP(A)를 탈거한다.

체결토크 : 0.20 ~ 0.25 kgf·m

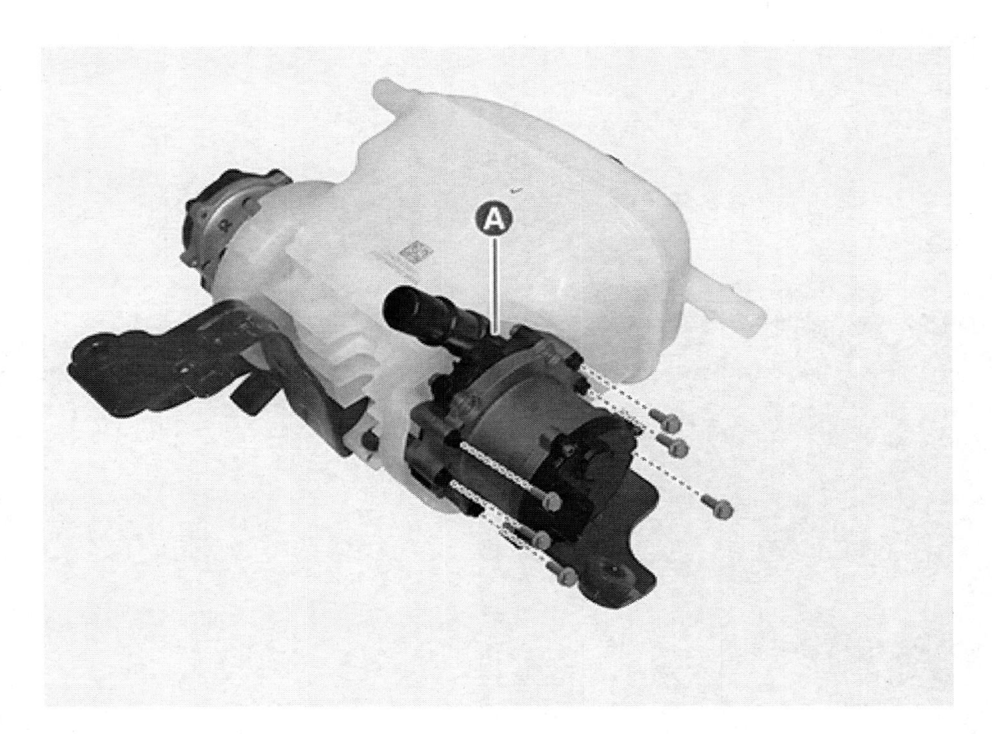

배터리 EWP

1. 프런트 언더 커버를 탈거한다.
   (전륜 모터 및 감속기 시스템 - "프런트 언더 커버" 참조)
2. 냉각수를 배출한다.
   (전기차 냉각 시스템 - "냉각수" 참조)
3. 프런트 트렁크를 탈거한다.
   (바디 - "프런트 트렁크" 참조)
4. 리저버 탱크를 탈거한다.
   (전기차 냉각 시스템 - "리저버 탱크" 참조)
5. 볼트를 풀어 배터리 EWP(A)를 탈거한다.

체결토크 : 0.20 ~ 0.25 kgf·m

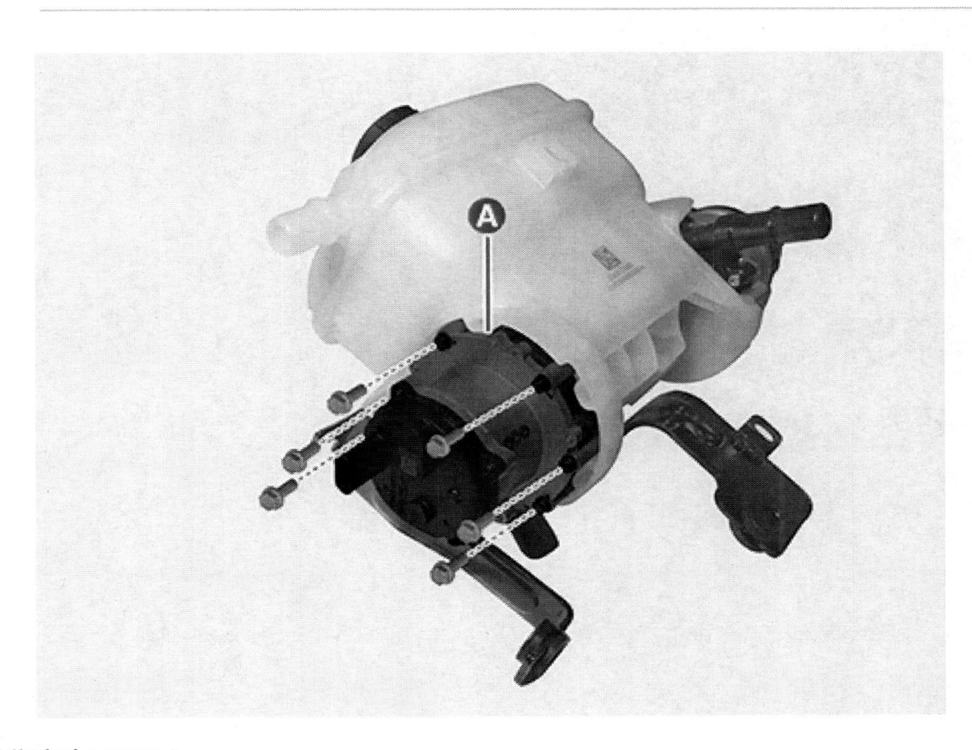

배터리 EWP 2

1. 배터리 (-) 단자와 서비스 인터록 커넥터를 분리한다.
   (배터리 제어 시스템 - "보조 배터리 (12 V)" 참조)
2. 프런트 언더 커버를 탈거한다.
   (모터 및 감속기 시스템 - "프런트 언더 커버" 참조)
3. 배터리 냉각수를 배출한다.
   (전기차 냉각 시스템 - "배터리 냉각수" 참조)
4. 퀵 커넥터를 해제하여 전자식 워터 펌프(EWP) 냉각 호스(A)를 분리한다.

5. 배터리 EWP 2 커넥터(A)와 와이어링 고정 클립(B)을 분리한다.

6. 볼트를 풀어 배터리 EWP 2(A)를 탈거한다.

체결토크 : 0.7 ~ 1.0 kgf·m

7. 배터리 EWP 2 브래킷을 탈거한다.
   (1) 와이어링 고정 클립(A)을 분리한다.
   (2) 볼트를 풀어 배터리 EWP 2 브래킷(B)을 탈거한다.

체결토크 : 2.0 ~ 2.4 kgf·m

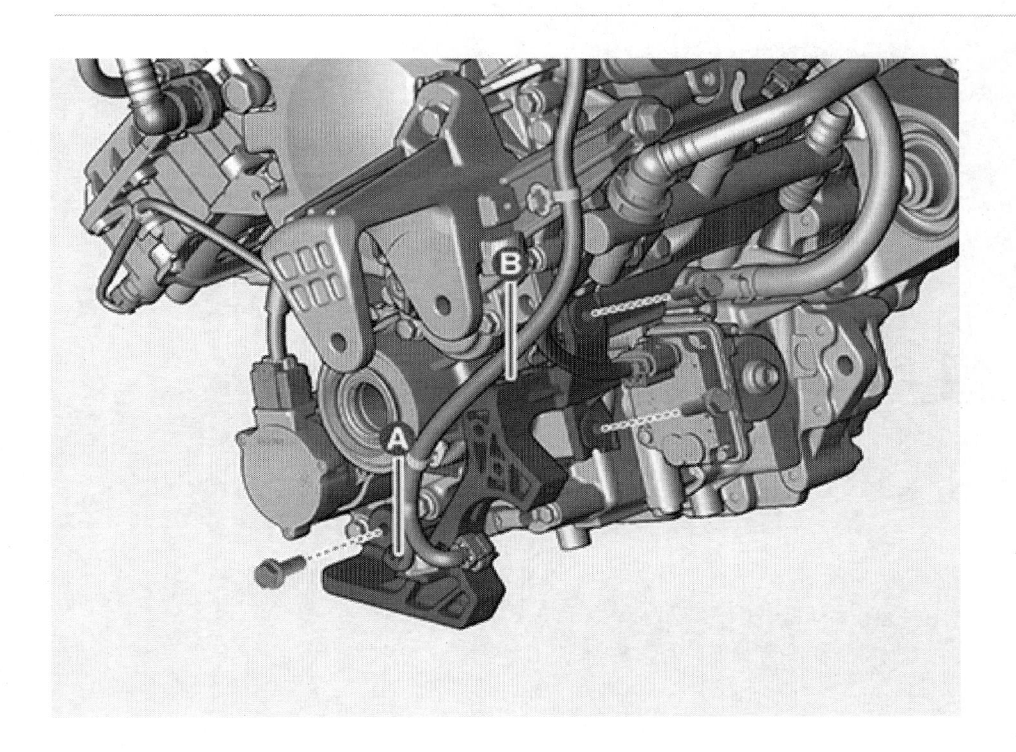

장착

모터 전자식 워터 펌프(EWP)

1. 장착은 탈거의 역순으로 한다.
2. 냉각수를 주입한다.
   (전기차 냉각 시스템 - "냉각수" 참조)

유 의

냉각수 주입 시 진단 장비(KDS)를 이용하여 공기 빼기를 실시한다.

배터리 EWP

1. 장착은 탈거의 역순으로 한다.
2. 냉각수를 주입힌다.
   (전기차 냉각 시스템 - "냉각수" 참조)

유 의

냉각수 주입 시 진단 장비(KDS)를 이용하여 공기 빼기를 실시한다.

배터리 EWP 2

1. 장착은 탈거의 역순으로 한다.

유 의

퀵 커넥터(A)가 확실히 장착 되었는지 확인한다.

2. 배터리 냉각수를 주입한다.
   (전기차 냉각 시스템 - "배터리 냉각수" 참조)

유 의

냉각수 주입 시 진단 장비(KDS)를 이용하여 공기 빼기를 실시한다.

부품위치

2WD

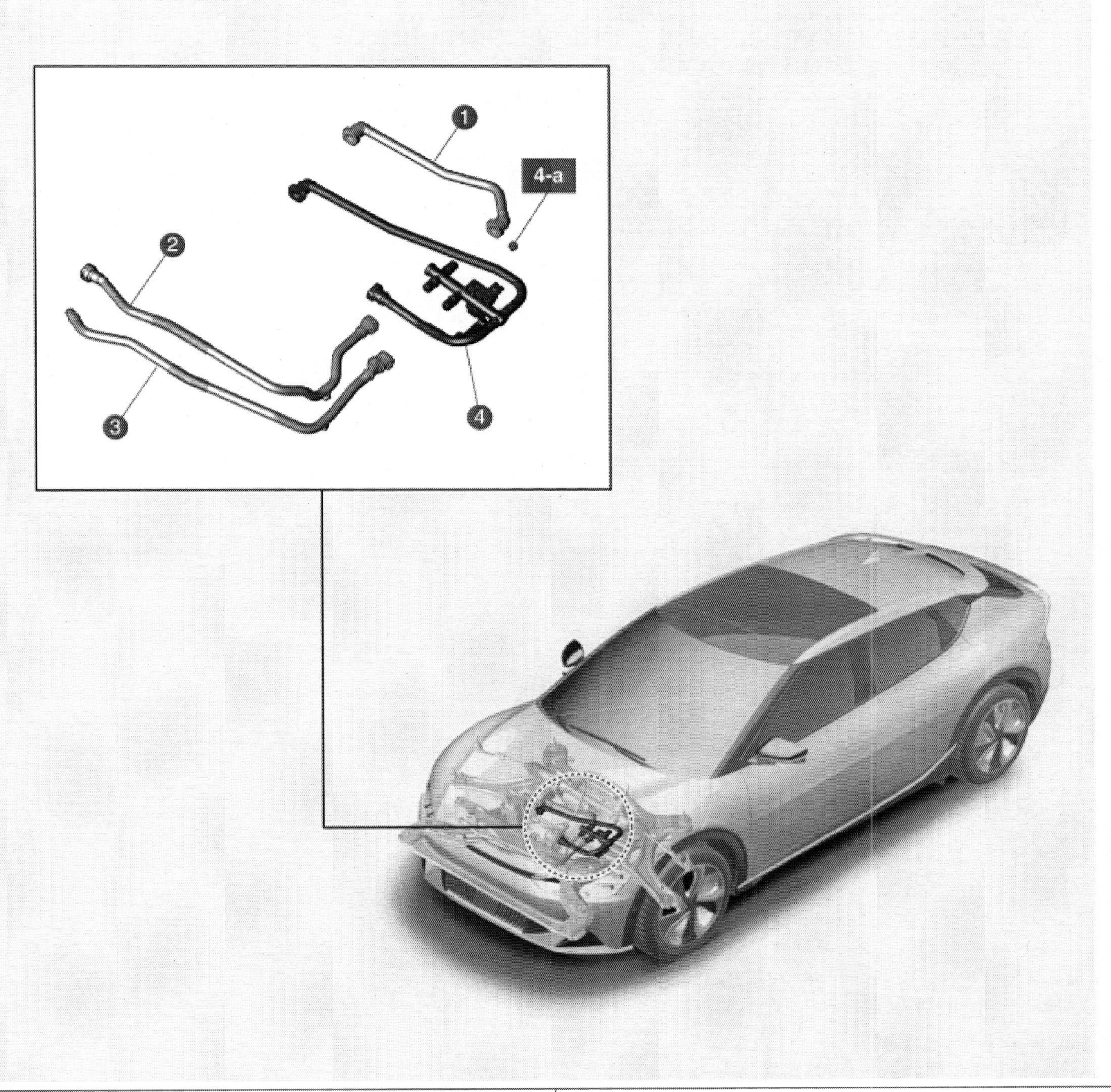

1. 냉각수 분배 파이프 호스 2. 냉각수 분배 파이프 호스 3. 냉각수 분배 파이프 호스	4. 냉각수 분배 파이프 4-a. 2.0 ~ 2.4 kgf·m

4WD

탈거

⚠ 경 고

- 고전압 시스템 관련 작업 시, 관련 교육을 이수한 작업자가 정비를 진행한다. 고전압 시스템에 대한 이해가 부족한 경우 감전 또는 누전 등으로 인한 심각한 사고를 초래할 수 있다.
- 고전압 시스템 또는 주변 부품 작업 시, 반드시 "안전 사항 및 주의, 경고" 내용을 숙지하고 준수해야 한다. 미 준수 시, 감전 또는 누전 등으로 인한 심각한 사고를 초래할 수 있다.
- 고전압 시스템 작업 특성 상, 개인보호장구(PPE) 및 사전 고전압 차단 절차를 반드시 확인한다.

유 의

- 차체 도장부의 손상을 방지하기 위해 펜더 커버를 사용한다.
- 커넥터 및 와이어링이 손상되지 않도록 주의하여 분리한다.
- 퀵 커넥터 분리 시 아래 사항에 유의한다.
  - 퀵 커넥터 클램프(A)를 화살표 방향으로 누르며 분리한다.
  - 호스 내측 러버 실(B)을 만지지 않는다.

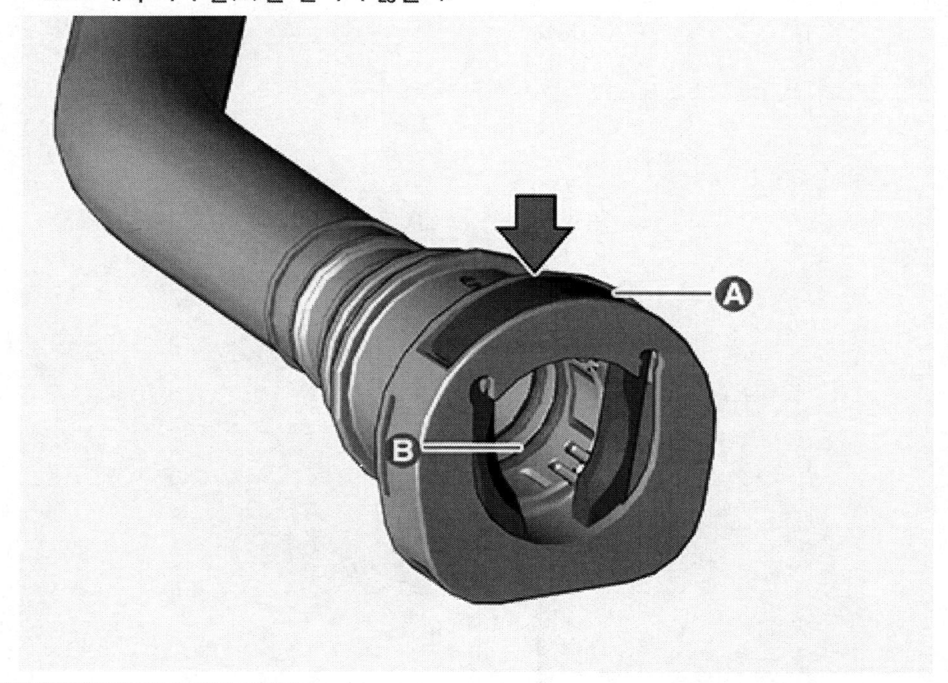

1. 배터리 (-) 단자와 서비스 인터록 커넥터를 분리한다.
   (배터리 제어 시스템 - "보조 배터리 (12 V)" 참조)
2. 프런트 언더 커버를 탈거한다.
   (모터 및 감속기 시스템 - "프런트 언더 커버" 참조)
3. 배터리 냉각수를 배출한다.
   (전기차 냉각 시스템 - "배터리 냉각수" 참조)
4. 전자식 워터 펌프(EWP) 냉각 호스(A)를 분리한다.

5. 냉각수 분배 파이프 호스(A, B, C)를 분리한다.

6. 3웨이 아웃렛 냉각 호스(A)를 분리한다.

7. 볼트를 풀어 냉각수 분배 파이프(A)를 탈거한다.

체결토크 : 2.0 ~ 2.4 kgf·m

장착

1. 장착은 탈거의 역순으로 한다.

유 의
퀵 커넥터(A)가 확실히 장착 되었는지 확인한다.

2. 배터리 모터 냉각수를 주입한다.
   (전기차 냉각 시스템 - "배터리 냉각수" 참조)

> **유 의**
>
> 냉각수 주입 시 KDS를 이용하여 전자식 워터 펌프(EWP)를 강제 구동시켜 공기 빼기를 실시한다.

탈거

⚠ 경 고

- 고전압 시스템 관련 작업 시, 관련 교육을 이수한 작업자가 정비를 진행한다. 고전압 시스템에 대한 이해가 부족한 경우 감전 또는 누전 등으로 인한 심각한 사고를 초래할 수 있다.
- 고전압 시스템 또는 주변 부품 작업 시, 반드시 "안전 사항 및 주의, 경고" 내용을 숙지하고 준수해야 한다. 미 준수 시, 감전 또는 누전 등으로 인한 심각한 사고를 초래할 수 있다.
- 고전압 시스템 작업 특성 상, 개인보호장구(PPE) 및 사전 고전압 차단 절차를 반드시 확인한다.

유 의

- 차체 도장부의 손상을 방지하기 위해 펜더 커버를 사용한다.
- 커넥터 및 와이어링이 손상되지 않도록 주의하여 분리한다.
- 퀵 커넥터 분리 시 퀵 커넥터 타입에 따라 아래 사항에 유의한다.
  [타입 A]
  - 퀵 커넥터 클램프(A)를 화살표 방향으로 누르며 분리한다.
  - 호스 내측 러버 실(B)을 만지지 않는다.

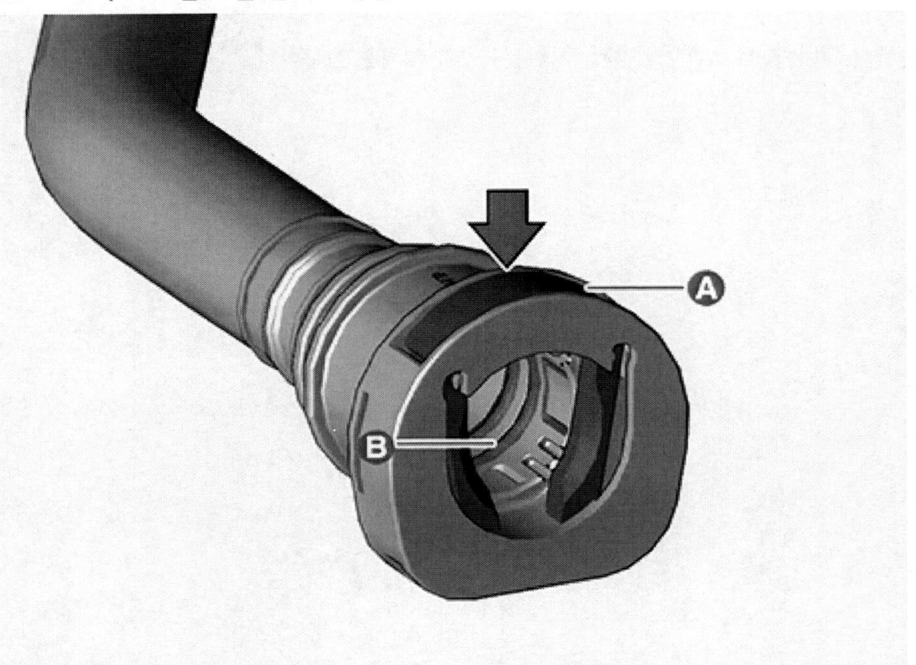

  [타입 B]
  - 퀵 커넥터 클램프(A)를 화살표 방향으로 당겨 클램프를 분리하고 호스를 분리한다.
  - 호스 내측 러버 실(B)을 만지지 않는다.

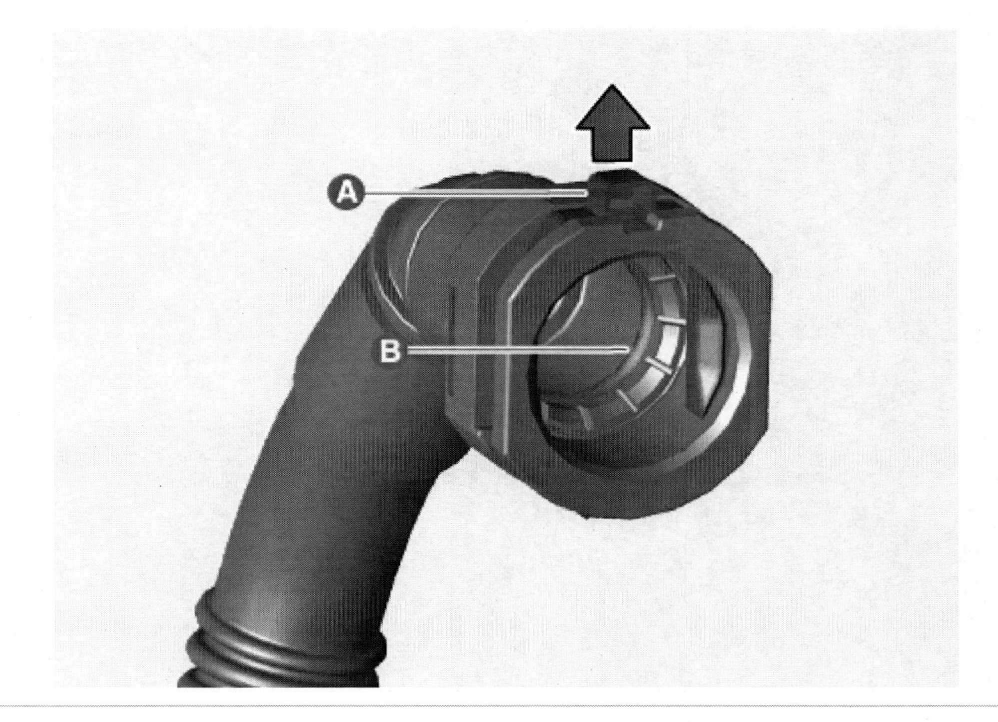

1. 배터리 (-) 단자와 서비스 인터록 커넥터를 분리한다.
   (배터리 제어 시스템 - "보조 배터리 (12 V)" 참조)
2. 프런트 언더 커버를 탈거한다.
   (모터 및 감속기 시스템 - "프런트 언더 커버" 참조)
3. 배터리 냉각수를 배출한다.
   (전기차 냉각 시스템 - "배터리 냉각수" 참조)
4. 전자식 워터 펌프(EWP) 냉각 호스(A)를 분리한다.

5. 퀵 커넥터를 해제하여 3웨이 아웃렛 호스(A)를 분리한다.

6. 퀵 커넥터를 해제하여 분배 파이프 냉각 호스(A)를 분리한다.

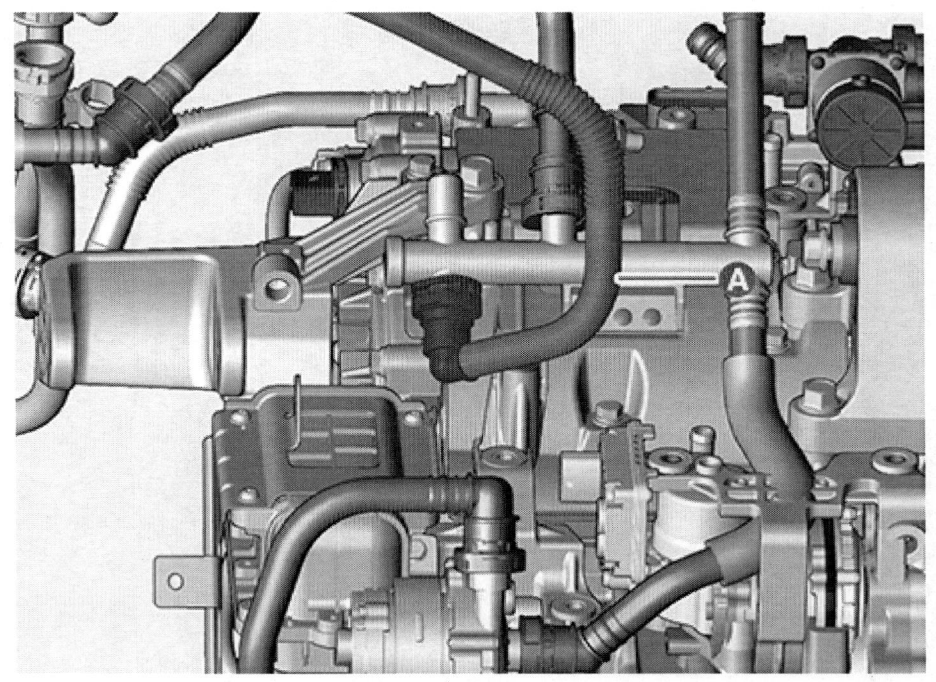

7. 냉각 수온 센서(A)를 분리한 후 퀵 커넥터를 해제하여 고전압 배터리 냉각수 호스(B)를 분리한다.

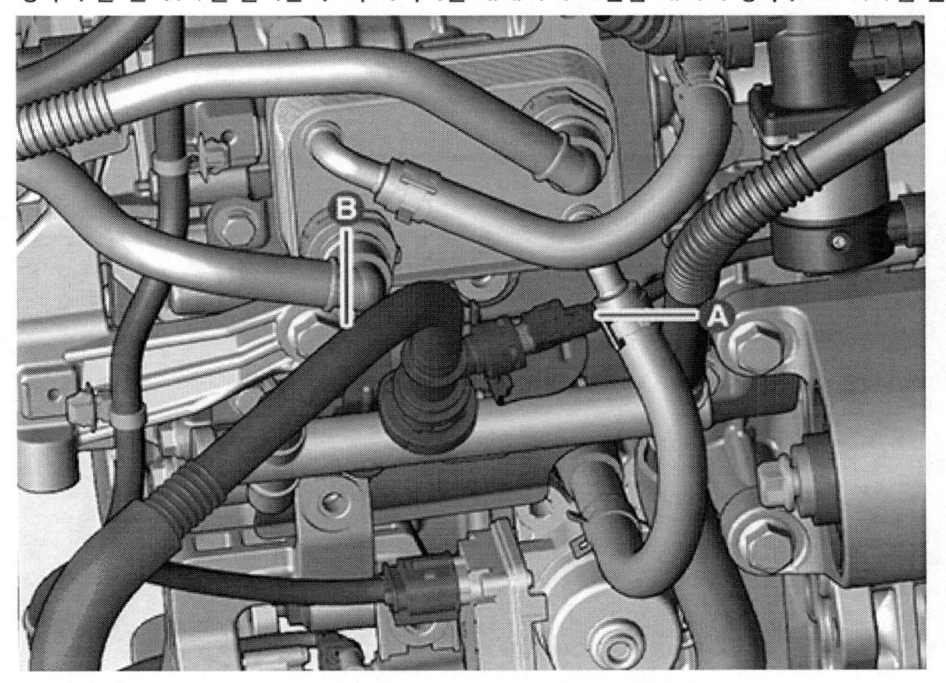

8. 클램프를 해제하여 모터 및 감속기 오일 쿨러 호스(A)를 분리한다.

9. 볼트 및 너트를 풀어 냉각수 분배 파이프(A)를 탈거한다.

체결토크 : 2.0 ~ 2.4 kgf·m

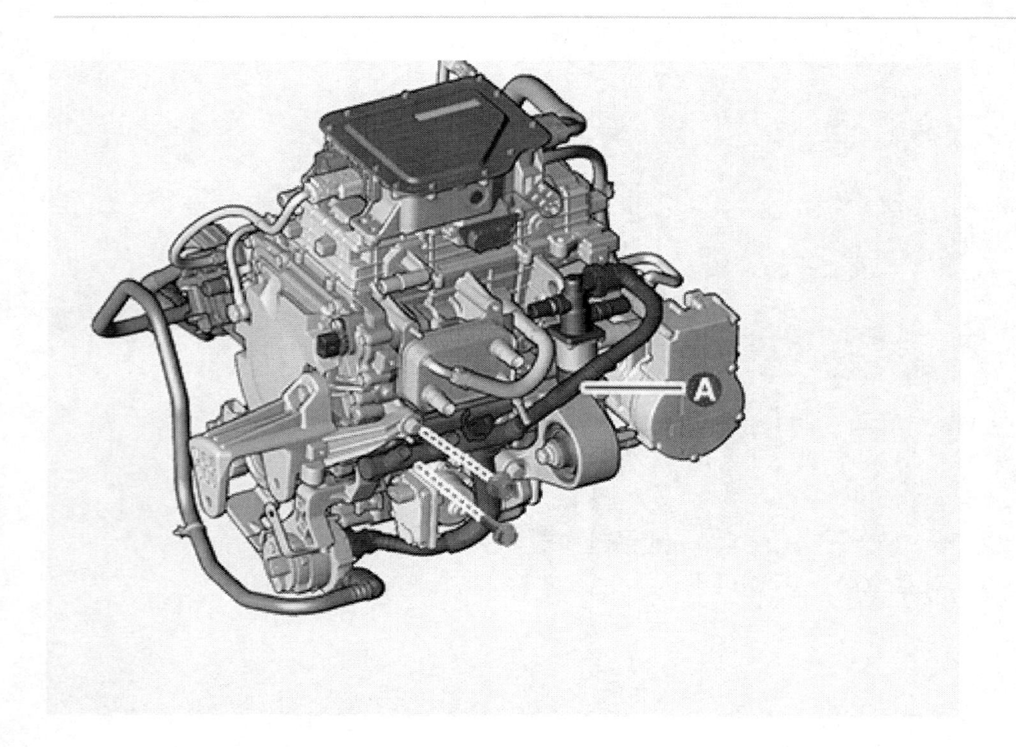

장착

1. 장착은 탈거의 역순으로 한다.

유 의

냉각수 호스 장착 후 퀵 커넥터가 확실히 장착되었는지 확인한다.
[타입 A]
- 퀵 커넥터(A)가 확실히 장착 되었는지 확인한다.

[타입 B]

- 퀵 커넥터와 퀵 커넥터 클램프가 확실히 장착 되었는지 확인한다.
- 퀵 커넥터 클램프 돌출부(A)와 퀵 커넥터 홈(B)이 일치하는지 확인한다.

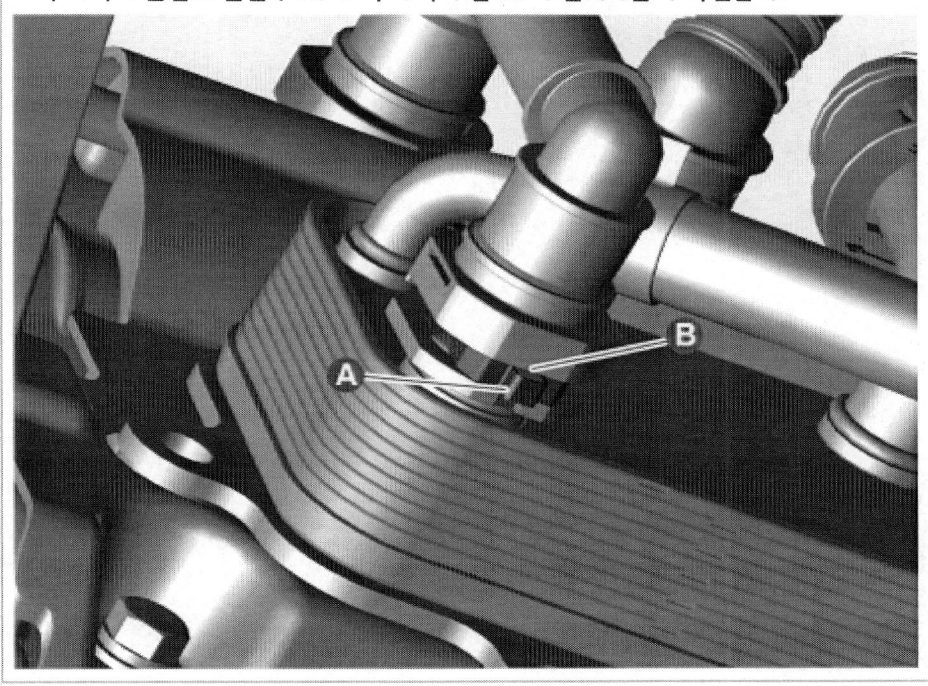

2. 배터리 모터 냉각수를 주입한다.
   (전기차 냉각 시스템 - "배터리 냉각수" 참조)

유 의

냉각수 주입 시 KDS를 이용하여 전자식 워터 펌프(EWP)를 강제 구동시켜 공기 빼기를 실시한다.

제원

항목	제원
정격 전압(V)	DC 653
입력 전압(V)	DC 450 ~ 774
히터 용량(kW)	3.8 ~ 4.2
전류(A)	최대 7.3
히터 저항(Ω)	101.65 ~ 112.35
작동 온도(°C)	-40 ~ 105

부품위치

2WD

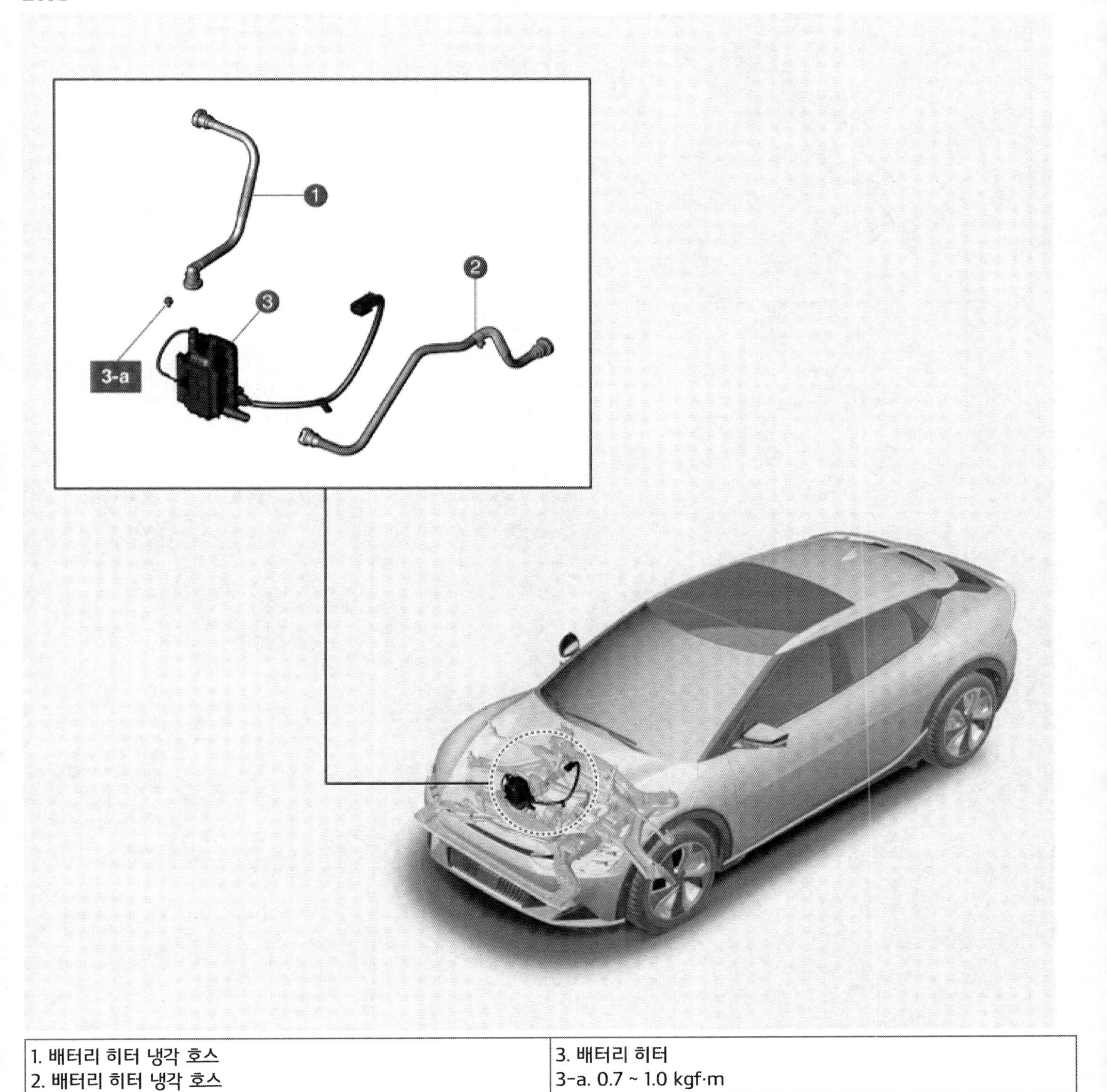

1. 배터리 히터 냉각 호스 2. 배터리 히터 냉각 호스	3. 배터리 히터 3-a. 0.7 ~ 1.0 kgf·m

4WD

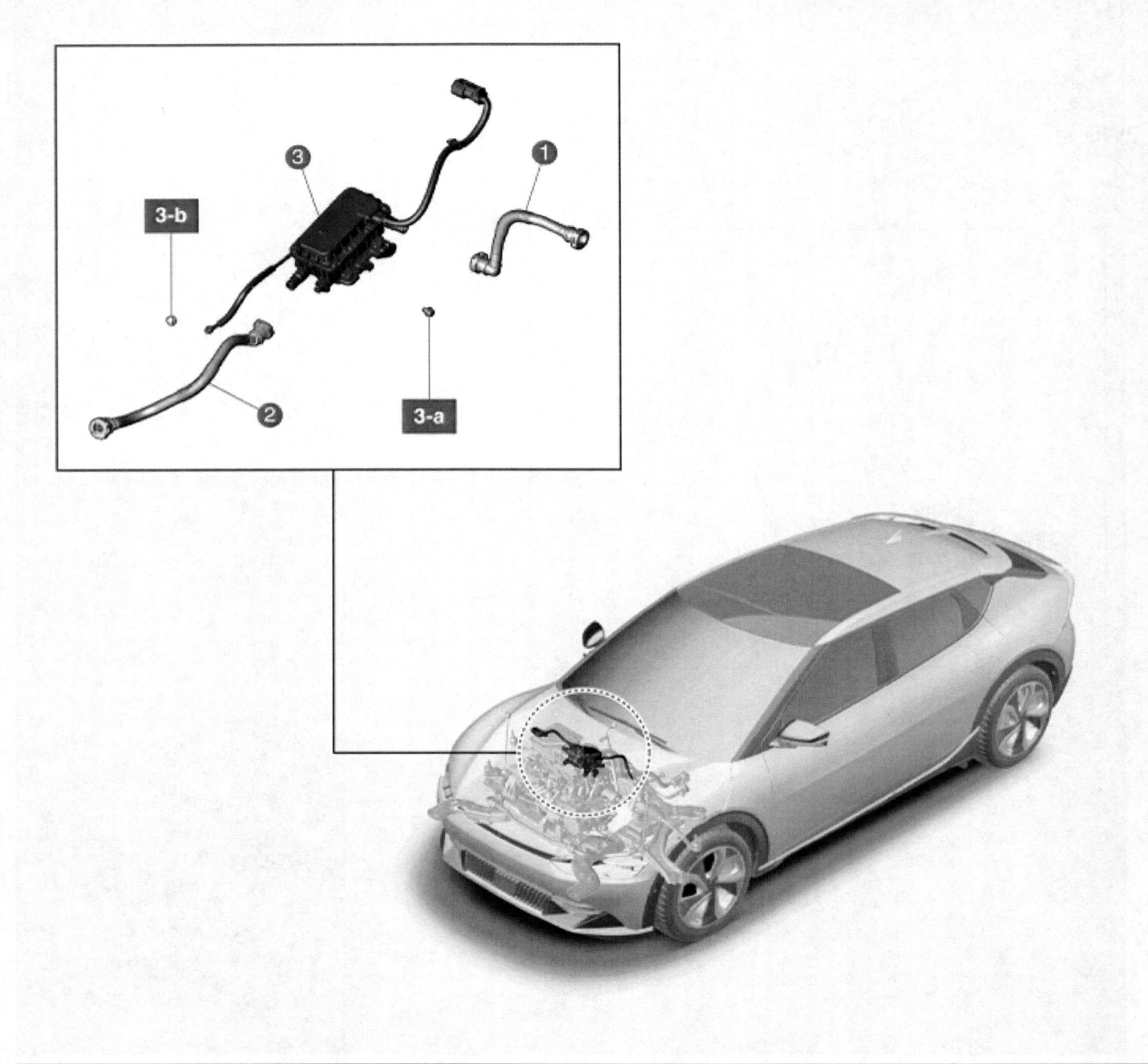

1. 배터리 히터 냉각 호스 2. 배터리 히터 냉각 호스	3. 배터리 히터 3-a. 0.7 ~ 1.0 kgf·m

탈거

⚠ 경 고

- 고전압 시스템 관련 작업 시, 관련 교육을 이수한 작업자가 정비를 진행한다. 고전압 시스템에 대한 이해가 부족한 경우 감전 또는 누전 등으로 인한 심각한 사고를 초래할 수 있다.
- 고전압 시스템 또는 주변 부품 작업 시, 반드시 "안전 사항 및 주의, 경고" 내용을 숙지하고 준수해야 한다. 미 준수 시, 감전 또는 누전 등으로 인한 심각한 사고를 초래할 수 있다.
- 고전압 시스템 작업 특성 상, 개인보호장구(PPE) 및 사전 고전압 차단 절차를 반드시 확인한다.

유 의

- 차체 도장부의 손상을 방지하기 위해 펜더 커버를 사용한다.
- 커넥터 및 와이어링이 손상되지 않도록 주의하여 분리한다.
- 퀵 커넥터 분리 시 아래 사항에 유의한다.
  - 퀵 커넥터 클램프(A)를 화살표 방향으로 누르며 분리한다.
  - 호스 내측 러버 실(B)을 만지지 않는다.

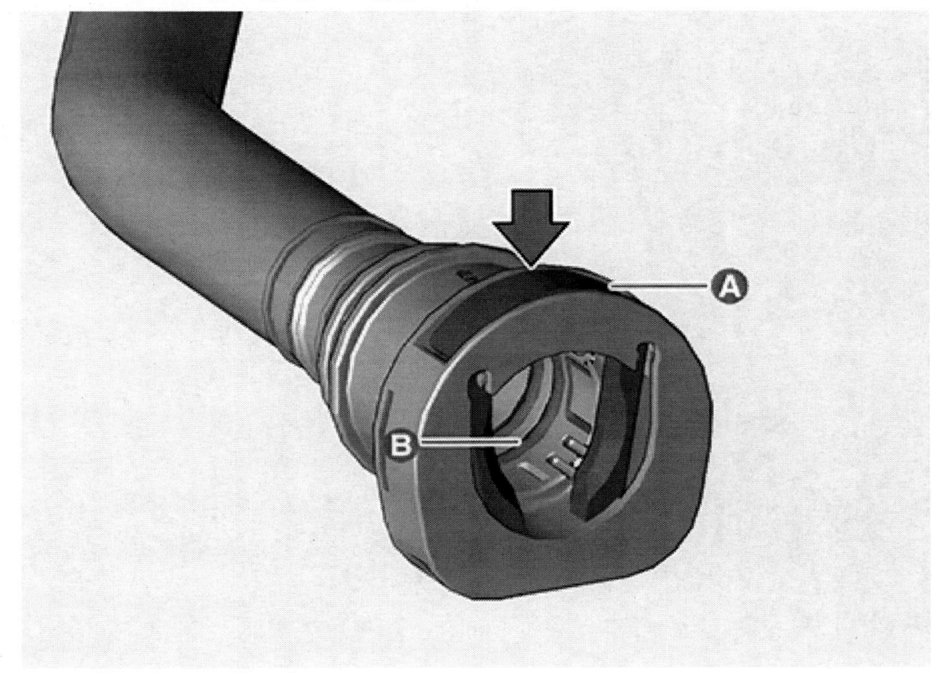

1. 고전압 차단 절차를 수행한다.
   (전기차 냉각 시스템 - "고전압 차단 절차" 참조)
2. 프런트 언더 커버를 탈거한다.
   (모터 및 감속기 시스템 - "프런트 언더 커버" 참조)
3. 배터리 냉각수를 배출한다.
   (전기차 냉각 시스템 - "배터리 냉각수" 참조)
4. 프런트 트렁크를 탈거한다.
   (바디 - "프런트 트렁크" 참조)
5. 배터리 히터 커넥터(A)를 분리한다.

6. 퀵 커넥터를 해제하여 배터리 히터 냉각 호스(A)를 분리한다.

7. 볼트를 풀어 접지 케이블(A)을 차체로부터 분리한다.

체결토크 : 0.7 ~ 1.0 kgf·m

8. 퀵 커넥터를 해제하여 배터리 히터 냉각 호스(A)를 분리한다.

9. 배터리 히터 파워 케이블(A)을 분리한다.

10. 고정 클립을 해제하여 파워 케이블(A)을 전자식 워터 펌프(EWP)로부터 분리한다.

11. 볼트를 풀어 배터리 히터(A)를 탈거한다.

체결토크 : 0.7 ~ 1.0 kgf·m

장착

1. 장착은 탈거의 역순으로 한다.

유 의

쿼 커넥터(A)가 확실히 장착 되었는지 확인한다.

2. 배터리 냉각수를 주입한다.
   (전기차 냉각 시스템 - "배터리 냉각수" 참조)

유 의

냉각수 주입 시 KDS를 이용하여 전자식 워터 펌프(EWP)를 강제 구동시켜 공기 빼기를 실시한다.

탈거

⚠ 경 고

- 고전압 시스템 관련 작업 시, 관련 교육을 이수한 작업자가 정비를 진행한다. 고전압 시스템에 대한 이해가 부족한 경우 감전 또는 누전 등으로 인한 심각한 사고를 초래할 수 있다.
- 고전압 시스템 또는 주변 부품 작업 시, 반드시 "안전 사항 및 주의, 경고" 내용을 숙지하고 준수해야 한다. 미 준수 시, 감전 또는 누전 등으로 인한 심각한 사고를 초래할 수 있다.
- 고전압 시스템 작업 특성 상, 개인보호장구(PPE) 및 사전 고전압 차단 절차를 반드시 확인한다.

유 의

- 차체 도장부의 손상을 방지하기 위해 펜더 커버를 사용한다.
- 커넥터 및 와이어링이 손상되지 않도록 주의하여 분리한다.
- 퀵 커넥터 분리 시 아래 사항에 유의한다.
  - 퀵 커넥터 클램프(A)를 화살표 방향으로 누르며 분리한다.
  - 호스 내측 러버 실(B)을 만지지 않는다.

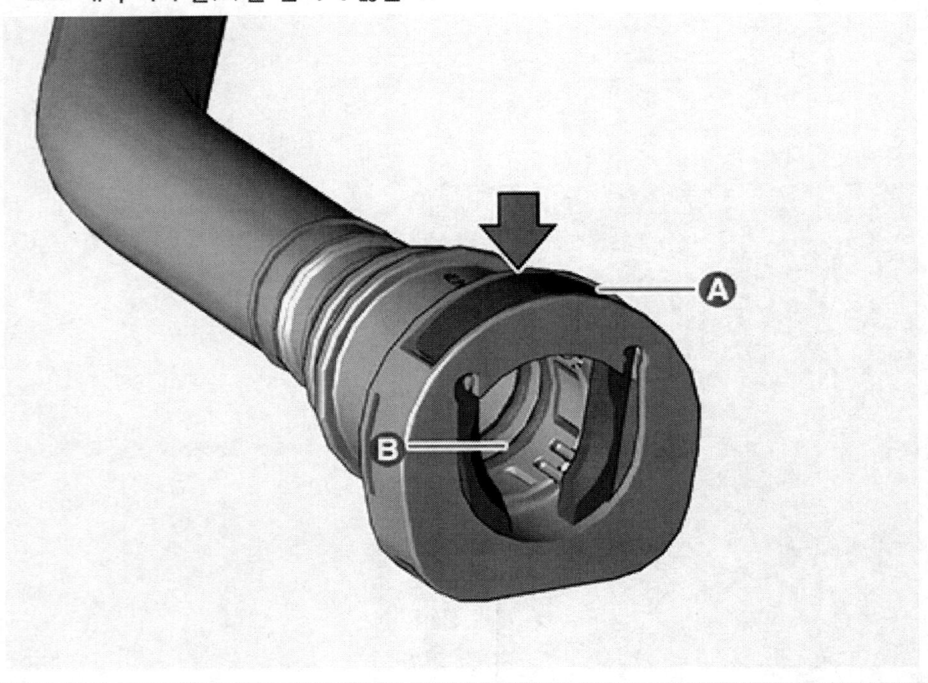

1. 고전압 차단 절차를 수행한다.
   (전기차 냉각 시스템 - "고전압 차단 절차" 참조)
2. 프런트 언더 커버를 탈거한다.
   (모터 및 감속기 시스템 - "프런트 언더 커버" 참조)
3. 배터리 냉각수를 배출한다.
   (전기차 냉각 시스템 - "배터리 냉각수" 참조)
4. 프런트 트렁크를 탈거한다.
   (바디 - "프런트 트렁크" 참조)
5. 배터리 히터 파워 케이블(A)과 와이어링 고정 클립(B)을 분리한다.

6. 퀵 커넥터를 해제하여 배터리 히터 냉각 호스(A)를 분리한다.

7. 볼트를 풀어 접지 케이블(A)을 차체로부터 분리한다.

체결토크 : 0.7 ~ 1.0 kgf·m

8. 퀵 커넥터를 해제하여 배터리 히터 냉각 호스(A)를 분리한다.

9. 배터리 히터 커넥터(A)와 와이어링 고정 클립(B)을 분리한다.

10. 볼트 및 너트를 풀어 배터리 히터(A)를 탈거한다.

체결토크 : 0.7 ~ 1.0 kgf·m

장착

1. 장착은 탈거의 역순으로 한다.

> **유 의**
>
> 퀵 커넥터(A)가 확실히 장착 되었는지 확인한다.

2. 배터리 냉각수를 주입한다.
   (전기차 냉각 시스템 - "배터리 냉각수" 참조)

> **유 의**
>
> 냉각수 주입 시 KDS를 이용하여 전자식 워터 펌프(EWP)를 강제 구동시켜 공기 빼기를 실시한다.

제원

항목	제원
작동 온도(°C)	-40 ~ 140

냉각수 온도 표

온도(°C)	저항(kΩ)
-20	14.13 ~ 16.83
-10	8.39 ~ 10.22
0	5.28 ~ 6.30
10	3.42 ~ 4.01
20	2.31 ~ 2.59
30	1.55 ~ 1.76
40	1.08 ~ 1.21
50	0.77 ~ 0.85
60	0.55 ~ 0.61
70	0.42 ~ 0.45
80	0.31 ~ 0.33
90	0.24 ~ 0.25
100	0.18 ~ 0.19
110	0.15 ~ 0.15
120	0.11 ~ 0.12

탈거

냉각수 인렛 온도 센서

1. 배터리 (-) 단자와 서비스 인터록 커넥터를 분리한다.
   (배터리 제어 시스템 - "보조 배터리 (12 V)" 참조)
2. 프런트 트렁크를 탈거한다.
   (바디 - "프런트 트렁크" 참조)
3. 냉각수 인렛 온도 센서 커넥터(A)를 분리한다.

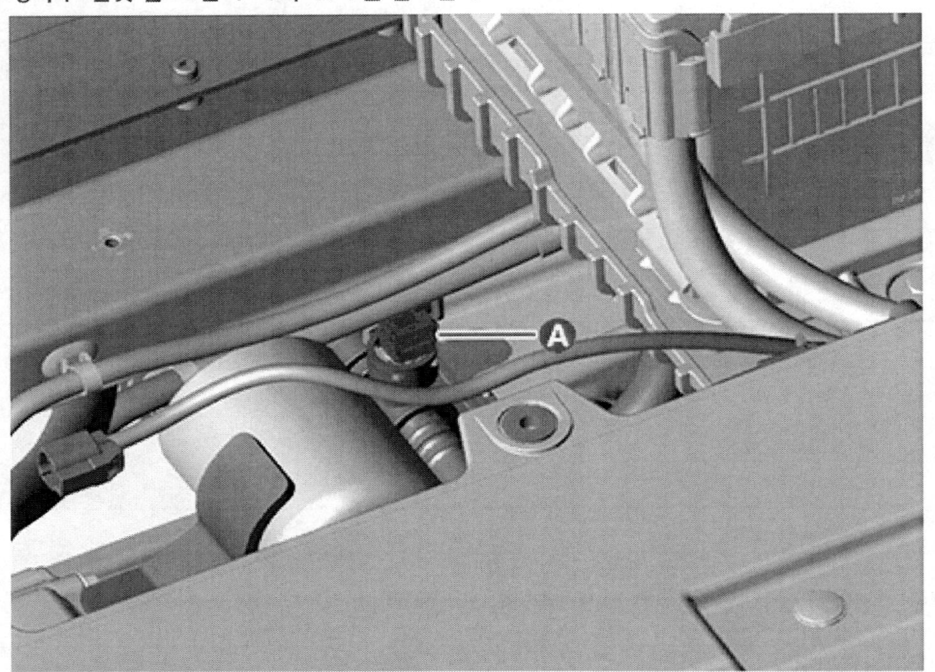

4. 냉각수 온도 센서를 탈거한다.
   (1) 냉각수 온도 센서 고정핀(A)을 탈거한다.
   (2) 냉각수 인렛 온도 센서(B)를 탈거한다.

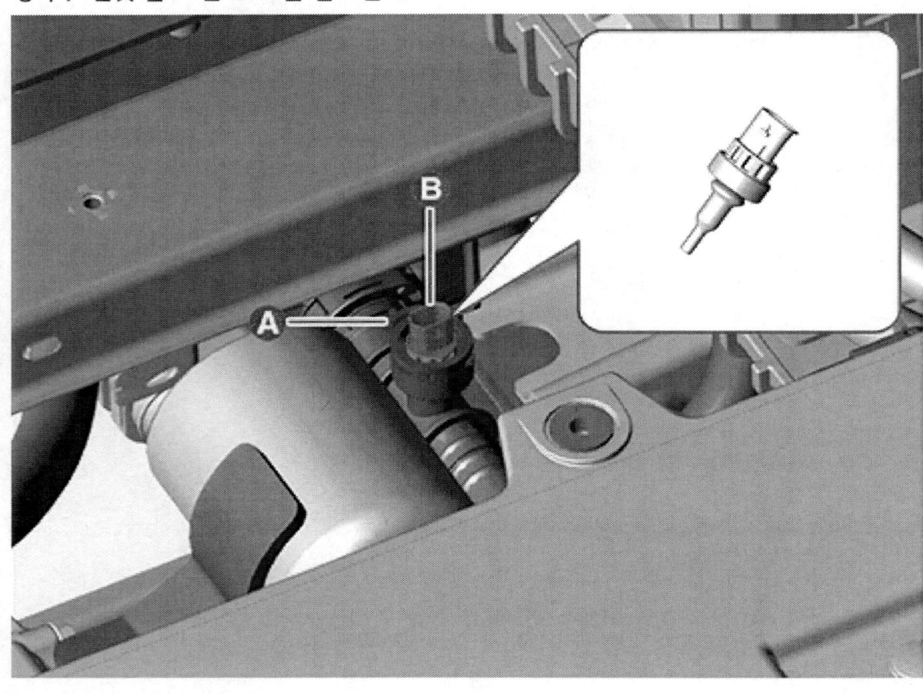

배터리 히터 냉각수 온도 센서

1. 배터리 (-) 단자와 서비스 인터록 커넥터를 분리한다.

1. 배터리 (-) 단자와 서비스 인터록 커넥터를 분리한다.
   (배터리 제어 시스템 - "보조 배터리 (12 V)" 참조)

2. 프런트 트렁크를 탈거한다.
   (바디 - "프런트 트렁크" 참조)

3. 배터리 히터 냉각수 온도 센서 커넥터(A)를 분리한다.

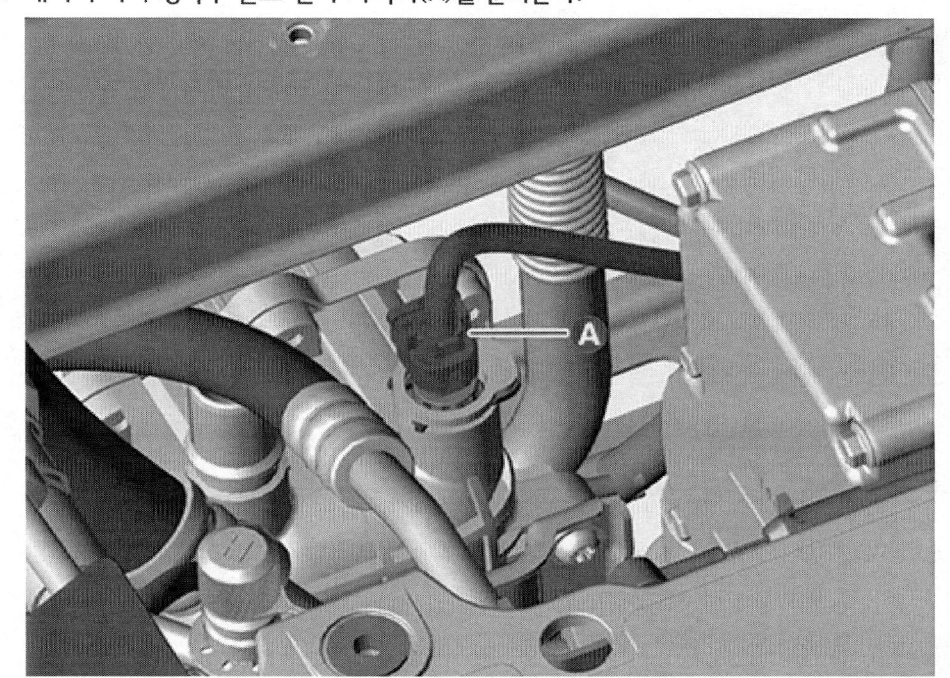

4. 배터리 히터 냉각수 온도 센서를 탈거한다.
   (1) 배터리 히터 냉각수 온도 센서 고정핀(A)을 탈거한다.
   (2) 배터리 히터 냉각수 온도 센서(B)를 탈거한다.

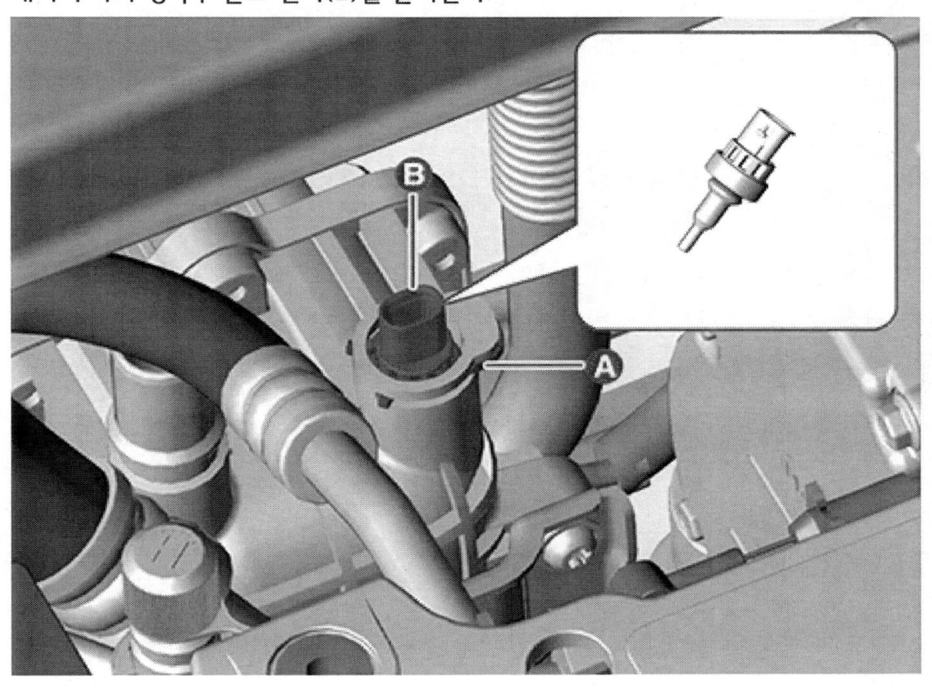

배터리 냉각수 온도 센서

1. 배터리 (-) 단자와 서비스 인터록 커넥터를 분리한다.
   (배터리 제어 시스템 - "보조 배터리 (12 V)" 참조)

2. 프런트 리어 언더 커버를 탈거한다.
   (모터 및 감속기 시스템 - "프런트 언더 커버" 참조)

3. 배터리 냉각수 온도 센서 커넥터(A)를 분리한다.

4. 배터리 냉각수 온도 센서를 탈거한다.
   (1) 배터리 냉각수 온도 센서 고정핀(A)을 탈거한다.
   (2) 배터리 냉각수 온도 센서(B)을 탈거한다.

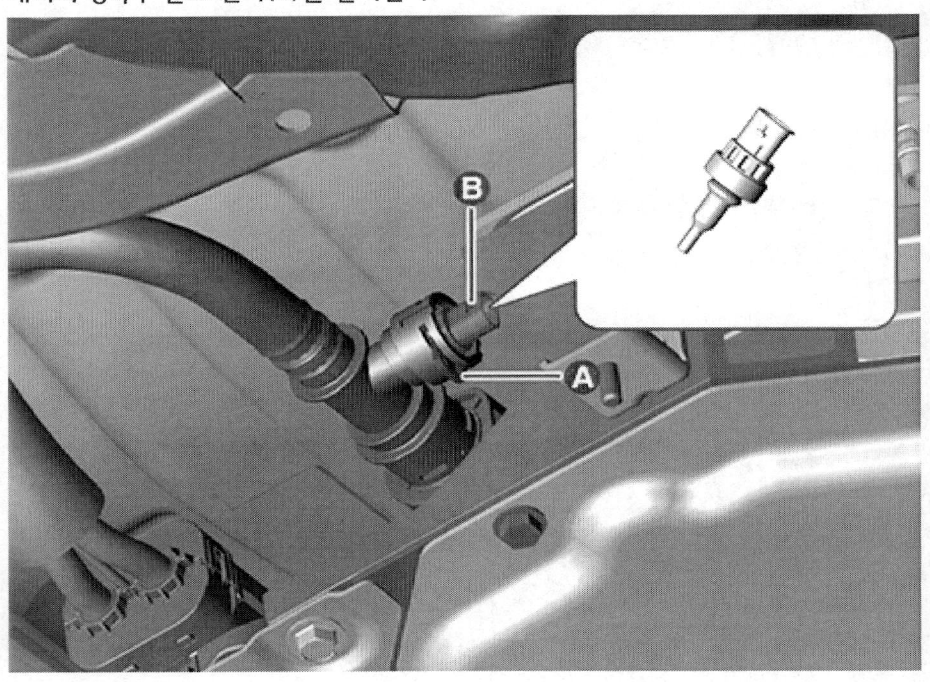

장착

냉각수 인렛 온도 센서

1. 장착은 탈거의 역순으로 한다.

배터리 히터 온도 센서

1. 장착은 탈거의 역순으로 한다.

배터리 냉각수 온도 센서

1. 장착은 탈거의 역순으로 한다.

탈거

냉각수 인렛 온도 센서

1. 배터리 (-) 단자와 서비스 인터록 커넥터를 분리한다.
   (배터리 제어 시스템 - "보조 배터리 (12 V)" 참조)
2. 프런트 트렁크를 탈거한다.
   (바디 - "프런트 트렁크" 참조)
3. 냉각수 인렛 온도 센서 커넥터(A)를 분리한다.

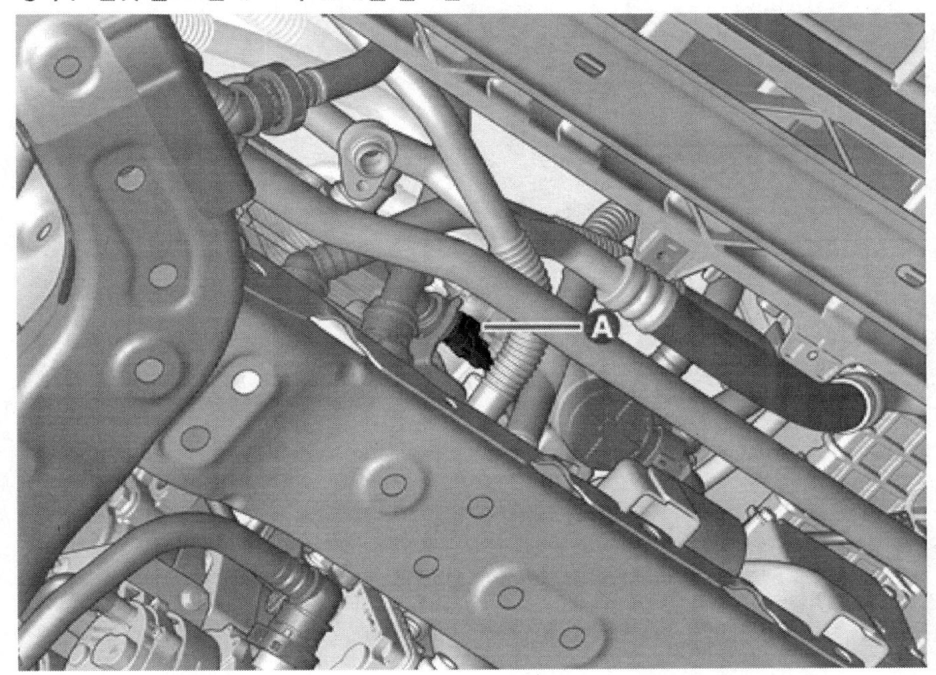

4. 냉각수 온도 센서를 탈거한다.
   (1) 냉각수 인렛 온도 센서 고정핀(A)을 탈거한다.
   (2) 냉각수 인렛 온도 센서(B)를 탈거한다.

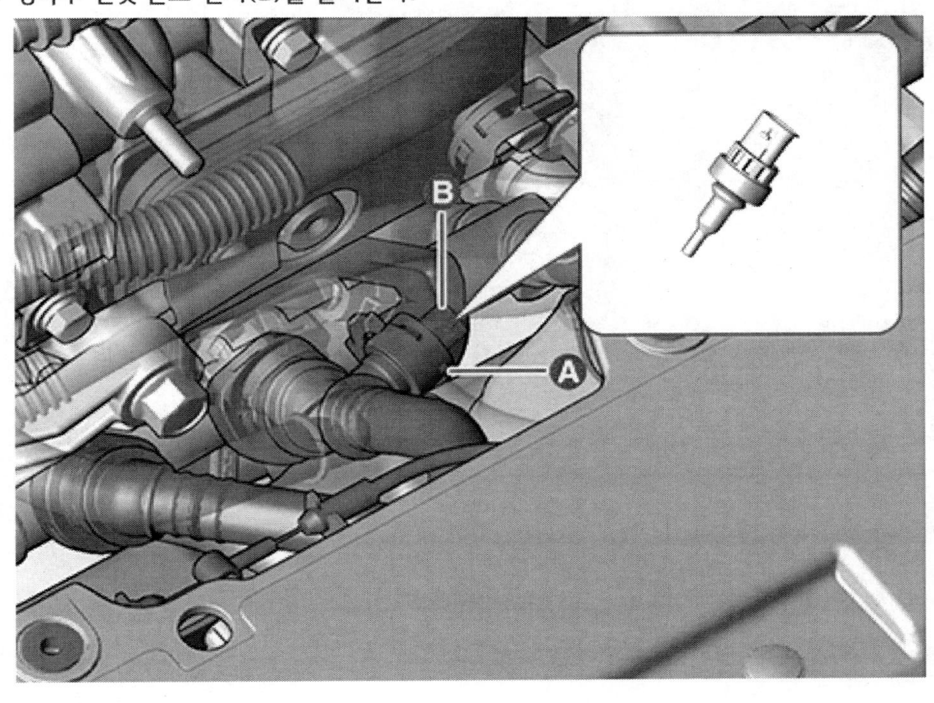

배터리 히터 냉각수 온도 센서

1. 배터리 (-) 단자와 서비스 인터록 커넥터를 분리한다.

1. 배터리 (-) 단자와 서비스 인터록 커넥터를 분리한다.
   (배터리 제어 시스템 - "보조 배터리 (12 V)" 참조)
2. 프런트 언더 커버를 탈거한다.
   (모터 및 감속기 시스템 - "프런트 언더 커버" 참조)
3. 배터리 히터 냉각수 온도 센서 커넥터(A)를 분리한다.

4. 배터리 히터 냉각수 온도 센서를 탈거한다.
   (1) 배터리 히터 냉각수 온도 센서 고정핀(A)을 탈거한다.
   (2) 배터리 히터 냉각수 온도 센서(B)를 탈거한다.

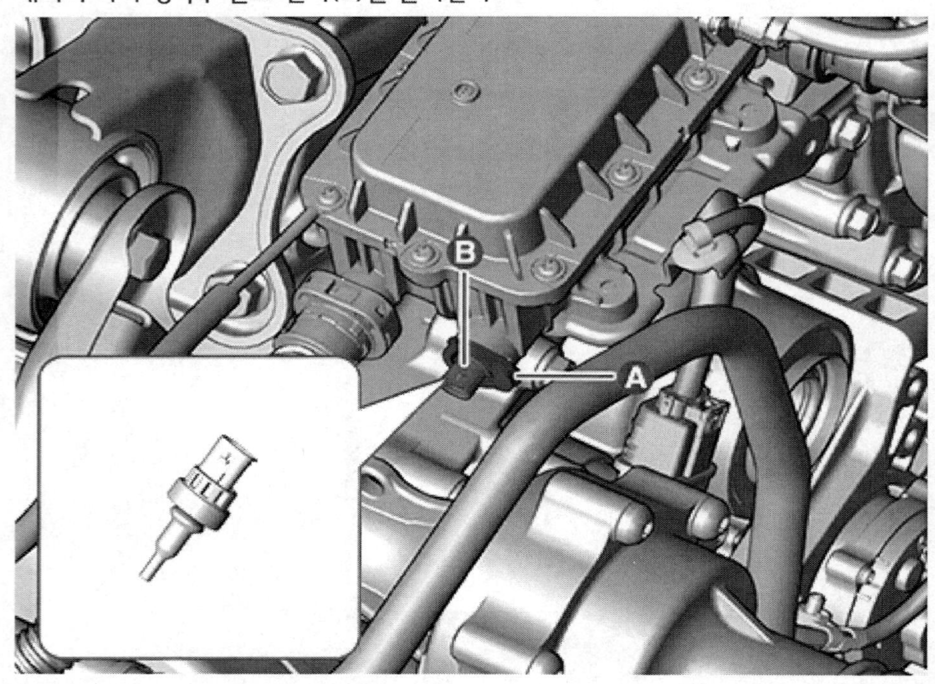

배터리 냉각수 온도 센서

1. 배터리 (-) 단자와 서비스 인터록 커넥터를 분리한다.
   (배터리 제어 시스템 - "보조 배터리 (12 V)" 참조)
2. 프런트 리어 언더 커버를 탈거한다.
   (모터 및 감속기 시스템 - "프런트 언더 커버" 참조)
3. 배터리 냉각수 온도 센서 커넥터(A)를 분리한다.

4. 배터리 냉각수 온도 센서를 탈거한다.
   (1) 배터리 냉각수 온도 센서 고정핀(A)을 탈거한다.
   (2) 배터리 냉각수 온도 센서(B)을 탈거한다.

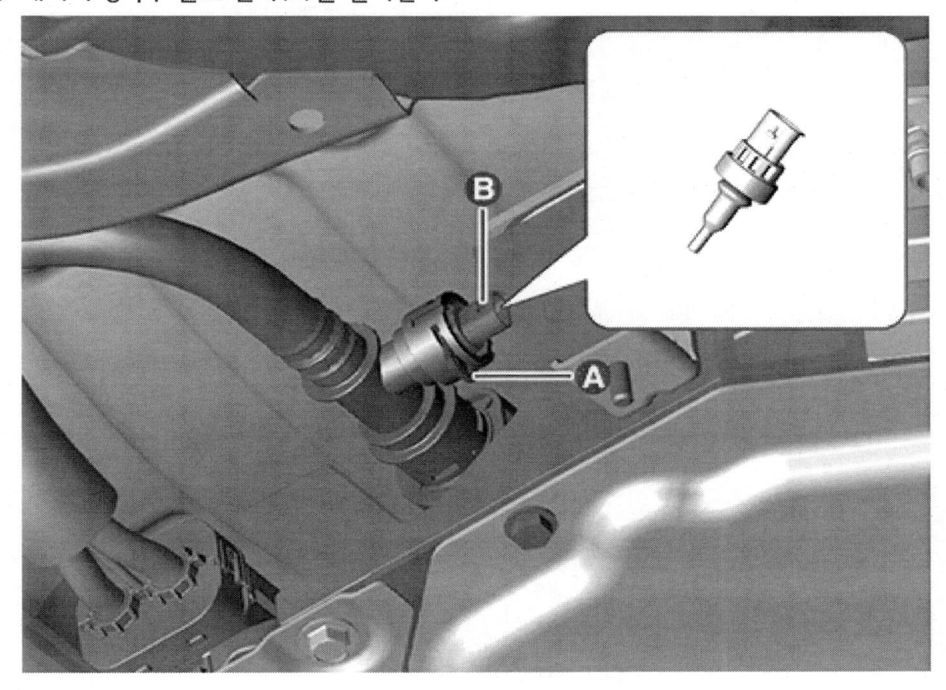

장착

냉각수 인렛 온도 센서

1. 장착은 탈거의 역순으로 한다.

배터리 히터 온도 센서

1. 장착은 탈거의 역순으로 한다.

배터리 냉각수 온도 센서

1. 장착은 탈거의 역순으로 한다.

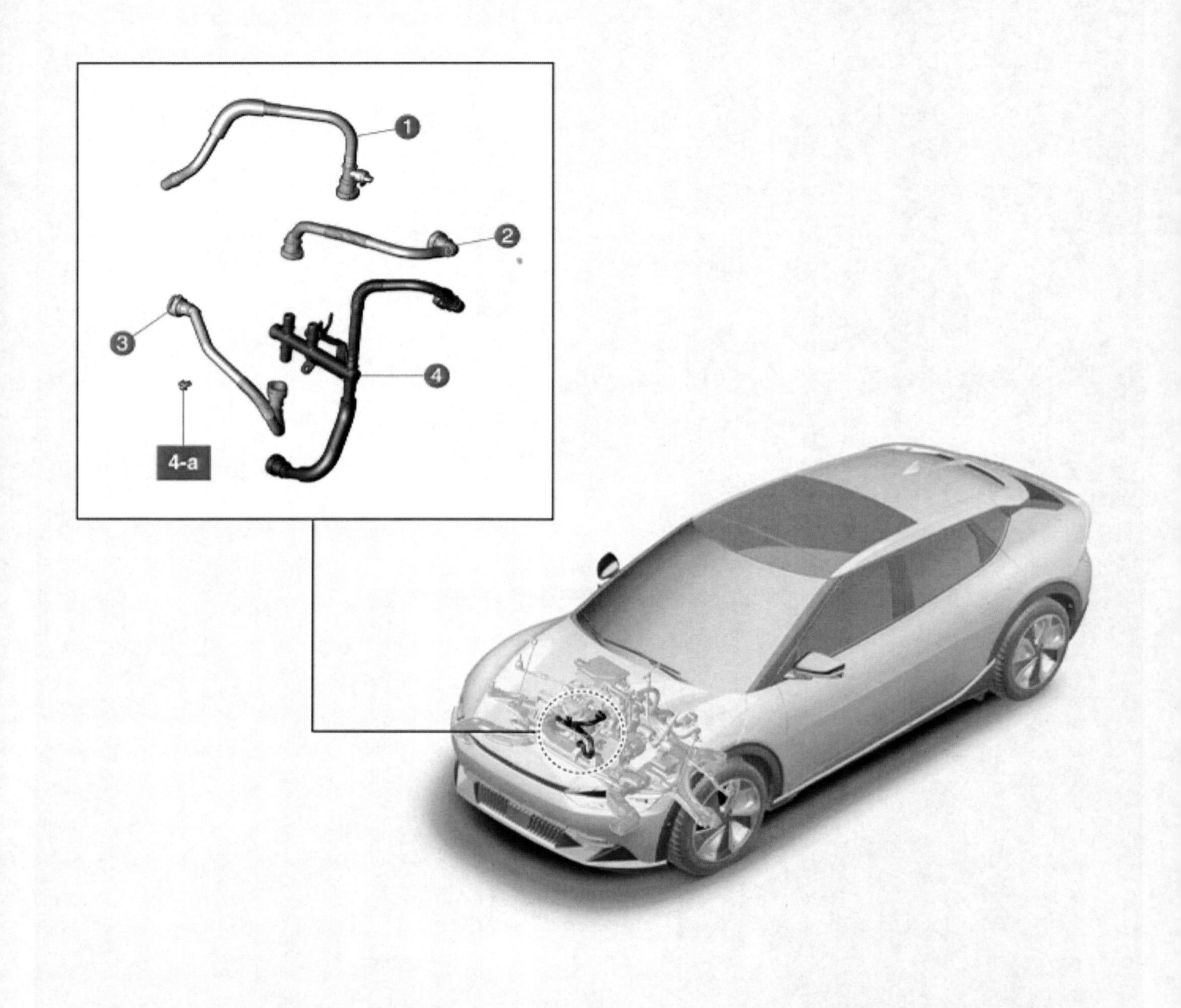

1. 고전압 배터리 냉각수 호스 2. 3웨이 아웃렛 호스 3. 분배 파이프 냉각 호스	4. 냉각수 분배 파이프 4-a. 2.0 ~ 2.4 kgf·m

탈거

⚠ 경 고

- 고전압 시스템 관련 작업 시, 관련 교육을 이수한 작업자가 정비를 진행한다. 고전압 시스템에 대한 이해가 부족한 경우 감전 또는 누전 등으로 인한 심각한 사고를 초래할 수 있다.
- 고전압 시스템 또는 주변 부품 작업 시, 반드시 "안전 사항 및 주의, 경고" 내용을 숙지하고 준수해야 한다. 미 준수 시, 감전 또는 누전 등으로 인한 심각한 사고를 초래할 수 있다.
- 고전압 시스템 작업 특성 상, 개인보호장구(PPE) 및 사전 고전압 차단 절차를 반드시 확인한다.

유 의

- 차체 도장부의 손상을 방지하기 위해 펜더 커버를 사용한다.
- 커넥터 및 와이어링이 손상되지 않도록 주의하여 분리한다.
- 퀵 커넥터 분리 시 아래 사항에 유의한다.
  - 퀵 커넥터 클램프(A)를 화살표 방향으로 누르며 분리한다.
  - 호스 내측 러버 실(B)을 만지지 않는다.

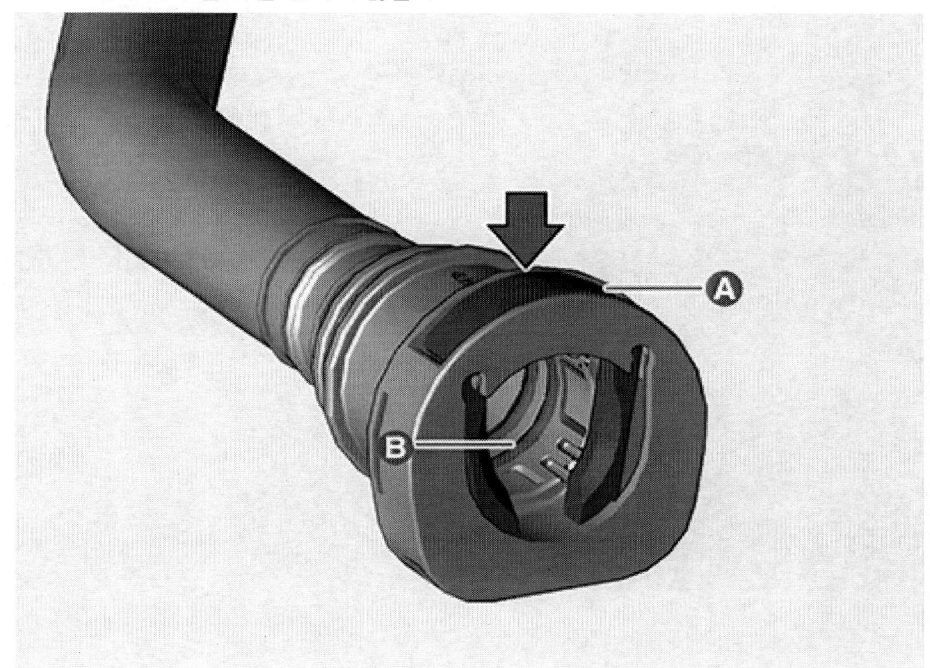

1. 배터리 (-) 단자와 서비스 인터록 커넥터를 분리한다.
   (배터리 제어 시스템 - "보조 배터리 (12 V)" 참조)
2. 프런트 언더 커버를 탈거한다.
   (모터 및 감속기 시스템 - "프런트 언더 커버" 참조)
3. 배터리 냉각수를 배출한다.
   (전기차 냉각 시스템 - "배터리 냉각수" 참조)
4. 전자식 워터 펌프(EWP) 냉각 호스(A)를 분리한다.

5. 냉각수 분배 파이프 호스(A, B, C)를 분리한다.

6. 3웨이 아웃렛 냉각 호스(A)를 분리한다.

7. 볼트를 풀어 냉각수 분배 파이프(A)를 탈거한다.

체결토크 : 2.0 ~ 2.4 kgf·m

장착

1. 장착은 탈거의 역순으로 한다.

유 의

퀵 커넥터(A)가 확실히 장착 되었는지 확인한다.

2. 배터리 모터 냉각수를 주입한다.
   (전기차 냉각 시스템 - "배터리 냉각수" 참조)

> **유 의**
>
> 냉각수 주입 시 KDS를 이용하여 전자식 워터 펌프(EWP)를 강제 구동시켜 공기 빼기를 실시한다.

탈거

▲ 경 고

- 고전압 시스템 관련 작업 시, 관련 교육을 이수한 작업자가 정비를 진행한다. 고전압 시스템에 대한 이해가 부족한 경우 감전 또는 누전 등으로 인한 심각한 사고를 초래할 수 있다.
- 고전압 시스템 또는 주변 부품 작업 시, 반드시 "안전 사항 및 주의, 경고" 내용을 숙지하고 준수해야 한다. 미 준수 시, 감전 또는 누전 등으로 인한 심각한 사고를 초래할 수 있다.
- 고전압 시스템 작업 특성 상, 개인보호장구(PPE) 및 사전 고전압 차단 절차를 반드시 확인한다.

유 의

- 차체 도장부의 손상을 방지하기 위해 펜더 커버를 사용한다.
- 커넥터 및 와이어링이 손상되지 않도록 주의하여 분리한다.
- 퀵 커넥터 분리 시 퀵 커넥터 타입에 따라 아래 사항에 유의한다.
  [타입 A]
  - 퀵 커넥터 클램프(A)를 화살표 방향으로 누르며 분리한다.
  - 호스 내측 러버 실(B)을 만지지 않는다.

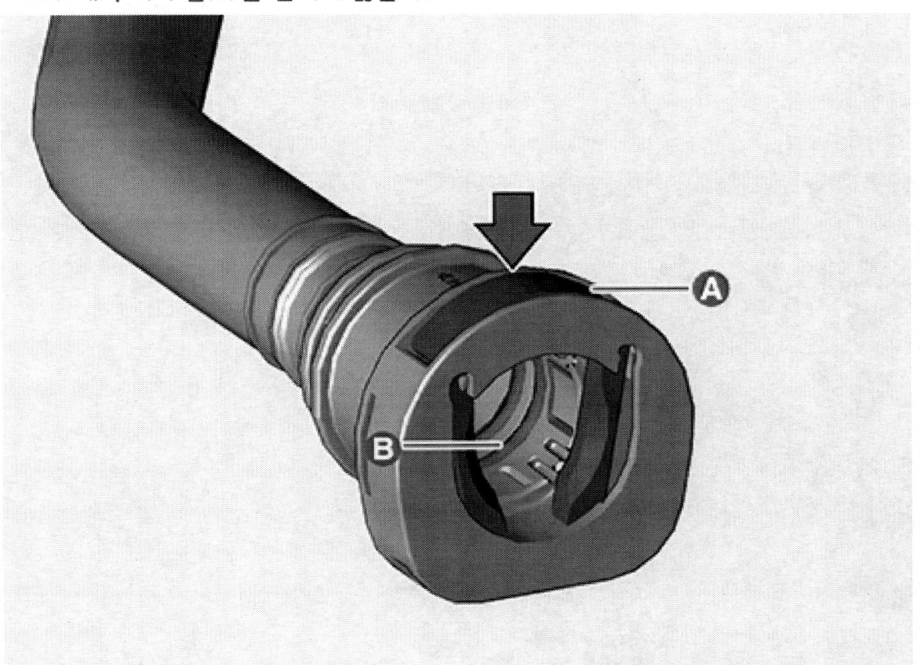

  [타입 B]
  - 퀵 커넥터 클램프(A)를 화살표 방향으로 당겨 클램프를 분리하고 호스를 분리한다.
  - 호스 내측 러버 실(B)을 만지지 않는다.

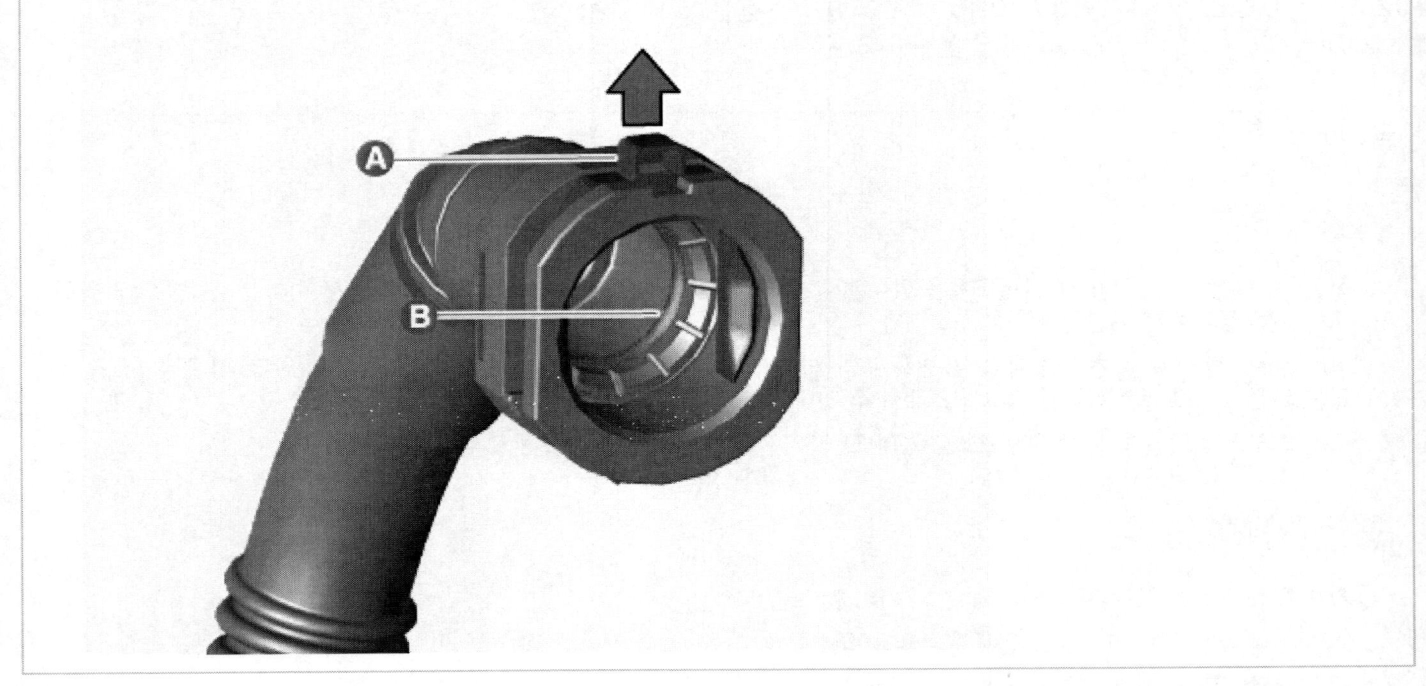

1. 배터리 (-) 단자와 서비스 인터록 커넥터를 분리한다.
   (배터리 제어 시스템 - "보조 배터리 (12 V)" 참조)
2. 프런트 언더 커버를 탈거한다.
   (모터 및 감속기 시스템 - "프런트 언더 커버" 참조)
3. 배터리 냉각수를 배출한다.
   (전기차 냉각 시스템 - "배터리 냉각수" 참조)
4. 전자식 워터 펌프(EWP) 냉각 호스(A)를 분리한다.

5. 퀵 커넥터를 해제하여 3웨이 아웃렛 호스(A)를 분리한다.

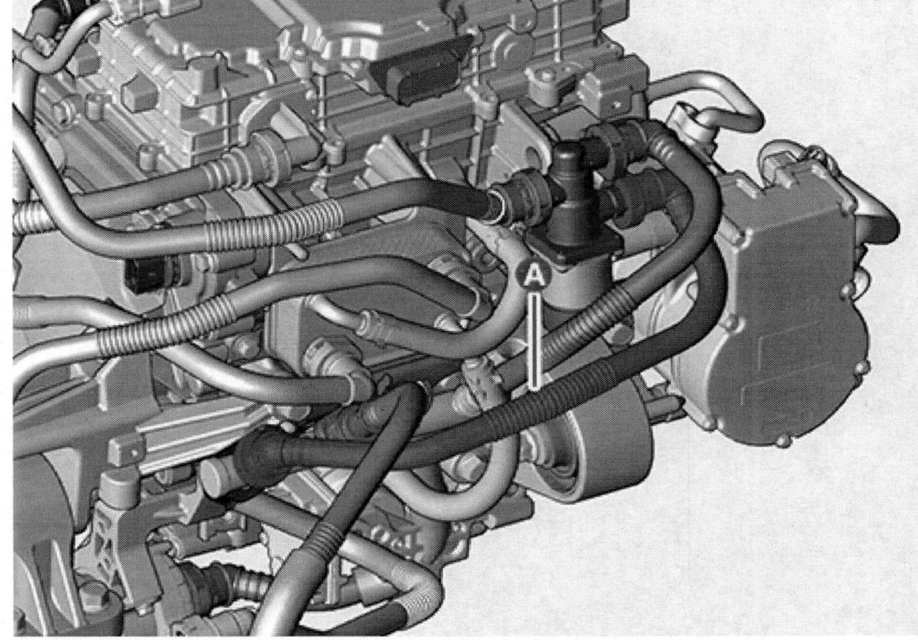

6. 퀵 커넥터를 해제하여 분배 파이프 냉각 호스(A)를 분리한다.

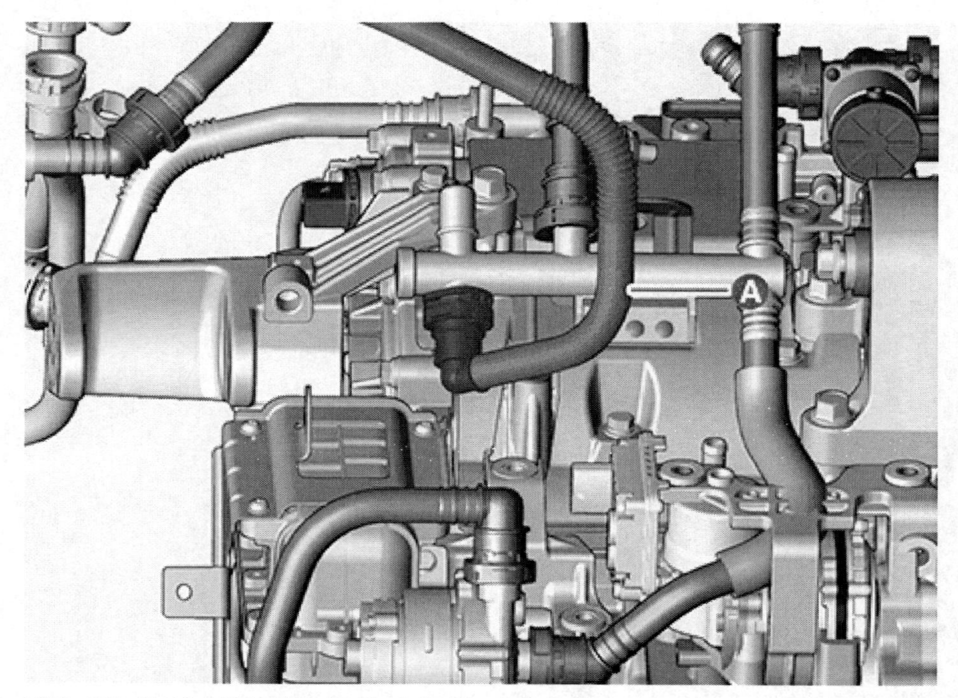

7. 냉각 수온 센서(A)를 분리한 후 퀵 커넥터를 해제하여 고전압 배터리 냉각수 호스(B)를 분리한다.

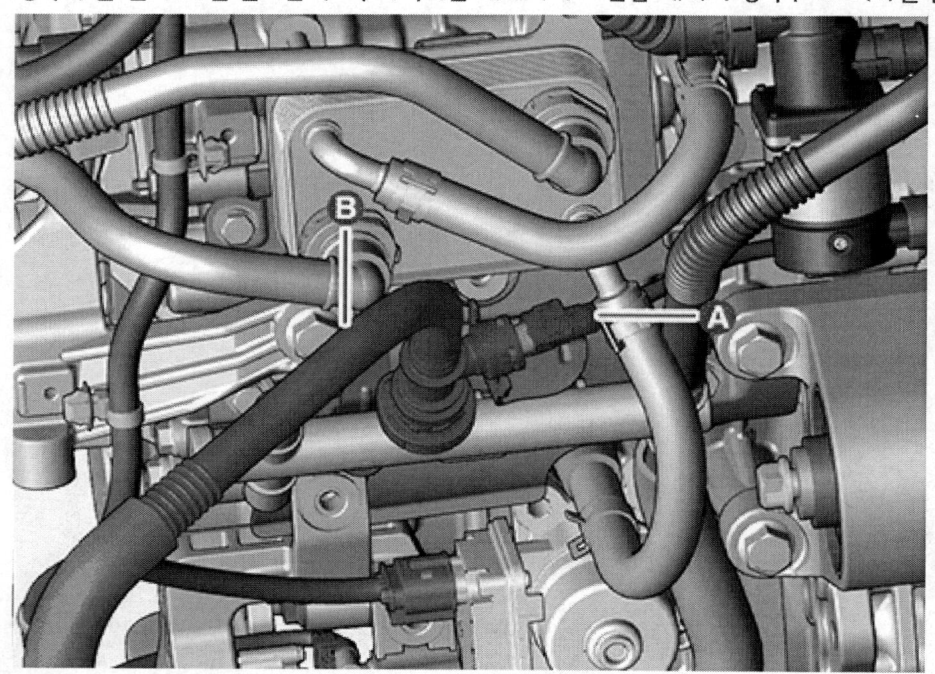

8. 클램프를 해제하여 모터 및 감속기 오일 쿨러 호스(A)를 분리한다.

9. 볼트 및 너트를 풀어 냉각수 분배 파이프(A)를 탈거한다.

체결토크 : 2.0 ~ 2.4 kgf·m

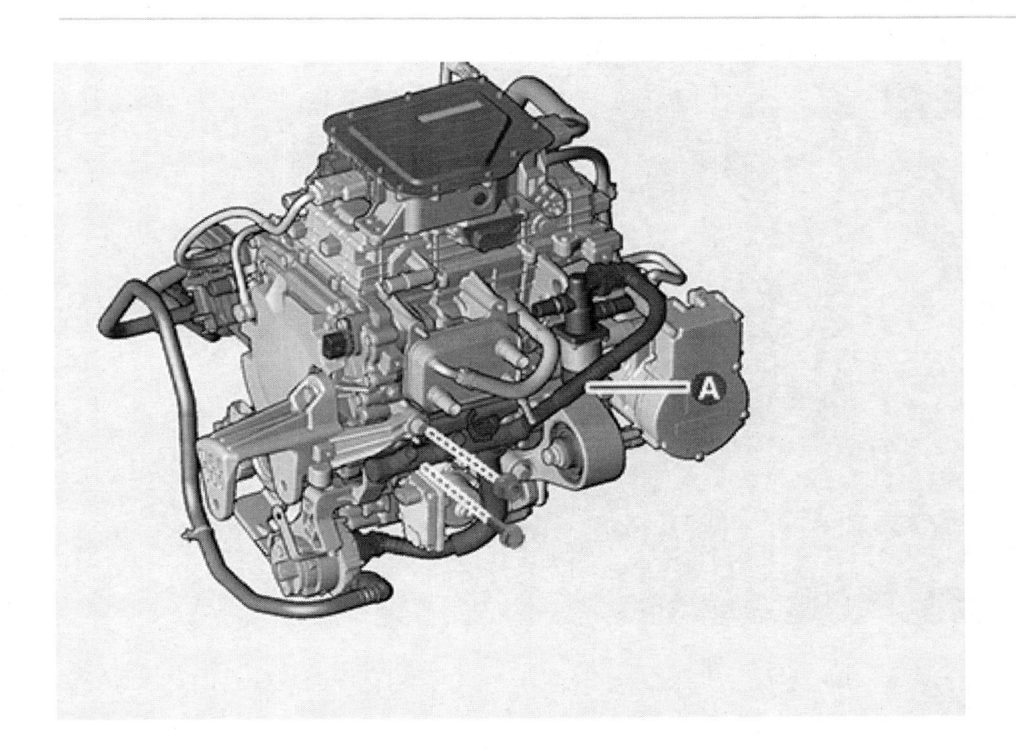

장착

1. 장착은 탈거의 역순으로 한다.

유 의

냉각수 호스 장착 후 퀵 커넥터가 확실히 장착되었는지 확인한다.
[타입 A]
- 퀵 커넥터(A)가 확실히 장착 되었는지 확인한다.

[타입 B]

- 퀵 커넥터와 퀵 커넥터 클램프가 확실히 장착 되었는지 확인한다.
- 퀵 커넥터 클램프 돌출부(A)와 퀵 커넥터 홈(B)이 일치하는지 확인한다.

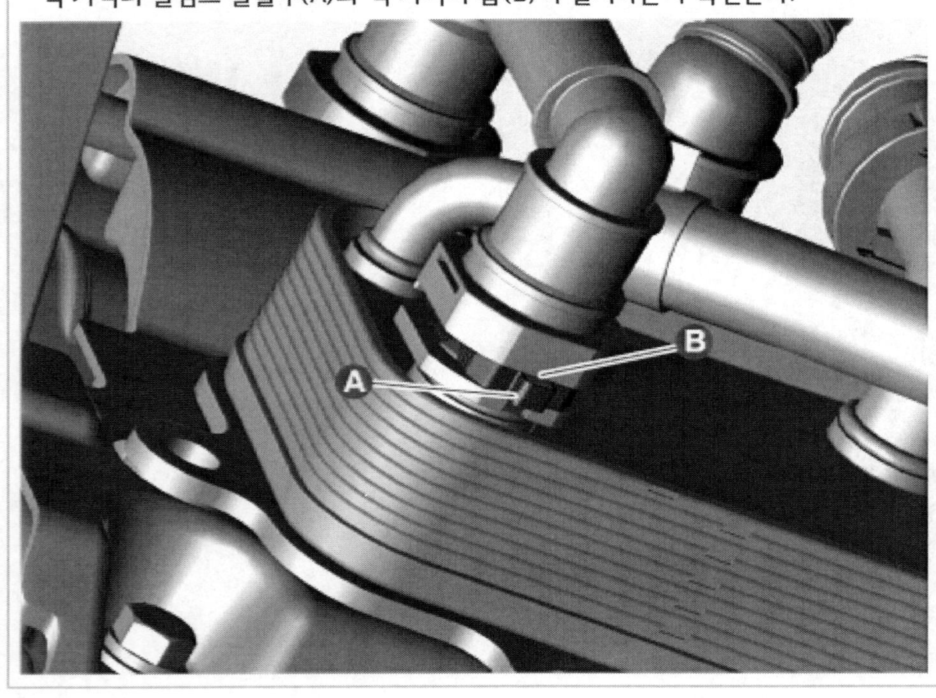

2. 배터리 모터 냉각수를 주입한다.
   (전기차 냉각 시스템 - "배터리 냉각수" 참조)

유 의

냉각수 주입 시 KDS를 이용하여 전자식 워터 펌프(EWP)를 강제 구동시켜 공기 빼기를 실시한다.

히터 및 에어컨 장치

서비스 데이터

에어컨 장치

항목		제원
컴프레서	형식	DE45 (전동 스크롤식)
	제어 방식	CAN 통신
	윤활유 타입	REF POE - 1 기아 승인 : RB100EV (JX Energy), Domestic ND 11 (DENSO)
	용량(g)	180 ± 10
	모터 타입	BLDC
	정격 전압(V)	522.7
	작동 전압 범위(V)	288 ~ 826
팽창 밸브	형식	블록 타입
냉매	종류	R - 1234yf
	냉매량(g)	850 ± 25

블로어 유닛

항목		제원
내/외기 선택	작동 방식	액추에이터
블로어	형식	시로코 팬
	풍량 조절	오토 +8단(FATC)
	풍량 조절 방식	덕트 센서
에어 필터	형식	고성능 콤비 필터

히터 및 이배퍼레이터 유닛

항목			제원
히터	형식		공기 혼합 온수식
	모드 작동 방식		액추에이터
	온도 작동 방식		액추에이터
이배퍼레이터	온도 조절 방식		이배퍼레이터 온도 센서
	듀얼 컨트롤	블로어 단수	Evap. SNS에 의한 A/C CUT-OFF 온도
		1 ~ 4단(°C)	1.5
		5 ~ 6단(°C)	1.0
		7 ~ 8단(°C)	0.6

체결토크

항목	체결토크(kgf·m)
팽창 밸브(이배퍼레이터) 볼트	0.9 ~ 1.4
석션 & 리퀴드 호스(차체) 너트 및 볼트	0.9 ~ 1.4
프런트 냉매 라인 너트 및 볼트	0.8 ~ 1.2
컴프레서 - 석션 & 디스차지 호스 볼트	2.2 ~ 3.3
컴프레서 볼트	2.0 ~ 3.4

개요 및 작동원리

히트 펌프의 구성은 냉매의 흐름을 전환하여 냉방, 난방이 가능하게 하는 기능을 한다.
이는 난방 시 배터리 소모를 최소화 하여 전기차의 주행거리를 향상시키는 역할을 한다.
EXV : 팽창 밸브
SOL.: 솔레노이드

냉방 모드

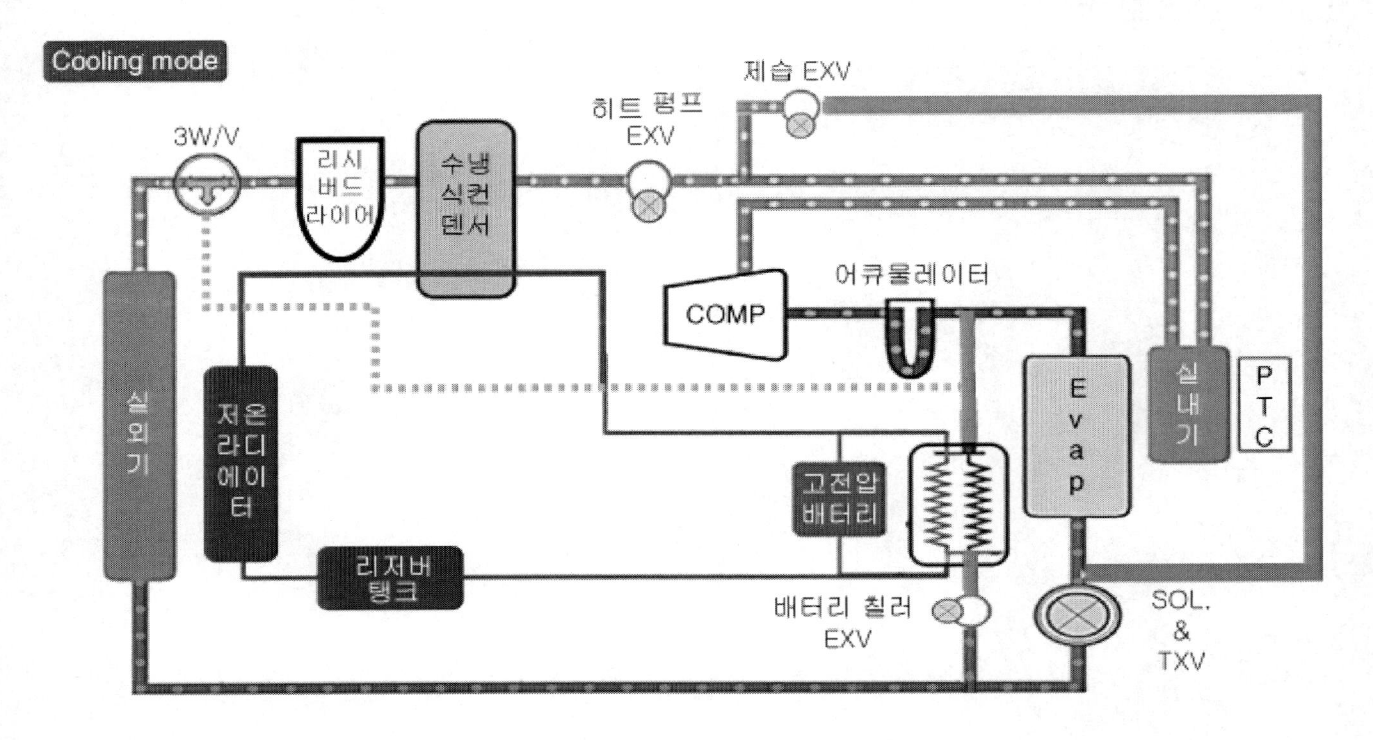

냉방 모드 냉매 흐름 순서

1. 전동식 컴프레서가 냉매를 압축
2. 압축된 고온, 고압의 냉매가 실내기를 통과(차량 실내와 열 교환은 없음)
3. 압축된 고온, 고압의 냉매가 히트 펌프 EXV를 팽창 과정 없이 통과함(제습 EXE는 닫힌 상태)
4. 압축된 고온, 고압 냉매는 열을 수냉 콘덴서에 전달하고 응축됨
5. 냉매 3-Way 밸브는 실외기 방향으로 열림
6. 냉매는 실외기를 통과하면서 대기로 열을 방출하고 추가 응축됨
7. SOL.-TXV에서 냉매 팽창(솔레노이드 밸브 열림, 고전압 배터리 칠러의 EXV는 닫힌 상태)
8. 팽창된 저온 저압의 냉매는 증발기에서 차량 실내의 열을 흡수함
9. 차량 실내의 열을 흡수한 냉매는 어큐뮬레이터에서 기체상태의 냉매만 전동식 컴프레서로 보냄

배터리만 냉각 모드

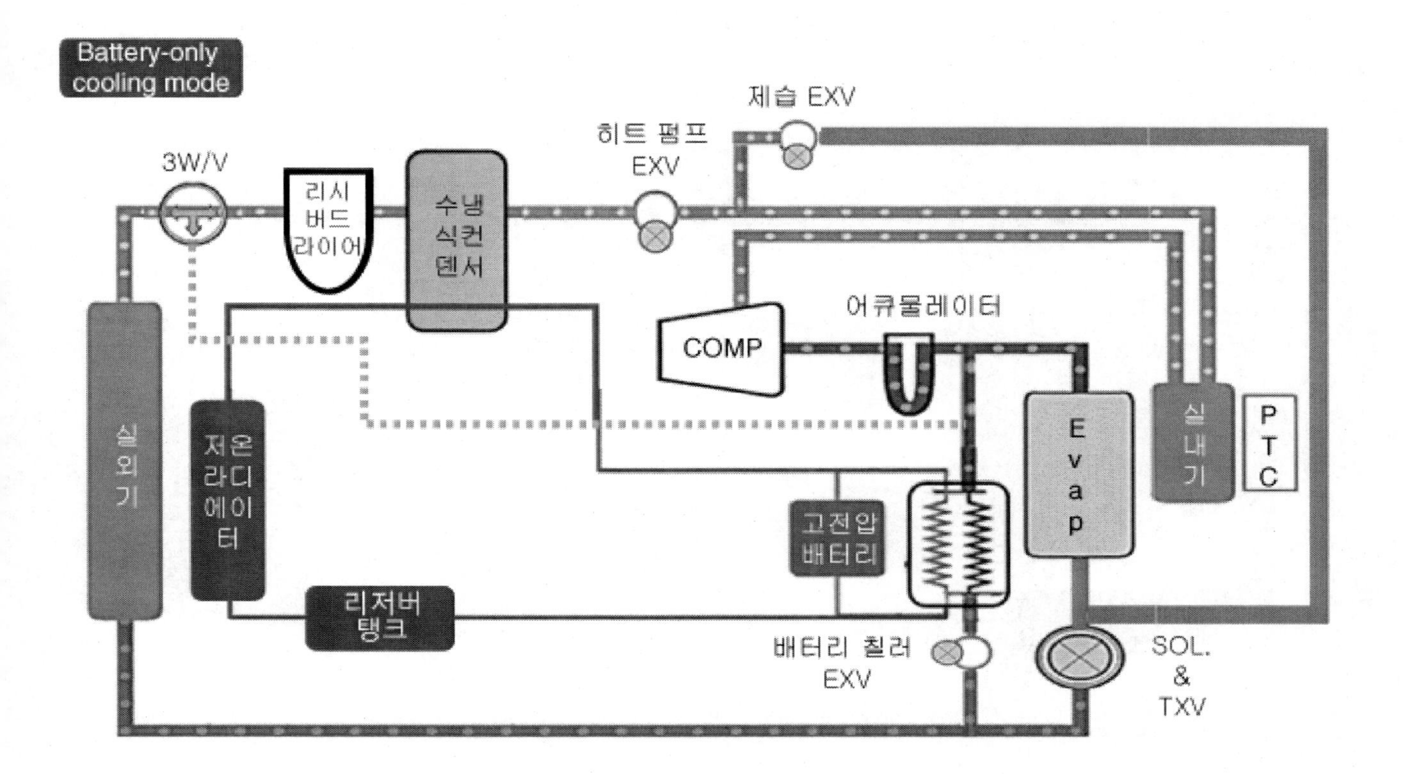

배터리만 냉각 모드 냉매 흐름 순서

1. 전동식 컴프레서가 냉매를 압축
2. 압축된 고온, 고압의 냉매가 실내기를 통과(차량 실내와 열 교환은 없음)
3. 압축된 고온, 고압의 냉매가 히트 펌프 EXV를 팽창 과정 없이 통과함(제습 EXE는 닫힌 상태)
4. 압축된 고온, 고압 냉매는 열을 수냉 콘덴서에 전달하고 응축됨
5. 냉매 3-Way 밸브는 실외기 방향으로 열림
6. 냉매는 실외기를 통과하면서 대기로 열을 방출하고 추가 응축됨
7. 배터리 칠러에서 냉매 팽창(EXV 듀티 제어, SOL.&TXV 솔레노이드 밸브 닫힌 상태)
8. 배터리 칠러에서 고전압 배터리의 열을 흡수하고 냉매는 팽창
9. 차량 실내의 열을 흡수한 냉매는 어큐뮬레이터에서 기체상태의 냉매만 전동식 컴프레서로 보냄

냉방+배터리 냉각 모드

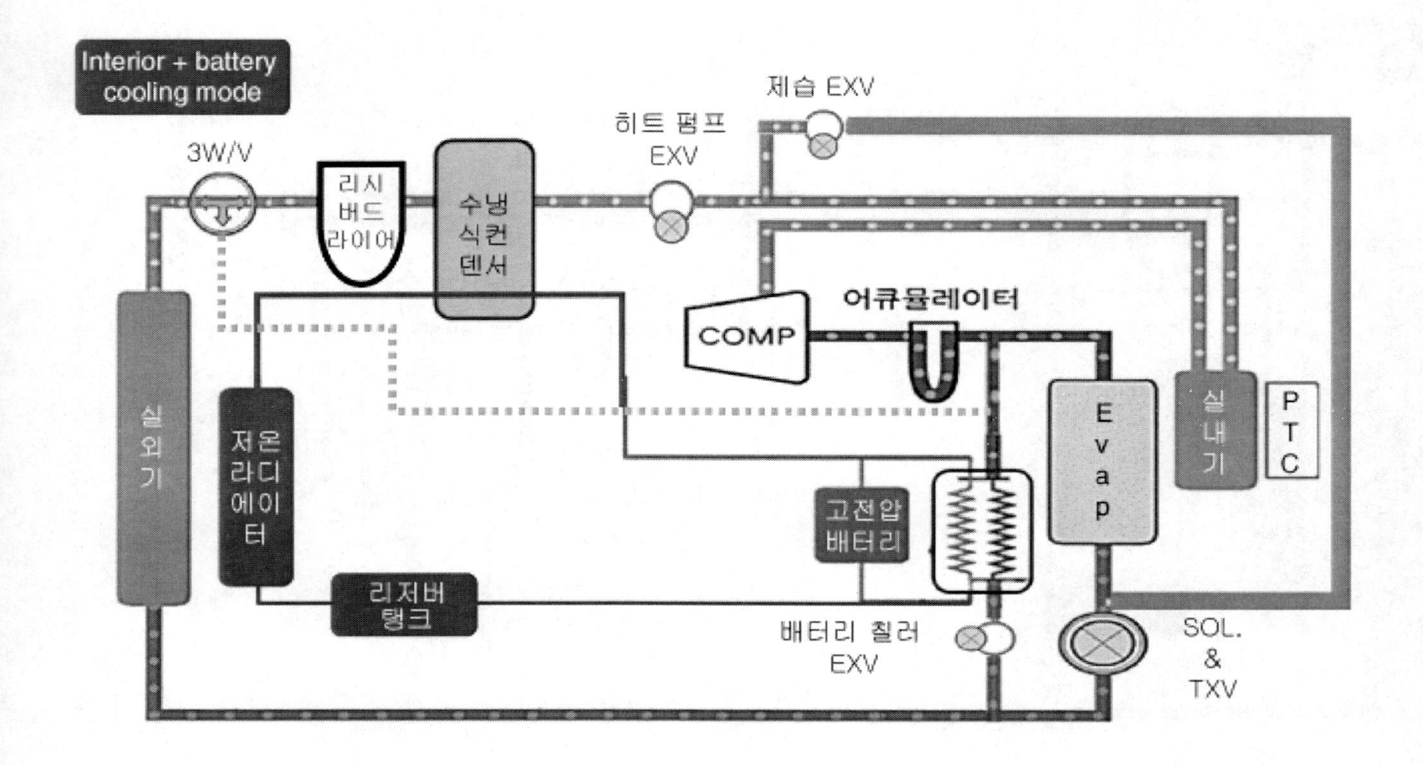

냉방+배터리 냉각 모드 냉매 흐름 순서

1. 전동식 컴프레서가 냉매를 압축
2. 압축된 고온, 고압의 냉매가 실내기를 통과(차량 실내와 열 교환은 없음)
3. 압축된 고온, 고압의 냉매가 히트 펌프 EXV를 팽창 과정 없이 통과함(제습 EXE는 닫힌 상태)
4. 압축된 고온, 고압 냉매는 열을 수냉 콘덴서에 전달하고 응축됨
5. 냉매 3-Way 밸브는 실외기 방향으로 열림
6. 냉매는 실외기를 통과하면서 대기로 열을 방출하고 추가 응축됨
7. SOL.-TXV에서 냉매 팽창(솔레노이드 밸브 열림),배터리 칠러에서 냉매 팽창(EXV 듀티 제어)
8. 팽창된 저온 저압의 냉매는 증발기에서 차량 실내의 열을 흡수하고, 배터리 칠러에서 배터리 냉각수의 열을 흡수
9. 차량 실내의 열을 흡수한 냉매는 어큐뮬레이터에서 기체상태의 냉매만 전동식 컴프레서로 보냄

난방 모드

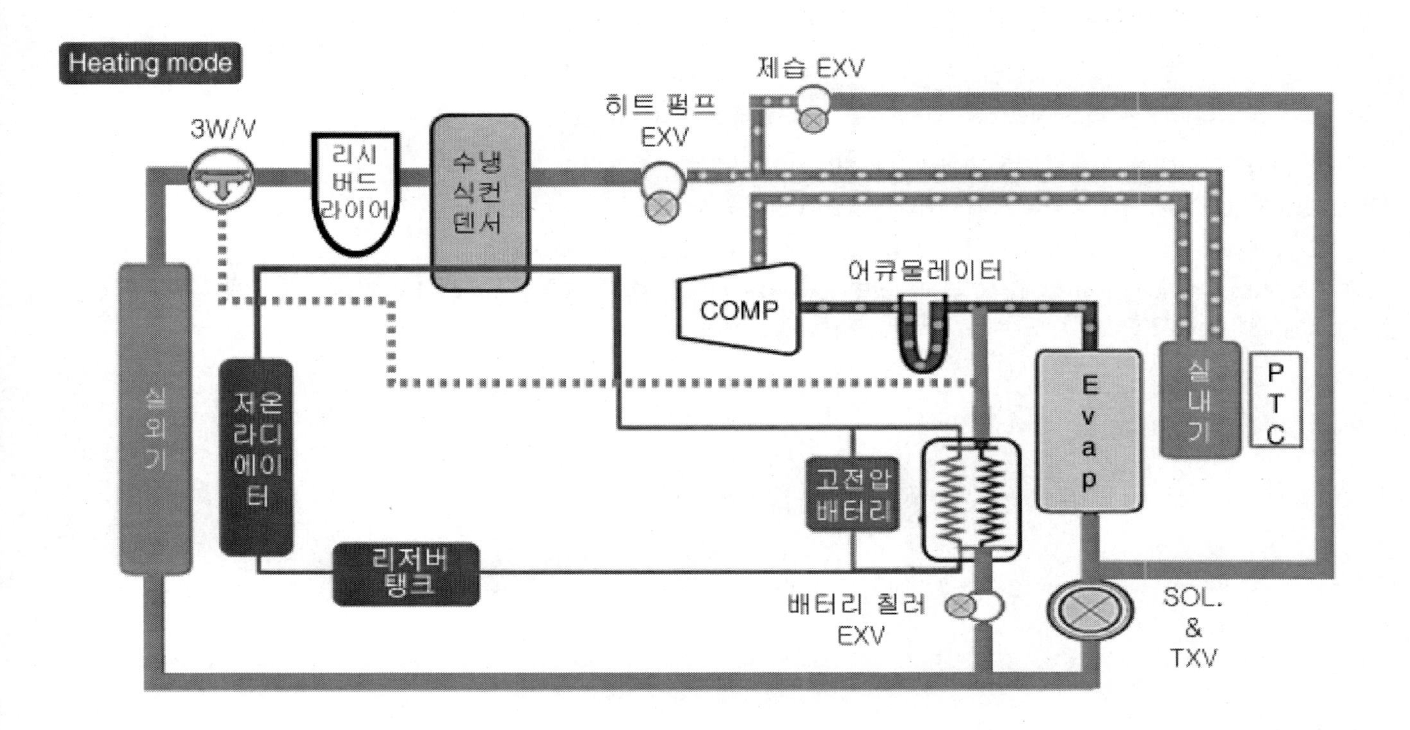

난방 모드 냉매 흐름 순서

1. 전동식 컴프레서가 냉매를 압축
2. 압축된 고온, 고압의 냉매가 실내기를 통과할 때 믹스 도어가 난방 쪽으로 열려 방열
3. 압축된 고온, 고압의 냉매가 히트 펌프 EXV의 작은 홀을 통해 팽창 밸브 기능을 함(제습 EXE는 닫힌 상태)
4. 팽창된 저온 저압의 냉매는 수냉 콘덴서에서 PE 시스템의 열을 흡수함
5. 냉매 3-Way 밸브는 실외기를 바이패스하는 방향으로 열려 냉매의 열 손실을 최소화 함
6. 구동(PE) 시스템의 열을 흡수한 냉매는 어큐뮬레이터에서 기체상태의 냉매만 전동식 컴프레서로 보냄

난방&제습 모드

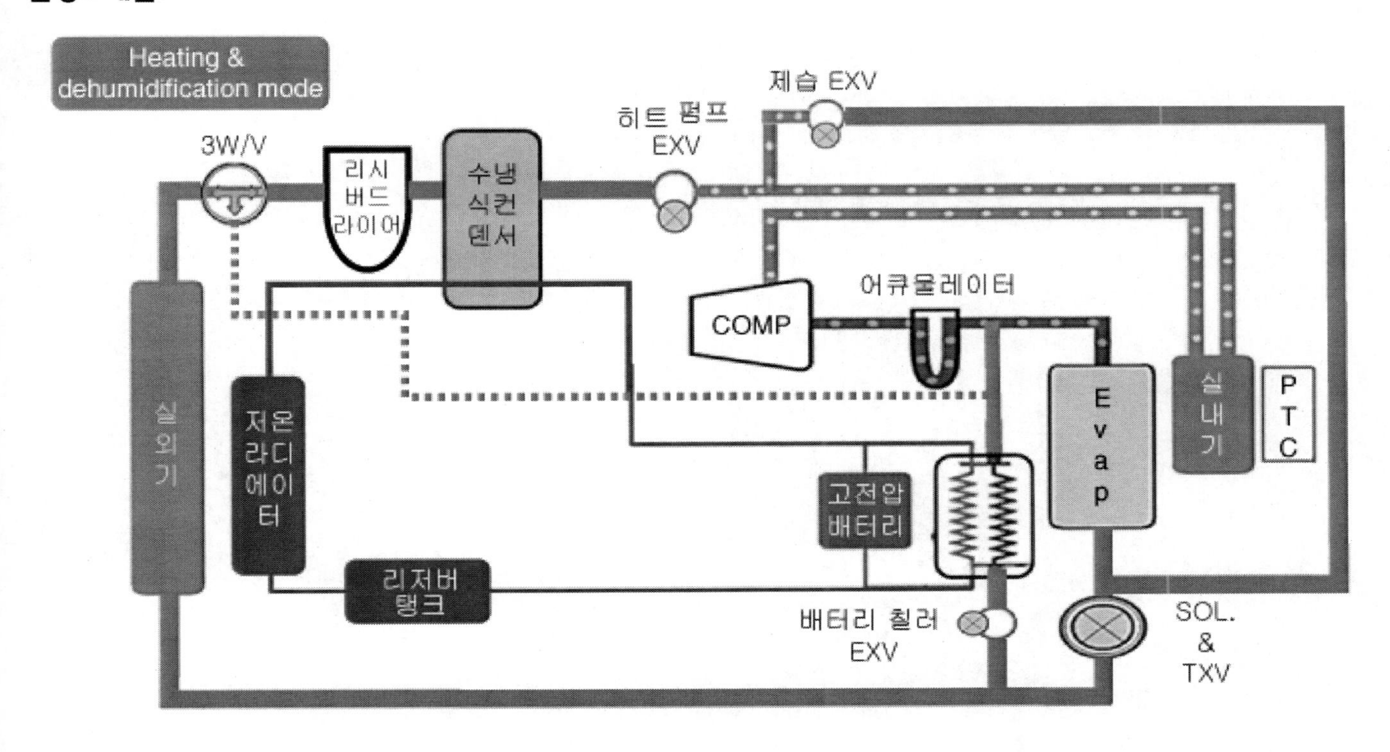

난방&제습 모드 냉매 흐름 순서

1. 전동식 컴프레서가 냉매를 압축
2. 압축된 고온, 고압의 냉매가 실내기를 통과할 때 믹스 도어가 난방 쪽으로 열려 방열
3. 압축된 고온, 고압의 냉매가 히트 펌프 EXV의 작은 홀을 통해 팽창 밸브 기능을 함
4. 제습 EXV가 열리고 팽창된 냉매의 일부가 증발기를 지나면서 실내 공기의 습기를 제거함
5. 팽창된 저온 저압의 냉매는 수냉 콘덴서에서 PE 시스템의 열을 흡수함
6. 냉매 3-Way 밸브는 실외기를 바이패스하는 방향으로 열려 냉매의 열 손실을 최소화 함
7. 구동(PE) 시스템의 열을 흡수한 냉매는 어큐뮬레이터에서 기체상태의 냉매만 전동식 컴프레서로 보냄(실내 공기의 제습을 위해 일부 나뉘어 졌던 냉매가 다시 합쳐짐)

고장진단

에어컨 구성품의 교체 및 수리 이전에 우선 고장이 냉매 충전이나 공기 흐름, 컴프레서에 의한 것이 아닌가 확인한다. 고장 수리 후에는 시스템 구성품이 완전한가를 검사한다.
아래의 표는 고장의 증상과 고장 예상 부위를 나열한 표이다. 필요하다면 부품을 교환한다.

블로어가 작동하지 않음

고장 예상 부위
히터 퓨즈
블로어 릴레이 및 BLDC 블로어 모터
BLDC 블로어 모터
와이어링

온도 조절이 되지 않음

고장 예상 부위
냉각수량
히터 컨트롤 어셈블리

컴프레서가 작동하지 않음

고장 예상 부위
냉매량
에어컨 퓨즈
전동 컴프레서
에어컨 프레셔 트랜스듀서
에어컨 스위치
이배퍼레이터 온도 센서
와이어링

시원한 바람이 나오지 않음

고장 예상 부위
냉매량
냉매 압력
전동 컴프레서
에어컨 프레셔 트랜스듀서
이배퍼레이터 온도 센서
에어컨 스위치
히터 컨트롤 어셈블리
와이어링

불충분한 냉방

고장 예상 부위
냉매량

전동 컴프레서
컨덴서
팽창 밸브
이배퍼레이터
냉매라인
에어컨 프레셔 트랜스듀서
히터 컨트롤 어셈블리

공기 순환 조절 되지 않음

고장 예상 부위
히터 컨트롤 어셈블리

모드 조절 되지 않음

고장 예상 부위
히터 컨트롤 어셈블리

쿨링 팬이 작동하지 않음

고장 예상 부위
쿨링 팬 퓨즈
팬 모터
VCU
와이어링 및 커넥터 접촉

주의사항

작업 시 주의사항

1. R - 1234yf 냉매는 휘발성이 강하기 때문에 한 방울이라도 피부에 닿으면 동상에 걸리는 수가 있다. 만약 닿게 되면 미온수에 씻는다. 냉매를 다룰 때는 반드시 장갑을 착용해야 한다.
2. 눈을 보호하기 위하여 보호 안경을 꼭 착용해야 한다. 만일 냉매가 눈에 튀었을 때는 적어도 15분간 흐르는 깨끗한 물을 사용하여 바로 닦아 낸다.
3. 에어컨 시스템에는 오존층을 파괴하지 않는 R - 1234yf가 주입되어 있다. 지정되지 않은 냉매 및 압축기 오일 사용 시에는 에어컨 시스템에 심각한 손상을 일으킬 수 있다.
4. 부적절한 정비는 인체에 상해를 입힐 수 있기 때문에 숙련된 관련 자격증 소지자에 한하여 정비하여야 한다.
5. R - 1234yf 용기는 고압이므로 절대로 뜨거운 곳에 놓지 않아야 한다. 그리고 저장 장소는 52°C 이하가 되는지 점검한다.
6. 냉매의 누설 점검을 위해 가스 누설 점검기를 준비한다. R - 1234yf 냉매와 감지기에서 나오는 불꽃이 접하면 유독 가스가 발생되므로 주의해야 한다.
7. 습기는 에어컨에 악영향을 미치므로 비 오는 날에는 작업을 삼가해야 한다.
8. 차량의 차체에 긁힘 등의 손상을 입지 않도록 꼭 보호 커버를 덮고 작업 해야 한다.
9. R - 1234yf 냉매와 R - 134a 냉매는 서로 배합되지 않으므로, 극소의 양일지라도 절대 혼합해서는 안 된다. 만일 이 냉매들이 혼합된 경우, 압력 상실이 일어날 가능성이 있다.
10. 냉매를 회수 및 충전할 때는 R - 1234yf 회수/재생/충전기를 이용한다. 이 때, 절대로 냉매를 대기로 방출하지 않도록 한다.

부품 교환 시 주의사항

1. 수분이 함유된 냉동유가 기어 등 시스템에 혼입되었을 때는 컴프레서의 수명 단축 및 에어컨 성능 저하의 원인이 되므로 냉동유에 수분이 들어가지 않도록 주의한다.
2. 연결부 O-링의 유무 및 파손 여부를 확인한다. O-링 누락 및 파손 시 냉매가 유출된다.
3. 작업 전 O-링 부위에 냉동유를 반드시 도포한다.
4. 볼트나 너트는 규정된 토크로 체결해야 한다.
5. 호스의 뒤틀림이 없도록 한다.
6. 호스 및 부품의 보호 캡은 작업 직전에 분리한다.
7. 파이프 한쪽을 밀면서 너트와 볼트를 꽉 조인다.

에어컨 검사 및 냉매 충전

R - 1234yf 회수/재생/충전기의 장착

1. R - 1234yf 회수/재생/충전기를 고압 서비스 포트(A)와 저압 서비스 포트(B)에 냉매 회수/충전 장비 사용 설명서를 보고 연결한다.

> **유 의**
>
> 냉매 충전 장비는 평평한 곳에 설치되어야 냉매 회수가 용이하고 특히 냉매를 정확하게 주입할 수 있다.

냉매 회수 작업

1. 고압 및 저압 밸브를 개방한 상태에서 R - 1234yf 회수/재생/충전기를 이용하여 냉매를 회수한다.

> **참 고**
>
> • 냉매를 너무 빨리 회수하면 컴프레서 오일이 계통에서 빠져나온다.

- 냉매 회수 시 반드시 고압 및 저압 밸브를 개방한 상태에서 실시한다. 만약, 밸브를 하나만 개방할 경우에는 냉매 회수 시간이 길어진다.

유 의

냉매를 완전히 회수하기 전에는 절대로 에어컨 시스템을 분리해서는 안 된다. 만약 냉매 회수 완료 전에 분리하게 되면 에어컨 시스템 내 압력에 의해 차량 내부로 냉매와 오일이 방출되어 오염시키므로 주의 해야 한다.

2. 회수 작업 완료 후 에어컨 계통에서 배출된 컴프레서 오일 양을 측정한다. 에어컨 냉매 충전 시 배출된 컴프레서 오일을 보충한다.

냉매 계통 진공 작업

참 고

냉매를 충전할 경우에는 필히 에어컨 계통을 진공시켜야 한다. 이 진공 작업은 유닛에 유입된 모든 공기와 습기를 제거하기 위해서 행하는 것이며 각 부품을 장착한 후 계통은 10분 이상 진공 작업을 한다.

1. 고압 및 저압 밸브를 개방한 상태에서 R - 1234yf 회수/재생/충전기를 이용하여 진공을 실시한다.
2. 10분 후에 고압 및 저압 밸브를 닫은 상태에서 게이지가 진공 영역에서 변함없이 유지하면 진공이 정상적으로 실시된 것이다. 압력이 상승하면 계통 내에서 누설이 되는 것이므로 다음 순서에 의해 누설을 수리한다.
   (1) 냉매 충전 장비로 계통을 충전시킨다. (냉매의 충전 참조)
   (2) 누설 감지기로 냉매의 누설을 점검하여 누설되는 곳이 발견되면 수리한다. (냉매의 누설 검사 참조)
   (3) 냉매를 다시 배출시키고 계통을 진공시킨다.
3. 냉매 회수/재생/충전 장비를 10분이상 사용하여 진공 상태를 만든 후 고압 및 저압 밸브를 닫습니다.

참 고

에어컨 부품 조립 시 반드시 O-링에 컴프레서 오일을 도포하여야 하고, 특히 장갑 등에 있는 이물질이 묻지 않도록 청결을 유지해야 한다.

냉매의 충전

1. 에어컨 계통을 진공시킨 후에 고압 밸브를 개방한 상태에서 R-1234yf 회수/재생/충전기를 이용하여 배출된 컴프레서 오일 양만큼을 보충한다.

유 의

냉매 충전 시 오일을 추가로 주입하지 않을 경우에는 계통 내부의 오일 부족으로 윤활성이 나빠져 컴프레서 고착 등의 문제를 일으킨다.

2. 고압 밸브를 개방한 상태에서 R - 1234yf 회수/재생/충전기를 이용하여 냉매를 규정량만큼 충전시킨 후 고압 밸브를 닫는다.

규정 충전량 : 850 ± 25g

유 의

컴프레서가 손상될 우려가 있으므로 냉매를 과충전 하지 않는다.

3. 누설 감지기로 계통에서 냉매가 누설되지 않는가를 점검한다. (냉매의 누설 검사 참조)

냉매의 누설 검사

냉매의 누설이 의심스럽거나 연결 부위를 분해 또는 푸는 작업을 했을 때에는 전자 누설 감지기로 누설 시험을 행한다.

1. 연결 부위의 토크를 점검하여 너무 느슨하면 체결토크로 조인 후에 누설 감지기로 가스의 누설을 점검한다.
2. 연결 부위를 다시 조인 후에도 누설이 계속되면 냉매를 배출시키고 연결 부위를 분리시켜 접촉면의 손상을 점검하여 조금이라도 손상이 되었으면 신품으로 교환한다.
3. 컴프레서 오일을 점검하여 필요 시에는 오일을 보충한다.

4. 계통을 충전시키고 가스 누설을 점검하여 이상이 없으면 계통을 진공시킨 후 충전한다.

오일 검사

오일은 컴프레서를 윤활시키기 위해 사용된다. 오일은 컴프레서가 작동 중에 계통 내로 순환하기 때문에 계통 내의 부품을 교환하거나 많은 양의 가스가 누설되었을 때는 필히 오일을 보충해 주어 본래 오일의 총량을 유지해야 한다.

계통 내 오일의 총량 : REF POE-1 180 ± 10 g

참 고

기아 승인 : RB100EV (JX Energy), Domestic ND 11 (DENSO)

1. 오일의 취급 요령
   (1) 오일에 습기, 먼지, 금속 편이 유입되지 않도록 한다.
   (2) 오일을 혼합하지 않는다.
   (3) 오일을 사용한 후에 대기에 장시간 방치해 두면 오일 내에 수분이 흡수되므로 사용 후에는 반드시 용기를 즉시 막아 놓는다.
2. 오일 복원 작동
   오일 수준을 점검 및 조정할 때는 컨트롤 세트를 최대 냉방, 최고 블로어 속도에 놓고 20 ~ 30분간 컴프레서를 작동시켜 오일을 컴프레서로 복원시킨다.
3. 사용 중인 컴프레서에 오일을 집어 넣기 전에는 다음 순서로 필히 컴프레서 오일을 점검해야 한다.
   (1) 오일 복원 작동을 행한 후 에어컨을 정지시키고 냉매를 배출한 다음 차량에서 컴프레서를 분리한다.
   (2) 에어컨 계통 라인 연결 구에서 오일을 배출시킨다.

   유 의

   - 컴프레서가 냉각되어 있을 때 종종 오일을 배출시키기 어려울 때가 있는데 이때는 컴프레서를 조금 가열한 후(약 40 ~ 50°C)에 오일을 배출시킨다.

   (3) 배출된 오일 양을 측정한다. 만일 오일 양이 70 cc 미만이면 오일이 약간 누설된 것이므로 각 계통의 연결부에서 누설 시험을 실시하여 필요 시에는 결함 부위를 수리 혹은 교환한다.
   (4) 오일의 오염 상태를 점검한 후 오일 수준을 조정한다.

오일 배출량	조정방법
70 cc 이상	오일 수준이 정상이므로 배출한 양만큼 오일을 주입한다.
70 cc 미만	오일 수준이 낮으므로 70 cc 정도 주입한다.

탈거

⚠ 경 고

- 고전압 시스템 관련 작업 시, 관련 교육을 이수한 작업자가 정비를 진행한다. 고전압 시스템에 대한 이해가 부족한 경우 감전 또는 누전 등으로 인한 심각한 사고를 초래할 수 있다.
- 고전압 시스템 또는 주변 부품 작업 시, 반드시 "고전압 시스템 안전사항 및 주의, 경고" 내용을 숙지하고 준수해야 한다. 미준수 시, 감전 또는 누전 등으로 인한 심각한 사고를 초래할 수 있다.
- 고전압 시스템 작업 특성 상, 개인보호장구(PPE) 및 사전 고전압 차단 절차를 반드시 확인한다.

유 의

라인을 분리할 때는 즉시 플러그나 캡을 씌워 습기와 먼지로부터 시스템을 보호한다.

석션 & 리퀴드 튜브 어셈블리

1. 배터리 (-) 단자와 서비스 인터록 커넥터를 분리한다.
   (배터리 제어 시스템 - "보조 배터리 (12V) - 2WD" 참조)
   (배터리 제어 시스템 - "보조 배터리 (12V) - 4WD" 참조)
2. 회수/재생/충전기로 냉매를 회수한다.
   (에어컨 - "냉매 회수/재생/충전/진공" 참조)
3. 냉각수를 배출한다.
   (전기차 냉각 시스템 - "냉각수" 참조)
4. 프런트 트렁크를 탈거한다.
   (바디 - "프런트 트렁크" 참조)
5. 칠러 호스(A)를 분리한다.

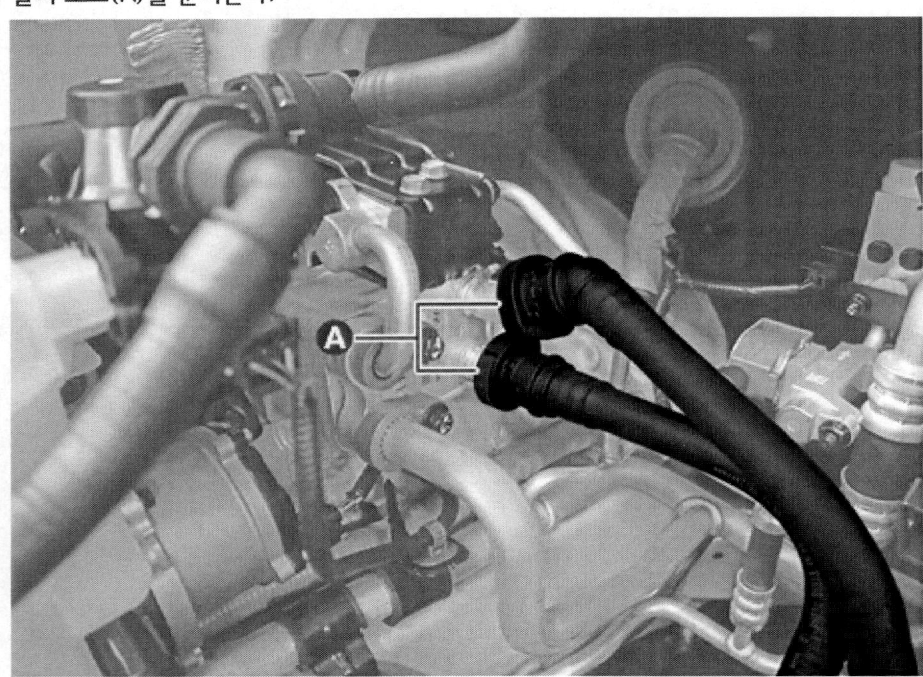

6. 팽창 밸브 커넥터(A)를 분리한다.

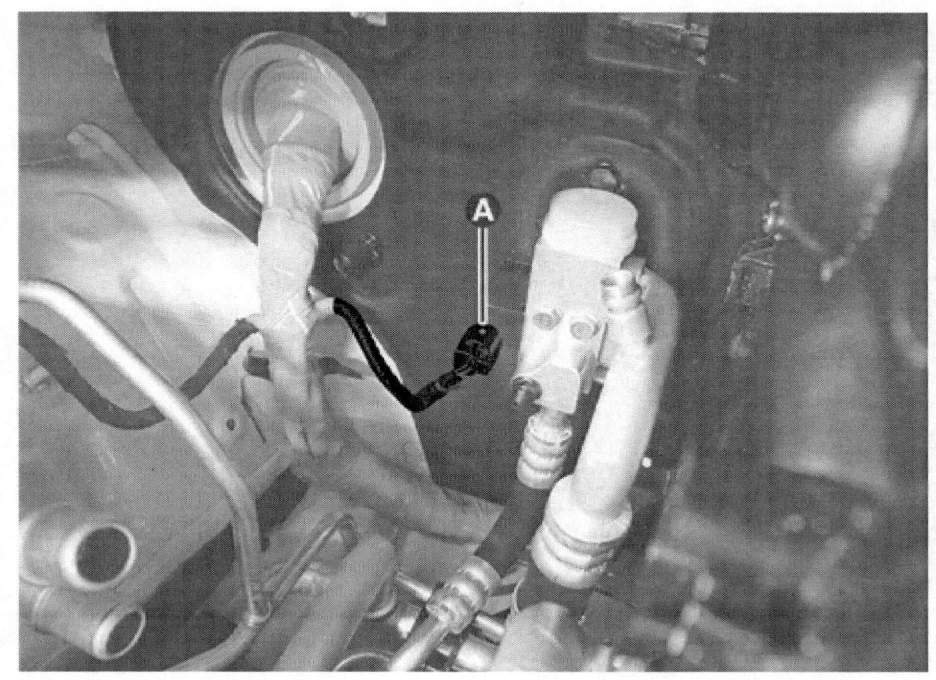

7. 2 웨이 밸브 커넥터(A)를 분리한다.

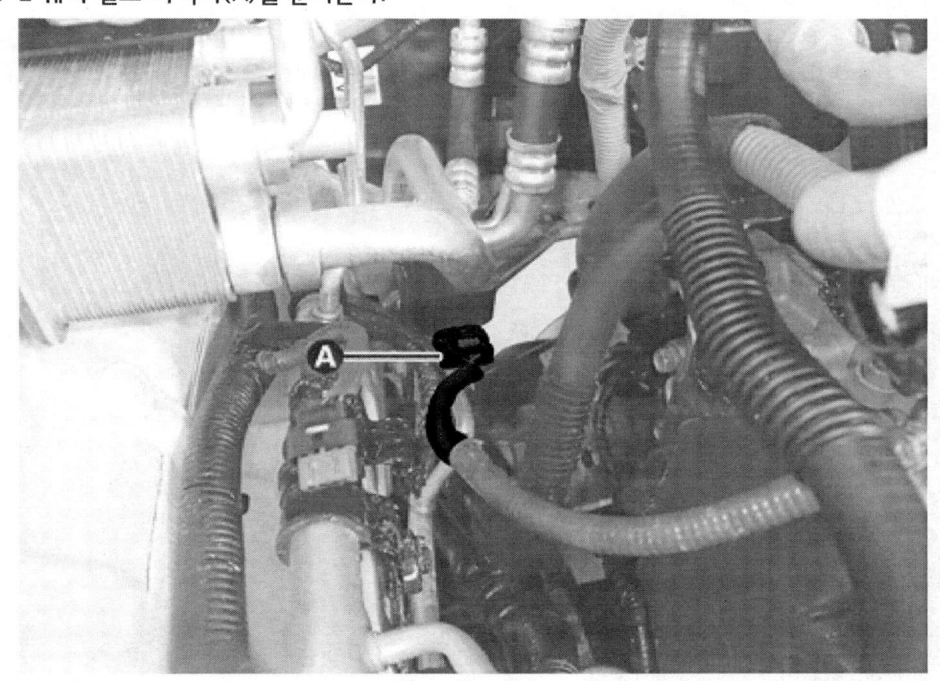

8. 너트를 풀어 디스차지 호스 어셈블리(A)를 분리한다.

체결토크 : 0.9 ~ 1.4 kgf·m

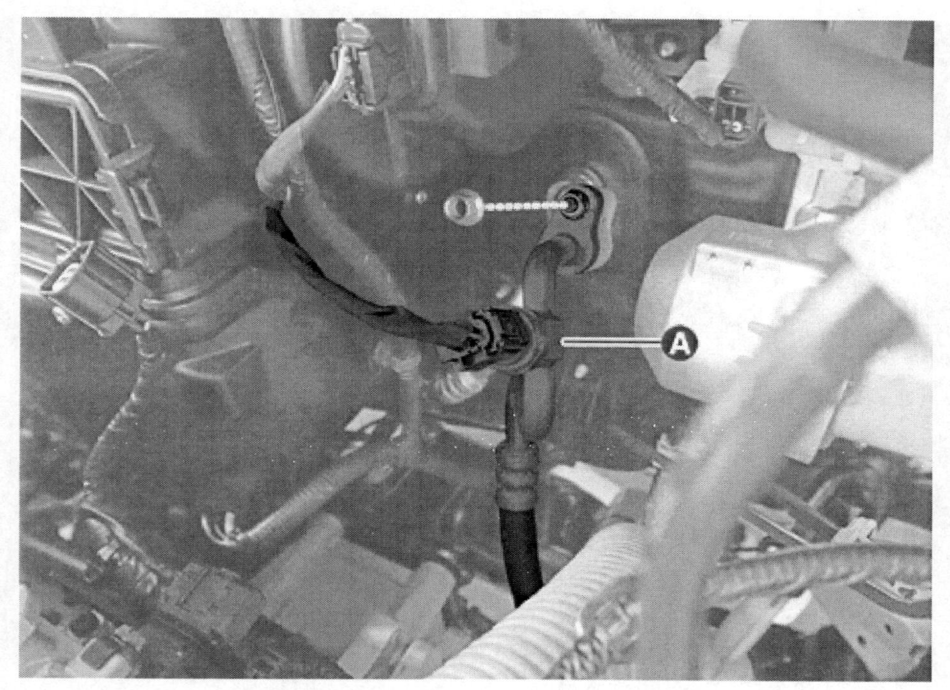

9. 볼트 및 너트를 풀어 석션 & 리퀴드 튜브 어셈블리(A)를 분리한다.

체결토크 : 0.9 ~ 1.4 kgf·m

[실내 콘덴서]

[이배퍼레이터 코어]

[칠러]

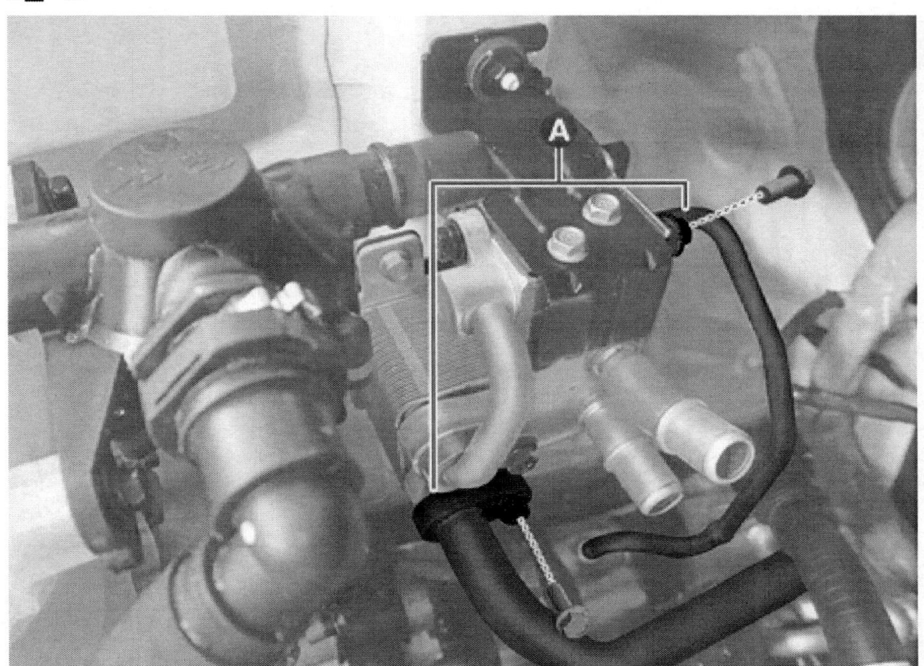

[콘덴서]

[수냉 콘덴서]

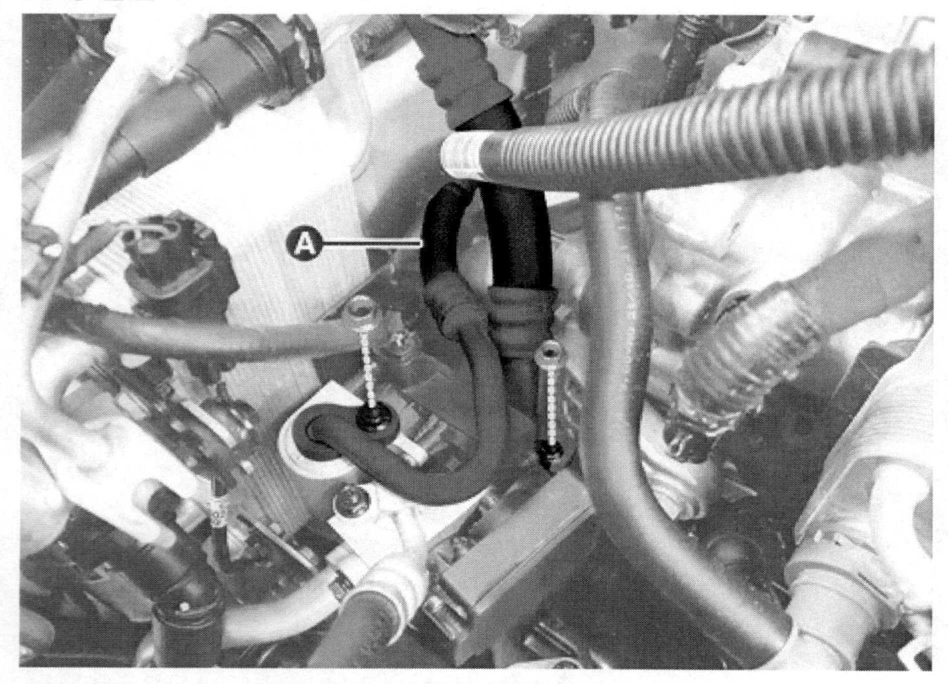

10. 볼트를 풀어 석션 & 리퀴드 튜브 어셈블리(A)를 탈거한다.

체결토크 : 0.8 ~ 1.2 kgf·m

석션 호스1

1. 배터리 (-) 단자와 서비스 인터록 커넥터를 분리한다.
   (배터리 제어 시스템 - "보조 배터리 (12V) - 2WD" 참조)
   (배터리 제어 시스템 - "보조 배터리 (12V) - 4WD" 참조)
2. 회수/재생/충전기로 냉매를 회수한다.
   (에어컨 - "냉매 회수/재생/충전/진공" 참조)
3. 프런트 트렁크를 탈거한다.
   (바디 - "프런트 트렁크" 참조)
4. 너트를 풀어 석션 호스1(A)을 탈거한다.

체결토크 : 0.9 ~ 1.4 kgf·m

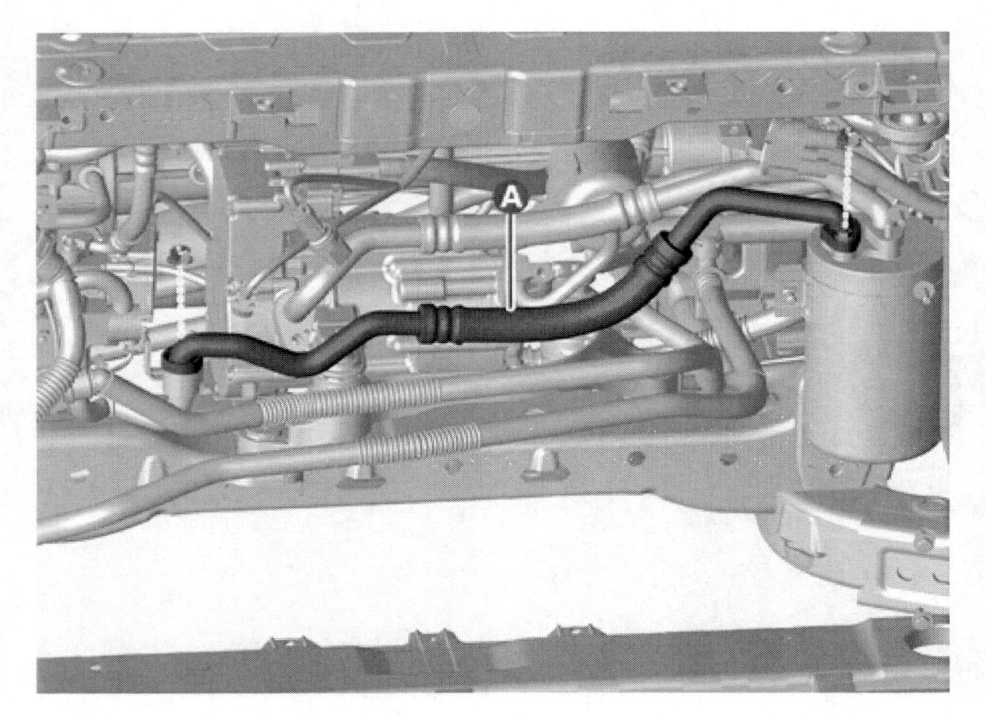

석션 호스2

1. 배터리 (-) 단자와 서비스 인터록 커넥터를 분리한다.
   (배터리 제어 시스템 - "보조 배터리 (12V) - 2WD" 참조)
   (배터리 제어 시스템 - "보조 배터리 (12V) - 4WD" 참조)
2. 회수/재생/충전기로 냉매를 회수한다.
   (에어컨 - "냉매 회수/재생/충전/진공" 참조)
3. 배터리 트레이를 탈거한다.
   (배터리 제어 시스템 - "보조 배터리 (12 V)" 참조)
4. 에어컨 트랜스듀서 커넥터(A)를 분리한다.

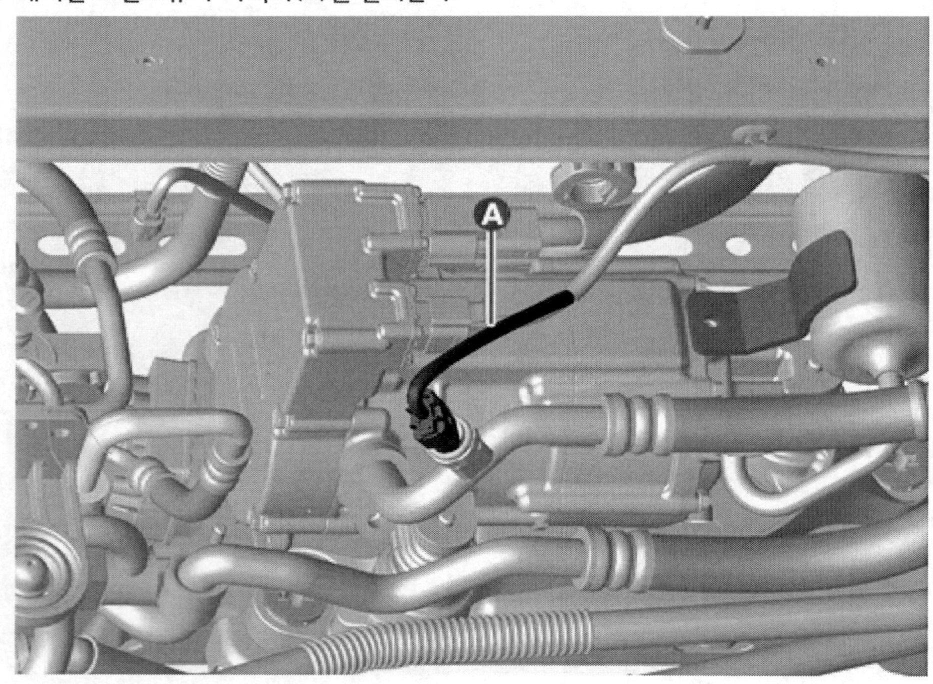

5. 너트 및 볼트를 풀어 석션 호스2(A)를 분리한다.

체결토크
너트 : 0.9 ~ 1.4 kgf·m
볼트 : 2.0 ~ 3.4 kgf·m

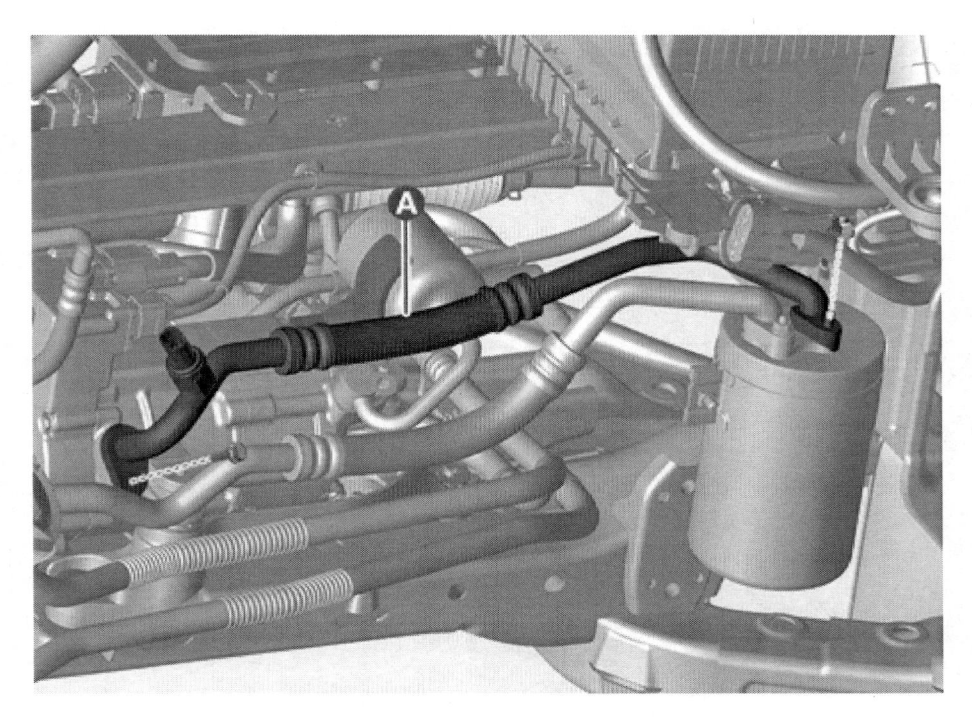

디스차지 호스

1. 배터리 (-) 단자와 서비스 인터록 커넥터를 분리한다.
   (배터리 제어 시스템 - "보조 배터리 (12V) - 2WD" 참조)
   (배터리 제어 시스템 - "보조 배터리 (12V) - 4WD" 참조)
2. 회수/재생/충전기로 냉매를 회수한다.
   (에어컨 - "냉매 회수/재생/충전/진공" 참조)
3. 배터리 트레이를 탈거한다.
   (배터리 제어 시스템 - "보조 배터리 (12 V)" 참조)
4. 에어컨 트랜스듀서 커넥터(A)를 분리한다.

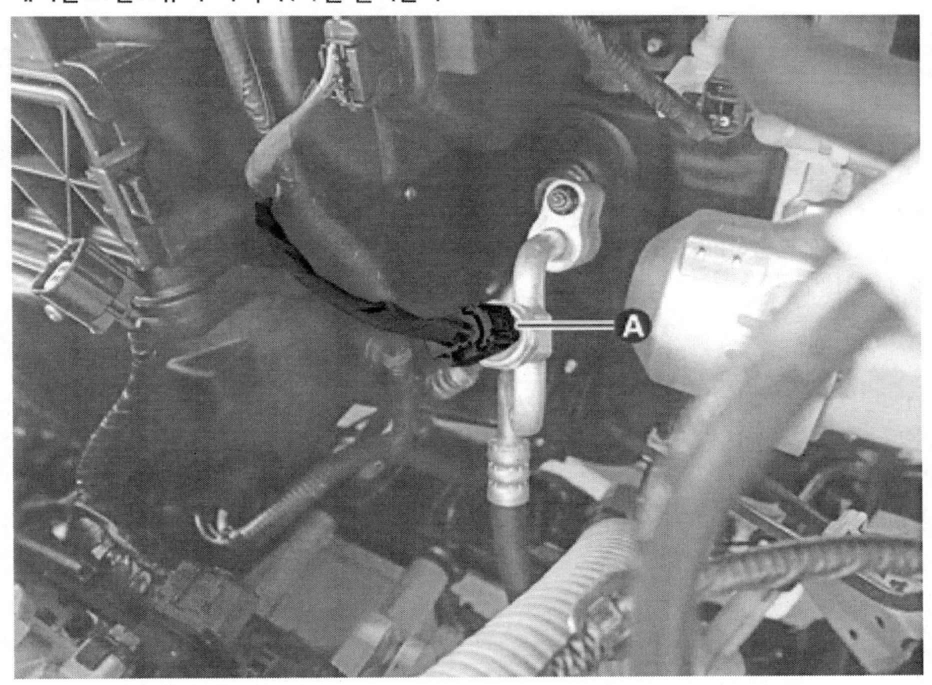

5. 볼트와 너트를 풀어 디스차지 호스(A)를 탈거한다.

체결토크 : 2.2 ~ 3.3 kgf·m

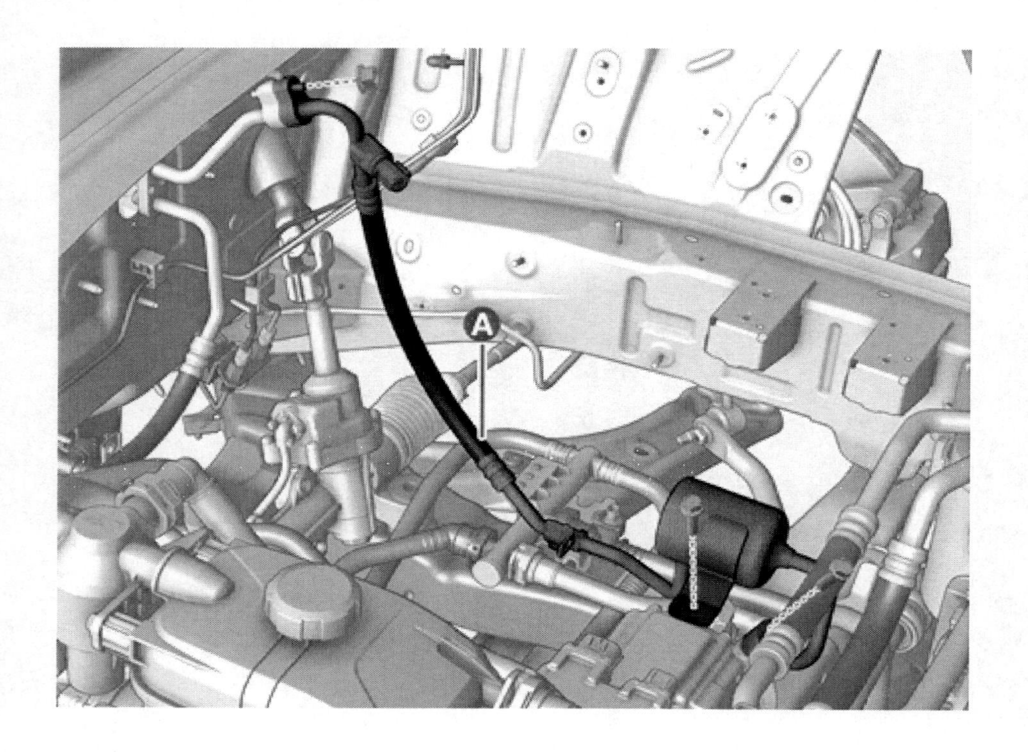

장착

⚠ 경 고

- 고전압 시스템 관련 작업 시, 관련 교육을 이수한 작업자가 정비를 진행한다. 고전압 시스템에 대한 이해가 부족한 경우 감전 또는 누전 등으로 인한 심각한 사고를 초래할 수 있다.
- 고전압 시스템 또는 주변 부품 작업 시, 반드시 "고전압 시스템 안전사항 및 주의, 경고" 내용을 숙지하고 준수해야 한다. 미준수 시, 감전 또는 누전 등으로 인한 심각한 사고를 초래할 수 있다.
- 고전압 시스템 작업 특성 상, 개인보호장구(PPE) 및 사전 고전압 차단 절차를 반드시 확인한다.

1. 장착은 탈거의 역순으로 한다.

⚠ 경 고

반드시 전동식 컴프레서 전용의 냉매 회수/충전기를 이용하여 지정된 냉매(R-1234yf)와 냉동유(POE)를 주입한다. 일반 차량의 냉동유(PAG)가 혼입될 경우 컴프레서 손상 및 안전사고가 발생할 수 있다.

유 의

- 단품 장착 시 규정 토크를 준수하여 장착한다.
- 가스 누출 탐지기를 사용하여 냉매의 누출을 점검한다.
- 냉각 시스템 안에 공기를 제거하고 냉매를 충전한다.
  (에어컨 - "냉매 회수/재생/충전/진공" 참조)

탈거

경 고

- 고전압 시스템 관련 작업 시, 관련 교육을 이수한 작업자가 정비를 진행한다. 고전압 시스템에 대한 이해가 부족한 경우 감전 또는 누전 등으로 인한 심각한 사고를 초래할 수 있다.
- 고전압 시스템 또는 주변 부품 작업 시, 반드시 "고전압 시스템 안전사항 및 주의, 경고" 내용을 숙지하고 준수해야 한다. 미준수 시, 감전 또는 누전 등으로 인한 심각한 사고를 초래할 수 있다.
- 고전압 시스템 작업 특성 상, 개인보호장구(PPE) 및 사전 고전압 차단 절차를 반드시 확인한다.

유 의

라인을 분리할 때는 즉시 플러그나 캡을 씌워 습기와 먼지로부터 시스템을 보호한다.

석션 & 리퀴드 튜브 어셈블리

1. 배터리 (-) 단자와 서비스 인터록 커넥터를 분리한다.
   (배터리 제어 시스템 - "보조 배터리 (12V) - 2WD" 참조)
   (배터리 제어 시스템 - "보조 배터리 (12V) - 4WD" 참조)
2. 회수/재생/충전기로 냉매를 회수한다.
   (에어컨 - "냉매 회수/재생/충전/진공" 참조)
3. 냉각수를 배출한다.
   (전기차 냉각 시스템 - "냉각수" 참조)
4. 프런트 트렁크를 탈거한다.
   (바디 - "프런트 트렁크" 참조)
5. 칠러 호스(A)를 분리한다.

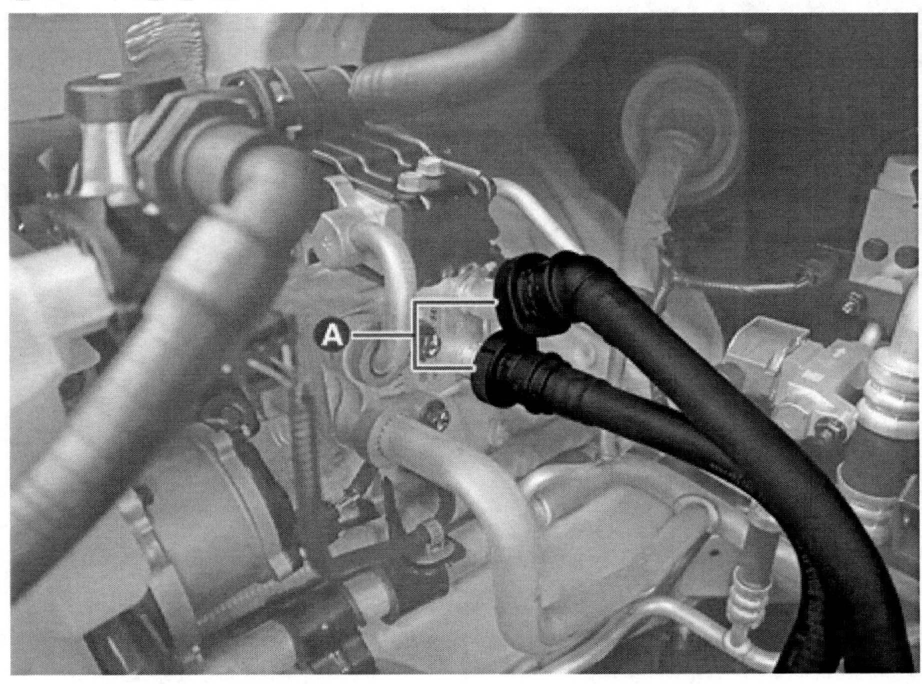

6. 팽창 밸브 커넥터(A)를 분리한다.

7. 2 웨이 밸브 커넥터(A)를 분리한다.

8. 너트를 풀어 디스차지 호스 어셈블리(A)를 분리한다.

체결토크 : 0.9 ~ 1.4 kgf·m

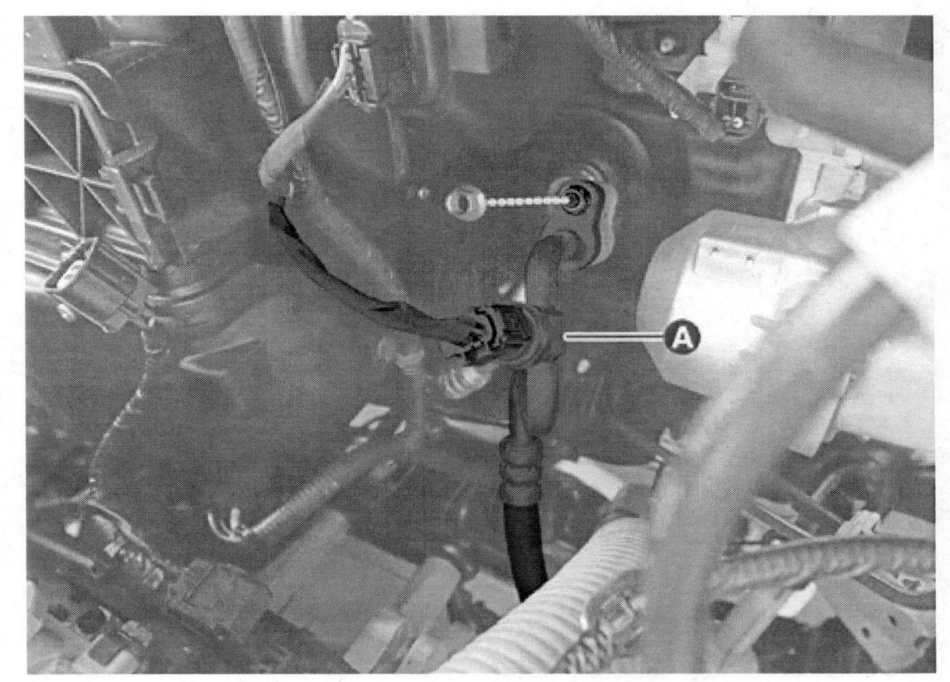

9. 볼트 및 너트를 풀어 석션 & 리퀴드 튜브 어셈블리(A)를 분리한다.

체결토크 : 0.9 ~ 1.4 kgf·m

[실내 콘덴서]

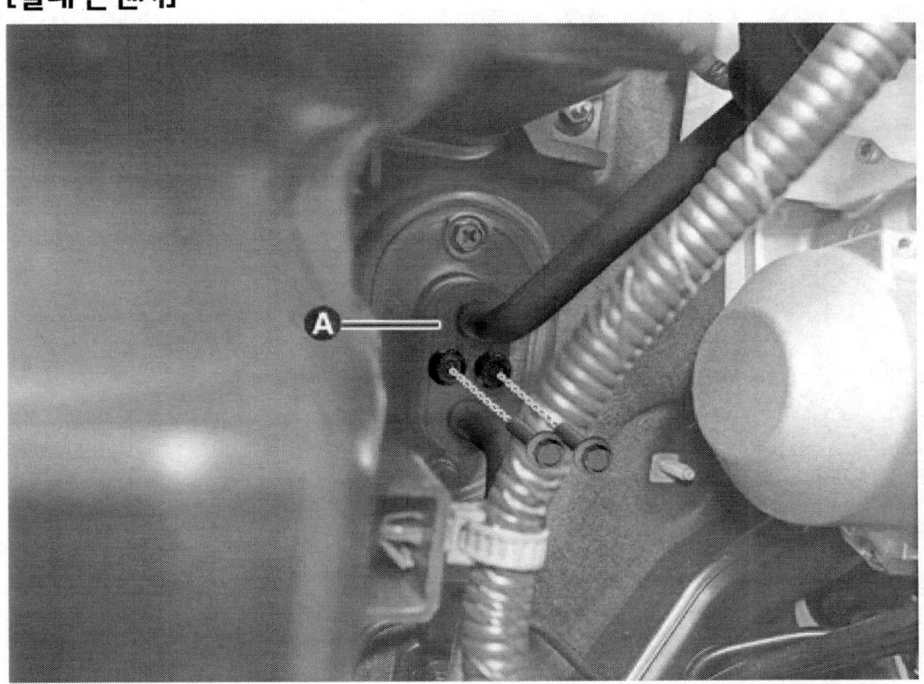

[이배퍼레이터 코어]

[칠러]

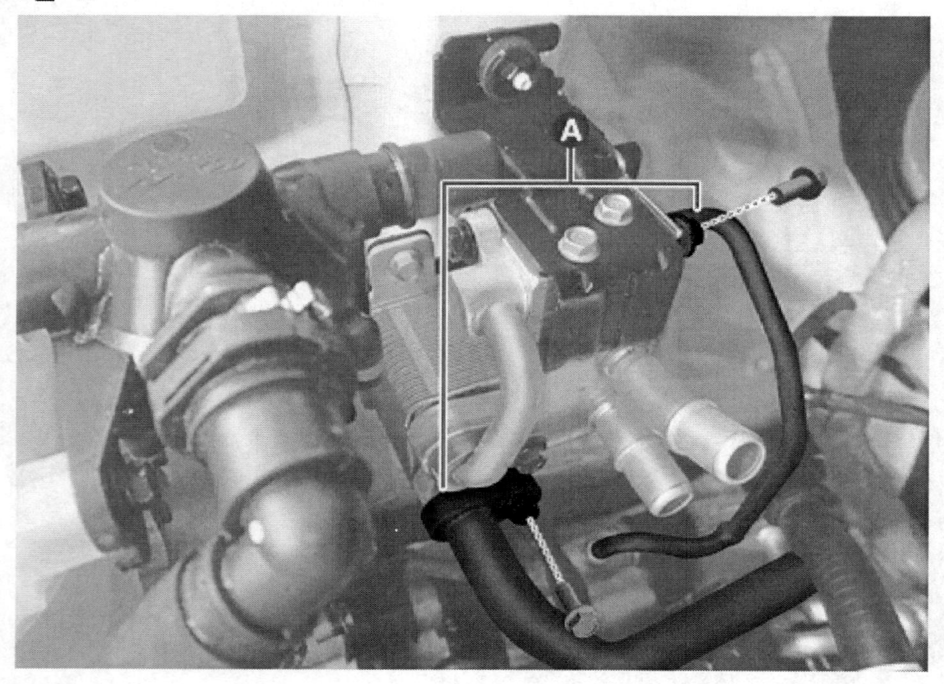

[콘덴서]

[수냉 콘덴서]

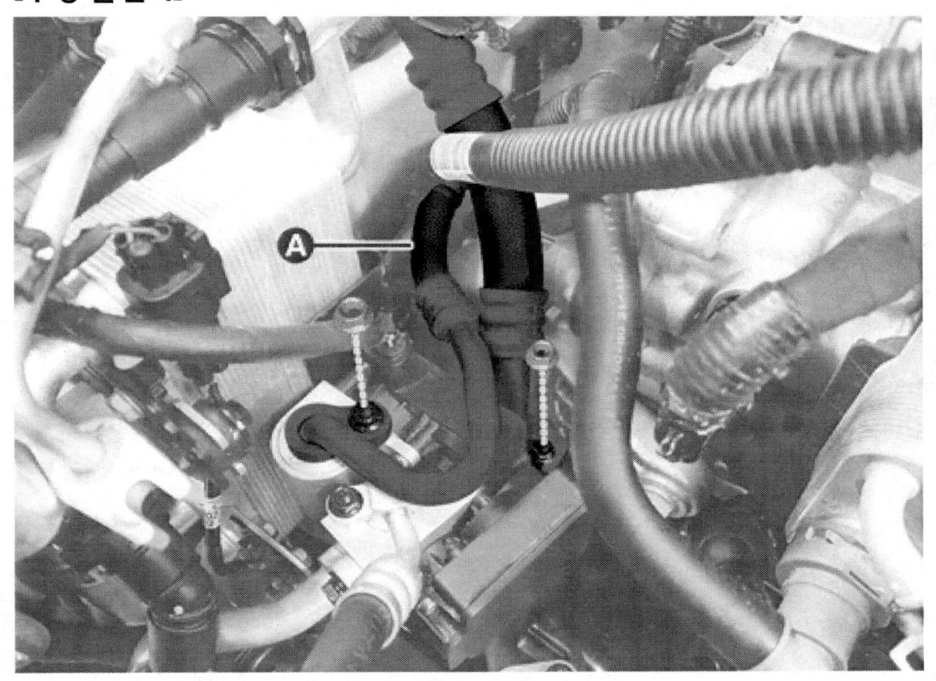

10. 볼트를 풀어 석션 & 리퀴드 튜브 어셈블리(A)를 탈거한다.

체결토크 : 0.8 ~ 1.2 kgf·m

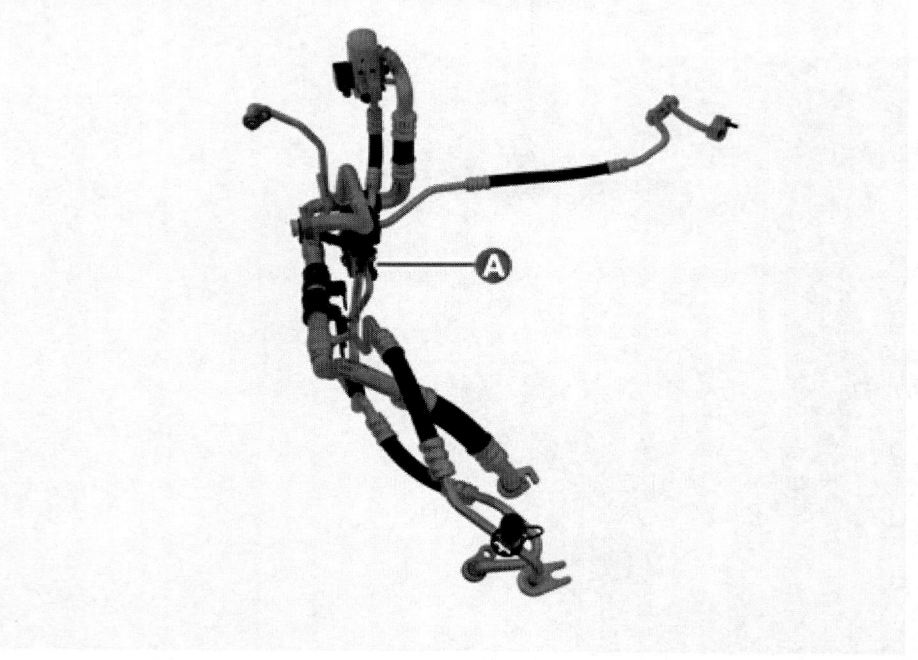

석션 호스1

1. 배터리 (-) 단자와 서비스 인터록 커넥터를 분리한다.
   (배터리 제어 시스템 - "보조 배터리 (12V) - 2WD" 참조)
   (배터리 제어 시스템 - "보조 배터리 (12V) - 4WD" 참조)
2. 회수/재생/충전기로 냉매를 회수한다.
   (에어컨 - "냉매 회수/재생/충전/진공" 참조)
3. 프런트 트렁크를 탈거한다.
   (바디 - "프런트 트렁크" 참조)
4. 너트를 풀어 석션 호스1(A)을 탈거한다.

체결토크 : 0.9 ~ 1.4 kgf·m

석션 호스2

1. 배터리 (-) 단자와 서비스 인터록 커넥터를 분리한다.
   (배터리 제어 시스템 - "보조 배터리 (12V) - 2WD" 참조)
   (배터리 제어 시스템 - "보조 배터리 (12V) - 4WD" 참조)
2. 회수/재생/충전기로 냉매를 회수한다.
   (에어컨 - "냉매 회수/재생/충전/진공" 참조)
3. 배터리 트레이를 탈거한다.
   (배터리 제어 시스템 - "보조 배터리 (12 V)" 참조)
4. 에어컨 트랜스듀서 커넥터(A)를 분리한다.

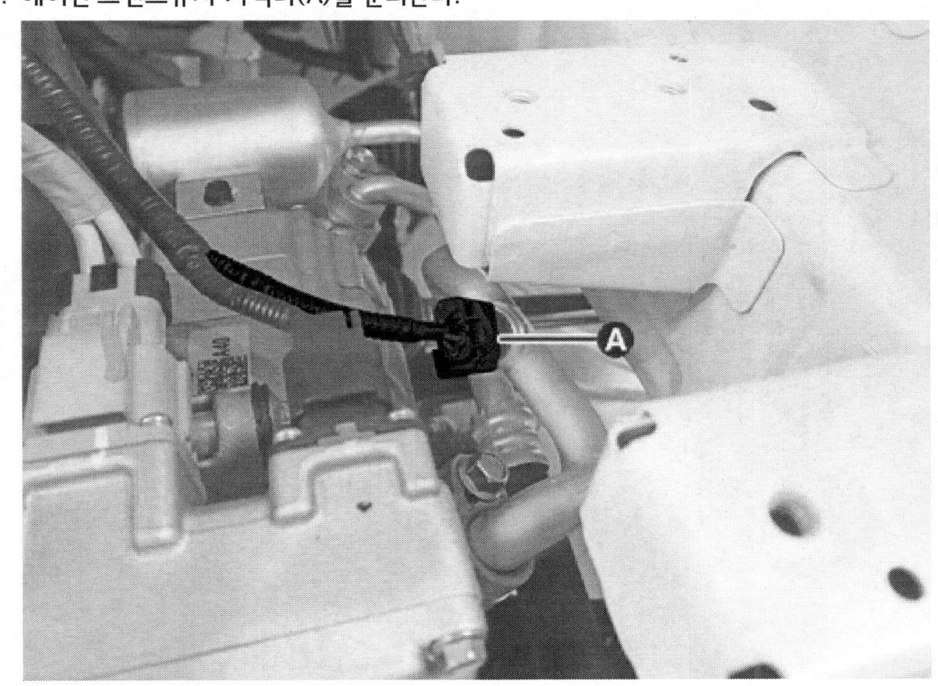

5. 너트를 풀어 석션 호스2(A)를 분리한다.

체결토크 : 0.9 ~ 1.4 kgf·m

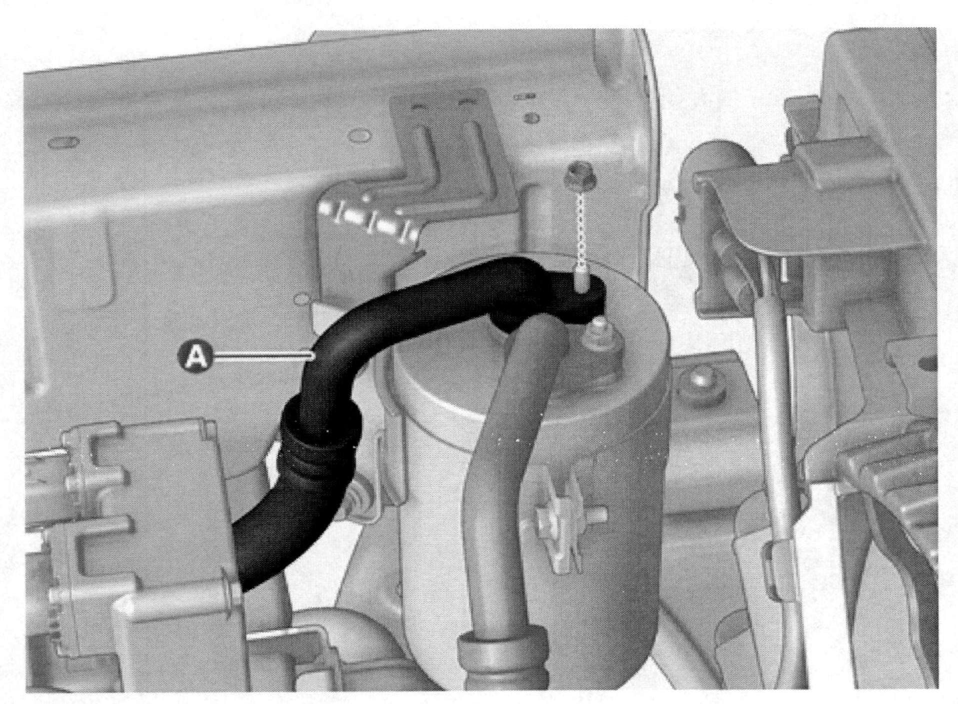

6. 볼트를 풀어 석션 호스2(A)를 탈거한다.

체결토크 : 2.2 ~ 3.3 kgf·m

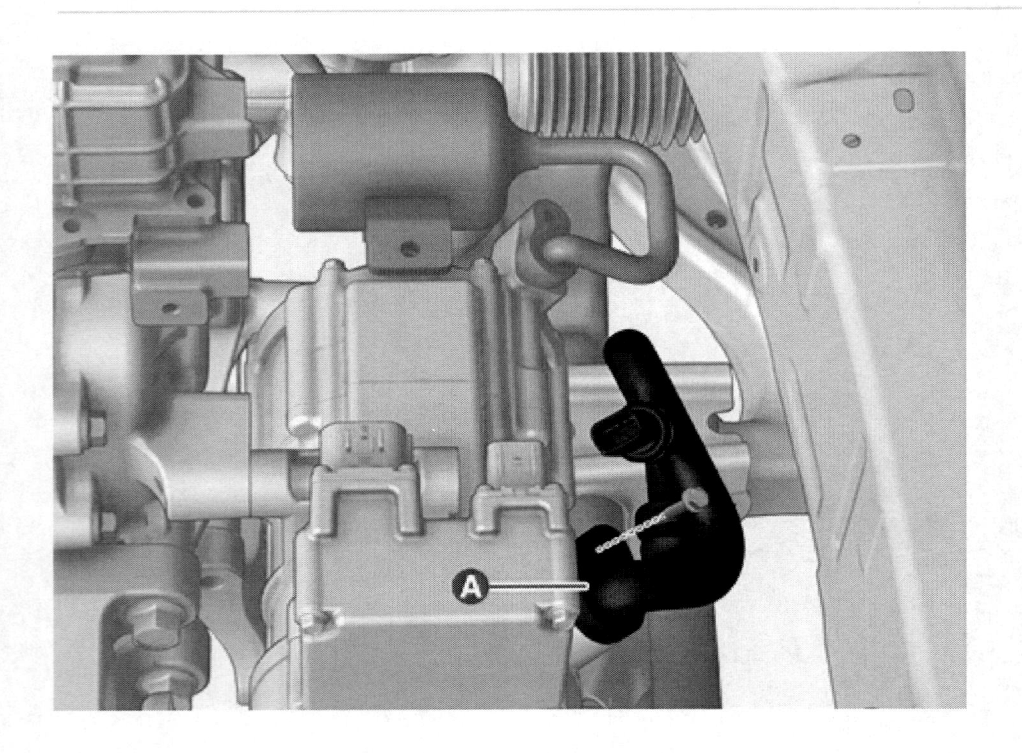

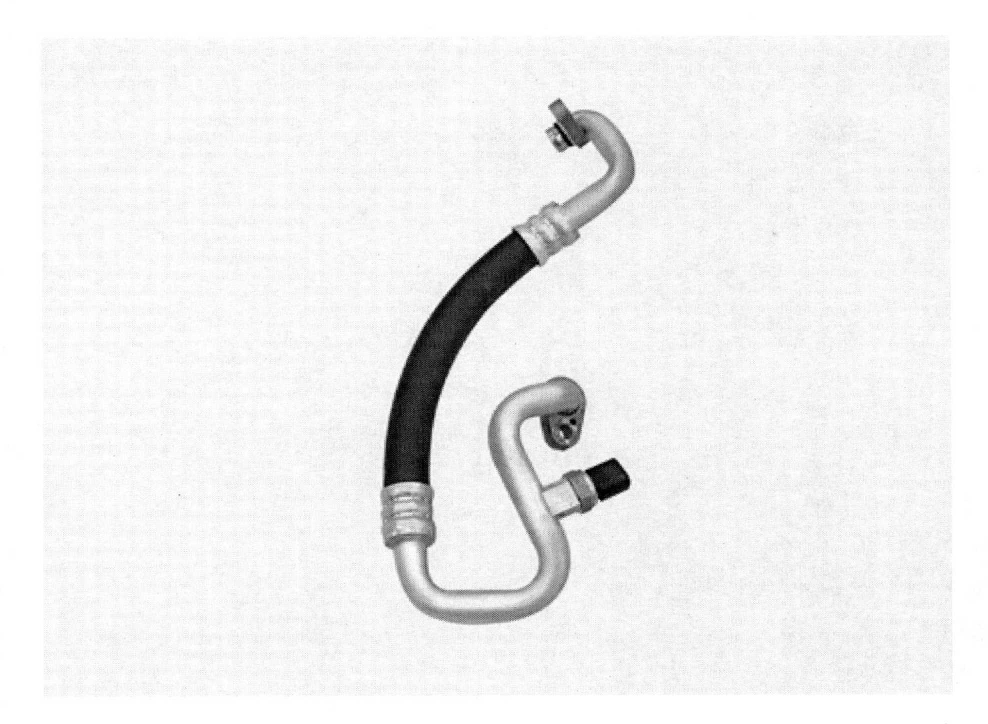

디스차지 호스

1. 배터리 (-) 단자와 서비스 인터록 커넥터를 분리한다.
   (배터리 제어 시스템 - "보조 배터리 (12V) - 2WD" 참조)
   (배터리 제어 시스템 - "보조 배터리 (12V) - 4WD" 참조)
2. 회수/재생/충전기로 냉매를 회수한다.
   (에어컨 - "냉매 회수/재생/충전/진공" 참조)
3. 배터리 트레이를 탈거한다.
   (배터리 제어 시스템 - "보조 배터리 (12 V)" 참조)
4. 에어컨 트랜스듀서 커넥터(A)를 분리한다.

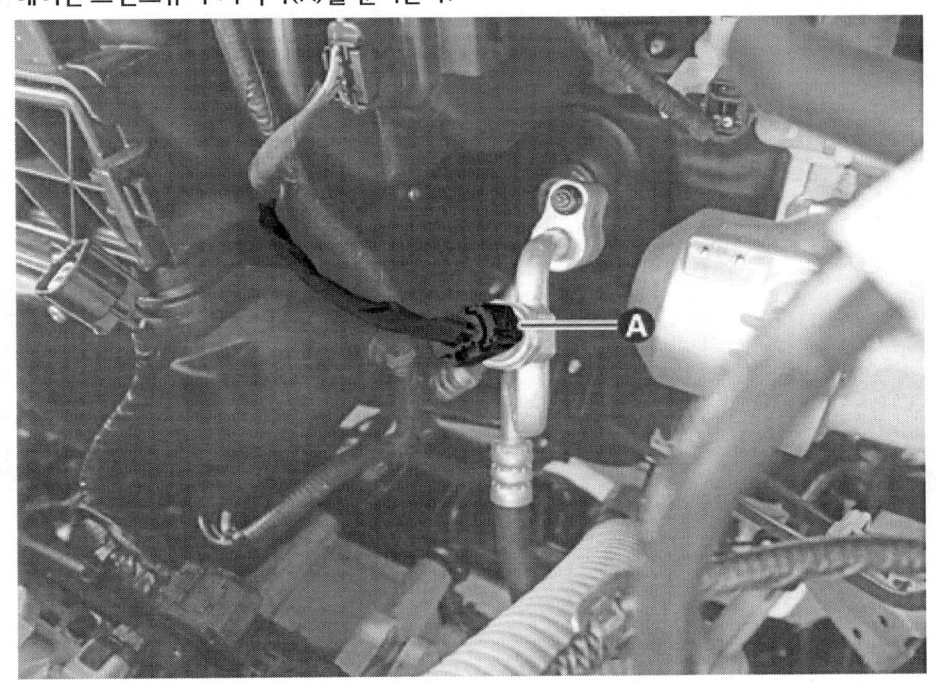

5. 볼트와 너트를 풀어 디스차지 호스(A)를 탈거한다.

체결토크 : 2.2 ~ 3.3 kgf·m

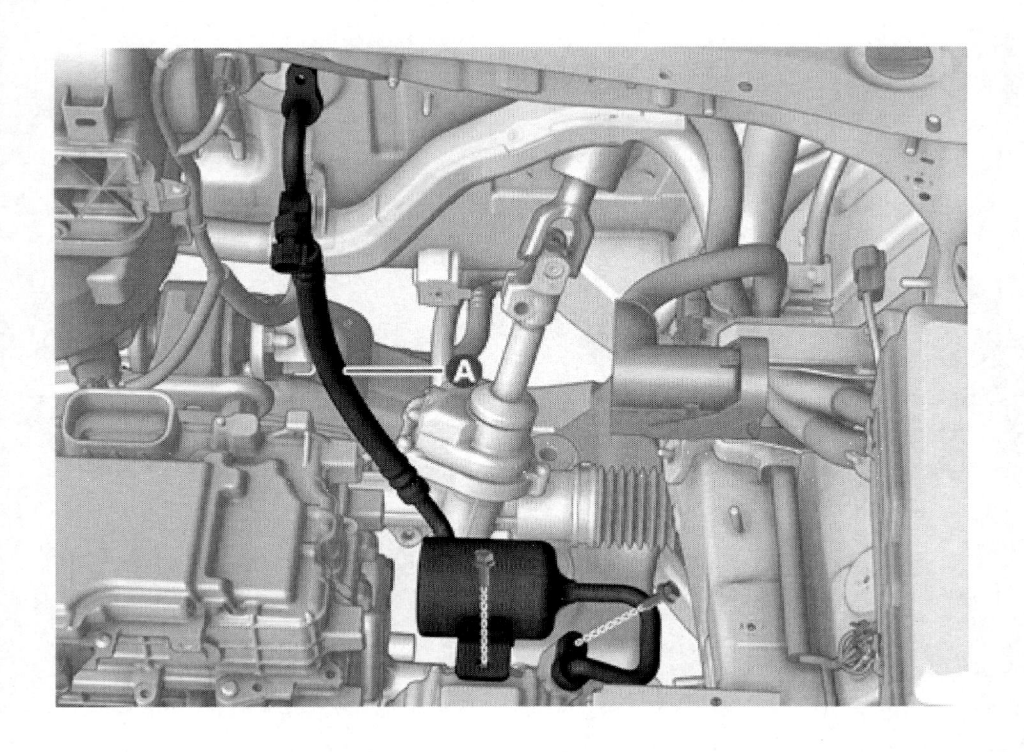

장착

⚠ 경 고

- 고전압 시스템 관련 작업 시, 관련 교육을 이수한 작업자가 정비를 진행한다. 고전압 시스템에 대한 이해가 부족한 경우 감전 또는 누전 등으로 인한 심각한 사고를 초래할 수 있다.
- 고전압 시스템 또는 주변 부품 작업 시, 반드시 "고전압 시스템 안전사항 및 주의, 경고" 내용을 숙지하고 준수해야 한다. 미준수 시, 감전 또는 누전 등으로 인한 심각한 사고를 초래할 수 있다.
- 고전압 시스템 작업 특성 상, 개인보호장구(PPE) 및 사전 고전압 차단 절차를 반드시 확인한다.

1. 장착은 탈거의 역순으로 한다.

⚠ 경 고

반드시 전동식 컴프레서 전용의 냉매 회수/충전기를 이용하여 지정된 냉매(R-1234yf)와 냉동유(POE)를 주입한다. 일반 차량의 냉동유(PAG)가 혼입될 경우 컴프레서 손상 및 안전사고가 발생할 수 있다.

유 의

- 단품 장착 시 규정 토크를 준수하여 장착한다.
- 가스 누출 탐지기를 사용하여 냉매의 누출을 점검한다.
- 냉각 시스템 안에 공기를 제거하고 냉매를 충전한다.
  (에어컨 - "냉매 회수/재생/충전/진공" 참조)

탈거

⚠ 경 고

- 고전압 시스템 관련 작업 시, 관련 교육을 이수한 작업자가 정비를 진행한다. 고전압 시스템에 대한 이해가 부족한 경우 감전 또는 누전 등으로 인한 심각한 사고를 초래할 수 있다.
- 고전압 시스템 또는 주변 부품 작업 시, 반드시 "고전압 시스템 안전사항 및 주의, 경고" 내용을 숙지하고 준수해야 한다. 미준수 시, 감전 또는 누전 등으로 인한 심각한 사고를 초래할 수 있다.
- 고전압 시스템 작업 특성상, 개인보호장구(PPE) 및 사전 고전압 차단 절차를 반드시 확인한다.

유 의

라인을 분리할 때는 즉시 플러그나 캡을 씌워 습기와 먼지로부터 시스템을 보호한다.

1. 고전압 차단 절차를 수행한다.
   (일반사항 - "고전압 차단 절차" 참조)
2. 회수/재생/충전기로 냉매를 회수한다.
   (에어컨 - "냉매 회수/재생/충전/진공" 참조)
3. 프런트 트렁크를 탈거한다.
   (바디 - "프런트 트렁크" 참조)
4. 에어컨 프레셔 트랜스듀서의 커넥터를 분리한다.
   (에어컨 - "에어컨 프레셔 트랜스듀서" 참조)
5. 컴프레서 ECV 커넥터(A)와 컴프레서 고전압 커넥터(B)를 분리한다.

6. 볼트를 풀어 디스차지 호스(A)를 분리한다.

체결토크 : 2.2 ~ 3.3 kgf·m

7. 볼트를 풀어 석션 호스2(A)를 분리한다.

체결토크 : 2.2 ~ 3.3 kgf·m

8. 너트를 풀어 전동식 에어컨 컴프레서 어셈블리(A)를 탈거한다.

체결토크 : 2.0 ~ 3.4 kgf·m

9. 볼트를 풀어 컴프레서 마운팅 브래킷(A)을 탈거한다.

체결토크 : 2.0 ~ 3.4 kgf·m

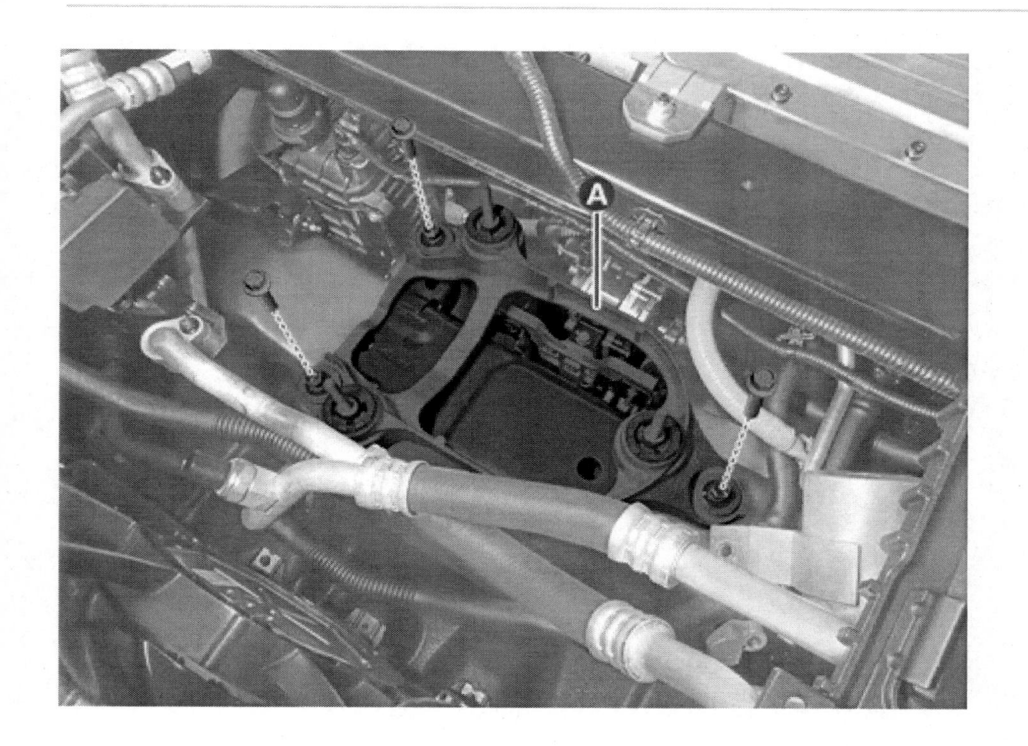

장착

⚠ 경 고

- 고전압 시스템 관련 작업 시, 관련 교육을 이수한 작업자가 정비를 진행한다. 고전압 시스템에 대한 이해가 부족한 경우 감전 또는 누전 등으로 인한 심각한 사고를 초래할 수 있다.
- 고전압 시스템 또는 주변 부품 작업 시, 반드시 "고전압 시스템 안전사항 및 주의, 경고" 내용을 숙지하고 준수해야 한다. 미준수 시, 감전 또는 누전 등으로 인한 심각한 사고를 초래할 수 있다.
- 고전압 시스템 작업 특성 상, 개인보호장구(PPE) 및 사전 고전압 차단 절차를 반드시 확인한다.

1. 장착은 탈거의 역순으로 한다.

⚠ 경 고

반드시 전동식 컴프레서 전용의 냉매 회수/충전기를 이용하여 지정된 냉매(R-1234yf)와 냉동유(POE)를 주입한다. 일반 차량의 냉동유(PAG)가 혼입될 경우 컴프레서 손상 및 안전사고가 발생할 수 있다.

유 의

- 단품 장착 시 규정 토크를 준수하여 장착한다.
- 가스 누출 탐지기를 사용하여 냉매의 누출을 점검한다.
- 냉각 시스템 안에 공기를 제거하고 냉매를 충전한다.
  (에어컨 - "냉매 회수/재생/충전/진공" 참조)

탈거

⚠ 경 고

- 고전압 시스템 관련 작업 시, 관련 교육을 이수한 작업자가 정비를 진행한다. 고전압 시스템에 대한 이해가 부족한 경우 감전 또는 누전 등으로 인한 심각한 사고를 초래할 수 있다.
- 고전압 시스템 또는 주변 부품 작업 시, 반드시 "고전압 시스템 안전사항 및 주의, 경고" 내용을 숙지하고 준수해야 한다. 미준수 시, 감전 또는 누전 등으로 인한 심각한 사고를 초래할 수 있다.
- 고전압 시스템 작업 특성상, 개인보호장구(PPE) 및 사전 고전압 차단 절차를 반드시 확인한다.

1. 고전압 차단 절차를 수행한다.
   (일반사항 - "고전압 차단 절차" 참조)
2. 회수/재생/충전기로 냉매를 회수한다.
   (에어컨 - "냉매 회수/재생/충전/진공" 참조)
3. 배터리 트레이를 탈거한다.
   (배터리 제어 시스템 - "보조 배터리 (12 V)" 참조)
4. 에어컨 프레셔 트랜스듀서의 커넥터를 분리한다.
   (에어컨 - "에어컨 프레셔 트랜스듀서" 참조)
5. 컴프레서 고전압 커넥터(A)와 컴프레서 ECV 커넥터(B)를 분리한다.

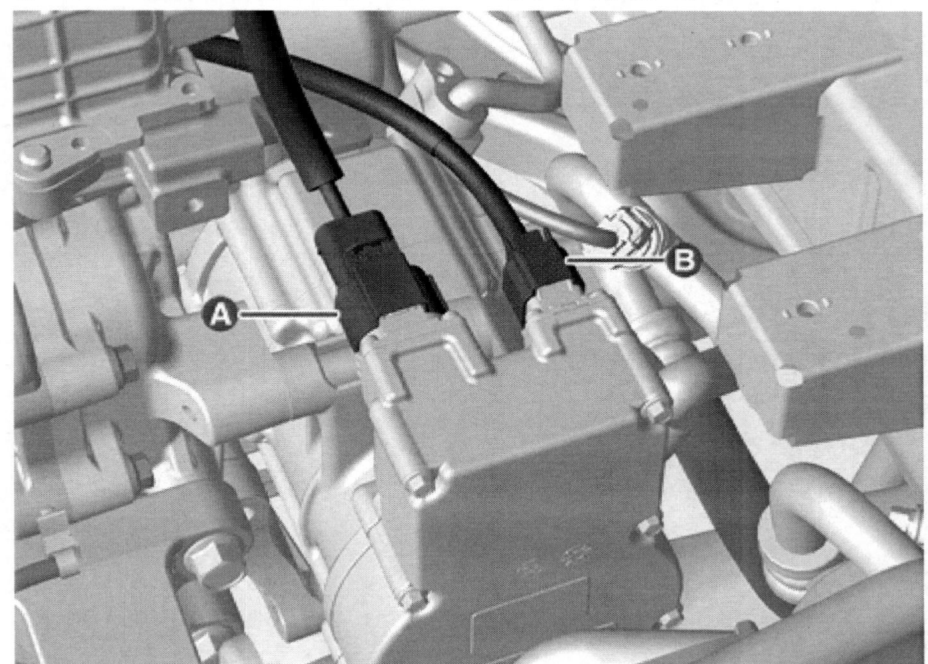

6. 볼트를 풀어 디스차지 호스(A)와 어큐뮬레이터 석션 파이프(B)를 분리한다.

체결토크 : 2.2 ~ 3.3 kgf·m

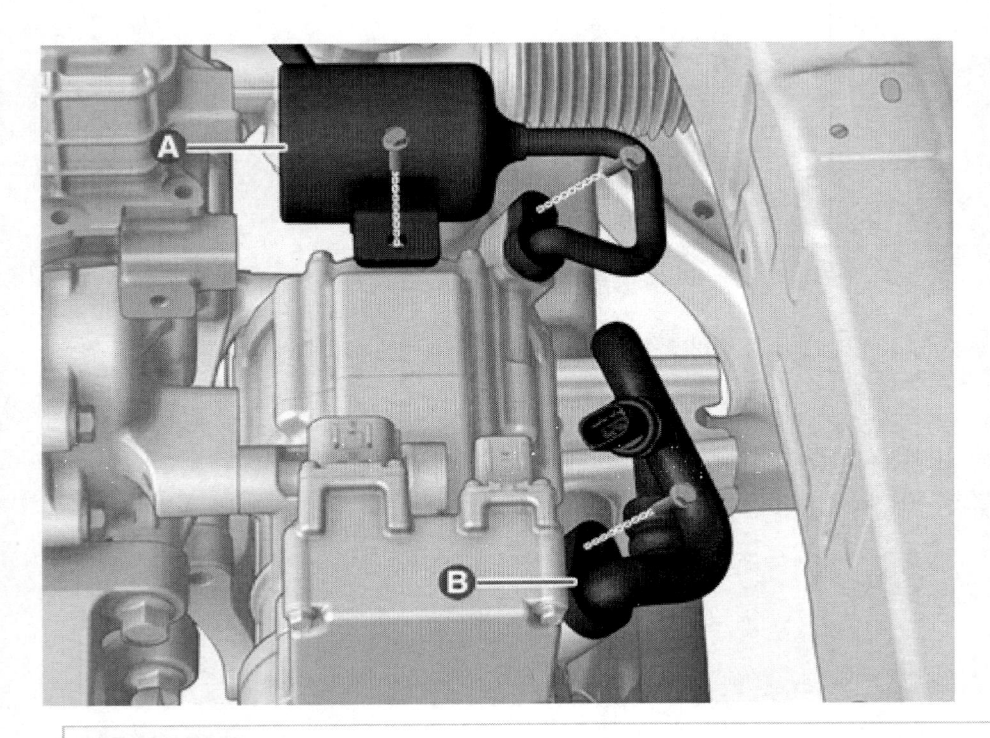

유 의

라인을 분리할 때는 즉시 플러그나 캡을 씌워 습기와 먼지로부터 시스템을 보호한다.

7. 볼트를 풀어 전동식 에어컨 컴프레서 어셈블리(A)를 탈거한다.

체결토크 : 2.0 ~ 3.4 kgf·m

장착

⚠ 경 고

- 고전압 시스템 관련 작업 시, 관련 교육을 이수한 작업자가 정비를 진행한다. 고전압 시스템에 대한 이해가 부족한 경우 감전 또는 누전 등으로 인한 심각한 사고를 초래할 수 있다.

- 고전압 시스템 또는 주변 부품 작업 시, 반드시 "고전압 시스템 안전사항 및 주의, 경고" 내용을 숙지하고 준수해야 한다. 미준수 시, 감전 또는 누전 등으로 인한 심각한 사고를 초래할 수 있다.
- 고전압 시스템 작업 특성 상, 개인보호장구(PPE) 및 사전 고전압 차단 절차를 반드시 확인한다.

1. 장착은 탈거의 역순으로 한다.

⚠ 경 고

반드시 전동식 컴프레서 전용의 냉매 회수/충전기를 이용하여 지정된 냉매(R-1234yf)와 냉동유(POE)를 주입한다. 일반 차량의 냉동유(PAG)가 혼입될 경우 컴프레서 손상 및 안전사고가 발생할 수 있다.

유 의

- 단품 장착 시 규정 토크를 준수하여 장착한다.
- 가스 누출 탐지기를 사용하여 냉매의 누출을 점검한다.
- 냉각 시스템 안에 공기를 제거하고 냉매를 충전한다.
  (에어컨 - "냉매 회수/재생/충전/진공" 참조)

전동식 컴프레서 바디 점검

1. 전동식 컴프레서 바디 내부 이상여부 확인 방법
   (1) 전동식 컴프레서 측 저압 파이프 탈거
   (2) 컴프레서 내부 구리선 및 흰색 실이 오염되었는지 확인

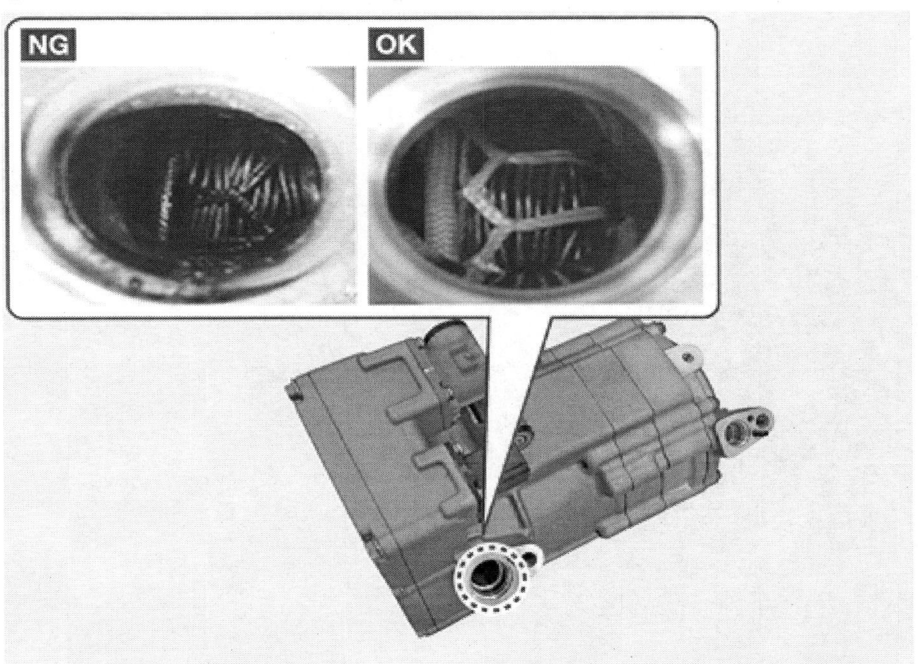

2. 컴프레서 모터의 점검을 위해 3상 전원핀의 저항값을 측정한다.
   (1) 3상 저항값이 불량이면 모터의 이상이므로 전동식 컴프레서 바디를 교환한다.

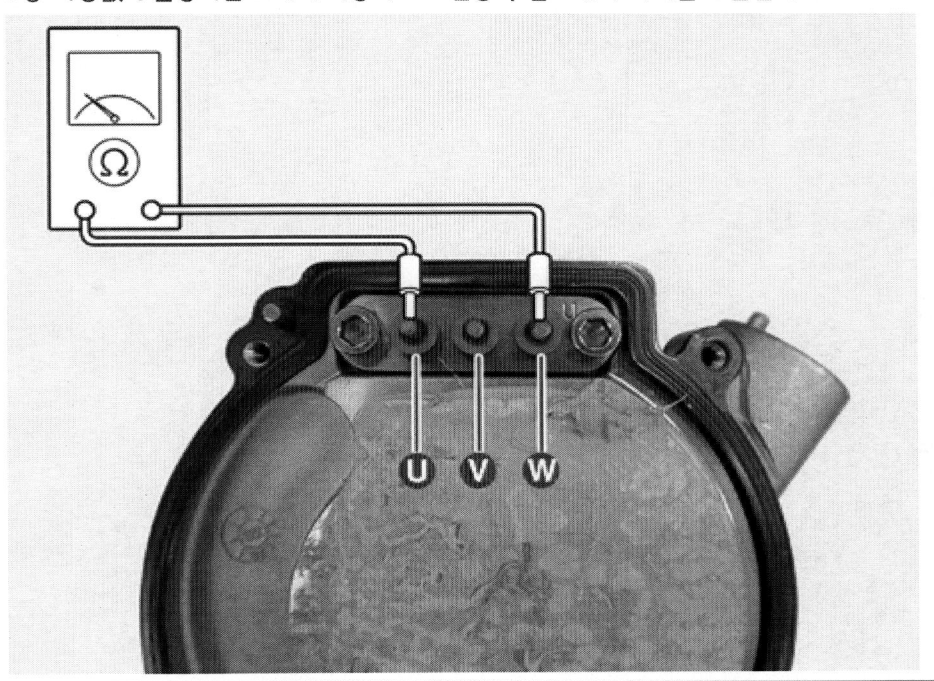

구분	U-V상	V-W상	U-W상
정상 저항값 (Ω)	0.4 ~ 0.5		
불량 저항값 (Ω)	0		

전동식 컴프레서 인버터 점검

1. 전동식 컴프레서 인버터 핀 이상여부 확인 방법
   (1) 고전압 핀

정상 저항값 : 100 Ω 이상
불량 저항값 : 100 Ω 이하

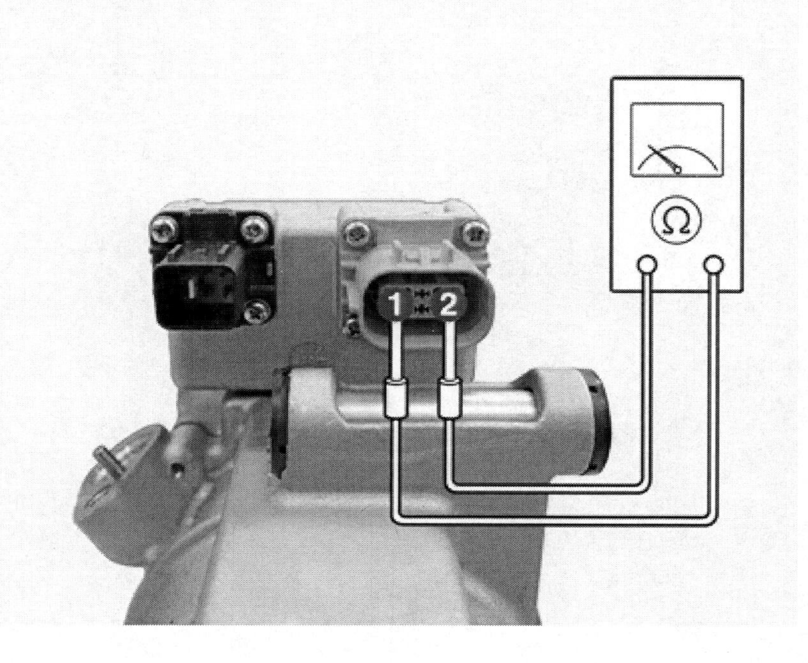

(2) 저전압 핀

1) CAN HIGH/LOW 저항 측정
   - 4번-6번 단자를 측정한다.

정상 저항값 : 약 120 Ω
불량 저항값 : 쇼트 (약 0 Ω 또는 1 kΩ 이상)

2) CAN- GND 저항 측정
   - 3번- 4번 / 3번- 6번 단자를 측정한다.

정상 저항값 : 1 MΩ
불량 저항값 : 쇼트 (약 0 Ω)

3) 인터록 (+)/(-) 저항 측정 (고전압 커넥터(A) 연결 후 2-5번(B) 단자를 측정한다)

정상 저항값 : 1.0 Ω 이하
불량 저항값 : 수 MΩ

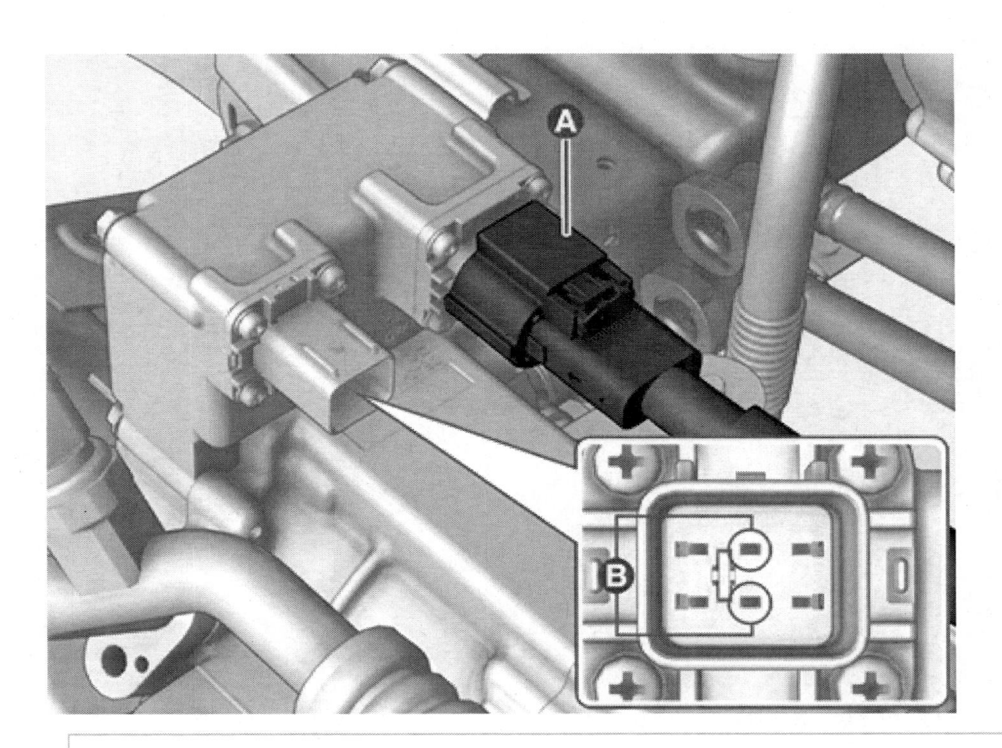

참 고

핀 번호	기능	핀 번호	기능
1	IG 12V	4	CAN HIGH
2	Interlock (-)	5	Interlock (+)
3	GND 12V	6	CAN LOW

(3) 컴프레서 절연저항

정상 저항값 : 100 MΩ 이상(@500Vdc, 무냉매)

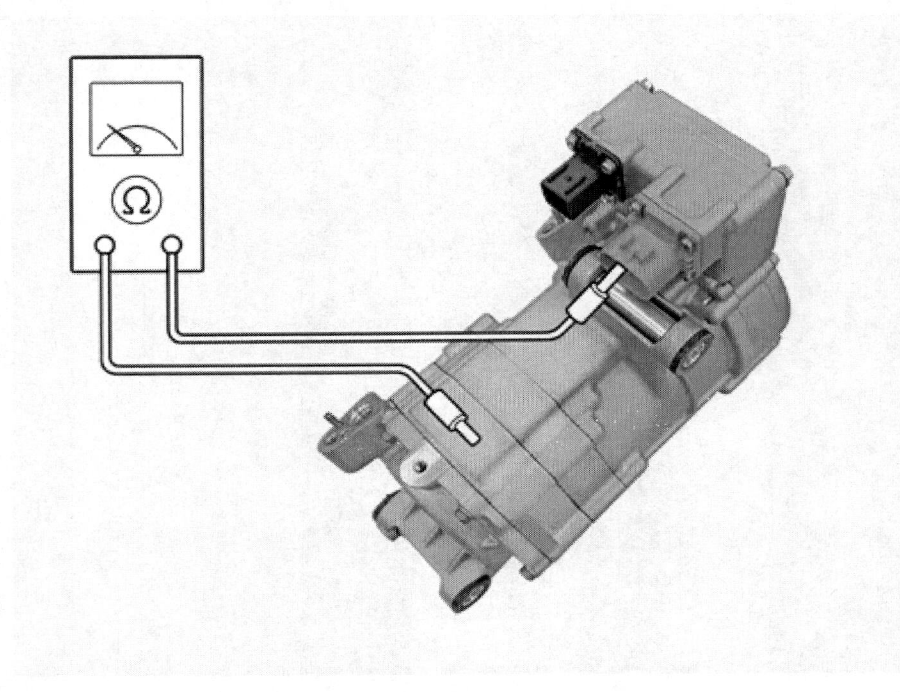

분해

1. 전동식 에어컨 컴프레서를 탈거한다.
   (전동식 에어컨 컴프레서 - "탈거 및 장착 - 2WD" 참조)
   (전동식 에어컨 컴프레서 - "탈거 및 장착 - 4WD" 참조)
2. 인버터/바디 키트는 전자 부품으로 먼지 및 수분에 쉽게 손상되므로 클린 룸으로 이동한다.

> **유 의**
>
> - 인버터/바디 키트 오염을 막기위해 컴프레서의 외관의 먼지나 오물을 제거한다.
> - 인버터/바디 키트 신품은 오염을 막기위해 장착 직전까지 포장재를 개봉하지 않는다.

3. 인버터/바디 키트를 고정하는 볼트(A)를 탈거한다.

> **유 의**
>
> - 인버터/바디 키트 체결 볼트는 재사용을 금지한다.
> - 표시하지 않은 볼트는 절대 탈거하지 않는다.

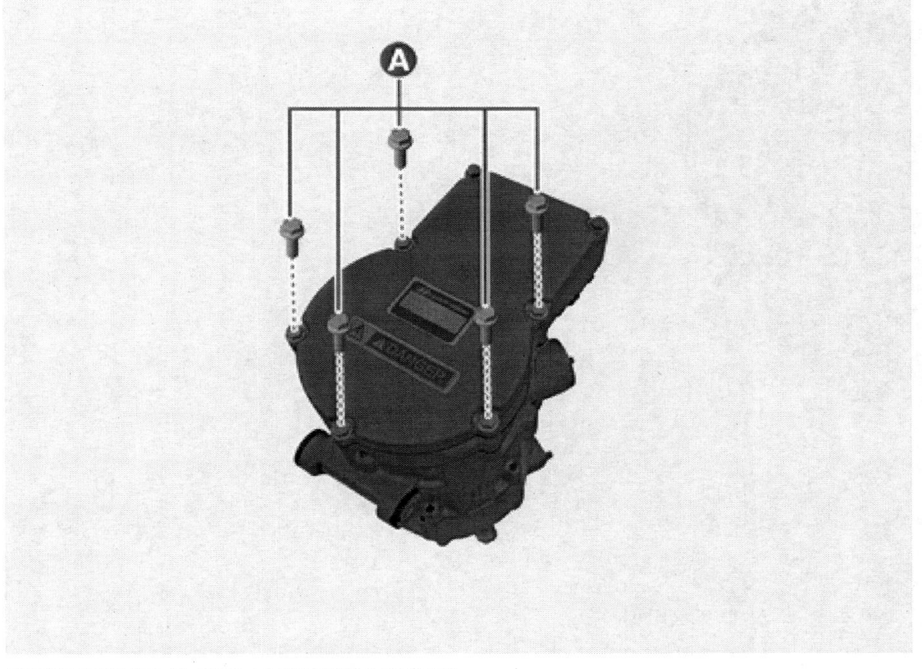

4. 인버터 키트(A)와 바디 키트(B)를 분리한다.

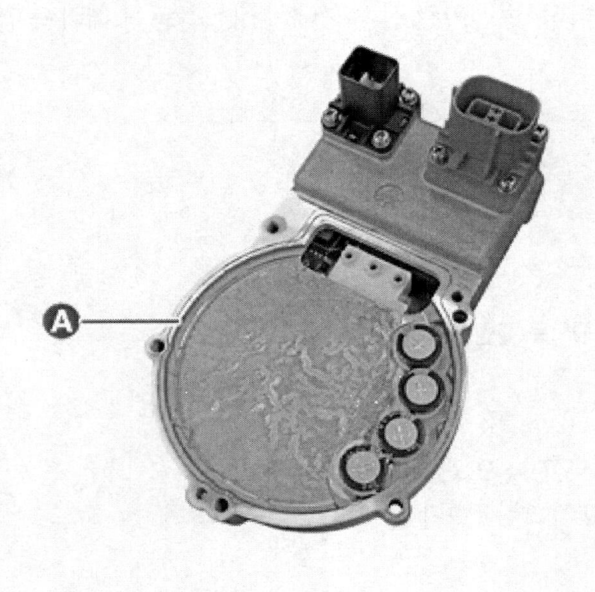

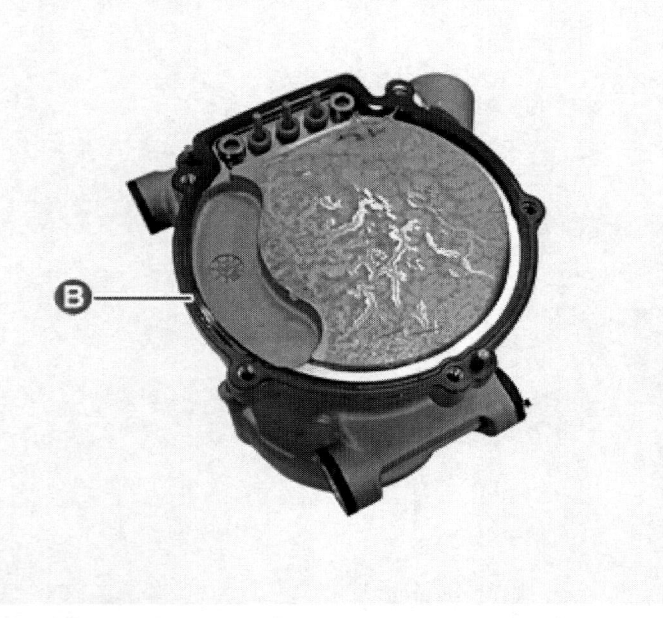

유 의

인버터/바디 키트 탈거 시 3상 전원핀(A) 파손 및 손상에 주의한다.

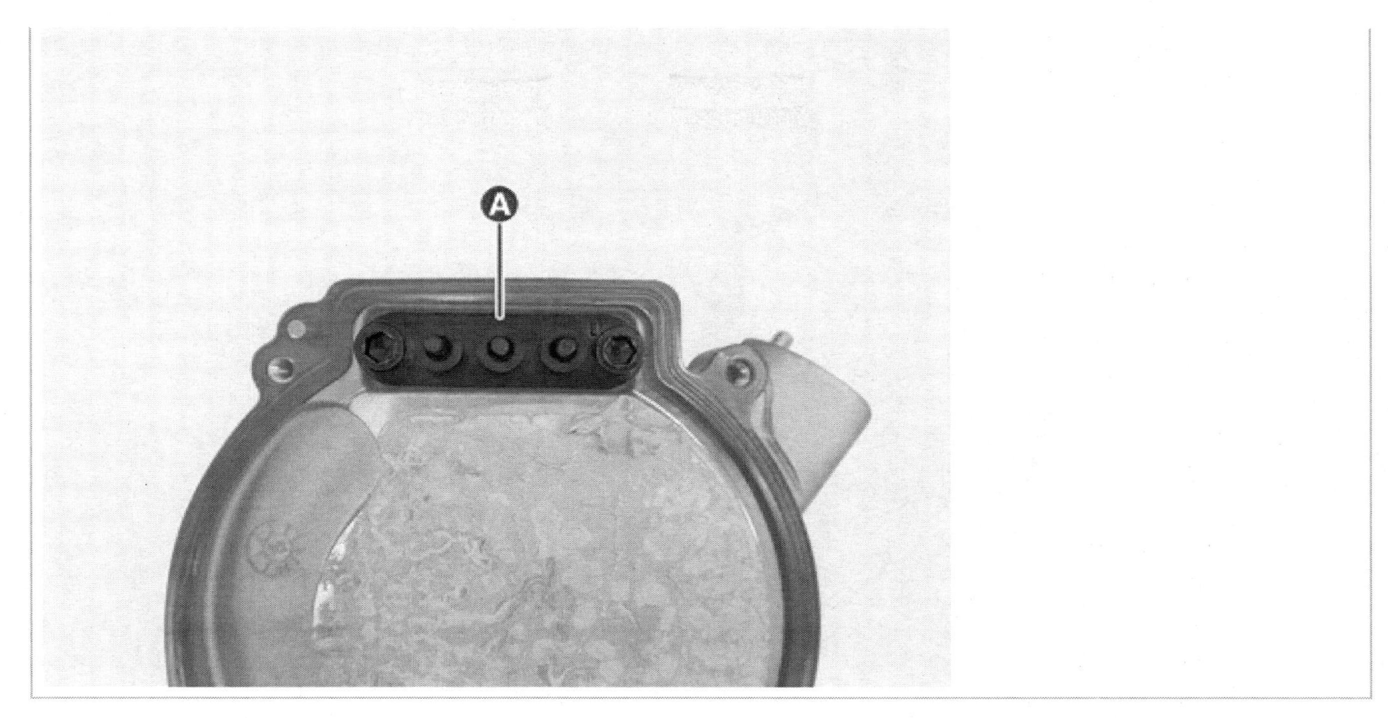

5. 인버터/바디 키트 개스킷(A)를 탈거한다.

유 의

- 개스킷은 재사용을 금지한다.
- 개스킷 탈거 시 날카로운 도구의 사용을 금지하고 손상에 주의한다.

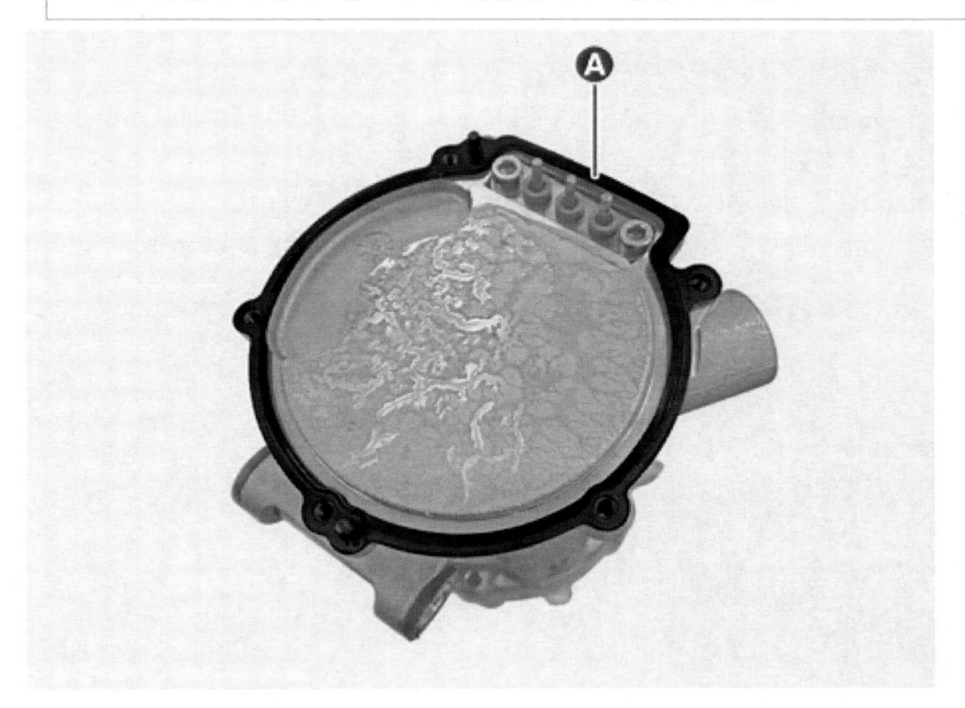

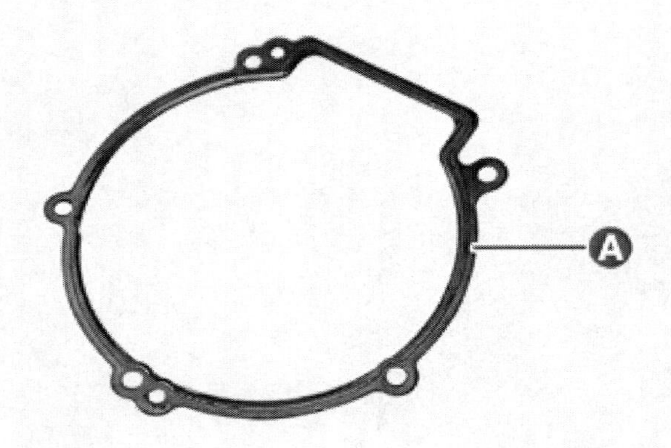

6. 신품의 인버터/바디 키트로 교체하기 전에 써멀 그리스를 아래 사진과 같이 도포한다.

도포량 : 3 ~ 4 g 도포 (컴프레서 방열판 부)

유 의

- 인버터/바디 키트 교환 시 정전기 발생에 주의하고 클린룸(항온 항습 준수 : 22 ~ 23°C, 50%)에서 작업한다.
- 일반 그리스는 사용 불가이며 반드시 제공되는 써멀 그리스를 사용해야 한다.
- 써멀 그리스 도포 시 그리스의 이물질은 알코올로 닦아 낸다.
- 작업 시 그리스 도포 영역(A)에 맞추고 3상 전원핀(B)에 이물질이 들어가지 않게 유의하며 작업한다.
- 인버터 혹은 바디 키트 교환 시 기존에 도포되어 있는 써멀 그리스를 닦아내고 제공되는 써멀 그리스를 도포하는 것을 권장한다.

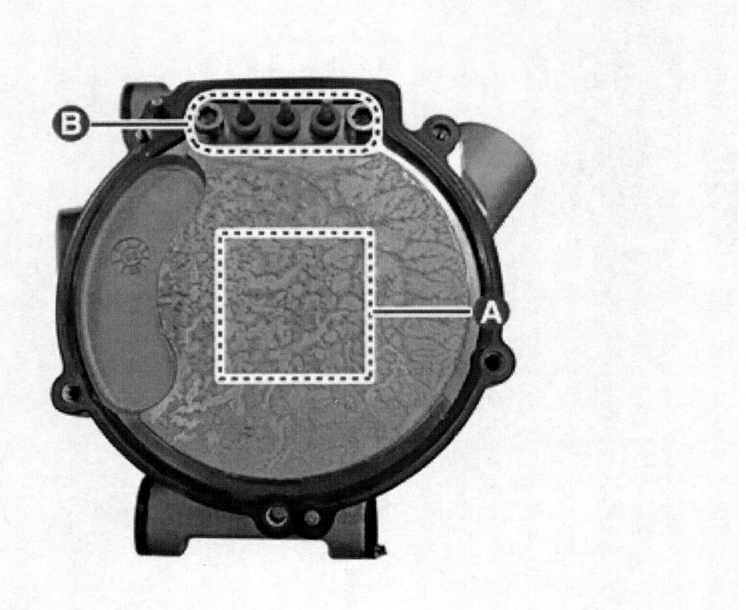

7. 신품의 개스킷을 장착하고 3상 전원핀의 손상에 주의하면서 인버터 키트(A)를 바디 키트에 장착한다.

유 의

- 인버터 키트와 바디 키트 장착 시 3상 전원핀 파손 및 틀어짐/휨 에 주의한다.
- 인버터 키트와 바디 키트 개스킷은 재사용을 금지한다.

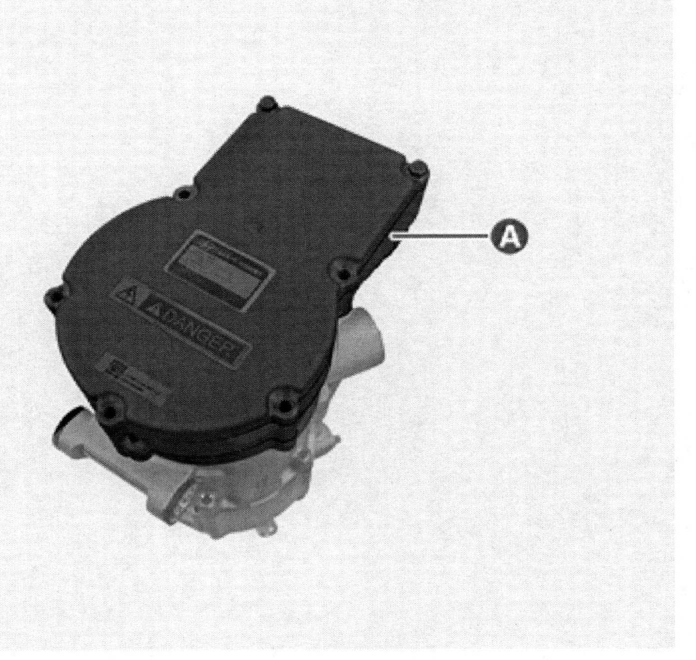

8. 신품 볼트(A)를 체결하여 인버터 키트와 바디 키트를 조립한다.

체결토크 : 0.6 ~ 0.7 kgf·m

유 의

- 인버터 키트와 바디 키트 장착 시 과토크 체결 또는 토크 미달 시 차량 진동에 의한 인버터/바디 키트 내부 PCB 휨이 발생하므로 주의한다.
- 인버터키트 및 바디 키트 체결 볼트는 재사용을 금지한다.

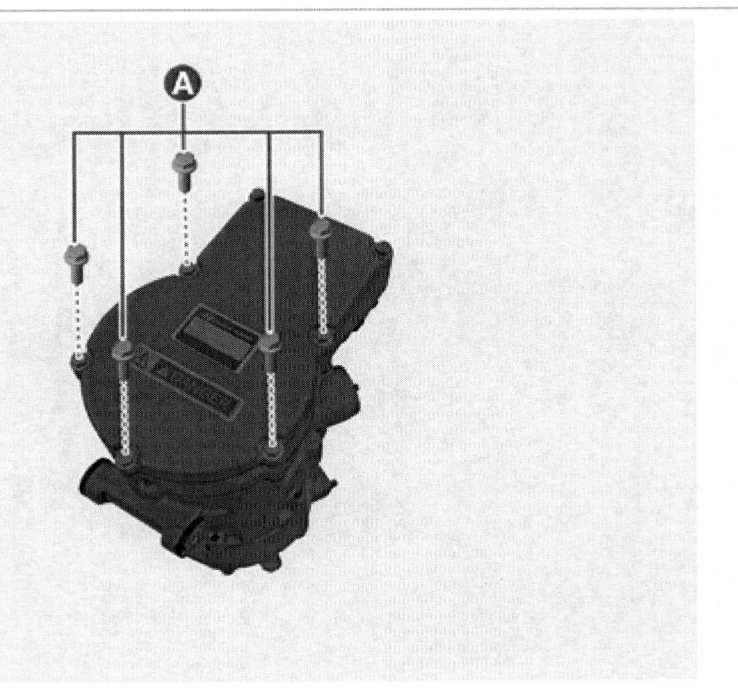

조립

1. 조립은 분해의 역순으로 한다.

탈거

1. 배터리 (-) 단자와 서비스 인터록 커넥터를 분리한다.
   (배터리 제어 시스템 - "보조 배터리 (12V) - 2WD" 참조)
   (배터리 제어 시스템 - "보조 배터리 (12V) - 4WD" 참조)
2. 회수/재생/충전기로 냉매를 회수한다.
   (에어컨 - "냉매 회수/재생/충전/진공" 참조)
3. 프런트 범퍼 빔 어셈블리를 탈거한다.
   (바디 - "프런트 범퍼 빔 어셈블리" 참조)
4. 볼트를 풀어 라디에이터 상부 에어 가드(A)와 라디에이터 하부 에어 가드(B)를 탈거한다.

   체결토크 : 0.8 ~ 1.2 kgf·m

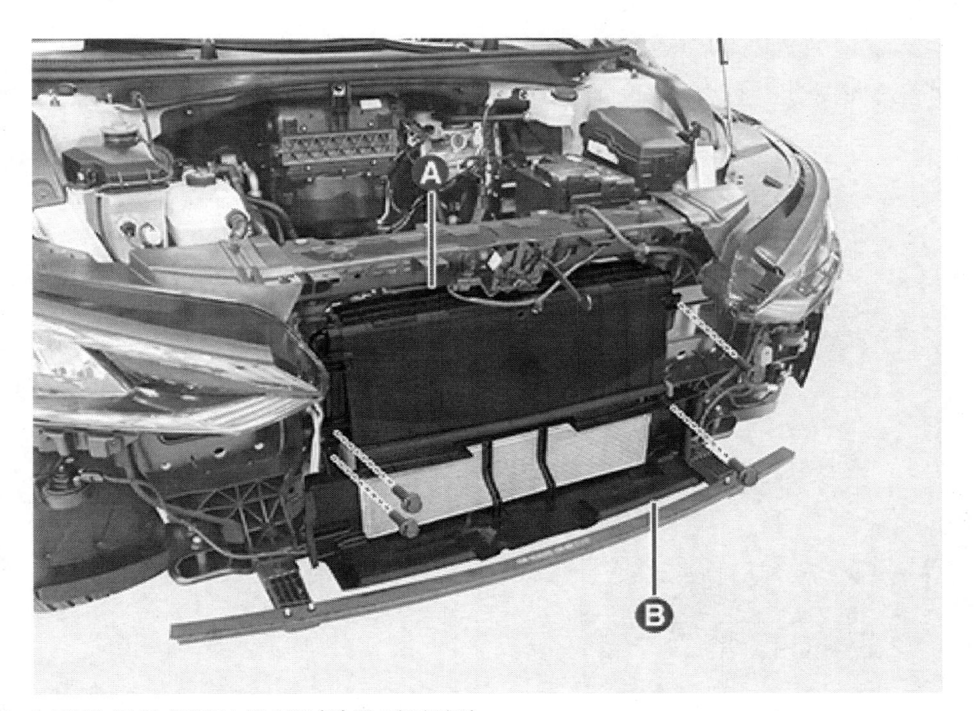

5. 너트를 풀어 콘덴서 파이프(A)를 탈거한다.

   체결토크 : 0.8 ~ 1.2 kgf·m

6. 볼트를 풀어 라디에이터 어셈블리에서 콘덴서(A)를 탈거한다.

체결토크 : 0.5 ~ 0.8 kgf·m

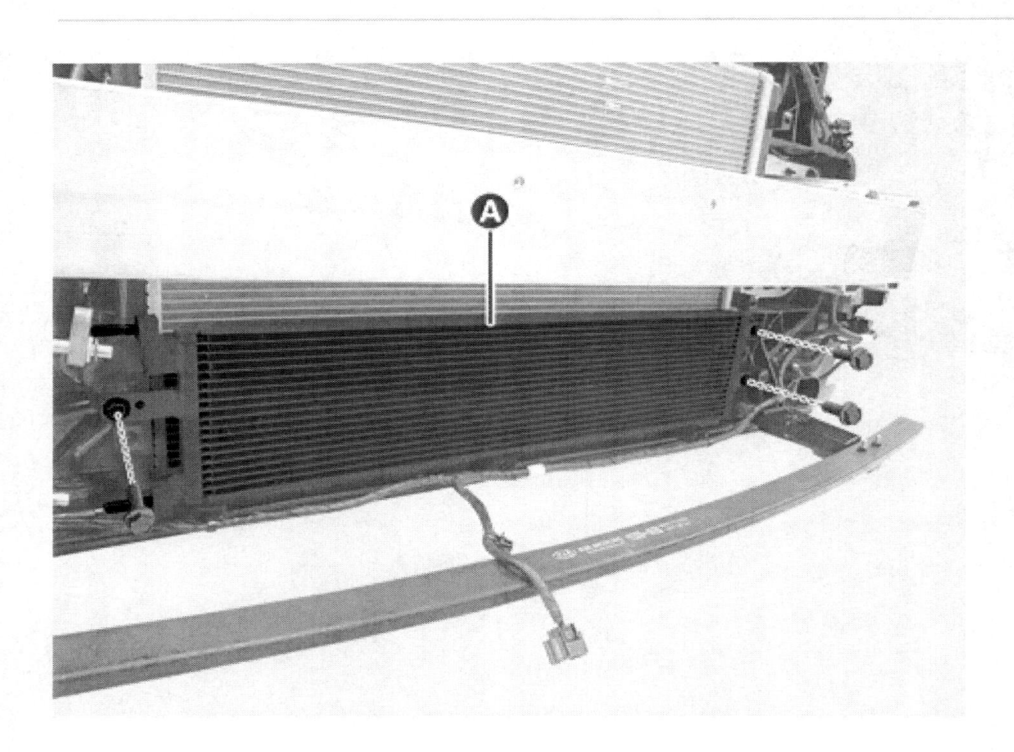

장착

1. 장착은 탈거의 역순으로 한다.

유 의

- 신품 콘덴서를 장착한다면, 컴프레서 오일(POE OIL)을 보충한다.
- 각 연결부의 O-링은 신품으로 교환하고, 호스나 라인을 연결하기 전 O-링에 몇 방울의 컴프레서 오일(냉동유)을 바른다. R-1234yf의 누출을 피하기 위해서는 규정된 O-링을 사용한다.
- 콘덴서를 장착할 때 콘덴서 핀에 충격이 없도록 주의한다.
- 시스템을 충전하고, 에어컨 성능을 테스트한다.
  (에어컨 - "냉매 회수/재생/충전/진공" 참조)

점검

1. 콘덴서 핀이 막혔거나 손상이 있는가를 점검한다.
   핀이 막혔다면 물로 청소하거나 압축 공기로 건조시키고, 핀이 휘었으면 드라이버나 플라이어 등으로 곱게 펴준다.
2. 콘덴서 연결부에 누설이 있는지 점검하고 필요시 수리 또는 교환한다.

탈거

⚠ 경 고

- 고전압 시스템 관련 작업 시, 관련 교육을 이수한 작업자가 정비를 진행한다. 고전압 시스템에 대한 이해가 부족한 경우 감전 또는 누전 등으로 인한 심각한 사고를 초래할 수 있다.
- 고전압 시스템 또는 주변 부품 작업 시, 반드시 "안전 사항 및 주의, 경고" 내용을 숙지하고 준수해야 한다. 미 준수 시, 감전 또는 누전 등으로 인한 심각한 사고를 초래할 수 있다.
- 고전압 시스템 작업 특성상, 개인보호장구(PPE) 및 사전 고전압 차단 절차를 반드시 확인한다.

1. 배터리 (-) 단자와 서비스 인터록 커넥터를 분리한다.
   (배터리 제어 시스템 - "보조 배터리 (12V) - 2WD" 참조)
   (배터리 제어 시스템 - "보조 배터리 (12V) - 4WD" 참조)
2. 회수/재생/충전기로 냉매를 회수한다.
   (에어컨 - "냉매 회수/재생/충전/진공" 참조)
3. 모터가 냉각되었을 때, 냉각수를 라디에이터에서 배출시킨다.
   (냉각 시스템 - "냉각수" 참조)
4. 프런트 트렁크를 탈거한다.
   (바디 - "프런트 트렁크" 참조)
5. 팽창 밸브 커넥터(A)를 분리한다.

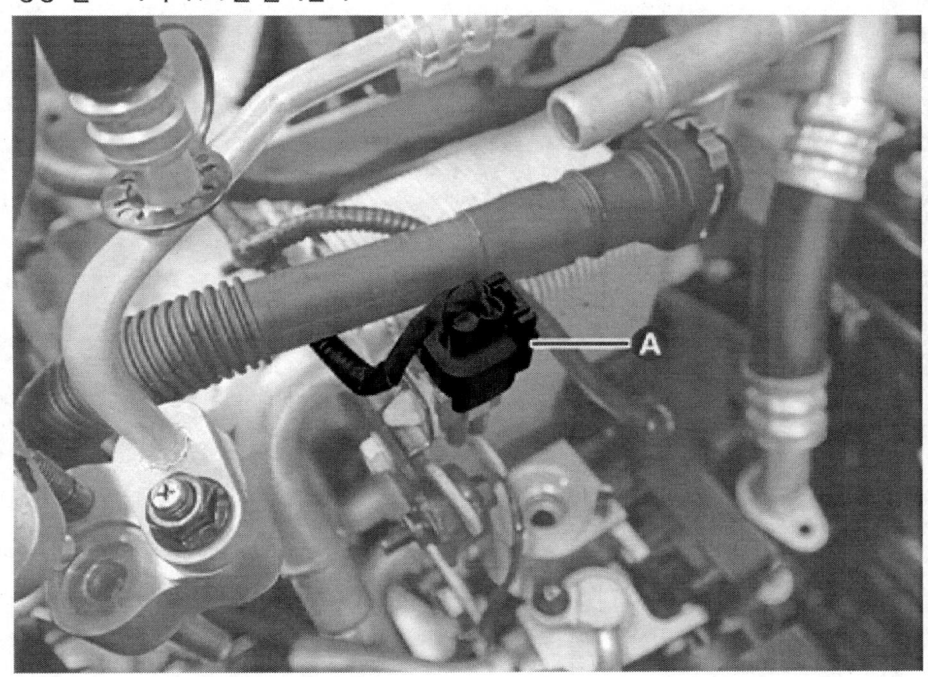

6. 3웨이 밸브 커넥터(A)를 분리한다.

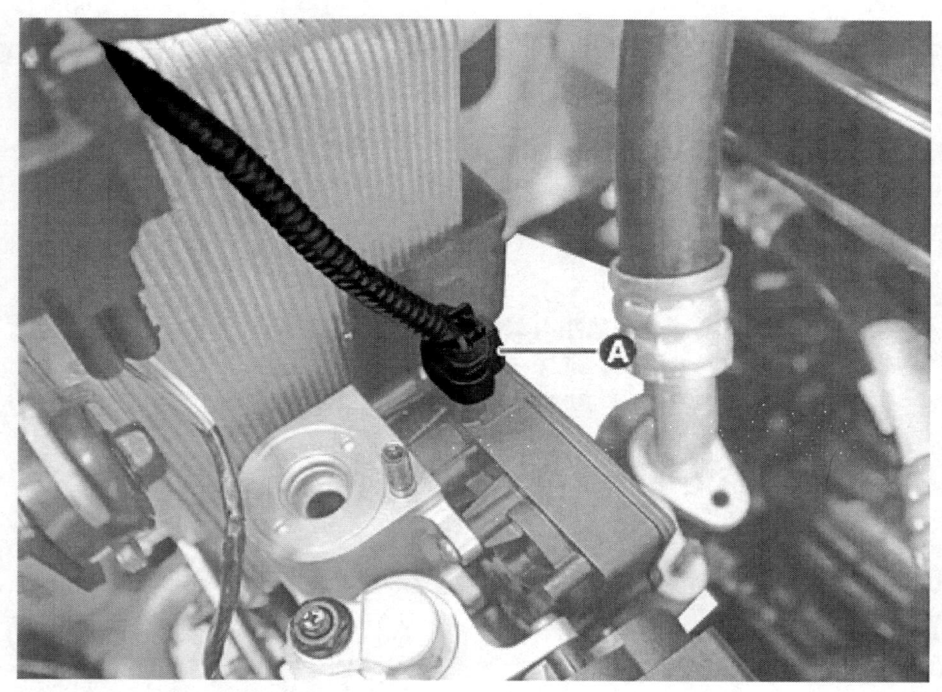

7. 수냉 콘덴서 와이어링 클립(A)를 탈거한다.

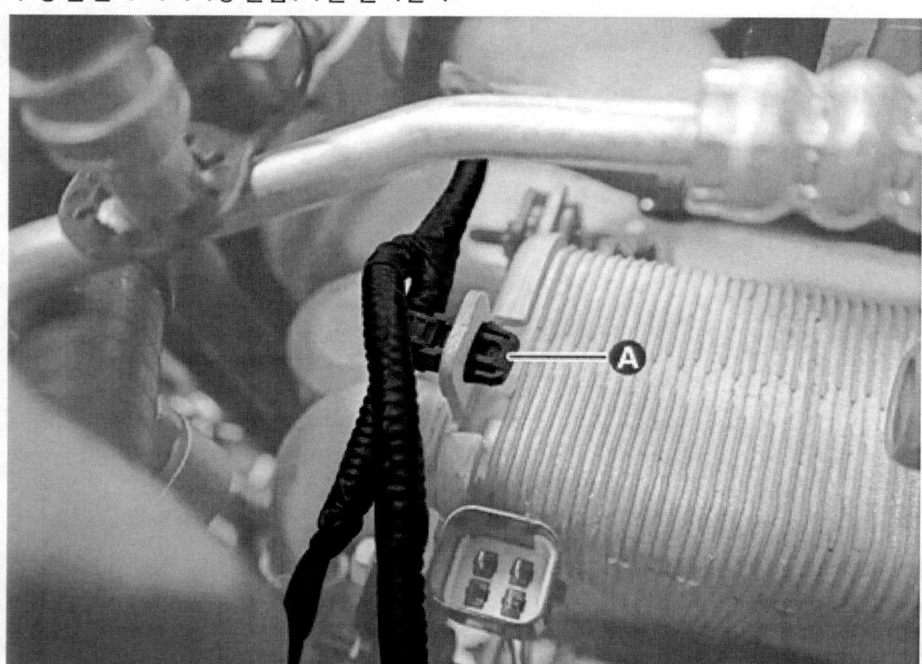

8. 너트를 풀어 석션 & 리퀴드 튜브 어셈블리(A)를 분리한다.

체결 토크 : 0.9 ~ 1.4 kgf.m

9. 너트(A)를 풀어 리퀴드 호스 분리한다.

체결 토크 : 0.9 ~ 1.4 kgf.m

10. 너트를 풀어 석션 호스 어셈블리1(A)을 분리한다.

체결 토크 : 0.9 ~ 1.4 kgf.m

11. 수냉 콘덴서 호스(A)를 분리한다.

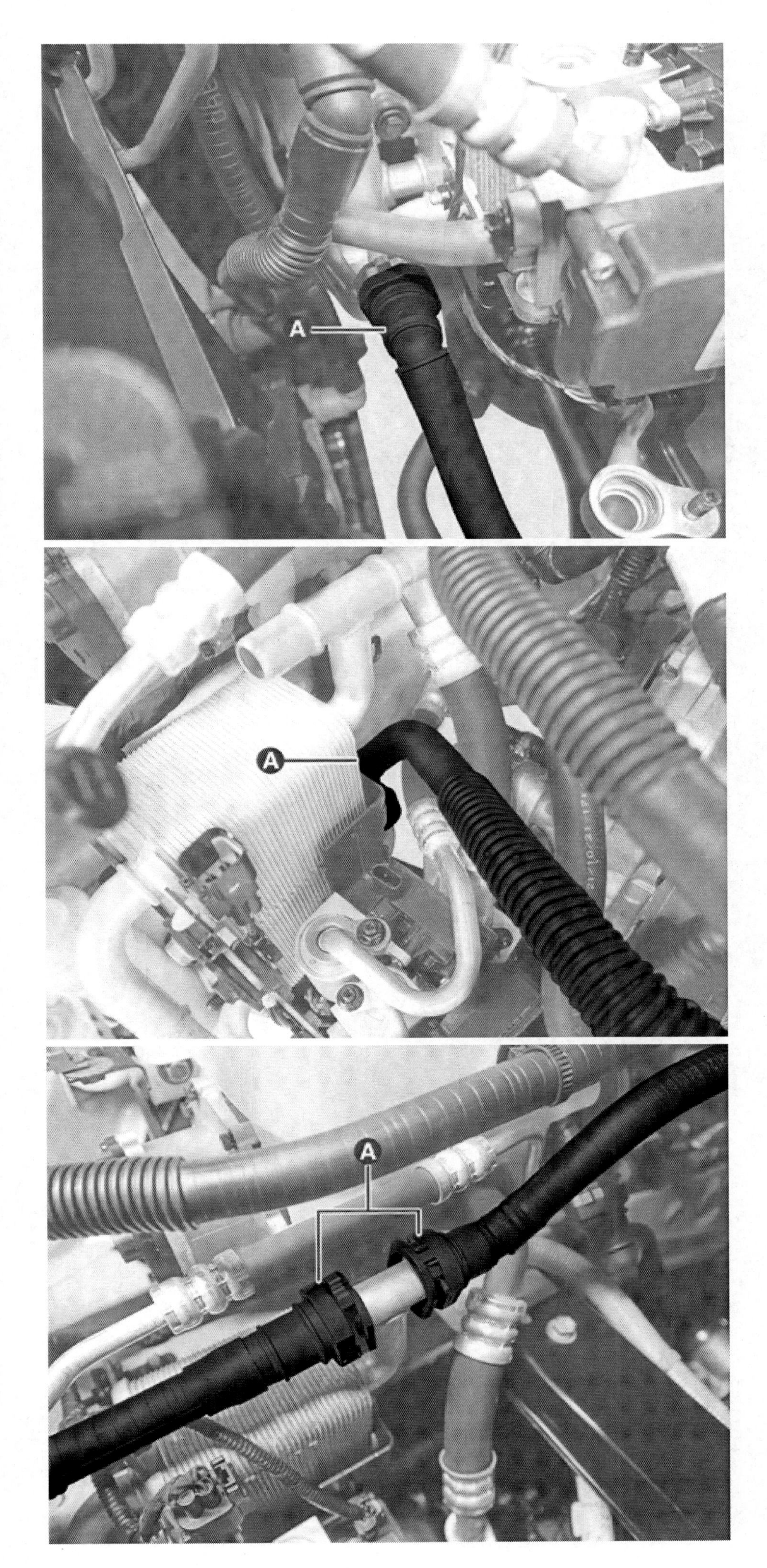
A
A
A

12. 수냉 콘덴서에서 볼트(A)를 탈거한다.

13. 너트를 풀어 수냉 콘덴서(A)를 탈거한다.

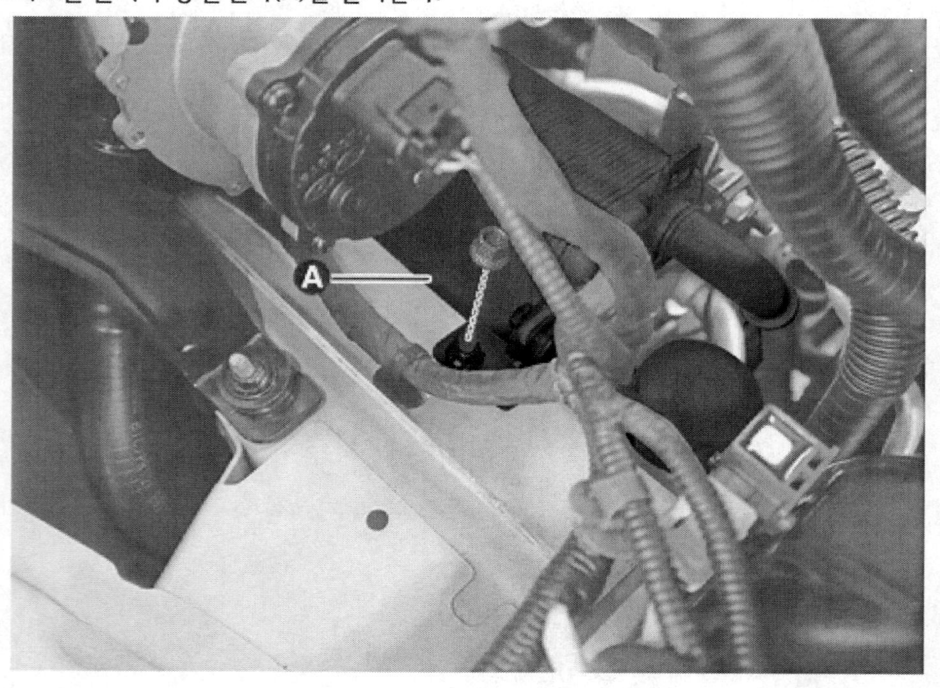

장착

⚠ 경 고

- 고전압 시스템 관련 작업 시, 관련 교육을 이수한 작업자가 정비를 진행한다. 고전압 시스템에 대한 이해가 부족한 경우 감전 또는 누전 등으로 인한 심각한 사고를 초래할 수 있다.
- 고전압 시스템 또는 주변 부품 작업 시, 반드시 "안전 사항 및 주의, 경고" 내용을 숙지하고 준수해야 한다. 미 준수 시, 감전 또는 누전 등으로 인한 심각한 사고를 초래할 수 있다.
- 고전압 시스템 작업 특성상, 개인보호장구(PPE) 및 사전 고전압 차단 절차를 반드시 확인한다.

1. 장착은 탈거의 역순으로 한다.

⚠ 경 고

반드시 전동식 컴프레서 전용의 냉매 회수/충전기를 이용하여 지정된 냉매(R-1234yf)와 냉동유(POE)를 주입한다. 일반 차량의 냉동유(PAG)가 혼입될 경우 컴프레서 손상 및 안전사고가 발생할 수 있다.

유 의

- 신품 콘덴서를 장착한다면, 컴프레서 오일(POE OIL)을 보충한다.
- 각 연결부의 O-링은 신품으로 교환하고, 호스나 라인을 연결하기 전 O-링에 몇 방울의 컴프레서 오일(냉동유)을 바른다. R-1234yf의 누출을 피하기 위해서는 규정된 O-링을 사용한다.
- 시스템을 충전하고, 에어컨 성능을 테스트한다.
  (에어컨 - "냉매 회수/재생/충전/진공" 참조)

탈거

1. 배터리 (-) 단자와 서비스 인터록 커넥터를 분리한다.
   (배터리 제어 시스템 - "보조 배터리 (12V) - 2WD" 참조)
   (배터리 제어 시스템 - "보조 배터리 (12V) - 4WD" 참조)
2. 히터 유닛을 탈거한다.
   (히터 - "히터 유닛" 참조)
3. 이배퍼레이터 온도 센서(A)를 분리하고 스크루를 풀어 실내 콘덴서 커버(B)를 탈거한다.

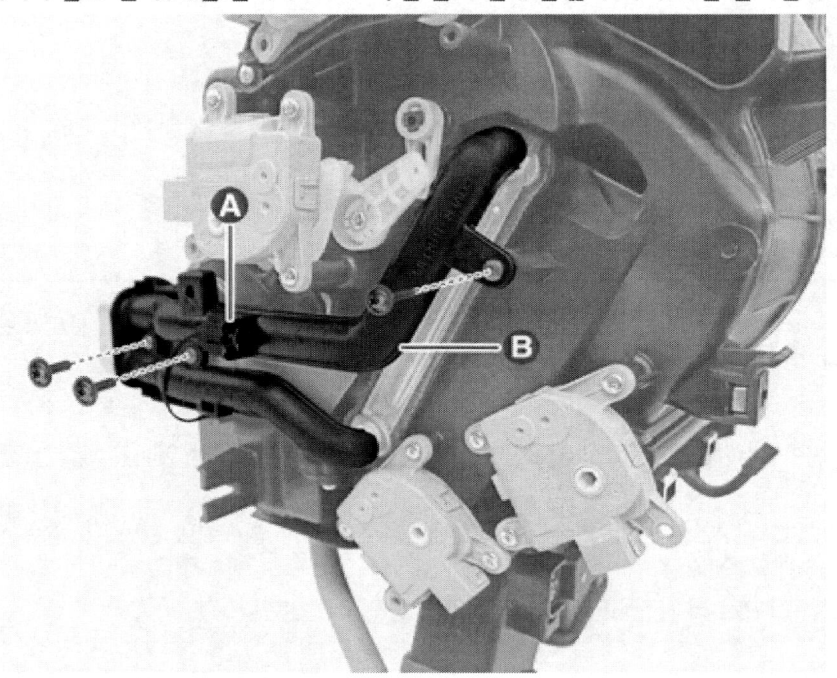

4. 실내 콘덴서(A)를 화살표 방향으로 탈거한다.

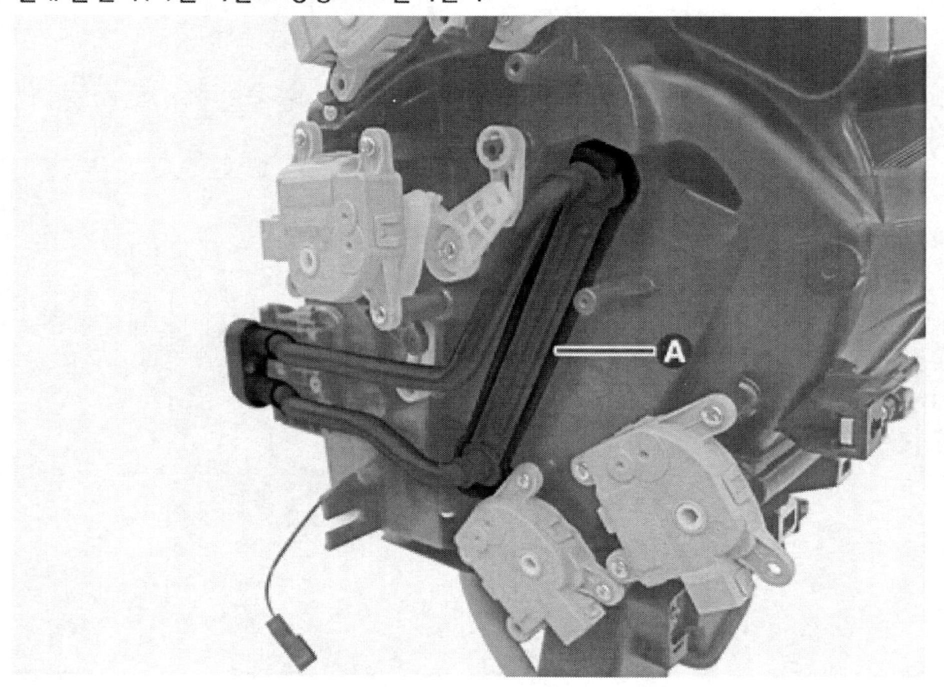

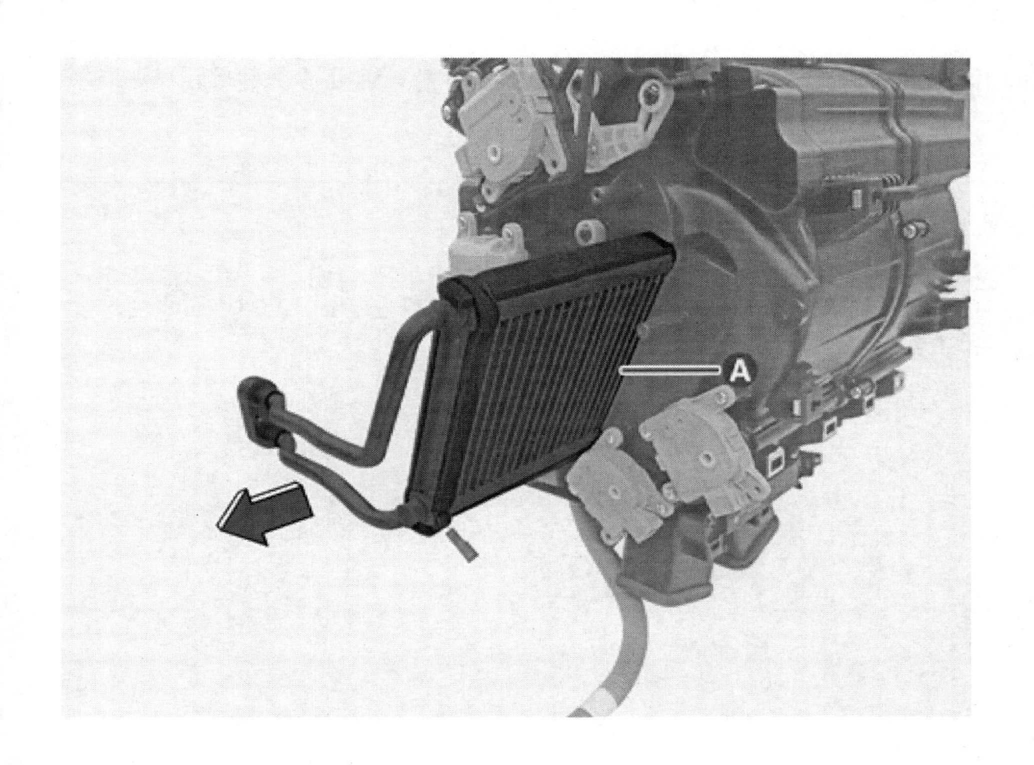

장착

5. 장착은 탈거의 역순으로 한다.

유 의

- 신품 콘덴서를 장착한다면, 컴프레서 오일(POE OIL)을 보충한다.
- 각 연결부의 O-링은 신품으로 교환하고, 호스나 라인을 연결하기 전 O-링에 몇 방울의 컴프레서 오일(냉동유)을 바른다. R-1234yf의 누출을 피하기 위해서는 규정된 O-링을 사용한다.
- 콘덴서를 장착할 때 콘덴서 핀에 충격이 없도록 주의한다.
- 시스템을 충전하고, 에어컨 성능을 테스트한다.
  (에어컨 - "냉매 회수/재생/충전/진공" 참조)

개요

에어컨 프레셔 트랜스듀서는 고압 라인의 압력을 측정하여 전압값으로 변환한다. 변환된 출력값을 VCU로 보내면 VCU는 쿨링 팬을 고속 및 저속으로 구동시켜 압력 상승을 방지하고, 냉매 압력이 너무 높거나 낮으면 컴프레서의 작동을 멈춰 에어컨 시스템을 최적화하며 보호하는 장치이다.

탈거

[2WD]

1. 배터리 (-) 단자와 서비스 인터록 커넥터를 분리한다.
   (배터리 제어 시스템 - "보조 배터리 (12V) - 2WD" 참조)
   (배터리 제어 시스템 - "보조 배터리 (12V) - 4WD" 참조)
2. 프런트 트렁크를 탈거한다.
   (바디 - "프런트 트렁크" 참조)
3. 에어컨 트랜스듀서 커넥터(A)를 분리하고 에어컨 트랜스듀서(B)를 탈거한다.

> **유 의**
>
> 리퀴드 석션 파이프가 휘지 않도록 주의한다.

체결토크 : 1.0 ~ 1.2 kgf·m

[온도]

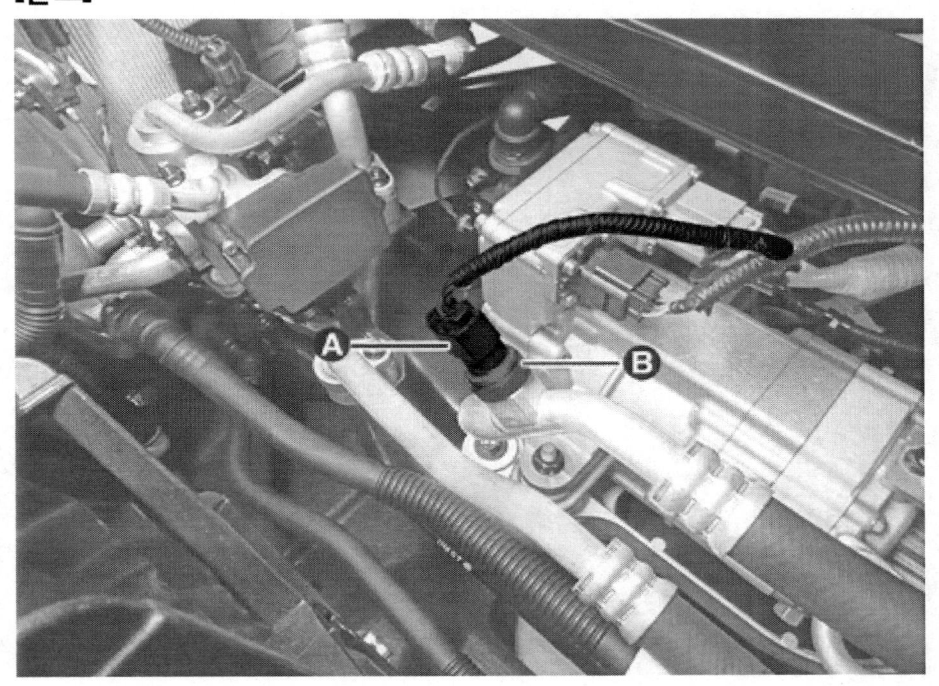

[압력]

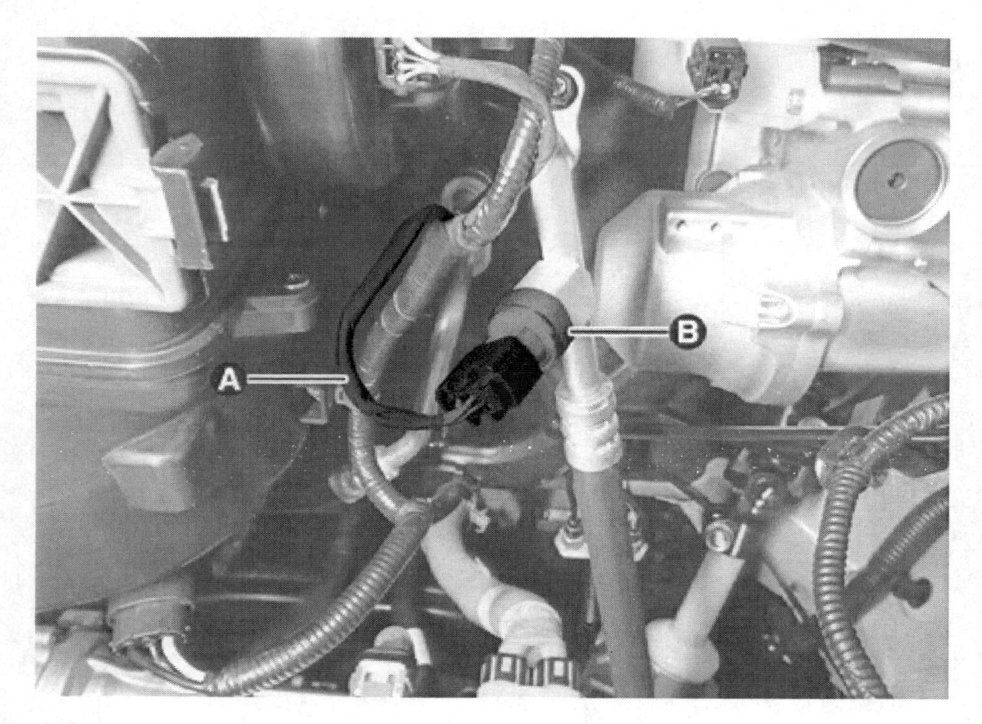

[4WD]

1. 배터리 (-) 단자와 서비스 인터록 커넥터를 분리한다.
   (배터리 제어 시스템 - "보조 배터리 (12V) - 2WD" 참조)
   (배터리 제어 시스템 - "보조 배터리 (12V) - 4WD" 참조)
2. 프런트 트렁크를 탈거한다.
   (바디 - "프런트 트렁크" 참조)
3. 배터리 트레이를 탈거한다.
   (배터리 제어 시스템 - "보조 배터리 (12 V)" 참조)
4. 에어컨 트랜스듀서를 탈거한다.

유 의
리퀴드 석션 파이프가 휘지 않도록 주의한다.

체결토크 : 1.0 ~ 1.2 kgf·m

[온도]

(1) 에어컨 트랜스듀서 커넥터(A)를 분리한다.

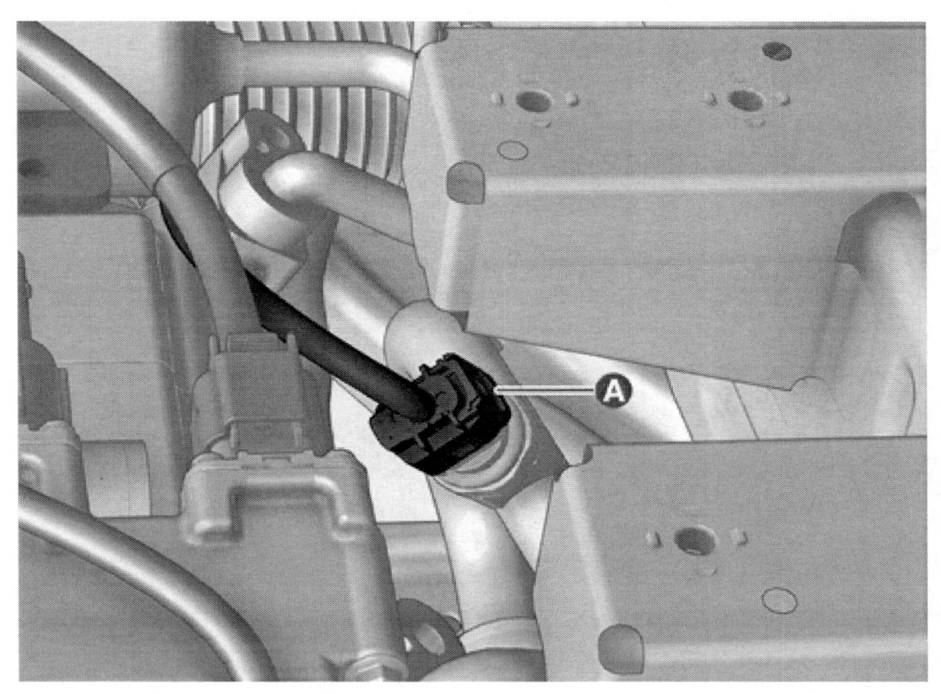

(2) 에어컨 트랜스듀서(A)를 탈거한다.

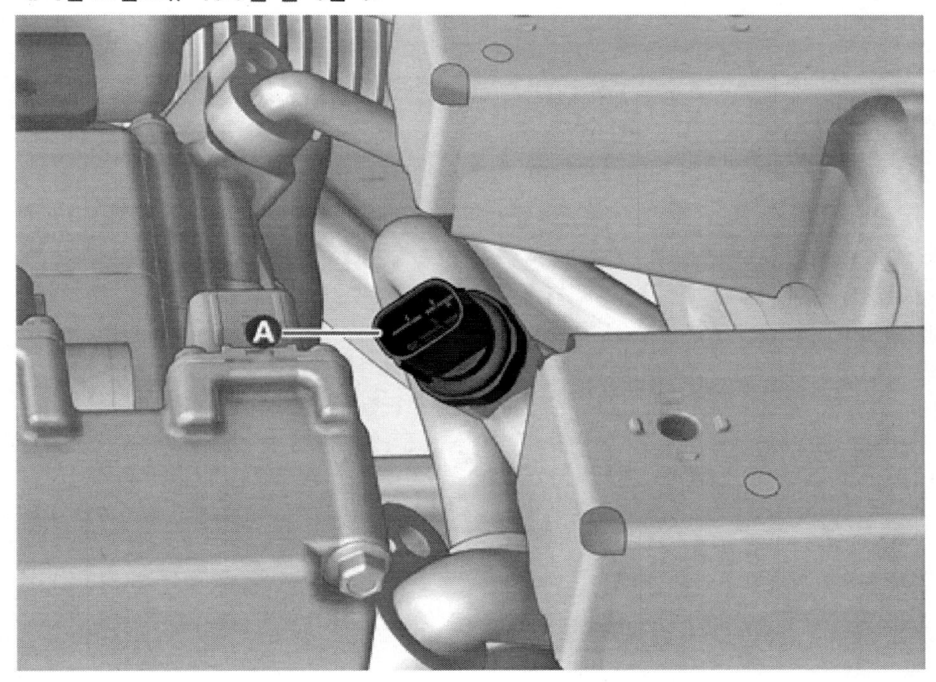

[압력]

(1) 에어컨 트랜스듀서 커넥터(A)를 분리하고 에어컨 트랜스듀서(B)를 탈거한다.

장착

1. 장착은 탈거의 역순으로 한다.

유 의

- 장착할 때는 O-링을 신품으로 교환하여 장착한다.
- 시스템을 충전하고, 에어컨 성능을 테스트한다.
  (에어컨 - "냉매 회수/재생/충전/진공" 참조)

개요

이배퍼레이터 코어의 온도를 감지하여 결빙을 방지할 목적으로 이배퍼레이터에 장착된다. 센서 내부는 부특성 서미스터가 장착되어 있어 온도가 낮아지면 저항값은 높아지고 온도가 높아지면 저항값은 낮아진다.

탈거

1. 이배퍼레이터 코어를 탈거한다.
   (히터 - "이배퍼레이터 코어" 참조)
2. 이배퍼레이터 온도 센서(A)를 탈거한다.

장착

1. 장착은 탈거의 역순으로 한다.

점검

1. IG ON을 한다.
2. 에어컨 스위치 ON을 한다.
3. 멀티테스터를 이배퍼레이터 온도 센서에 연결한 후 (+)와 (-) 단자의 저항을 측정한다.

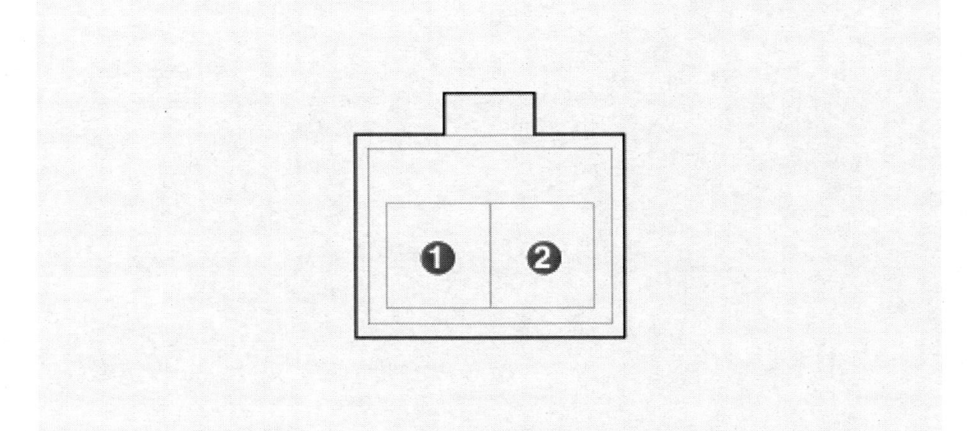

1. 센서 접지	2. 이배퍼레이터 센서 (+)

온도(°C)	저항(KΩ)	전압(V)
-10	17.93	2.96
0	11.36	2.40
10	7.40	1.88
20	4.94	1.44
30	3.369	1.08
40	2.348	0.81

개요

실내 온도 센서는 실내 온도를 감지하여 토출 온도 제어, 센서 보정, 믹스 도어 제어, 블로어 모터 속도 제어, 에어컨 오토 제어, 난방 기동 제어 등에 이용된다.
실내의 공기를 흡입하여 온도를 감지하여 저항치를 변화시키면 그에 상응한 전압치가 자동 온도 조절 모듈에 전달된다.

탈거

1. 배터리 (-) 단자와 서비스 인터록 커넥터를 분리한다.
   (배터리 제어 시스템 - "보조 배터리 (12V) - 2WD" 참조)
   (배터리 제어 시스템 - "보조 배터리 (12V) - 4WD" 참조)
2. 크래쉬 패드 센터 가니쉬를 탈거한다.
   (바디 - "크래쉬 패드 가니쉬" 참조)
3. 스크루를 풀어 실내 온도 센서(A)를 탈거한다.

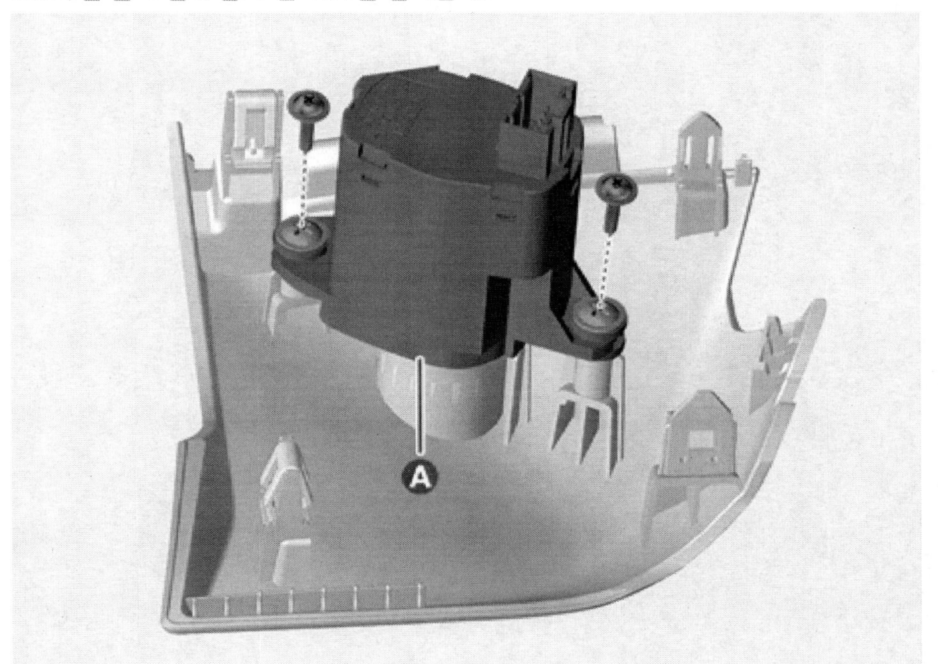

장착

1. 장착은 탈거의 역순으로 한다.

개요

포토 센서(일광 센서)는 센터 스피커 그릴 위에 위치해 있다. 광기전성 다이오드를 내장하고 있다 (일사량 감지). 발광은 빛이 받아들이는 부분에 나타나며 발광의 양에 비례하여 전기력이 발생되고 이 전기력이 자동 온도 조절 모듈에 전달되어 풍량 및 토출 온도를 보상한다.

탈거

1. 포토 센서를 탈거한다.
   (바디 전장 - "오토 라이트 센서" 참조)

장착

1. 장착은 탈거의 역순으로 한다.

개요

액티브 에어 플랩(AAF)부에 장착되어 있으며 외기의 온도를 감지한다. 온도가 올라가면 저항값이 내려가고 온도가 내려가면 저항값이 올라가는 부특성 서미스터 타입이다.
토출 온도 제어, 센서 보정, 온도 조절 도어 제어, 블로어 모터 속도 제어, 믹스 모드 제어, 차내 습도 제어 등에 이용된다.

탈거

1. 배터리 (-) 단자와 서비스 인터록 커넥터를 분리한다.
   (배터리 제어 시스템 - "보조 배터리 (12V) - 2WD" 참조)
   (배터리 제어 시스템 - "보조 배터리 (12V) - 4WD" 참조)
2. 액티브 에어 플랩(AAF)을 탈거한다.
   (전기차 냉각 시스템 - "액티브 에어 플랩(AAF)" 참조)
3. 커넥터(B)를 분리하고 외기 온도 센서(A)를 탈거한다.

장착

1. 장착은 탈거의 역순으로 한다.

점검

1. 외기 온도 센서에 공기의 온도 변화를 주어 단자 1번과 2번의 저항값이 변하는지 점검한다.

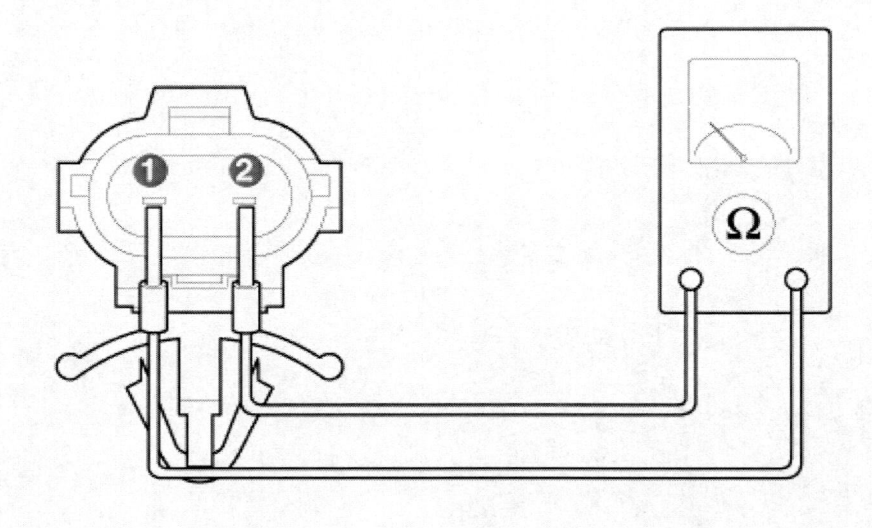

1. 외기 센서(+)	2. 센서 접지

센서 저항

온도 (°C)	저항 (kΩ)
-30	480.41
-20	271.21
-10	158.18
0	95.10
10	58.80
20	37.32
30	24.26
40	16.13
50	10.95

개요

오토 디포깅 센서는 차량 앞유리에 장착되어 습기를 감지하여 포깅 발생 전 조기에 제거 기능을 수행하며 시계 확보 및 쾌적성을 향상시킨다.

탈거

1. 배터리 (-) 단자와 서비스 인터록 커넥터를 분리한다.
   (배터리 제어 시스템 - "보조 배터리 (12V) - 2WD" 참조)
   (배터리 제어 시스템 - "보조 배터리 (12V) - 4WD" 참조)
2. 멀티 센서 블랭킹 커버(A)를 탈거한다.

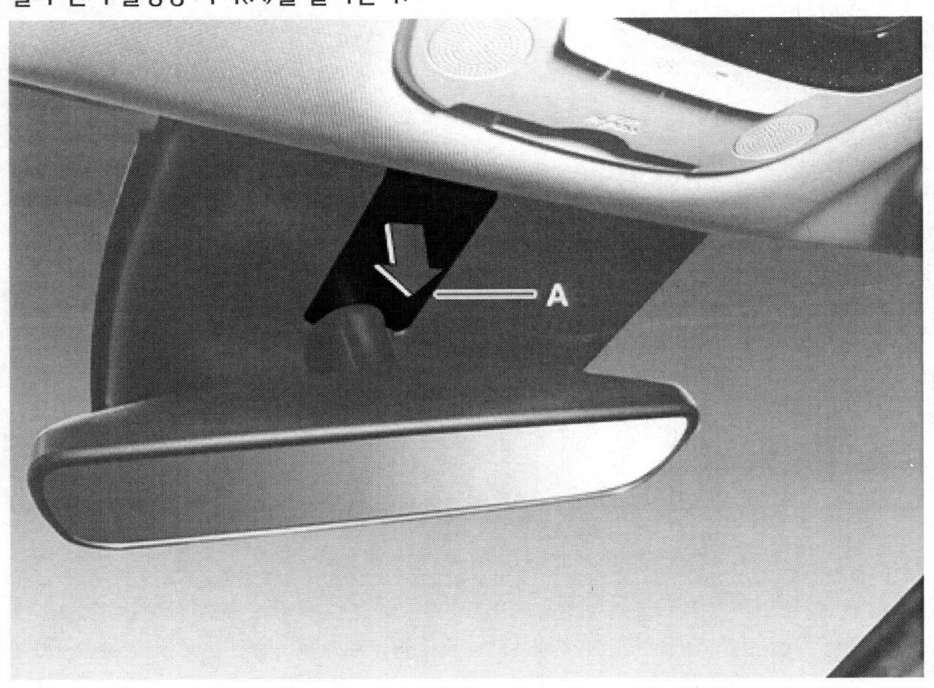

3. 화살표 방향으로 밀어서 멀티 센서 커버(A)를 탈거한다.

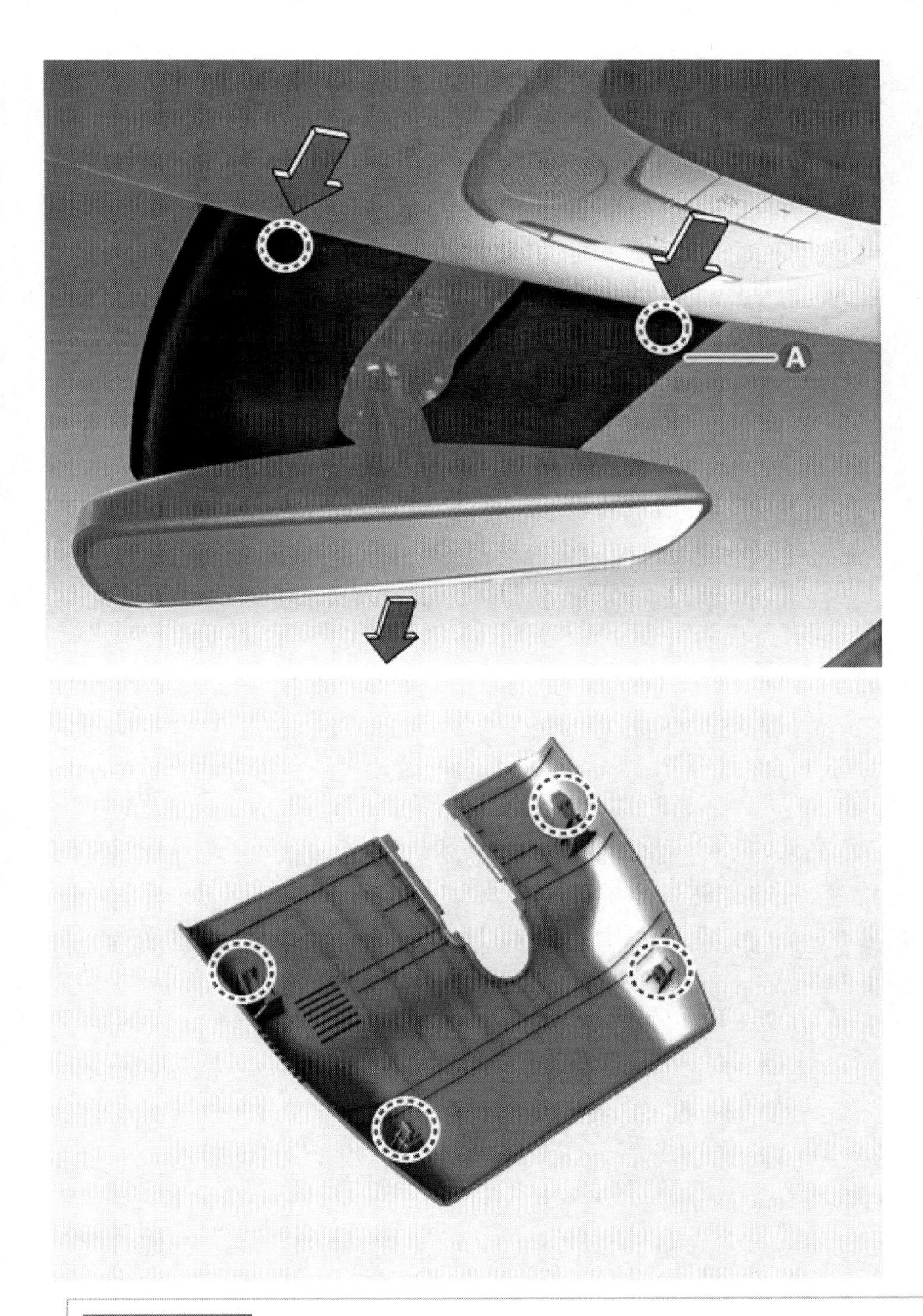

유 의

탈거 시 커버가 손상되지 않도록 주의한다.

4. 오토 디포깅 센서 커넥터(A)를 분리한다.

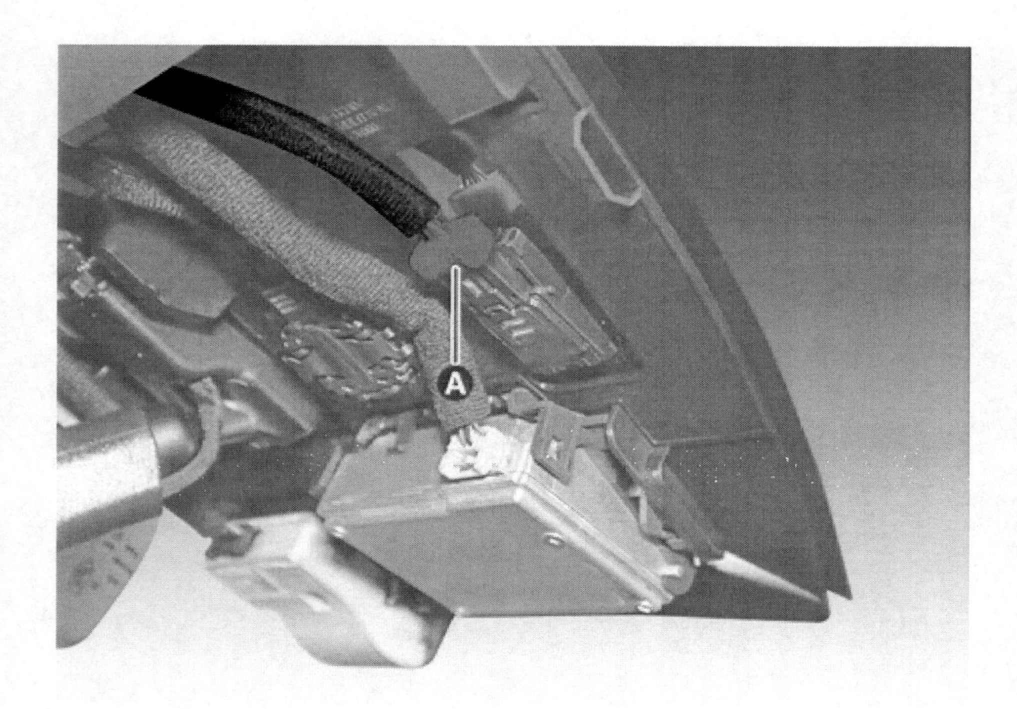

5. 오토 디포깅 센서(A)를 탈거한다.

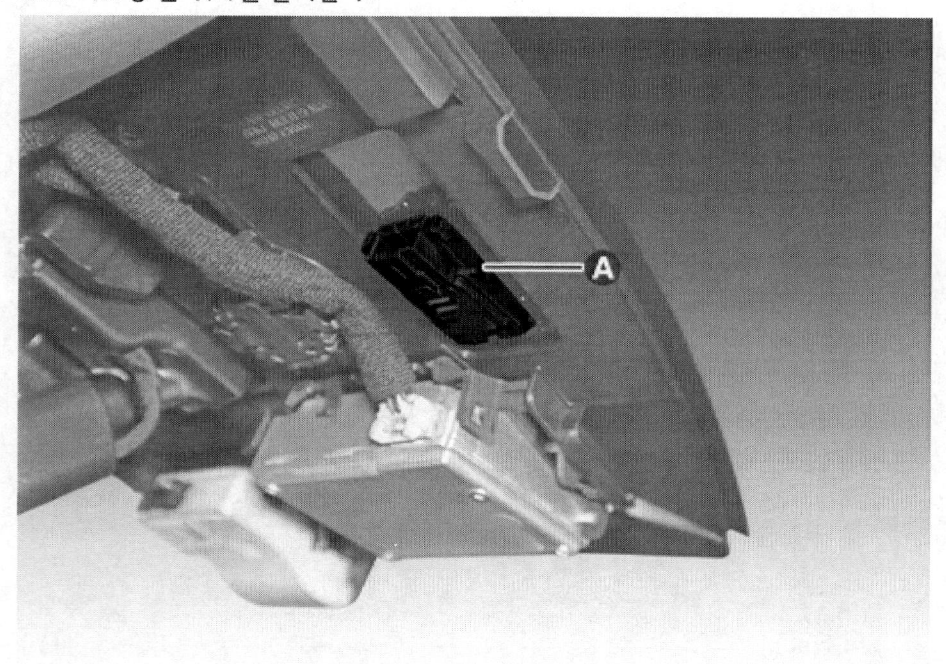

장착

1. 장착은 탈거의 역순으로 한다.

> **유 의**
>
> 커넥터를 확실히 조립한다.

개요

PM(Particulate Matter)센서는 차량 내부의 공기질을 실시간으로 모니터링 및 화면에 상태 표시한다. 미세 먼지 농도가 높을시 자동으로 작동한다. (조건 : 내기 모드 + A/C ON + 풍량 3단 이상)

탈거

1. 배터리 (-) 단자와 서비스 인터록 커넥터를 분리한다.
   (배터리 제어 시스템 - "보조 배터리 (12V) - 2WD" 참조)
   (배터리 제어 시스템 - "보조 배터리 (12V) - 4WD" 참조)
2. 크래쉬 패드 센터 패널을 탈거한다.
   (바디 - "크래쉬 패드 패널" 참조)
3. PM 센서 커넥터(A)를 분리한다.

4. 스크루를 풀어 PM 센서(A)를 탈거한다.

장착

1. 장착은 탈거의 역순으로 한다.

개요

모터 전장 폐열을 이용하여 저온의 냉매를 열교환 시키는 히트 펌프 시스템으로 전장 폐열을 회수하는 역할을 한다.

탈거

1. 배터리 (-) 단자와 서비스 인터록 커넥터를 분리한다.
   (배터리 제어 시스템 - "보조 배터리 (12V) - 2WD" 참조)
   (배터리 제어 시스템 - "보조 배터리 (12V) - 4WD" 참조)
2. 회수/재생/충전기로 냉매를 회수한다.
   (에어컨 - "냉매 회수/재생/충전/진공" 참조)
3. 냉각수를 배출한다.
   (전기차 냉각 시스템 - "냉각수" 참조)
4. 프런트 트렁크를 탈거한다.
   (바디 - "프런트 트렁크" 참조)
5. 칠러 호스(A)를 분리한다.

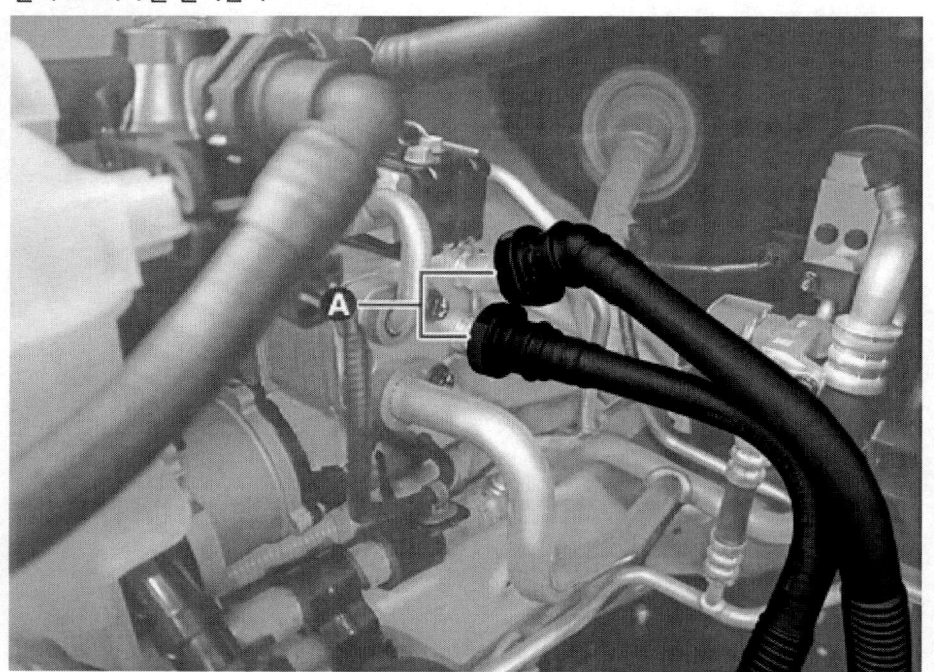

6. 볼트를 풀어 칠러 인렛 라인(A)과 칠러 아웃렛 라인(B)을 탈거한다.

체결토크 : 0.9 ~ 1.4 kgf·m

유 의

라인을 분리할 때는 즉시 플러그나 캡을 씌워 습기와 먼지로부터 시스템을 보호한다.

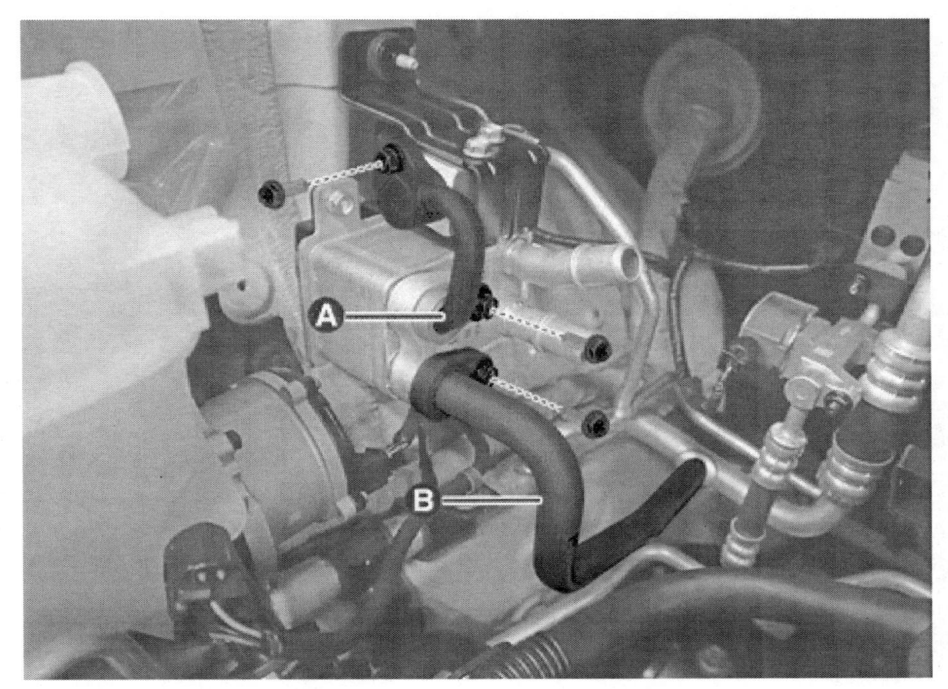

7. 볼트를 풀어 칠러(A)를 탈거한다.

체결토크 : 0.8 ~ 1.2 kgf·m

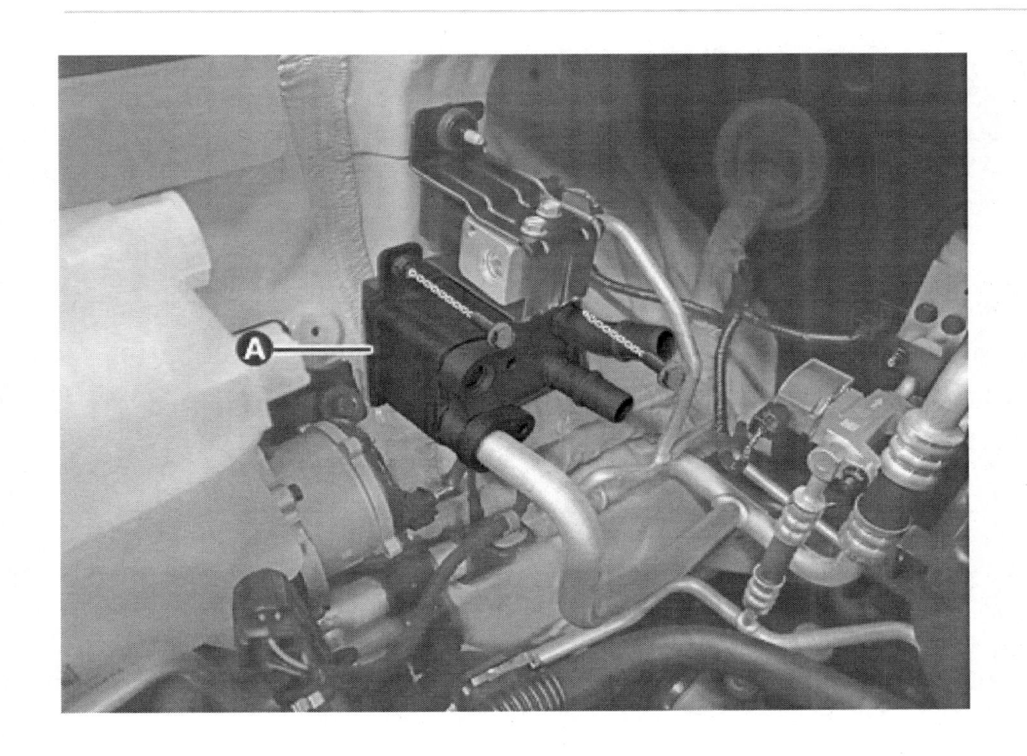

장착

1. 장착은 탈거의 역순으로 한다.

⚠ 경 고

반드시 전동식 컴프레서 전용의 냉매 회수/충전기를 이용하여 지정된 냉매(R-1234yf)와 냉동유(POE)를 주입한다. 일반 차량의 냉동유(PAG)가 혼입될 경우 컴프레서 손상 및 안전사고가 발생할 수 있다.

유 의

- 단품 장착 시 규정 토크를 준수하여 장착한다.
- 가스 누출 탐지기를 사용하여 냉매의 누출을 점검한다.
- 냉각 시스템 안에 공기를 제거하고 냉매를 충전한다.
  (에어컨 - "냉매 회수/재생/충전/진공" 참조)

구성부품

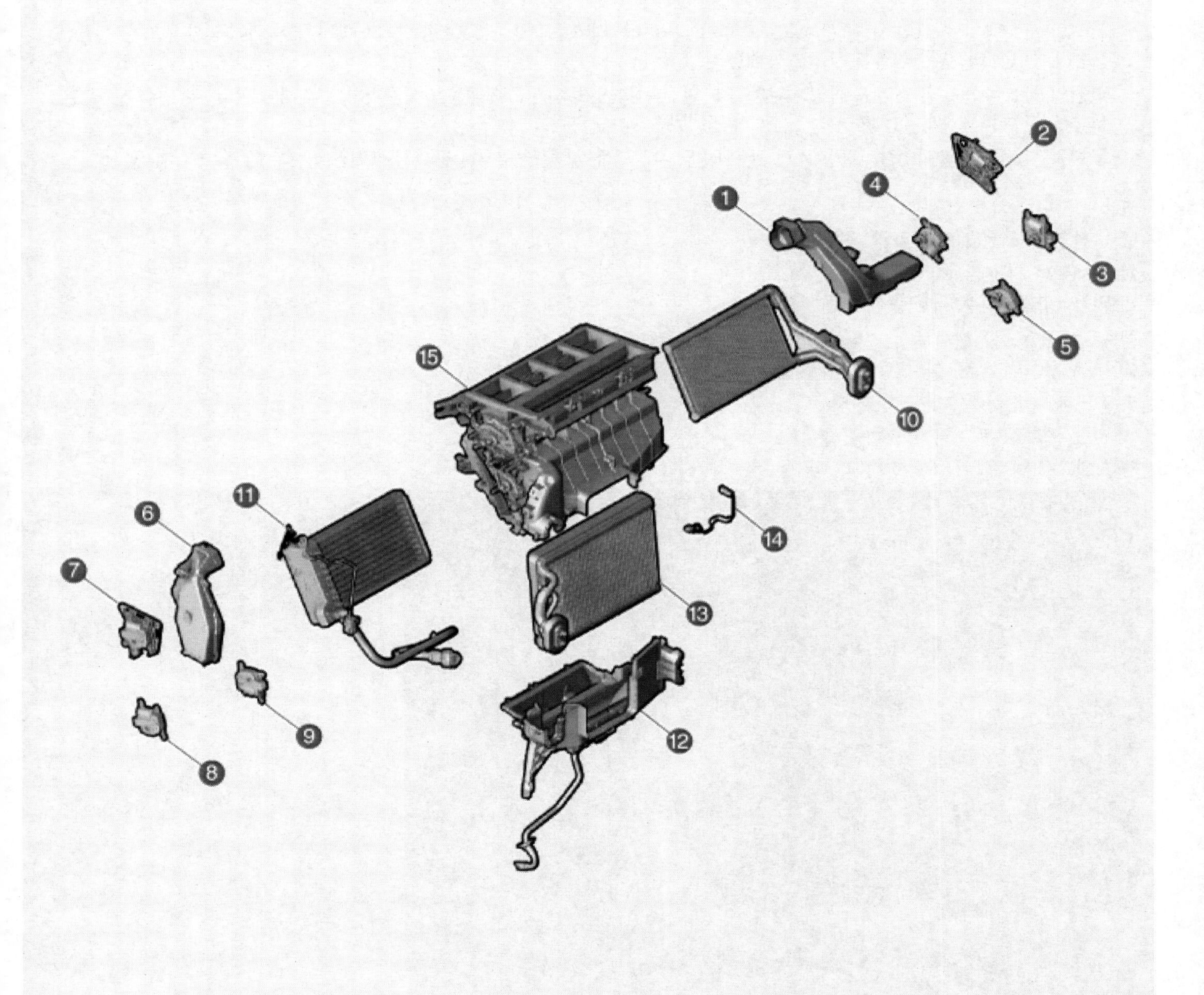

1. 운전석 샤워 덕트	8. 동승석 온도 조절 액추에이터
2. 운전석 모드 조절 액추에이터	9. 오토 디포깅 액추에이터
3. 운전석 온도 조절 액추에이터	10. 실내 콘덴서
4. 리어 난방 온도 조절 액추에이터	11. PTC 히터
5. 리어 냉방 온도 조절 액추에이터	12. 히터 유닛 로어 커버
6. 동승석 샤워 덕트	13. 이배퍼레이터 코어
7. 동승석 모드 조절 액추에이터	14. 이배퍼레이터 온도 센서

탈거

⚠ 경 고

- 고전압 시스템 관련 작업 시, 관련 교육을 이수한 작업자가 정비를 진행한다. 고전압 시스템에 대한 이해가 부족한 경우 감전 또는 누전 등으로 인한 심각한 사고를 초래할 수 있다.
- 고전압 시스템 또는 주변 부품 작업 시, 반드시 "안전 사항 및 주의, 경고" 내용을 숙지하고 준수해야 한다. 미 준수 시, 감전 또는 누전 등으로 인한 심각한 사고를 초래할 수 있다.
- 고전압 시스템 작업 특성상, 개인보호장구(PPE) 및 사전 고전압 차단 절차를 반드시 확인한다.

1. 고전압 차단 절차를 수행한다.
   (일반사항 - "고전압 차단 절차" 참조)
2. 회수/재생/충전기로 냉매를 회수한다.
   (에어컨 - "냉매 회수/재생/충전/진공" 참조)
3. 플로우 카펫을 탈거한다.
   (바디 - "플로어 카펫" 참조)
4. 카울 크로스 바 어셈블리를 탈거한다.
   (바디 - "카울 크로스 바 어셈블리" 참조)
5. 팽창 밸브 커넥터(A)를 분리한다.

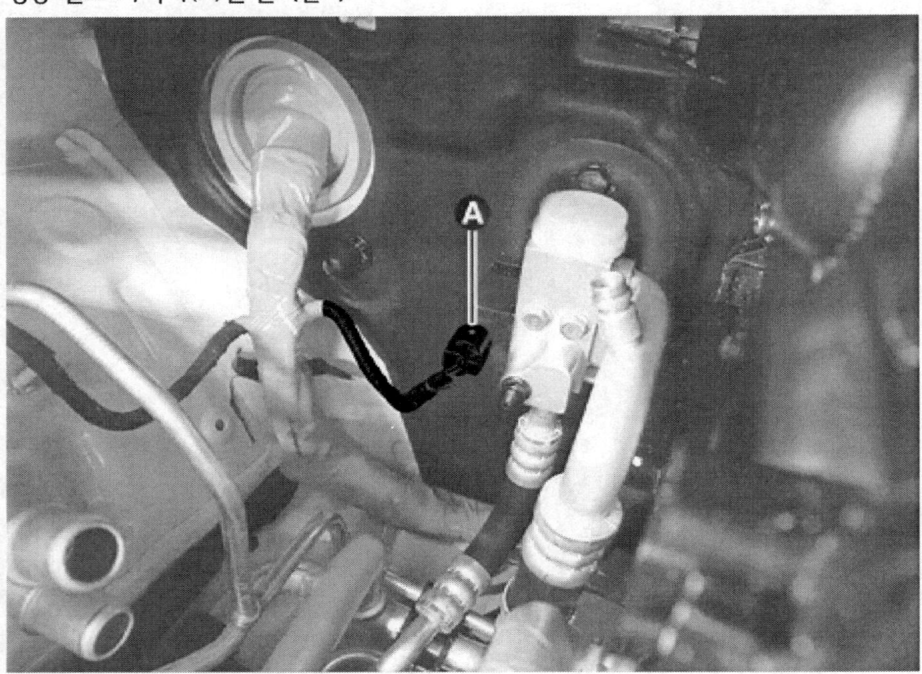

6. 볼트를 풀어 석션 & 리퀴드 튜브 어셈블리(A)를 분리한다.

체결토크 : 0.9 ~ 1.4 kgf·m

[이너 콘덴서]

[이베퍼레이터 코어]

7. PTC 히터 고전압 케이블 커넥터(B)를 분리하고 고전압 케이블(A)을 분리한다.

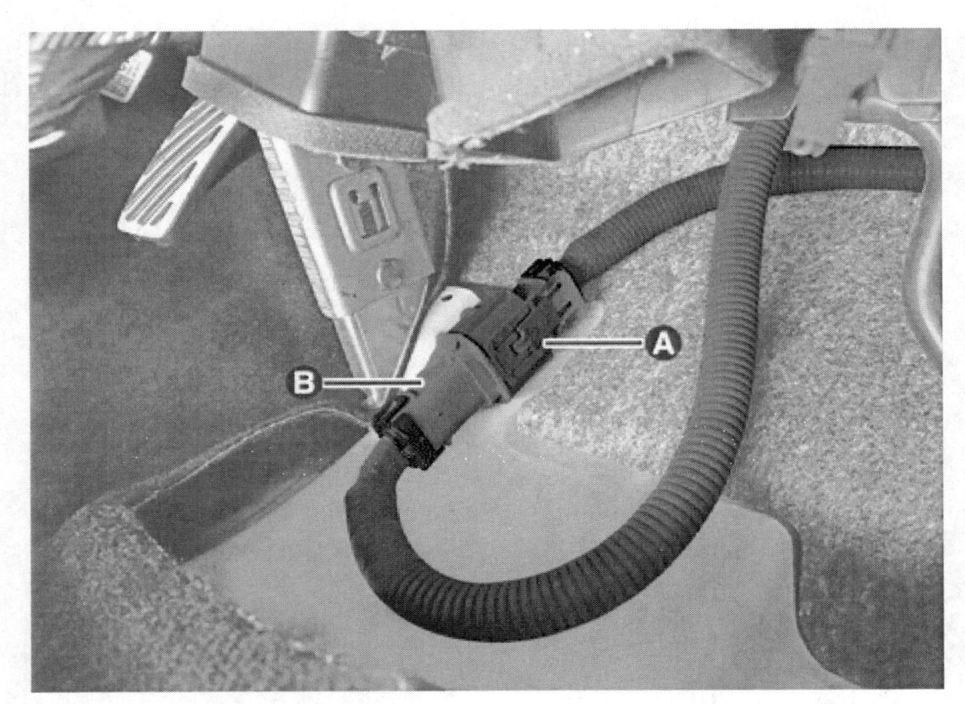

8. 리어 히팅 덕트 커넥터(A)를 탈거한다.

[운전석]

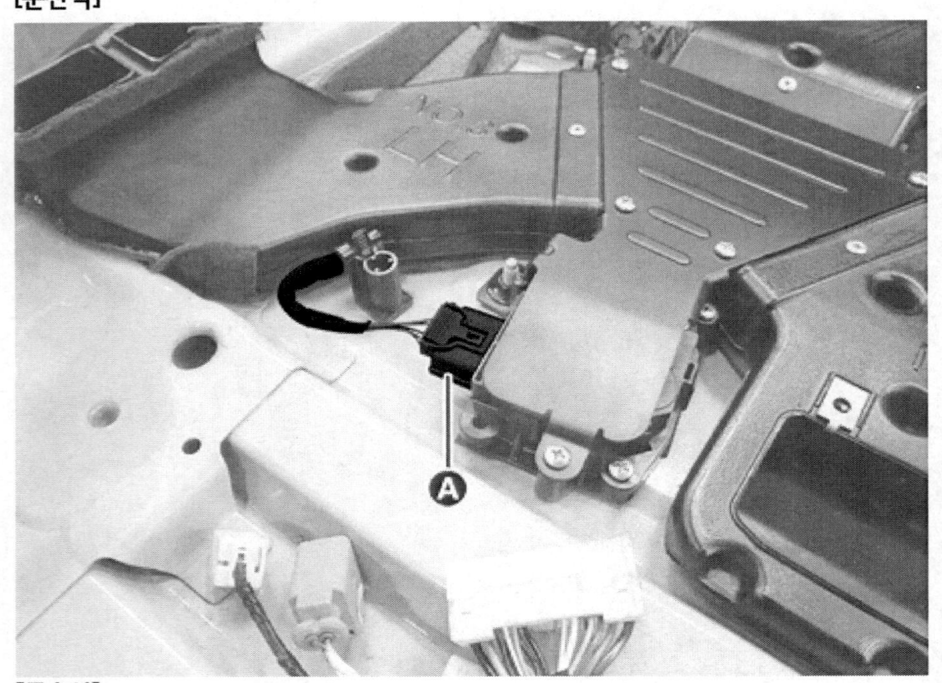

[동승석]

9. 너트를 풀어 리어 히팅 덕트(A)를 탈거한다.

[운전석]

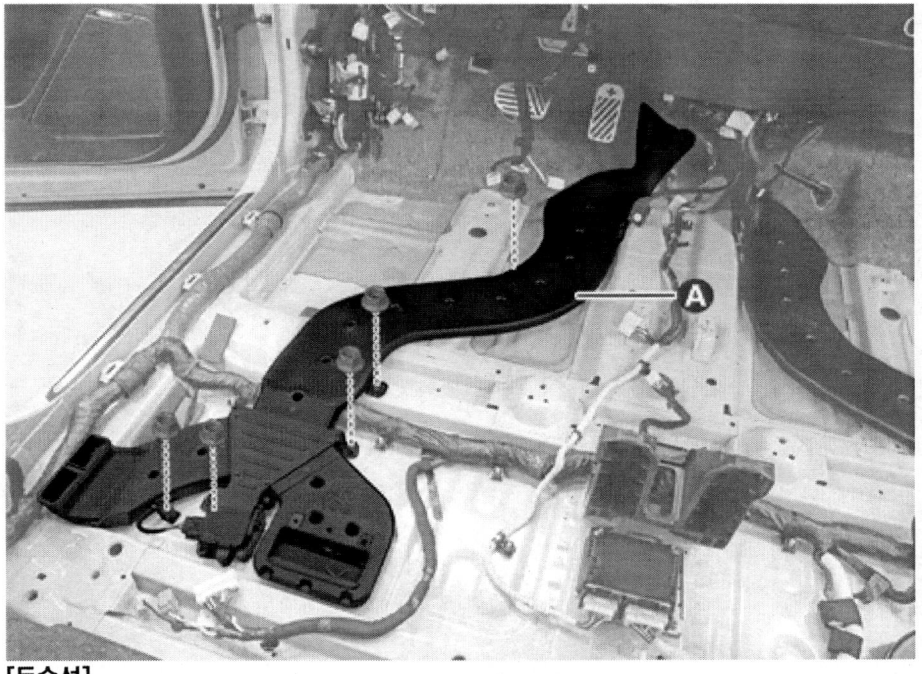

[동승석]

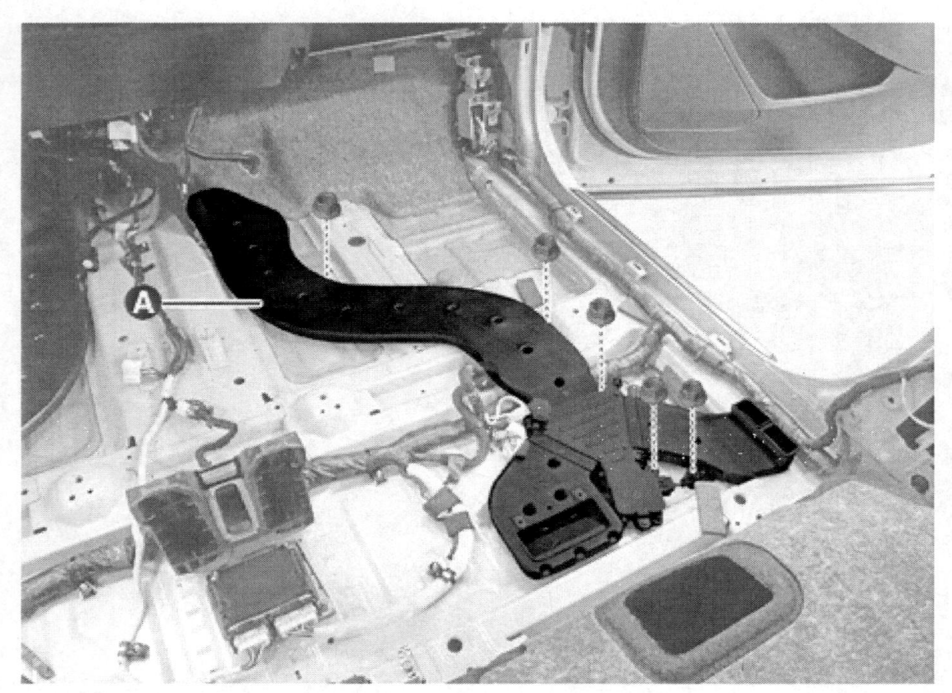

10. 볼트를 풀어 드레인 호스를 차체에서 분리한 후 히터 유닛(A)을 탈거한다.

체결토크 : 0.9 ~ 1.4 kgf·m

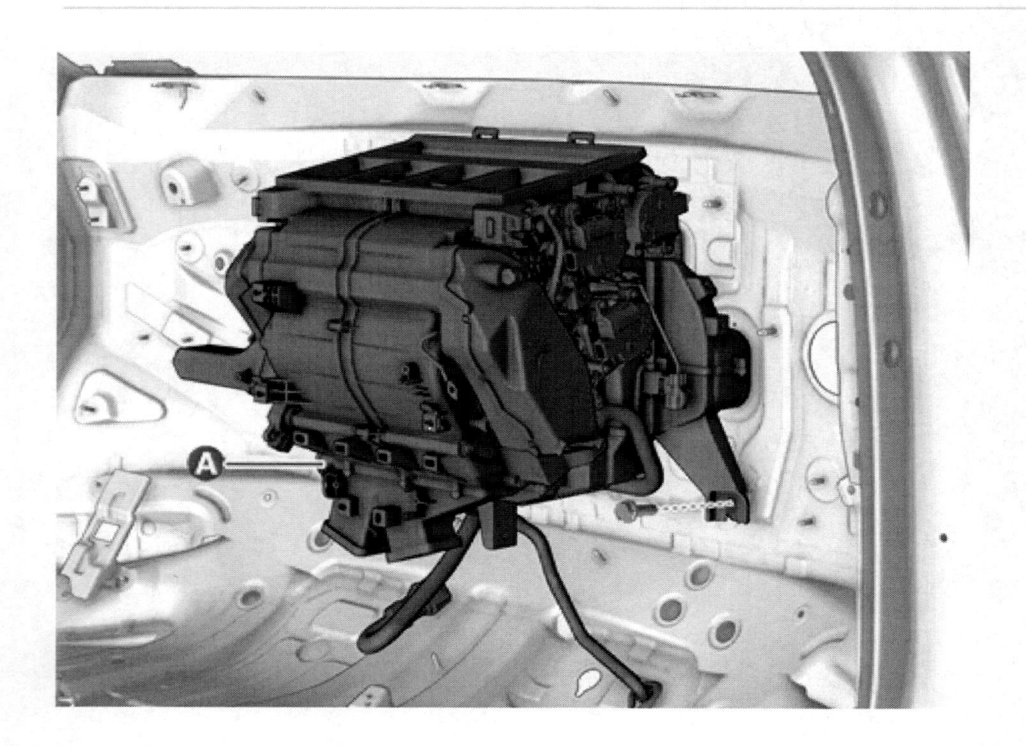

장착

⚠ 경 고

- 고전압 시스템 관련 작업 시, 관련 교육을 이수한 작업자가 정비를 진행한다. 고전압 시스템에 대한 이해가 부족한 경우 감전 또는 누전 등으로 인한 심각한 사고를 초래할 수 있다.
- 고전압 시스템 또는 주변 부품 작업 시, 반드시 "안전 사항 및 주의, 경고" 내용을 숙지하고 준수해야 한다. 미 준수 시, 감전 또는 누전 등으로 인한 심각한 사고를 초래할 수 있다.
- 고전압 시스템 작업 특성상, 개인보호장구(PPE) 및 사전 고전압 차단 절차를 반드시 확인한다.

1. 장착은 탈거의 역순으로 한다.

탈거

1. 배터리 (-) 단자와 서비스 인터록 커넥터를 분리한다.
   (배터리 제어 시스템 - "보조 배터리 (12V) - 2WD" 참조)
   (배터리 제어 시스템 - "보조 배터리 (12V) - 4WD" 참조)
2. 히터 유닛을 탈거한다.
   (히터 - "히터 유닛" 참조)
3. 스크루를 풀어 히터 유닛 로어 커버(A)를 탈거한다.

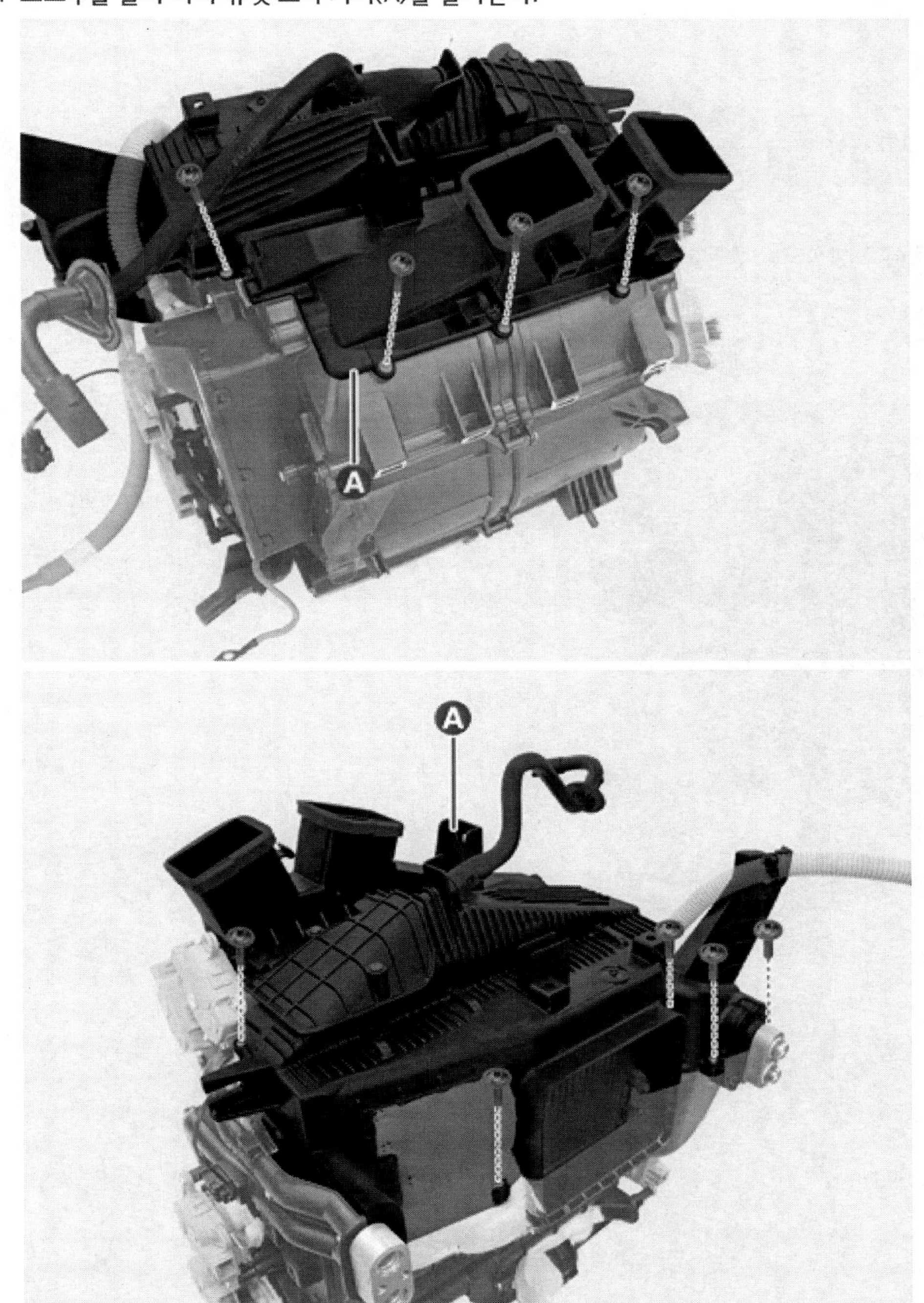

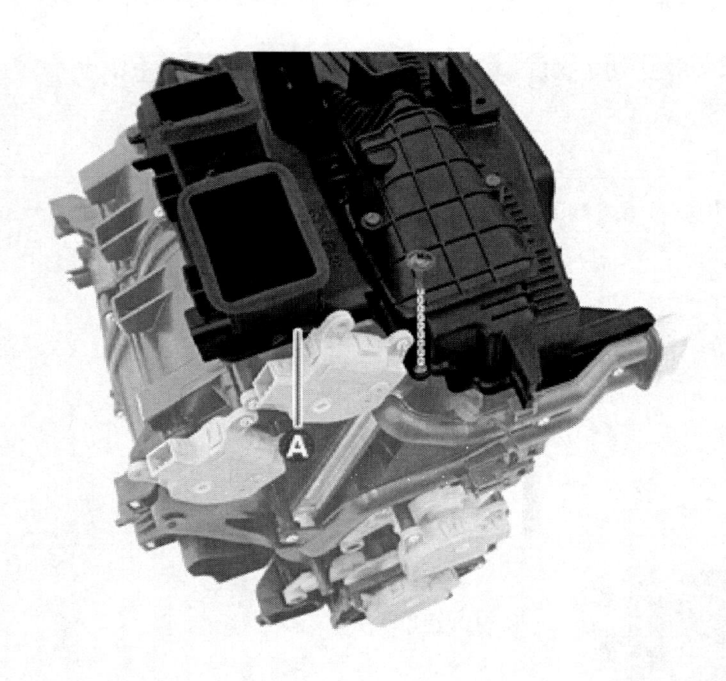

4. 히터 유닛에서 이배퍼레이터 코어(A)를 화살표 방향으로 탈거한다.

장착

1. 장착은 탈거의 역순으로 한다.

개요

히터 유닛에는 모드 액추에이터와 온도 조절 액추에이터가 장착되어 있다.
컨트롤 스위치에 의해 작동되며, 온도 조절 도어의 위치를 제어하여 토출 공기의 온도를 조절한다.

탈거

운전석 온도 조절 액추에이터

1. 배터리 (-) 단자와 서비스 인터록 커넥터를 분리한다.
   (배터리 제어 시스템 - "보조 배터리 (12V) - 2WD" 참조)
   (배터리 제어 시스템 - "보조 배터리 (12V) - 4WD" 참조)
2. 무릎 에어백(KAB)를 탈거한다.
   (에어백 시스템 - "무릎 에어백(KAB)" 참조)
3. 덕트 센서 커넥터(A)를 분리한다.

4. 스크루를 풀어 운전석 샤워 덕트(A)를 탈거한다.

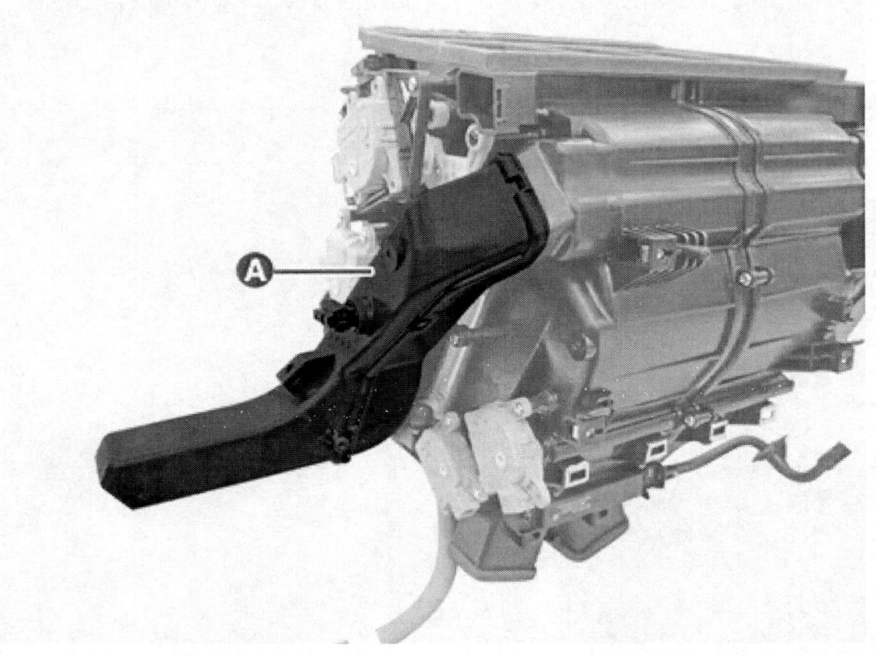

5. 커넥터(A)를 분리하고 스크루를 풀어 운전석 온도 조절 액추에이터(B)를 탈거한다.

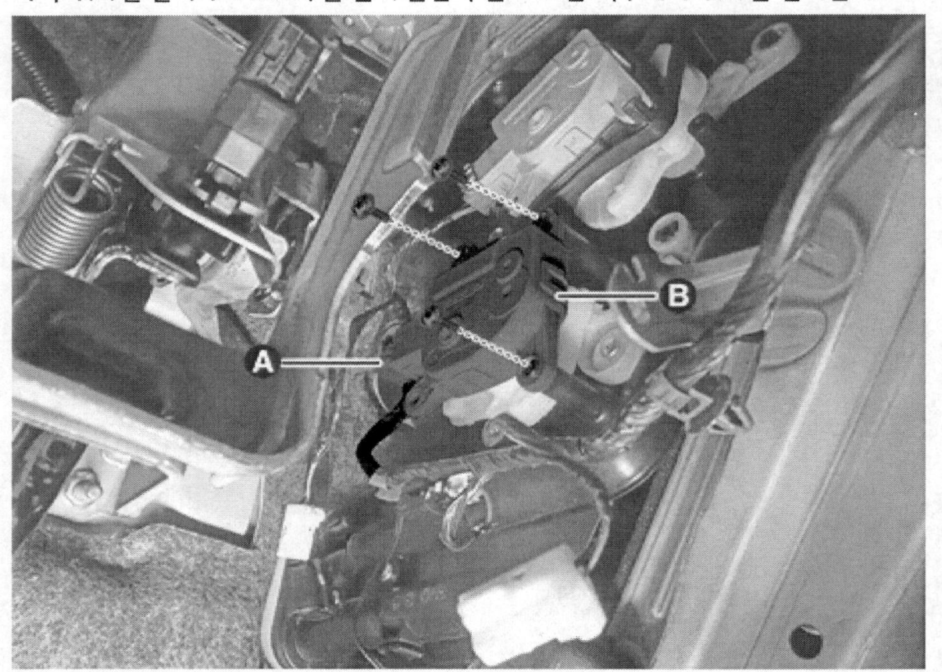

동승석 온도 조절 액추에이터

1. 배터리 (-) 단자와 서비스 인터록 커넥터를 분리한다.
   (배터리 제어 시스템 - "보조 배터리 (12V) - 2WD" 참조)
   (배터리 제어 시스템 - "보조 배터리 (12V) - 4WD" 참조)
2. 글러브 박스 하우징을 탈거한다.
   (바디 - "글러브 박스" 참조)
3. 커넥터(A)를 분리하고 스크루를 풀어 동승석 온도 조절 액추에이터(B)를 탈거한다.

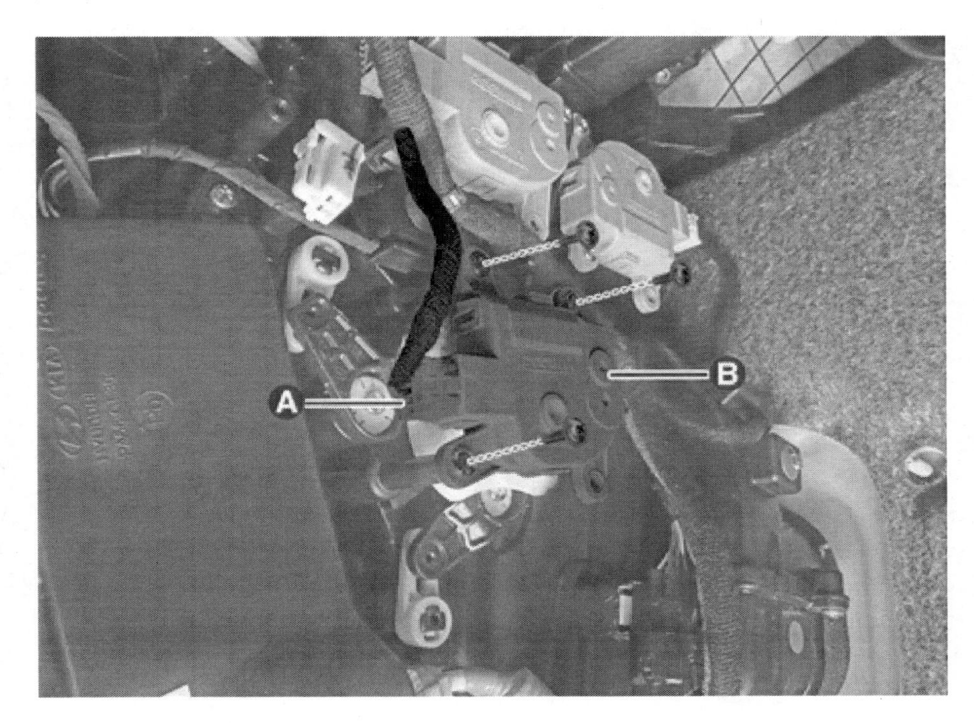

리어 온도 조절 액추에이터

1. 배터리 (-) 단자와 서비스 인터록 커넥터를 분리한다.
   (배터리 제어 시스템 - "보조 배터리 (12V) - 2WD" 참조)
   (배터리 제어 시스템 - "보조 배터리 (12V) - 4WD" 참조)
2. 카울 크로스 바 어셈블리를 탈거한다.
   (바디 - "카울 크로스 바 어셈블리" 참조)
3. 스크루를 풀어 리어 냉방 액추에이터(A)와 리어 난방 액추에이터(B)를 탈거한다.

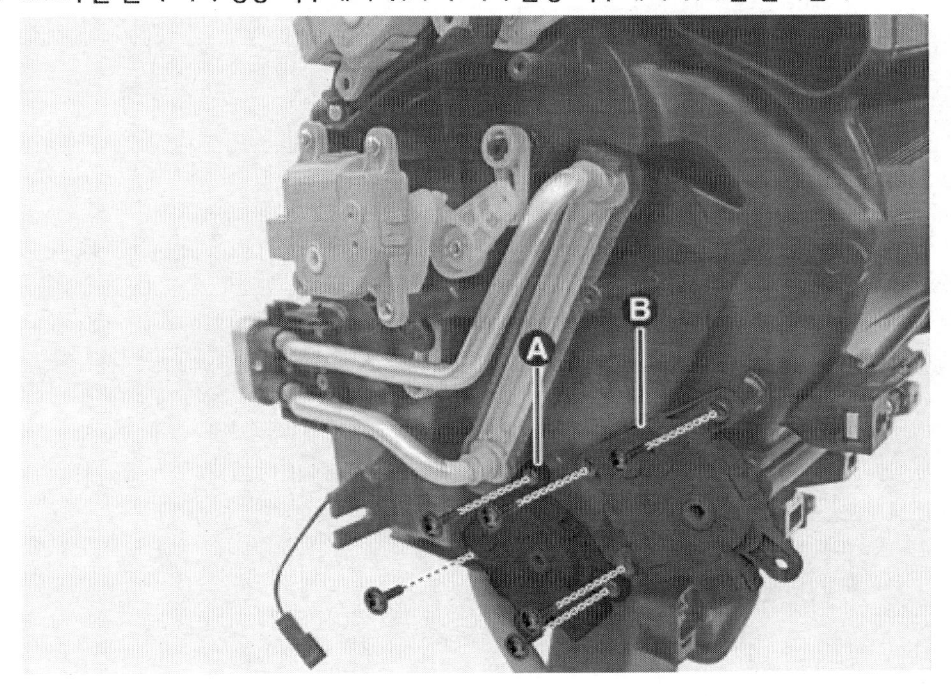

장착

1. 장착은 탈거의 역순으로 한다.

점검

1. IG OFF를 한다.
2. 온도 조절 액추에이터 커넥터를 분리한다.
3. 전원 (+) 단자를 온도 액추에이터 커넥터 3번 단자에 (-) 단자를 4번 단자에 접속하여 액추에이터가 구동하는지 점검하고 반대로 접속하였을 때 역구동하는지 점검한다.

[운전석]

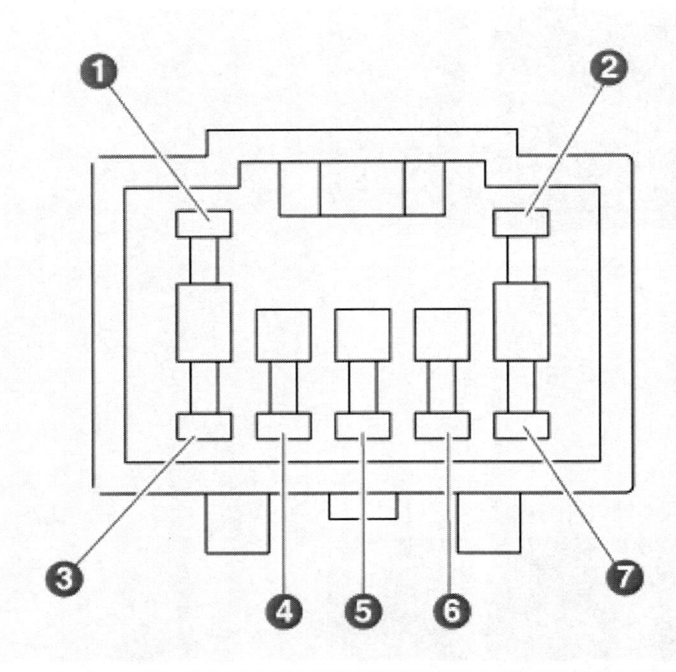

1. - 2. - 3. 냉방 4. 난방	5. 센서 전원 (+5 V) 6. 피드백 신호 7. 센서 접지

[동승석]

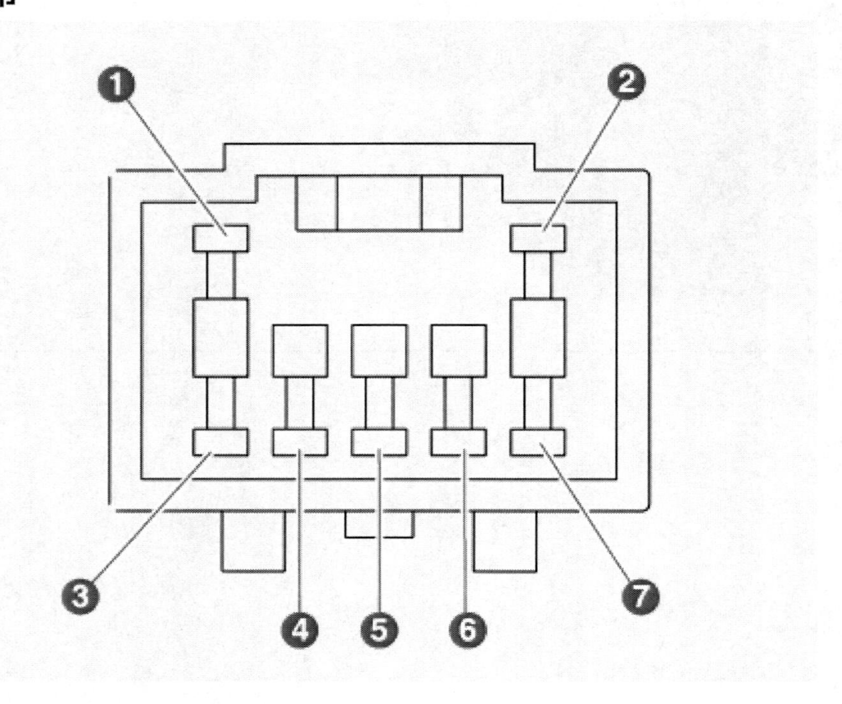

1. - 2. - 3. 난방 4. 냉방	5. 센서 접지 6. 피드백 신호 7. 센서 전원 (+5 V)

[리어 냉방]

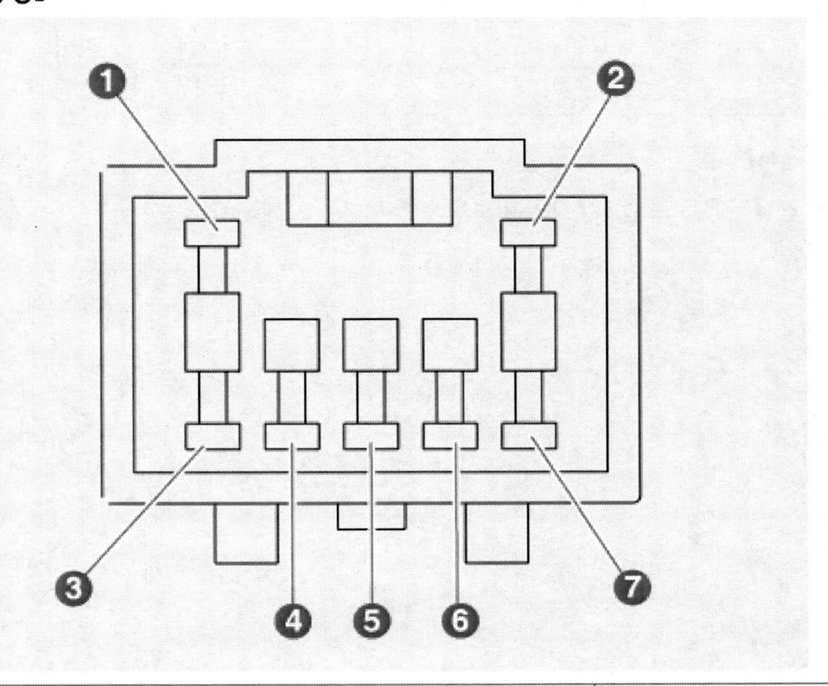

1. - 2. - 3. 냉방 열림 4. 냉방 닫힘	5. 센서 접지 6. 피드백 신호 7. 센서 전원 (+5 V)

[리어 난방]

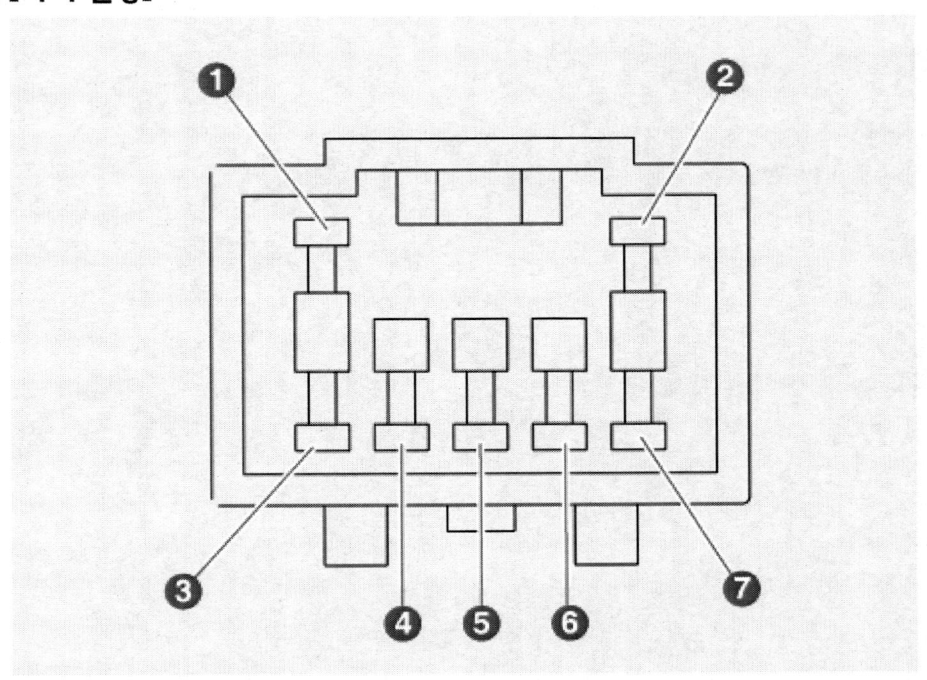

1. - 2. - 3. 난방 열림 4. 난방 닫힘	5. 센서 접지 6. 피드백 신호 7. 센서 전원 (+5 V)

4. 온도 조절 액추에이터 커넥터를 연결한다.
5. IG ON을 한다.
6. 단자 간 전압을 측정한다.
[운전석] : 5 -6 단자
[동승석], [리어 냉방], [리어 난방] : 7 - 6 단자

도어 위치	전압(V)	에러 검출
0 ˚	0.5 ± 0.15	저전압 : 0.1 V 미만 고전압 : 4.9 V 초과
80 ˚	4.5 ± 0.15	

* 액추에이터의 현재 위치를 컨트롤에 피드백한다.

7. 만약 측정 전압이 사양과 일치하지 않으면 신품의 온도 조절 액추에이터로 교환한다.

개요

히터 유닛에 장착된 모드 조절 액추에이터는 운전자가 컨트롤 판넬에 입력한 신호에 따라 에어컨의 풍향 모드를 조절한다.
모드 도어를 움직이는 액추에이터 모터와 모드 도어의 위치를 감지하는 퍼텐쇼미터로 구성되어 있으며, 컨트롤 판넬의 조작에 따라 모드 조절 액추에이터는 Vent→ Bi-Level → Floor → Mix의 순서로 풍향 모드를 변경한다.

탈거

운전석 모드 조절 액추에이터

1. 배터리 (-) 단자와 서비스 인터록 커넥터를 분리한다.
   (배터리 제어 시스템 - "보조 배터리 (12V) - 2WD" 참조)
   (배터리 제어 시스템 - "보조 배터리 (12V) - 4WD" 참조)
2. 카울 크로스 바 어셈블리를 탈거한다.
   (바디 - "카울 크로스 바 어셈블리" 참조)
3. 스크루를 풀어 운전석 모드 조절 액추에이터(A)를 탈거한다.

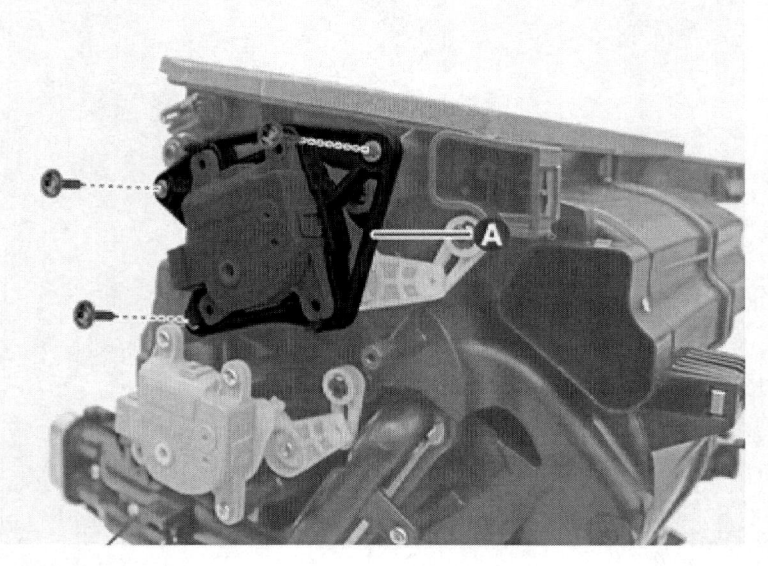

동승석 모드 조절 액추에이터

1. 배터리 (-) 단자와 서비스 인터록 커넥터를 분리한다.
   (배터리 제어 시스템 - "보조 배터리 (12V) - 2WD" 참조)
   (배터리 제어 시스템 - "보조 배터리 (12V) - 4WD" 참조)
2. 메인 크래쉬 패드 어셈블리를 탈거한다.
   (바디 - "메인 크래쉬 패드 어셈블리" 참조)
3. 커넥터(A)를 분리하고 스크루를 풀어 동승석 모드 조절 액추에이터(B)를 탈거한다.

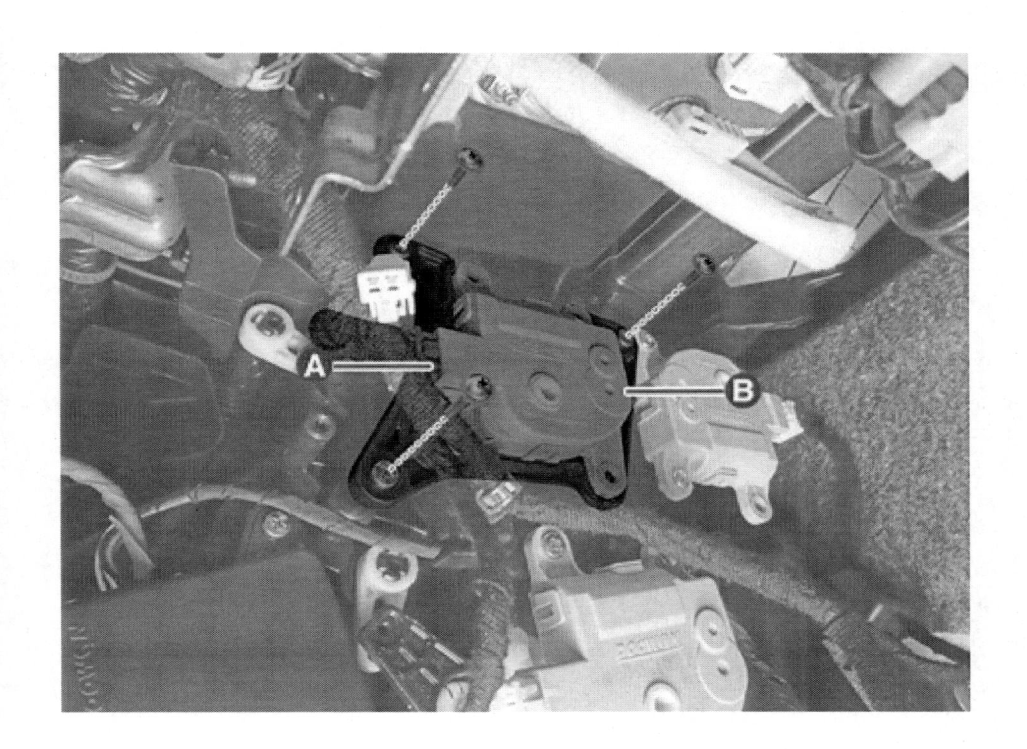

장착

운전석 모드 조절 액추에이터

1. 장착은 탈거의 역순으로 한다.

동승석 모드 조절 액추에이터

1. 장착은 탈거의 역순으로 한다.

점검

1. IG OFF를 한다.
2. 모드 조절 액추에이터 커넥터를 분리한다.
3. 전원 (+) 단자를 모드 액추에이터 커넥터 3번 단자에 (-) 단자를 4번 단자에 접지시키면서 모터가 구동하는지 점검한다. 반대로 접속하였을 때 역구동하는지 점검한다.

[운전석]

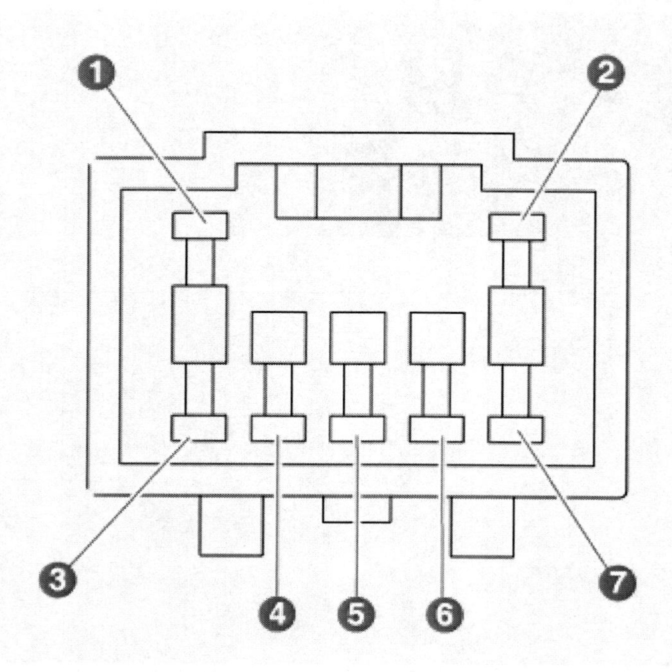

1. - 2. - 3. 디프로스트 모드 4. 벤트 모드	5. 센서 접지 6. 피드백 신호 7. 센서 전원 (+5 V)

[동승석]

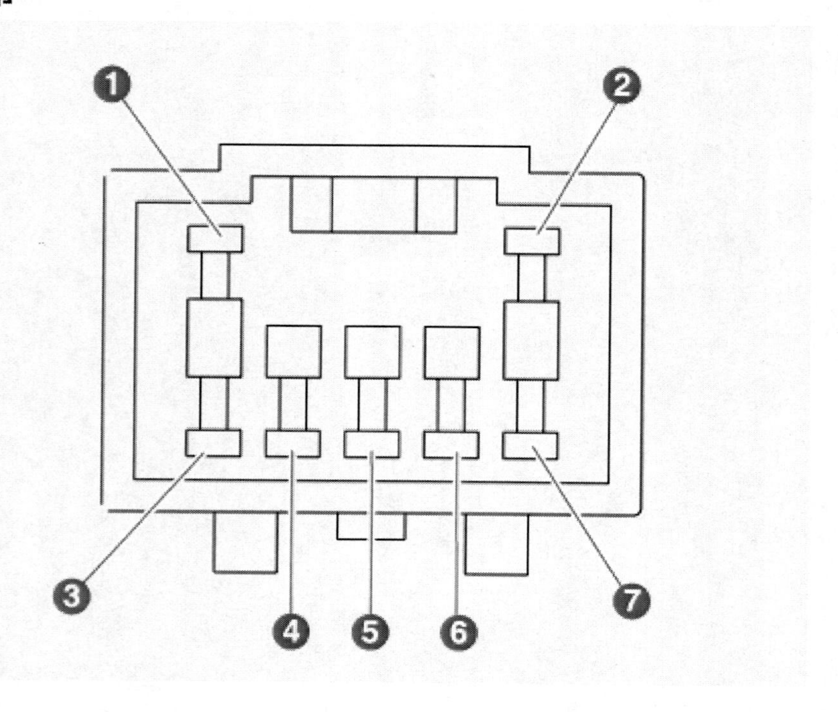

1. - 2. - 3. 벤트 모드 4. 디프로스트 모드	5. 센서 전원 (+5 V) 6. 피드백 신호 7. 센서 접지

4. 모드 조절 액추에이터 커넥터를 연결한다.
5. IG ON을 한다.
6. 단자 간 전압을 측정한다.
   [운전석] : 7 - 6 단자
   [동승석] : 5 - 6 단자

도어 위치	전압(V)	에러 검출
0 ˚	0.5 ± 0.15	저전압 : 0.1 V 미만 고전압 : 4.9 V 초과
120 ˚	4.5 ± 0.15	

* 액추에이터의 현재 위치를 컨트롤에 피드백한다.

7. 만약 측정 전압이 사양과 일치하지 않으면 신품의 모드 조절 액추에이터로 교환한다.

개요

오토 디포깅 시스템은 김서림을 미리 감지해서 없애 주는 시스템이다. 김서림을 센서가 감지해서, 외부 공기 유입이나 공조 시스템을 알아서 작동시켜서 김이 서리지 않도록 해 주는 오토 디포깅 액추에이터가 장착되어 있다.

탈거

1. 배터리 (-) 단자와 서비스 인터록 커넥터를 분리한다.
   (배터리 제어 시스템 - "보조 배터리 (12V) - 2WD" 참조)
   (배터리 제어 시스템 - "보조 배터리 (12V) - 4WD" 참조)
2. 신분 인증 유닛(IAU)을 탈거한다.
   (바디 전장 - "신분 인증 유닛 (IAU)" 참조)
3. 커넥터(A)를 분리하고 스크루를 풀어 오토 디포깅 액추에이터(B)를 탈거한다.

장착

1. 장착은 탈거의 역순으로 한다.

점검

1. IG OFF를 한다.
2. 오토 디포깅 액추에이터 커넥터를 분리한다.
3. 전원 (+) 단자를 오토 디포깅 액추에이터 커넥터 3번 단자에 (-) 단자를 4번 단자에 접지시키면서 모터가 구동하는지 점검한다. 반대로 접속하였을 때 역구동하는지 점검한다.

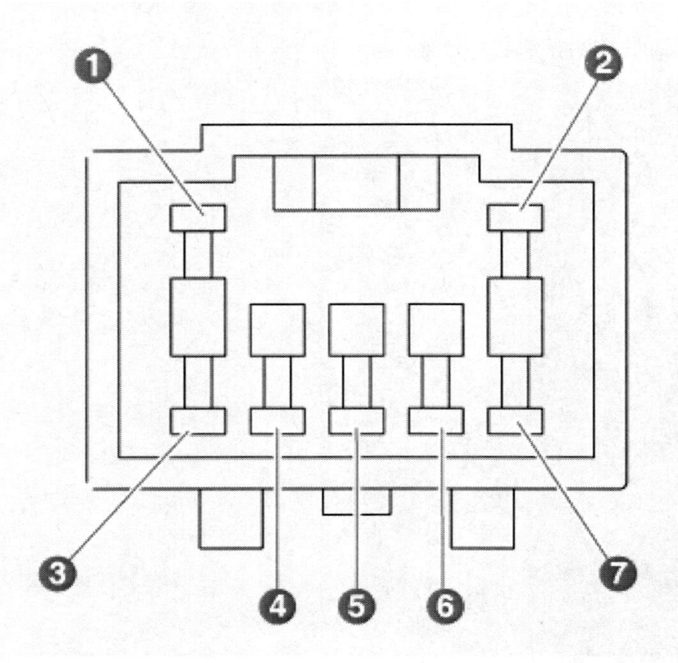

1. - 2. - 3. DEF (닫힘) 4. DEF (열림)	5. 센서 전원 (+5 V) 6. 피드백 신호 7. 센서 접지

4. 오토 디포깅 액추에이터 커넥터를 연결한다.
5. IG ON을 한다.
6. 5-6번 간 단자 전압을 측정한다.

도어 위치	전압(V)	에러 검출
DEF 닫힘	0.5 ± 0.15	저전압 : 0.1 V 미만
DEF 열림	4.5 ± 0.15	고전압 : 4.9 V 초과

* 액추에이터의 현재 위치를 컨트롤에 피드백한다.

7. 만약 측정 전압이 사양과 일치하지 않으면 신품의 오토 디포깅 액추에이터로 교환한다.

개요

PTC(Positive Temperature Coefficient) 히터는 히터 내부의 다수의 PTC 써미스터에 고전압 배터리 전원을 인가하여 써미스터의 발열을 이용해 난방의 열원으로 사용한다. 난방을 필요로 하는 조건에서 고전압이 인가되고 블로워가 작동시에 찬공기를 따뜻한 공기로 변환한다.

탈거

⚠ 경 고

- 고전압 시스템 관련 작업 시, 관련 교육을 이수한 작업자가 정비를 진행한다. 고전압 시스템에 대한 이해가 부족한 경우 감전 또는 누전 등으로 인한 심각한 사고를 초래할 수 있다.
- 고전압 시스템 또는 주변 부품 작업 시, 반드시 "고전압 시스템 안전사항 및 주의, 경고" 내용을 숙지하고 준수해야 한다. 미준수 시, 감전 또는 누전 등으로 인한 심각한 사고를 초래할 수 있다.
- 고전압 시스템 작업 특성상, 개인보호장구(PPE) 및 사전 고전압 차단 절차를 반드시 확인한다.

1. 고전압 차단 절차를 수행한다.
   (일반사항 - "고전압 차단 절차" 참조)
2. 프런트 콘솔 커버를 탈거한다.
   (바디 - "프런트 콘솔 커버" 참조)
3. 크래쉬 패드 센터 패널을 탈거한다.
   (바디 - "크래쉬 패드 패널" 참조)
4. 덕트 센서 커넥터(A)를 분리한다.

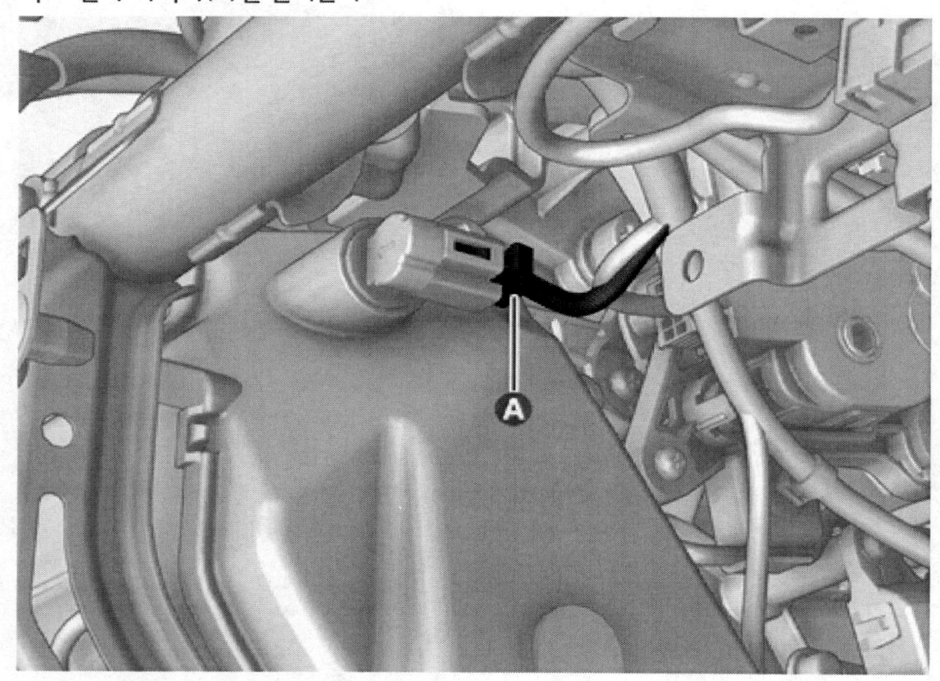

5. 스크루를 풀어 동승석 샤워 덕트(A)를 탈거한다.

6. PTC 히터 고전압 케이블 커넥터(B)를 분리하고 고전압 케이블(A)을 분리한다.

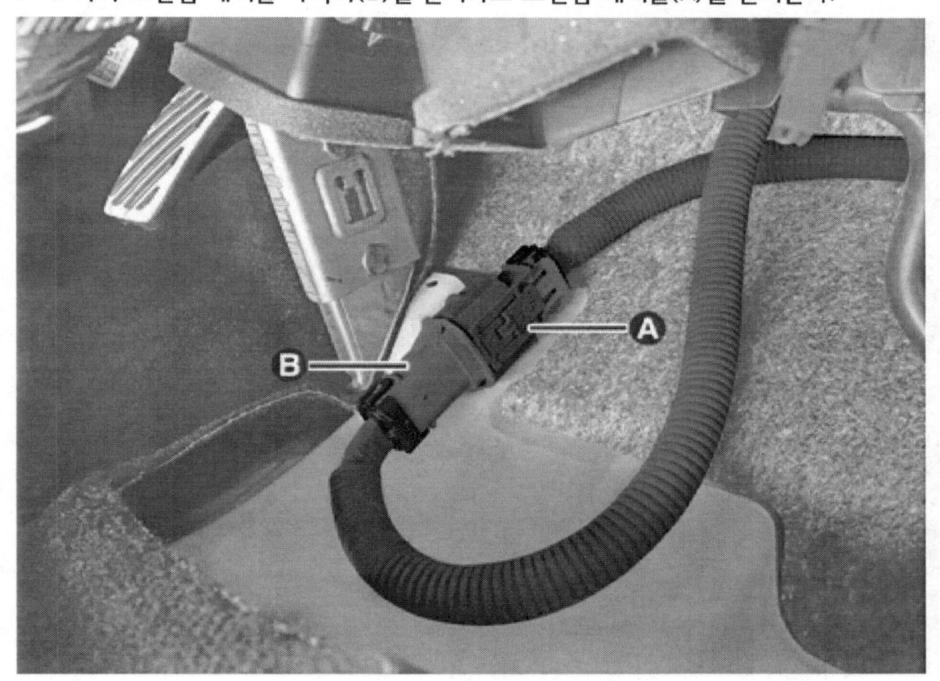

7. 케이블 고정 클립(A)을 히터 유닛으로 부터 탈거한다.

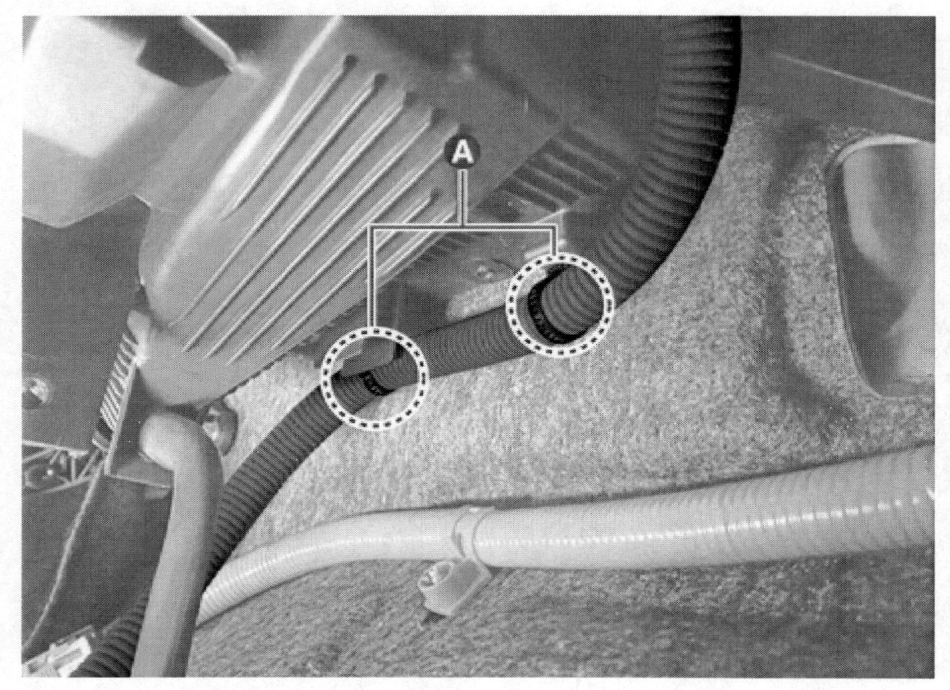

8. 커넥터(A)를 분리하고 PTC 히터 신호선 배선(B)을 히터 유닛으로부터 분리한다.

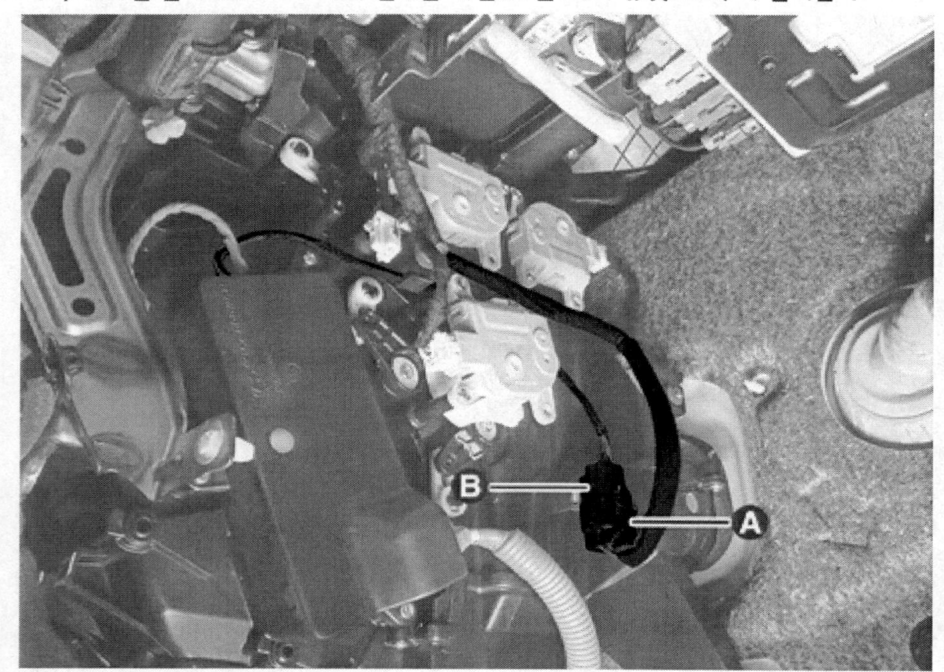

9. 볼트를 풀어 PTC 히터 접지 배선(A)을 분리한다.

10. 스크루를 풀어 PTC 히터(A)를 화살표 방향으로 탈거한다.

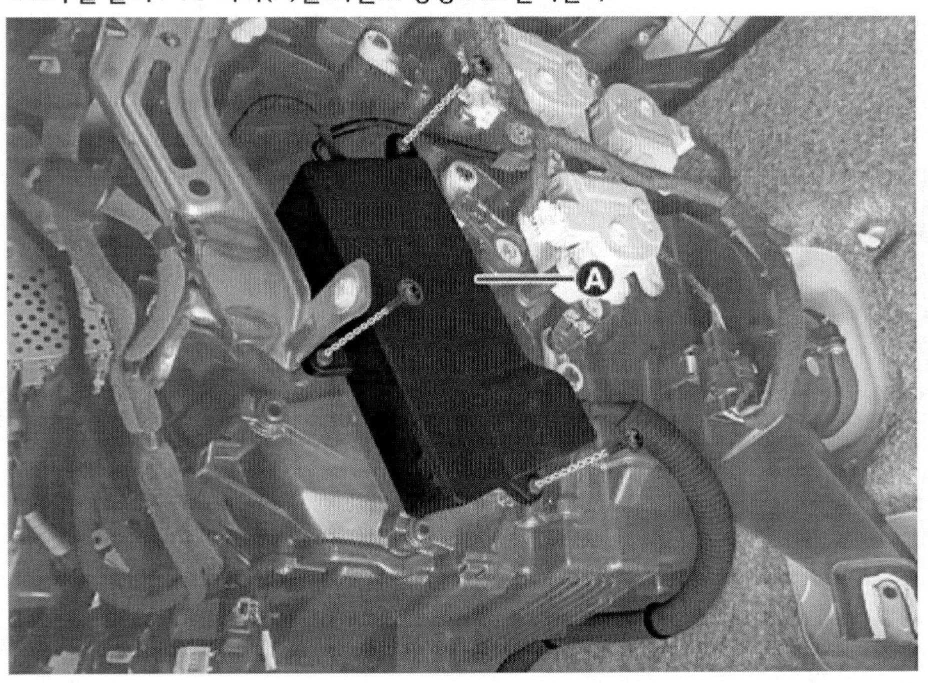

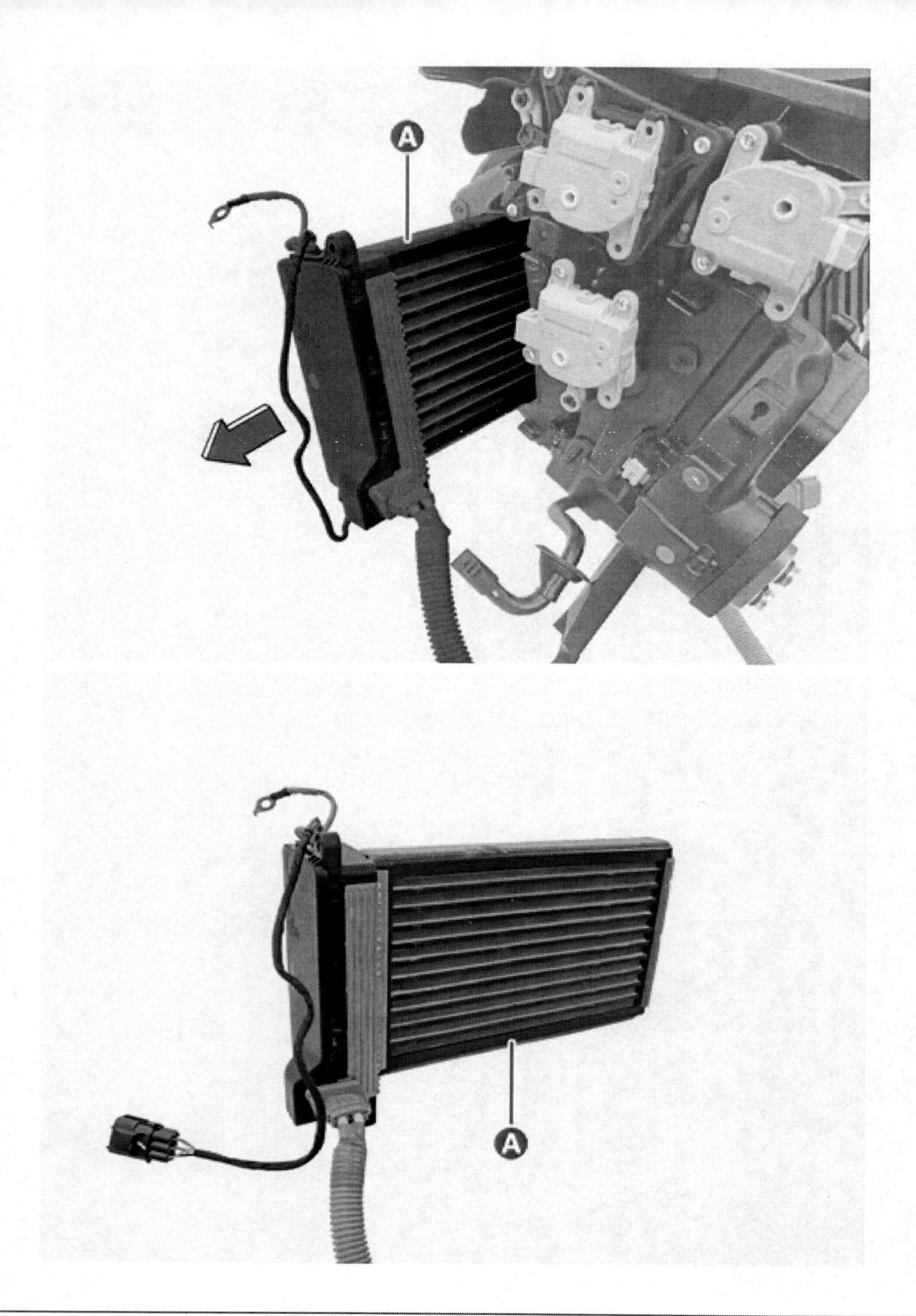

장착

⚠ 경 고

- 고전압 시스템 관련 작업 시, 관련 교육을 이수한 작업자가 정비를 진행한다. 고전압 시스템에 대한 이해가 부족한 경우 감전 또는 누전 등으로 인한 심각한 사고를 초래할 수 있다.
- 고전압 시스템 또는 주변 부품 작업 시, 반드시 "안전 사항 및 주의, 경고" 내용을 숙지하고 준수해야 한다. 미 준수 시, 감전 또는 누전 등으로 인한 심각한 사고를 초래할 수 있다.
- 고전압 시스템 작업 특성상, 개인보호장구(PPE) 및 사전 고전압 차단 절차를 반드시 확인한다.

1. 장착은 탈거의 역순으로 한다.

점검

1. A/C 컨트롤러에서 출력 신호(작동 요청)가 있는지 확인한다.
2. 인터락에 문제가 없는지 진단기기로 검사한다.
3. 저전압(12.0 V)이 공급되는지 확인한다.
4. 점검은 아래 핀정보를 참고한다.

[메인 파워 커넥터]

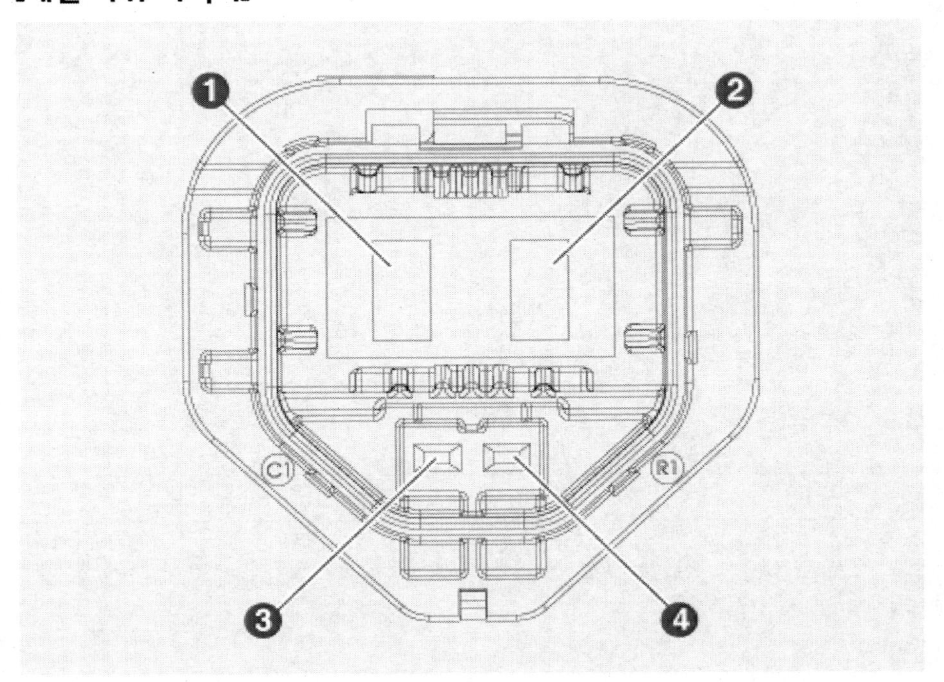

핀 번호	기능
1	HV (+)
2	HV (-)
3	인터락 (+)
4	인터락 (-)

[신호선 커넥터]

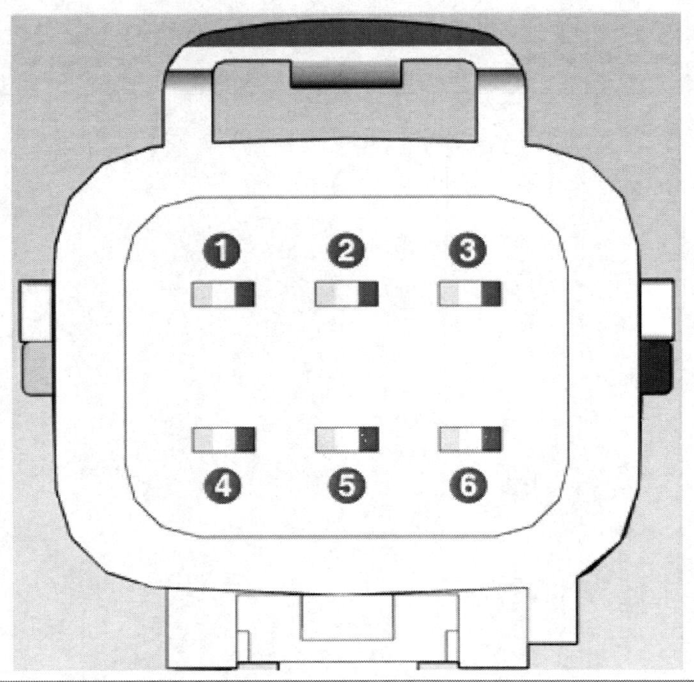

핀 번호	기능
1	IGN 3
2	CAN High
3	CAN Low
4	인터락 (+)
5	인터락 (-)
6	접지

구성부품

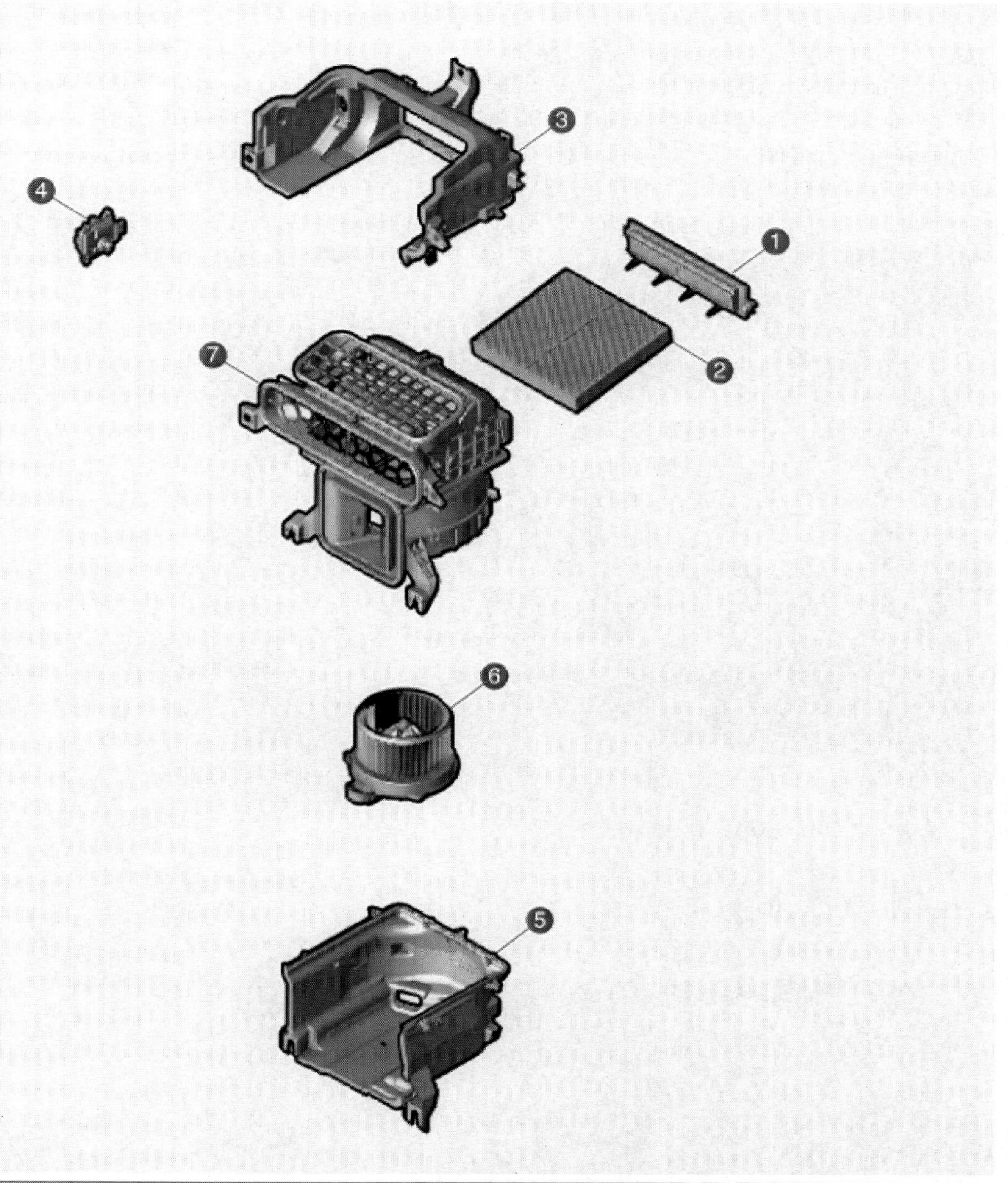

1. 공조 장치용 에어필터 커버 2. 공조 장치용 에어필터 3. 블로어 유닛 어퍼 커버 4. 흡입 액추에이터	5. 블로어 모터 커버 6. 블로어 모터 어셈블리 7. 블로어 어셈블리

탈거

1. 배터리 (-) 단자와 서비스 인터록 커넥터를 분리한다.
   (배터리 제어 시스템 - "보조 배터리 (12V) - 2WD" 참조)
   (배터리 제어 시스템 - "보조 배터리 (12V) - 4WD" 참조)
2. 프런트 트렁크를 탈거한다.
   (바디 - "프런트 트렁크" 참조)
3. 흡입 액추에이터 커넥터(A)와 블로어 모터 커넥터(B)를 분리하고 와이어링 클립을 탈거한다.

4. 너트를 풀어 블로어 유닛(A)을 탈거한다.

체결토크 : 0.8 ~ 1.2 kgf·m

장착

1. 장착은 탈거의 역순으로 한다.

탈거

▲ 경 고

- 고전압 시스템 관련 작업 시, 관련 교육을 이수한 작업자가 정비를 진행한다. 고전압 시스템에 대한 이해가 부족한 경우 감전 또는 누전 등으로 인한 심각한 사고를 초래할 수 있다.
- 고전압 시스템 또는 주변 부품 작업 시, 반드시 "고전압 시스템 안전사항 및 주의, 경고" 내용을 숙지하고 준수해야 한다. 미준수 시, 감전 또는 누전 등으로 인한 심각한 사고를 초래할 수 있다.
- 고전압 시스템 작업 특성상, 개인보호장구(PPE) 및 사전 고전압 차단 절차를 반드시 확인한다.

1. 고전압 차단 절차를 수행한다.
   (일반사항 - "고전압 차단 절차" 참조)
2. 프런트 고전압 정션 박스를 탈거한다.
   (배터리 제어 시스템 - "프런트 고전압 정션 박스" 참조)
3. 흡입 액추에이터 커넥터(A)와 파스너(B)를 분리한다.

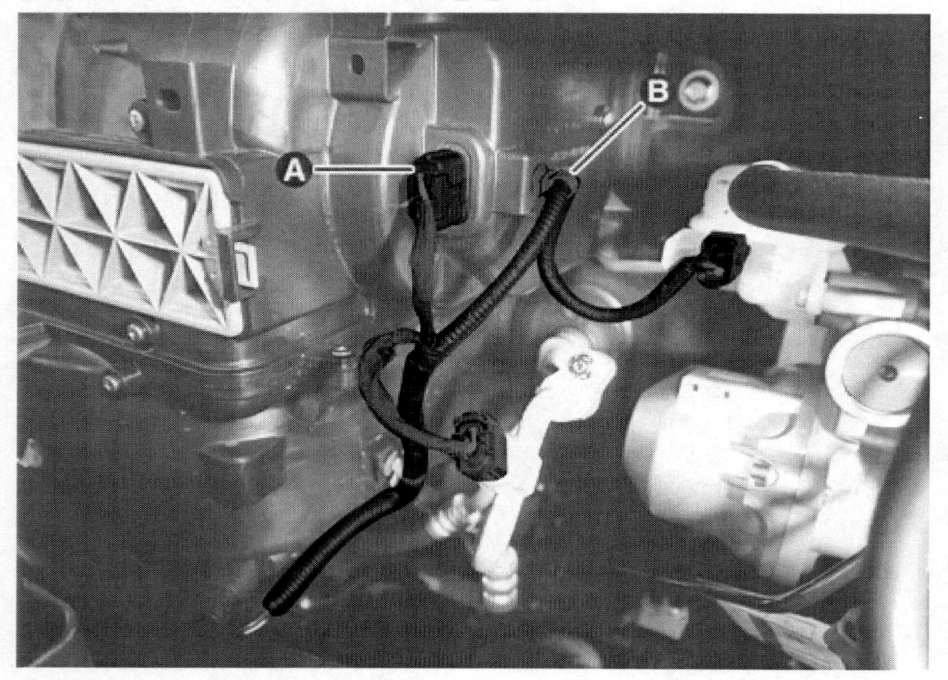

4. 블로어 유닛 스크루(A)를 푼다.

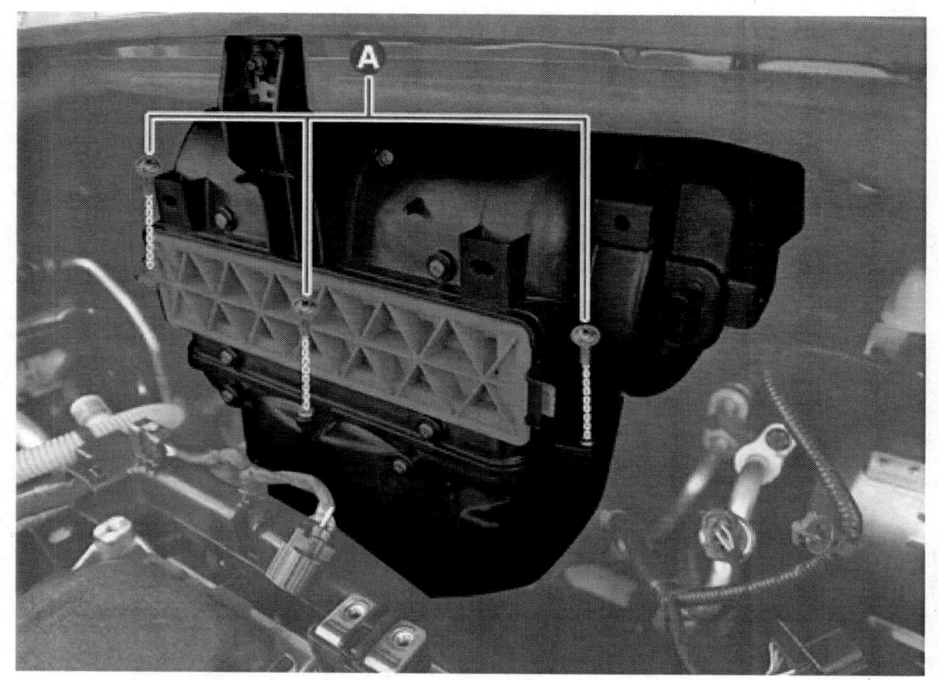

5. 너트를 풀어 상부 블로어 유닛(A)을 탈거한다.

체결토크 : 0.8 ~ 1.2 kgf·m

6. 블로어 모터 커넥터(A)와 파스너(B)를 분리한다.

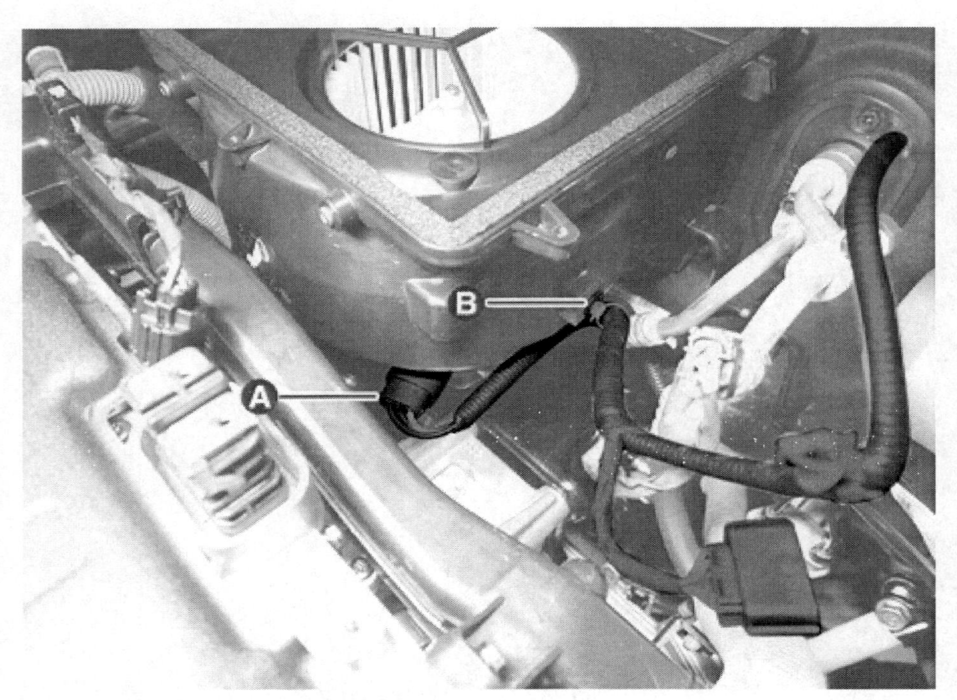

7. 너트를 풀어 하부 블로어 유닛(A)을 탈거한다.

체결토크 : 0.8 ~ 1.2 kgf·m

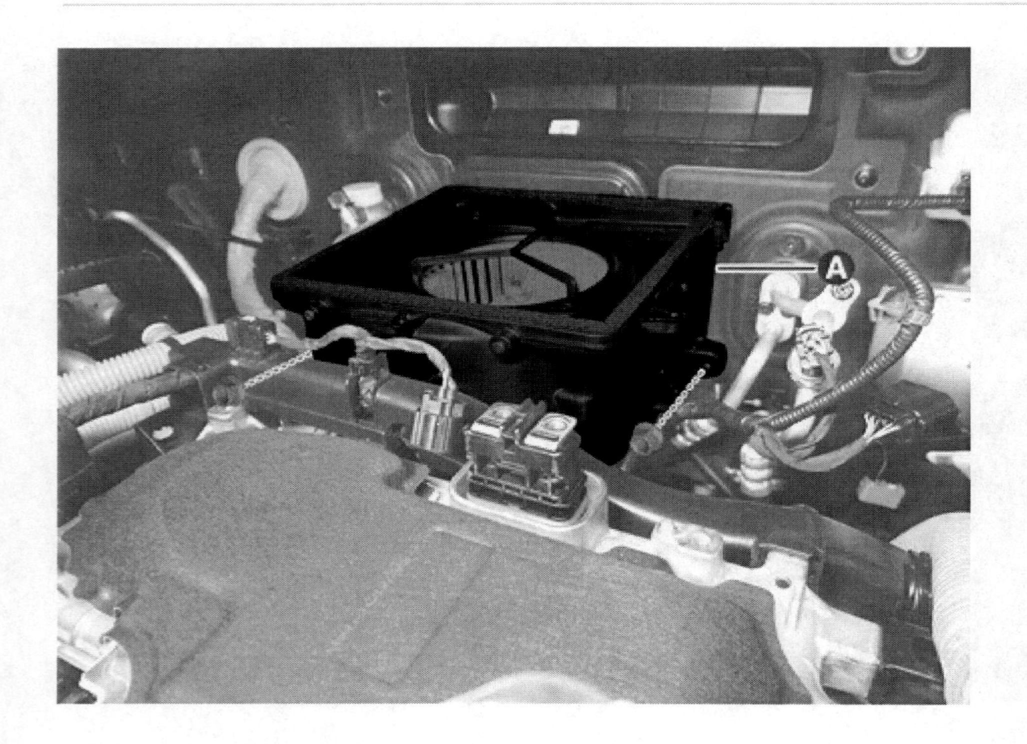

장착

1. 장착은 탈거의 역순으로 한다.

탈거

1. 배터리 (-) 단자와 서비스 인터록 커넥터를 분리한다.
   (배터리 제어 시스템 - "보조 배터리 (12V) - 2WD" 참조)
   (배터리 제어 시스템 - "보조 배터리 (12V) - 4WD" 참조)
2. 블로어 유닛을 탈거한다.
   (블로어 - "블로어 유닛" 참조)
3. 스크루를 풀어 블로어 유닛을 상부(B)와 하부(A)로 분리한다.

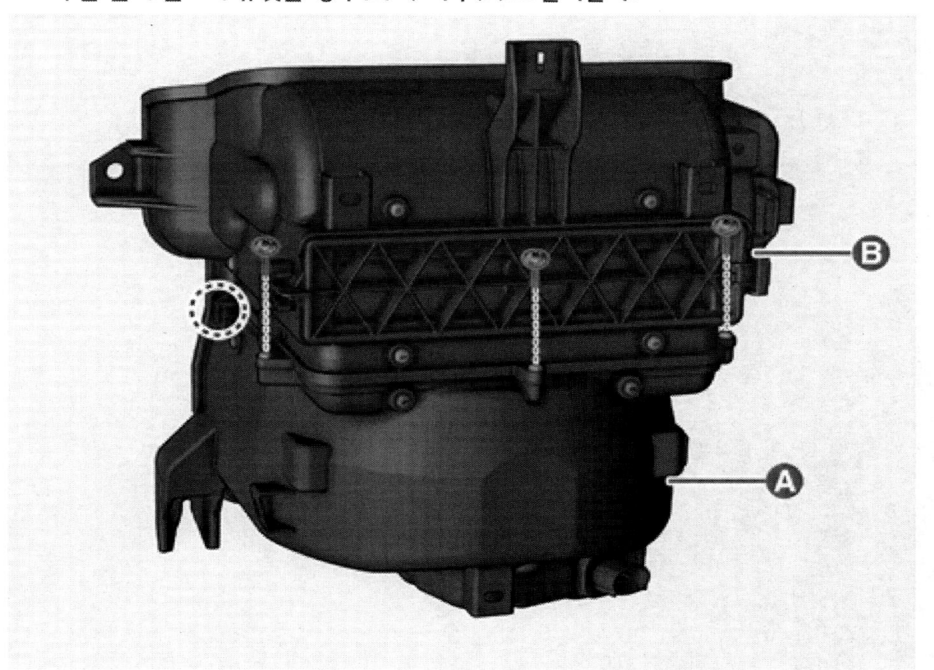

4. 스크루를 풀어 블로어 모터 커버(A)를 탈거한다.

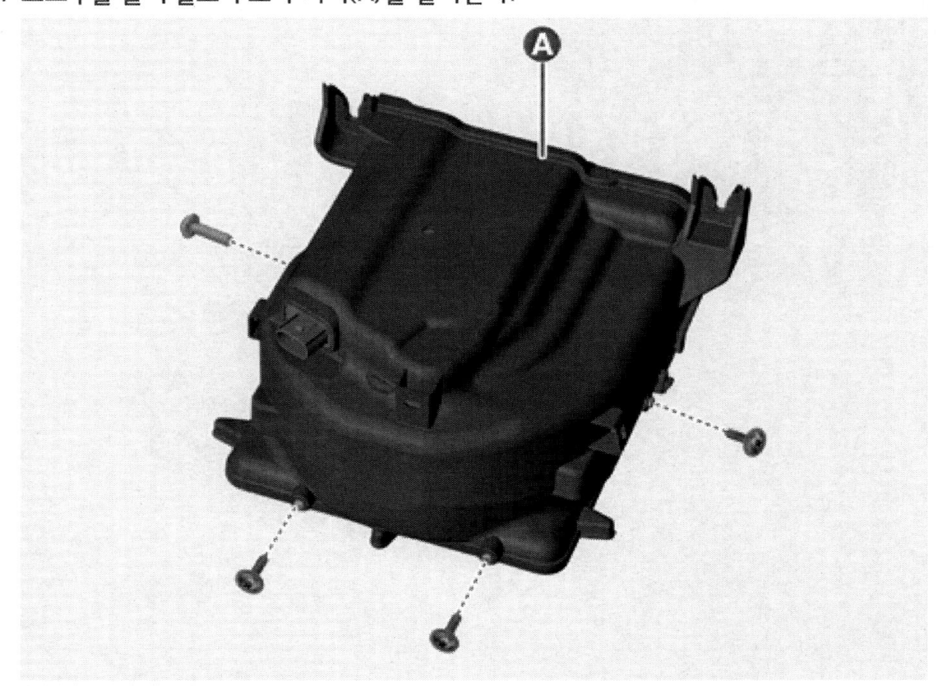

5. 스크루를 풀어 블로어 모터(A)를 탈거한다.

장착

1. 장착은 탈거의 역순으로 한다.

탈거

⚠ 경 고

- 고전압 시스템 관련 작업 시, 관련 교육을 이수한 작업자가 정비를 진행한다. 고전압 시스템에 대한 이해가 부족한 경우 감전 또는 누전 등으로 인한 심각한 사고를 초래할 수 있다.
- 고전압 시스템 또는 주변 부품 작업 시, 반드시 "고전압 시스템 안전사항 및 주의, 경고" 내용을 숙지하고 준수해야 한다. 미준수 시, 감전 또는 누전 등으로 인한 심각한 사고를 초래할 수 있다.
- 고전압 시스템 작업 특성상, 개인보호장구(PPE) 및 사전 고전압 차단 절차를 반드시 확인한다.

1. 하부 블로어 유닛을 탈거한다.
   (블로어 - "블로어 유닛" 참조)
2. 스크루를 풀어 블로어 모터 커버(A)를 탈거한다.

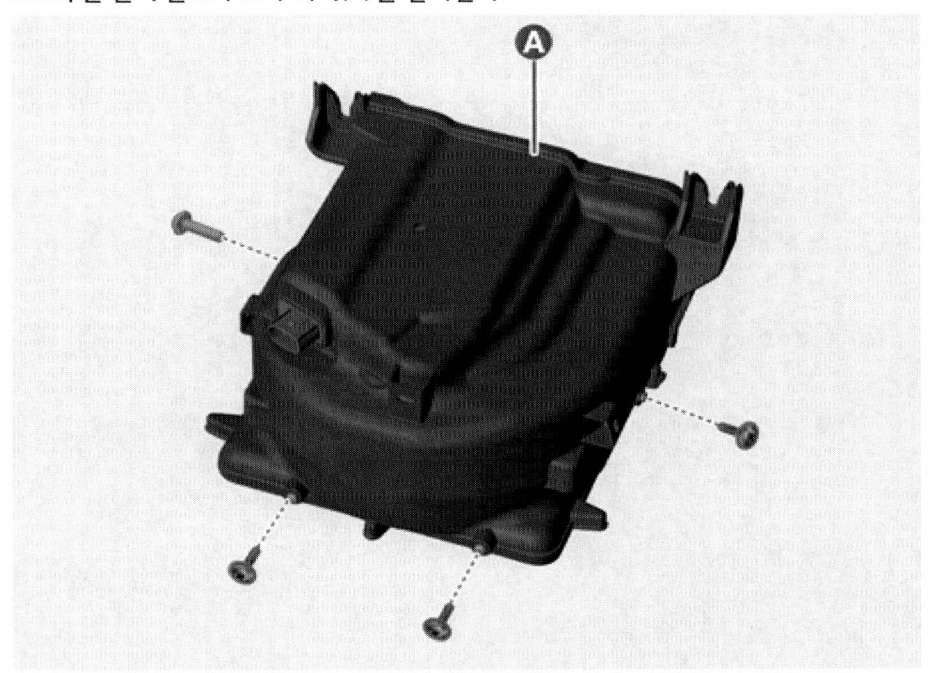

3. 스크루를 풀어 블로어 모터(A)를 탈거한다.

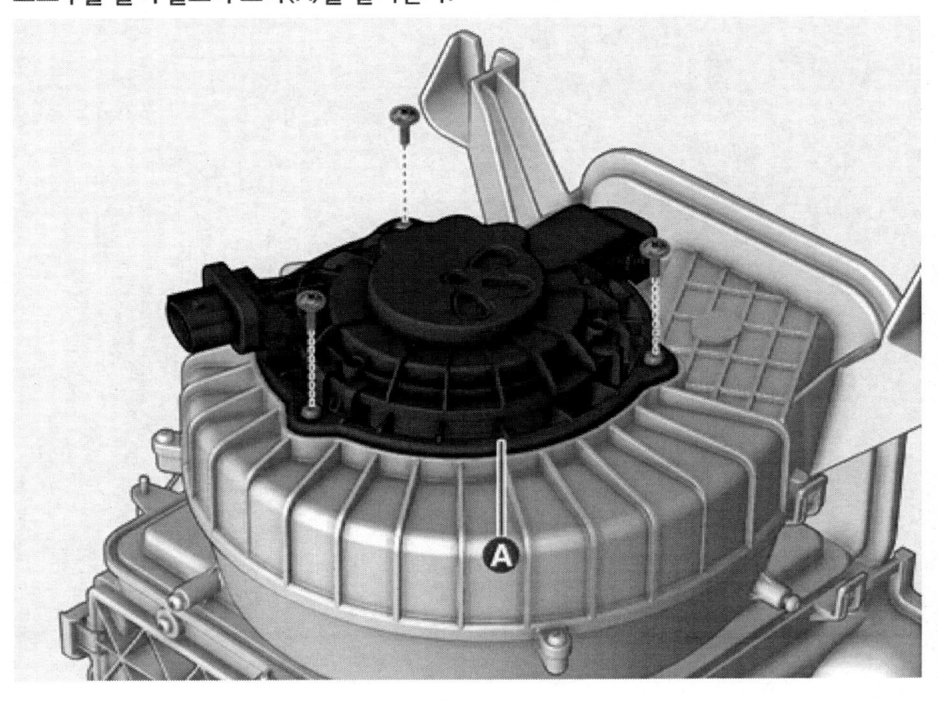

장착

1. 장착은 탈거의 역순으로 한다.

점검

1. IG OFF를 한다.
2. 블로어 모터 커넥터를 분리한다.
3. 2번 단자에 전압을 가하고, 1번 단자는 접지시켜 모터가 구동하는지 점검한다.

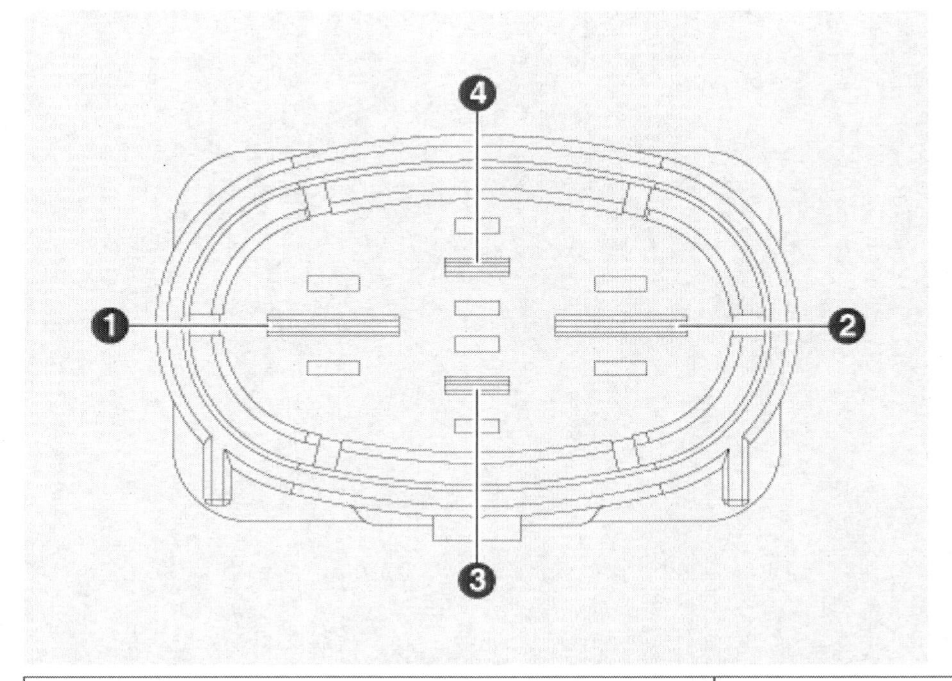

1. 접지 (-) 2. 전원 (+)	3. 입력 신호 4. -

4. 만약 기존 블로어 모터가 작동하지 않으면 신품 블로어 모터로 교환한다.

개요

공조 장치용 에어필터는 블로어 유닛에 장착되어 이물질 또는 냄새 등을 제거한다.

교환

[2WD]

1. 프런트 트렁크를 연다.

2. 서비스 커버(A)를 탈거한다.

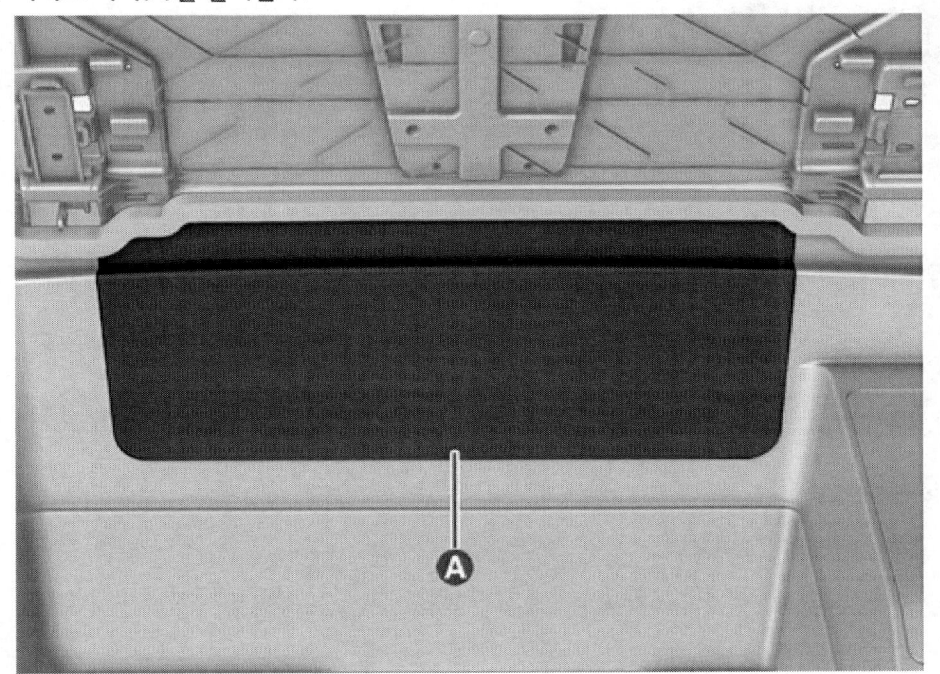

3. 화살표 방향으로 필터 커버 노브를 눌러 공조 장치용 에어필터 커버(A)를 탈거한다.

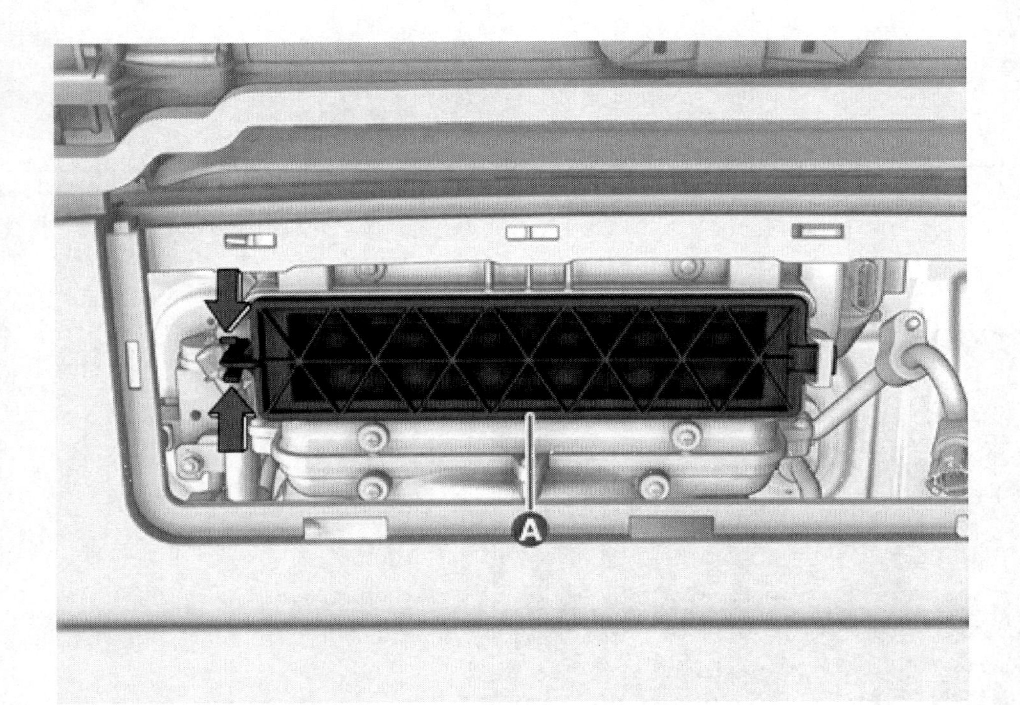

4. 공조 장치용 에어필터(A)를 교환한다.

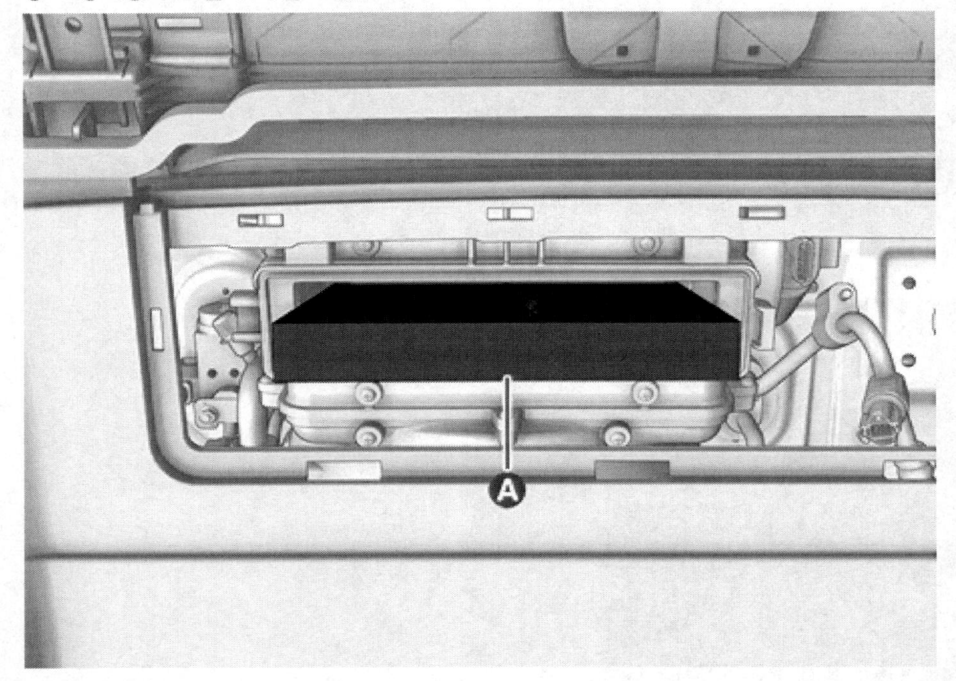

5. 장착은 탈거의 역순으로 한다.

> **유 의**
>
> - 취급 설명서의 교환 주기에 맞춰 공조용 에어필터를 교환한다.
> - 대기 오염이 심한 지역이나 도로 조건이 나빠서 매연 등이 많이 발생하는 지역 운행 시는 수시 점검 및 교환해 주어야 한다.

[4WD]

1. 프런트 트렁크를 연다.

2. 서비스 커버(A)를 탈거한다.

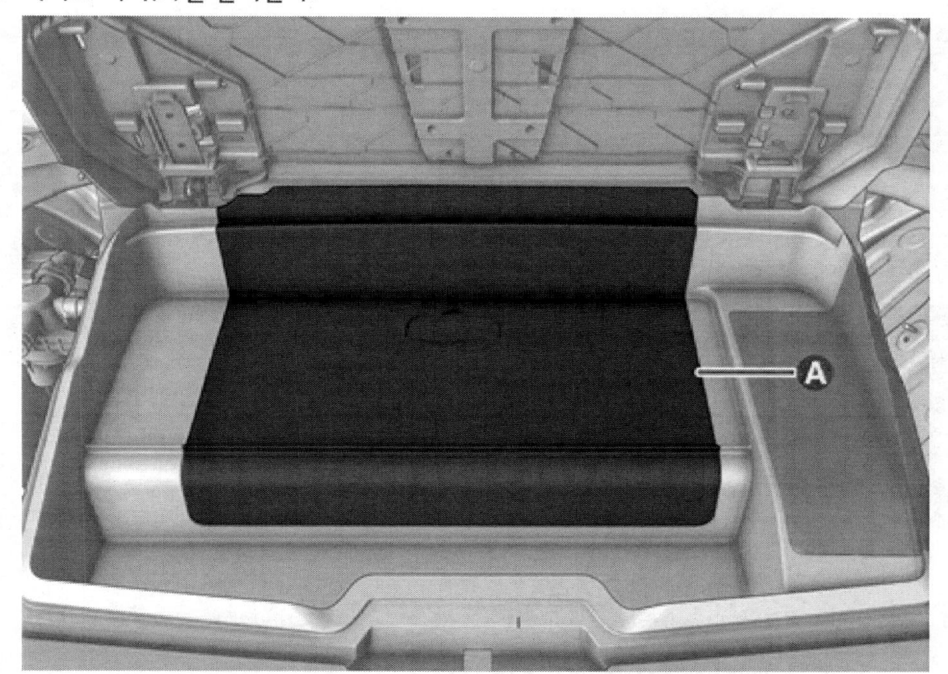

3. 화살표 방향으로 필터 커버 노브를 눌러 공조 장치용 에어필터 커버(A)를 탈거한다.

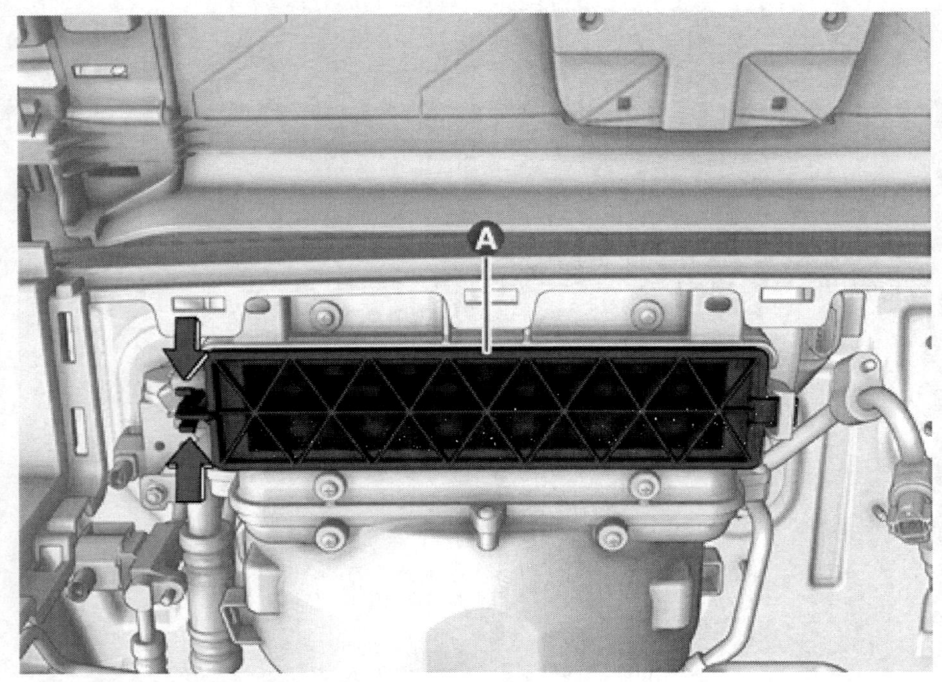

4. 공조 장치용 에어필터(A)를 교환한다.

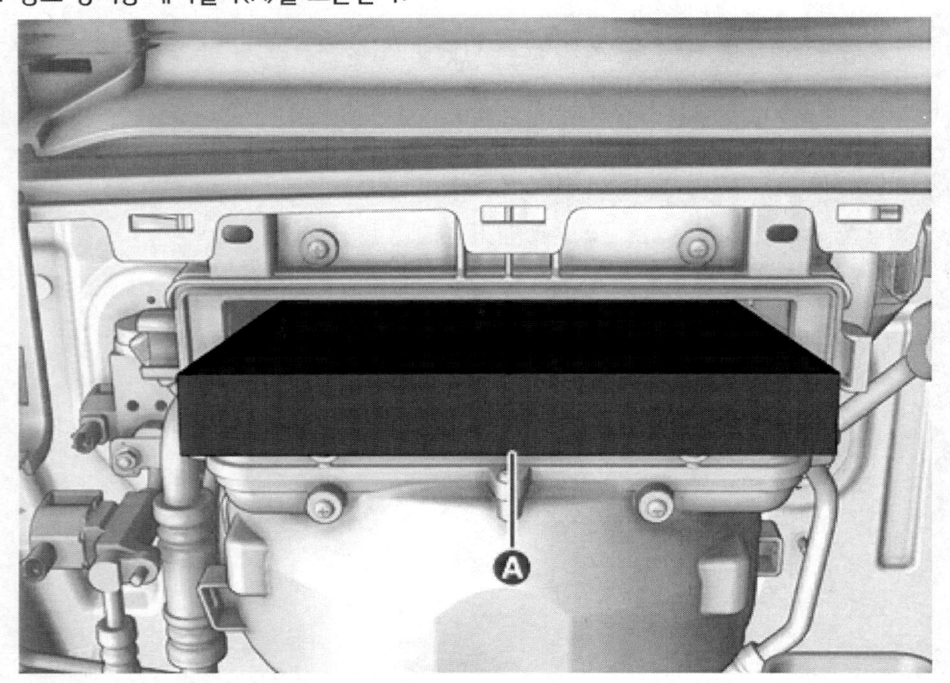

5. 장착은 탈거의 역순으로 한다.

유 의

- 취급 설명서의 교환 주기에 맞춰 공조용 에어필터를 교환한다.
- 대기 오염이 심한 지역이나 도로 조건이 나빠서 매연 등이 많이 발생하는 지역 운행 시는 수시 점검 및 교환해 주어야 한다.

개요

흡입 액추에이터는 블로어 유닛에 장착되어 컨트롤 유닛의 신호에 따라 인테이크 도어를 조절한다.
실내/외기 선택 스위치를 누르면 실내 순환 또는 외기 유입 모드로 전환된다.

탈거

1. 배터리 (-) 단자와 서비스 인터록 커넥터를 분리한다.
   (배터리 제어 시스템 - "보조 배터리 (12V) - 2WD" 참조)
   (배터리 제어 시스템 - "보조 배터리 (12V) - 4WD" 참조)
2. 블로어 유닛을 탈거한다.
   (블로어 - "블로어 유닛" 참조)
3. 스크루를 풀어 블로어 유닛을 상부(B)와 하부(A)로 분리한다.

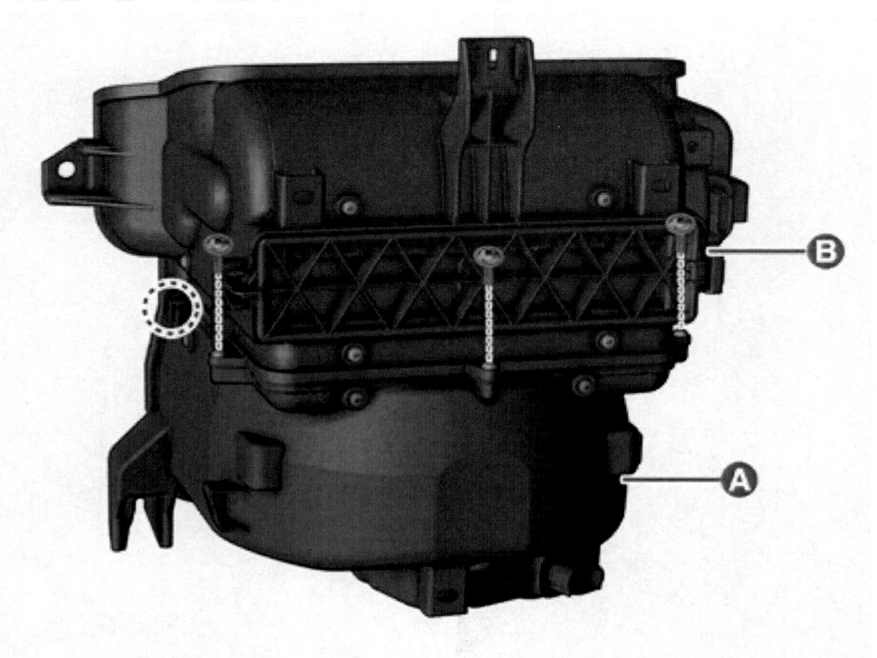

4. 스크루를 풀어 블로어 유닛 어퍼 커버(A)를 탈거한다.

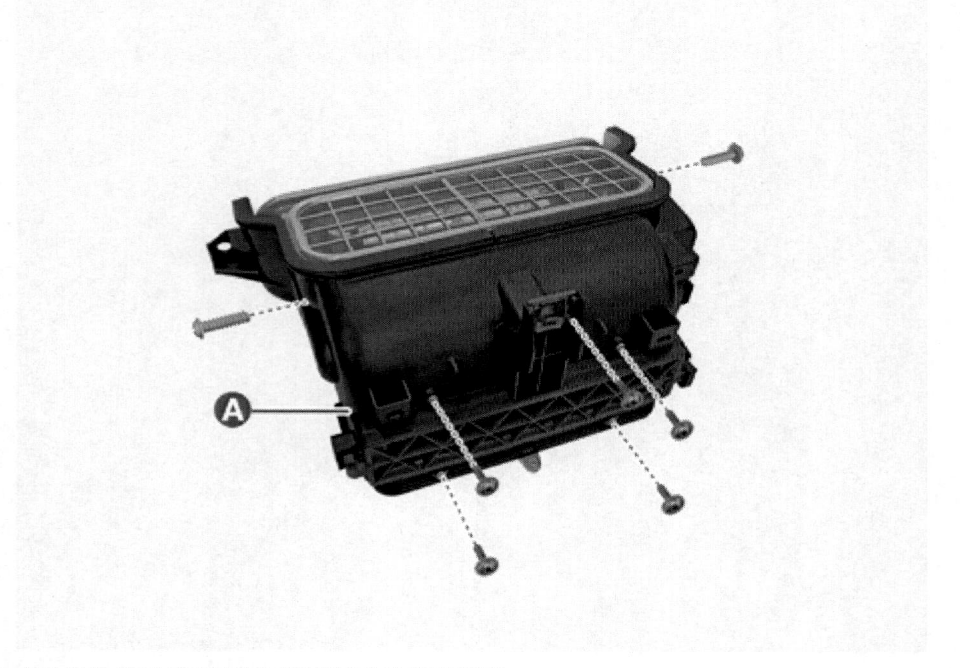

5. 스크루를 풀어 흡입 액추에이터(A)를 탈거한다.

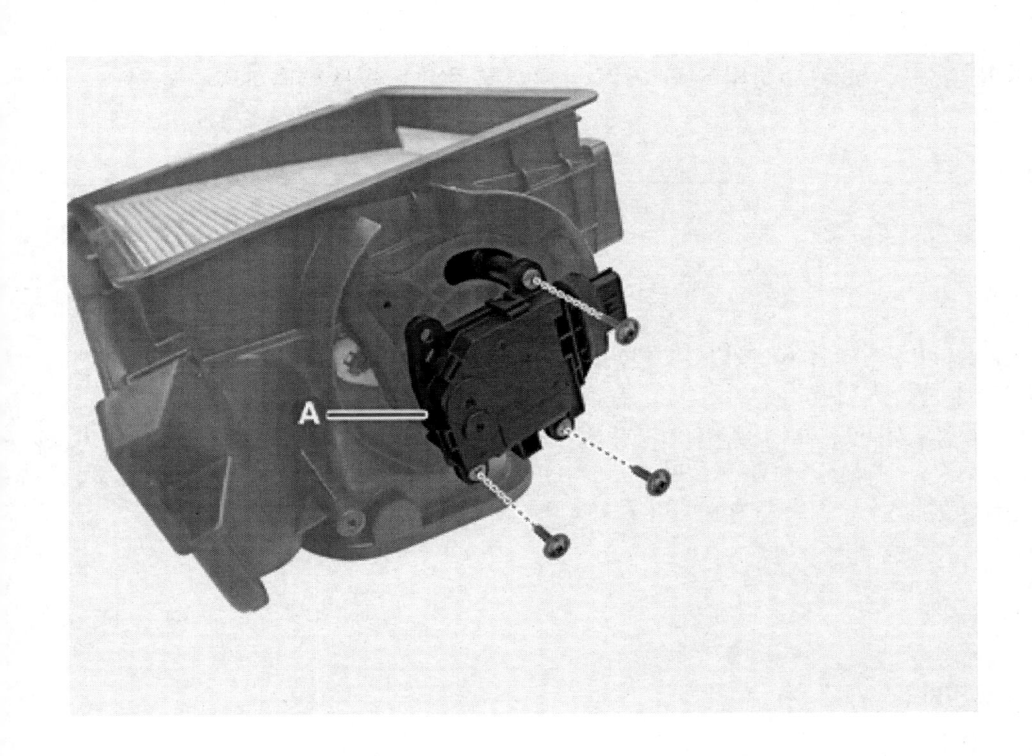

장착

1. 장착은 탈거의 역순으로 한다.

탈거

⚠ 경 고

- 고전압 시스템 관련 작업 시, 관련 교육을 이수한 작업자가 정비를 진행한다. 고전압 시스템에 대한 이해가 부족한 경우 감전 또는 누전 등으로 인한 심각한 사고를 초래할 수 있다.
- 고전압 시스템 또는 주변 부품 작업 시, 반드시 "고전압 시스템 안전사항 및 주의, 경고" 내용을 숙지하고 준수해야 한다. 미준수 시, 감전 또는 누전 등으로 인한 심각한 사고를 초래할 수 있다.
- 고전압 시스템 작업 특성상, 개인보호장구(PPE) 및 사전 고전압 차단 절차를 반드시 확인한다.

1. 고전압 차단 절차를 수행한다.
   (일반사항 - "고전압 차단 절차" 참조)
2. 프런트 고전압 정션 박스를 탈거한다.
   (배터리 제어 시스템 - "프런트 고전압 정션 박스" 참조)
3. 흡입 액추에이터 커넥터(A)와 파스너(B)를 분리한다.

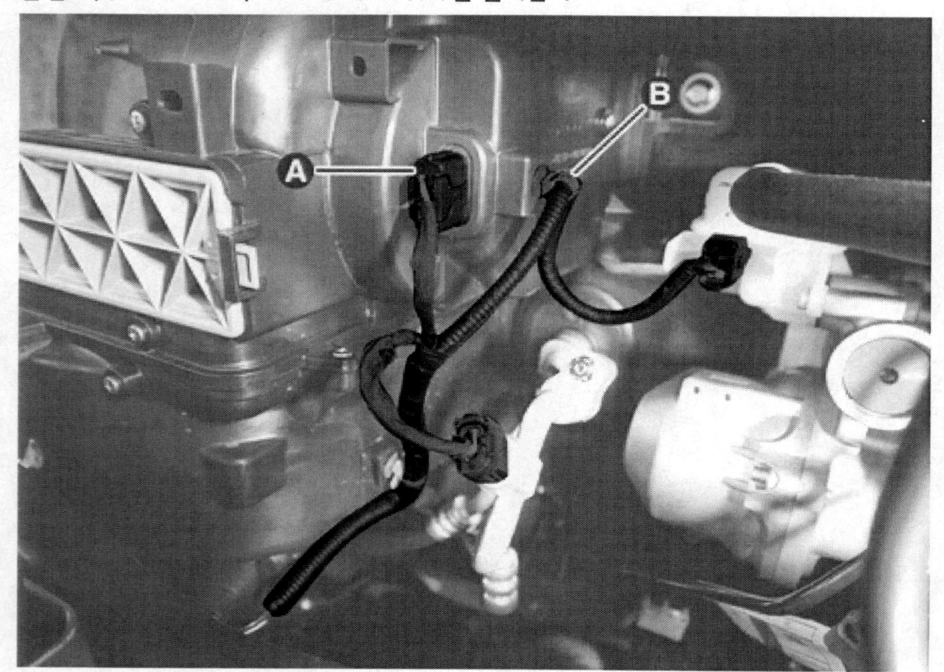

4. 블로어 유닛 스크루(A)를 푼다.

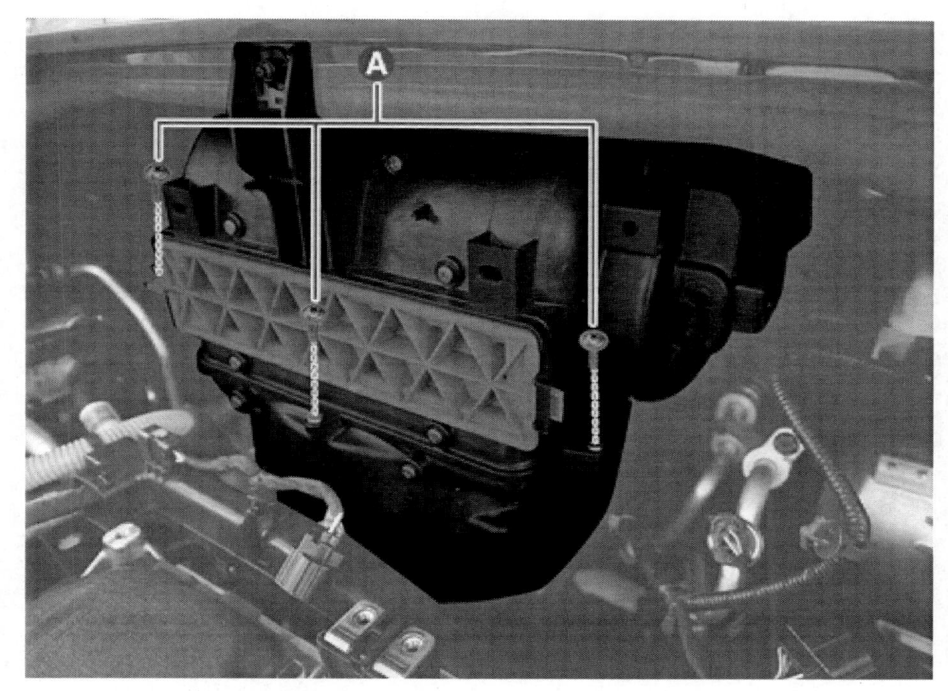

5. 너트를 풀어 상부 블로어 유닛(A)을 탈거한다.

체결토크 : 0.8 ~ 1.2 kgf·m

6. 스크루를 풀어 블로어 유닛 어퍼 커버(A)를 탈거한다.

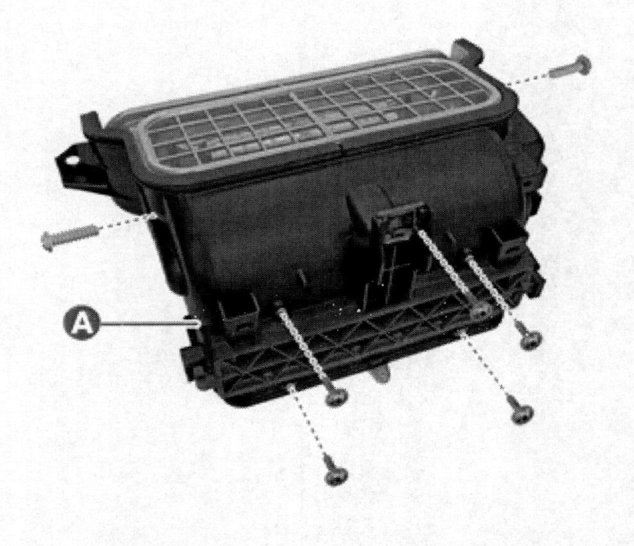

7. 스크루를 풀어 흡입 액추에이터(A)를 탈거한다.

장착

1. 장착은 탈거의 역순으로 한다.

점검

1. IG OFF를 한다.
2. 흡입 액추에이터 커넥터를 분리한다.
3. 전원 (+) 단자를 흡입 전환 액추에이터 커넥터 1번 단자에, (-) 단자를 2번 단자에 접속하여 액추에이터가 구동하는지 점검하고, 반대로 접속하였을 때 내기 방향으로 구동하는지 점검한다.

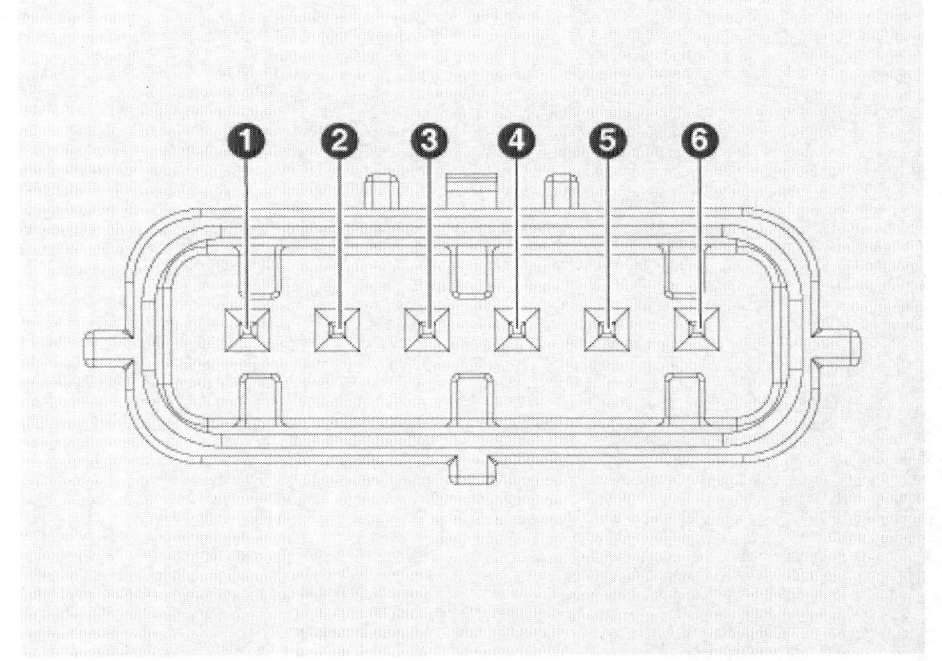

1. 내기 2. 외기 3. -	4. 센서 접지 5. 피드백 신호 6. 센서 전원 (+5 V)

4. 흡입 액추에이터 커넥터를 연결한다.
5. IG ON을 한다.
6. 6 - 5번 간 단자 전압을 측정한다.

도어 위치	전압(V)	에러 검출
0 ˚	0.5 ± 0.15	저전압 : 0.1 V 미만 고전압 : 4.9 V 초과
80 ˚	4.5 ± 0.15	

7. 만약 측정 전압이 사양과 일치하지 않으면 신품의 흡입 액추에이터로 교환한다.

탈거

3 웨이 밸브

1. 배터리 (-) 단자와 서비스 인터록 커넥터를 분리한다.
   (배터리 제어 시스템 - "보조 배터리 (12V) - 2WD" 참조)
   (배터리 제어 시스템 - "보조 배터리 (12V) - 4WD" 참조)
2. 회수/재생/충전기로 냉매를 회수한다.
   (에어컨 - "냉매 회수/재생/충전/진공" 참조)
3. 수냉 콘덴서를 탈거한다.
   (에어컨 - "수냉 콘덴서" 참조)
4. 3웨이 밸브 커넥터(A)를 분리한다.

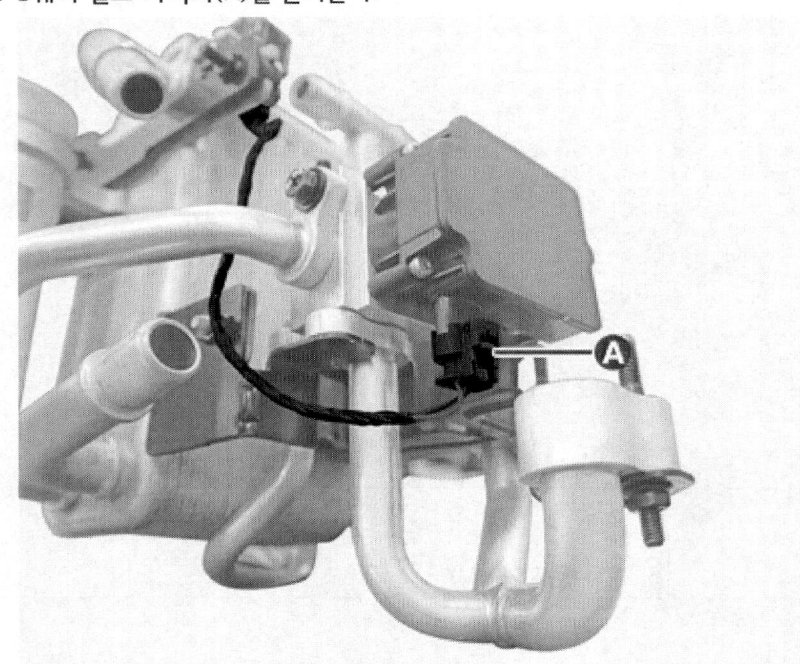

5. 볼트를 풀어 3웨이 밸브에 파이프(A)를 분리하고 3웨이 밸브(B)를 탈거한다.

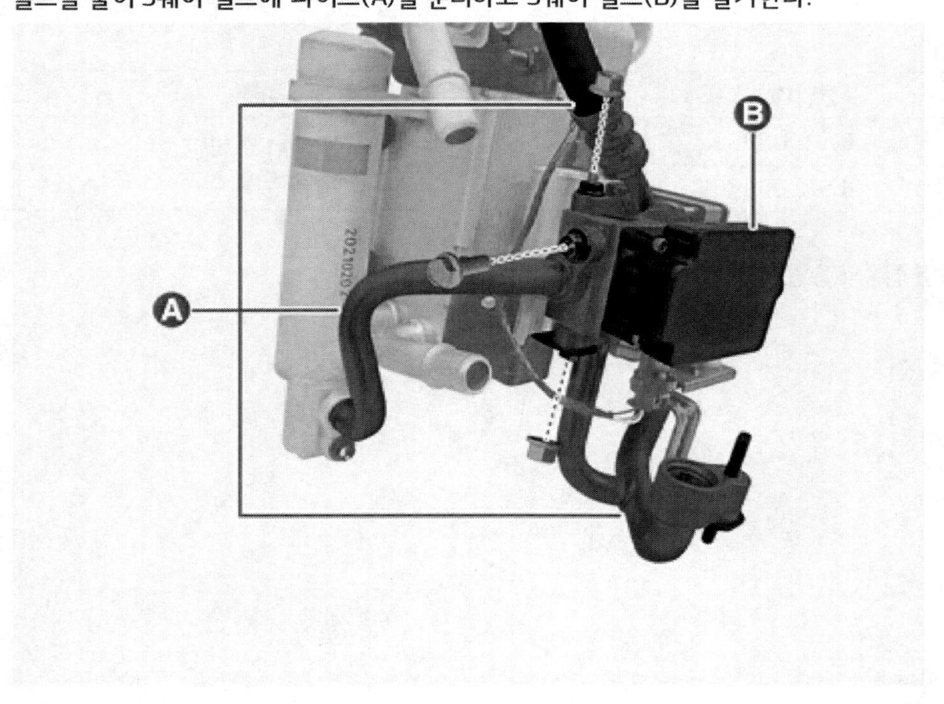

장착

⚠ 경 고

- 반드시 전동식 컴프레서 전용의 냉매 회수/충전기를 이용하여 지정된 냉매(R-1234yf)와 냉동유(POE)를 주입한다. 일반 차량의 냉동유(PAG)가 혼입될 경우 컴프레서 손상 및 안전사고가 발생할 수 있다.

1. 장착은 탈거의 역순으로 한다.

유 의

- 각 연결부의 O-링은 신품으로 교환하고, 호스나 라인을 연결하기 전 O-링에 몇 방울의 컴프레서 오일(냉동유)을 바른다. R-1234yf의 누출을 피하기 위해서는 규정된 O-링을 사용한다.
- 시스템을 충전하고, 에어컨 성능을 테스트한다.
  (에어컨 - "냉매 회수/재생/충전/진공" 참조)

개요

컴프레서 측으로 기체 냉매만 유입될 수 있도록 냉매의 기체/액체를 분리 한다.

탈거

1. 배터리 (-) 단자와 서비스 인터록 커넥터를 분리한다.
   (배터리 제어 시스템 - "보조 배터리 (12V) - 2WD" 참조)
   (배터리 제어 시스템 - "보조 배터리 (12V) - 4WD" 참조)
2. 회수/재생/충전기로 냉매를 회수한다.
   (에어컨 - "냉매 회수/재생/충전/진공" 참조)
3. 프런트 트렁크를 탈거한다.
   (바디 - "프런트 트렁크" 참조)
4. 너트를 풀어 석션 호스1(A)과 석션 호스2(B)를 분리한다.

체결 토크 : 1.0 ~ 1.5 kgf·m

5. 볼트를 풀어 어큐뮬레이터 브래킷(A)를 분리하여 어큐뮬레이터(B)를 탈거한다.

체결 토크 : 1.0 ~ 1.5 kgf·m

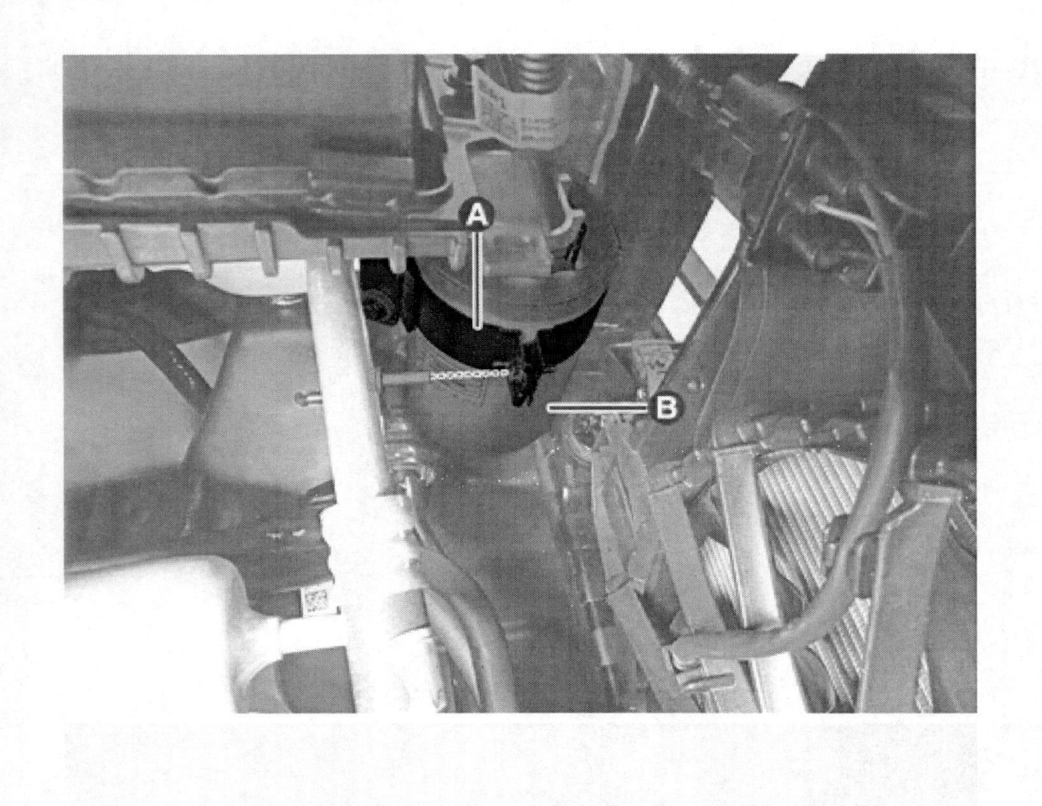

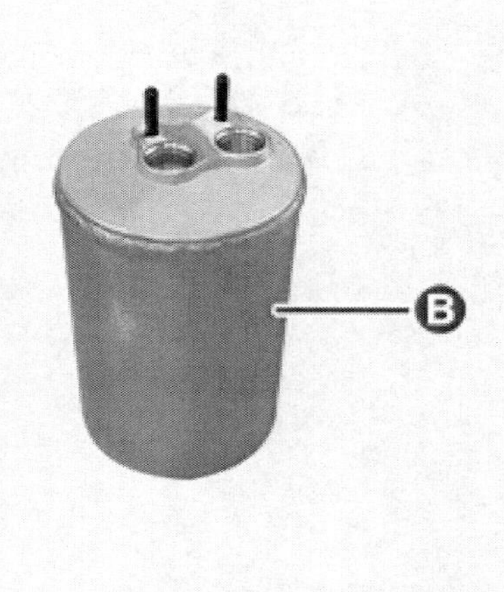

장착

1. 장착은 탈거의 역순으로 한다.

▲ 경 고

반드시 전동식 컴프레서 전용의 냉매 회수/충전기를 이용하여 지정된 냉매(R-1234yf)와 냉동유(POE)를 주입한다. 일반 차량의 냉동유(PAG)가 혼입될 경우 컴프레서 손상 및 안전사고가 발생할 수 있다.

유 의

- 단품 장착 시 규정 토크를 준수하여 장착한다.
- 가스 누출 탐지기를 사용하여 냉매의 누출을 점검한다.
- 냉각 시스템 안에 공기를 제거하고 냉매를 충전한다.
  (에어컨 - "냉매 회수/재생/충전/진공" 참조)

탈거

1. 배터리 (-) 단자와 서비스 인터록 커넥터를 분리한다.
   (배터리 제어 시스템 - "보조 배터리 (12V) - 2WD" 참조)
   (배터리 제어 시스템 - "보조 배터리 (12V) - 4WD" 참조)
2. 회수/재생/충전기로 냉매를 회수한다.
   (에어컨 - "냉매 회수/재생/충전/진공" 참조)
3. 프런트 트렁크를 탈거한다.
   (바디 - "프런트 트렁크" 참조)
4. 너트를 풀어 석션 호스1(A)과 석션 호스2(B)를 분리한다.

체결 토크 : 1.0 ~ 1.5 kgf·m

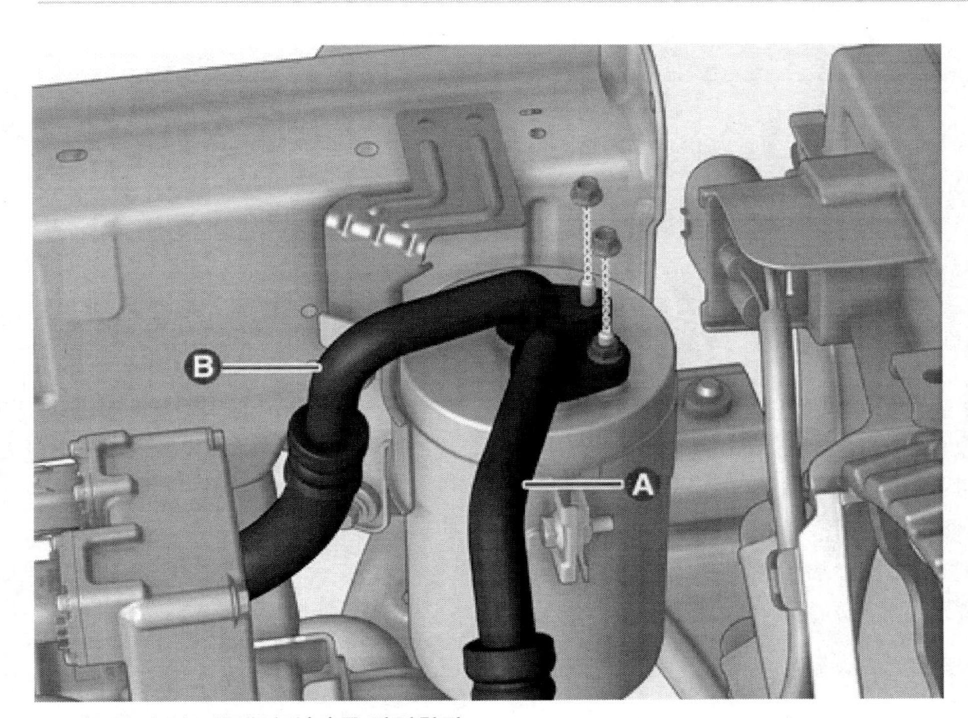

5. 볼트를 풀어 어큐뮬레이터(A)를 탈거한다.

체결 토크 : 1.0 ~ 1.5 kgf·m

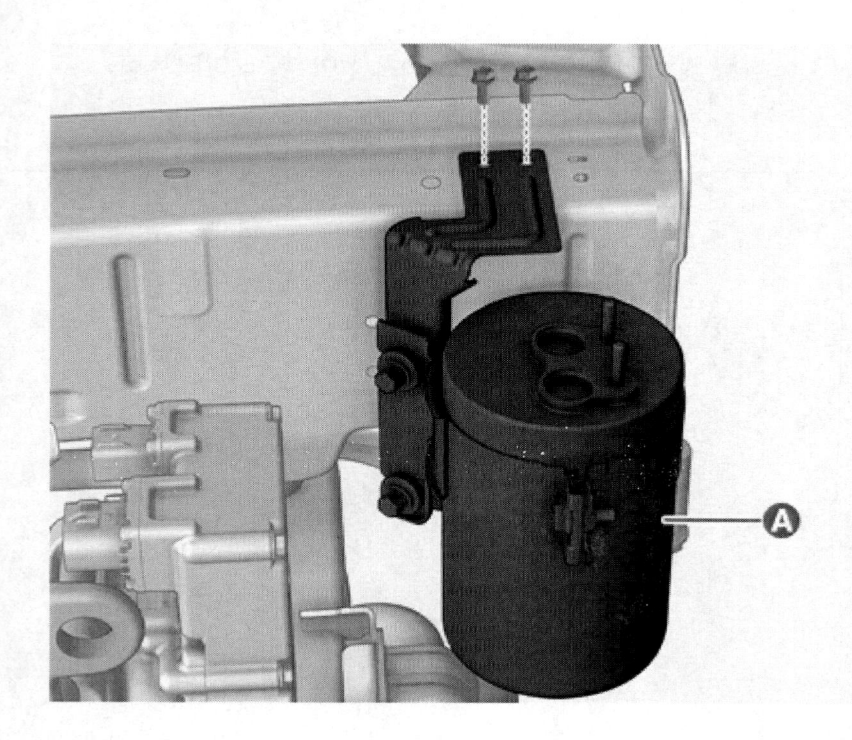

장착

1. 장착은 탈거의 역순으로 한다.

▲ 경 고

반드시 전동식 컴프레서 전용의 냉매 회수/충전기를 이용하여 지정된 냉매(R-1234yf)와 냉동유(POE)를 주입한다. 일반 차량의 냉동유(PAG)가 혼입될 경우 컴프레서 손상 및 안전사고가 발생할 수 있다.

유 의

- 단품 장착 시 규정 토크를 준수하여 장착한다.
- 가스 누출 탐지기를 사용하여 냉매의 누출을 점검한다.
- 냉각 시스템 안에 공기를 제거하고 냉매를 충전한다.
  (에어컨 - "냉매 회수/재생/충전/진공" 참조)

2023 > 엔진 > 160kW (2WD) / 70 160kW (4WD) > 히터 및 에어컨 장치 > 컨트롤러 > 히터 및 에어컨 컨트롤 유닛(DATC) > 탈거 및 장착

탈거

1. 오디오/AVN 키보드를 탈거한다.
   (바디 전장 - "오디오 /AVN 키보드" 참조)

장착

1. 장착은 탈거의 역순으로 한다.

점검

1. 자기 진단 절차

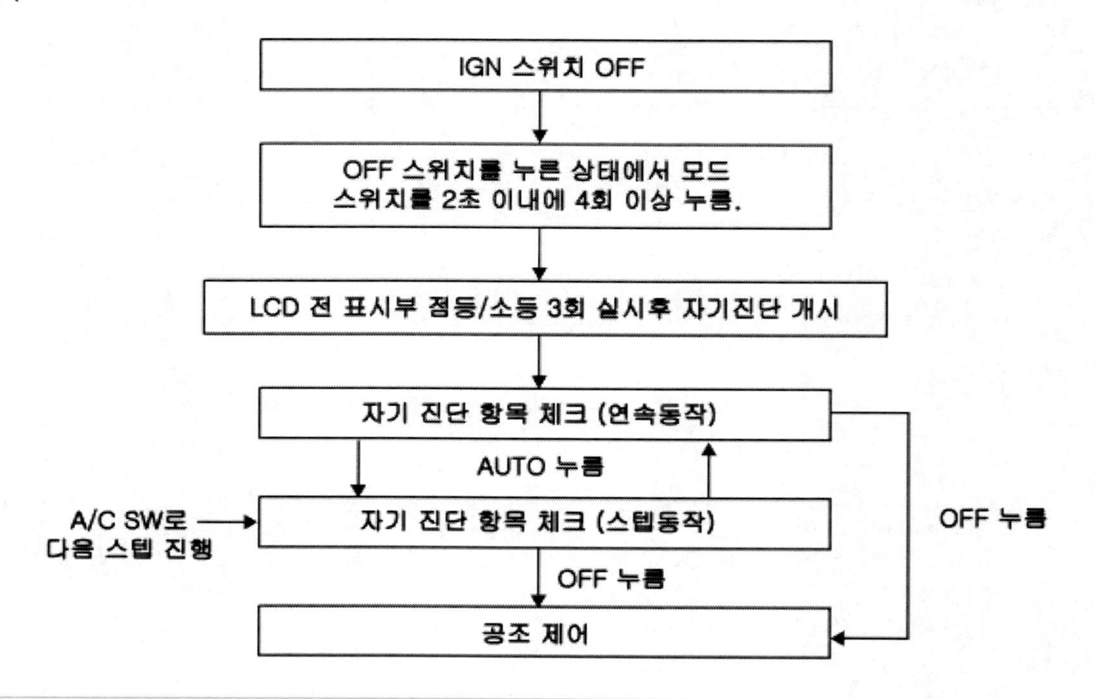

유 의

- 자기 진단 기능 실시 중 고장 코드는 설정 온도 표시부에 표시하고 나머지는 모두 OFF 한다.
- 자기 진단 실시중 공조 제어는 OFF 상태를 유지한다.
- 자기 진단 기능 실시중 설정 온도 표시부에 다음의 고장 내용(자가 진단 코드)을 0.5초 간격으로 점멸하여 표시한다.
- 자기 진단 실시 중 IG OFF & ON시 시스템 OFF 상태로 복귀한다.

2. 고장 코드 표시 방법

(1) 연속 동작: 정상 또는 1개 고장 시

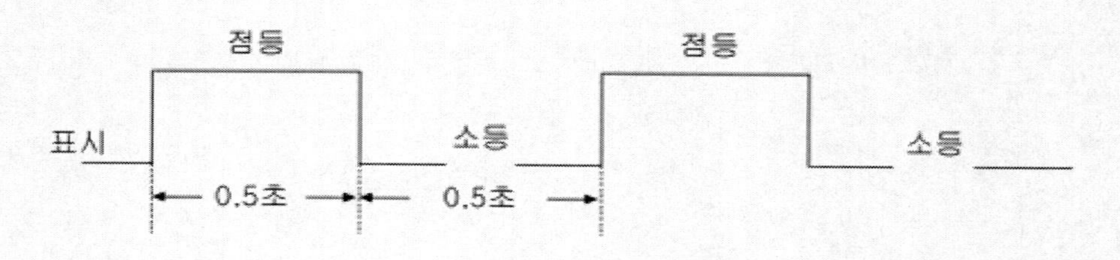

(2) 연속 동작: 복수 고장 시

(3) STEP 동작 시

a. 정상 또는 1개 고장 시는 연속 동작과 동일하다.

b. 복수 고장 시

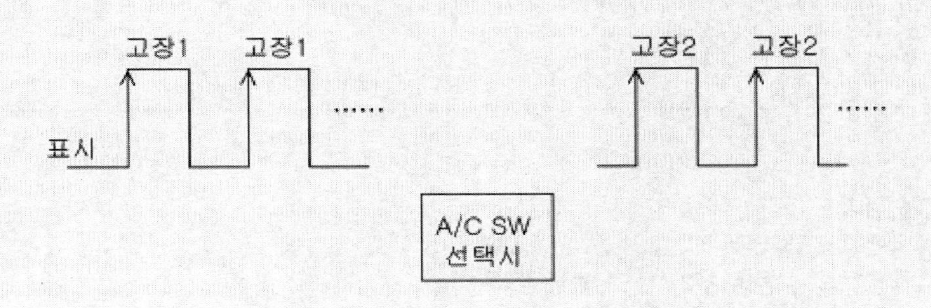

3. 고장 진단 절차는 DTC 코드를 참고한다.

탈거

1. 배터리 (-) 단자와 서비스 인터록 커넥터를 분리한다.
   (배터리 제어 시스템 - "보조 배터리 (12V) - 2WD" 참조)
   (배터리 제어 시스템 - "보조 배터리 (12V) - 4WD" 참조)
2. 운전자 주차 보조 유닛을 탈거한다.
   (첨단 운전자 보조 시스템(ADAS) - "운전자 주차 보조 유닛" 참조)
3. 너트를 풀어 히터 컨트롤 유닛(A)를 탈거한다.

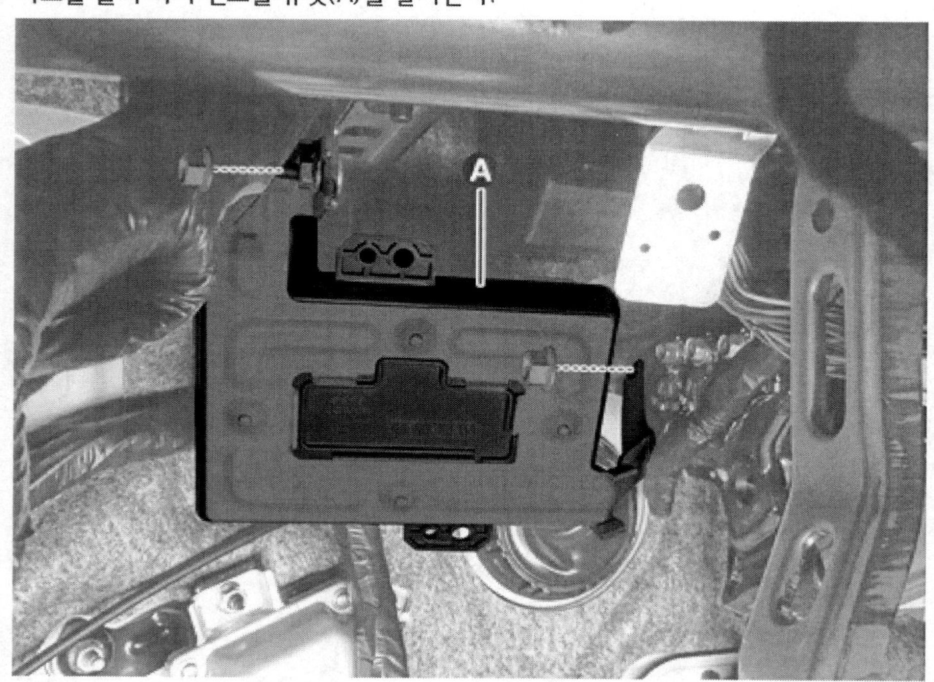

4. 히터 컨트롤 유닛 커넥터(A)를 분리한다.

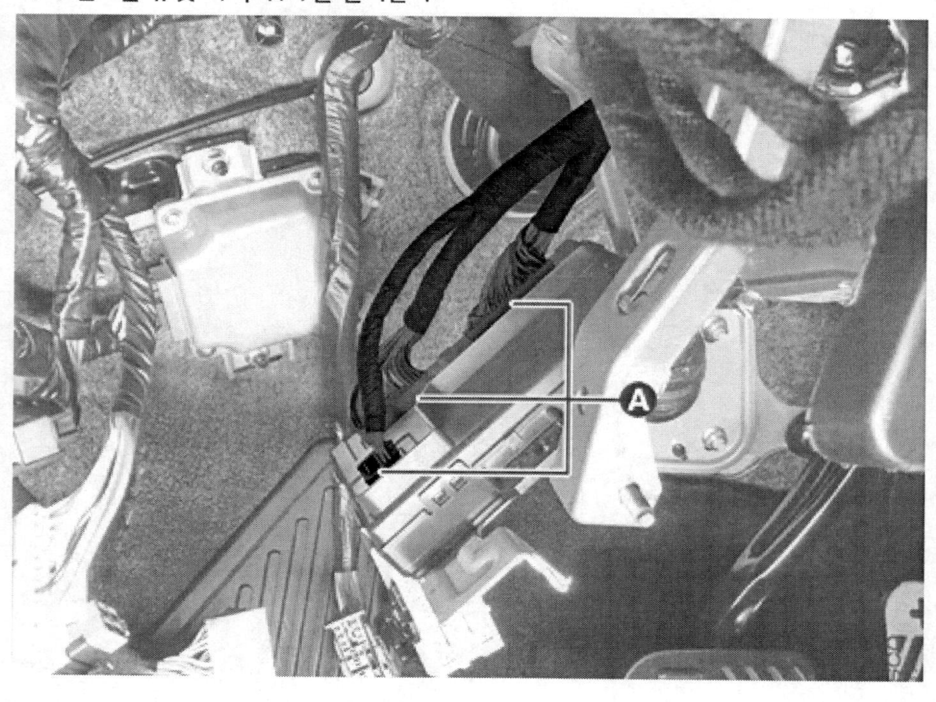

장착

1. 장착은 탈거의 역순으로 한다.

첨단 운전자 보조 시스템 (ADAS)

개요

첨단 운전자 보조 시스템(ADAS : Advanced Driver Assistance Systems)은 차량의 외부환경 및 운전자 상태를 분석하여 주행 및 주차에 대한 시야 확보/화면 표시/가이드/경고/제어를 해주는 시스템이다.

[옵션 사양]

항목	기능		제어기									
	약어	명칭	전방 카메라	전방 레이더	전측방 레이더	후측방 레이더	운전자 주행 보조 유닛	초음파 센서	후방 카메라	SVM	운전자 주차 보조 유닛	내비게이션
주행 보조	FCA	전방 충돌 방지 보조	●	●	●		●					
	LKA	차로 이탈 방지 보조	●									
	BCA	후측방 충돌 방지 보조	●			●						
	SEA	안전 하차 보조				●						
	DAW	운전자 주의 경고	●									
	HBA	하이빔 보조	●									
	SCC w/ S&G	스마트 크루즈 컨트롤	●	●	●	●	●					
	NSCC	내비게이션 기반 스마트 크루즈 컨트롤	●	●	●	●	●					●
	LFA	차로 유지 보조	●									
	HDA 2	고속도로 주행 보조 2	●	●	●	●	●					●
	BVM	후측방 모니터					●			●		

항목	기능		제어기									
	약어	명칭	전방 카메라	전방 레이더	전측방 레이더	후측방 레이더	운전자 주행 보조 유닛	초음파 센서	후방 카메라	SVM	운전자 주차 보조 유닛	내비게이션
주차 안전	RVM	후방 모니터							●			
	SVM	서라운드 뷰 모니								●	●	

		터										
	RCCA	후방 교차 충돌 방지 보조				●						
	PCA	후방 주차 충돌 방지 보조						●		●	●	
	RSPA	원격 스마트 주차 보조						●			●	
	PDW	전/후방 주차 거리 경고						●				

[기본 사양]

항목	기능		제어기						
	약어	명칭	전방 카메라	전방 레이더	후측방 레이더	초음파 센서	후방 카메라	SVM	내비게이션
주행 보조	FCA	전방 충돌 방지 보조	●						
	LKA	차로 이탈 방지 보조	●						
	BCA	후측방 충돌 방지 보조	●		●				
	SEA	안전 하차 보조			●				
	DAW	운전자 주의 경고	●						
	HBA	하이빔 보조	●						
	LFA	차로 유지 보조	●						
	BVM	후측방 모니터						●	

항목	기능		제어기						
	약어	명칭	전방 카메라	전방 레이더	후측방 레이더	초음파 센서	후방 카메라	SVM	내비게이션
주차 안전	RVM	후방 모니터					●		
	SVM	서라운드 뷰 모니터						●	
	RCCA	후방 교차 충돌 방지 보조			●				
	PDW	전/후방 주차 거리 경고				●			

참 고

- FCA : Forward Collision - Avoidance Assist
  - FCA - LO : Forward Collision - Avoidance Assist - Lane Change Oncoming
  - FCA - LS : Forward Collision - Avoidance Assist - Lane Change Side
  - FCA - JT : Forward Collision - Avoidance Assist - Junction Turning
  - FCA - JC : Forward Collision - Avoidance Assist - Junction Crossing
  - FCA w - ESA : Forward Collision - Avoidance Assist with Evasive Steering Assist
- LKA : Lane Keeping Assist
- DAW: Driver Attention Warning
- BCA : Blind - Spot Collision - Avoidance Assist
- SEA : Safe Exit Assist
- BVM : Blind - Spot View Monitor
- HBA : High Beam Assist
- SCC w/ S&G : Smart Cruise Control with Stop & Go
- NSCC : Navigation - based Smart Cruise Control
- LFA : Lane Following Assist
- HDA 2 : Highway Driving Assist 2
- RVM : Rear View Monitor
- SVM : Surround View Monitor
- RCCA : Rear Cross - Traffic Collision - Avoidance Assist
- PCA : Parking Collision - Avoidance Assist
- PDW : Parking Distance Warning
- RSPA : Remote Smart Parking Assist

특수 공구

공구 명칭/번호	형상	용도
SCC 셋팅빔 09964 - C1200		전방 레이더 보정, 전방 카메라 보정 시 사용
수직추 09958 - 3T010		후측방 레이더 보정 시 센터 라인 생성
디지털 수평계 09958 - 3T100		레이더 수직 각도 측정 시 사용
전방 레이더 보정 리플렉터 09964 - C1100		전방 레이더 보정 시 사용
보정 리플렉터 0K964 - J5100		전방 레이더 보정 시 사용
전방 레이더 보정 삼각대 09964 - C1300		전방 레이더 보정 시 사용

개요

1. 전방 충돌 방지 보조(FCA) : 주행 중 전방 장애물과의 충돌 방지를 보조하기 위한 목적으로 운전자에게 위험을 경고하고 차량의 제동, 회피 조향을 보조하는 주행 안전 기능이다.
   - 카메라 단독 FCA 적용 시 : 전방의 차량, 보행자 및 자전거 탑승자를 인식하여 전방 충돌 위험이 판단되면 경고문과 경고음 등으로 운전자에게 알려주고, 충돌하지 않도록 제동을 도와줍니다.

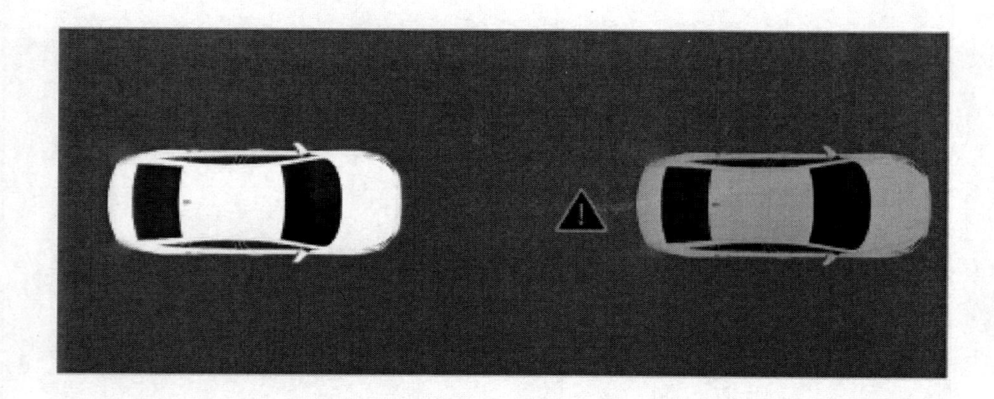

   - 센서 퓨전 FCA 적용 시 : 고속 주행 시에도 좌우 인접 차로 및 전방의 차량을 인식하여 운전자가 차로 변경을 하여도 충돌을 피하기 어렵다고 판단되면 충돌하지 않도록 제동을 도와줍니다.

(1) 전방 충돌방지 보조-교차로 대향차(FCA-JT) : 교차로에서 방향지시등 스위치를 내리고 좌회전할 때 맞은편 인접 차로에서 접근하는 차량과의 충돌 위험이 판단되면 충돌하지 않도록 제동을 도와줍니다.

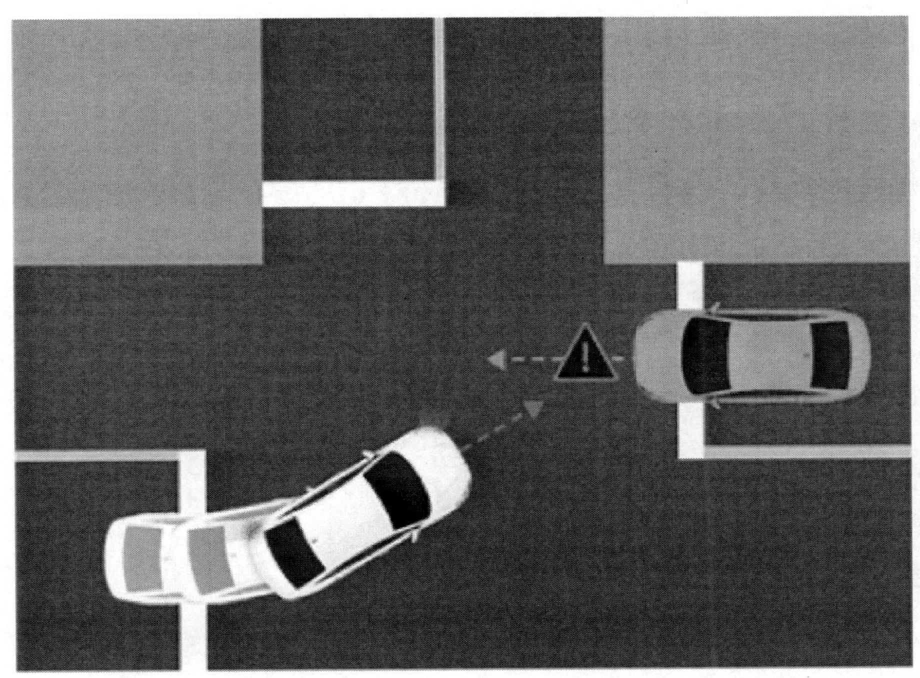

(2) 전방 충돌방지 보조-교차 차량(FCA-JC) : 교차로 직진 시 좌우 방향에서 접근하는 차량과의 충돌 위험이 판단되면 충돌하지 않도록 제동을 도와줍니다.

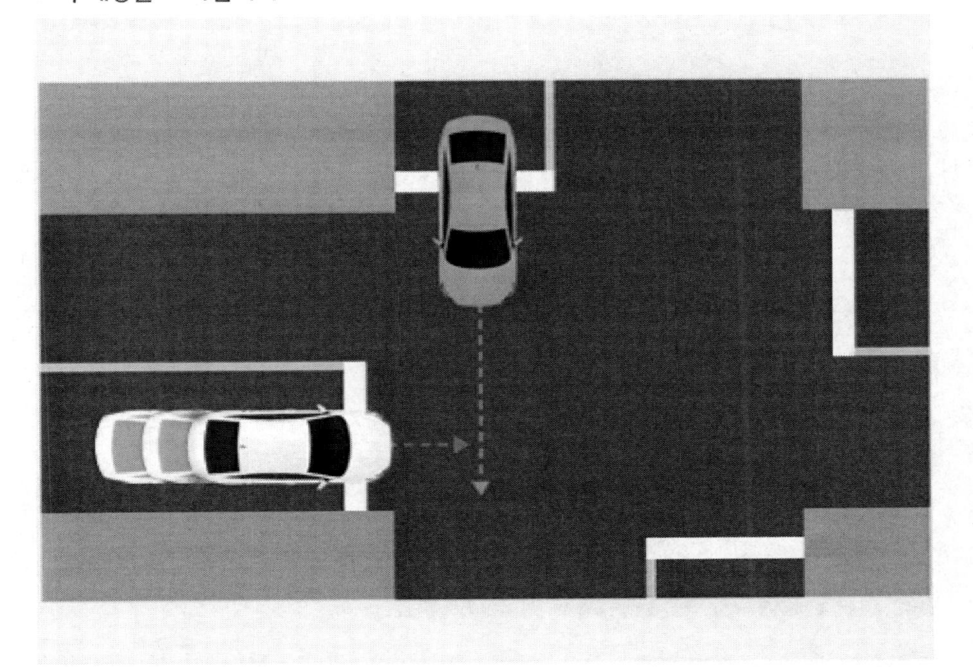

(3) 전방 충돌방지 보조-추월 시 대향차(FCA-LO) : 추월 시 맞은편에서 접근하는 차량과의 충돌 위험이 판단되면 충돌하지 않도록 조향을 도와줍니다

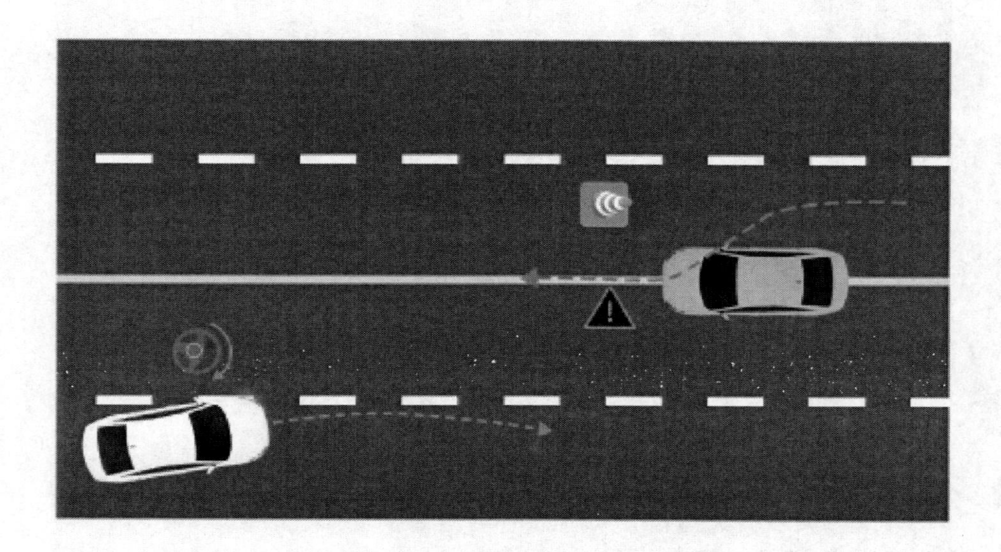

(4) 전방 충돌방지 보조-측방 접근 차(FCA-LS) :차로변경 시 맞은편에서 접근하는 차량과의 충돌 위험이 판단되면 충돌하지 않도록 조향을 도와줍니다.

(5) 전방 충돌방지 보조-회피 조향 보조(FCA w-ESA) : 차로 내 전방의 차량, 보행자 및 자전거 탑승자와의 충돌 위험이 판단되어 경고가 발생할 경우 운전자가 충돌을 피하기 위해 스티어링 휠을 조작하면 조향을 도와줍니다.

- 회피 조향 보조 : 차로 내 전방의 보행자 및 자전거 탑승자와의 충돌 위험이 판단되어 경고가 발생하고 주행중인 차로 내에 피할 수 있는 공간이 있을경우 충돌을 피할 수 있도록 조향을 도와줍니다.

[운전자 조향 보조]

[회피 조향 보조]

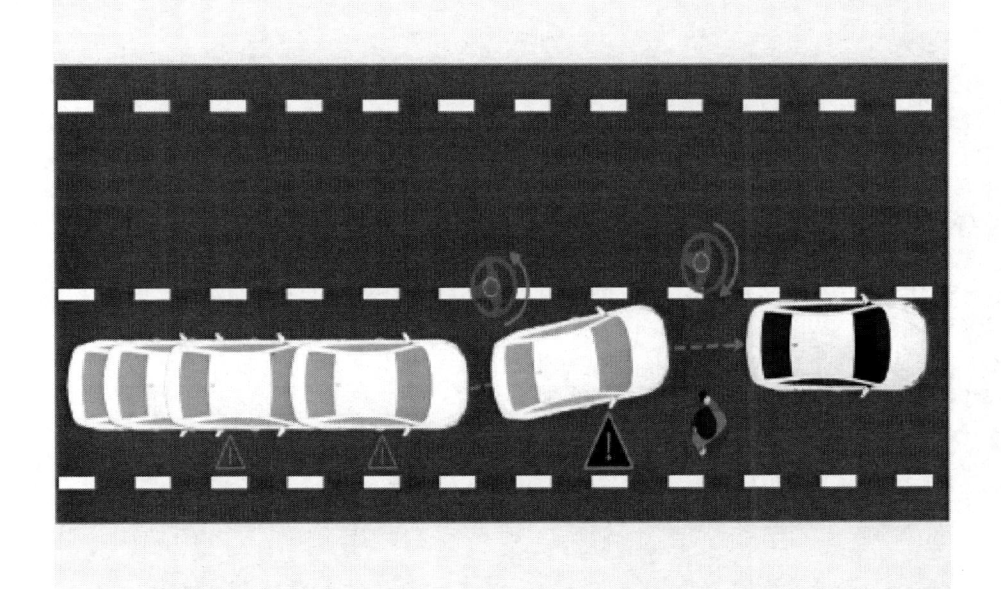

2. 스마트 크루즈 컨트롤 스탑 앤 고(SCC w/S&G) : 전방의 차량을 인식하여 거리를 유지하고, 운전자가 설정한 속도로 주행하도록 도와줍니다.

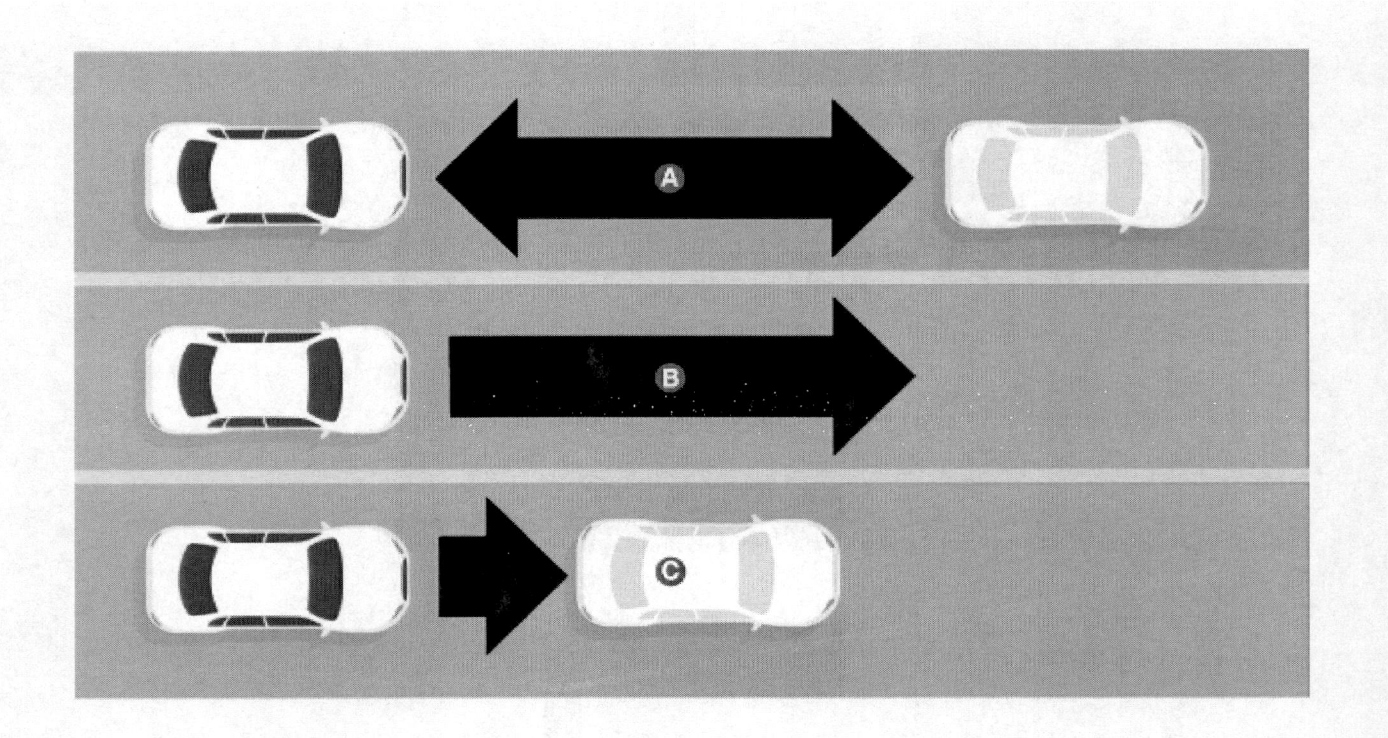

참 고

- A : 일정거리 유지(선행차 속도 주행)
- B : 설정 속도로 정속 주행
- C : 자동 정지(일정 시간 내 선행차 출발 시 자동 출발)

3. 내비게이션 기반 스마트 크루즈 컨트롤(NSCC) : 전용 도로 주행 시 스마트 크루즈 컨트롤 시스템이 내비게이션의 도로 정보를 이용하여 도로 상황에 맞춰 안전한 속도로 주행하도록 도와줍니다.
   (1) 내비게이션 기반 스마트 크루즈 컨트롤 - 안전구간(NSCC-Z) : 내비게이션의 안전 구간 정보를 이용하여 제한속도 이상으로 주행하는 경우 일시적으로 감속하여 안전한 속도로 주행하도록 도와줍니다.

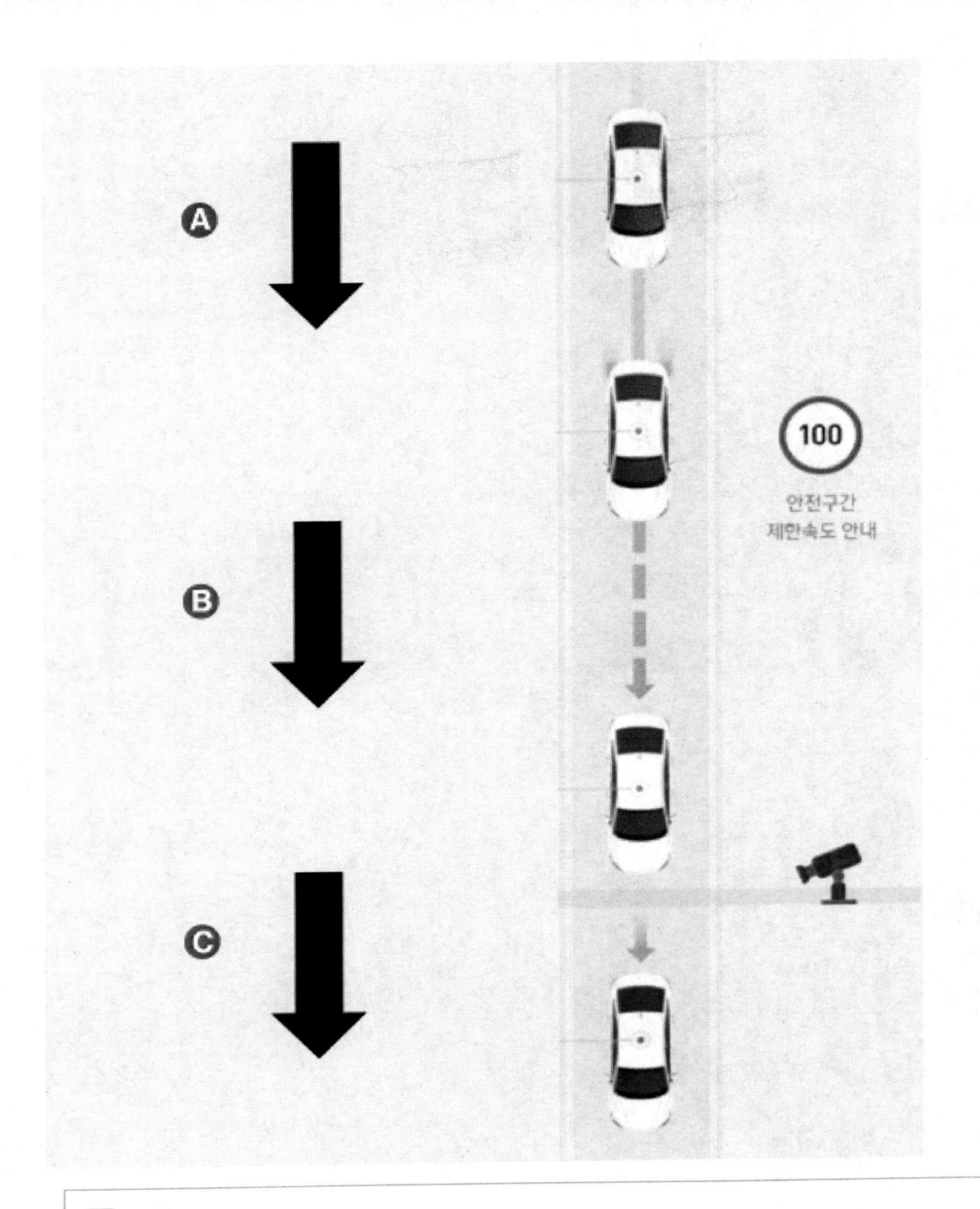

> **참 고**
>
> - A : 설정 속도
> - B : 안전 속도로 감속
> - C : 설정 속도로 가속

(2) 내비게이션 기반 스마트 크루즈 컨트롤 - 곡선로(NSCC-C) : 내비게이션의 곡선 구간 정보를 이용하여 주행속도가 높을 경우 일시적으로 감속하여 안전한 속도로 주행하도록 도와줍니다.

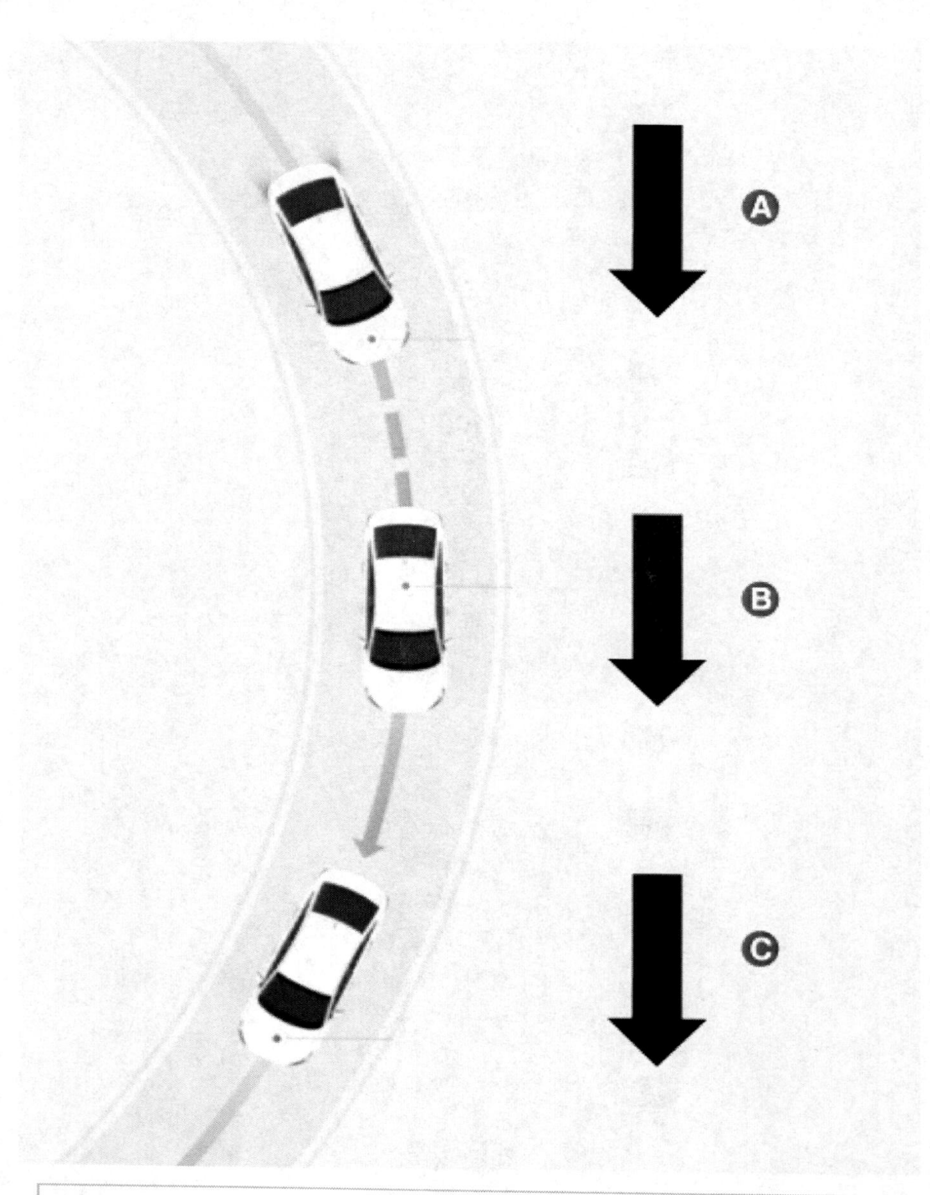

참 고

- A : 설정 속도
- B : 안전 속도로 감속
- C : 설정 속도로 가속

(3) 내비게이션 기반 스마트 크루즈 컨트롤 - 진출입로(NSCC-R) : 내비게이션의 진출입로 정보를 이용하여 주행속도가 높을 경우 일시적으로 감속하여 안전한 속도로 주행하도록 도와줍니다.

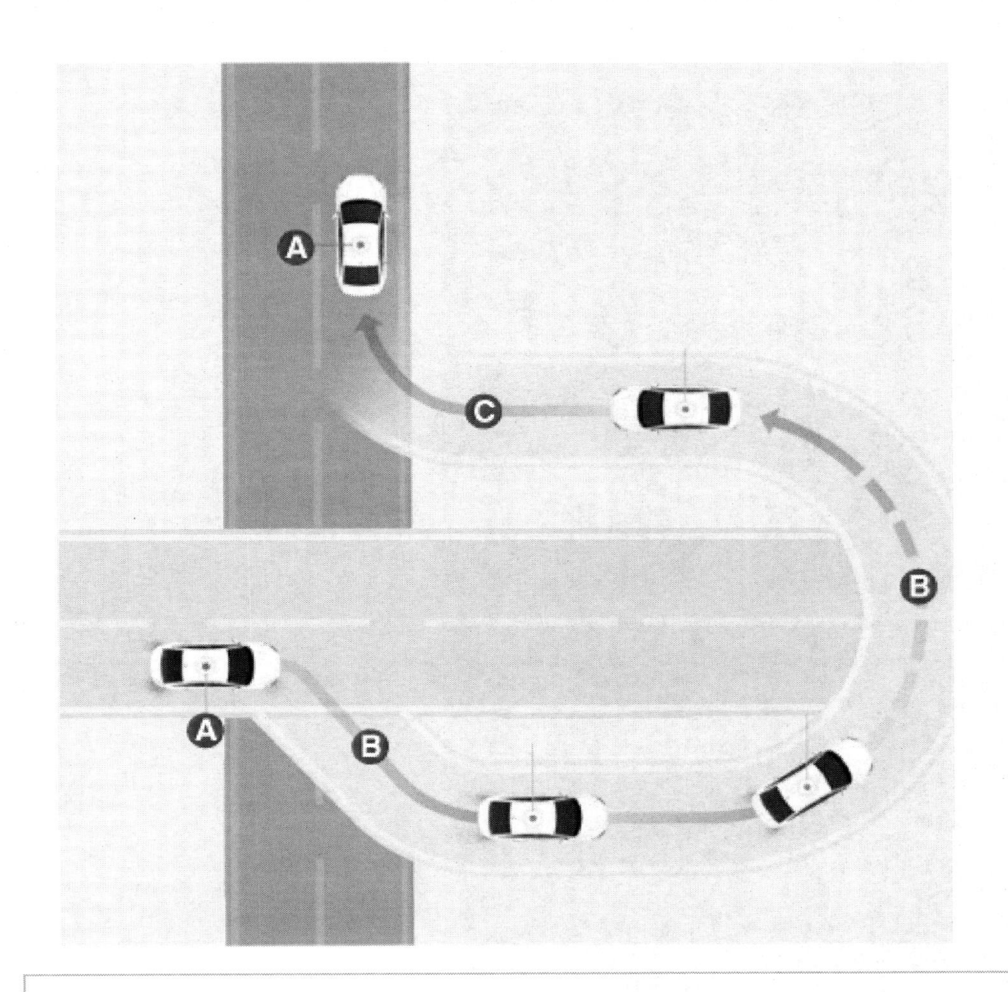

참 고

- A : 설정 속도
- B : 안전 속도로 감속
- C : 설정 속도로 가속

4. 후측방 충돌 경고(BCW) : 일정 속도 이상으로 주행 중 후측방의 차량을 인식하여 충돌 위험이 판단되면 경고문과 경고음 등으로 알려줍니다.

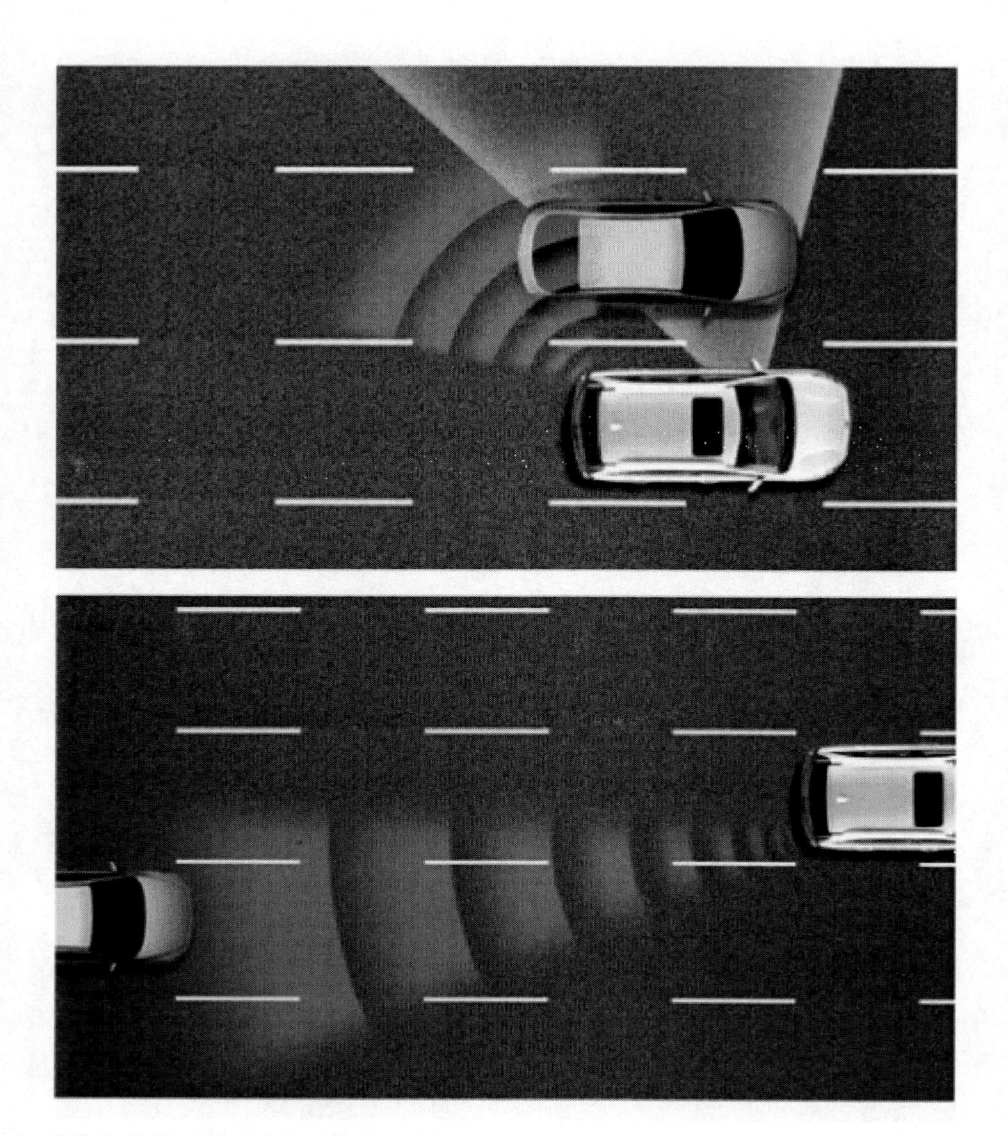

5. 후측방 충돌 방지 보조(BCA) : 일정 속도 이상으로 주행 중 후측방의 차량을 인식하여 충돌 위험이 판단되면 경고문과 경고음 등으로 알려줍니다. 또한 차로변경 또는 전진 출차 시 충돌 위험이 높아지면 충돌하지 않도록 제동을 도와줍니다.
   (1) BCA (주행 상황) : 전방의 차선을 인식하여 차로변경 시 후측방에서 접근하는 차량과의 충돌 위험이 판단되면 차량을 편제동 제어하여 충돌을 피할 수 있도록 도와줍니다.

   (2) BCA (출차 상황) : 전진 출차 시 후측방에서 다가오는 차량과의 충돌 위험이 판단되면 충돌하지 않도록 제동을 도와줍니다.

6. 차로 유지 보조(LFA) : 전방 차선 및 차량을 인식하여 차로 중앙을 유지하며 주행하도록 도와줍니다.

7. 차로 이탈방지 보조(LKA) : 일정 속도 이상으로 주행 중 전방의 차선(도로 경계 포함)을 인식하여 방향지시등을 켜지 않고 차로를 이탈할 때 경고하거나, 차로 이탈이 감지되었을 때 차로를 이탈하지 않도록 조향을 도와줍니다.

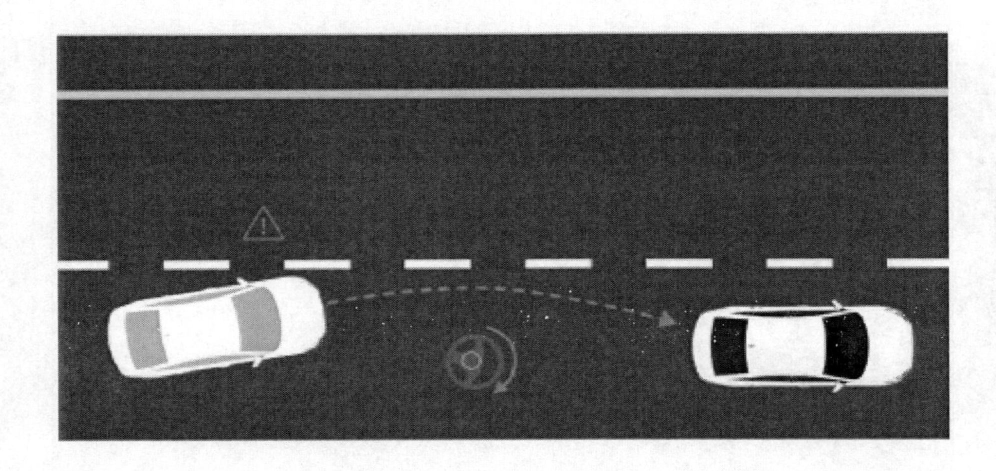

8. 운전자 주의 경고(DAW) : 주행 중 운전 패턴, 주행 시간 등을 판단하여 운전자의 주의 수준을 알려주고, 일정 수준 이하로 떨어지면 휴식을 권유하여 안전하게 주행할 수 있도록 도와줍니다.

9. 전방 차량 출발 알림 기능 (LVDA) : 정차 중에 전방 차량이 출발하면 알려줍니다.
10. 하이빔 보조(HBA) : 마주 오는 차량 또는 전방 차량의 램프 등 주변 광원 및 조도를 인식하여 전조등을 자동으로 상향 또는 하향으로 전환하도록 도와줍니다.

11. 고속 도로 주행 보조(HDA) : 전방의 차량 및 차선을 인식하여 작동 가능한 도로에서 전방 차량과의 거리와 설정 속도를 유지하며 차로 중앙을 주행하도록 도와줍니다.

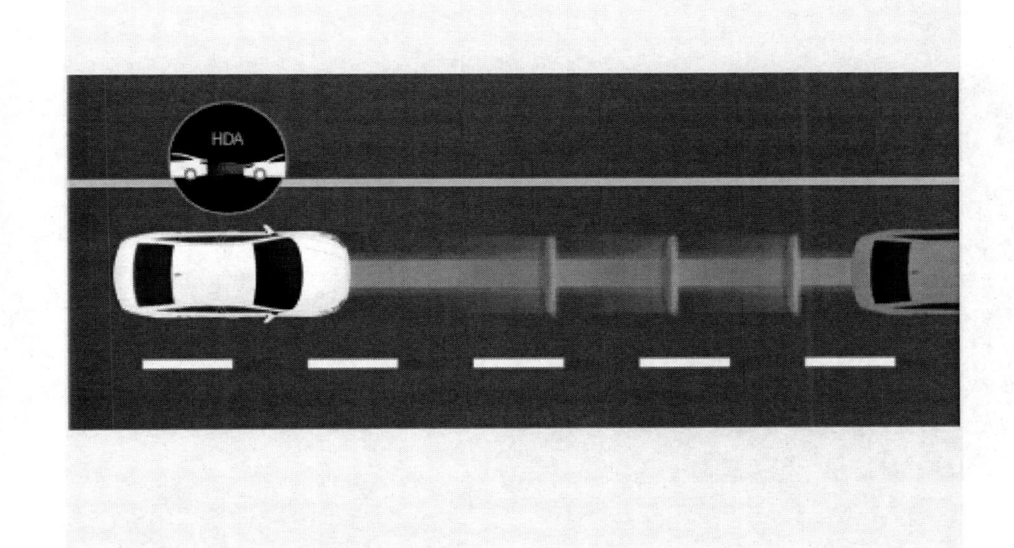

12. 고속도로 차로변경 보조 기능(HDA 2) : 차로를 변경할 방향으로 방향지시등을 작동시키면 차로 변경이 가능한지 판단하고 안전하게 차로를 변경하도록 도와줍니다.

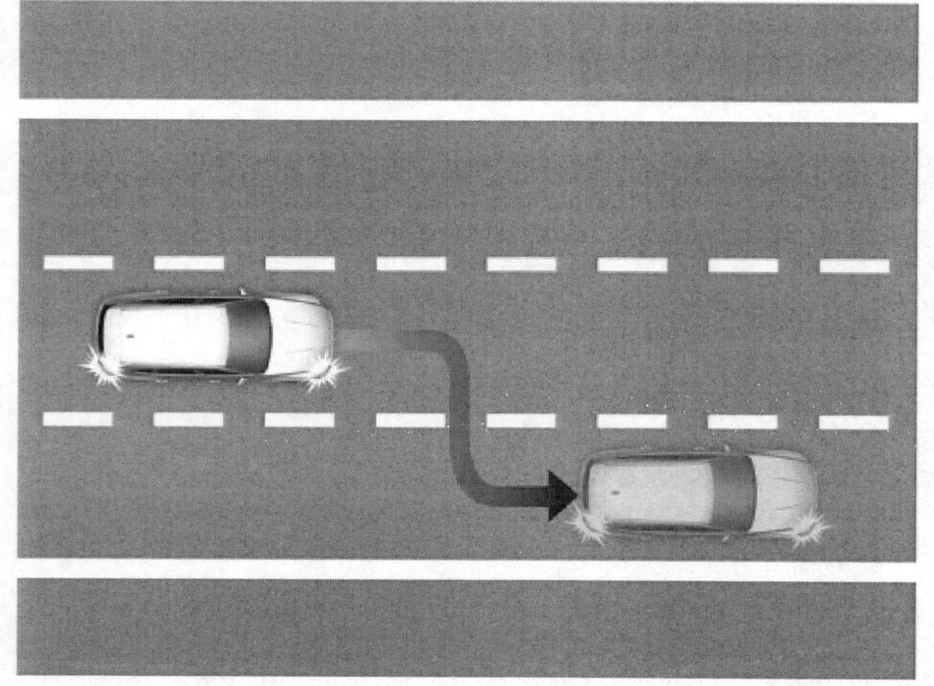

13. 지능형 속도 제한 보조(ISLA) : 전방 카메라가 교통 표지판 정보를 인식하고 내비게이션이 교통 표지판 및 지도 정보를 파악해 도로의 제한속도를 초과하지 않도록 도와줍니다.

구성부품

[전면]

[후면]

1. 전방 카메라 2. 전방 레이더 3. 운전자 주행 보조 유닛	4. 전측방 레이더 5. 후측방 레이더

차상점검

KDS를 이용한 고장진단 방법

1. 첨단 운전자 주행 보조 시스템은 차량용 진단 장비(KDS)를 이용해서 좀 더 신속하게 고장 부위를 진단할 수 있다. ("DTC 진단 가이드" 참조)
   (1) 자기 진단 : 고장 코드(DTC) 점검 및 표출
   (2) 센서 데이터 : 시스템 입출력 값 상태 확인
   (3) 강제 구동 : 시스템 작동 상태 확인
   (4) 부가 기능 : 시스템 옵션, 영점 조절 등의 기타 기능 제어

기본점검

참 고

- KDS를 이용한 고장진단이 불가능할 경우 기본점검을 수행한다.

1. 아래와 같이 기본점검을 수행한다.
   (1) 배터리 단자와 충전 상태를 확인한다.
   (2) 퓨즈 및 릴레이를 확인한다.
   (3) 커넥터의 연결 상태를 확인한다.
   (4) 와이어링 및 커넥터의 손상 여부를 확인한다.

제원

항목	제원
정격 전압(V)	12
작동 전압(V)	9 ~ 16
수량	2개

탈거

1. 배터리 (-) 단자와 서비스 인터록 커넥터를 분리한다.
   (배터리 제어 시스템 - "보조 배터리 (12V) - 2WD" 참조)
   (배터리 제어 시스템 - "보조 배터리 (12V) - 4WD" 참조)
2. 프런트 범퍼 어셈블리를 탈거한다.
   (바디 - "프런트 범퍼 어셈블리" 참조)
3. 전측방 레이더를 탈거한다.
   (1) 전측방 레이더 커넥터(B)를 분리한다.
   (2) 스크루를 풀어 전측방 레이더 브래킷(A)을 탈거한다.

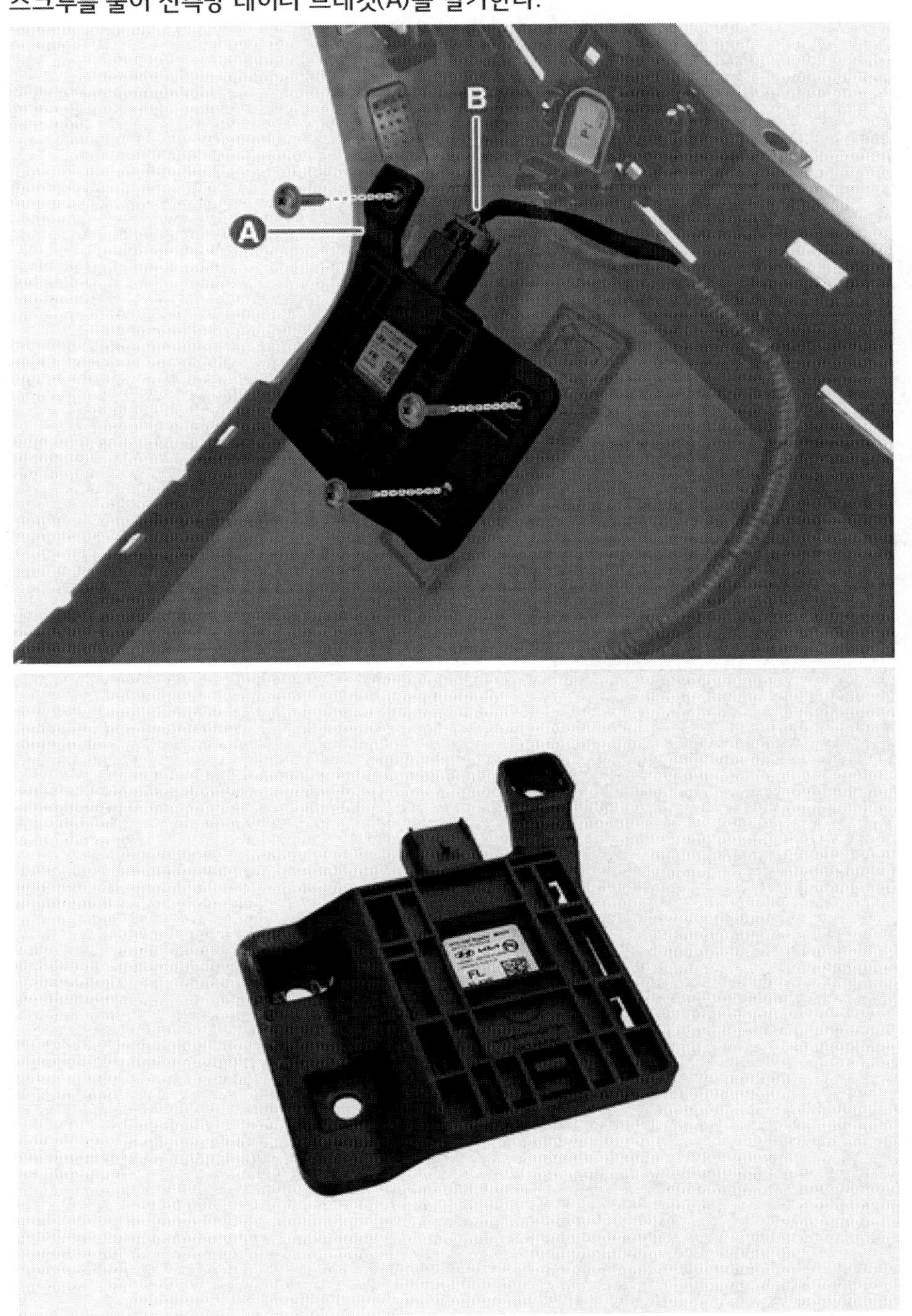

장착

1. 장착은 탈거의 역순으로 한다.

참 고

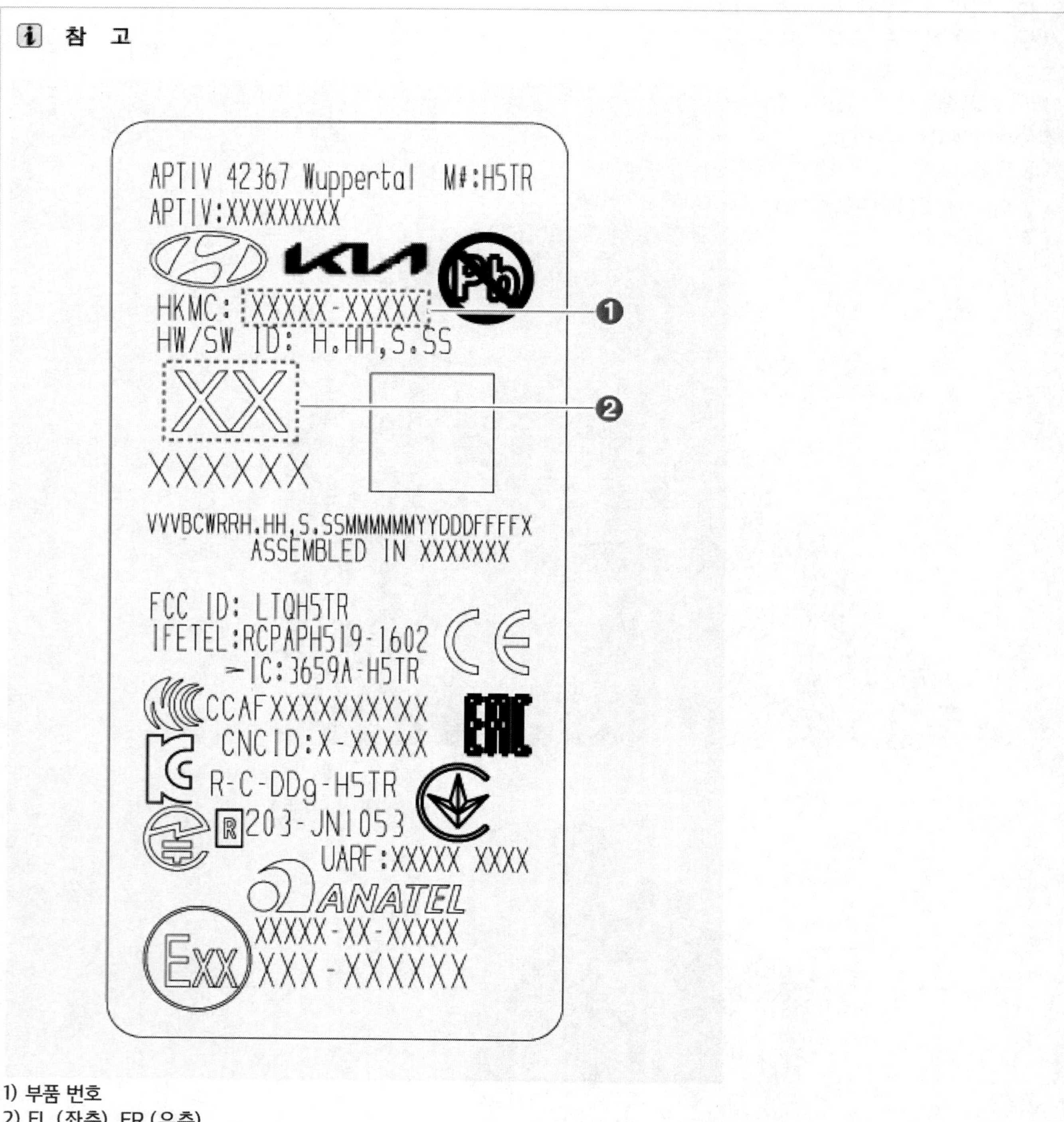

1) 부품 번호
2) FL (좌측), FR (우측)

2. 전측방 레이더를 교환 시 KDS를 이용해 '배리언트 코딩' 절차를 수행한다.

시스템별 | 작업 분류별 | 모두 펼치기

■ 리어뷰모니터

■ 운전자보조주행시스템

■ 운전자보조주차시스템

■ 전방카메라

■ 후측방레이더

- ■ 사양정보
- ■ BCW(BSD) 레이더 보정
- ■ 배리언트 코딩 (백업 및 입력)
- ■ 배리언트 코딩

■ 앰프

■ 오디오비디오네비게이션

■ 후석리모트컨트롤러

■ 동승석 전동시트 제어 유닛

■ 클러스터모듈(12.3inch)

■ 클러스터모듈(4inch)

■ 운전석도어모듈

! 기능 수행 중에는 다른 기능이 동작되지 않도록 주의하십시오.

3. 전측방 레이더 보정 절차를 수행한다.

시스템별 | 작업 분류별 | 모두 펼치기

■ 리어뷰모니터

■ 운전자보조주행시스템

■ 운전자보조주차시스템

■ 전방카메라

■ 후측방레이더

- ■ 사양정보
- ■ BCW(BSD) 레이더 보정
- ■ 배리언트 코딩 (백업 및 입력)
- ■ 배리언트 코딩

■ 앰프

■ 오디오비디오네비게이션

■ 후석리모트컨트롤러

■ 동승석 전동시트 제어 유닛

■ 클러스터모듈(12.3inch)

■ 클러스터모듈(4inch)

■ 운전석도어모듈

! 기능 수행 중에는 다른 기능이 동작되지 않도록 주의하십시오.

부가기능

• BCW(BSD) 레이더 보정

검사목적	Blind Spot Detection(BSD) 레이더 센서를 교환 후 센서의 보정을 하는 기능.
검사조건	1.엔진 정지 2.점화스위치 On
연계단품	Blind Spot Detection(BSD) Radar
연계DTC	C2702XX, C2703XX
불량현상	경고등 점등
기 타	-

확인

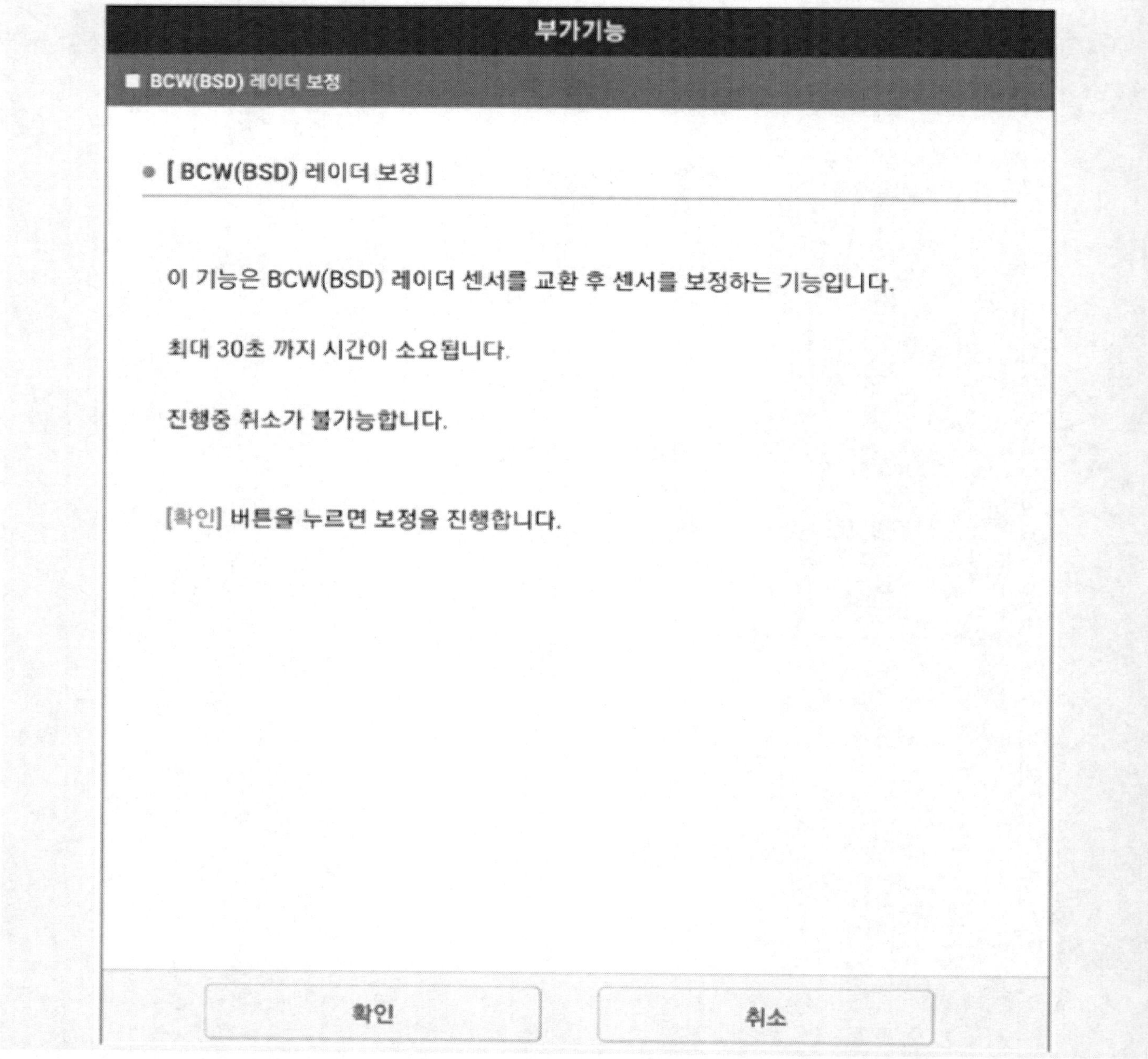

부가기능

■ BCW(BSD) 레이더 보정

● [BCW(BSD) 레이더 보정]

이 기능은 BCW(BSD) 레이더 센서를 교환 후 센서를 보정하는 기능입니다.

최대 30초 까지 시간이 소요됩니다.

진행중 취소가 불가능합니다.

[확인] 버튼을 누르면 보정을 진행합니다.

확인 취소

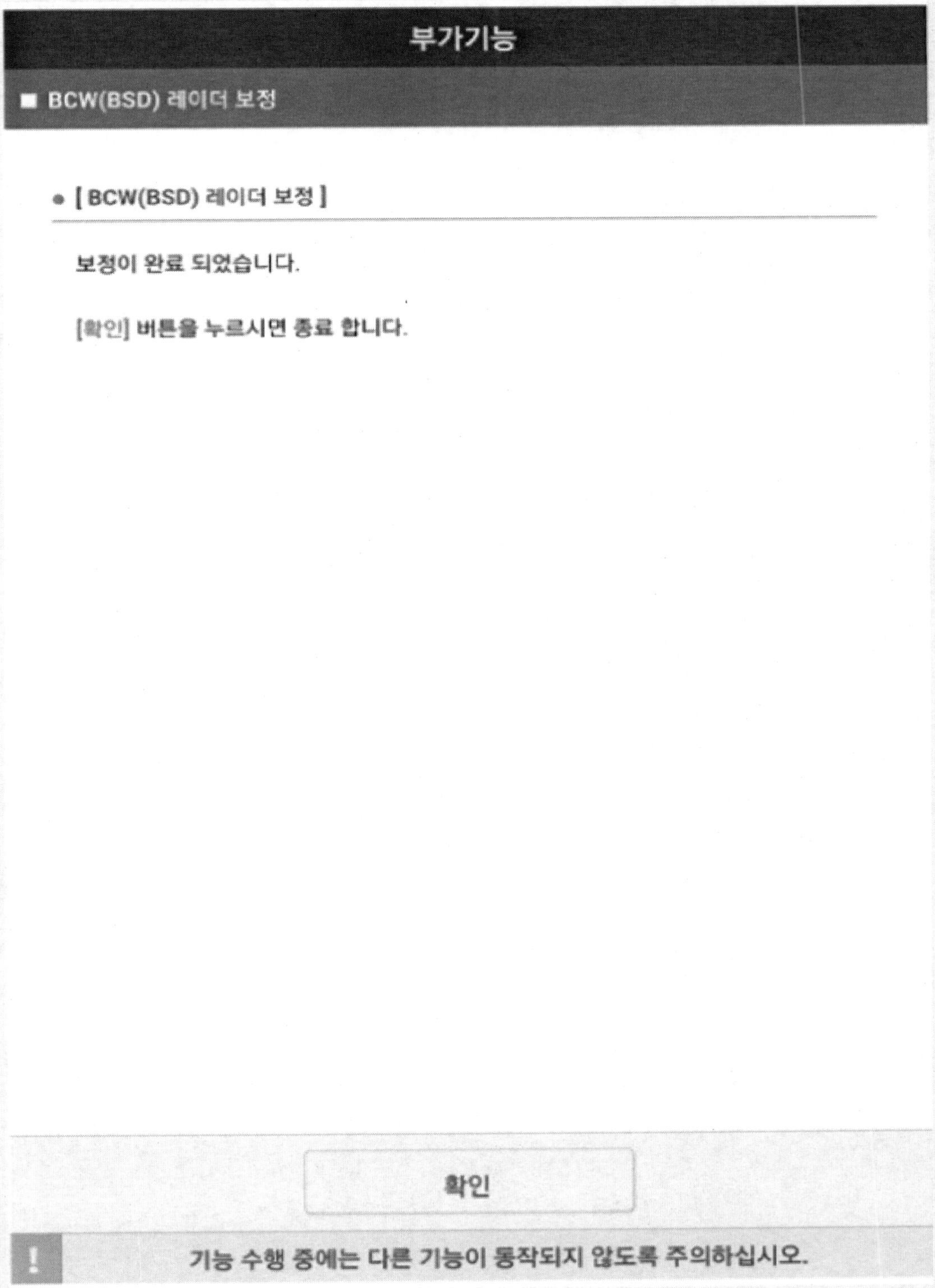

부가기능

■ BCW(BSD) 레이더 보정

● [BCW(BSD) 레이더 보정]

보정이 완료 되었습니다.

[확인] 버튼을 누르시면 종료 합니다.

확인

! 기능 수행 중에는 다른 기능이 동작되지 않도록 주의하십시오.

제원

항목	제원
정격 전압(V)	12
작동 전압(V)	9 ~ 16
수량	2개
감지 가능 거리(m)	60

고장진단

차상점검

BCW / BCA / SEA / RCCW / RCCA에 문제가 있는 경우 아래 항목을 확인한다.

1. 범퍼 청결 확인 : 범퍼가 눈 또는 먼지로 오염되어 있는 경우 성능이 저하된다.
2. 범퍼 주변 상태 확인 : 금속 스티커 또는 이물질이 레이더 주변에 부착되어 있는 경우 경고등이 발생할 수 있다.
3. 범퍼 형상 또는 장착 상태 확인 : 범퍼 또는 레이더가 사고 후 제대로 설치되지 않은 경우 경고등이 발생할 수 있다.
4. 고장코드 발생 시 범퍼, 브래킷 또는 레이더를 확인한다.
    - 범퍼 : 장착 상태, 범퍼 외부 변형.
    - 브래킷 : 장착 상태, 브래킷 변형.
    - 레이더 : 레이더 너트 체결 불량, 레이더 이물질오염.
5. 스위치 작동 상태 확인 : 스위치를 눌러 LED 작동 여부를 확인한다.

진단 장비를 이용 한 고장 진단 방법

1. 첨단 운전자 주행 보조 시스템은 차량용 진단 장비(KDS)를 이용해서 좀 더 신속하게 고장 부위를 진단할 수 있다. ("DTC 진단 가이드" 참조)
    (1) 자기 진단 : 고장 코드(DTC) 점검 및 표출
    (2) 센서 데이터 : 시스템 입출력 값 상태 확인
    (3) 강제 구동 : 시스템 작동 상태 확인
    (4) 부가 기능 : 시스템 옵션, 영점 조절 등의 기타 기능 제어

탈거

후측방 레이더

[기본 사양]

1. 배터리 (-) 단자와 서비스 인터록 커넥터를 분리한다.
   (배터리 제어 시스템 - "보조 배터리 (12V) - 2WD" 참조)
   (배터리 제어 시스템 - "보조 배터리 (12V) - 4WD" 참조)
2. 리어 범퍼 어셈블리를 탈거한다.
   (바디 - "리어 범퍼 어셈블리" 참조)
3. 후측방 레이더를 탈거한다.
   (1) 후측방 레이더 커넥터(B)를 분리하고 와이어링 고정클립(C)를 탈거한다.
   (2) 스크루를 풀어 후측방 레이더 브래킷(A)을 탈거한다.

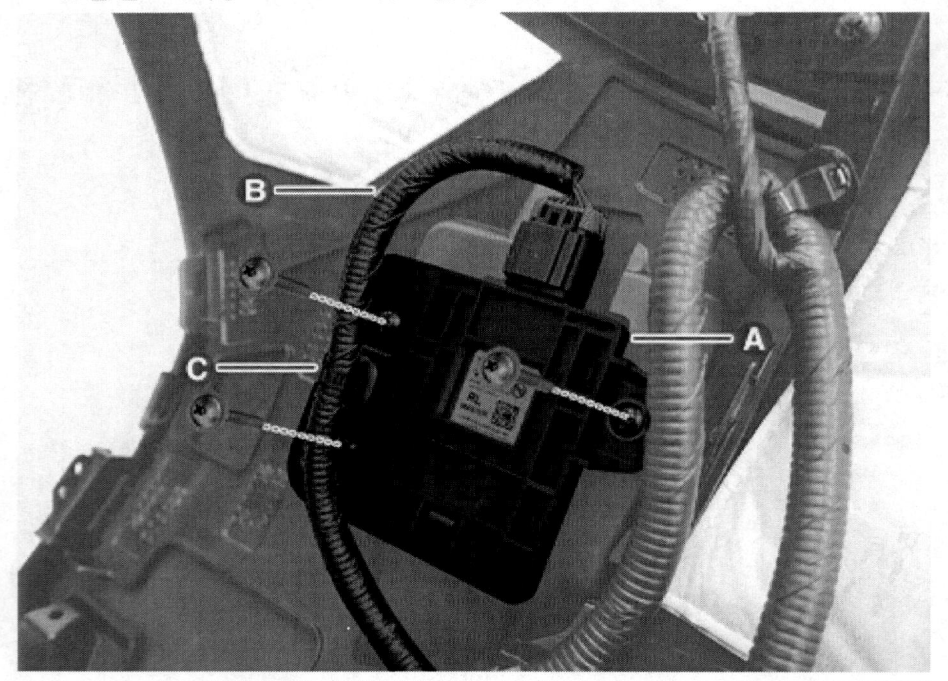

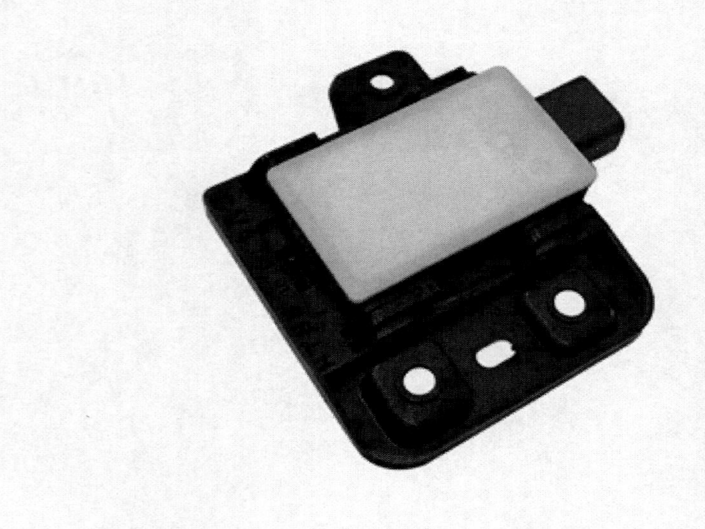

유 의

- 브래킷이 변형 또는 손상되면 후측방 레이더가 정상 발신/수신되지 않는다.
- 후측방 레이더 탈거 시 브래킷이 손상되지 않도록 주의한다.

[GT-Line 사양]

1. 배터리 (-) 단자와 서비스 인터록 커넥터를 분리한다.
   (배터리 제어 시스템 - "보조 배터리 (12V) - 2WD" 참조)
   (배터리 제어 시스템 - "보조 배터리 (12V) - 4WD" 참조)
2. 후측방 레이더 커넥터(A)를 분리한다.

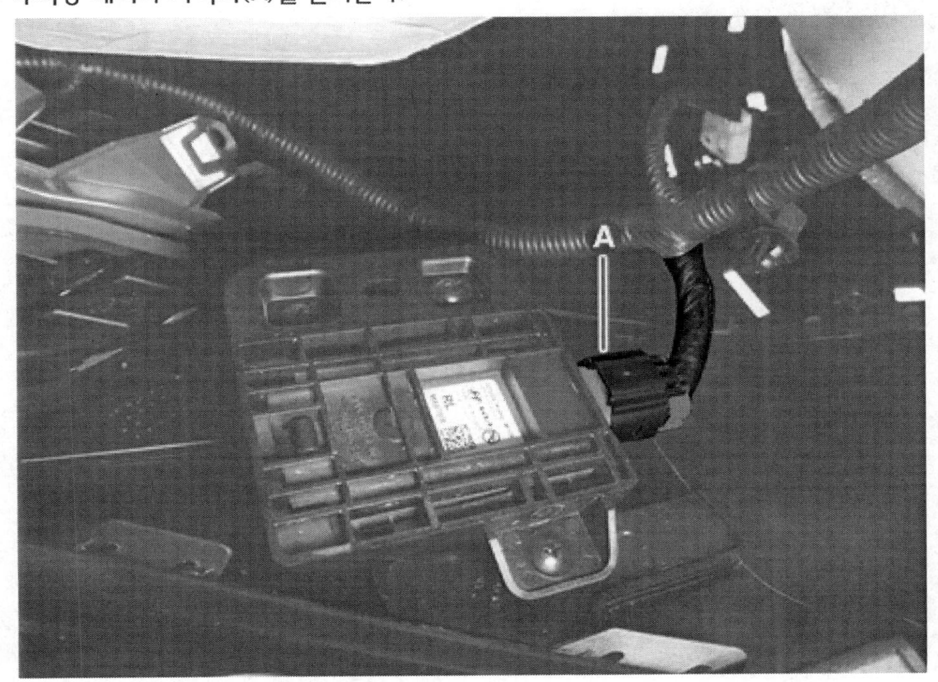

3. 스크루를 풀어 후측방 레이더(A)를 탈거한다.

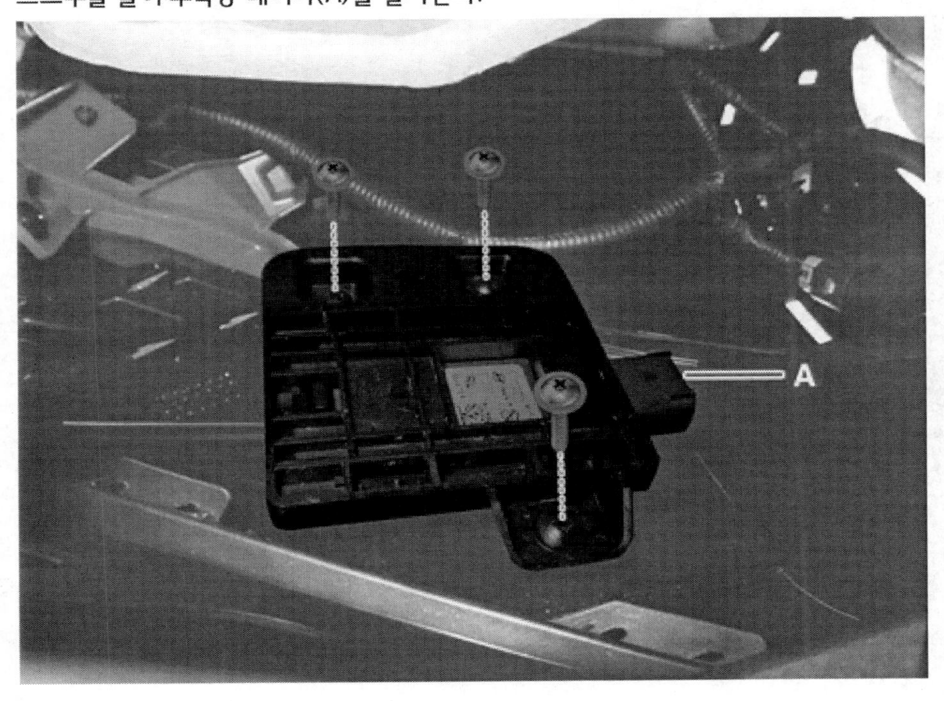

유 의

- 브래킷이 변형 또는 손상되면 후측방 레이더가 정상 발신/수신되지 않는다.
- 후측방 레이더 탈거 시 브래킷이 손상되지 않도록 주의한다.

BCW & RCCW 인디케이터

1. 배터리 (-) 단자와 서비스 인터록 커넥터를 분리한다.
   (배터리 제어 시스템 - "보조 배터리 (12V) - 2WD" 참조)
   (배터리 제어 시스템 - "보조 배터리 (12V) - 4WD" 참조)
2. 아래 그림과 같이 리무버 삽입 후 순간적으로 힘을 주어 미러(A)를 탈거한다.

유 의

- 미러가 파손될 수 있으니 손을 다치지 않도록 장갑을 착용한다.
- 공구를 너무 깊이 삽입하지 않는다.
- 아웃사이드 리어 뷰 미러 어셈블리 조립 시 히터, BCW 와이어가 간섭되지 않도록 주의 힌다.

3. 미러 열선 커넥터(A)와 후측방 레이더 인디케이터 커넥터(B)를 분리한다.

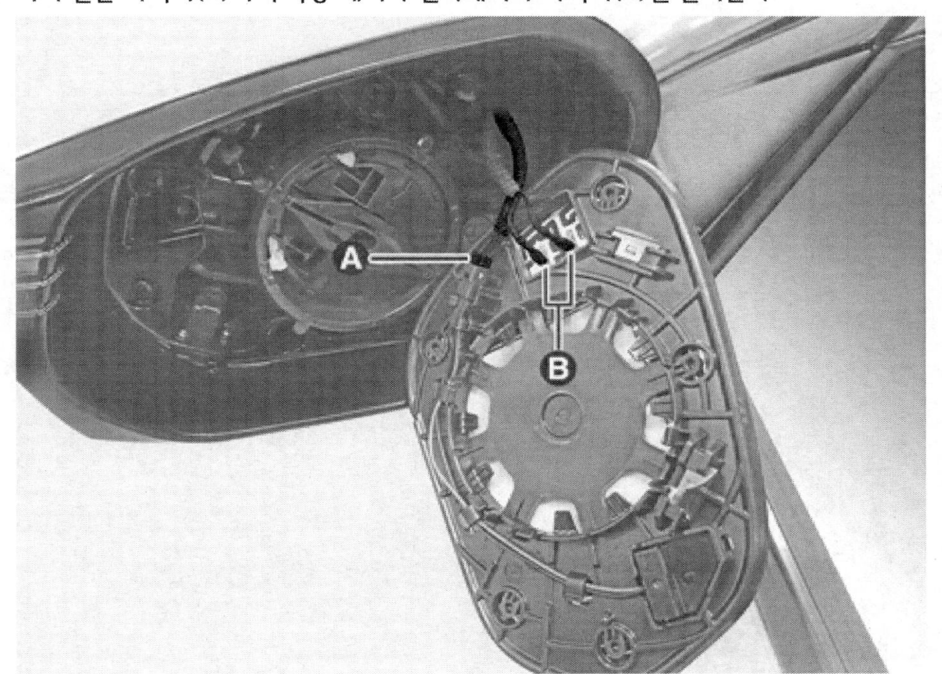

장착

후측방 레이더

1. 장착은 탈거의 역순으로 한다.

참 고

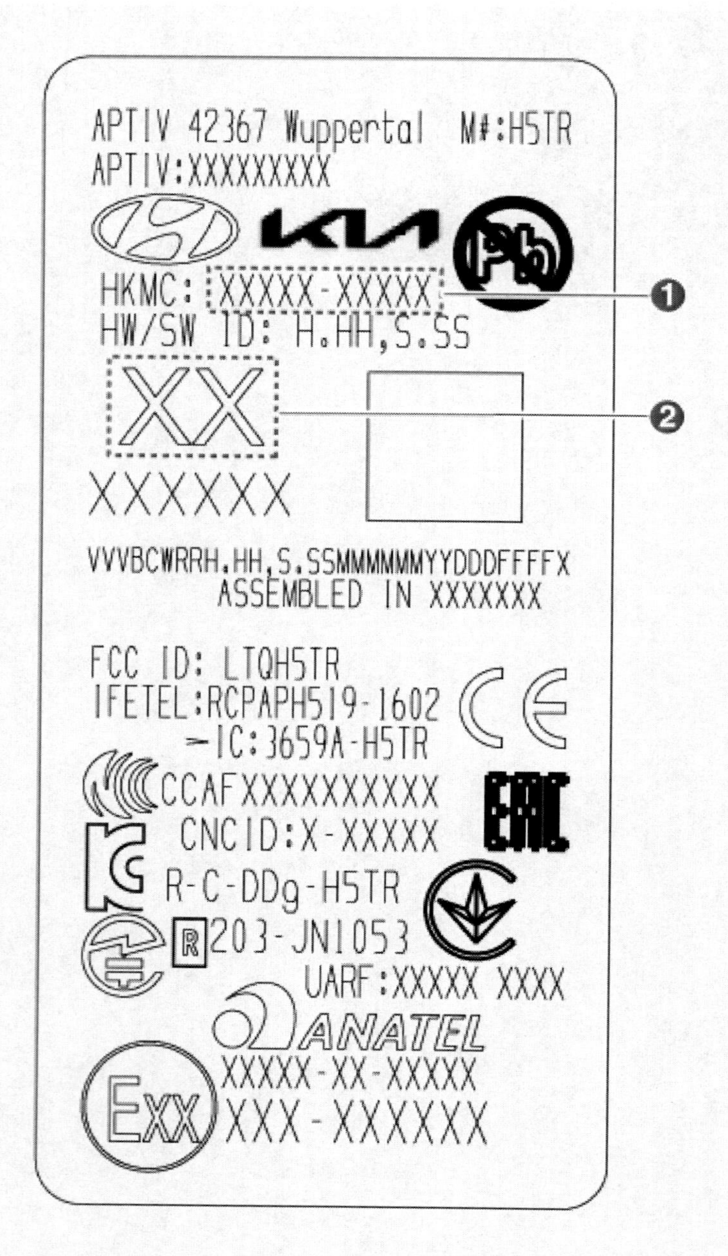

1) 부품 번호
2) RL (좌측), RR (우측)

2. 후측방 레이더 교환 시 KDS를 이용해 '배리언트 코딩' 절차를 수행한다.

시스템별 작업 분류별 모두 펼치기

■ 리어뷰모니터

■ 운전자보조주행시스템

■ 운전자보조주차시스템

■ 전방카메라

■ 후측방레이더

■ 사양정보

■ BCW(BSD) 레이더 보정

■ 배리언트 코딩 (백업 및 입력)

■ 배리언트 코딩

■ 앰프

■ 오디오비디오네비게이션

■ 후석리모트컨트롤러

■ 동승석 전동시트 제어 유닛

■ 클러스터모듈(12.3inch)

■ 클러스터모듈(4inch)

■ 운전석도어모듈

! 기능 수행 중에는 다른 기능이 동작되지 않도록 주의하십시오.

3. 후측방 레이더 보정 절차를 수행한다.

시스템별 | 작업 분류별 | 모두 펼치기

■ 리어뷰모니터

■ 운전자보조주행시스템

■ 운전자보조주차시스템

■ 전방카메라

■ 후측방레이더

- ■ 사양정보
- ■ BCW(BSD) 레이더 보정
- ■ 배리언트 코딩 (백업 및 입력)
- ■ 배리언트 코딩

■ 앰프

■ 오디오비디오네비게이션

■ 후석리모트컨트롤러

■ 동승석 전동시트 제어 유닛

■ 클러스터모듈(12.3inch)

■ 클러스터모듈(4inch)

■ 운전석도어모듈

! 기능 수행 중에는 다른 기능이 동작되지 않도록 주의하십시오.

부가기능

• **BCW(BSD) 레이더 보정**

항목	내용
검사목적	Blind Spot Detection(BSD) 레이더 센서를 교환 후 센서의 보정을 하는 기능.
검사조건	1.엔진 정지 2.점화스위치 On
연계단품	Blind Spot Detection(BSD) Radar
연계DTC	C2702XX, C2703XX
불량현상	경고등 점등
기 타	-

확인

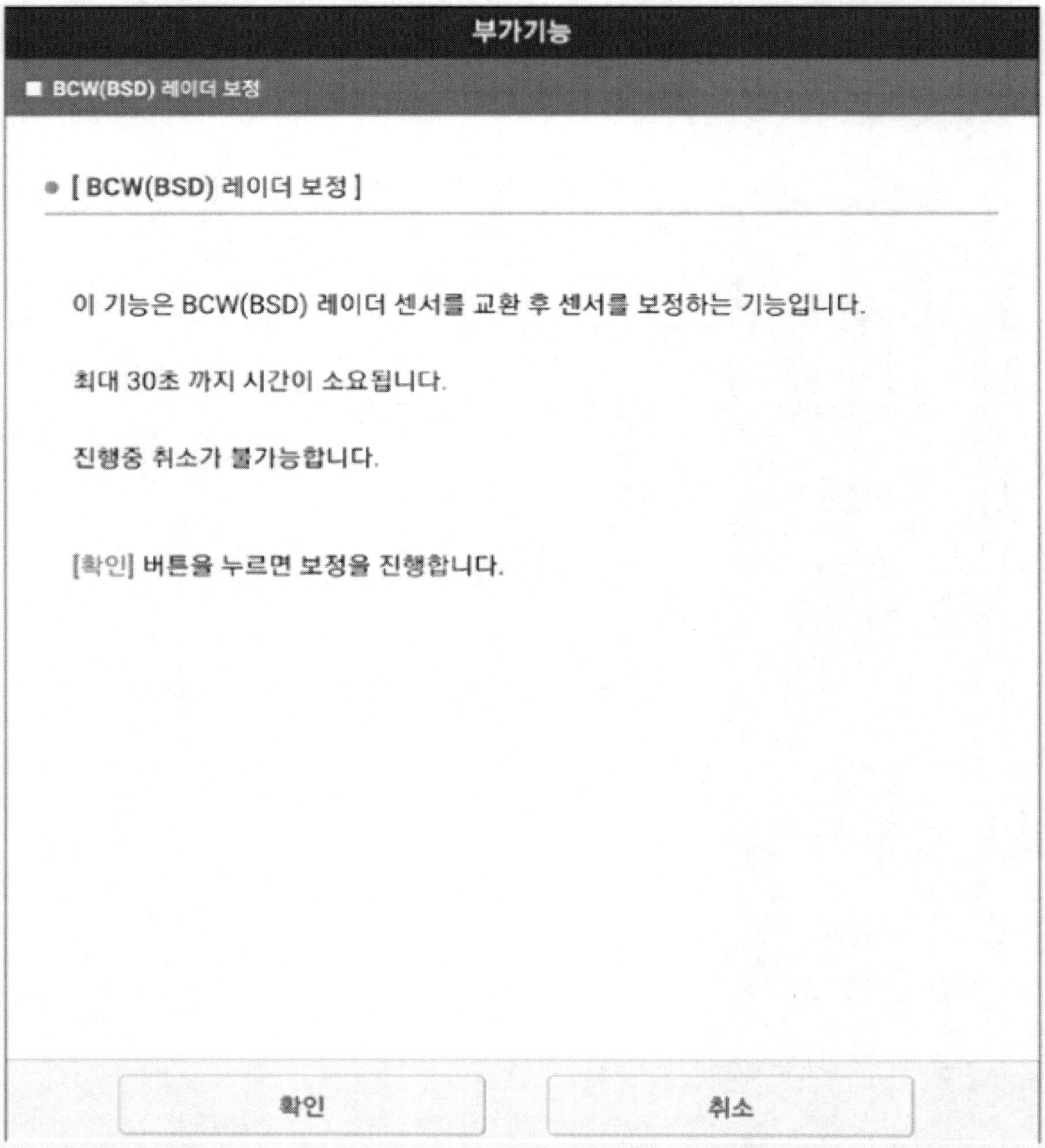

부가기능

■ BCW(BSD) 레이더 보정

● [BCW(BSD) 레이더 보정]

이 기능은 BCW(BSD) 레이더 센서를 교환 후 센서를 보정하는 기능입니다.

최대 30초 까지 시간이 소요됩니다.

진행중 취소가 불가능합니다.

[확인] 버튼을 누르면 보정을 진행합니다.

확인 취소

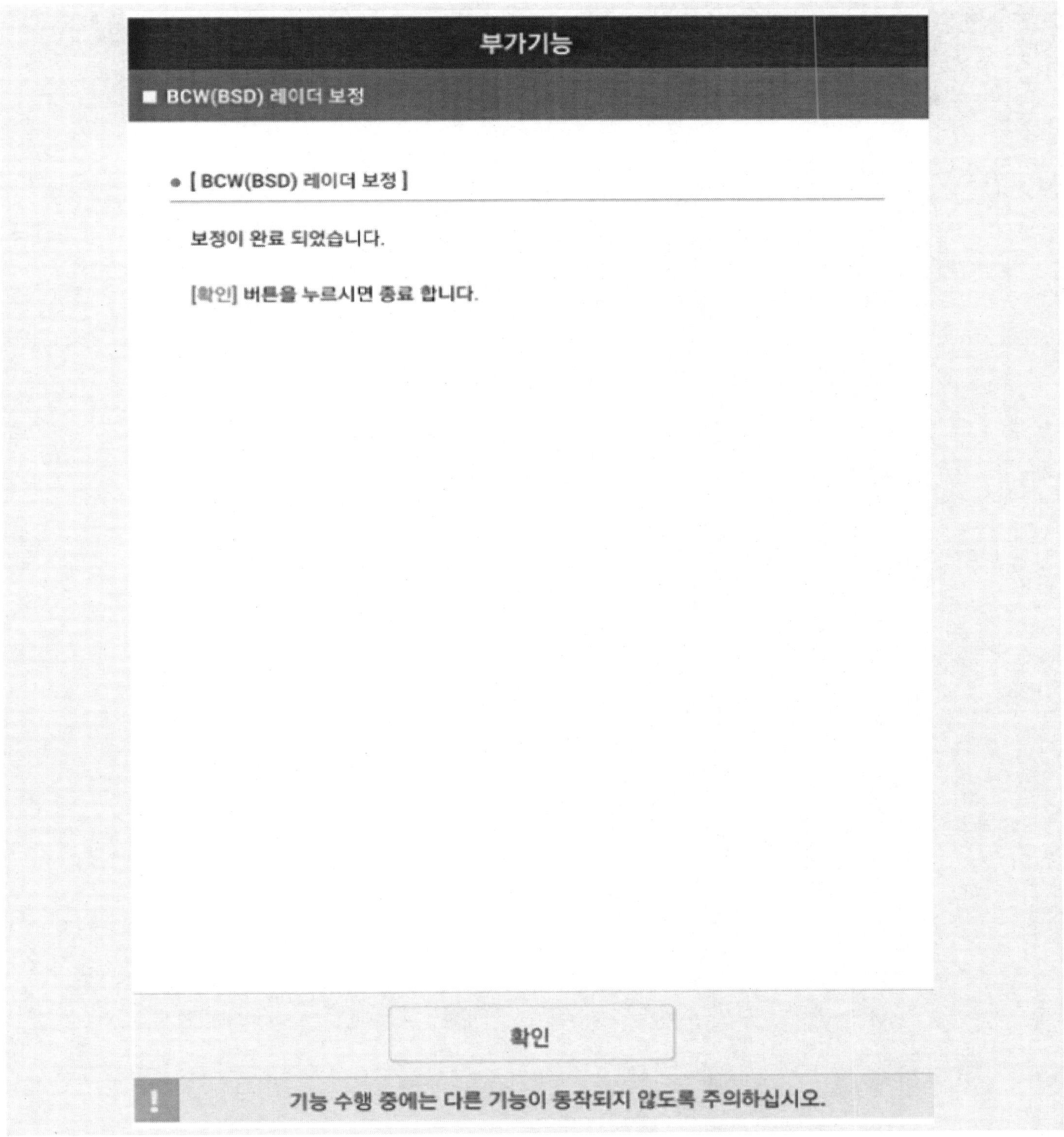

부가기능

■ BCW(BSD) 레이더 보정

• [BCW(BSD) 레이더 보정]

보정이 완료 되었습니다.

[확인] 버튼을 누르시면 종료 합니다.

확인

! 기능 수행 중에는 다른 기능이 동작되지 않도록 주의하십시오.

BCW & RCCW 인디케이터

1. 장착은 탈거의 역순으로 한다.

제원

항목	제원	
정격 전압(V)	12	
작동 전압(V)	9 ~ 16	
장착 각도(°)	수평	-0.8 ~ 0.8
	수직	-1.4 ~ 0.6

고장진단

차상점검

전방 레이더에 문제가 있는 경우 아래 항목을 확인한다.

1. 범퍼 청결 확인 : 범퍼가 눈 또는 먼지로 오염되어 있는 경우 기능 작동 중 해제 될 수 있다.
2. 범퍼 주변 상태 확인 : 금속 스티커 또는 이물질이 레이더 주변에 부착되어 있는 경우 경고등이 발생할 수 있다.
3. 범퍼 형상 또는 장착 상태 확인 : 범퍼 또는 레이더가 사고 후 제대로 설치되지 않은 경우 경고등이 발생할 수 있다.
4. 고장코드 발생 시 범퍼, 브래킷 또는 레이더를 확인한다.
    - 범퍼 : 장착 상태, 범퍼 외부 변형.
    - 브래킷 : 장착 상태, 브래킷 변형.
    - 레이더 : 레이더 너트 체결 불량, 레이더 이물질오염.

진단 장비를 이용 한 고장 진단 방법

1. 첨단 운전자 주행 보조 시스템은 차량용 진단 장비(KDS)를 이용해서 좀 더 신속하게 고장 부위를 진단할 수 있다. ("DTC 진단 가이드" 참조)
    (1) 자기 진단 : 고장 코드(DTC) 점검 및 표출
    (2) 센서 데이터 : 시스템 입출력 값 상태 확인
    (3) 강제 구동 : 시스템 작동 상태 확인
    (4) 부가 기능 : 시스템 옵션, 영점 조절 등의 기타 기능 제어

탈거

1. 배터리 (-) 단자와 서비스 인터록 커넥터를 분리한다.
   (배터리 제어 시스템 - "보조 배터리 (12V) - 2WD" 참조)
   (배터리 제어 시스템 - "보조 배터리 (12V) - 4WD" 참조)
2. 프런트 범퍼 어셈블리를 탈거한다.
   (바디 - "프런트 범퍼 어셈블리" 참조)
3. 전방 레이더를 탈거한다.

체결토크 : 0.9 ~ 1.1 kgf · m

(1) 전방 레이더 커넥터(B)를 분리한다.

(2) 볼트를 풀어 전방 레이더(A)를 탈거한다.

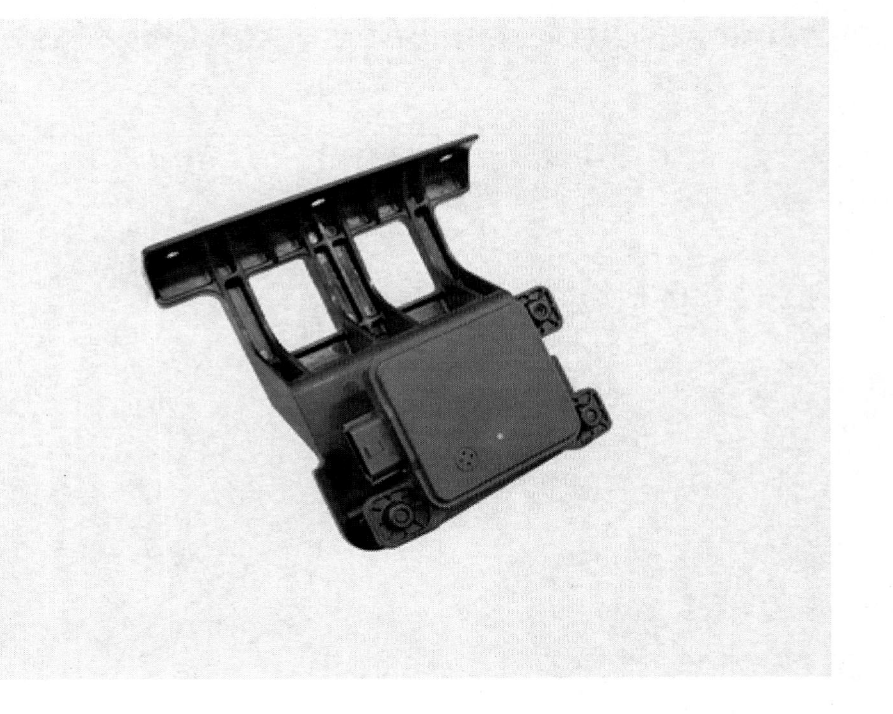

장착

유 의

- 차량의 휠 얼라인먼트 및 타이어 공기압 정상 상태를 확인한다.
- 차량의 처짐이 없도록 한다. (서스펜션 문제 여부 확인)
- 공차 상태로 평탄한 장소에 차량을 정차한다.
- 전방 레이더 커버 오염 상태를 확인한다.

1. 전방 레이더 장착 전에 후면 라벨의 Lot. No의 마지막 두 자리값(A)을 확인한다.

참 고

Lot. No의 값(A)은 전방 레이더 내부의 수직 오차 각도이다.

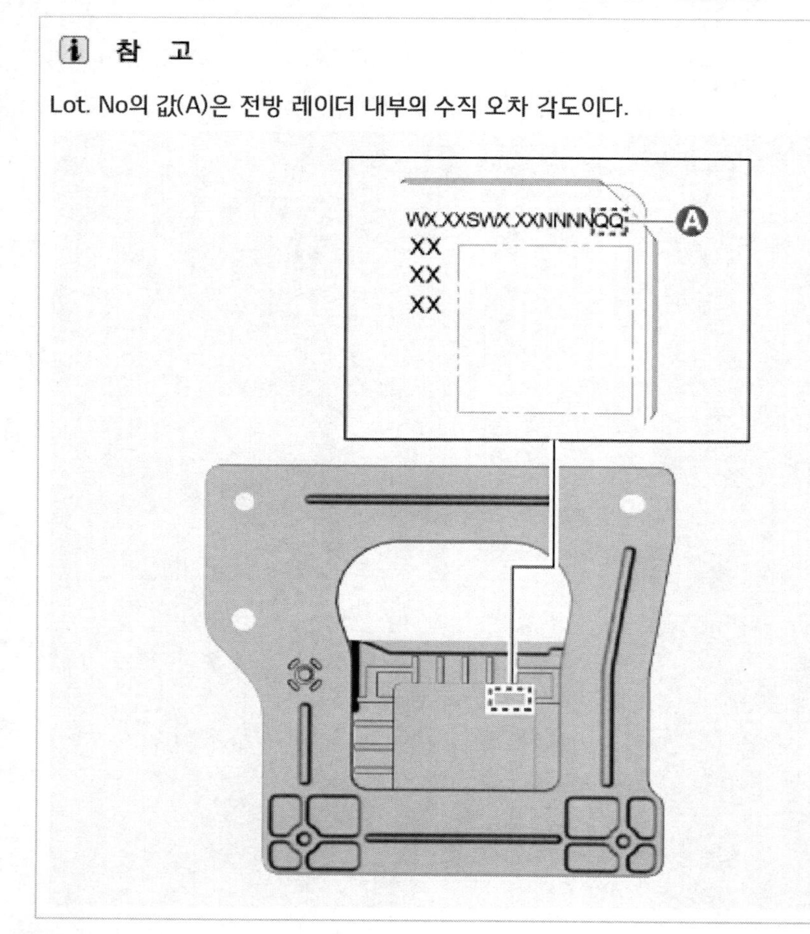

2. 전방 레이더를 장착한다.

체결토크 : 0.9 ~ 1.1 kgf · m

(1) 볼트를 체결하여 전방 레이더(A)를 장착한다.
(2) 전방 레이더 커넥터(B)를 연결한다.

3. 전방 레이더 장착 각도를 확인 및 보정한다.
   (1) KDS의 부가 기능 "전방 레이더 장착 각도 검사/보정"을 선택한다.

시스템별 | 작업 분류별 | 모두 펼치기

- ■ 자동변속
- ■ 전자식변속레버
- ■ 전자식변속제어
- ■ 제동제어
- ■ 전방레이더
  - ■ 사양정보
  - ■ 전방 레이더 장착 각도 검사/보정 (FCA/SCC)
- ■ 에어백(1차충돌)
- ■ 에어백(2차충돌)
- ■ 승객구분센서
- ■ 에어컨
- ■ 4륜구동
- ■ 파워스티어링
- ■ 전자제어서스펜션
- ■ 리어뷰모니터
- ■ 운전자보조주행시스템

! 기능 수행 중에는 다른 기능이 동작되지 않도록 주의하십시오.

부가기능

• 전방 레이더 장착 각도 검사/보정 (FCA/SCC)

검사목적	전방 레이더의 차량 장착 각도를 검사 및 보정하는 기능 입니다.
검사조건	1. 엔진정지 2. IG ON 상태 3. C1620 (정렬 실패) 이외 DTC 없을 것.
연계단품	- UNIT ASSY-SCC (Smart Cruise Control) - UNIT ASSY-FCA - UNIT ASSY-FR RADAR
연계DTC	C1620
불량현상	경고등 점등
기 타	전방 레이더 센서 보정이 필요한 경우 1. 전방레이더를 교환 및 탈거 후 재장착 하였을 경우 2. C1620 (정렬 실패) DTC가 발생한 경우 3. 접촉사고를 포함, 전방레이더나 그 주변부가 충격을 받은 경우 4. FCA/SCC/HDA 등 전방레이더 감지/인식 기능 문제가 있는 경우 5. '레이더 가림' 으로 인한 기능 해제 문구가 지속적으로 발생하는 경우

확인

! 기능 수행 중에는 다른 기능이 동작되지 않도록 주의하십시오.

(2) 코드 입력창에 두 자리값을 입력하고 확인을 누른다.

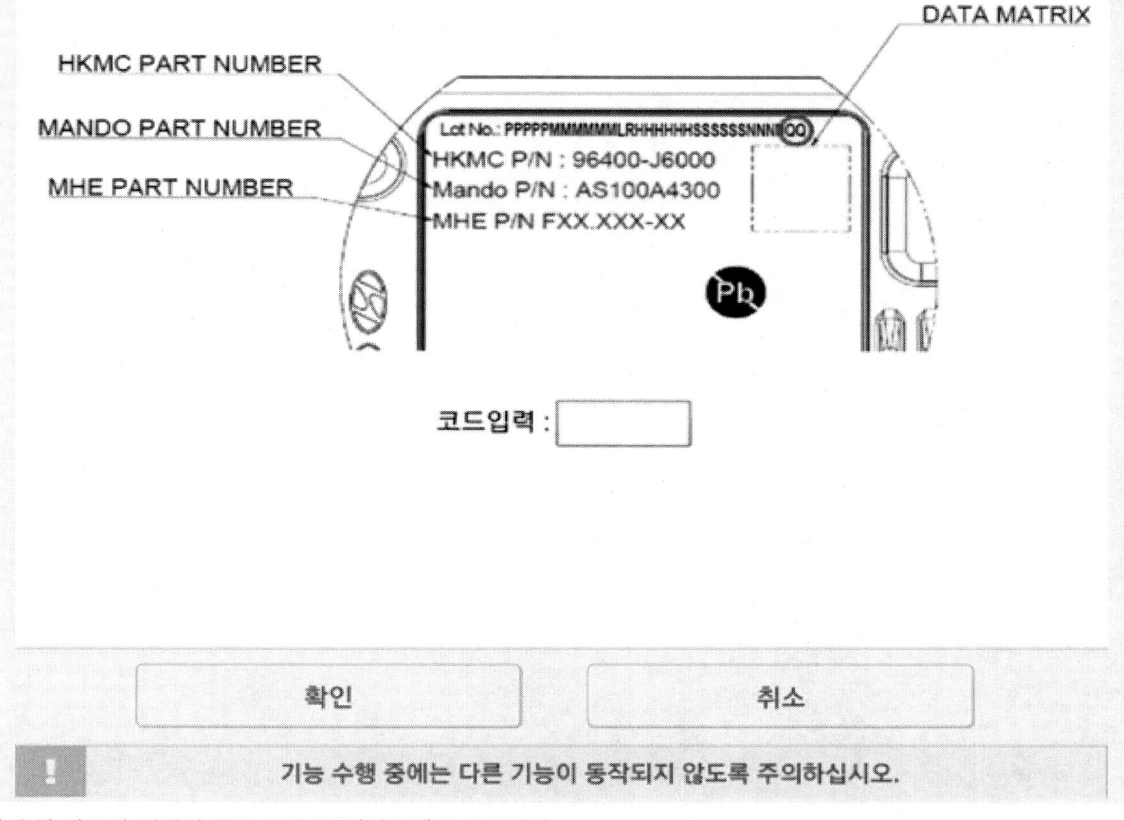

(3) KDS에서 오차 각도가 더해진 목표 수직 각도(결과값)를 확인한다.

참 고

결과값은 기준 수직 장착 각도 -1˚에 전방 레이더의 오차 각도를 더한 최종 목표 수직 각도이다.

부가기능

■ 전방 레이더 장착 각도 검사/보정 (FCA/SCC)

● [전방 레이더 장착 각도 검사/보정 (FCA/SCC)]

[수직 오차 각도 조정]
전방레이더 수직각도를 아래 표출되는 결과값과 동일하게 조정 하시기 바랍니다.
* 반드시 정비지침서를 참조하여 조정 하시기 바랍니다.
조정이 완료 되었으면 [확인] 버튼을 눌러주십시오.
종료하려면 [취소] 버튼을 눌러주십시오.

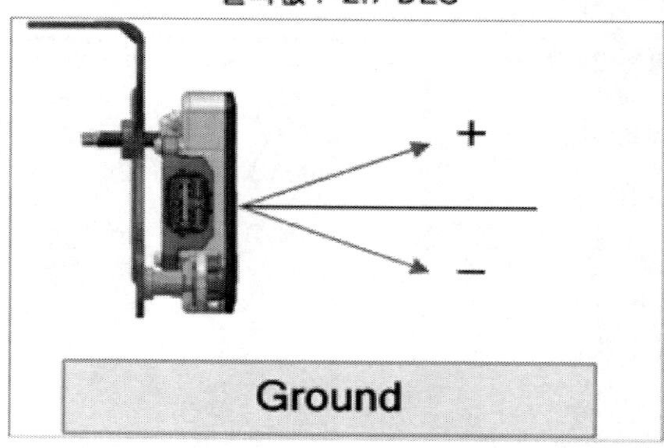

확인 취소

! 기능 수행 중에는 다른 기능이 동작되지 않도록 주의하십시오.

(4) 수직 각도계(틸트 미터)를 이용해 전방 레이더의 수직 장착 각도를 확인한다.

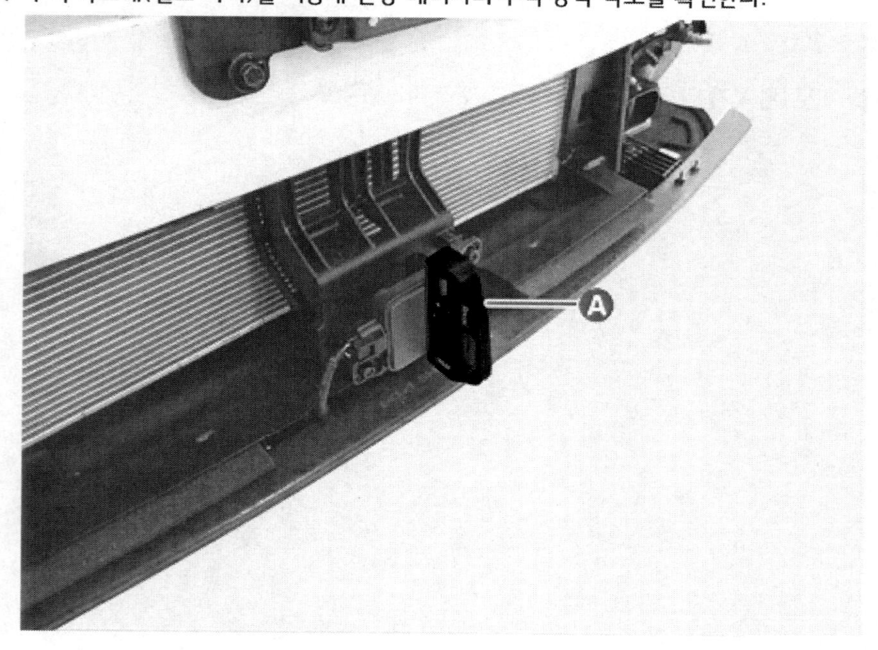

유 의

- 수직 각도계는 사용 전에 반드시 영점 세팅을 한다.
- 수직 각도계의 표시 방법에 따라, +/- 각도가 다르게 표시될 수 있으니 유의한다.

(5) 전방 레이더의 조정 스크루를 회전 시켜 "목표 수직 각도"로 조정한다.
- 시계 방향 회전 : (+) 각도 보정
- 반시계 방향 회전 : (-) 각도 보정

유 의

- 무리한 힘으로 스크루 조정 시 브래킷의 변형이 발생될 수 있다.
- 조정 후, 반드시 수직 각도계를 이용하여 수직 각도가 '결과값' 에 명시된 양만큼 변경 되었는지 재확인한다.

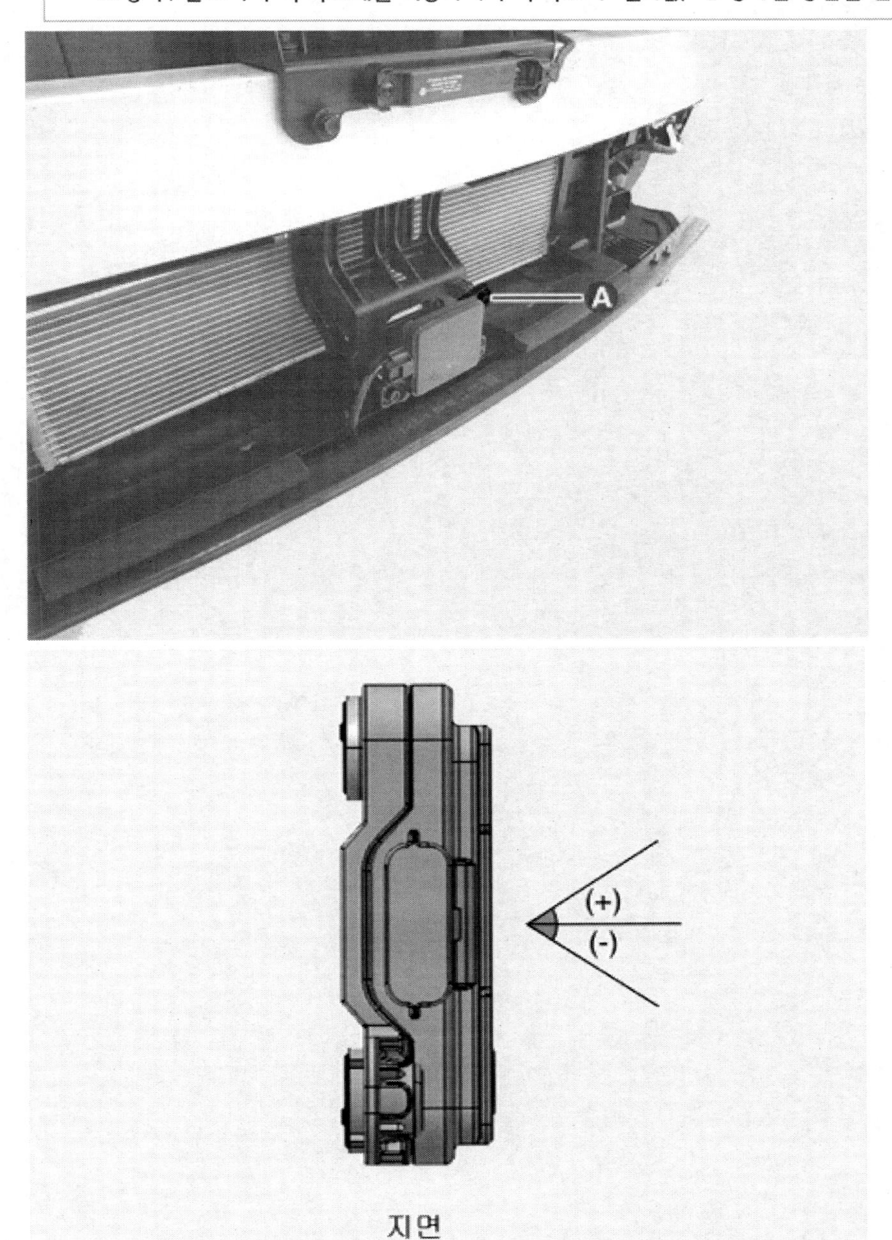

조정 스크루 회전수	레이더 보정 각도	
	시계 방향	반시계 방향
0.5	+ 0.5˚	- 0.5˚
1	+ 1.0˚	- 1.0˚
1.5	+ 1.5˚	- 1.5˚
2	+ 2.0˚	- 2.0˚

2.5	+ 2.5°	- 2.5°
3	+ 3.0°	- 3.0°
3.5	+ 3.5°	- 3.5°
4	+ 4.0°	- 4.0°
4.5	+ 4.5°	- 4.5°
5	+ 5.0°	- 5.0°

유 의

- 전방 레이더의 표면에 이물질 및 반사물이 없도록 한다.
- 라디에이터 그릴에 이물질 및 반사물이 없도록 한다.

1. 프런트 범퍼 어셈블리를 장착한다.
   (바디 - "프런트 범퍼 어셈블리" 참조)
2. 특수 공구를 이용해 전방 레이더 장착 각도 검사/보정 절차를 수행한다.
   (전방 레이더 유닛 - "조정" 참조)

특수 공구

공구 명칭/번호	형상	용도
SCC 셋팅빔 09964 - C1200		전방 레이더 보정, 전방 카메라 보정 시 사용
전방 레이더 보정 삼각대 09964 - C1300		전방 레이더 보정 시 사용
전방 레이더 보정 리플렉터 09964 - C1100		전방 레이더 보정 시 사용
보정 리플렉터 0K964 - J5100		전방 레이더 보정 시 사용

조정

전방 레이더 장착 각도 검사/보정 개요

전방 레이더는 전방 제어 대상을 감지하고 대상과의 거리, 상대 속도 등을 인식한다. 이를 위해서는 장착 방향이 차량과 정확하게 일직선상에 있어야 한다.
사고 등에 의해 전방 레이더를 탈거 후 재장착하거나 신품 전방 레이더를 장착하는 경우에는 반드시 장착 각도 검사 및 보정을 실시하여야 한다.
검사 및 보정을 실시하지 않으면 전방 레이더의 정확성을 보장할 수 없다.
전방 레이더 검사/보정은 KDS를 이용하여 실시한다.
전방 레이더 검사/보정은 전용 SST를 이용하여 보정 작업을 실시한다.

유 의

전방 레이더 장착 각도 검사/보정이 필요한 경우

- 전방 레이더를 교환한 경우.
- 접촉사고 또는 센서나 그 주변부에 강한 충격을 경우.
- 전방 레이더 보정 고장코드가 발생 될 경우.
- 전방 레이더 감지 및 인식 기능에 문제가 있는 경우.
  - 기능 작동 중 전방 차량 등을 정상 인식하지 못하는 경우
  - 옆 차선 차량 오감지가 빈번한 경우

- 전방에 물체가 없는데 오감지가 빈번한 경우

전방 레이더 장착 각도 검사/보정 방법 - 정차모드

유 의

- 차량의 타이어 공기압과 휠 얼라인먼트의 정상 상태를 확인한다.
- 차량을 공차 상태로 평탄한 위치에 정차 시키고 타이어를 정렬한다.
- 전방 레이더 커버 오염 및 전파 장애요인을 점검한다.
- 전방 범퍼 중심을 기준으로 전방 8 m, 폭 4 m, 높이 2 m 이상의 공간을 확보할 수 있는 곳에서 실시한다.
- 리플렉터 설치 위치(높이 및 각도)는 전방 레이더 중심과 일치하게 설치한다. (높이 또는 각도가 상이한 경우 정확한 보정을 할 수 없다.)
- 프런트 레이더 정렬 시 차량을 움직이거나 진동이 전달되지 않도록 한다. (차량 승차, 도어 개폐)
- 프런트 레이더 정렬 시 IG ON을 한다.

1. 차량을 수평으로 단차가 없는 장소에 정차한다.

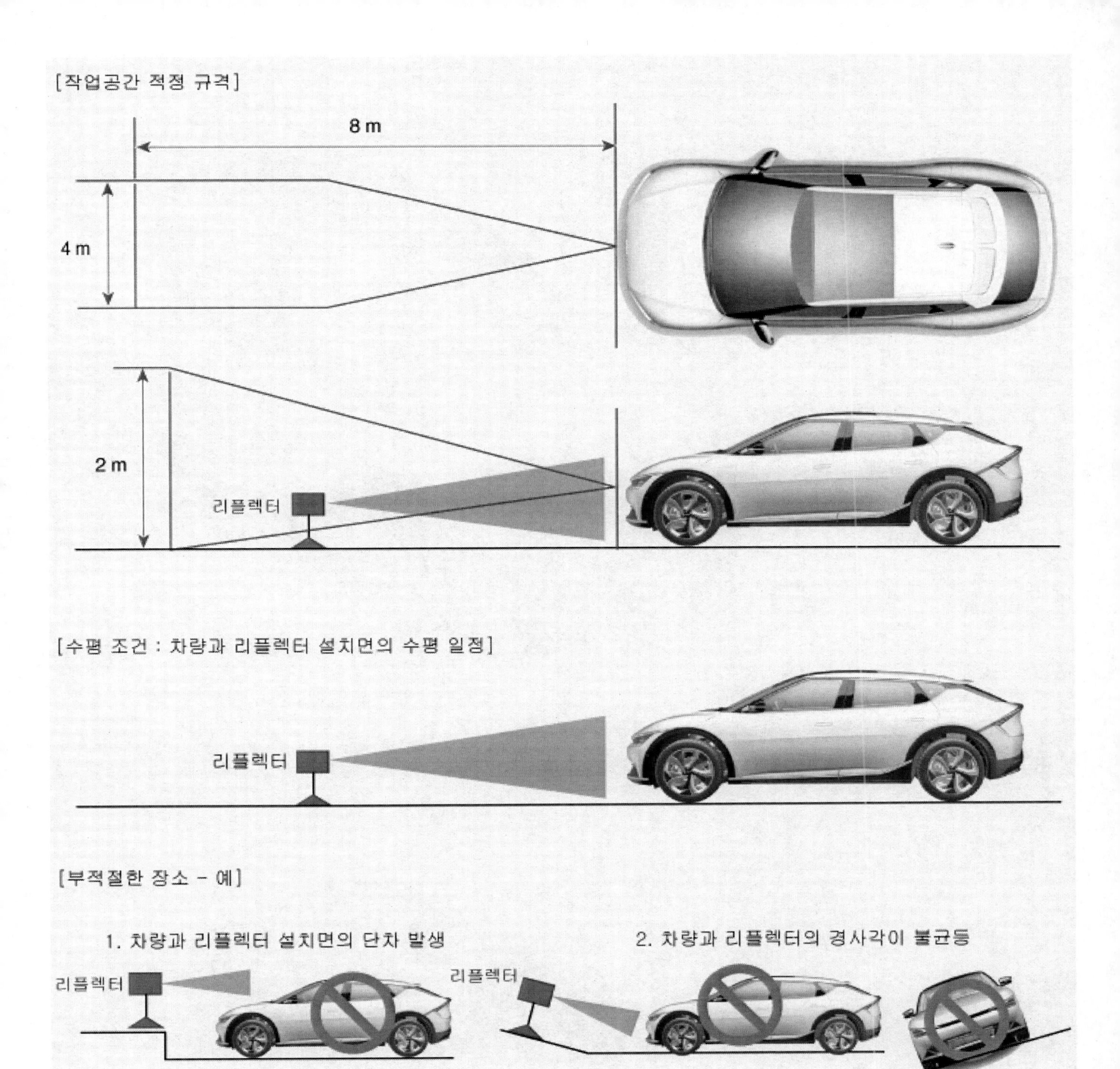

2. 엠블럼 중심점(A)을 표시한다.

3. 윈드 쉴드 글라스 상단의 거리를 측정한 후, 중심점(A)을 표시한다.

4. 전방 레이더 보정 삼각대(09964 - C1300)에 SCC 셋팅빔(09964 - C1200)을 장착한다.

5. 차량 전방에서 2.6m 이상 떨어진 위치에 SCC 셋팅빔(09964 - C1200)을 설치한다.

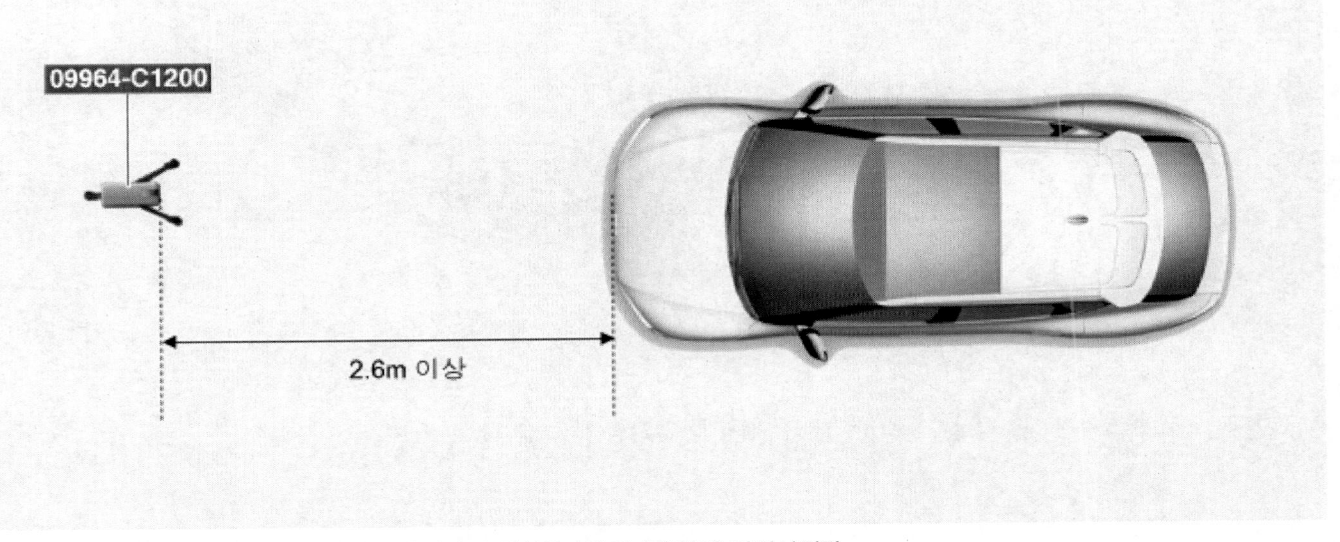

6. SCC 셋팅빔(09964 - C1200)를 이용하여 레이저 수직선을 (A)와 (B)점에 일치시킨다.

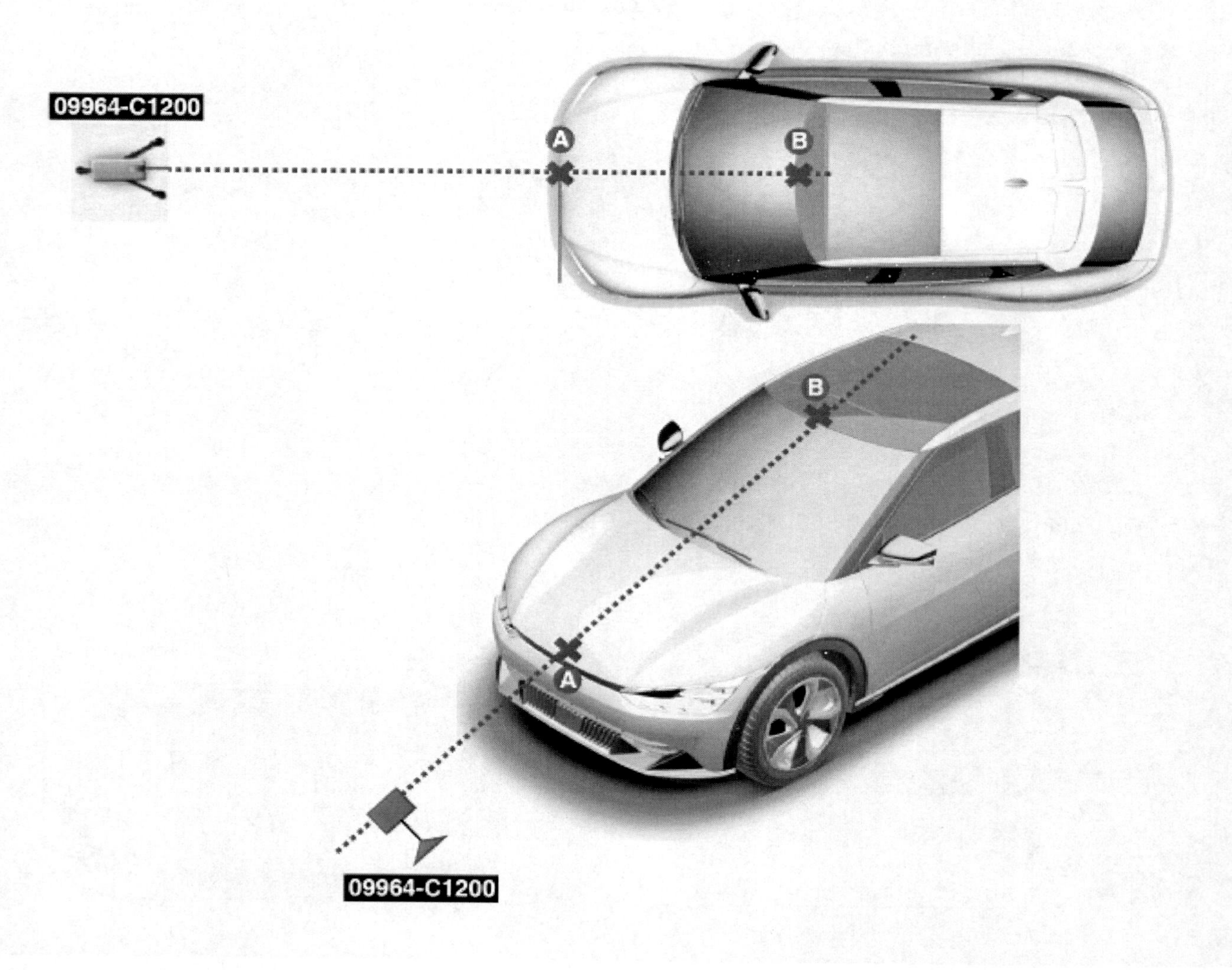

7. (A)지점으로 부터 차량 전방의 2.4 ~ 2.6m 떨어진 위치에 (C)지점을 표시한다.

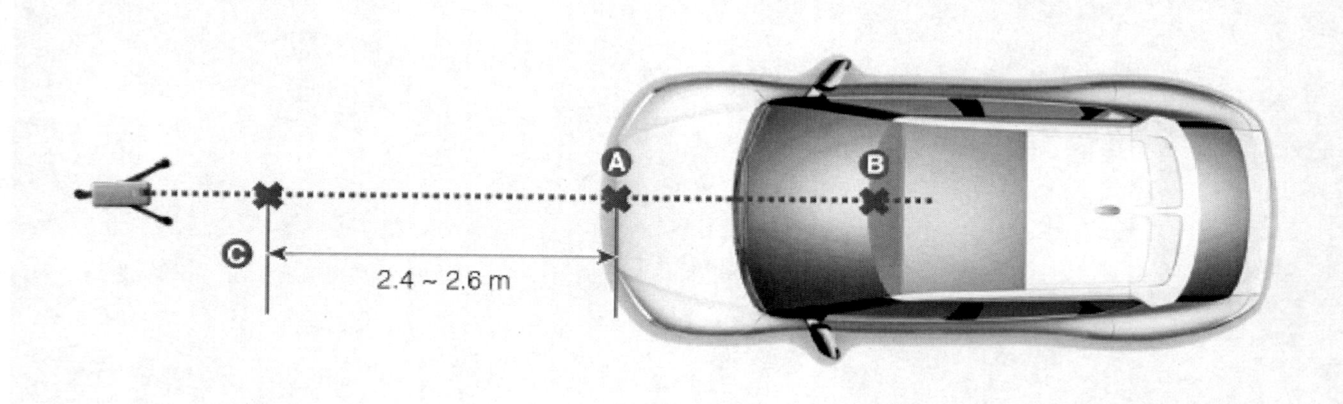

8. (C)점으로부터 수직 방향 6mm 지점에 (D)점을 표시한다.

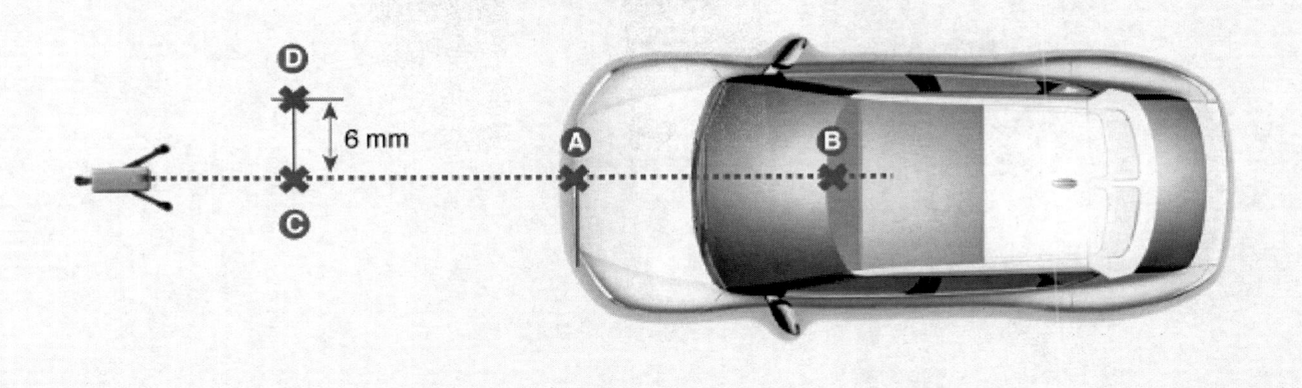

9. 전방 레이더 보정 삼각대(09964 - C1300)에서 전방 레이더 셋팅빔(09964 - C1200)을 분리한다.

10. 전방 레이더 보정 삼각대(09964 - C1300)에 전방 레이더 보정 리플렉터(09964 - C1100)를 연결한다.

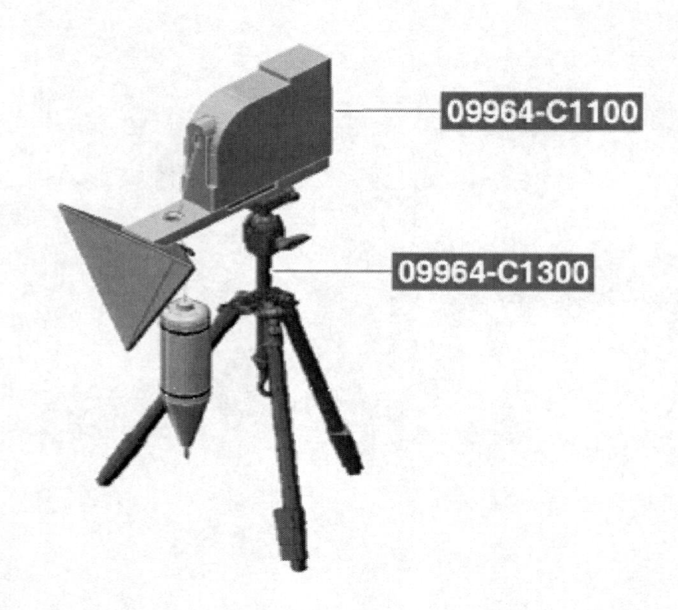

11. 전방 레이더 보정 리플렉터(09964 - C1100)에 보정 리플렉터 (0K964 - J5100)를 연결한다.

12. 전방 레이더 보정 삼각대(09964 - C1300)에 내장된 수평계(A)를 사용하여 전방 레이더 보정 리플렉터(09964 - C1100)를 수평으로 설정한다.

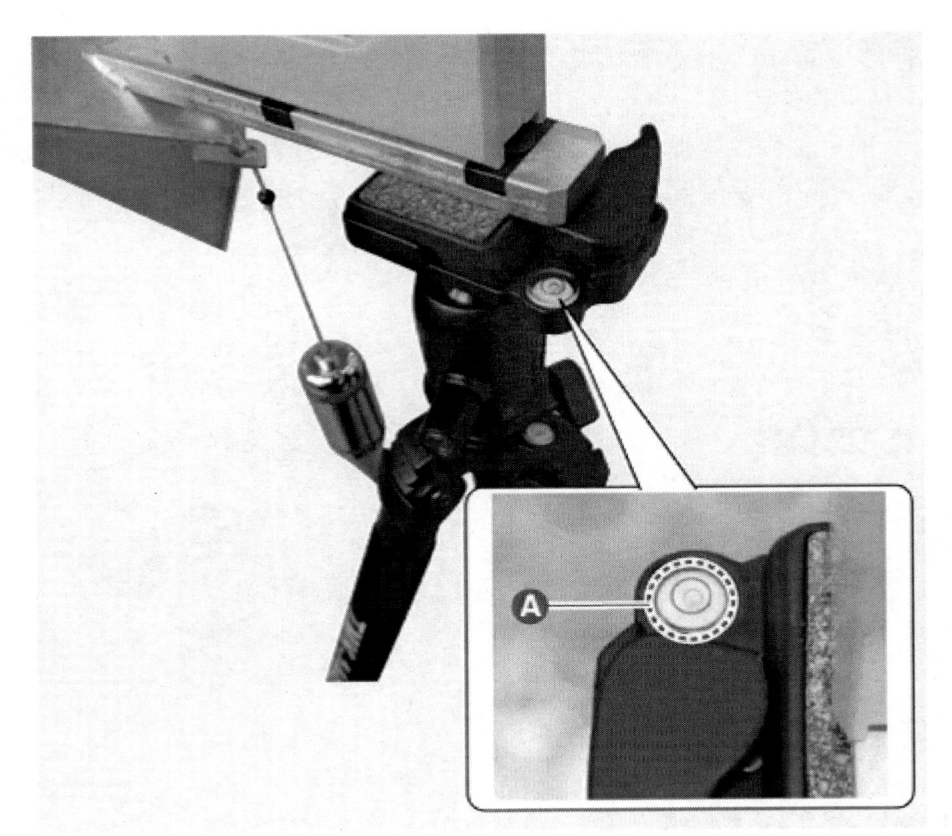

13. 전방 레이더 보정 리플렉터(09964 - C1100)의 수직추 (A)와 (D)점의 위치가 일치하도록 한다.

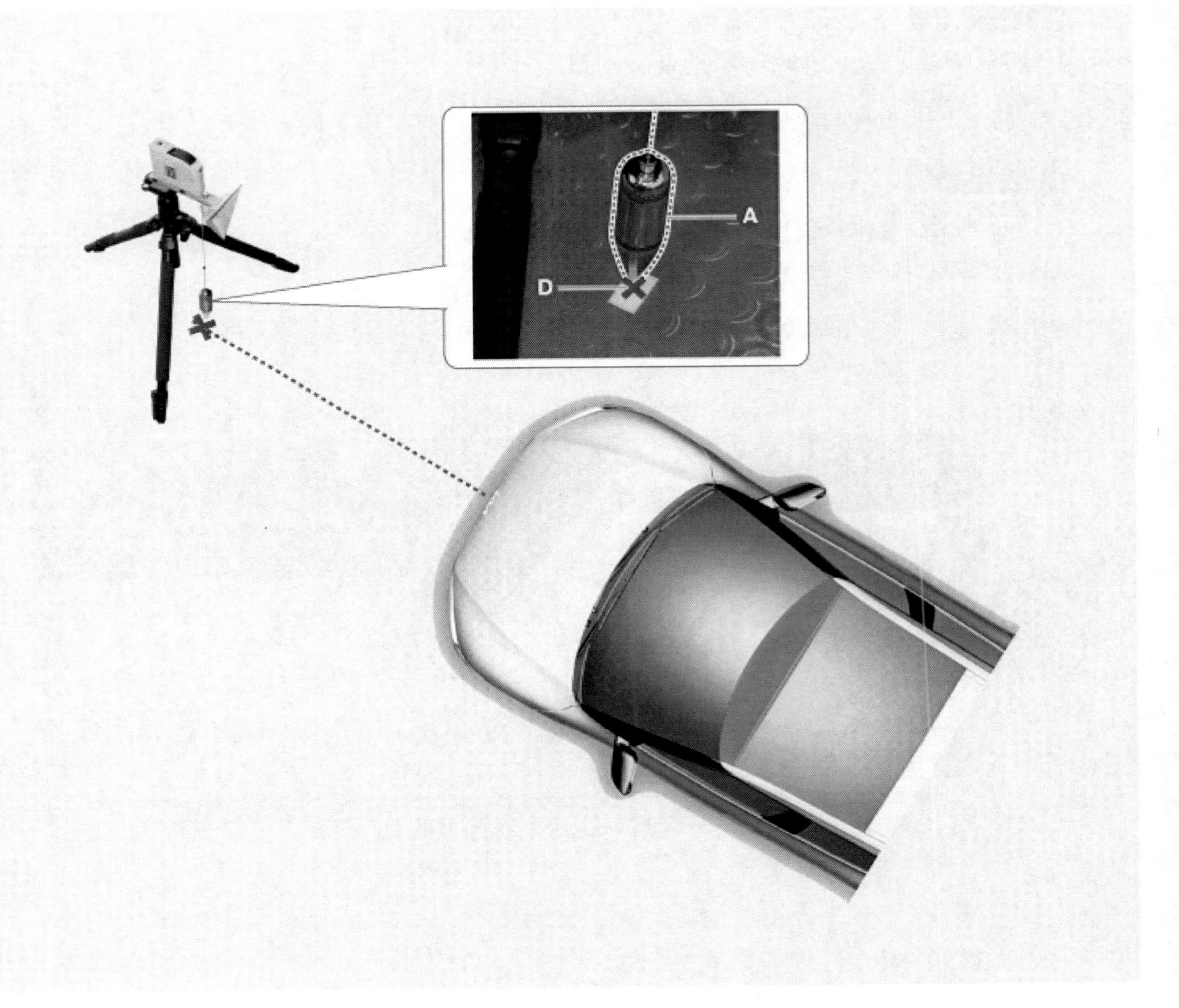

14. 보정 리플렉터(0K964 - J5100)의 중심의 높이를 335mm로 설정한다.

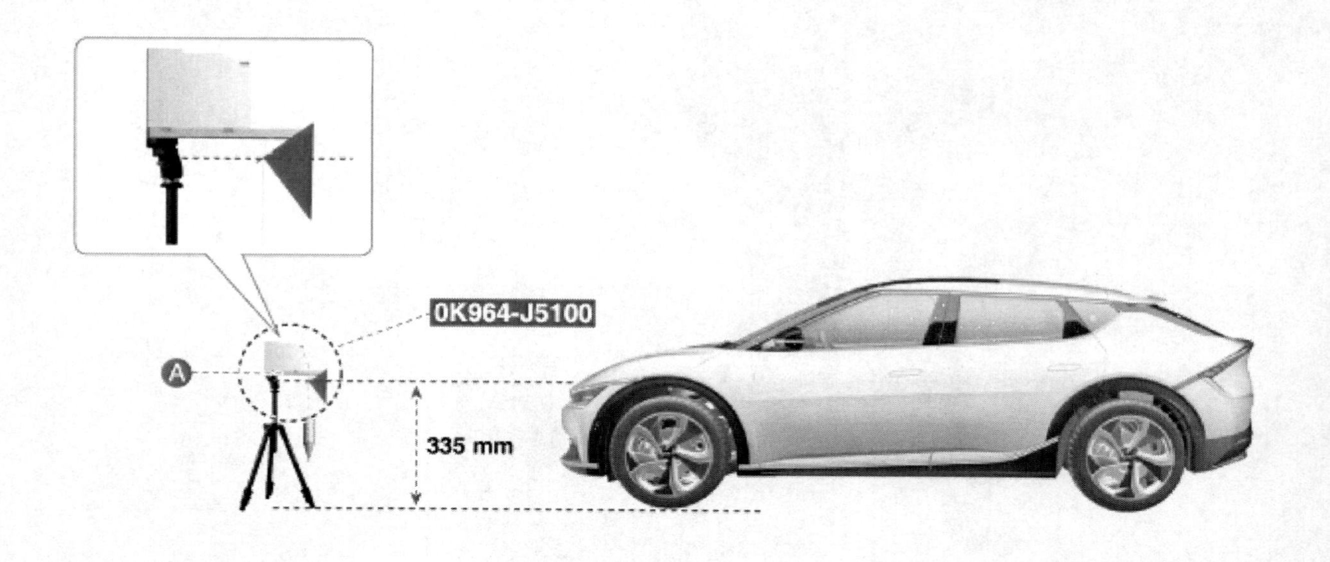

15. 전방 레이더 보정 리플렉터(09964 - C1100)에서 수직추를 탈거한다.

> **유 의**
>
> 수직추가 그대로 남아 있는 경우 보정에 영향을 줄 수 있다.

16. 전방 레이더 및 프런트 범퍼의 표면에 대하여 아래 항목을 육안으로 재확인한다.

> **유 의**
>
> - 전방 레이더의 표면에 이물질 및 반사물이 없도록 한다.
> - 라디에이터 그릴에 이물질 및 반사물이 없도록 한다.

17. C1(정차 모드)를 선택하여 KDS 화면의 지시에 따라 전방 레이더 장착 각도 검사 및 보정을 실행한다.

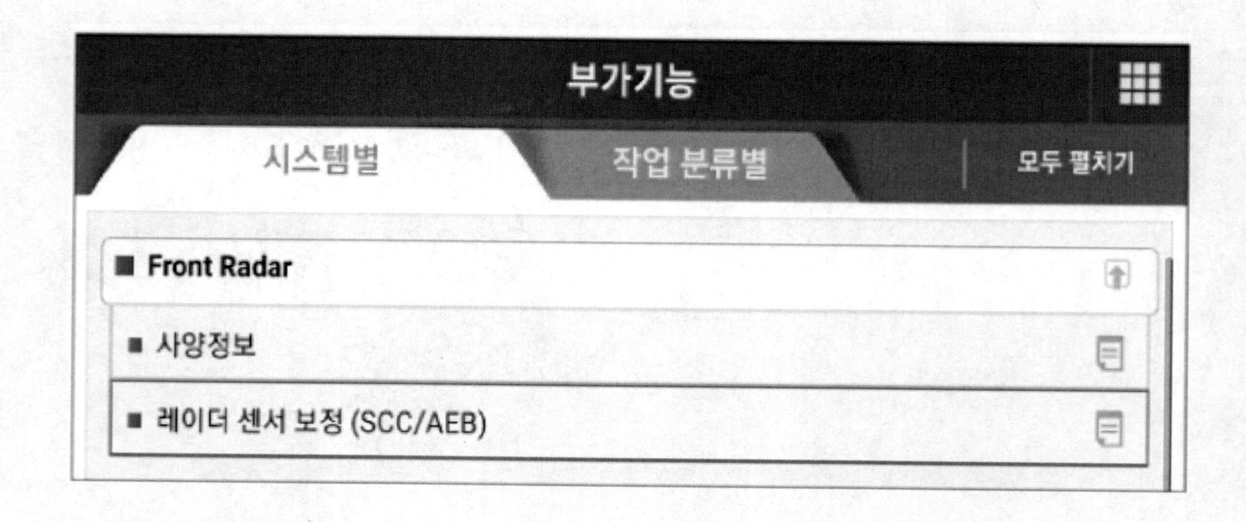

부가기능

■ 전방 레이더 장착 각도 검사/보정 (FCA/SCC)

● [전방 레이더 장착 각도 검사/보정 (FCA/SCC)]

전방 레이더의 차량 장착 각도를 검사 및 보정하는 기능 입니다.

[정차모드와 주행모드]
1. 정차모드 : 인라인 타겟보드 또는 전용 보정 리플렉터 툴 ASSY 필요.
(품번 : 0K964-J5100)
2. 주행모드 : 실도로 주행 필요. (가드레일 등 연속되는 금속성 반사체가 있는 직선로)

[설정모드]
[C1] : 정차모드
[C2] : 주행모드

* 정차모드를 우선적으로 진행 할 것을 권장합니다.
정차모드 수행 후 65 Km/h 이상으로 일정시간 (10분 이상) 공로 주행시 전방레이더의 보정 정밀도가 향상 됩니다.

C1 | C2 | 취소

! 기능 수행 중에는 다른 기능이 동작되지 않도록 주의하십시오.

■ 전방 레이더 장착 각도 검사/보정 (FCA/SCC)

● [전방 레이더 장착 각도 검사/보정 (FCA/SCC)]

[정차모드]

1. 차량 전방의 개방된 공간을 확보한다.
(최소 확보 공간 : 전방 범퍼 중심 기준, 전방거리 8m, 가로 폭 4m, 높이 2m)
2. 리플렉터는 전방레이더로 부터 2.5m 거리에 정확히 설치 한다.
3. 리플렉터의 좌/우/상/하 중심 위치는 전방레이더의 설치 위치를 참조하여 전방레이터의 중심과 일치하도록 정확한 위치에 설치한다.
4. 검사/보정 실행 전 전방 범퍼를 다시 장착 한다.
- 범퍼가 정확한 위치에 고정될 수준의 하드웨어는 체결하도록 한다.

* 리플렉터 설치시 주의사항과 설치방법은 반드시 정비지침서를 참고 하시기 바랍니다. 리플렉터 위치가 정확하지 않거나 전용 리플렉터(0K964-J5100)를 사용하지 않은 경우에는 보정이 완료되더라도 부정확한 보정으로 인해 심각한 성능 문제가 발생할 수 있습니다.

준비가 되었으면 [확인] 버튼을 눌러주십시오.

확인 취소

! 기능 수행 중에는 다른 기능이 동작되지 않도록 주의하십시오.

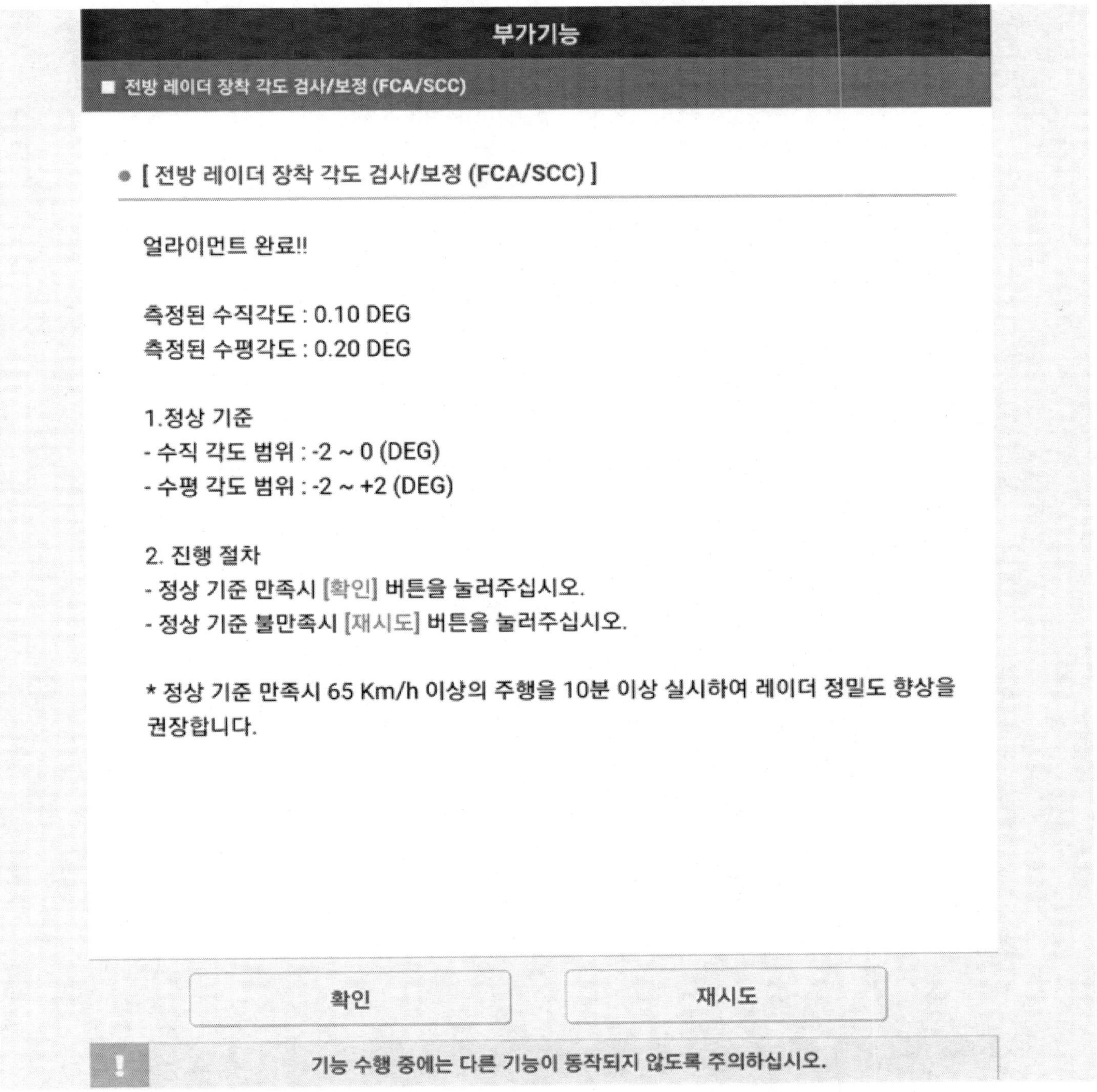

부가기능

■ 전방 레이더 장착 각도 검사/보정 (FCA/SCC)

● [전방 레이더 장착 각도 검사/보정 (FCA/SCC)]

얼라이먼트 완료!!

측정된 수직각도 : 0.10 DEG
측정된 수평각도 : 0.20 DEG

1.정상 기준
- 수직 각도 범위 : -2 ~ 0 (DEG)
- 수평 각도 범위 : -2 ~ +2 (DEG)

2. 진행 절차
- 정상 기준 만족시 [확인] 버튼을 눌러주십시오.
- 정상 기준 불만족시 [재시도] 버튼을 눌러주십시오.

* 정상 기준 만족시 65 Km/h 이상의 주행을 10분 이상 실시하여 레이더 정밀도 향상을 권장합니다.

확인 재시도

! 기능 수행 중에는 다른 기능이 동작되지 않도록 주의하십시오.

18. 전방 레이더 장착 각도 검사 및 보정에 실패할 경우, 전방 레이더 검사 및 보정 조건을 재확인한다.

전방 레이더 장착 각도 검사/보정(FCA/SCC) 방법 - 주행 모드

참 고

- 정차 모드 수행 후 65㎞/h 이상으로 10분 이상 주행하면 보정 정확도가 향상된다.
  (도로 주변에 금속성 반사체가 있는 직선 도로에서 주행한다.)
- 정차 모드 작업이 불가능할 경우 주행 모드를 이용하여 전방 레이더 보정 작업을 진행한다.

유 의

- 차량의 타이어 공기압과 휠 얼라인먼트의 정상 상태를 확인한다.
- 전방 레이더 커버 오염 상태를 확인한다.
- 레이더의 표면에 이물질 및 반사물이 없도록 한다.
- 라디에이터 그릴에 이물질 및 반사물이 없도록 한다.

1. C2(주행 모드)를 선택하여 KDS 화면의 지시에 따라 전방 레이더 장착 각도 검사 및 보정을 실행한다.

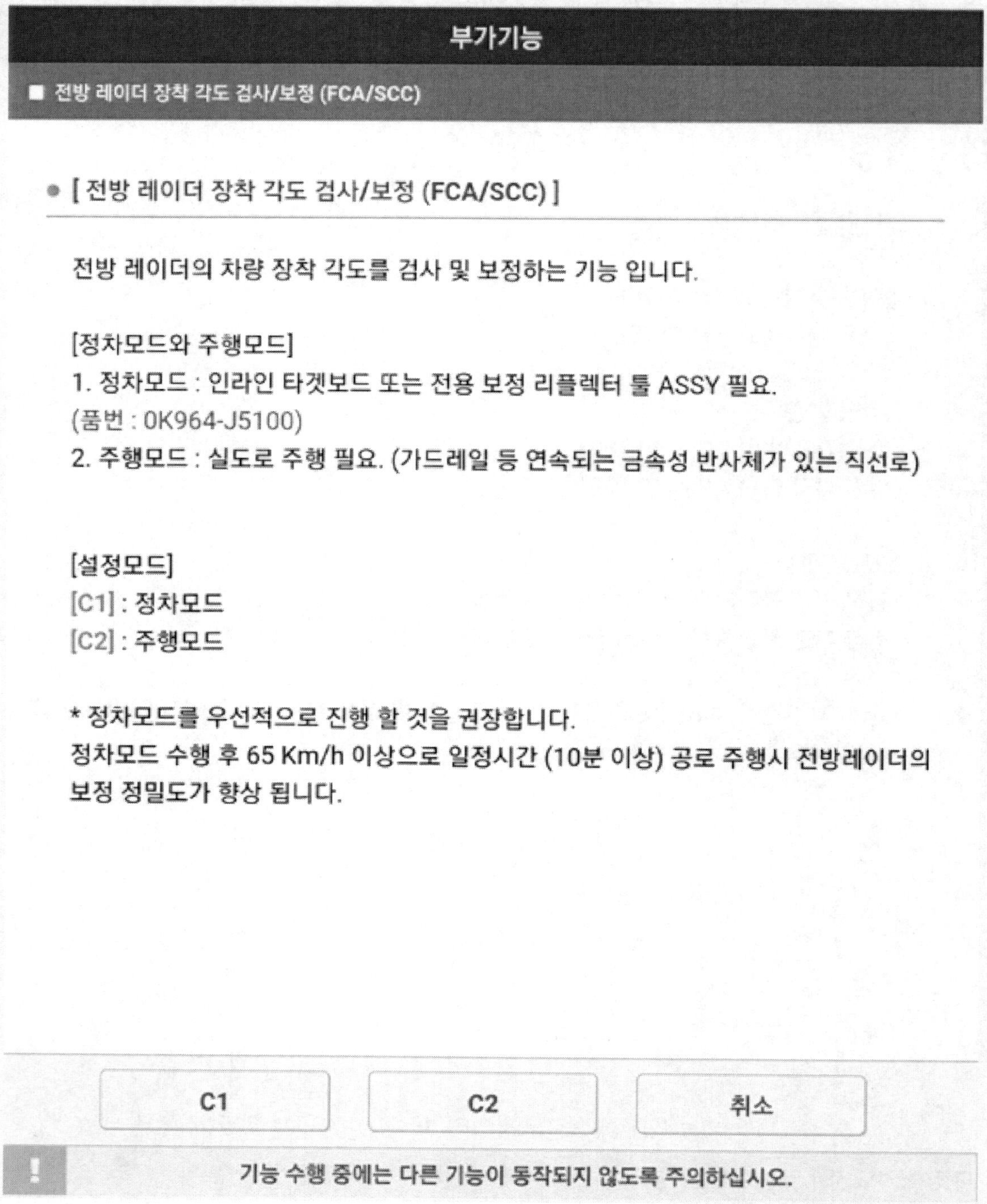

부가기능

■ 전방 레이더 장착 각도 검사/보정 (FCA/SCC)

● [전방 레이더 장착 각도 검사/보정 (FCA/SCC)]

전방 레이더의 차량 장착 각도를 검사 및 보정하는 기능 입니다.

[정차모드와 주행모드]
1. 정차모드 : 인라인 타겟보드 또는 전용 보정 리플렉터 툴 ASSY 필요.
(품번 : 0K964-J5100)
2. 주행모드 : 실도로 주행 필요. (가드레일 등 연속되는 금속성 반사체가 있는 직선로)

[설정모드]
[C1] : 정차모드
[C2] : 주행모드

* 정차모드를 우선적으로 진행 할 것을 권장합니다.
정차모드 수행 후 65 Km/h 이상으로 일정시간 (10분 이상) 공로 주행시 전방레이더의 보정 정밀도가 향상 됩니다.

C1 C2 취소

! 기능 수행 중에는 다른 기능이 동작되지 않도록 주의하십시오.

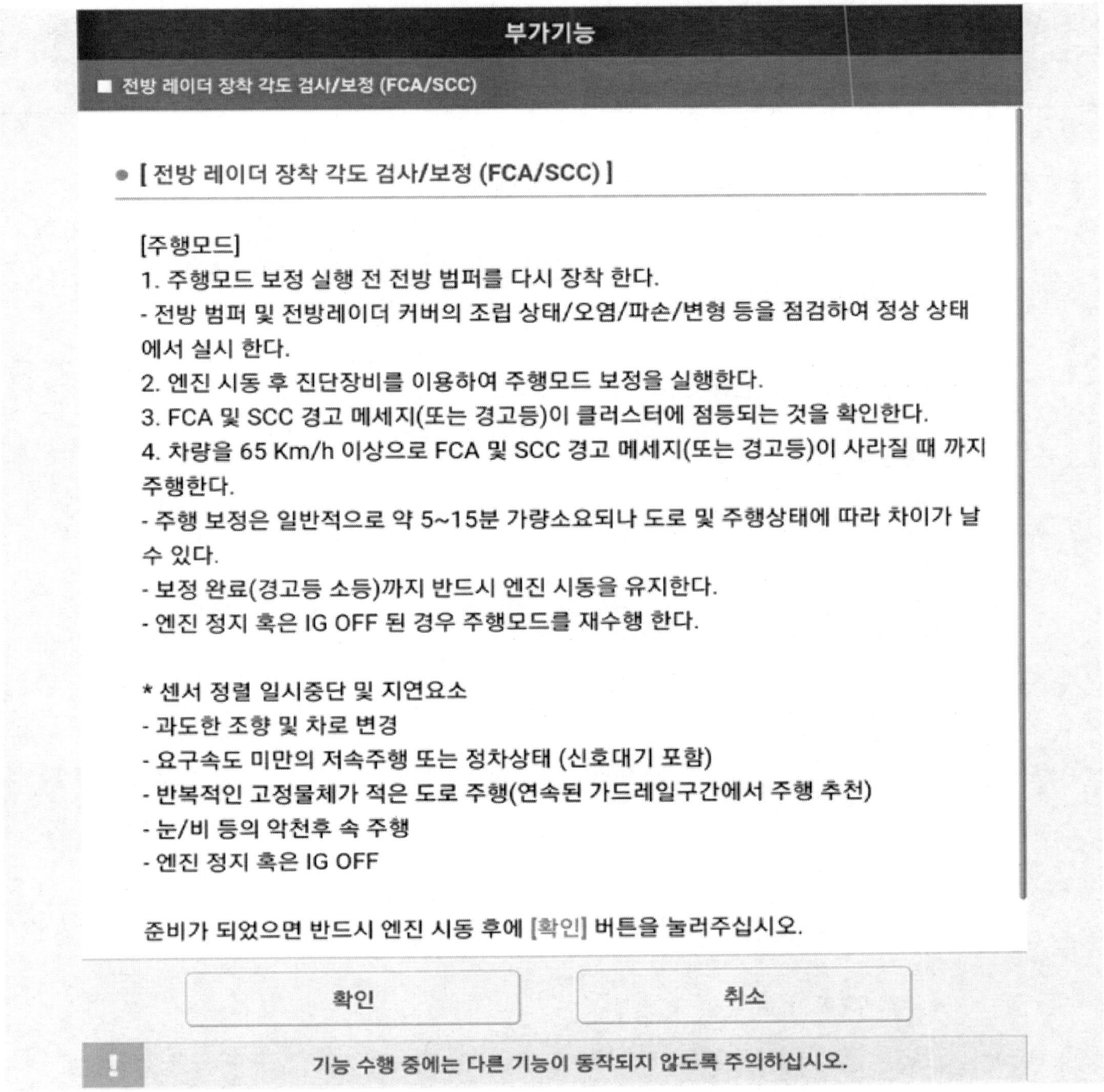

부가기능

■ 전방 레이더 장착 각도 검사/보정 (FCA/SCC)

● [전방 레이더 장착 각도 검사/보정 (FCA/SCC)]

[주행모드]
1. 주행모드 보정 실행 전 전방 범퍼를 다시 장착 한다.
- 전방 범퍼 및 전방레이더 커버의 조립 상태/오염/파손/변형 등을 점검하여 정상 상태에서 실시 한다.
2. 엔진 시동 후 진단장비를 이용하여 주행모드 보정을 실행한다.
3. FCA 및 SCC 경고 메세지(또는 경고등)이 클러스터에 점등되는 것을 확인한다.
4. 차량을 65 Km/h 이상으로 FCA 및 SCC 경고 메세지(또는 경고등)이 사라질 때 까지 주행한다.
- 주행 보정은 일반적으로 약 5~15분 가량소요되나 도로 및 주행상태에 따라 차이가 날 수 있다.
- 보정 완료(경고등 소등)까지 반드시 엔진 시동을 유지한다.
- 엔진 정지 혹은 IG OFF 된 경우 주행모드를 재수행 한다.

* 센서 정렬 일시중단 및 지연요소
- 과도한 조향 및 차로 변경
- 요구속도 미만의 저속주행 또는 정차상태 (신호대기 포함)
- 반복적인 고정물체가 적은 도로 주행(연속된 가드레일구간에서 주행 추천)
- 눈/비 등의 악천후 속 주행
- 엔진 정지 혹은 IG OFF

준비가 되었으면 반드시 엔진 시동 후에 [확인] 버튼을 눌러주십시오.

확인 취소

! 기능 수행 중에는 다른 기능이 동작되지 않도록 주의하십시오.

2. 전방 레이더 장착 각도 검사 및 보정에 실패할 경우, 전방 레이더 검사 및 보정 조건을 재확인한다.

탈거

1. 전방 카메라를 탈거 하기 전에 KDS를 이용해 '사양 정보'를 먼저 확인한다.

2. 배터리 (-) 단자와 서비스 인터록 커넥터를 분리한다.
   (배터리 제어 시스템 - "보조 배터리 (12V) - 2WD" 참조)
   (배터리 제어 시스템 - "보조 배터리 (12V) - 4WD" 참조)
3. 멀티 센서 블랭킹 커버(A)를 탈거한다.

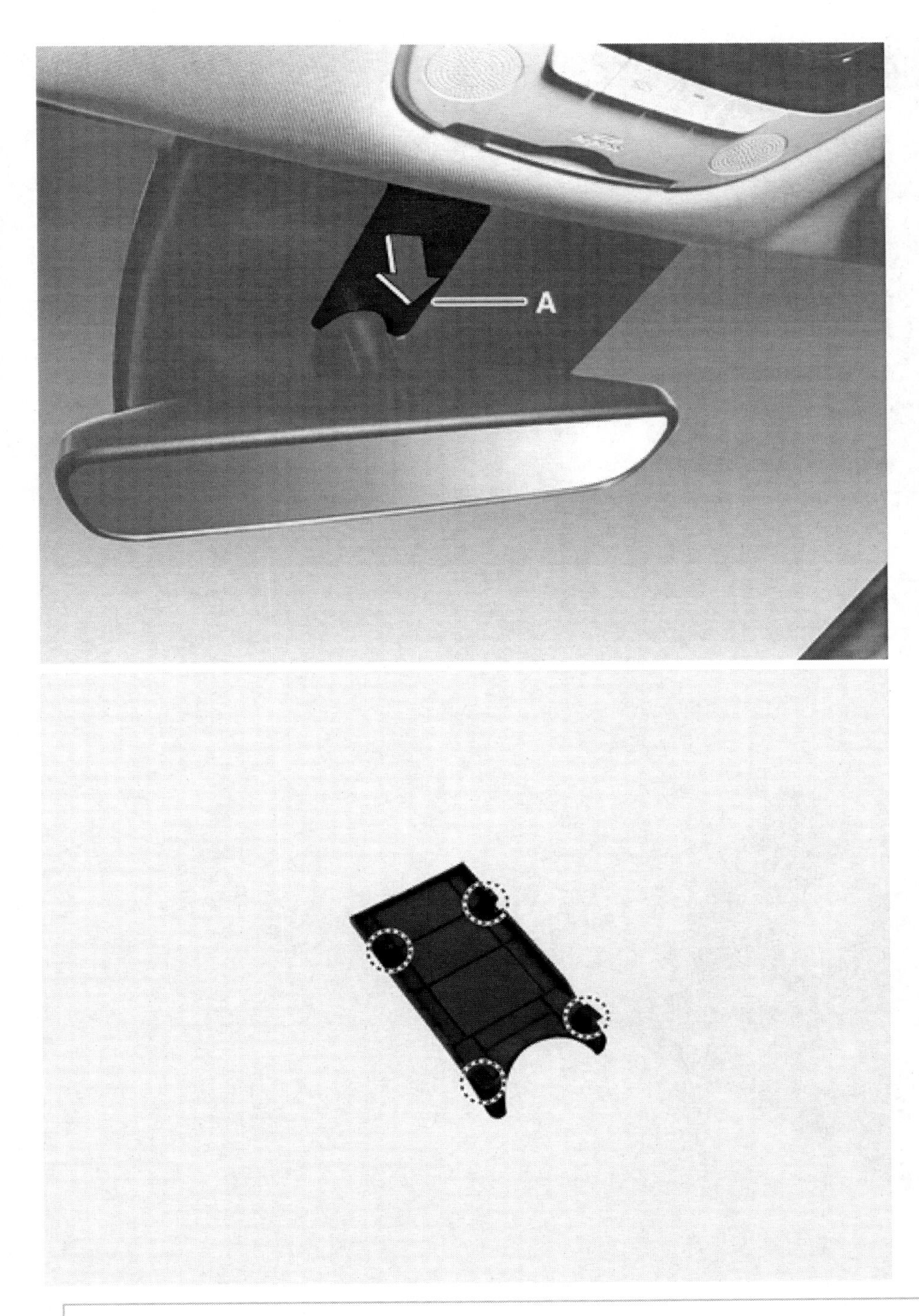

참 고

클립 위치:

4. 화살표 방향으로 밀어서 멀티 센서 커버(A)를 탈거한다.

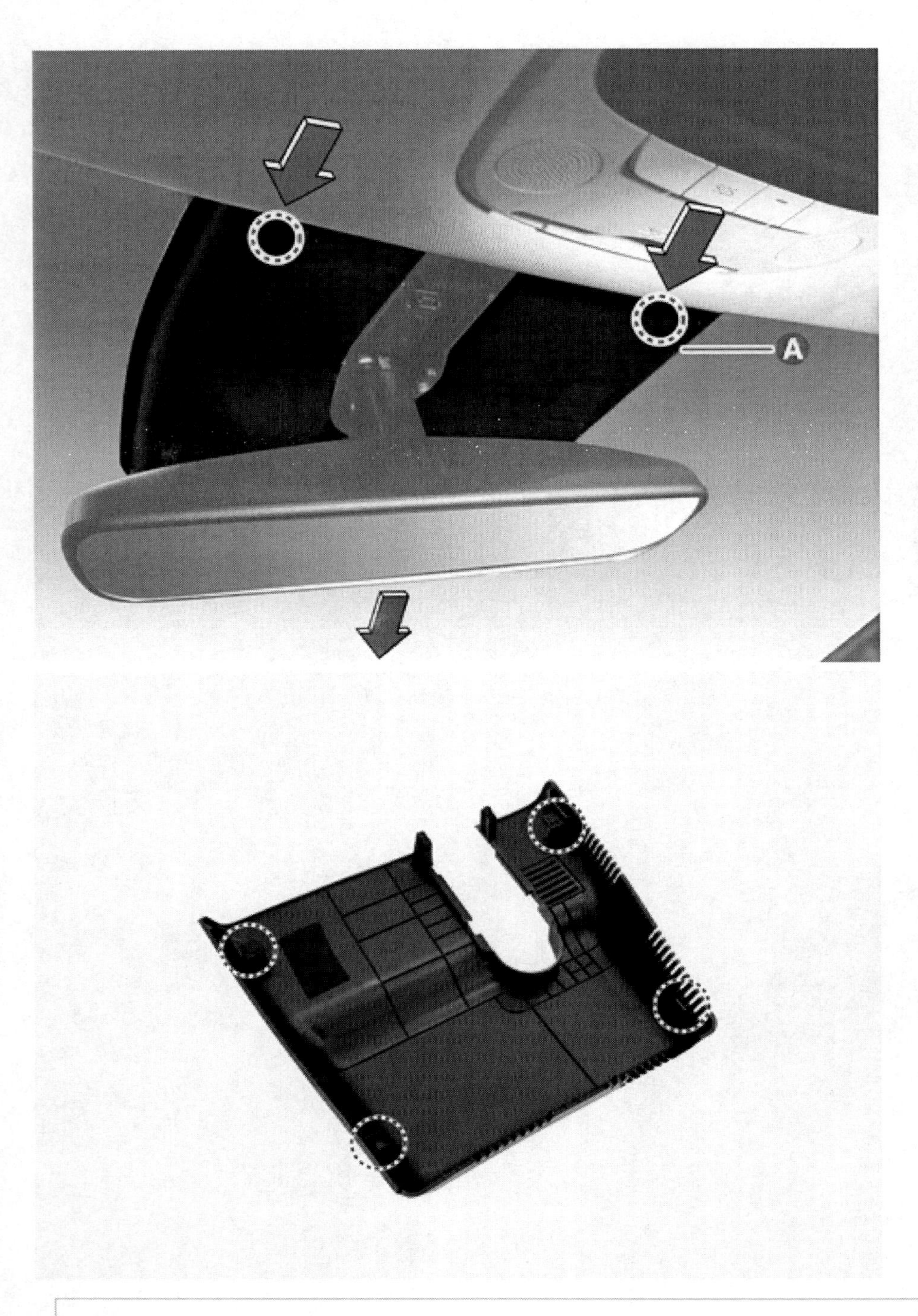

참 고

클립 위치:

5. 전방 카메라 커넥터(A)를 분리한다.

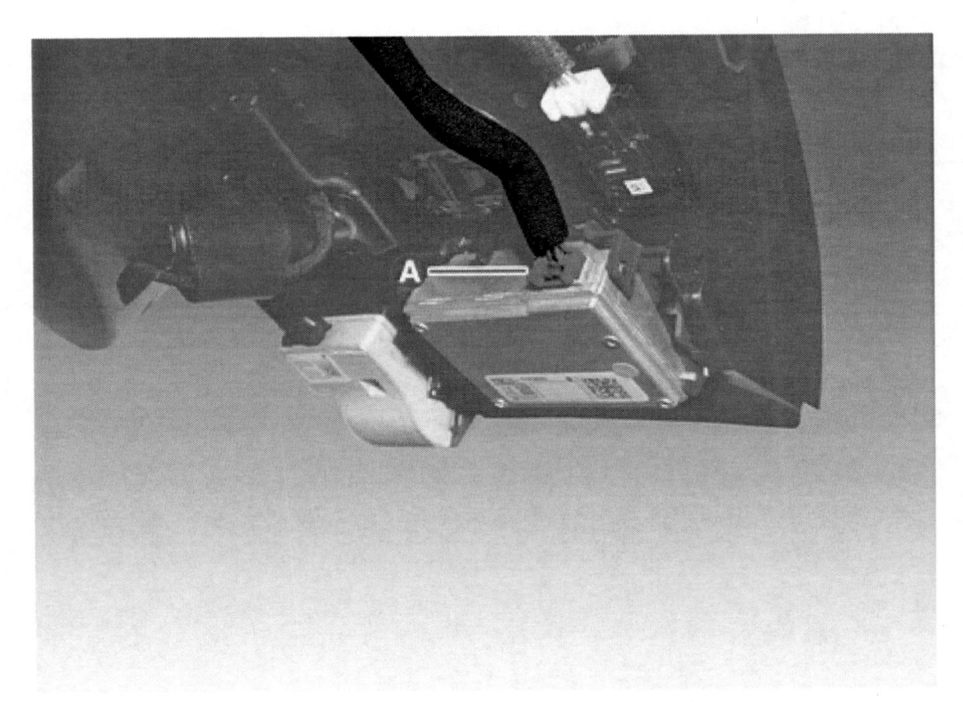

6. 양쪽 후크(B)를 화살표 방향으로 당겨 전방 카메라(A)를 탈거한다.

> **유 의**
>
> 후크(B) 이격 시 파손되지 않도록 주의한다.

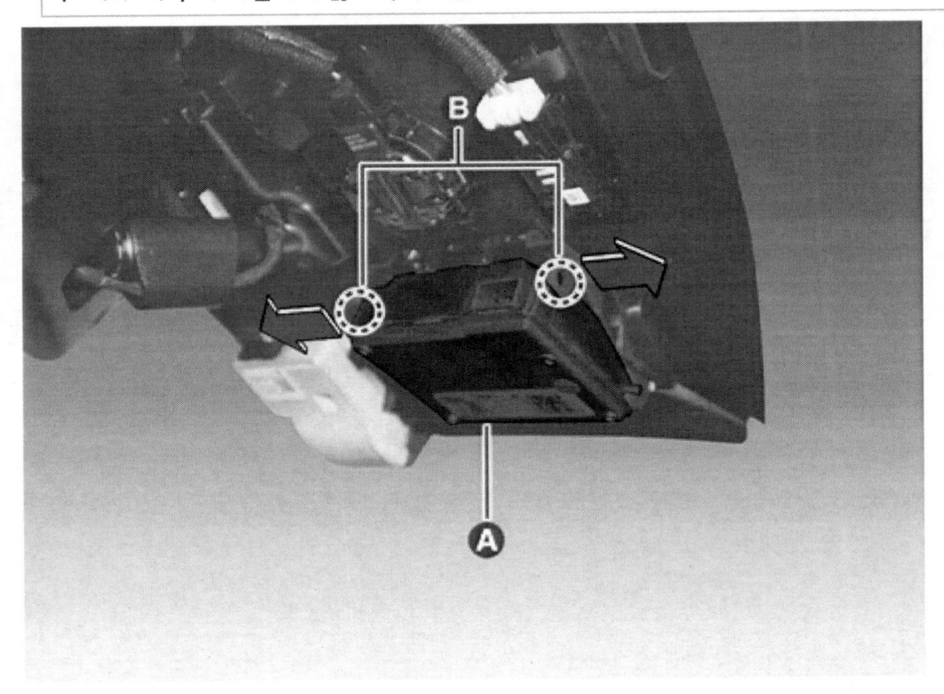

장착

1. 장착은 탈거의 역순으로 한다.

> **유 의**
>
> 조립 시 '딸깍' 하는 소리가 들리도록 완전히 장착한다.

2. 전방 카메라 교환 시 KDS를 이용해 '배리언트 코딩'을 수행한다.
   (전방 카메라 - "조정" 참조)

배리언트 코딩

배리언트 코딩이 필요한 경우

전방 카메라를 신품으로 교체한 경우 (※ 신품 교체 시 EOL Variant Coding 및 보정 필요)

전방 카메라 배리언트 코딩

> **참 고**
>
> - 전방 카메라 배리언트 코딩은 차종 별 적용 부가기능을 작동 가능하도록 한다.
> - 배리언트 코딩이 차량 사양과 다를 경우 "배리언트 코딩 오류" DTC를 표출한다.

1. 전방 카메라 교환 시 KDS를 이용해 '배리언트 코딩'을 수행한다.

시스템별 | 작업 분류별 | 모두 펼치기

- 리어뷰모니터
- 운전자보조주행시스템
- 운전자보조주차시스템
- 전방카메라
  - 사양정보
  - 카메라 영점설정(SPTAC)_(보정타겟 사용)
  - 배리언트 코딩 (백업 및 입력)
  - 배리언트 코딩
- 후측방레이더
- 앰프
- 오디오비디오네비게이션
- 후석리모트컨트롤러
- 동승석 전동시트 제어 유닛
- 클러스터모듈(12.3inch)
- 클러스터모듈(4inch)
- 운전석도어모듈

! 기능 수행 중에는 다른 기능이 동작되지 않도록 주의하십시오.

2. 새로운 전방 카메라에 기존 카메라에서 읽은 사양 값을 입력한다.

부가기능

■ 배리언트 코딩

● [배리언트 코딩]

[데이터 쓰기]

1. 변경하고자하는 항목을 선택합니다.

2. 콤보박스내에 있는 값을 선택합니다.

3. [확인] 버튼을 누르십시오.

항목	설정 상태
국가 코드 :	한국
HBA 옵션 :	HBA
LKA/LDW 옵션 :	LKA-L or LKA-L/R
차량 타입 :	표준
FCW/FCA 옵션 :	FCA(SENSOR FUSION)
DAW 옵션 :	DAW
HDA 옵션 :	HDA
LFA 옵션 :	LFA
LDW/LKA 경고 타입 :	Acoustic Warning

확인 취소

! 기능 수행 중에는 다른 기능이 동작되지 않도록 주의하십시오.

전방 카메라 영점 설정(SPC)

유 의

아래와 같은 경우에 전방 카메라 보정 절차를 수행해야 한다.

- 전방 카메라 유닛 탈거 후 장착한 경우
- 전방 카메라를 신품으로 교체한 경우(※ 신품 교체 시 EOL Variant Coding 및 보정 필요)
- 윈드실드 글라스의 전방 카메라 브래킷이 변형된 경우
- 윈드실드 글라스를 교환한 경우
- 시스템 보정 관련 DTC 발생한 경우

전방 카메라 보정 작업 전 확인 사항

- 차량의 휠 얼라인먼트 및 타이어 공기압 정상 상태를 확인한다.
- 윈드쉴드 글라스의 오염 상태를 확인한다.

전방 카메라 자동 공차 보정

진단 장비를 이용하여 전방 카메라 자동 공차 보정을 아래와 같이 설정한다.

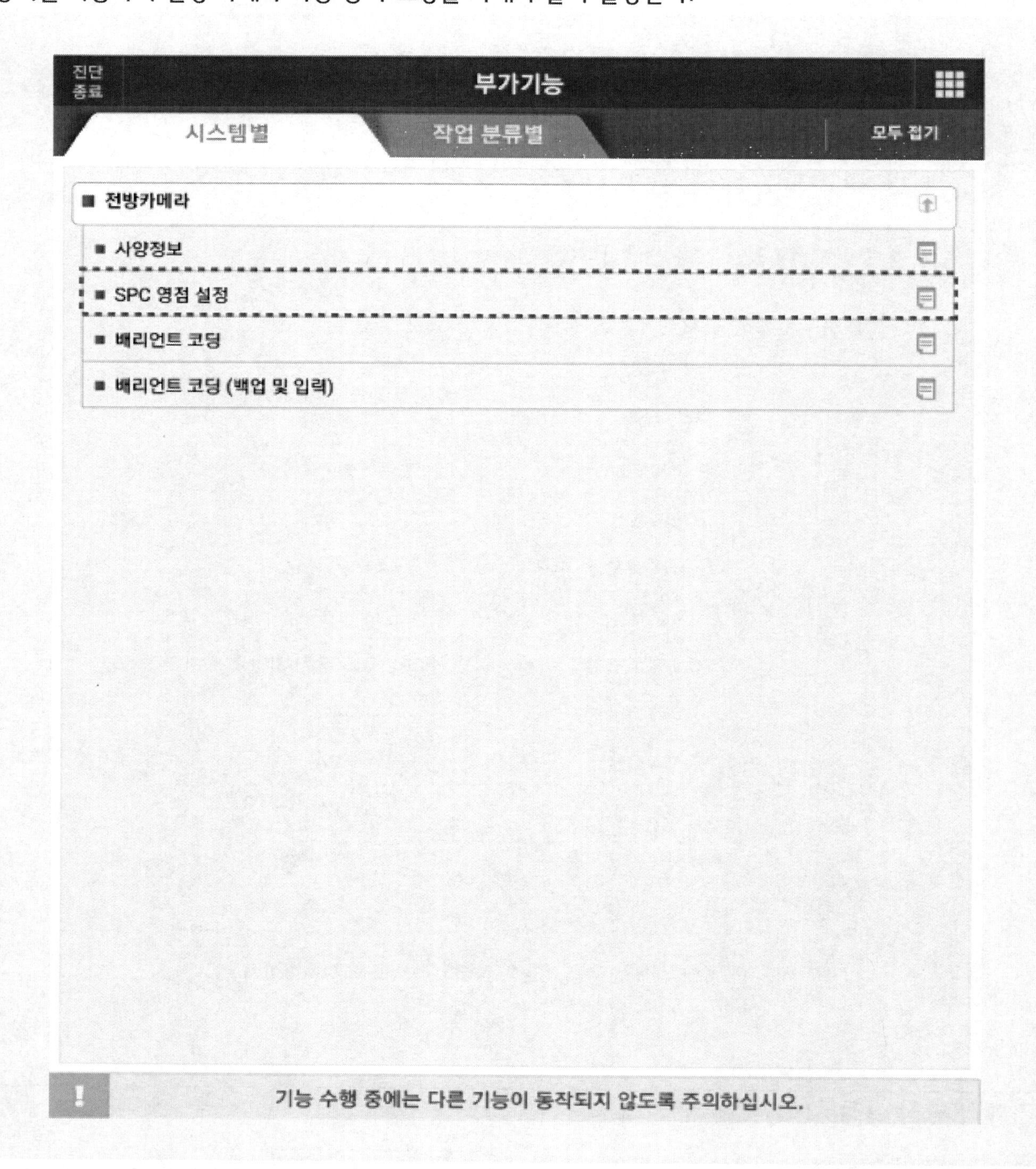

진단
종료

부가기능

• SPC 영점 설정

검사목적	카메라 ECU 또는 앞유리를 교환하였을때, 카메라 포인트 각을 조정하는 기능.
검사조건	1. 엔진 On 2. 타이어정렬 및 공기압 점검 3. 앞유리 이물질 제거
연계단품	전방 카메라 모듈
연계DTC	C2720XX, C2721XX, C2722XX
불량현상	경고등 점등
기 타	1. 안개 및 우천등의 요인으로 보정이 불가할 수 있음. 2. 차량속도가 36km/h 이상으로 직선도로를 주행해야 하며, 도로에 굴곡이 있을시 테스트 시간이 증가. 3. 테스트 과정은 모니터링되나, 1분이상 반응이 없을시 재테스트 해야함.

확인

! 기능 수행 중에는 다른 기능이 동작되지 않도록 주의하십시오.

진단
종료

부가기능

■ SPC 영점 설정

● [SPC 영점 설정]

카메라 지향각 조정 변수를 설정하기위해 전면 유리 혹은 카메라 ECU 교체시 보정을 실시하며, 서비스 보정전 전방 카메라 모듈에 차종별 코드 정보가 입력되어야 한다.

보정절차

1) 보정전 토우인값과 타이어 압력이 카메라가 설치될 수 있는 정상상태 범위인지 점검한다.

차량 제작/조립 상태는 정상 생산수준이어야 하고 트렁크 무게는 공장별 EOL 환경설정 기준범위 이내여야 한다.

2) 전면유리는 깨끗해야 하며 세러그래피 구역은 카메라 시야에 어떤 장애도 존재해서는 안된다.

3) 진단 커넥터를 연결하고 차량에 시동을 건다.

모든 조건 만족시 [확인] 버튼을 누른다.

확인 취소

! 기능 수행 중에는 다른 기능이 동작되지 않도록 주의하십시오.

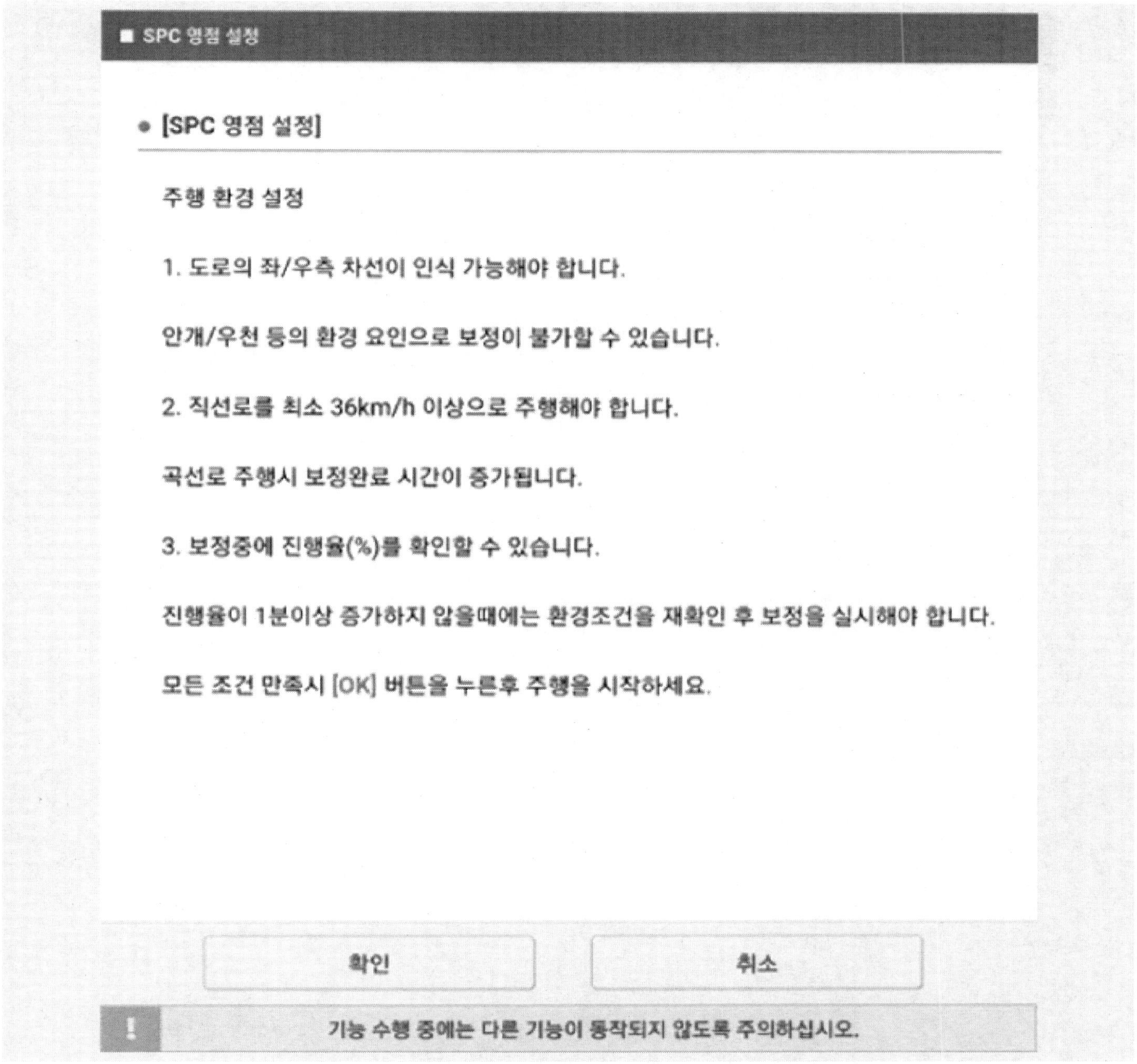

■ SPC 영점 설정

● [SPC 영점 설정]

주행 환경 설정

1. 도로의 좌/우측 차선이 인식 가능해야 합니다.

안개/우천 등의 환경 요인으로 보정이 불가할 수 있습니다.

2. 직선로를 최소 36km/h 이상으로 주행해야 합니다.

곡선로 주행시 보정완료 시간이 증가됩니다.

3. 보정중에 진행율(%)를 확인할 수 있습니다.

진행율이 1분이상 증가하지 않을때에는 환경조건을 재확인 후 보정을 실시해야 합니다.

모든 조건 만족시 [OK] 버튼을 누른후 주행을 시작하세요.

확인 취소

! 기능 수행 중에는 다른 기능이 동작되지 않도록 주의하십시오.

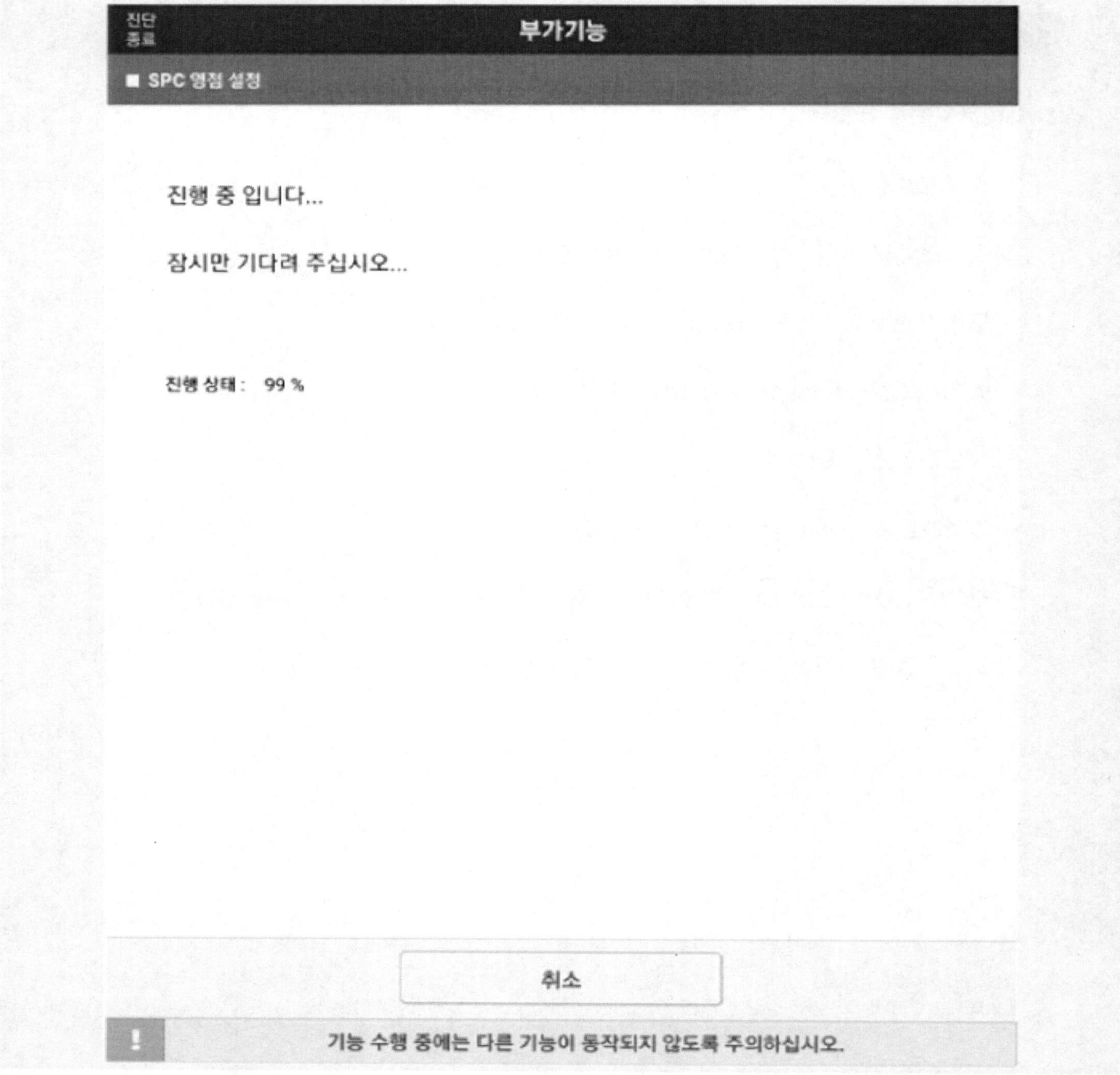

진단
종료

부가기능

■ SPC 영점 설정

진행 중 입니다...

잠시만 기다려 주십시오...

진행 상태 : 99 %

취소

! 기능 수행 중에는 다른 기능이 동작되지 않도록 주의하십시오.

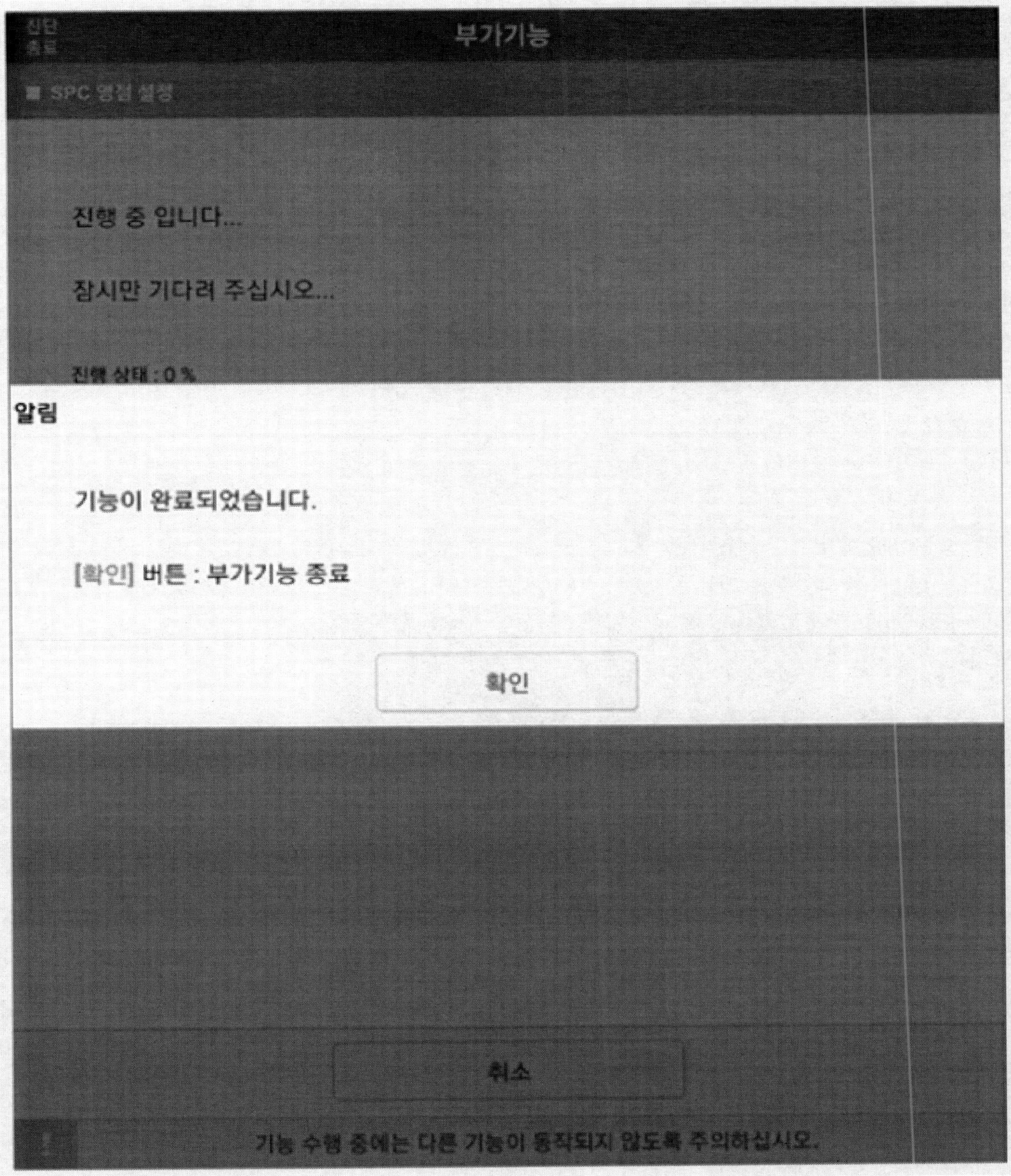

진단 종료

부가기능

■ SPC 영점 설정

진행 중 입니다...

잠시만 기다려 주십시오...

진행 상태 : 0 %

알림

기능이 완료되었습니다.

[확인] 버튼 : 부가기능 종료

확인

취소

기능 수행 중에는 다른 기능이 동작되지 않도록 주의하십시오.

탈거

1. 배터리 (-) 단자와 서비스 인터록 커넥터를 분리한다.
   (배터리 제어 시스템 - "보조 배터리 (12V) - 2WD" 참조)
   (배터리 제어 시스템 - "보조 배터리 (12V) - 4WD" 참조)
2. 운전자 주차 보조 유닛을 탈거한다.
   (운전자 주차 보조 시스템 - "운전자 주차 보조 유닛" 참조)
3. 운전자 주행 보조 유닛(A)을 탈거한다.

   체결토크 : 0.9 ~ 1.1 kgf·m

   (1) 운전자 주행 보조 유닛 커넥터(B)를 분리한다.
   (2) 너트를 풀어 운전자 주행 보조 유닛(A)을 탈거한다.

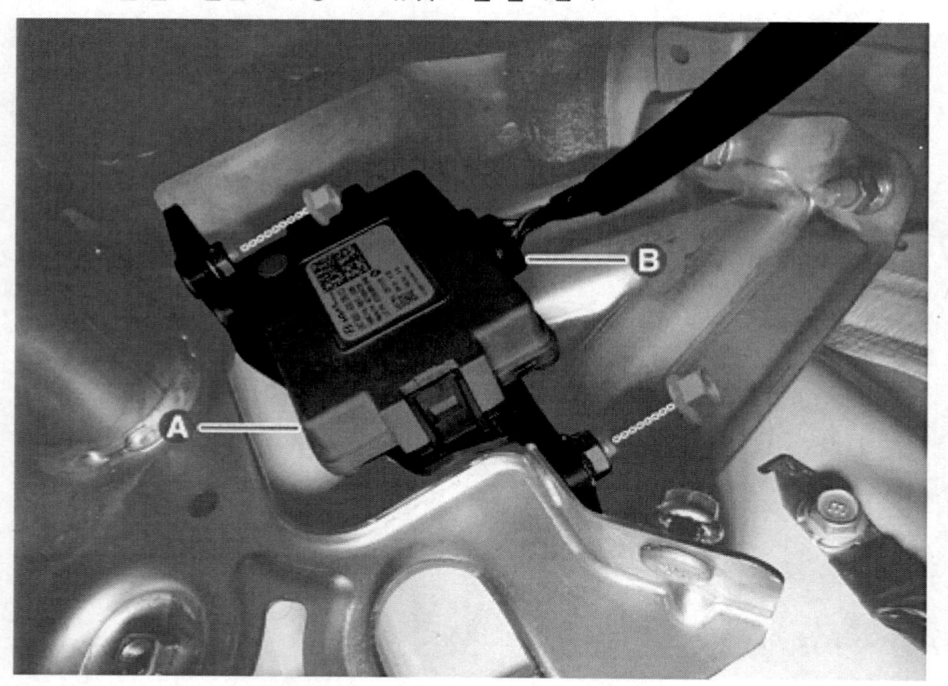

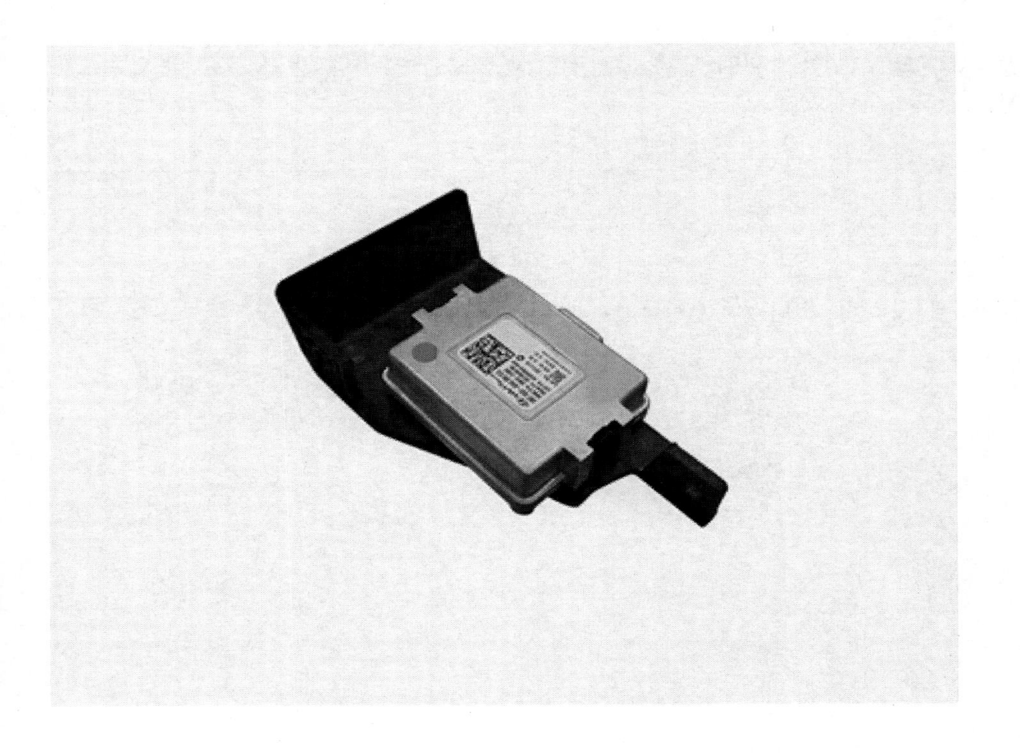

장착

1. 장착은 탈거의 역순으로 한다.
2. 운전자 주행 보조 유닛 교환 시 KDS를 이용해 '배리언트 코딩'을 수행한다.

탈거

크루즈 컨트롤 & 스마트 크루즈 컨트롤 (CC & SCC) 스위치

1. 좌측 스티어링 휠 리모트 컨트롤러를 탈거한다.
   (바디 전장 - "스티어링 휠 리모컨" 참조)

장착

1. 장착은 탈거의 역순으로 한다.

개요

1. 서라운드 뷰 모니터 (SVM) : 안전한 주차를 위해 차량 주변 상황을 영상으로 보여줍니다. 기어를 R단으로 바꾸거나 주차/뷰 버튼을 짧게 누르면 서라운드 뷰 모니터가 켜집니다. 메뉴를 통해 다양한 뷰를 선택하실 수 있습니다. 주차/뷰 버튼을 다시 짧게 누르거나 일정 속도 이상으로 주행하면 해제됩니다.

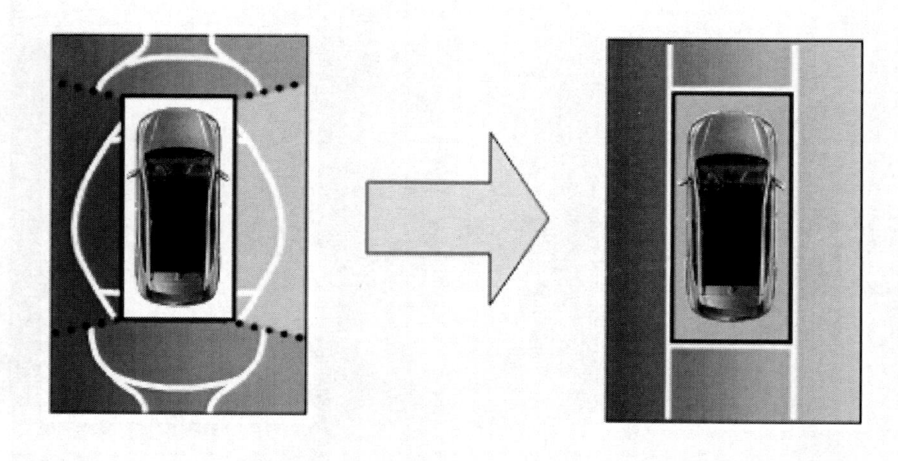

2. 후측방 모니터(BVM) : 안전한 차로 변경을 위해 후측방 상황을 영상으로 보여줍니다. 방향지시등 스위치를 움직이면 해당 방향의 후측방 영상을 표시해줍니다.

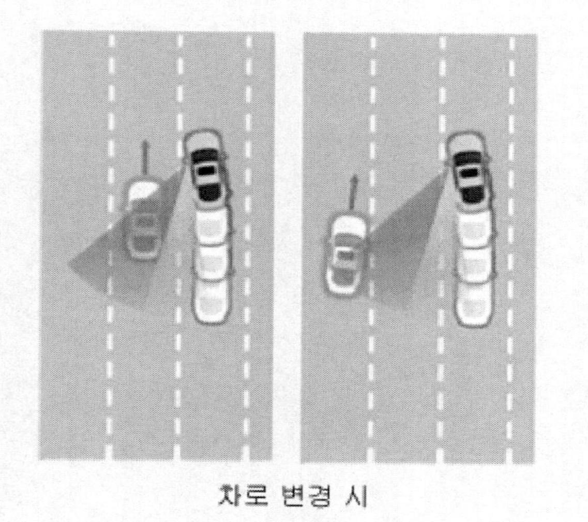

3. 원격 스마트 주차 보조(RSPA) : 차량 외부에서 원격으로 주차 및 출차하도록 도와줍니다. 차량 근처에서 스마트 키의 도어 잠금 버튼을 누른 후 원격 시동 버튼을 길게 누르면 시동이 켜집니다. 원하는 위치에 차량이 도달할 때까지 전진/후진 버튼을 눌러서 조작합니다.

4. 안전 하차 보조(SEA) : 정차 후 탑승자가 차에서 내리려고 도어를 열 때, 후측방에서 접근하는 차량이 감지되면 경고를 해줍니다. 또한 전자식 차일드 락을 잠김 상태로 유지하여 문이 열리지 않도록 도와줍니다.

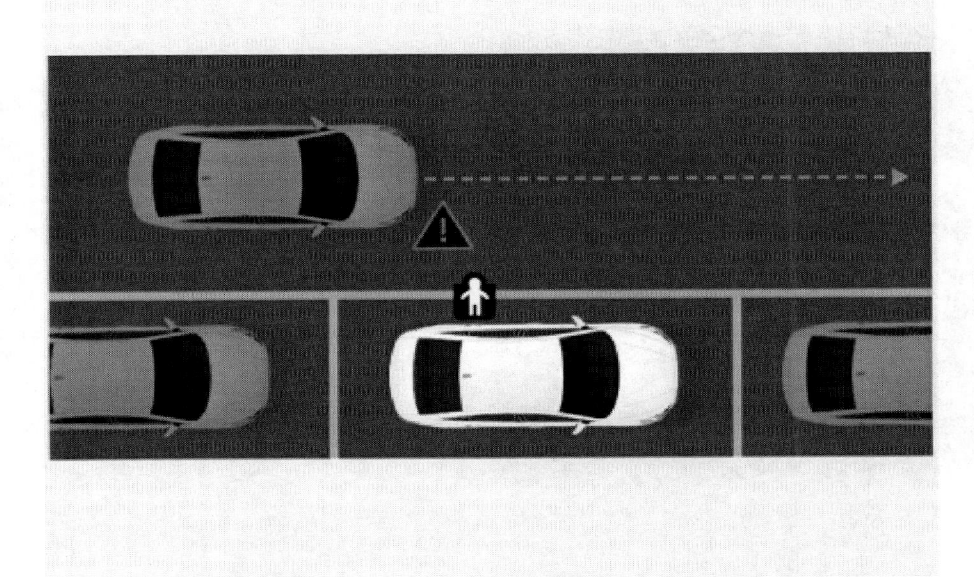

5. 주차 충돌 방지 보조 (PCA) : 후진 중 후방 물체와 충돌 위험이 감지되면 경고를 해줍니다. 경고 후에도 충돌 위험이 높아지면 자동으로 제동을 도와줍니다.

6. 후방 교차 충돌 방지 보조(RCCA) : 후진 중 좌/우측에서 다가오는 차량과 충돌 위험이 감지되면 경고를 해줍니다. 경고 후에도 충돌 위험이 높아지면 자동으로 제동을 도와줍니다.

7. 후방 모니터 (RVM) : 안전한 주차를 위해 차량 후방 상황을 영상으로 보여줍니다. 기어를 R단으로 바꾸거나 주차/뷰 버튼을 짧게 누르면 후방 모니터가 켜집니다.

8. 주차 거리 경고 (PDW) : 저속에서 차량 주변의 물체와 충돌하지 않도록 경고를 해줍니다. 기어를 R단으로 바꾸거나 기어 D단에서 주차 안전 버튼을 짧게 누르면 주차 거리 경고가 켜집니다.

경보단계	무경보	1차 경보(점등) (60cm ~ 100cm)	2차 경보(점등) (30cm ~ 60cm)	3차 경보 (점멸) (30cm 이하)
지시등 표시				

구성부품

[전면]

[후면]

1. 전방 카메라(SVM) 2. 측방 카메라(SVM) 3. 후방 카메라(SVM) 4. 전방 초음파 센서	5. 후방 초음파 센서 6. 전측방 초음파 센서(RSPA 사양) 7. 후측방 초음파 센서(RSPA 사양)

차상점검

KDS를 이용한 고장진단 방법

1. 첨단 운전자 주차 보조 시스템은 차량용 진단 장비(KDS)를 이용해서 좀 더 신속하게 고장 부위를 진단할 수 있다. ("DTC 진단 가이드" 참조)
   (1) 자기 진단 : 고장 코드(DTC) 점검 및 표출
   (2) 센서 데이터 : 시스템 입출력 값 상태 확인
   (3) 강제 구동 : 시스템 작동 상태 확인
   (4) 부가 기능 : 시스템 옵션, 영점 조절 등의 기타 기능 제어

기본점검

> **참 고**
>
> • KDS를 이용한 고장진단이 불가능할 경우 기본점검을 수행한다.

1. 아래와 같이 기본점검을 수행한다.
   (1) 배터리 단자와 충전 상태를 확인한다.
   (2) 퓨즈 및 릴레이를 확인한다.
   (3) 커넥터의 연결 상태를 확인한다.
   (4) 와이어링 및 커넥터의 손상 여부를 확인한다.

주행 중 후방 뷰

주행 중 후방 뷰 기능은 주행 중에 차량의 속도와 관계없이 차량 후방 표시한다.

작동 조건

- 시동 ON 상태.
- 주행(D) 또는 중립(N) 변속 위치에서 버튼(A)을 누르면 영상이 켜진다.

해제 조건

- 주차/뷰 버튼(A)을 다시 누르면 영상이 꺼진다.

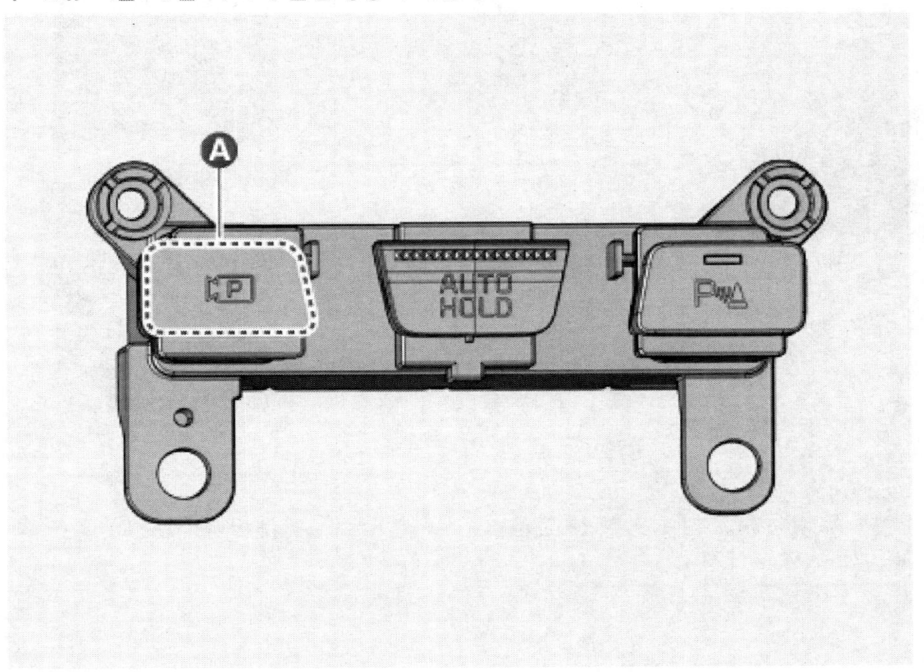

점검

카메라 화질 불량 점검

불량 현상	원인		
	렌즈 외관 이물질	렌즈 손상	기밀 불량
[흐림 및 화질이상]	[외관 얼룩]	[렌즈 코팅막 벗겨짐] 강산성 세척제로 세차	[렌즈 내부 수분유입]
[이물질 및 줄 발생]		[렌즈 크랙] 주행중 돌 등 외부 충격	[크랙 및 수분유입]
조치 방법	· **카메라 외관 세척** ; 물 또는 깨끗한 헝겊을 이용하여 카메라 외관 세척	· **카메라 교환**	· **카메라 교환**

유 의

- 카메라 사제품 장착 시 카메라 화질 불량 또는 작동 불량 현상이 발생될 수 있으므로 반드시 정품 장착 여부를 확인한다.
- 사용상 부주의 (세척제로 세척, 외부 이물질에 의한 충격) 및 사제품 장착으로 인한 불량 현상 발생 시 카메라 교환은 보증 수리가 불가하다.
- 카메라 렌즈 외관 세척 시 반드시 물 또는 깨끗한 헝겊을 이용하여 세척한다.
- 카메라 렌즈 표면 상태 확인 및 이물질 제거 후에도 동일 불량 현상 발생 여부를 확인한다.
- 강산성 세척제로 세차를 하는 경우에 카메라 렌즈의 코팅 막이 벗겨지는 현상이 발생할 수 있다.
- 카메라 렌즈 크랙은 주행 중 돌과 같은 외부 이물질에 의한 충격으로 발생할 수 있다.

탈거

유 의

- 관련 부품에 스크래치나 손상이 발생하지 않도록 주의한다.
- 리무버를 사용하여 탈거할 경우 공구에 보호 테이프를 감아서 사용한다.

1. 배터리 (-) 단자와 서비스 인터록 커넥터를 분리한다.
   (배터리 제어 시스템 - "보조 배터리 (12V) - 2WD" 참조)
   (배터리 제어 시스템 - "보조 배터리 (12V) - 4WD" 참조)
2. 파워 테일게이트 아웃사이드 핸들 스위치를 탈거한다.
   (바디 - "파워 테일 게이트 스위치" 참조)
3. 파워 테일게이트 아웃사이드 핸들 스위치에서 후방 카메라를 탈거한다.
   (1) 파워 테일 게이트 아웃사이드 핸들 스위치 커넥터(B)를 분리한다.
   (2) 스크루를 풀어 후방 카메라(A)를 탈거한다.

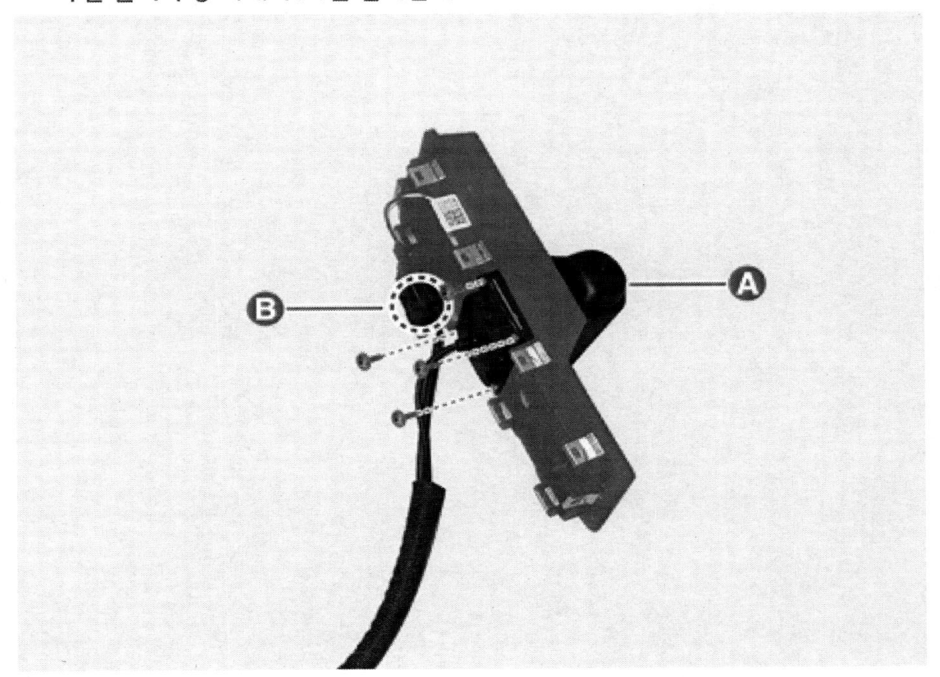

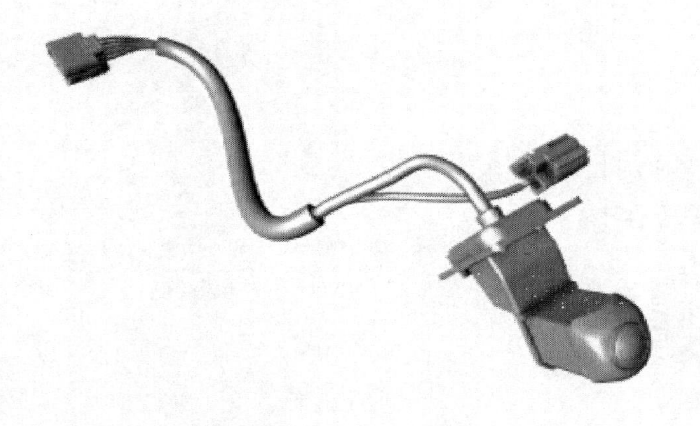

장착

1. 장착은 탈거의 역순으로 한다.

개요 및 작동원리

주요 기능

1. 차량 주변 영상 표시 기능
   - 차량 주변 영상 표시 기능은 차량이 저속 전진 혹은 후진 시 4개의 카메라로부터 입력된 영상을 차량 주변 360˚ 조감 영상으로 합성하여 운전자 주차 보조 유닛을 통하여 운전자에게 제공한다.
2. 가이드라인 조향 연동 표시 기능
   - 가이드라인 조향 연동 표시 기능은 차량 후진 시 보이는 후방 영상 화면에 차량의 예상 주차 가이드라인을 표시하는 기능으로 운전자의 스티어링 휠 조작에 연동하여 차량의 예상 진행 궤적이 변경된다.
   - 중립 가이드라인은 스티어링 휠 조작과 관계없이 표시되는 고정 선이며 차량의 적용지역에 따라 표시 여부가 결정된다.
3. 주차 거리 경고 표시 기능
   - 전/후방에 장착된 초음파센서의 장애물 경고 신호를 서라운드 뷰 영상 내에 표시하여 주차 시 모니터를 보고 경고가 되고 있는 실제 위치를 확인 할 수 있도록 하는 기능을 제공한다.
4. 공차 보정 기능
   - 조립 공차로 발생하는 서라운드 뷰 영상의 어긋남은 차량 출고 전 또는 A/S에서 보정할 수 있도록 진단기를 통한 공차 보정 기능을 지원한다.
   - 올바른 공차 보정을 수행하기 위해서는 공차 보정에 명시된 작업 환경을 준수하여 공차 보정 환경을 구성해야 한다.

SVM 모드 진입 조건

SVM 모드 진입 후에도 주기적으로 차량 정보를 판단하여 조건이 만족한 경우 전방 모드에서 후방 모드로 전환이 가능하며 역 전환도 가능하다.
모드 전환 시 조건에 따라 화면에 표시되는 뷰는 초기 뷰 또는 이전 단계의 뷰가 출력된다.
전환하려는 모드가 최초 진입의 경우 전/후방에 따라 설정된 초기 뷰를 출력하며, 주차 시 전/후진이 반복되어 연속적인 전후방 모드 전환이 발생하는 경우(재진입)를 위해 전 단계에 화면에 출력되고 있었던 뷰를 기억하여 출력한다.

- 최초 진입: SVM 모드에서 전방(혹은 후방) 모드의 뷰가 화면에 처음 표시되는 경우
- 재진입: SVM 모드에서 해제(SVM OFF) 없이 다른 모드를 경유하여 이전 모드로 복귀하는 경우
  (예. 후방 → 전방 → 후방 : 후방 모드 재진입/전방 → 후방 → 전방 : 전방 모드 재진입)

전환 모드	차속	기어	SVM 스위치	출력 뷰
후방 → 전방	10km/h 미만	R단 , P단 제외	ON	최초 진입 : 초기 뷰 모드 옵션에 설정된 전방 뷰
				재진입 : 이전 전방 모드에서 출력된 마지막 뷰
전방 → 후방	상관없음	R단	상관없음	최초 진입 : 초기 뷰 모드 옵션에 설정된 후방 뷰
				재진입 : 이전 후방 모드에서 출력된 마지막 뷰

SVM 모드 해제

SVM 모드 진입 후에도 차량 정보를 이용하여 아래 조건을 만족하는 경우 SVM은 OFF 상태로 영상을 출력하지 않는다.

1. 전방 모드
   - 주차/뷰 버튼 ON 후 주행할 경우 차속이 10km/h 이상이 되면 자동 해제된다.
   - 주차/뷰 버튼 OFF 상태에서 R단 입력 시 자동으로 SVM이 작동되다가 D단 입력 후 차속이 10km/h 이상이 되면 자동 해제된다.
2. 후방 모드
   - R단을 제외한 기어 상태가 되면 자동 해제된다.

조향 연동 가이드라인 작동 표시

조향 연동 가이드라인 표시는 C-CAN을 통해 주기적으로 운전자 주차 보조 유닛을 통해 수신된 차량의 스티어링 휠 각도 값을 이용한다.
조향 연동 가이드라인 표시는 후방 모드의 영상에 표시되는 후방 영역과 조향 연동 가이드라인을 합성하여 출력한다.

1. 가이드라인 조향 연동 표시 뷰 모드

모드	뷰	비고

후방	후방 뷰 + 탑 뷰	
	후방 탑 뷰 + 탑 뷰	
	후방 사이드 뷰 + 탑 뷰	

2. 가이드라인 조향 연동 궤적선 사양

번호	거리(m)	색상
①	0.5	붉은색
②	1	노란색
③	2.3	노란색
④	범퍼 좌측면 끝 + 0.3	노란색
⑤	범퍼 우측면 끝 + 0.3	노란색

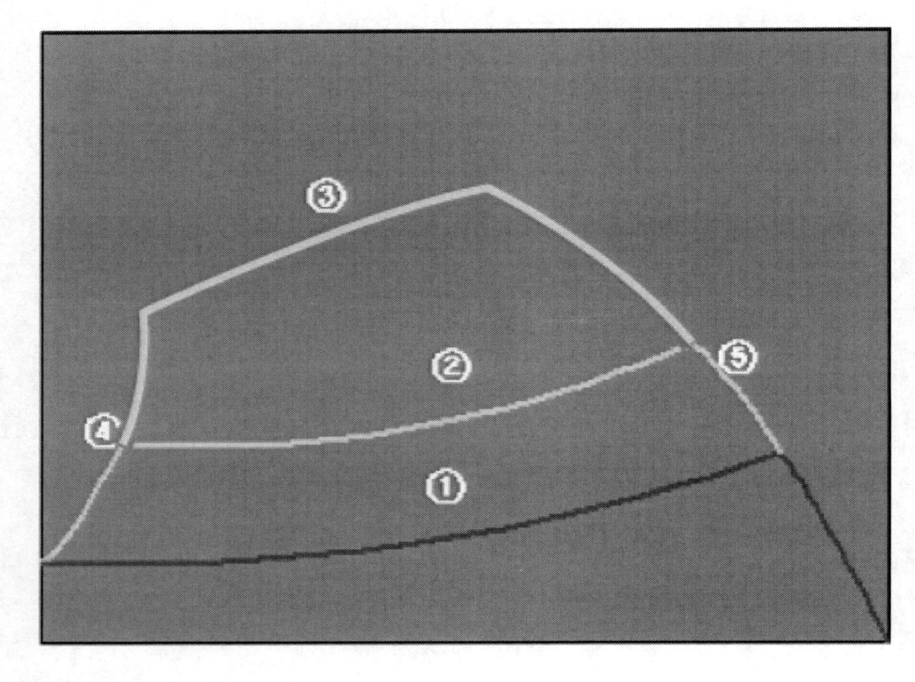

3. 중립 가이드라인 표시
   조향각이 중립 상태일 때 차량의 예상 진행 궤적을 나타내는 조향 연동 가이드라인은 청색으로 표시된다.
   조향 연동 가이드라인 출력 시 함께 표출되며 조향각 조작에 비 연동되는 고정선이다.

고장진단

1. DTC 고장 코드별 점검

현상	예상 원인	정비
1. 단일 DTC 코드 발생	고장 코드에 해당하는 커넥터 체결 불량	커넥터 체결 상태 확인 및 재체결
	공차 보정 미진행	1) DTC 코드 발생 2) 공차 보정 수행
	와이어링 단선	DTC 해당 부품 통전 및 와이어링 점검
	와이어링 커넥터 불량	와이어링 커넥터 핀 휨 또는 손상 확인 와이어링 점검
	운전자 주차 보조 유닛 커넥터 불량	1) 운전자 주차 보조 유닛 커넥터 핀의 휨 또는 손상 확인 2) 운전자 주차 보조 유닛 교환
	운전자 주차 보조 유닛 또는 카메라 단품 불량	1) SVM 기본 동작 및 진단 장비 DTC 확인 2) 운전자 주차 보조 유닛 또는 카메라 교환
2. 다수 DTC 코드 발생	운전자 주차 보조 유닛 메인 커넥터 체결 불량	커넥터 체결 상태 확인 및 재체결
	와이어링 단락	1) 카메라 전원 - 6V 이하일 경우 해당 와이어링 점검 2) ACC/IG 전원 - 7.5V 이하일 경우 해당 와이어링 점검 3) 주차/뷰 스위치 - 스위치 ON 상태에서 1.75V 이상일 경우 해당 와이어링 점검
	와이어링 커넥터 불량	1) 와이어링 커넥터 핀의 휨 또는 주변부 간섭 확인 2) 와이어링 점검
	운전자 주차 보조 유닛 커넥터 불량	1) 운전자 주차 보조 유닛 커넥터 핀의 휨 또는 주변부 간섭 확인 2) 운전자 주차 보조 유닛 교환
	운전자 주차 보조 유닛 또는 카메라 단품 불량	상기 내용 정상이고 고장 현상 재현 시 운전자 주차 보조 유닛 교환 또는 카메라 교환

2. SVM 성능(영상 출력) 불량 점검

현상	예상 원인	정비
1. 영상 출력 없음 : 검정색 화면, 파란색 화면	운전자 주차 보조 유닛 또는 카메라 메인 커넥터 체결 불량	커넥터 체결 상태 확인 및 재체결
	운전자 주차 보조 유닛 또는 카메라 와이어링 단선	ACC 단자/IG 단자/V-OUT 단자/M-CAN 단자 와이어링 통전 점검
	통합 중앙 컨트롤 유닛 불량	ACC 단자/IG 단자 전원 확인 : 7.5V 이하 시 통합 중앙 컨트롤 유닛 점검
	운전자 주차 보조 유닛 또는 카메라 불량	상기 내용 정상이고 고장 현상 재현 시 운전자 주차 보조 유닛 또는 카메라 교환
2. 영상 비정상 출력 : 화면 노이즈/줄무늬/화면 깨짐/화면 전환 불가능	메인 커넥터 체결 불량	커넥터 체결 상태 확인 및 재체결
	와이어링 단선/단락	발생 DTC 위치 와이어링 점검
	공차 보정 불량	카메라 화면은 정상이고 영상 화면 깨짐 현상일 경우 공차 보정 재수행
	카메라 불량	카메라 화면 및 영상 화면 깨짐 현상일 경우 카메라 점검
	통합 중앙 컨트롤 유닛 불량	DTC 코드 발생 시 통합 중앙 컨트롤 유닛 점검

	콘솔 스위치 불량	주차/뷰 버튼 점검 - 스위치 ON 상태에서 1.75V 이상일 경우 스위치 교환
	운전자 주차 보조 유닛 또는 카메라 불량	상기 내용 정상이고 고장 현상 재현 시 운전자 주차 보조 유닛 또는 카메라 교환

3. 주차 거리 경고(PDW) 표시 불량 & 주차 가이드라인 점검

현상	예상 원인	정비
주차 거리 경고(PDW) 표시 불량 & 주차 가이드라인 불량	오디오/AVNT 헤드 유닛 옵션 정보 미설정	AVNT 옵션 설정 상태 확인 및 수정
	메인 커넥터 체결 불량	커넥터 체결 상태 확인 및 재체결
	통합 중앙 컨트롤 유닛 불량	1) PDW 및 스티어링 휠 앵글 센서(SAS)가 정상인지 확인 2) 통합 중앙 컨트롤 유닛 점검
	운전자 주차 보조 유닛 불량	상기 내용 정상이고 고장 현상 재현 시 운전자 주차 보조 유닛 교환

탈거

> **참 고**
>
> • 화질 선명도 불량 또는 초점 불량일 경우 카메라 렌즈의 표면 상태 및 이물질에 의한 오염 여부를 우선 점검한다.

전방 카메라

1. 배터리 (-) 단자와 서비스 인터록 커넥터를 분리한다.
   (배터리 제어 시스템 - "보조 배터리 (12V) - 2WD" 참조)
   (배터리 제어 시스템 - "보조 배터리 (12V) - 4WD" 참조)
2. 프런트 범퍼 어셈블리를 탈거한다.
   (바디 - "프런트 범퍼 어셈블리" 참조)
3. 전방 카메라 커넥터(A)를 분리한다.

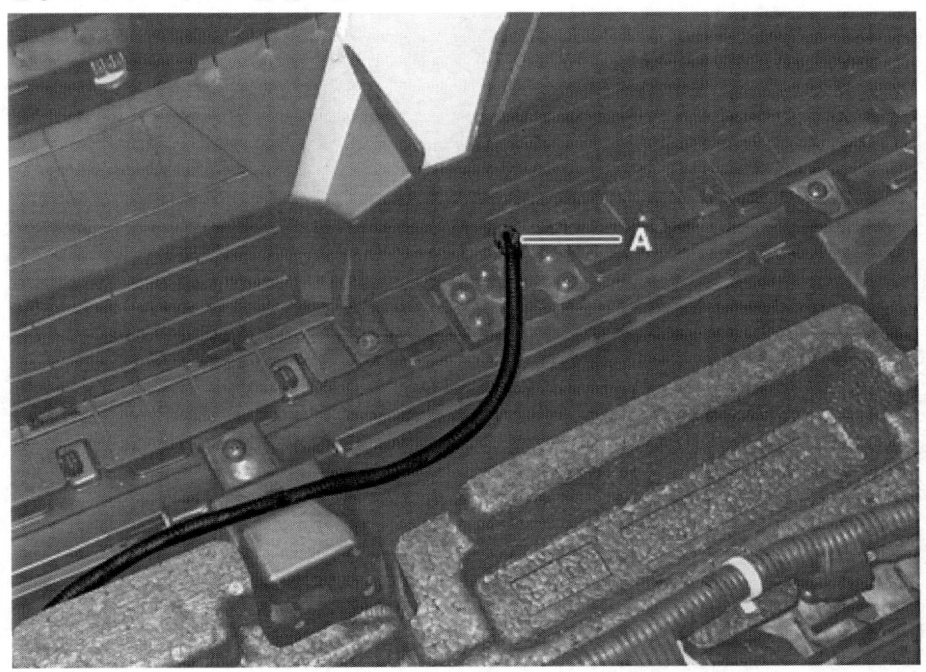

4. 스크루를 풀어 전방 카메라(A)를 탈거한다.

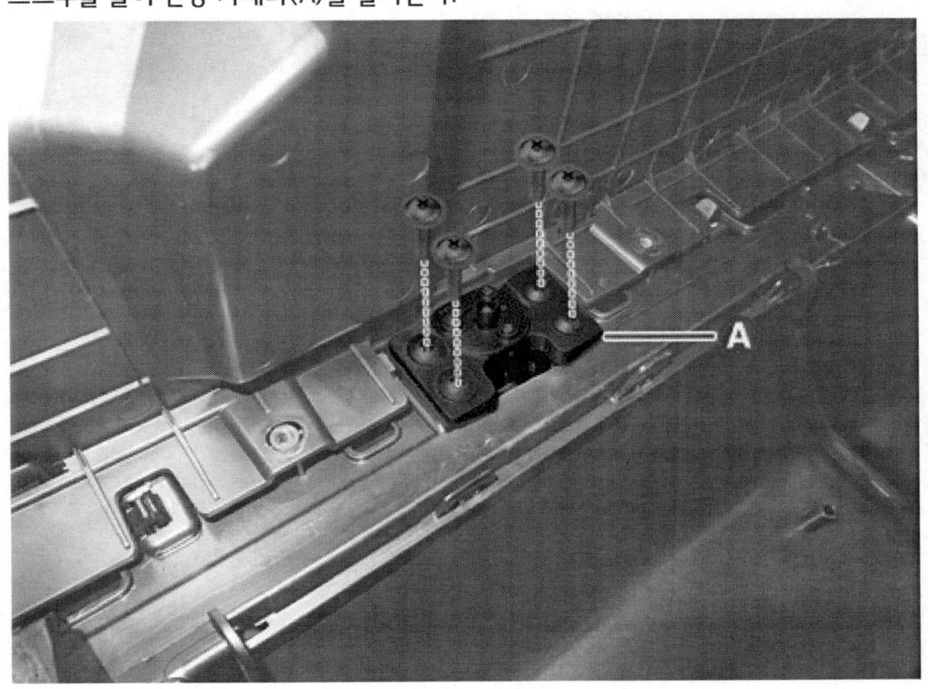

측방 카메라(좌/우)

1. 배터리 (-) 단자와 서비스 인터록 커넥터를 분리한다.
   (배터리 제어 시스템 - "보조 배터리 (12V) - 2WD" 참조)
   (배터리 제어 시스템 - "보조 배터리 (12V) - 4WD" 참조)
2. 미러 하우징 커버를 탈거한다.
   (바디 - "아웃사이드 리어 뷰 미러" 참조)
3. 측방 카메라(A)를 탈거한다.

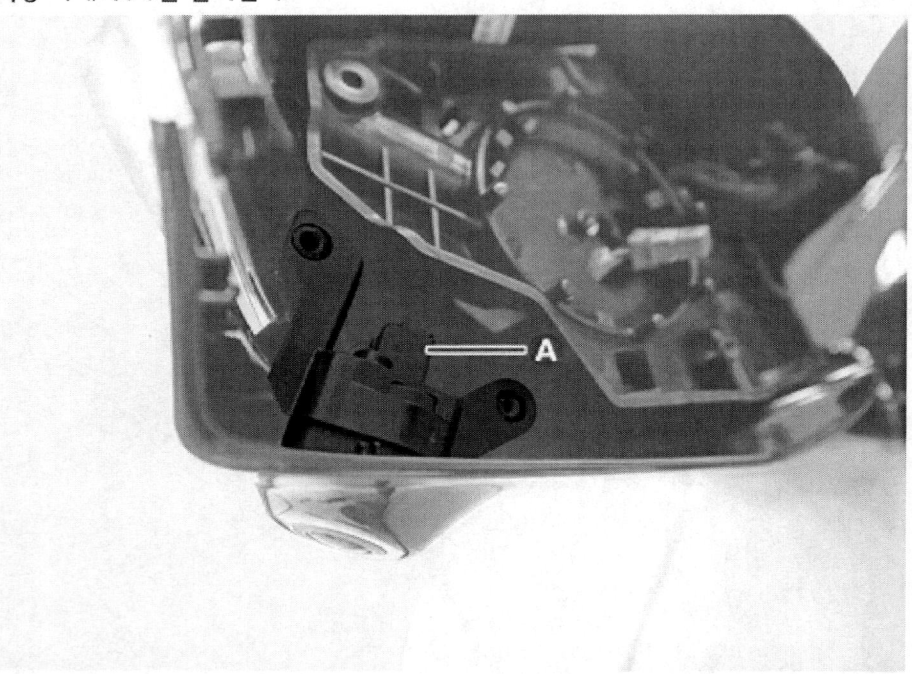

4. 측방 카메라 커넥터(A)를 분리한다.

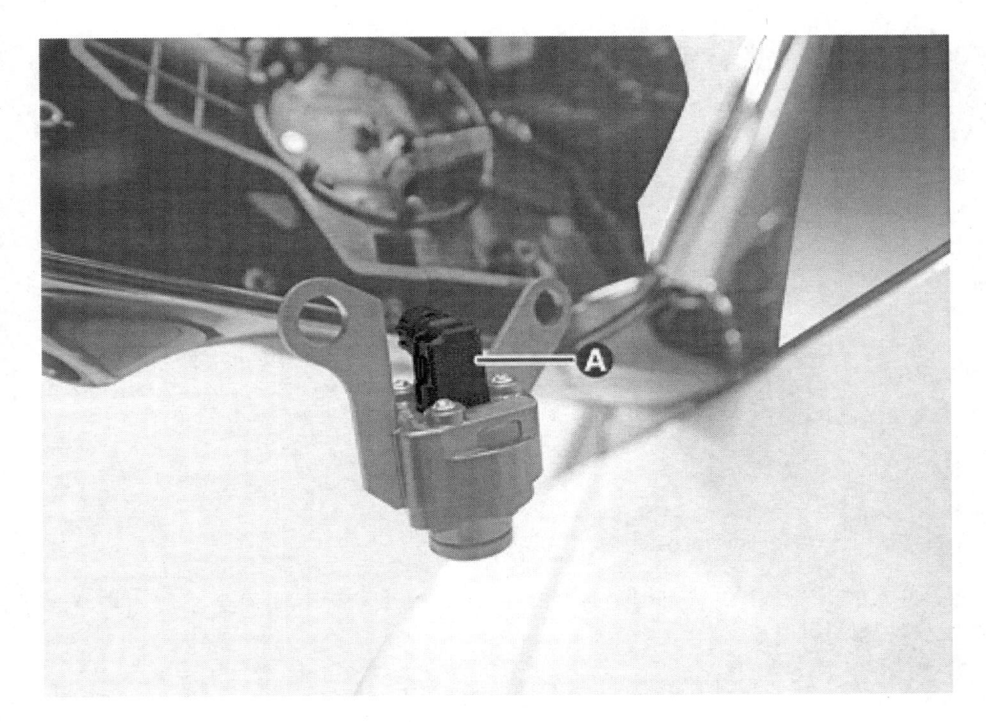

후방 카메라

1. 배터리 (-) 단자와 서비스 인터록 커넥터를 분리한다.
   (배터리 제어 시스템 - "보조 배터리 (12V) - 2WD" 참조)
   (배터리 제어 시스템 - "보조 배터리 (12V) - 4WD" 참조)
2. 후방 카메라를 탈거한다.
   (운전자 주차 보조 시스템 - "후방 모니터(RVM)" 참조)

장착

3. 장착은 탈거의 역순으로 한다.
4. 전방/측방/후방 카메라를 장착 후 수동/자동/주행 공차 보정을 수행한다.
   (서라운드 뷰 모니터(SVM) - "조정" 참조)

유 의

- 운전자 주차 보조 유닛을 교환 후 시스템이 정상작동 하는지 반드시 확인한다.
- 운전자 주차 보조 유닛을 교환하여도 고장이 계속되면 유닛을 교환하지 않는다.

조정

공차 보정 개요

참 고

- 아래 그림과 같이 공차 보정을 진행하려면 SVM 보정 공구가 필요하다.
- 아래 내용을 참고하면 SVM 보정 공구를 구매할 수 있다.
- 공구 명칭 : GDS SVM 기아 (SVM-100)
- 공구 번호 : G0AKDM0005
- 대표 구매 상담 이메일 : sales@gitauto.com / purchase@gitauto.com

SVM 시스템은 운전자 주차 보조 유닛 교환 및 4개의 카메라의 교체 및 탈/장착 과정에 생기는 장착 공차로 인해 생긴 서라운드 뷰 영상의 오차를 보정하기 위해 공차 보정을 실시한다.

유 의

아래와 같은 작업을 수행한 다음에는 공차 보정 작업을 반드시 시행한다.

- SVM 카메라 탈거/장착 작업을 수행한 경우
- 트렁크, 차체 작업 등 SVM 카메라의 초점이 움직일 수 있는 차체 작업을 수행한 경우
- SVM 카메라가 장착된 도어 미러를 교환한 경우
- 운전자 주차 보조 유닛을 교환한 경우

공차 보정 환경

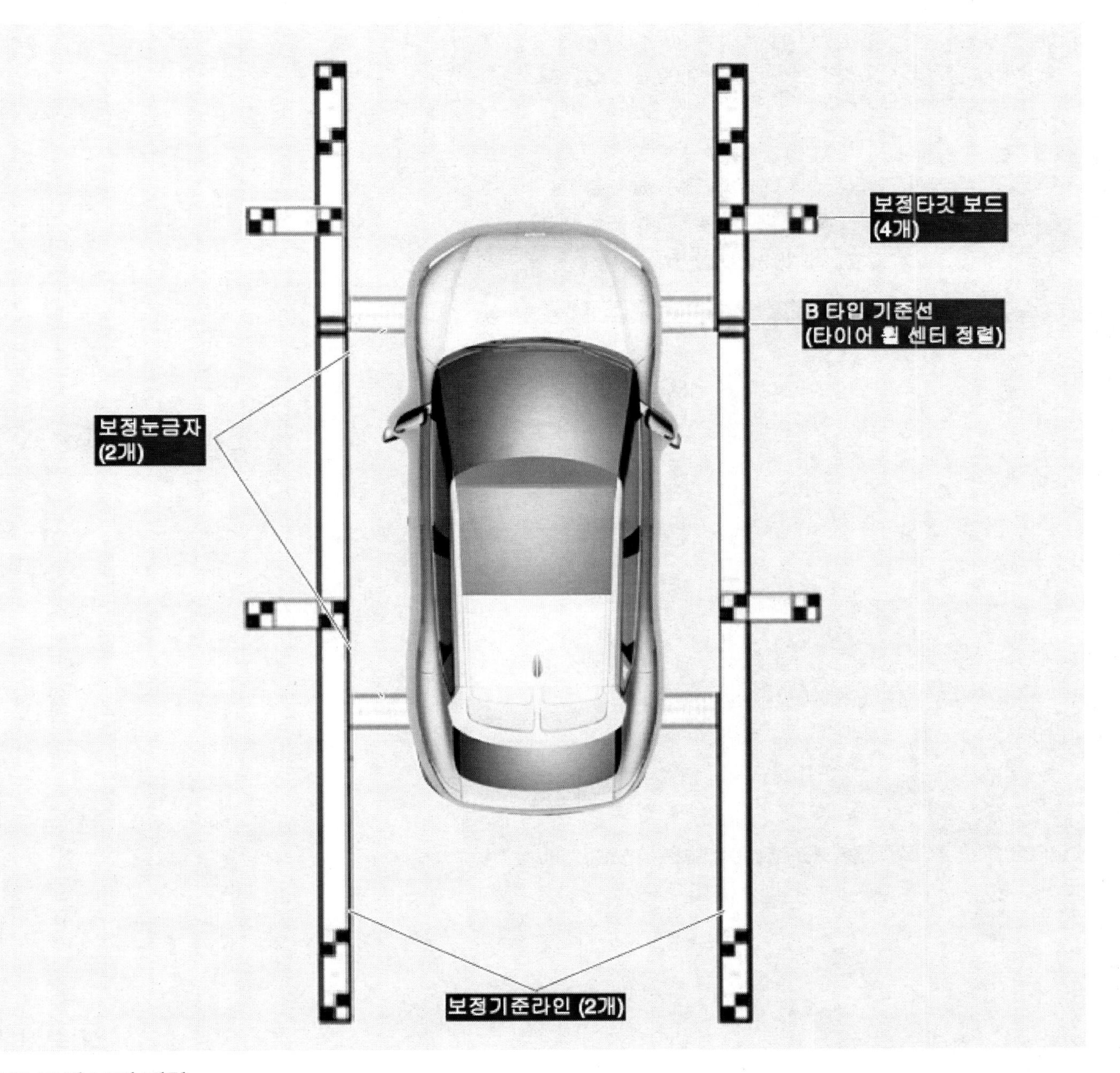

수동 공차 보정 절차

1. 사전 준비를 다음과 같이 실시한다.
   - 후드, 트렁크, 도어가 닫힌 상태인지 확인한다.
   - 운전석에 탑승 후 도어를 닫는다.
   - 차량의 전원 상태를 IG ON으로 유지한다.
   - 사이드미러가 접혀 있는 경우 미러를 편다.
   - 기어를 N단에 위치한다.
   - 사전 준비 시 후방 카메라의 시야를 가릴 수 있는 배기 흡입기 등을 설치해서는 안 된다.
   - 차량이 움직이지 않도록 풋 브레이크 또는 전자식 브레이크(EPB)를 사용한다.
2. 공차 보정 모드에 진입하기 전에 SVM 및 카메라의 정상 동작 여부를 확인하기 위하여 다음의 과정을 수행한다.
   - SVM의 초기 설정 영상이 출력되는지 확인한다. (기어 N단 위치 시 전방 뷰 영상 + 서라운드 뷰 영상)
   - 서라운드 뷰 화면의 전, 후, 좌, 우측 방 영상이 정상 출력되는지 확인한다.
   - 정상적으로 영상 출력 시 공차 보정 모드로 진입하고, 비정상 출력되거나 영상이 출력되지 않을 시 해당 부품을 점검한다.
3. 보정 눈금자(2개), 보정 기준 라인 보드(2개), 보정 타깃 보드(4개)를 장비와 함께 제공되는 설명서를 참조하여 차량 주위에 설치한다.

> **참 고**
>
> - 보정 기준라인 보드에 앞바퀴 중앙 정렬을 할 때 A-type과 B-type을 반드시 구분하여 정렬한다.
> - 흰색과 검은색 보정판의 센터 위치는 기준 좌표이기 때문에 위치 정밀도(거리/직각 등)가 매우 중요하므로 주의한다.

(1) 차량 정렬 후 보정 눈금자를 화살표 방향으로 앞 타이어와 뒷 타이어에 밀착시킨다.

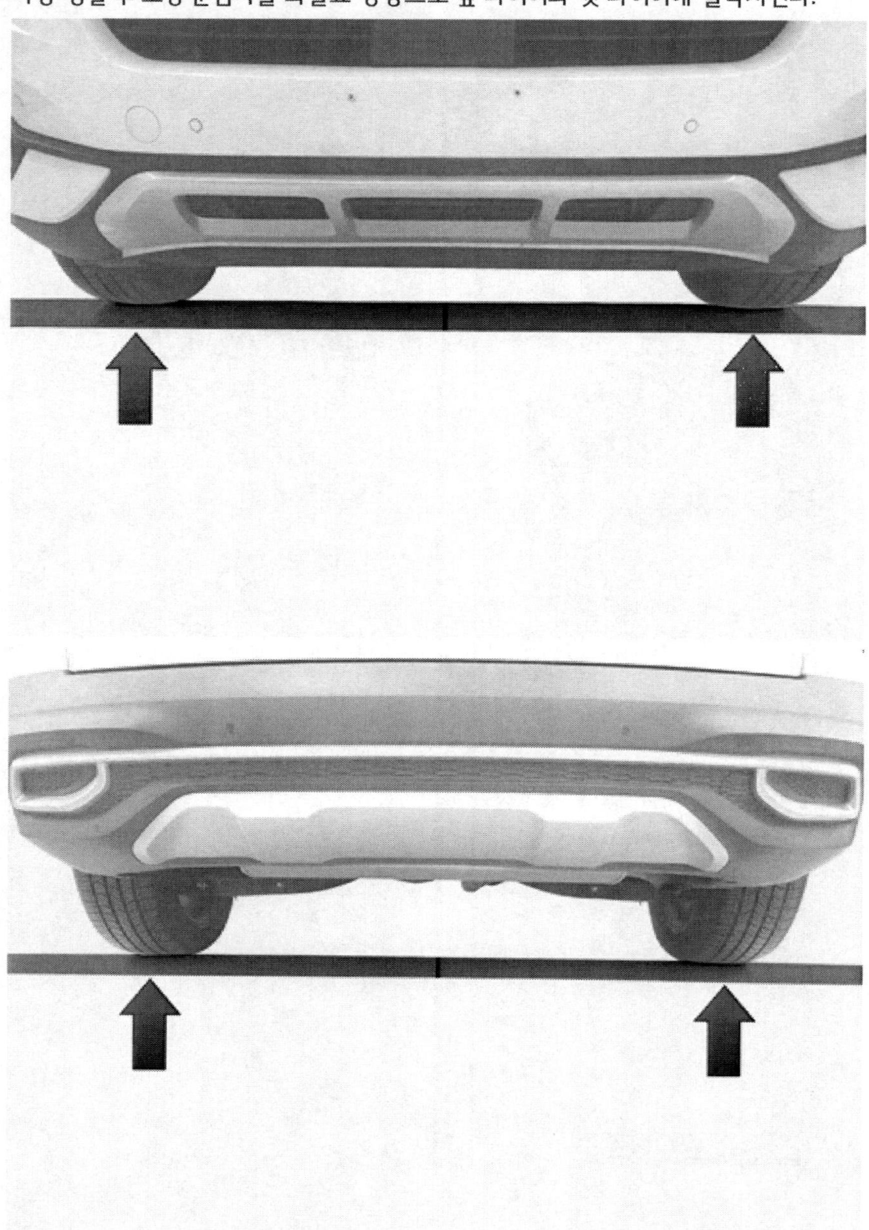

(2) 차량의 중심점을 맞추기 위해 우측과 좌측의 타이어 아래 보정 눈금자 치수가 동일하도록 보정 눈금자를 좌우로 움직여 설치한다.

> **참 고**
>
> - 보정 눈금자가 구겨진 상태로 설치되지 않도록 주의한다.
> - 좌/우측에 설치된 보정 눈금자의 측정값은 반드시 서로 일치하여야 한다.

<차량 전면>
[우측]

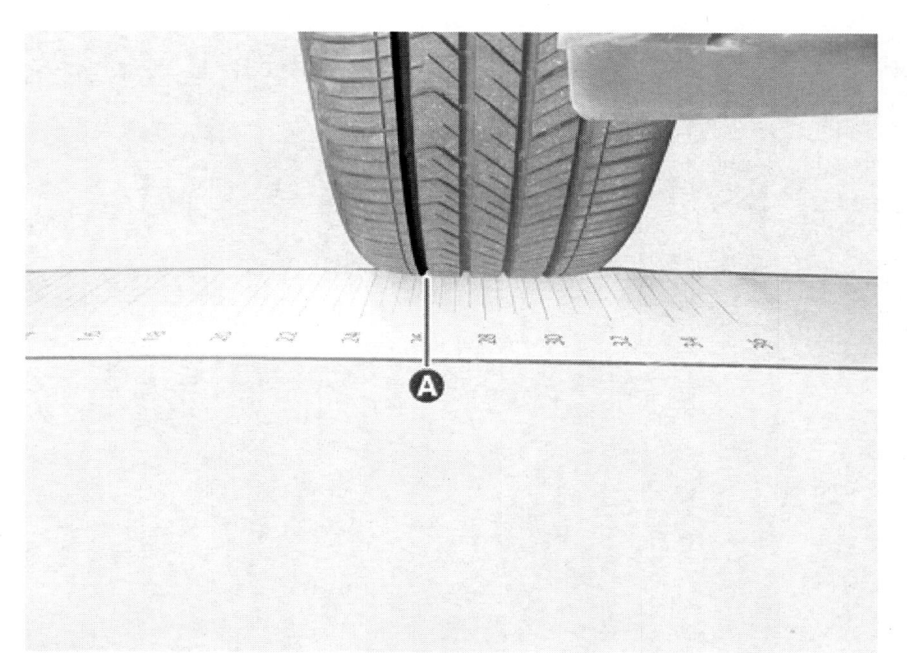

[좌측]

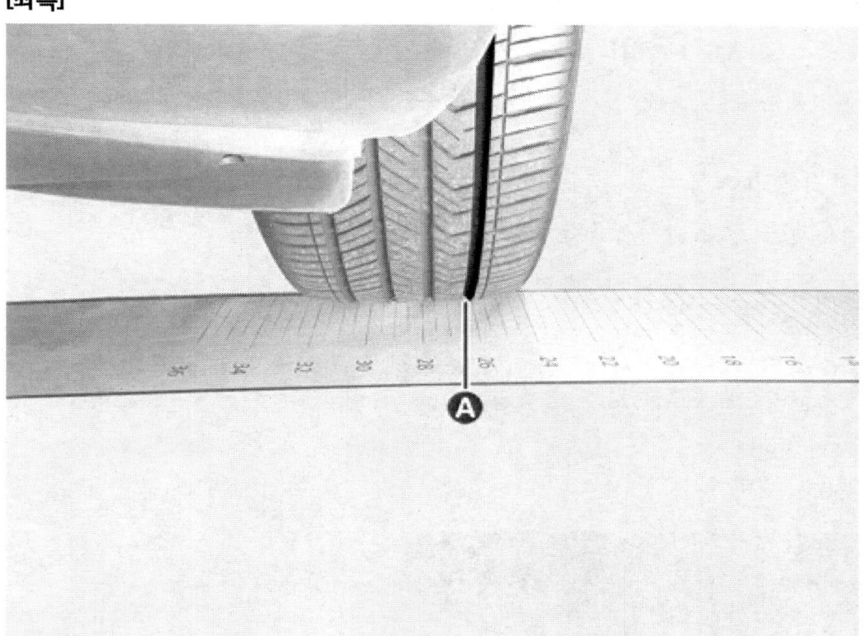

<차량 후면>
[좌측]

[우측]

> **참 고**
>
> - 만약 사용자가 차량 출고 시 장착되어 있는 규격과 다른 치수의 타이어를 장착한 경우 SVM 공차 보정 작업 결과가 정확히 나오지 않을 수 있다.
> - 앞 타이어와 뒷타이어의 치수는 서로 다를 수 있다.

(3) 보정 기준 라인은 차량 우측 전방에 설치된 보정 눈금자 위에 맞추어 설치한다.

> **참 고**
>
> - 차량 우측 전방 타이어의 휠 센터와 보정 기준 라인에 표시된 타입은 정렬되도록 보정 기준 라인 위치를 조정한다.
> - 정렬 기준선은 두 가지 유형(A/B Type)이 있으며 기준선은 차량 유형과 일치해야 한다.
> - 좌/우 정렬 오차 범위는 3cm 이하이어야 한다.
> - 기준선의 끝에서 오차 범위를 측정한다.

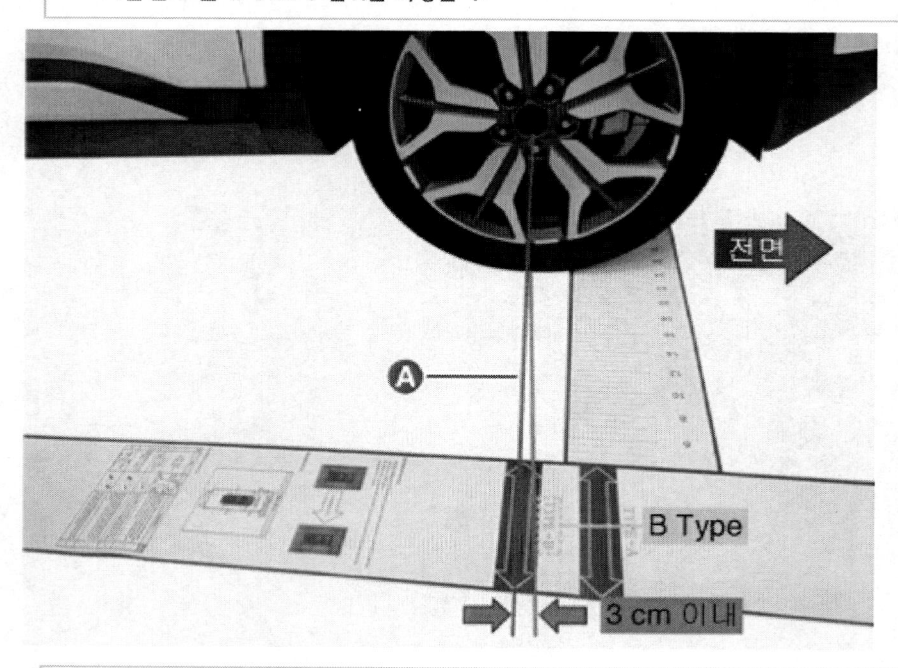

> **참 고**
>
> - 좌측도 동일한 방법으로 설치한다.

(4) 보정 눈금자와 보정 기준 라인을 설치 후 좌/우측 보정 기준 라인이 서로 평행하게 설치되었는지 확인한다.

> **ⓘ 참 고**
>
> - 좌/우 사이의 거리가 앞뒤로 동일하면 보정 기준 라인이 정상적으로 설치된 것이다.
> - 보정 기준 라인 좌/우 거리의 오차범위는 299 ~ 301 cm 로 허용한다.

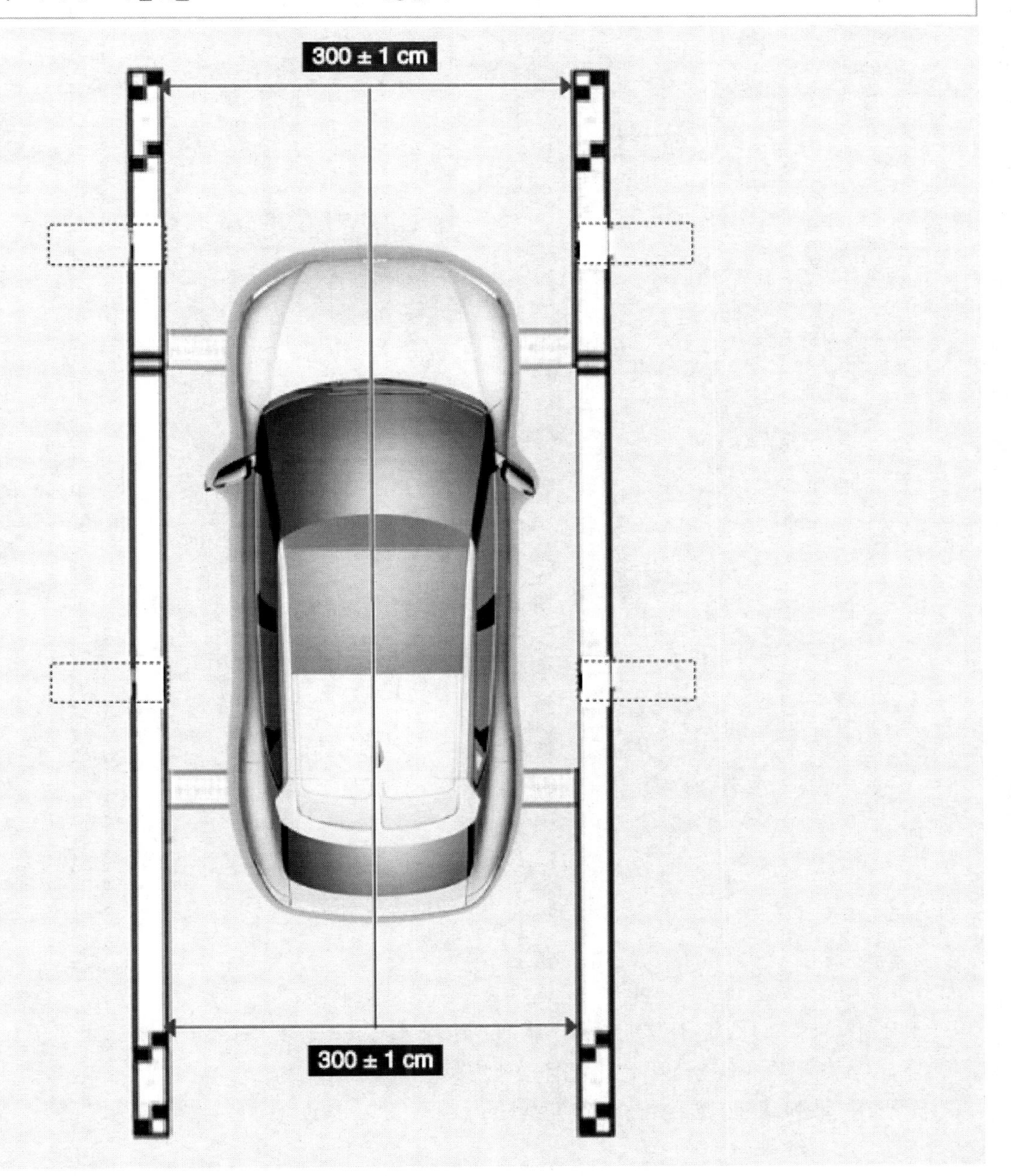

(5) 보정 기준 라인 위에 보정 타깃을 설치한다.

> **ⓘ 참 고**
>
> - 보정 기준 라인과 보정 타깃의 각도는 90˚를 유지한다.
> - 차량 정렬 시 회전 오차는 좌우 1˚ 이내로 관리되어야 한다.

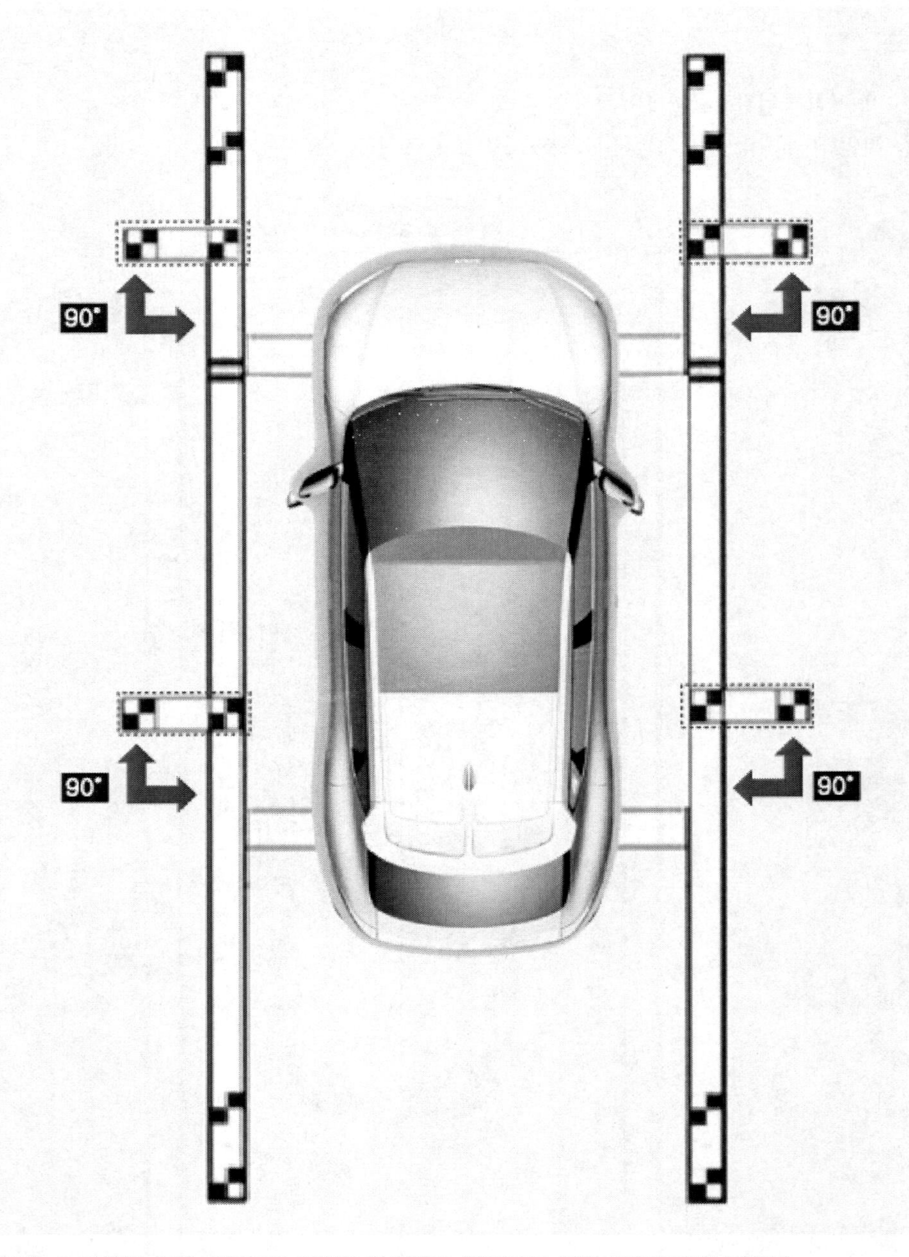

4. 차량 정지 상태에서 IG ON을 유지하고, 변속 레버 'N' 위치를 확인하고 평지라도 주차 브레이크를 잠근다.
5. 차량 내 SVM 스위치가 ON 상태에서인 작업을 진행한다.
6. KDS를 이용해 'SVM 공차 보정 - 수동'을 수행한다.

시스템별 | 작업 분류별 | 모두 펼치기

■ 파워스티어링

■ 전자제어서스펜션

■ 리어뷰모니터

■ 운전자보조주행시스템

■ 운전자보조주차시스템

- ■ 사양정보
- ■ 배리언트 코딩
- ■ 배리언트 코딩 (백업 및 입력)
- ■ SVM 공차 보정 - 자동
- ■ SVM 공차 보정 - 수동
- ■ SVM 주행 중 자동 공차 보정

■ 전방카메라

■ 후측방레이더

■ 앰프

■ 오디오비디오네비게이션

■ 후석리모트컨트롤러

■ 동승석 전동시트 제어 유닛

! 기능 수행 중에는 다른 기능이 동작되지 않도록 주의하십시오.

부가기능

■ AVM 공차 보정 - 수동

● [AVM 수동 공차보정]

AVM시스템에서 AVM 제어기 교환 및 카메라 장착(전,후,좌,우)시 공차 보정을 위해서 상기 기능을 수행합니다.

●[조건]

1. 엔진 후드/트렁크/도어 : 닫힘, 사이드 미러 : 열림.
2. 엔진 정지 IG ON, 변속레버 N, 주차브레이크 ON.
3. AVM 시스템 버튼 'ON' 상태
4. 보정판을 바닥에 설치한다. (정비지침서 참조)

AVM 제어기 교환 시 상기 기능을 수행 전에는 차량의 AVM 스위치 지시등이 점멸 상태이고, DTC (B103000 : 카메라 공차 보정 미수행)가 표출됩니다.

다음 단계를 진행하려면 [확인] 버튼을 누르십시오.

확인 | 취소

! 기능 수행 중에는 다른 기능이 동작되지 않도록 주의하십시오.

부가기능

■ AVM 공차 보정 - 수동

● [공차보정 수행 순서]

1. 차량내 AVN 모니터에 점멸중인 십자 표시(+)를 ▶, ▶▶ 이용하여 보정판의 보정점에 일치시킨 후 [확인] 버튼 클릭한다.
2. 나머지 세개의 십자 표시도 동일한 방법으로 보정점 일치시킨 후 [확인] 버튼을 클릭하고 [AVM 업데이트] 버튼을 클릭하여 다음 카메라로 이동한다.
3. 전방 카메라와 동일한 방식으로 후방 → 좌측 → 우측 카메라 순서로 보정작업 모두 수행한다.
4. 마지막 카메라 보정 완료 후 [AVM 업데이트] 버튼을 눌러 모니터로 AVM 업데이트 진행사항 확인한다.
5. 차량내 모니터로 영상이 정상입력 되었는지 확인한다.

※ [초기화] 버튼 클릭하여 보정작업 재수행 가능함.

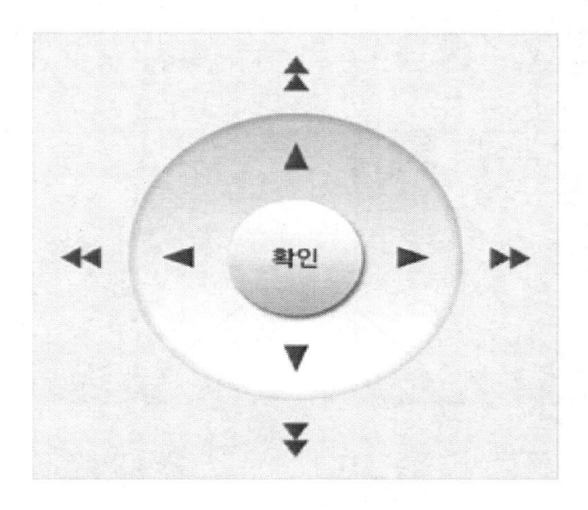

초기화 | AVM 업데이트 | 닫기

! 기능 수행 중에는 다른 기능이 동작되지 않도록 주의하십시오.

참 고

- 보정점 일치 전 : "+" 녹색 점멸
- 보정점 일치 후 [확인] 클릭 시 : "+" 빨간색 점등
- 전방 보정점 4개를 일치시킨 후 [확인] 버튼을 클릭하고 [SVM 업데이트] 버튼을 클릭하여 다음 카메라 보정으로 이동한다.
- 전방 -> 후방 -> 좌측 -> 우측 카메라 순서대로 보정 작업을 모두 수행한다.

화면 보정 순서 : ① 좌측 상단 → ② 좌측 하단 → ③ 우측 상단 → ④ 우측 하단

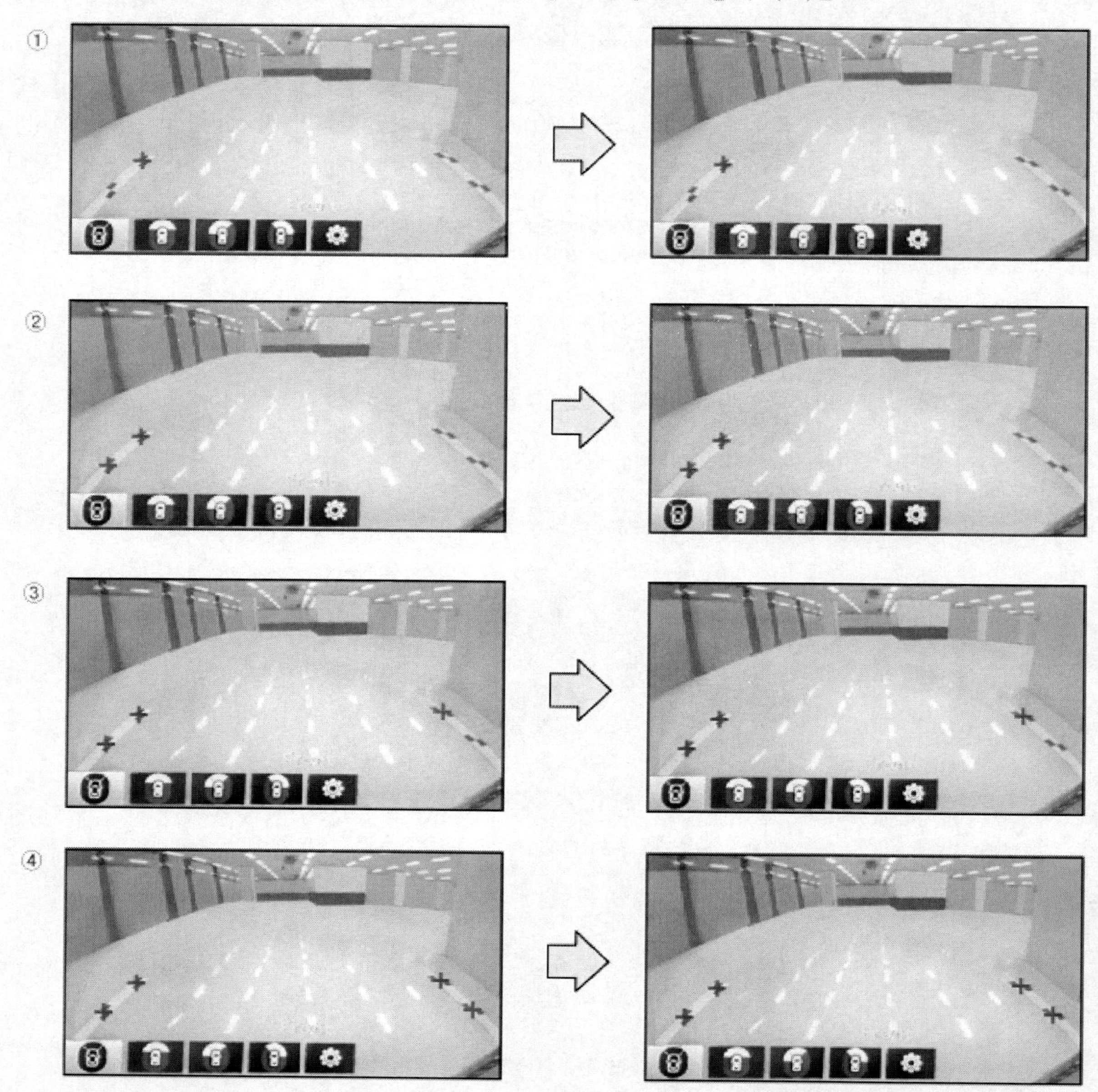

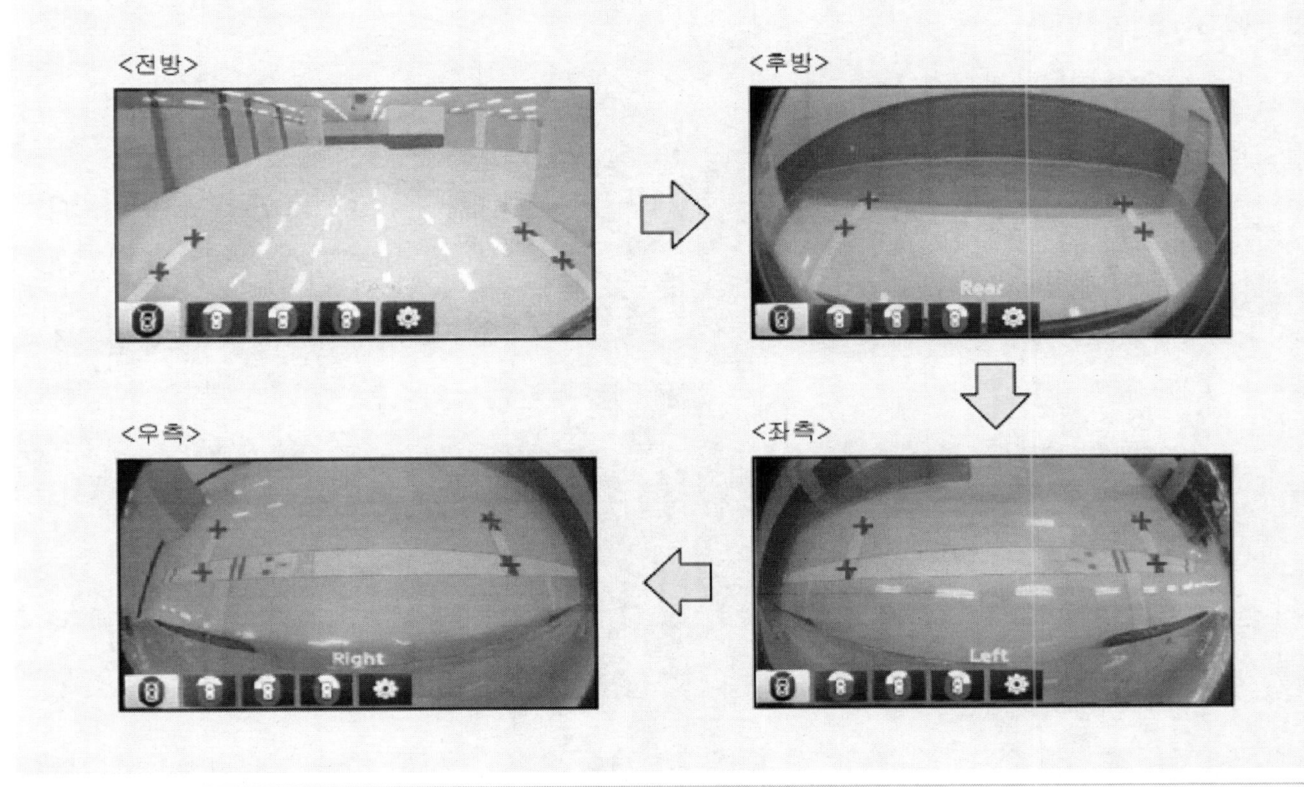

7. 보정이 정상적으로 완료가 되었는지 모니터 화면에 차량과 보정 라인을 확인 후 [확인] 버튼을 누른다. 보정이 정상적으로 수행되지 않을 시 [취소] 버튼을 눌러 보정점에 재입력 작업을 다시 수행한다.

[AVNT 모니터 화면]

참 고

- 보정 눈금자, 보정 기준 라인, 보정타깃을 접어서 보관하지 않는다.

- 보정 눈금자, 보정 기준 라인, 보정타깃에 이물질이 묻었을 경우 즉시 제거한다.
- 보정 눈금자, 보정 기준 라인, 보정타깃은 동봉된 원통형 두루마리에 말아서 전용 보관 가방에 보관한다.

자동 공차 보정 환경

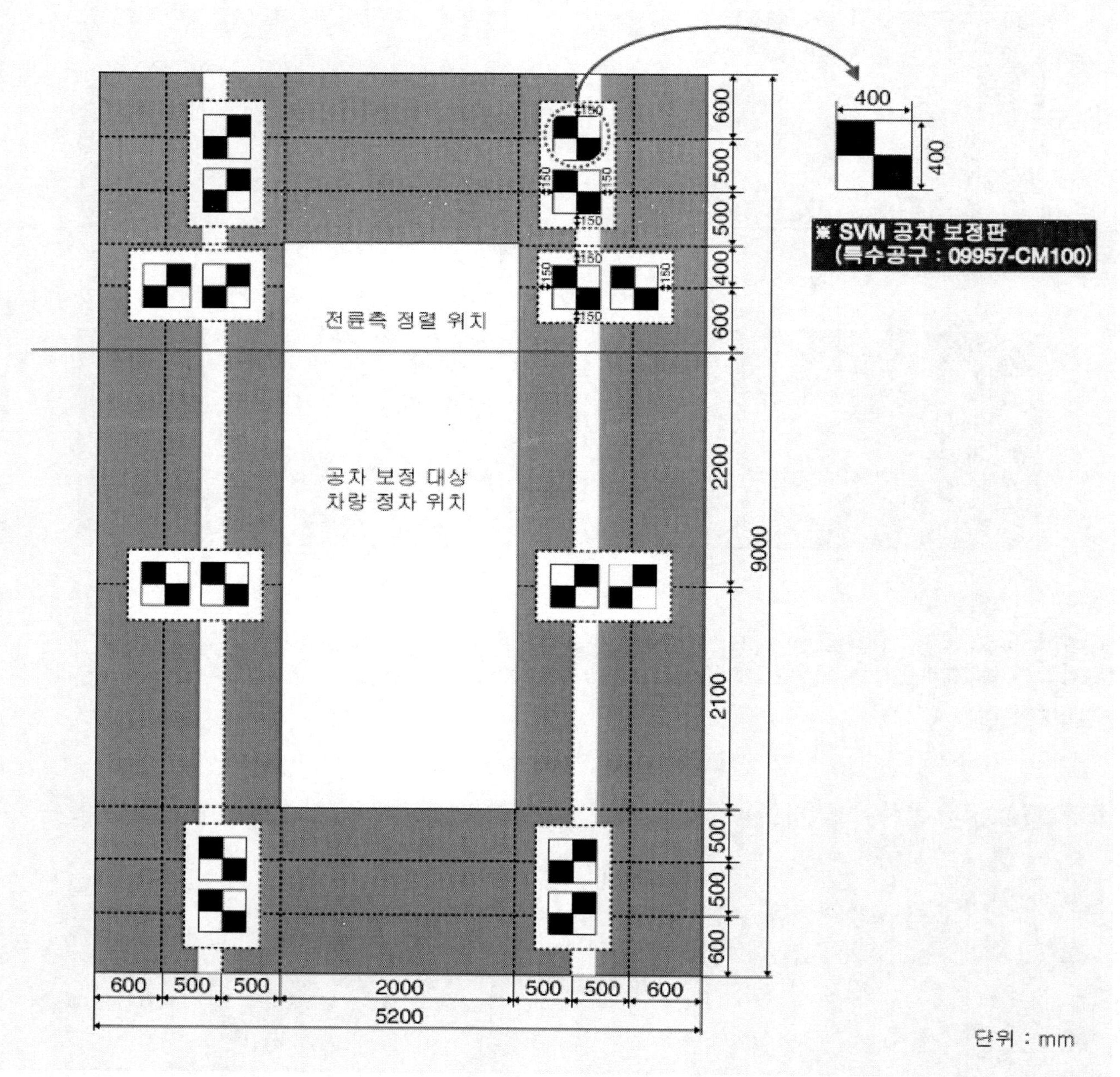

1. 흰색과 검은색 보정판(특수 공구 : 09957 - CM100)은 방향에 주의하여 설치한다.
2. 흰색과 검은색 보정판의 센터 위치는 기준 좌표이기 때문에 위치 정밀도(거리/직각 등)가 매우 중요하다.
3. 바닥 표면은 보정판 표식의 자동 검출을 위하여 녹색으로 도색되어야 하며, 조명에 의한 빛 반사를 최소화할 수 있도록 반드시 무광으로 도색 처리되어야 한다.

대상	색상
바닥 면	녹색(KCC GQ121)
보정판	흰색/검은색
확인용 라인	흰색

4. 바닥 면은 녹색, 보정 타깃은 흰색+검은색, 확인용 라인은 흰색이다.
5. 차선 및 보정판 표식은 오염되지 않도록 관리되어야 하며, 지정된 표식 이외의 패턴 또는 표식이 존재하지 않도록 관리되어야 한다.
6. 외부 광원(햇빛, 작업장 바닥의 빛 반사)에 의한 영향에 민감하므로, 공차 보정 환경 둘레(8.5 x 5.2 m)에 간이 차단막 설치를 권장한다.
7. 조명은 간접 조명 형태를 권장하며, 균일한 조도를 상시 유지 할 수 있도록 한다. (태양광 및 직접 광에 의한 반사 영향을 최소화한다)
8. 차량 정렬 기준은 다음과 같다.

- 대상 차량은 차량 위치 공간 내에서 전륜 축을 1 m 지점에 위치해야 한다. (전륜 축 정렬 위치 참조)
- 전후/좌우 정렬 오차는 3 cm 이하로 관리되어야 한다.
- 차량 정렬 시 회전 오차는 좌우 1° 이내로 관리되어야 한다.

자동 공차 보정 절차

유 의

SVM 전용 작업장이 있는 서비스 센터는 '자동 공차 보정'을 실시한다

1. 공차 보정 대상 차량을 인라인 작업 환경 내의 차량 정위치에 정렬한다.
   - 차량의 중심은 차량 위치 공간의 중심과 일치하도록 한다.
   - 차량의 앞바퀴 중심을 전륜 축 정렬 위치와 일치하도록 한다.
2. 사전 준비를 다음과 같이 실시한다.
   - 후드, 트렁크, 도어가 닫힌 상태인지 확인한다.
   - 운전석에 탑승 후 도어를 닫는다.
   - 차량의 전원 상태를 IG ON으로 유지한다.
   - 사이드미러가 접혀 있는 경우 미러를 편다.
   - 기어를 N단에 위치한다.
   - 사전 준비 시 후방 카메라의 시야를 가릴 수 있는 배기 흡입기 등을 설치해서는 안 된다.
   - 차량이 움직이지 않도록 풋 브레이크 또는 전자식 브레이크(EPB)를 사용한다.
3. 공차 보정 모드에 진입하기 전에 SVM 및 카메라의 정상 동작 여부를 확인하기 위하여 다음의 과정을 수행한다.
   - SVM의 초기 설정 영상이 출력되는지 확인한다. (기어 N단 위치 시 전방 뷰 영상 + 서라운드 뷰 영상)
   - 서라운드 뷰 화면의 전, 후, 좌, 우측 방 영상이 정상 출력되는지 확인한다.
   - 정상적으로 영상 출력 시 공차 보정 모드로 진입하고, 비정상 출력되거나 영상이 출력되지 않을 시 해당 부품을 교체한다.
4. 차량 정지 상태에서 IG ON을 유지하고, 변속 레버 'N' 위치를 확인하고 평지라도 주차 브레이크를 잠근다.
5. 차량 내 SVM 스위치가 'ON' 상태에서인 작업을 진행한다.
6. KDS를 이용해 'SVM 공차 보정 - 자동'을 수행한다.

시스템별 | 작업 분류별 | 모두 펼치기

- 파워스티어링
- 전자제어서스펜션
- 리어뷰모니터
- 운전자보조주행시스템
- 운전자보조주차시스템
  - 사양정보
  - 배리언트 코딩
  - 배리언트 코딩 (백업 및 입력)
  - SVM 공차 보정 - 자동
  - SVM 공차 보정 - 수동
  - SVM 주행 중 자동 공차 보정
- 전방카메라
- 후측방레이더
- 앰프
- 오디오비디오네비게이션
- 후석리모트컨트롤러
- 동승석 전동시트 제어 유닛

! 기능 수행 중에는 다른 기능이 동작되지 않도록 주의하십시오.

부가기능 

• SVM 공차 보정 - 자동

검사목적	SVM 시스템에서 SVM 제어기 교환 및 카메라장착(전, 후, 좌, 우) 시 공차 보정을 위해서 자동으로 수행하는 기능.
검사조건	1. 엔진 정지 2. 점화스위치 On 3. 변속레버 N, 주차브레이크 On 4. 보닛 / 트렁크 / 도어 닫힘 / 사이드 미러 오픈 확인 5. SVM 스위치 지시등 On 상태
연계단품	Surround View Monitoring(SVM) Module, Ultra-optical cameras
연계DTC	B103000, B1030XX
불량현상	경고등 점등
기 타	완료 시까지 전원 / 기어 / SVM 스위치 상태 변경 금지. 공차 보정 전용 작업장 필요.

확인

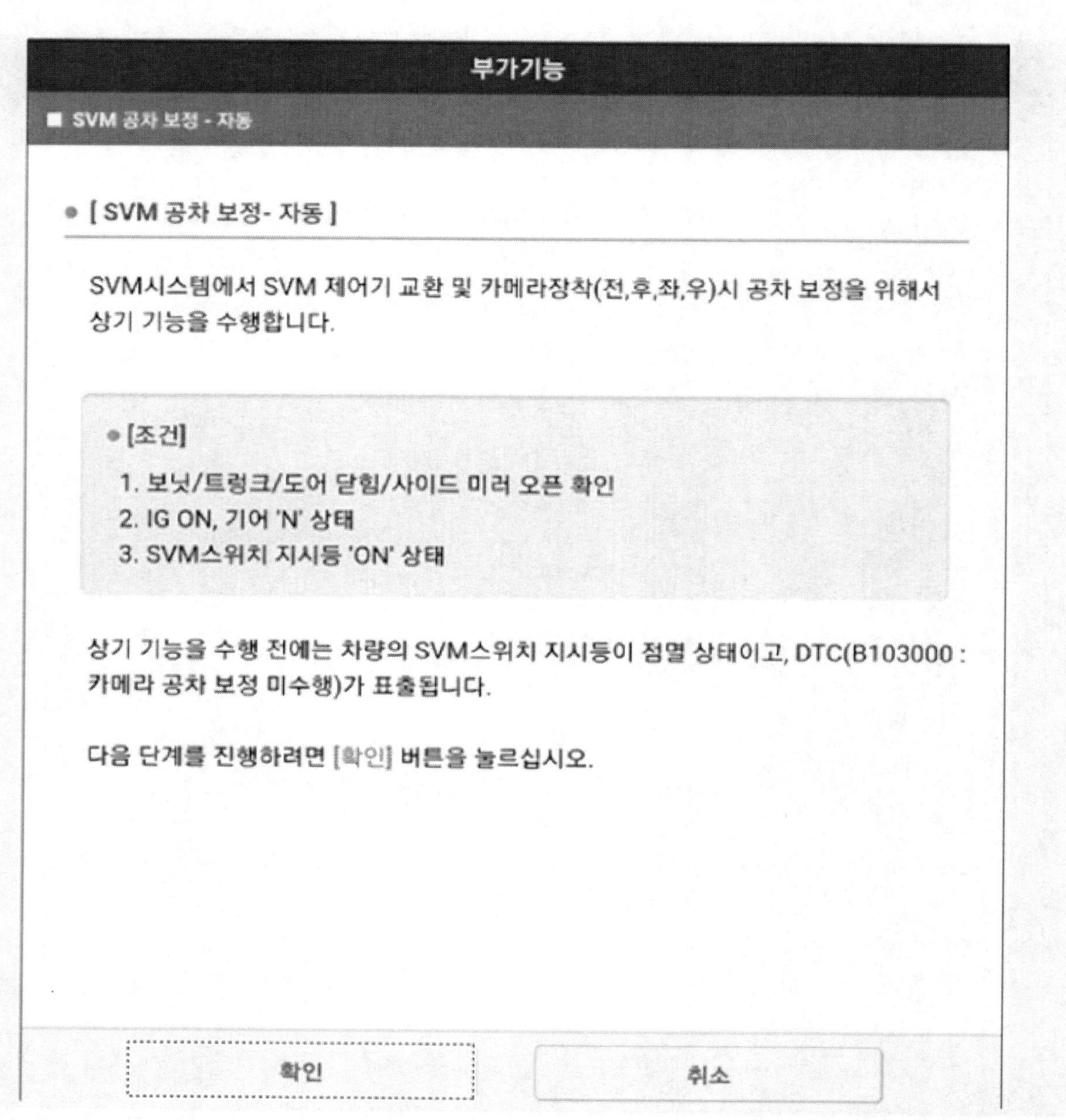

7. 공차 보정 한계 사양 확인
   - '전방' 버튼을 눌러 전방 카메라 보정점 입력 화면으로 이동한다.
   - 화면 이동 후 2개의 기준점이 보정판 표식 내부에서 점멸하고 있는지 확인한다.
   - 1개 이상의 기준점이 보정판 표식 외부에 있을 경우 공차 보정이 가능한 한계 사양을 넘어선 것으로 판단하고, 고장 모드 보정점 입력에 대한 절차를 따른다.
8. 공차 보정점 입력 절차
   기준점이 공차 보정 한계 사양 이내에 있는 것이 확인되면 보정점을 입력한다.
   (1) 좌상단 보정판 표식의 중심점(P1)을 스타일러스 펜을 이용하여 클릭한다.
   (2) 입력된 좌표에 녹색의 십자 표시(P1)가 되는 것을 확인한다.

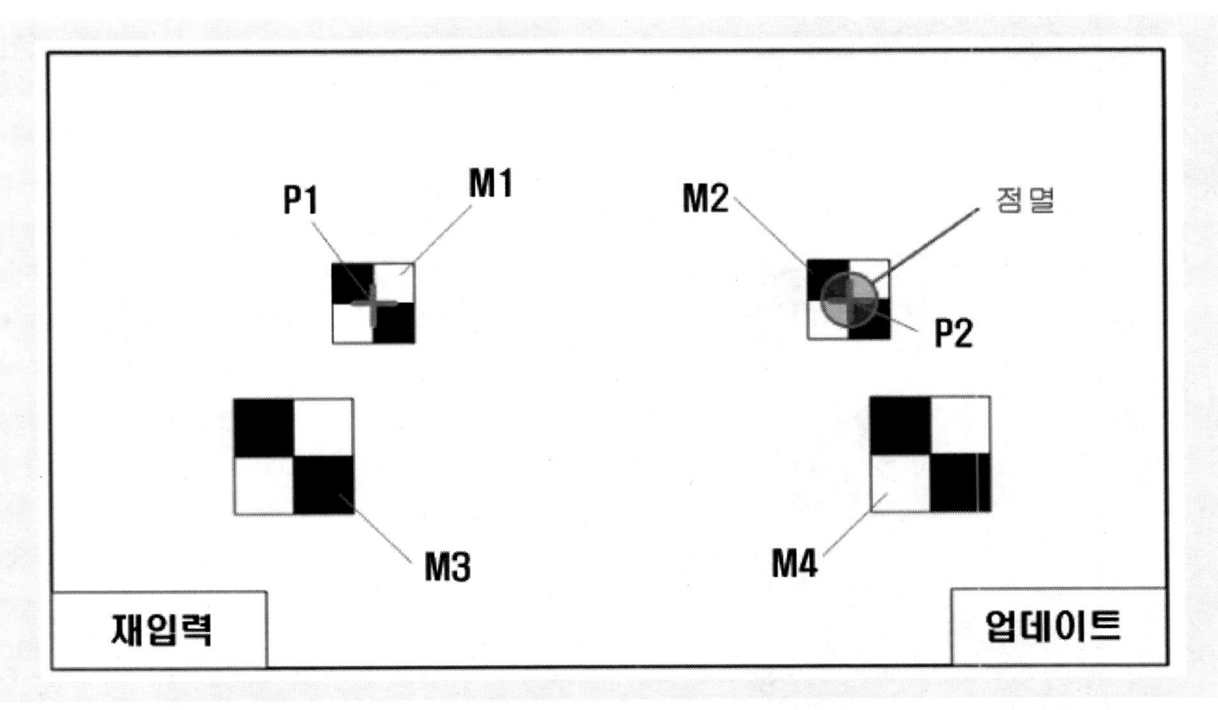

(3) 좌상단 보정판 위치에서 점멸하던 십자 표시가 2개의 붉은색 고정 십자(그림의 P1, P3) 표시로 나타나는 것을 확인한다.

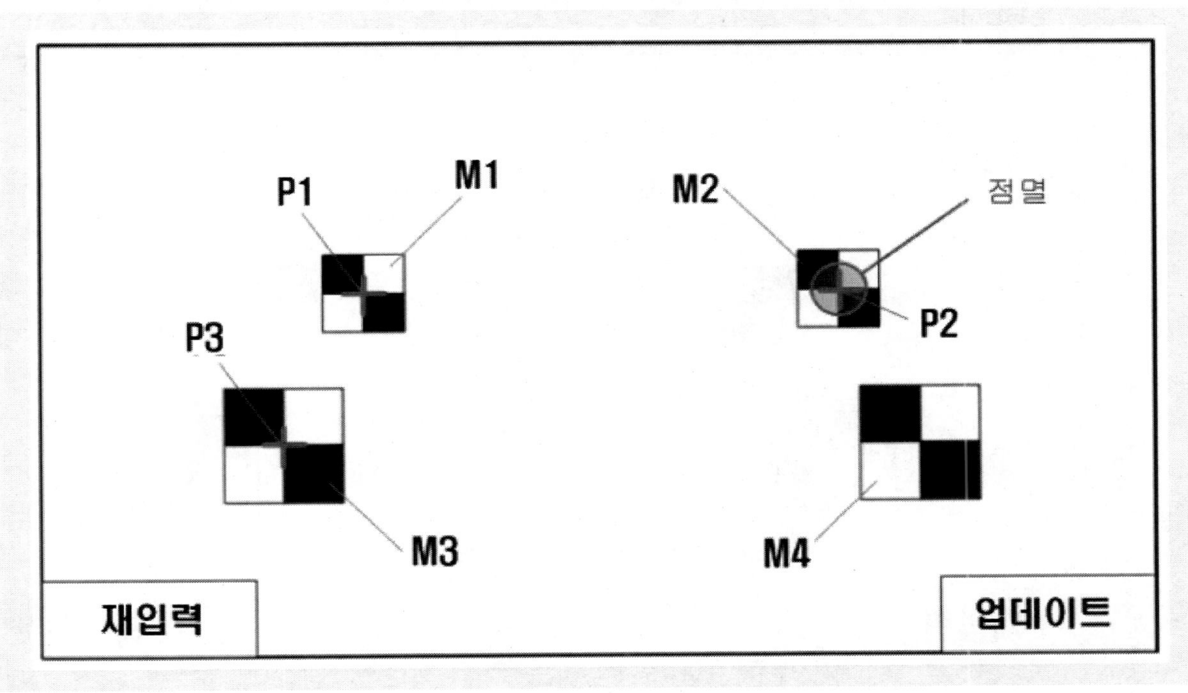

(4) 우상단 보정판 표식(그림의 M2)의 중심점(P2)을 스타일러스 펜을 이용하여 입력하고 입력된 좌표에 녹색의 십자 표시가 되는 것을 확인한다.

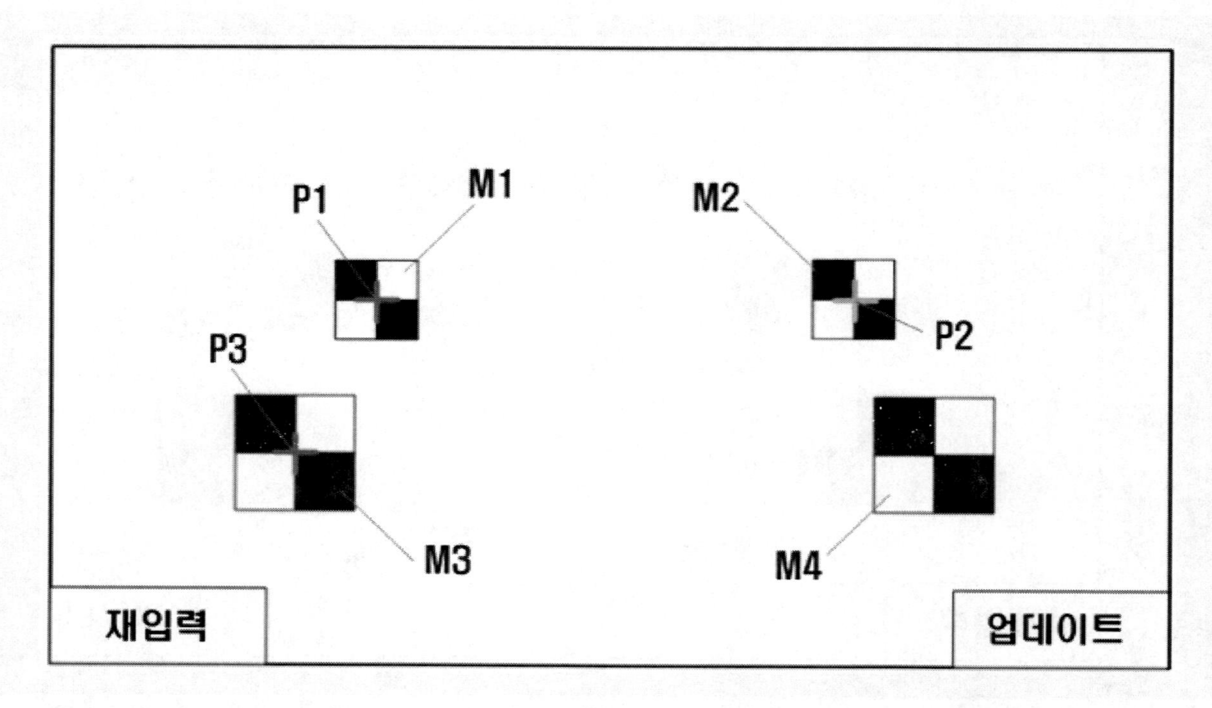

(5) 우상단 보정판 위치에서 점멸하던 십자 표시가 2개의 고정 십자(그림의 P2, P4) 표시로 나타나는 것을 확인한다.

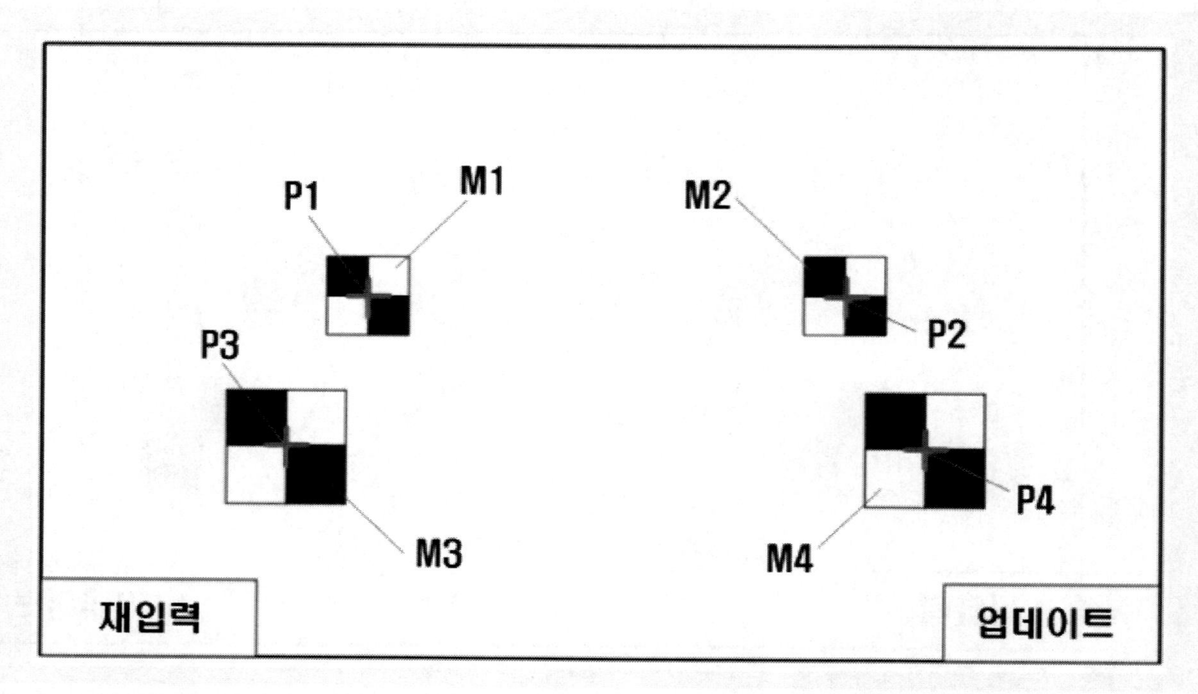

(6) 4개의 보정판 표식의 중심점(P1, P2, P3, P4)에 붉은색 십자 표시가 모두 이루어졌을 경우 "업데이트" 버튼을 눌러 기준점을 갱신하고 초기 공차 보정 화면으로의 전환을 기다린다.

(7) 붉은색 십자 표시가 이루어지지 않았을 경우 "재입력" 버튼을 눌러 기준점을 다시 입력한다.

(8) 후방, 좌측, 우측 카메라에 대하여 같은 과정을 반복 수행한다.

(9) 모든 카메라에 대한 보정점 입력 작업이 완료되면 공차 보정 모드의 초기 화면에서 "완료" 버튼을 눌러 공차 보정 모드에서 빠져나온다.

(10) SVM은 계산 및 갱신 과정에 따라 아래 메시지를 블랙 화면에 합성하여 영상을 출력한다. (예. "전방 카메라 보정 확인 중입니다.")

유 의

"완료" 버튼 클릭 후 작업자는 SVM 초기 설정 영상이 출력될 때까지 시스템을 조작하지 않는다.

(1) SVM 초기 설정 영상이 출력되는지 확인한다. (N단, SVM 스위치 ON 시 전방 뷰 화면 + 서라운드 뷰 화면)

(2) 서라운드 뷰 영상에서 흰색 선이 똑바로 표시되는지 육안 확인한다. (최대 8cm의 이격 오차 발생 가능하며, 8cm 이내의 오차 발생 시 양품으로 판단한다.)

(3) 서라운드 뷰 영상의 육안 확인 결과 영상이 잘못되어 있을 경우 재작업이 필요하다.

(4) 공차 보정이 정상적으로 이루어졌을 경우 차량의 전원을 OFF 상태로 전환해 공차 보정 절차를 종료한다.

주행 중 자동 공차 보정 절차

1. 주행 중 자동 공차 보정의 정상 동작을 위해 하기 조건을 확인한다.
   - SVM 탑 뷰의 전방/후방/좌측/우측 부분이 정상적으로 디스플레이 되는지 확인한다.
   - 만약 영상이 정상적으로 디스플레이 되지 않는다면, 관련 부품들을 점검한다.

> **참 고**
>
> • 가능한 SVM 공차 보정 자동/수동 모드로 진행하며 장비가 없는 등의 부득이한 경우에만 수행한다.

1. KDS를 이용해 'SVM 주행 중 자동 공차 보정'을 수행한다.

부가기능 

• SVM 주행 중 자동 공차 보정

검사목적	이 기능은 SVM 제어기 교환, 카메라 장착(전후, 좌, 우) 시 차량 주행을 통한 공차 보정을 수행하는 기능
검사조건	1. IG ON 2. 후드, 트렁크, 도어 닫힘 및 사이드 미러 열림 3. SVM/RSPA(옵션) 기능 OFF 4. 후석 모니터(옵션) OFF
연계단품	-
연계DTC	-
불량현상	-
기 타	-

확인

부가기능

■ SVM 주행 중 자동 공차 보정

● [SVM 주행 중 자동 공차 보정]

이 기능은 SVM 제어기 교환, 카메라 장착(전후, 좌, 우) 시 차량 주행을 통한 공차 보정을 수행하는 기능입니다.

●[조건]

1. IG ON
2. 후드, 트렁크, 도어 닫힘 및 사이드 미러 열림
3. SVM/RSPA(옵션) 기능 OFF
4. 후석 모니터(옵션) OFF

[확인] 버튼 : 보정 수행

[취소] 버튼 : 부가기능 종료

확인 취소

2. 진단기 진입 모드 화면의 조향각(A), 차속(B), SVM 탑 뷰(C)가 정상적으로 디스플레이 되는지 확인한다.

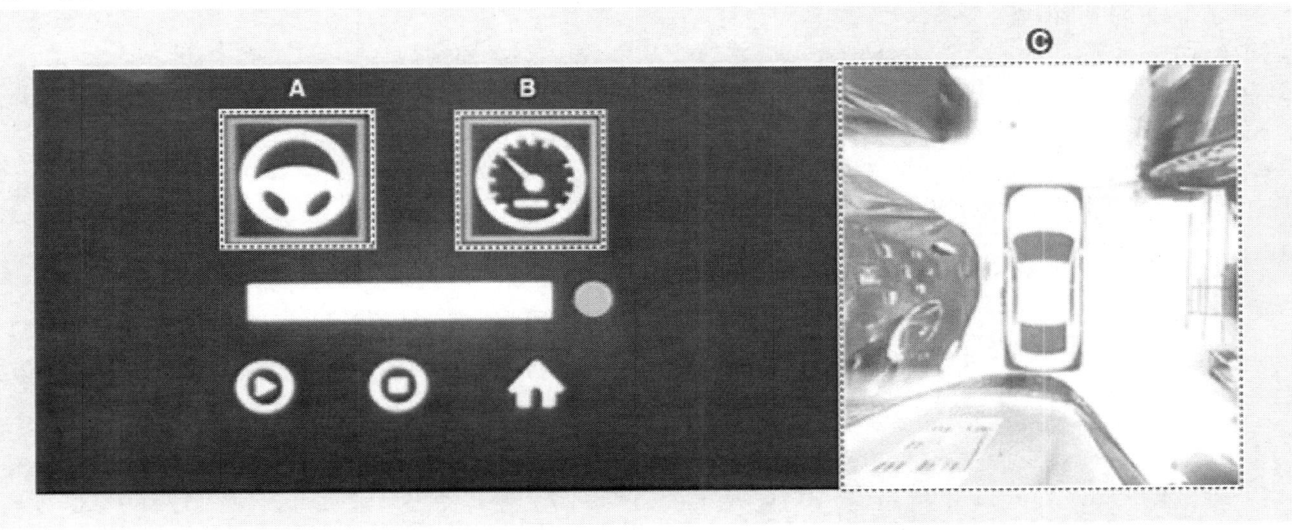

유 의

- SVM 주행 중 자동 공차 보정 진입 후에는 진단기 진입 모드 화면 버튼의 MAP,MEDIA 버튼 등의 조작으로 진단기 진입 모드가 종료되니 유의한다.

- 주행 중 자동공차 보정 수행 가능 조건은 스티어링 휠 조향각 -5 ~ 5˚도, 차량 속도 1~50 Km/h이다.
- 조향각 -5 ~ 5도, 차량 속도 1~50 Km/h를 벗어날 경우 스티어링 휠 심볼(A)과 속도계 심볼(B)이 적색으로 표시되며, 만족할 경우 녹색으로 표시된다.
- 스티어링 휠 심볼과 속도계 심볼 모두 녹색으로 표시된 상태에서만 공차 보정을 수행한다.

3. 차량을 도로로 이동시키고 수행 가능 속도 범위를 유지한 채로 진단기 진입 모드 화면의 시작 버튼(A)을 눌러 공차 보정을 수행한다.

참 고

- 스티어링 휠 각도 및 속도 조건을 만족할 시 각 심볼에 초록색 테두리가 표출되고 되고 보정이 시작된다.
- 보정 완료 후 탑 뷰의 정합성이 맞지 않는 경우 시작 버튼(A)을 눌러 재수행한다.

유 의

- 주행 중 공차 보정을 위한 이상적인 도로 조건
  - 노면에 화살표, 글자 등의 마커가 있는 편도 3차선 도로의 중앙 차선
  - 오르막/내리막이 아니며 노면의 구배가 없는 평평한 도로
- 주행 중 공차 보정 일시 중단 또는 지연 요소
  - 특징점을 찾을 수 없는 도로/환경
  - 야간, 강우, 적설 환경
  - 페인팅 된 실내 주차장
- 보정 가능한 카메라 틀어짐 한계
  - 요(Yaw) : -5 ~ 5˚
  - 롤(Roll) : -5 ~ 5˚
  - 피치(Pitch) : -5 ~ 5˚

4. 주행 시 보정 진행률은 상태 바(A)로 확인 할 수 있다.

참 고

- 보정 진행 중에는 진단기 진입 모드 화면의 신호등(C)이 녹색 점멸한다.
- 보정 진입 후 보정이 진행되는 동안은 조향각, 차속 제약 없이 자유롭게 주행 가능하다.
- 보정 수행 시간은 이상적인 조건에서 2분 내외로 소요된다.
- 보정 진입 또는 수행 중 시작 버튼(D)을 누르면 일시 정지 후 정지 시점부터 재개할 수 있다.
- 정지 버튼(B)을 누르면 중지 가능하며 다시 시작 버튼(D)을 누르면 처음부터 진행할 수 있다
- 상태 바가 끝까지 차면 보정이 완료되고 신호등(C)이 녹색으로 표시된다.

5. 보정이 완료되면 보정 결과 확인을 수행한다.
   보정 결과 판단 기준: 차량으로 1.8 m 거리의 정합 면 부분의 틀어짐이 8 cm 이내일 것

6. 보정 기능 종료 시 홈 버튼(C)을 누른다. (보정 기능 종료 시 AVNT 모니터는 자동으로 리부팅을 수행한다.)

유 의

- 리부팅을 수행하는 동안 '업데이트 중입니다.' 라는 팝업이 발생하면 오디오/AVNT 모니터 버튼을 조작하지 않는다.
- 보정 확인에는 평지이고, 직선으로 구획을 나눈 주차장 등의 장소를 권장한다.

- 보정 결과가 만족스럽지 못한 경우 주행 중 자동 공차 보정을 절차를 다시 실시한다.
  - 저장된 보정 결과에 이어서 추가 보정 원할 시 시작 버튼(A)을 눌러 재수행한다.
  - 정지 버튼(B)을 눌러 저장된 결과를 삭제한 후 시작 버튼(A)을 눌러 새로 보정을 수행할 수 있다.

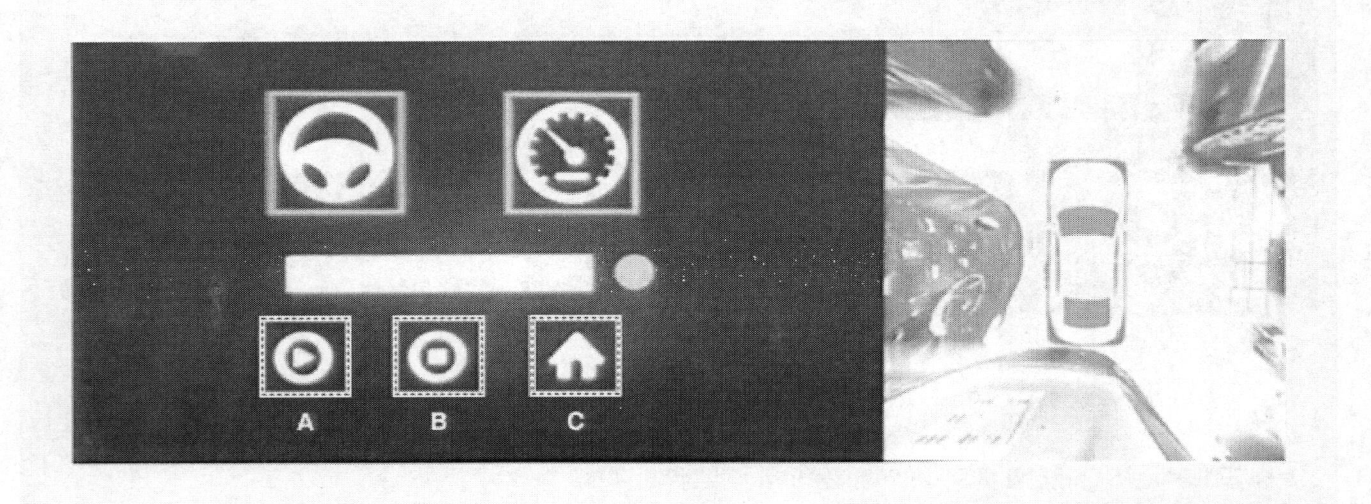

제원

항목		제원
주차 보조 센서	정격 전압(V)	12
	측정 범위(cm)	30 ~ 120
	동작 전압(V)	9 ~ 16
	동작 전류(mA)	최대 350
	사용 주파수(KHz)	43 ~ 53
	센서 수량	8개(RSPA 미적용 시), 12개(RSPA 적용 시)

개요 및 작동원리

동작 사양

초기 모드

1. 주차 거리 경고(PDW)는 초기화 동안 LIN ID를 인식하여 센서의 ID를 설정한다.
2. IBU 초기화가 완료되면 100ms 동안 PDW는 각각의 센서를 구동하여 고장 진단을 수행한다.
3. 고장진단이 완료되고 센서가 고장 정보를 송신하지 않으며, PDW 경고를 한다.
4. 전방/후방 센서가 최소 1개 고장인 경우에도 고장 경고를 표시한다.
5. 고장 문구는 계기판에 표시하며, 고장 심볼은 계기판과 오디오/AVNT 모니터에 모두 표시한다.

정상 모드

1. 초기화 후 일반 루틴의 시작은 경보 출력 완료 후 100ms 지연된 다음에 시작한다.
2. 장애물에 대한 경보는 1차, 2차, 3차로 구분하며, 1차, 2차 경보는 단속음, 3차 경보는 연속으로 경보한다.
3. 클러스터 디스플레이 경우는 각 센서의 정보를 IBU에서 클러스터로 전송한다.
4. PDW의 유효 동작 차량 속도는 10Km/h 이하일 때이다.

탈거

[기본 사양]

[전방 초음파 센서]

1. 배터리 (-) 단자와 서비스 인터록 커넥터를 분리한다.
   (배터리 제어 시스템 - "보조 배터리 (12V) - 2WD" 참조)
   (배터리 제어 시스템 - "보조 배터리 (12V) - 4WD" 참조)
2. 프런트 범퍼 어셈블리를 탈거한다.
   (바디 - "프런트 범퍼 어셈블리" 참조)
3. 초음파 센서 커넥터(A)를 분리한다.

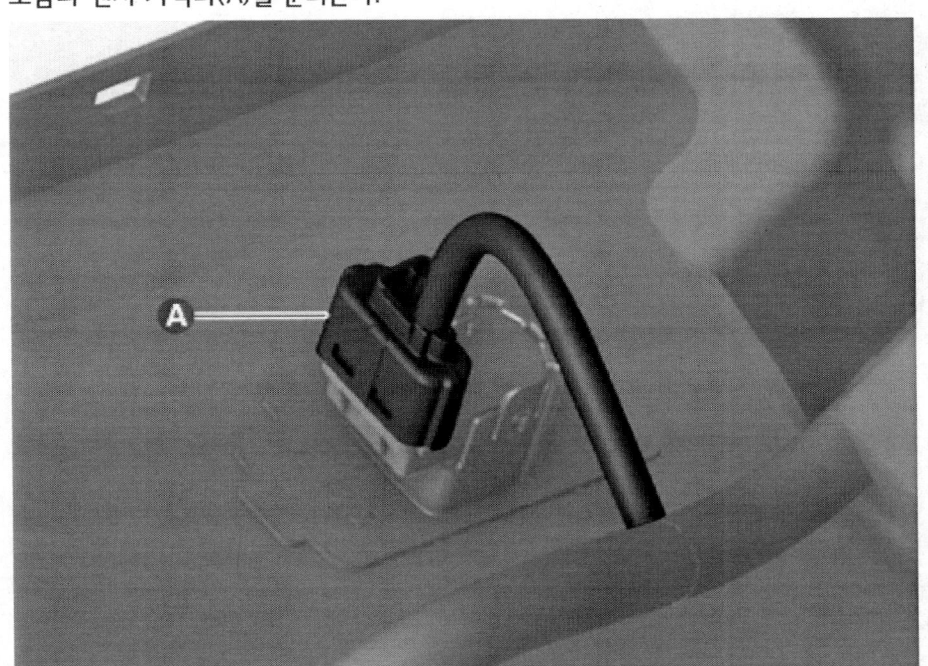

4. 화살표 방향으로 센서 홀더를 이격시키고 초음파 센서(A)를 탈거한다.

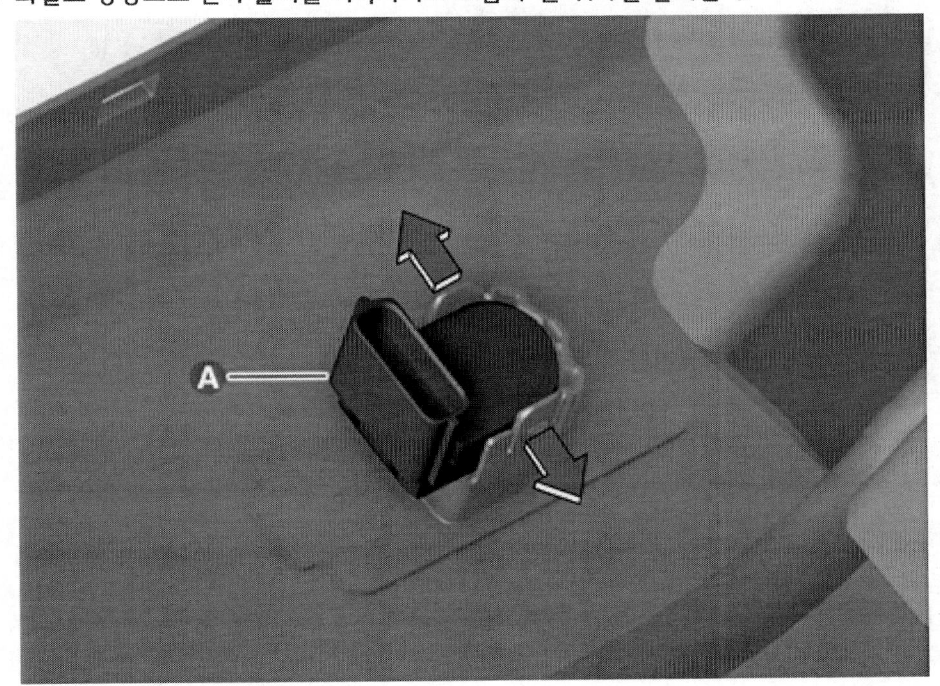

[후방 초음파 센서]

1. 배터리 (-) 단자와 서비스 인터록 커넥터를 분리한다.

(배터리 제어 시스템 - "보조 배터리 (12V) - 2WD" 참조)
(배터리 제어 시스템 - "보조 배터리 (12V) - 4WD" 참조)

2. 리어 범퍼 어셈블리를 탈거한다.
   (바디 - "리어 범퍼 어셈블리" 참조)
3. 초음파 센서 커넥터(A)를 분리한다.

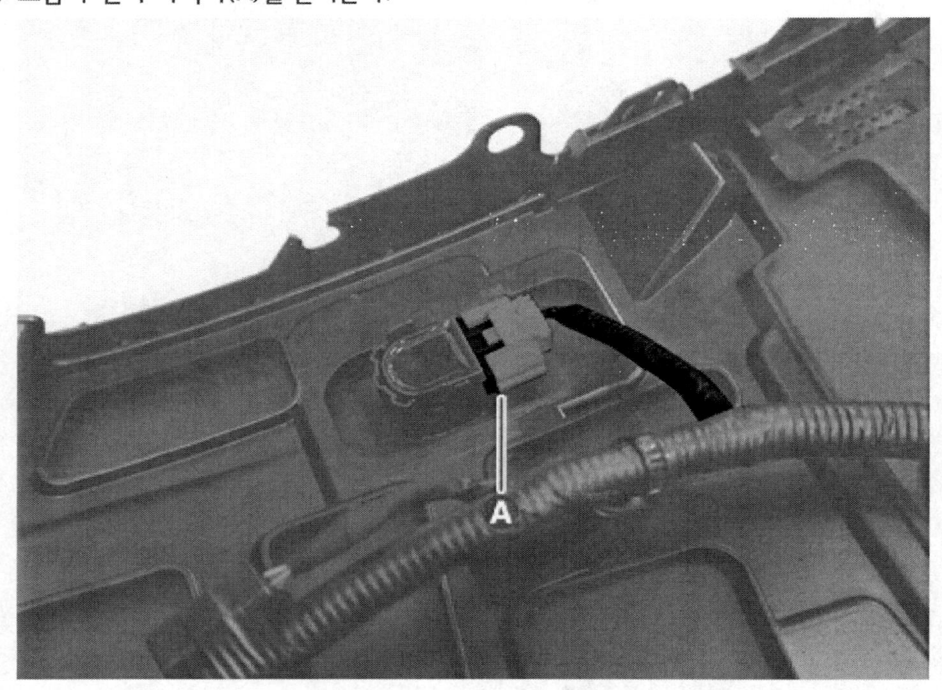

4. 화살표 방향으로 센서 홀더를 이격시키고 초음파 센서(A)를 탈거한다.

[전측방 초음파 센서(RSPA 사양)]

> **참 고**
>
> RSPA (Remote Smart Parking Assist) : 원격 스마트 주차 보조

1. 배터리 (-) 단자와 서비스 인터록 커넥터를 분리한다.
   (배터리 제어 시스템 - "보조 배터리 (12V) - 2WD" 참조)
   (배터리 제어 시스템 - "보조 배터리 (12V) - 4WD" 참조)
2. 프런트 범퍼 어셈블리를 탈거한다.
   (바디 - "프런트 범퍼 어셈블리" 참조)

3. 초음파 센서 커넥터(A)를 분리한다.

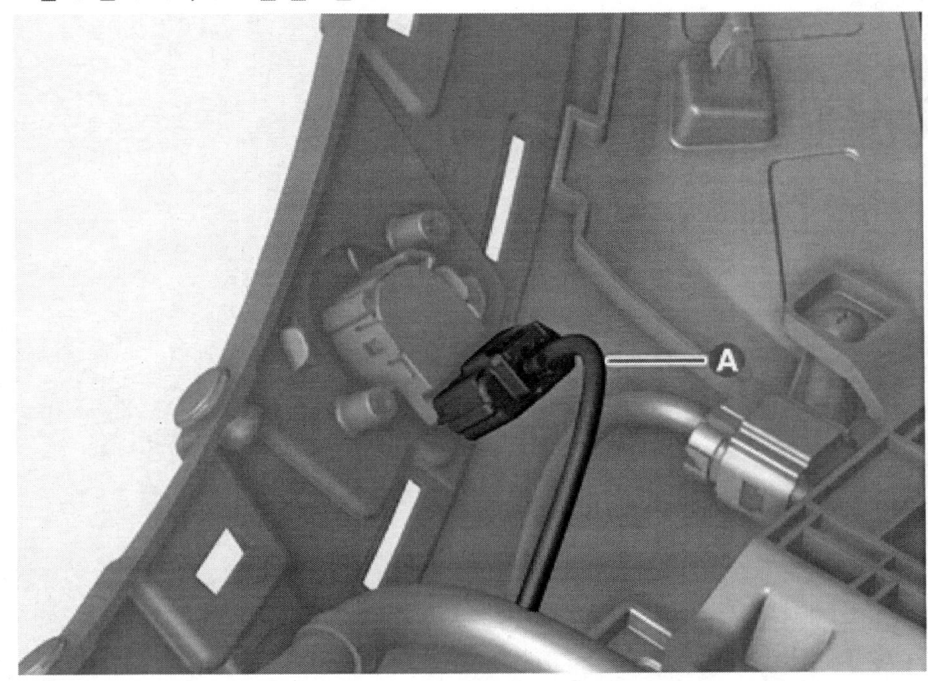

4. 화살표 방향으로 센서 홀더를 이격시키고 초음파 센서(A)를 탈거한다.

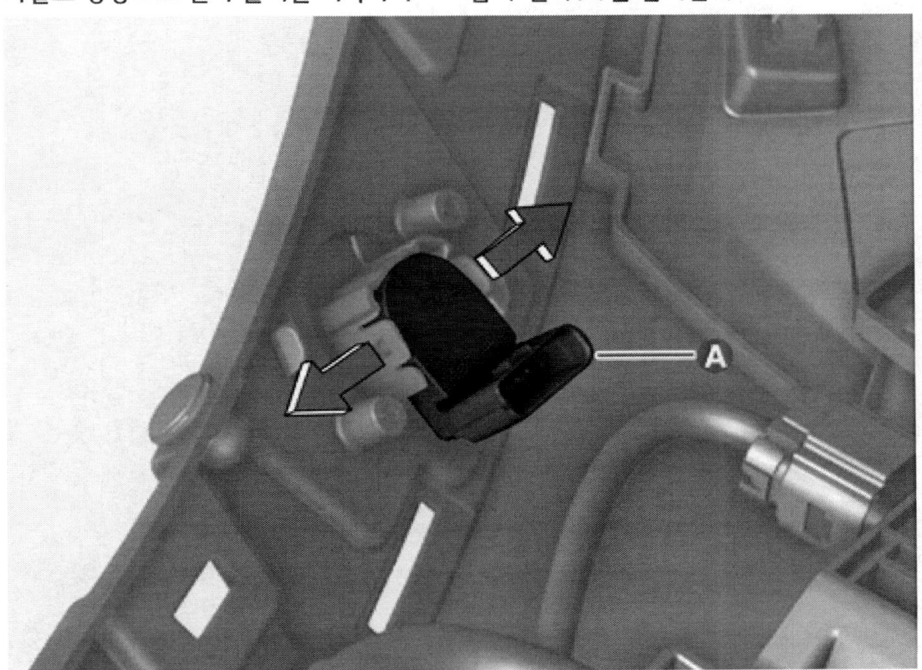

[후측방 초음파 센서(RSPA 사양)]

> **참 고**
>
> - RSPA (Remote Smart Parking Assist) : 원격 스마트 주차 보조

1. 배터리 (-) 단자와 서비스 인터록 커넥터를 분리한다.
   (배터리 제어 시스템 - "보조 배터리 (12V) - 2WD" 참조)
   (배터리 제어 시스템 - "보조 배터리 (12V) - 4WD" 참조)
2. 리어 범퍼 어셈블리를 탈거한다.
   (바디 - "리어 범퍼 어셈블리" 참조)
3. 초음파 센서 커넥터(A)를 분리한다.

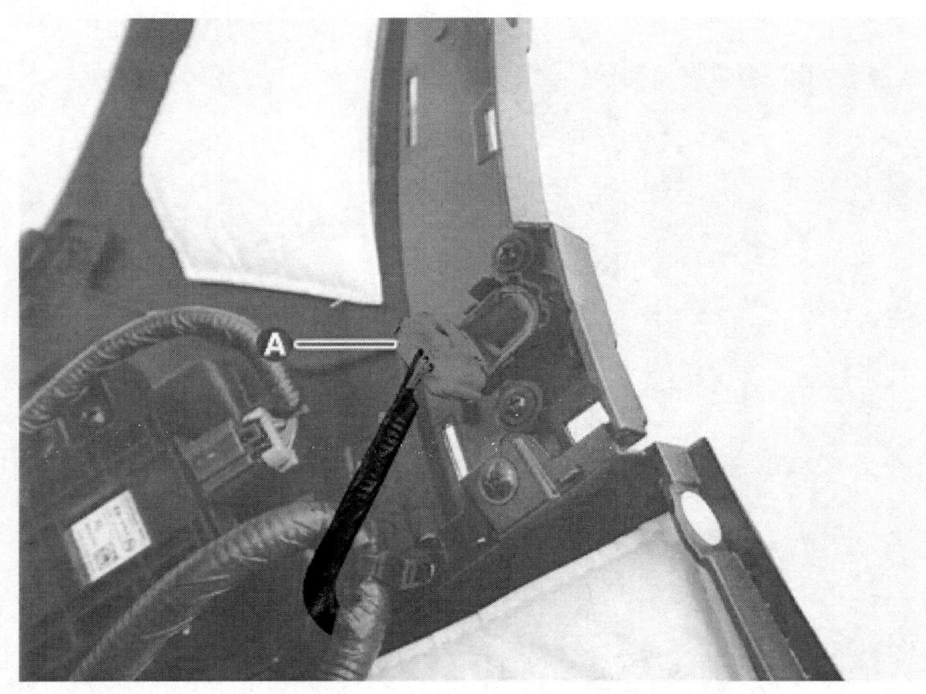

4. 화살표 방향으로 센서 홀더를 이격시키고 초음파 센서(A)를 탈거한다.

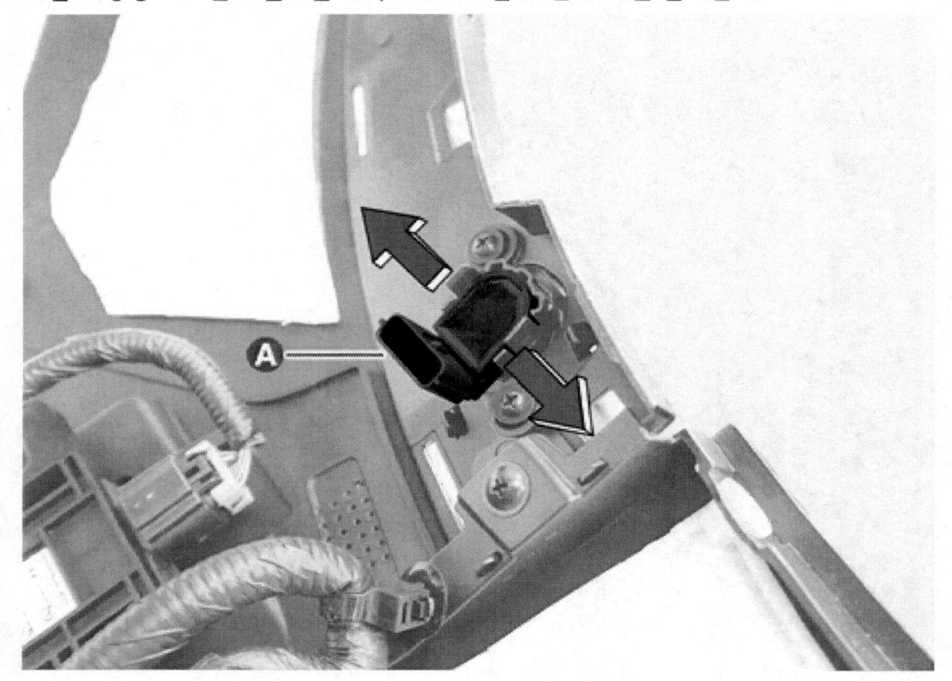

[GT-Line 사양]

[전방 초음파 센서]

1. 배터리 (-) 단자와 서비스 인터록 커넥터를 분리한다.
   (배터리 제어 시스템 - "보조 배터리 (12V) - 2WD" 참조)
   (배터리 제어 시스템 - "보조 배터리 (12V) - 4WD" 참조)
2. 프런트 범퍼 어셈블리를 탈거한다.
   (바디 - "프런트 범퍼 어셈블리" 참조)
3. 초음파 센서 커넥터(A)를 분리한다.

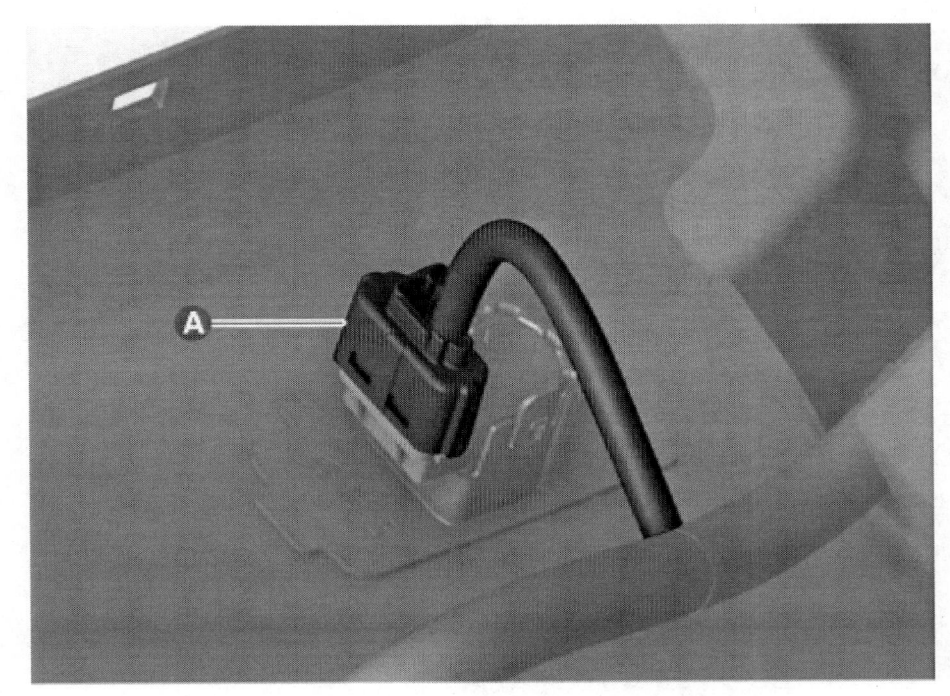

4. 화살표 방향으로 센서 홀더를 이격시키고 초음파 센서(A)를 탈거한다.

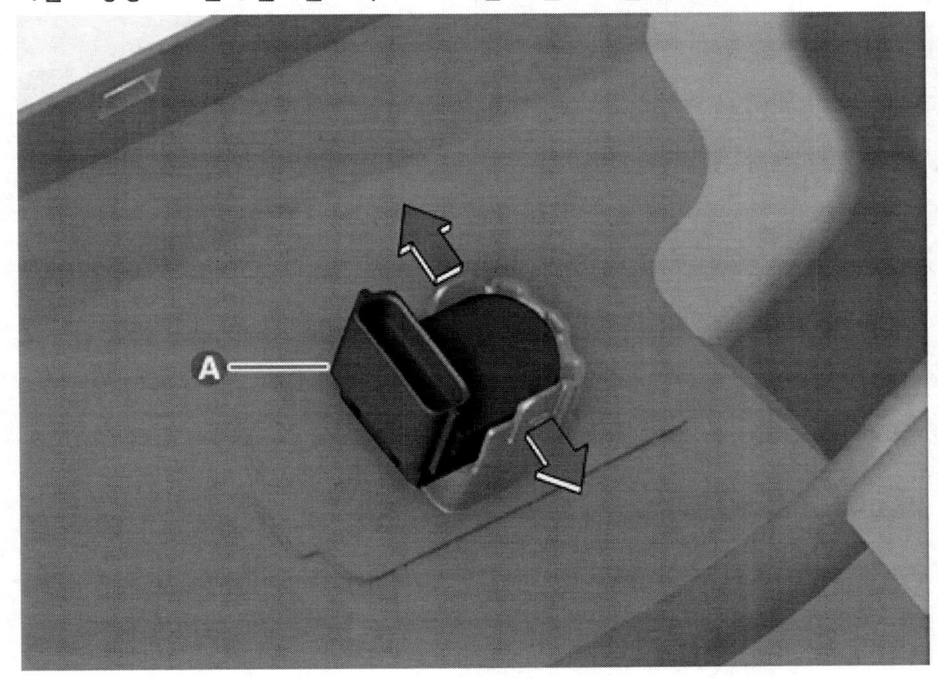

[후방 초음파 센서 - 측면]

1. 배터리 (-) 단자와 서비스 인터록 커넥터를 분리한다.
   (배터리 제어 시스템 - "보조 배터리 (12V) - 2WD" 참조)
   (배터리 제어 시스템 - "보조 배터리 (12V) - 4WD" 참조)
2. 리어 범퍼 어셈블리를 탈거한다.
   (바디 - "리어 범퍼 어셈블리" 참조)
3. 초음파 센서 커넥터(A)를 분리한다.

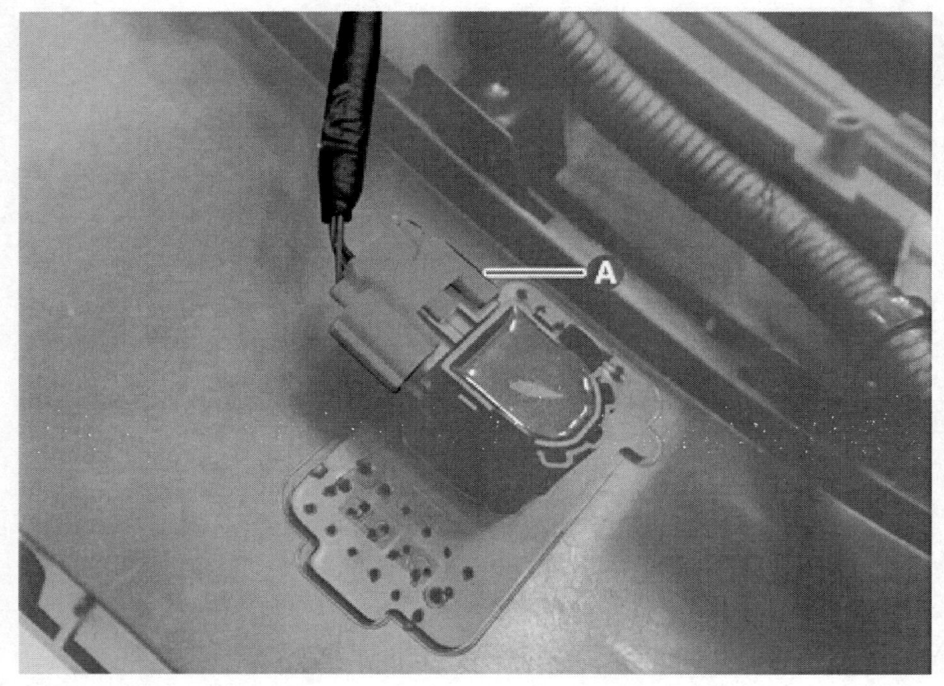

4. 화살표 방향으로 센서 홀더를 이격시키고 초음파 센서(A)를 탈거한다.

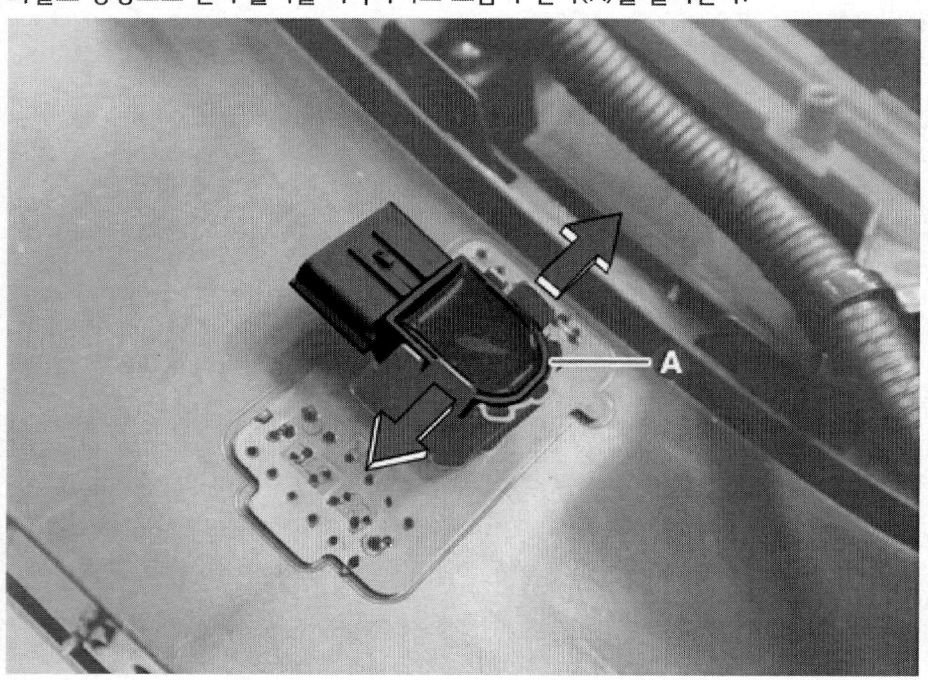

[후방 초음파 센서 - 정면]

1. 배터리 (-) 단자와 서비스 인터록 커넥터를 분리한다.
   (배터리 제어 시스템 - "보조 배터리 (12V) - 2WD" 참조)
   (배터리 제어 시스템 - "보조 배터리 (12V) - 4WD" 참조)
2. 리어 범퍼 빔 어셈블리[GT - Line]를 탈거한다.
   (바디 - "리어 범퍼 빔 어셈블리" 참조)
3. 초음파 센서 커넥터(A)를 분리한다.

4. 화살표 방향으로 센서 홀더를 이격시키고 초음파 센서(A)를 탈거한다.

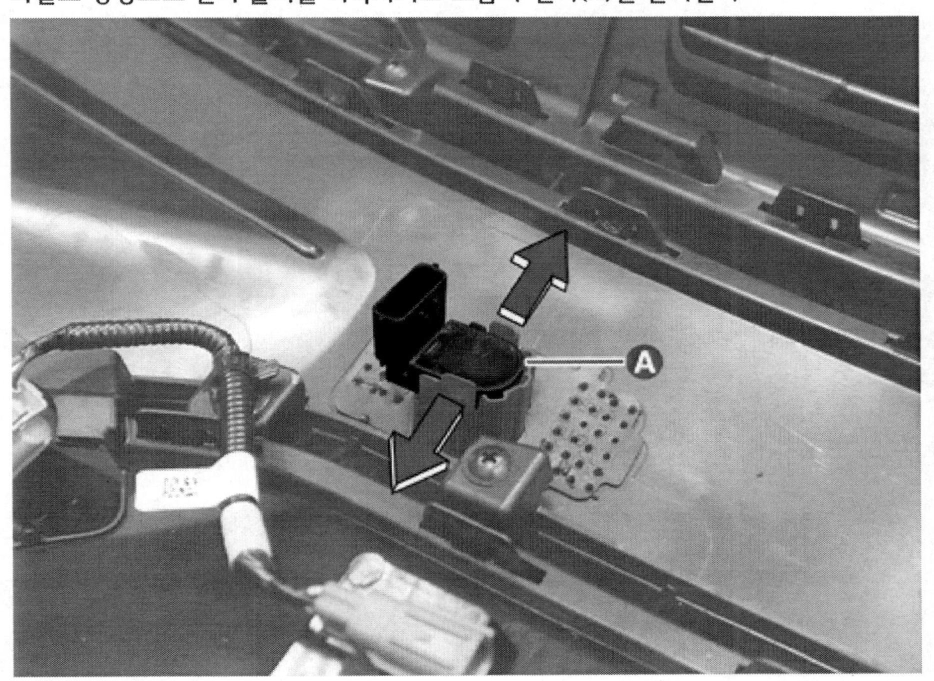

[전측방 초음파 센서(RSPA 사양)]

> **참 고**
>
> RSPA (Remote Smart Parking Assist) : 원격 스마트 주차 보조

1. 배터리 (-) 단자와 서비스 인터록 커넥터를 분리한다.
   (배터리 제어 시스템 - "보조 배터리 (12V) - 2WD" 참조)
   (배터리 제어 시스템 - "보조 배터리 (12V) - 4WD" 참조)
2. 프런트 범퍼 어셈블리를 탈거한다.
   (바디 - "프런트 범퍼 어셈블리" 참조)
3. 초음파 센서 커넥터(A)를 분리한다.

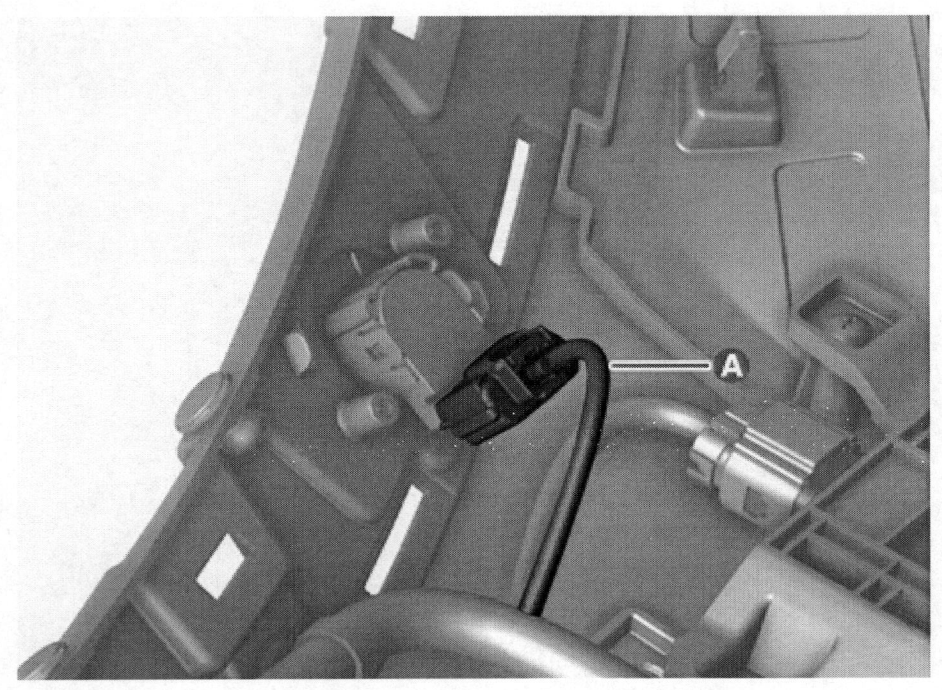

4. 화살표 방향으로 센서 홀더를 이격시키고 초음파 센서(A)를 탈거한다.

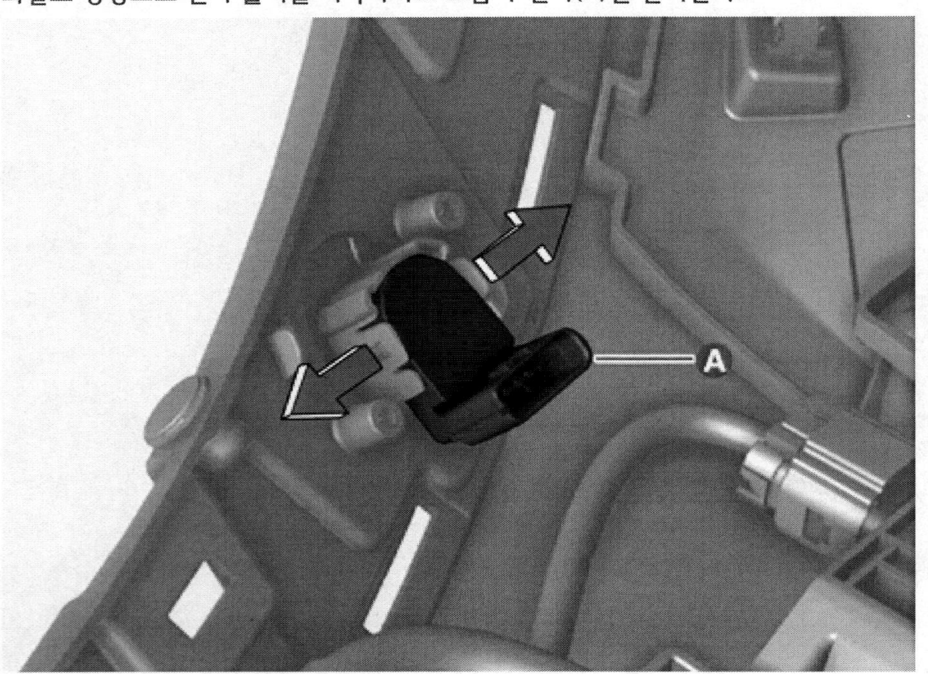

[후측방 초음파 센서(RSPA 사양)]

> **참 고**
>
> - RSPA (Remote Smart Parking Assist) : 원격 스마트 주차 보조

1. 배터리 (-) 단자와 서비스 인터록 커넥터를 분리한다.
   (배터리 제어 시스템 - "보조 배터리 (12V) - 2WD" 참조)
   (배터리 제어 시스템 - "보조 배터리 (12V) - 4WD" 참조)
2. 리어 범퍼 어셈블리[GT - Line]를 탈거한다.
   (바디 - "리어 범퍼 어셈블리" 참조)
3. 초음파 센서 커넥터(A)를 분리한다.

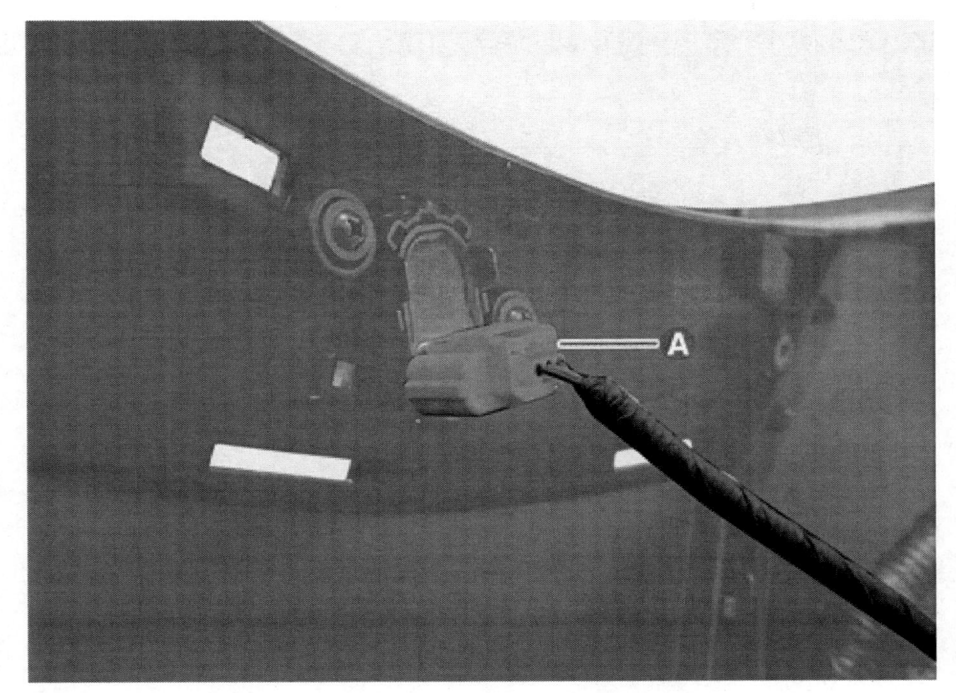

4. 화살표 방향으로 센서 홀더를 이격시키고 초음파 센서(A)를 탈거한다.

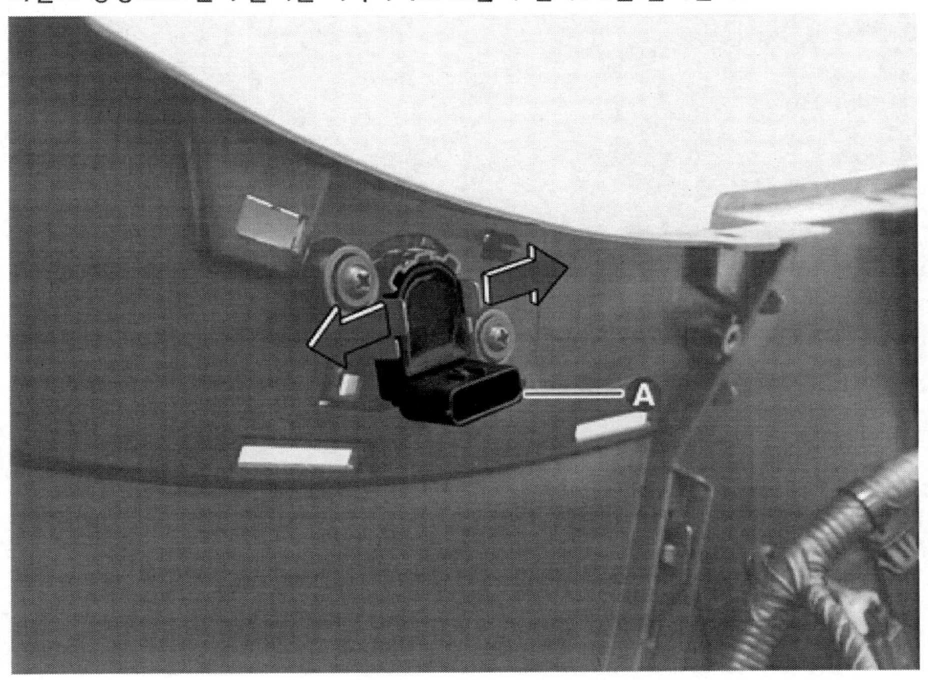

장착

1. 장착은 탈거의 역순으로 한다.

탈거

운전자 주차 보조 유닛

1. 운전자 주차 보조 유닛을 탈거 한다.
   (운전자 주차 보조 시스템 - "운전자 주차 보조 유닛" 참조)

후방 카메라

1. 후방 카메라를 탈거한다.
   (운전자 주차 보조 시스템 - "후방 모니터 (RVM)" 참조)

후방 초음파 센서

1. 후방 초음파 센서를 탈거한다.
   (운전자 주차 보조 시스템 - "초음파 센서" 참조)

장착

1. 장착은 탈거의 역순으로 한다.
2. 운전자 주차 보조 유닛 교환 시 KDS를 이용해 '배리언트 코딩'을 수행한다.

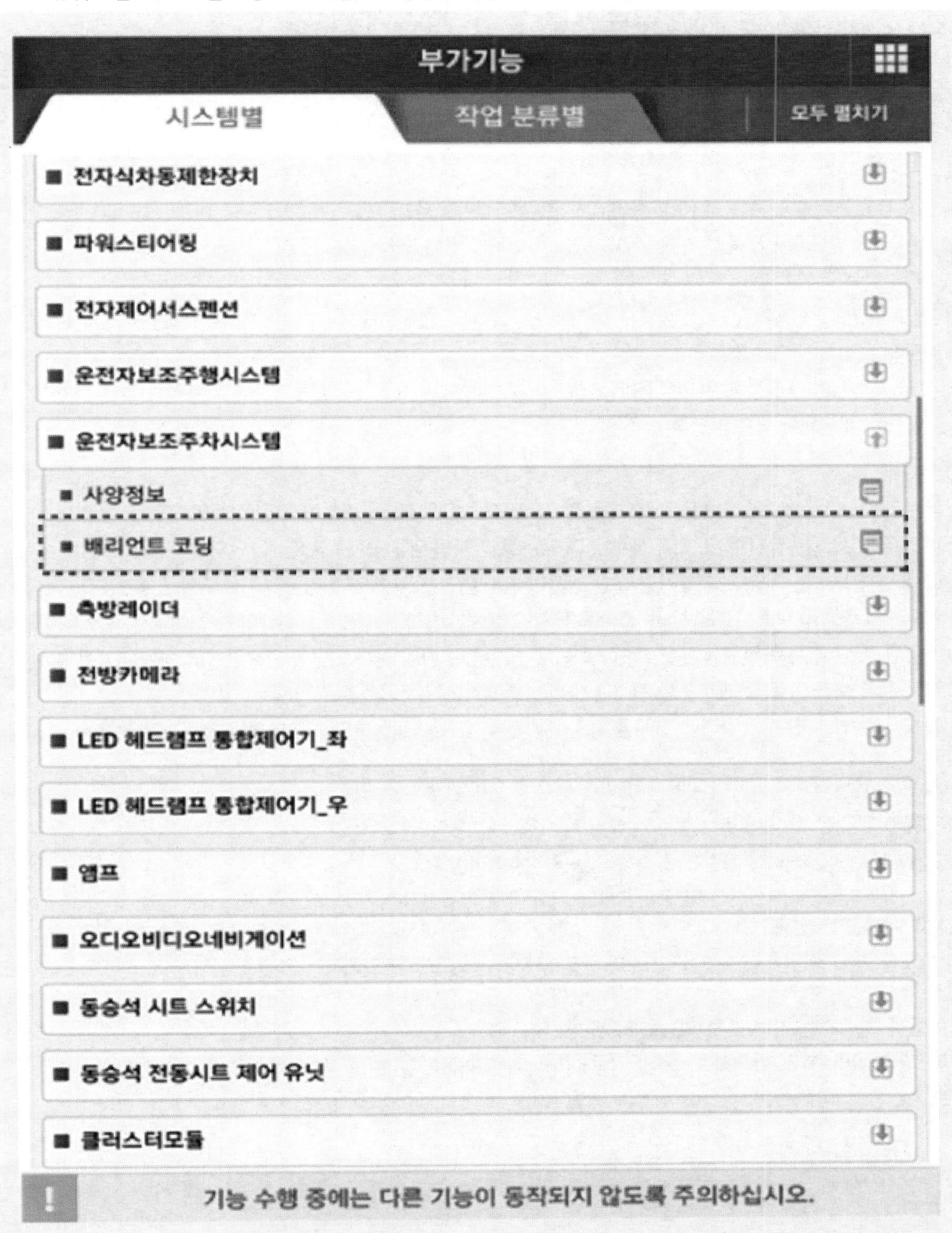

3. '배리언트 코딩'을 실행 후 수동/자동 공차 보정을 수행한다.
   (서라운드 뷰 모니터(SVM) - "조정" 참조)

개요

시스템 제약 사항

- 주차공간이 굽어있는 곡선 또는 사선 주차 일 경우
- 주차공간에 장애물(자전거/오토바이/쇼핑 카트/쓰레기통/작은 기둥 등)이 있을 경우
- 둔덕이나 도로 턱이 있는 경우
- 스노우 체인이나 스페어 타이어, 또는 규격이 다른 타이어를 장착한 경우
- 타이어 공기압이 기준 공기압보다 낮거나 높은 경우
- 노면이 고르지 않거나 미끄러운 경우
- 트럭 등 적재함의 높이가 높거나 큰 차량 주변 또는 차량의 길이나 폭보다 길거나 넓은 짐을 적재하거나 트레일러를 연결한 경우
- 차량 사고에 의한 범퍼 파손으로 센서 장착이 불량하거나 위치가 변경되는 경우
- 경사로에 주차하는 경우
- 휠 얼라인먼트가 틀어진 경우
- 차량이 한쪽으로 심하게 기운 경우
- 주차 거리 경고 센서가 오작동 혹은 미작동하는 경우
- 스마트키의 배터리 교체가 필요한 경우

작동 한계 조건

- 추운 곳에서 장시간 주/정차된 차량을 원격 시동 ON시, 엔진 상태에 따라 원격 전/후진 작동이 지연될 수 있다.
- 원격 스마트 주차 보조는 정지 물체, 이동 물체에 대해 충돌 방지를 위해 급제동을 할 수 있다.
- 원격 스마트 주차 보조는 차량 주변에 사람 또는 동물이 지나갈 경우, 주차가 비정상적으로 해제될 수 있다.
- 강전계 지역에서 원격 스마트 주차 보조는 스마트키 감지 성능이 저하되어 멈추는 현상이 자주 발생할 수 있다.
- 주차공간 탐색 중 탐색 완료 알림음이 발생하더라도, 주변 환경에 따라 곧바로 탐색 완료가 취소되는 경우가 발생할 수 있다.
- 원격 스마트 주차 보조 작동 중 센서 사각지대에 물체가 존재하는 경우 충돌이 발생할 수 있다.
- 스마트 출차 공간 탐색 시 사각지대에 장애물이 존재할 경우, 출차가 가능하다고 안내하나 충돌이 발생할 수 있음으로 수동 주차하여야 한다.
- 본 기능 작동 중 돌발적으로 나타나는 물체가 있을 경우 충돌이 발생할 수 있다.
- 주차장 구역 안에 대상 차 없이 주차선만 있는 경우, 사용할 수 없다.
- 경사로 주차 시, 운전자가 직접 차량을 조작하여 수동 주차하여야 한다.
- 적설 지역에서의 주차 시, 적설량에 따라 초음파 센서의 탐색 기능이 저하될 수 있으며 공간 탐색 또는 주차 중 차량 미끄럼이 발생하면 기능이 해제될 수 있다.
- 주차 시 필요한 최소 공간(차량 회전 반경)보다 좁은 주택가 등의 협소한 길에서는 안전을 위해 원격 스마트 주차 보조 기능을 지원하지 않는다.
- 원격 스마트 주차 보조는 사선 주차 기능을 지원하지 않는다.
- 차량이 미끄러지거나, 자갈/파쇄석 등 노면 상태에 따라 차량 이동이 불가능할 경우 기능이 해제될 수 있다.
- 벽이나 도로에 근접하여 협소한 공간에 주차된 경우 스마트 출가 기능이 정상적으로 지원되지 못할 수 있다.

탈거

운전자 주차 보조 유닛

1. 운전자 주차 보조 유닛을 탈거한다.
   (운전자 주차 보조 시스템 - "운전자 주차 보조 유닛" 참조)

초음파 센서

1. 초음파 센서를 탈거한다.
   (운전자 주차 보조 시스템 - "초음파 센서 (PDW)" 참조)

장착

1. 장착은 탈거의 역순으로 한다.
2. 운전자 주차 보조 유닛 교환 시 KDS를 이용해 '배리언트 코딩'을 수행한다.

3. '배리언트 코딩'을 실행 후 수동/자동 공차 보정을 수행한다.
   (서라운드 뷰 모니터(SVM) - "조정" 참조)

탈거

1. 배터리 (-) 단자와 서비스 인터록 커넥터를 분리한다.
   (배터리 제어 시스템 - "보조 배터리 (12V) - 2WD" 참조)
   (배터리 제어 시스템 - "보조 배터리 (12V) - 4WD" 참조)
2. 통합 중앙 컨트롤 유닛(ICU)를 탈거한다.
   (바디전장 - "퓨즈 및 릴레이" 참조)
3. 운전자 주차 보조 유닛을 탈거한다
   (1) 운전자 주차 보조 유닛 커넥터(B)를 분리한다.
   (2) 볼트 및 너트를 풀어 운전자 주차 보조 유닛(A)을 탈거한다.

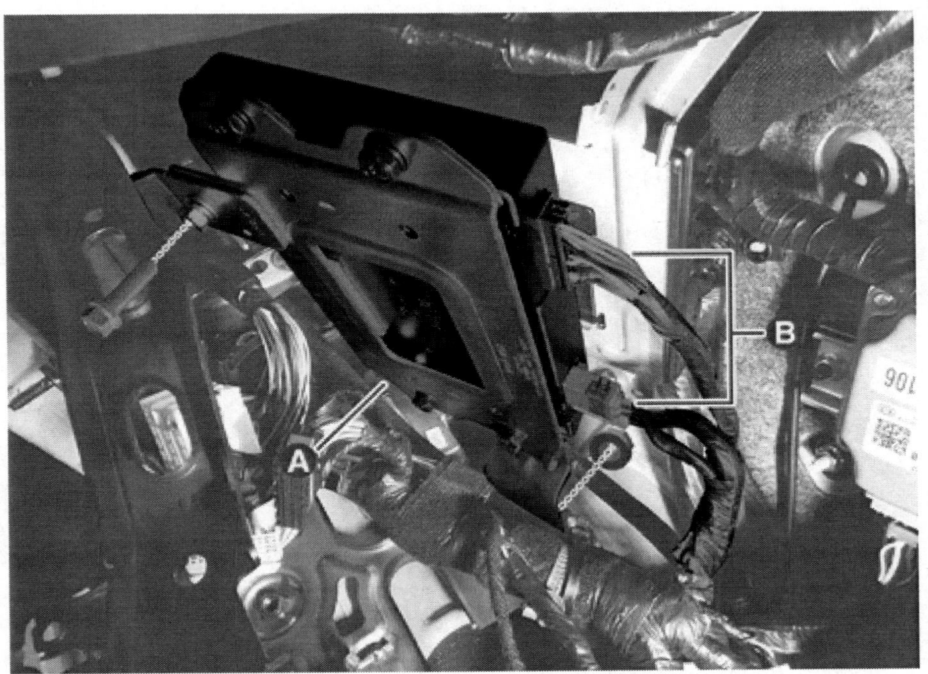

장착

1. 장착은 탈거의 역순으로 한다.
2. 운전자 주차 보조 유닛 교환 시 KDS를 이용해 '배리언트 코딩'을 수행한다.

3. '배리언트 코딩'을 실행 후 수동/자동 공차 보정을 수행한다.
   (서라운드 뷰 모니터(SVM) - "조정" 참조)

커넥터 및 단자 기능

운전자 주차 보조 스위치

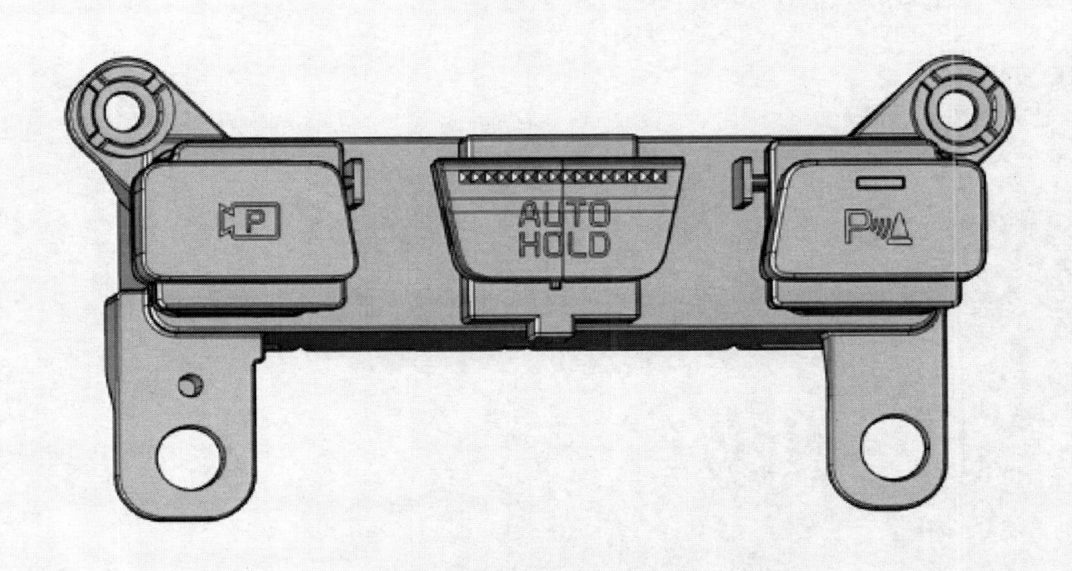

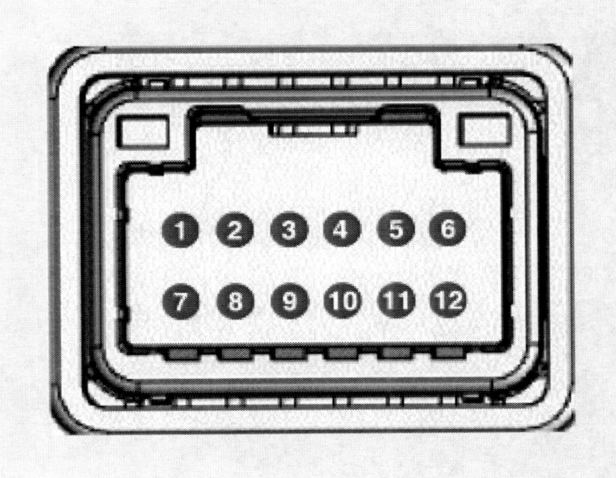

단자	기능	단자	기능
1	IG1	7	-
2	조명(+)	8	PDW 인디케이터
3	오토 홀드 스위치	9	PDW 스위치
4	-	10	AVM 스위치
5	-	11	조명 (-)
6	-	12	접지

탈거

운전자 주차 보조 스위치

1. 배터리 (-) 단자와 서비스 인터록 커넥터를 분리한다.
   (배터리 제어 시스템 - "보조 배터리 (12V) - 2WD" 참조)
   (배터리 제어 시스템 - "보조 배터리 (12V) - 4WD" 참조)
2. 무선 충전 램프를 탈거한다.
   (바디전장 - "무선 충전 램프" 참조)
3. 운전자 주차 보조 스위치 커넥터(A)를 분리한다.

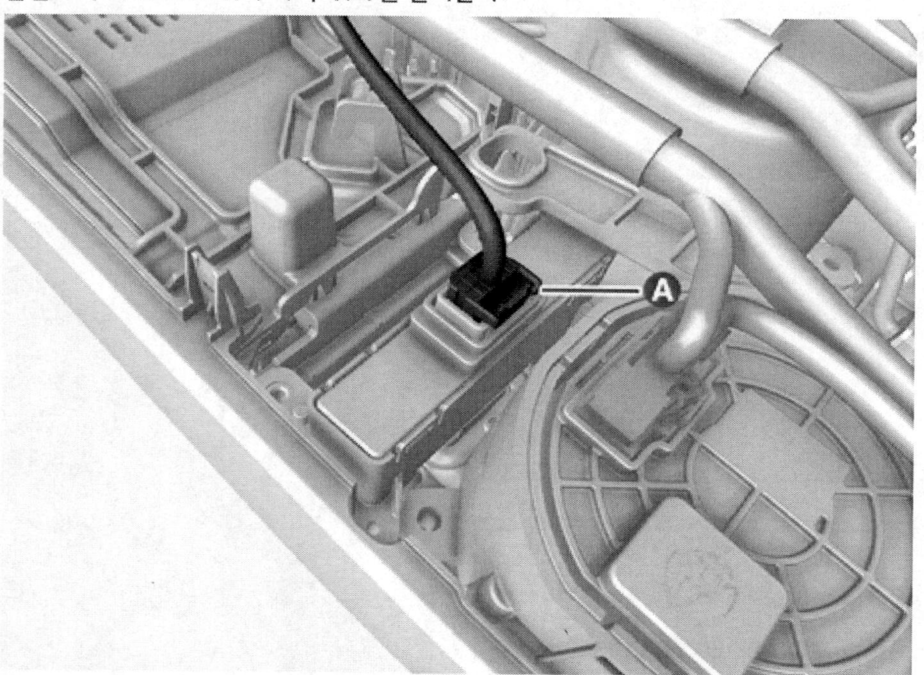

4. 스크루를 풀어 운전자 주차 보조 스위치(A)를 탈거한다.

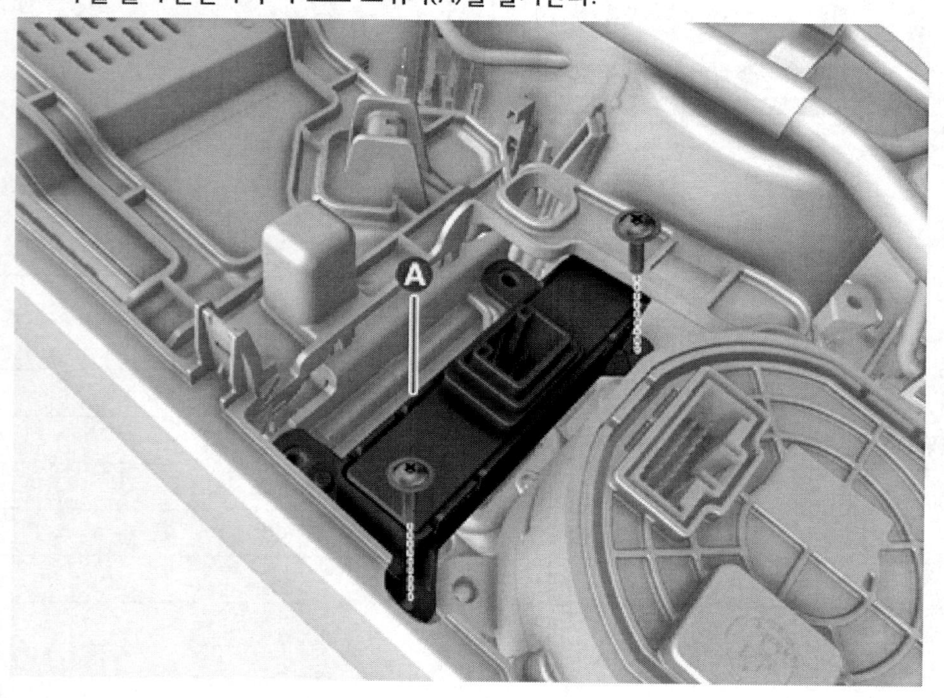

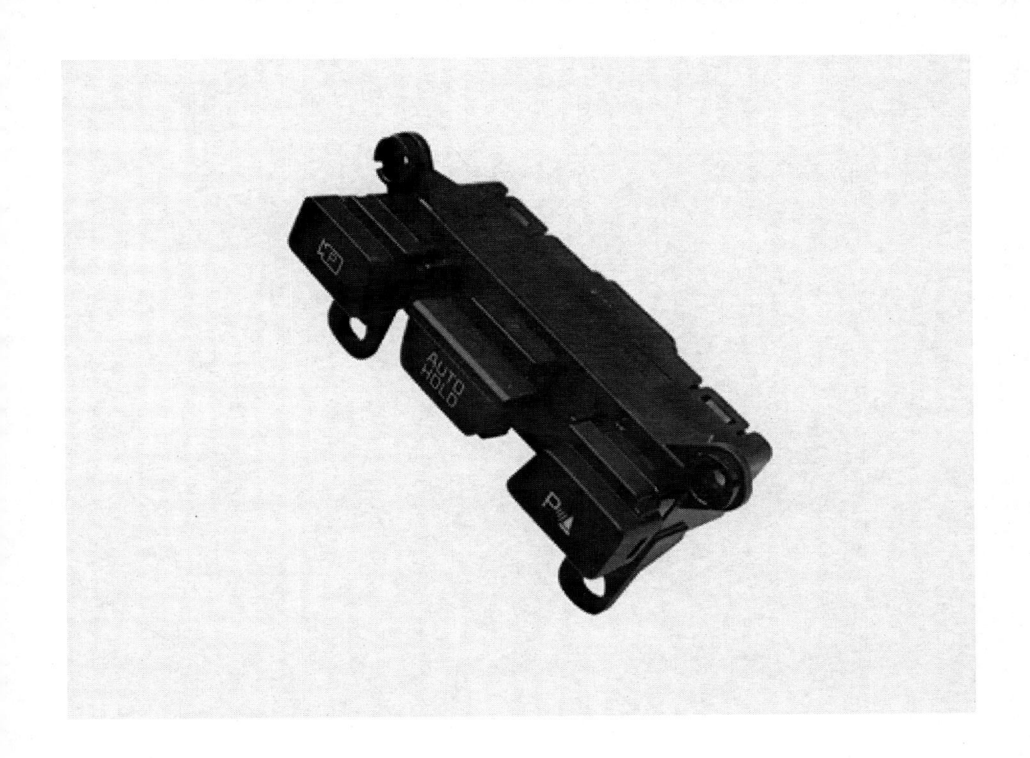

장착

1. 장착은 탈거의 역순으로 한다.

에어백 시스템

체결토크

에어백 시스템 제어 장치

항목	체결토크(kgf·m)
에어백 시스템 컨트롤 모듈(SRSCM) 너트	0.8 ~ 1.0
정면 충돌 감지 센서(FIS) 너트	0.8 ~ 0.9
전측면 충돌 감지 센서(F-SIS)(가속도식) 너트	0.8 ~ 0.9
후측면 충돌 감지 센서(R-SIS)(가속도식) 너트	0.8 ~ 0.9

에어백 모듈

항목	체결토크(kgf·m)
동승석 에어백(PAB) 모듈 볼트	0.4 ~ 0.6
센터 측면 에어백(CSAB) 모듈 너트	0.6 ~ 0.8
사이드 에어백(SAB) 모듈 너트	0.6 ~ 0.8
커튼 에어백(CAB) 모듈 볼트	0.8 ~ 1.2
커튼 에어백(CAB) 모듈 너트	0.4 ~ 0.6
무릎 에어백(KAB) 모듈 너트	0.6 ~ 0.8

안전벨트 프리텐셔너(BPT)

항목	체결토크(kgf·m)
프런트 안전벨트 프리텐셔너(BPT) 볼트	4.1 ~ 6.1
리어 안전벨트 프리텐셔너(BPT) 볼트	4.1 ~ 6.1

특수공구

공구 명칭 / 번호	형상	용도
전개용 공구 0957A - 34100A		에어백 모듈 전개 시 사용
전개 어댑터 0K57A - 3U100A		DAB, PAB, CAB 모듈과 BPT 전개 시 사용 0957A - 34100A와 같이 사용
전개 어댑터 0957A - 2W100		SAB 모듈의 전개 시 사용 0957A - 34100A와 같이 사용
더미 0957A - 38200		에어백 모듈의 저항 점검에 사용
더미 어댑터 0957A - 2W200		SAB, KAB 모듈의 저항 점검에 사용 0957A - 38200과 같이 사용
더미 어댑터 0957A - 2G000		DAB, PAB, CAB 모듈과 BPT의 저항 점검에 사용 0957A - 38200과 같이 사용
전개 어댑터 0957A - 3F100		KAB 모듈 전개 시 사용 0957A - 34100A 같이 사용

더미 어댑터 0957A - 3F000	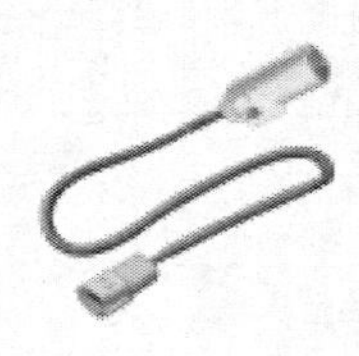	KAB 모듈 저항 점검에 사용 0957A - 38200 같이 사용

DAB : Driver Airbag (운전석 에어백)
PAB : Passenger Airbag (동승석 에어백)
SAB : Side Airbag (측면 에어백)
CAB : Curtain Airbag (커튼 에어백)
KAB : Knee Airbag (무릎 에어백)
BPT : Seat Belt Pretensioner (안전벨트 프리텐셔너)

에어백 시스템 정비 시 주의사항

에어백 시스템 정비 시 다음 항목에 유의한다.

> **⚠ 경 고**
>
> 아래 항목을 준수하지 않을 경우 예상치 않은 에어백 전개로 인해 심각한 부상을 입을 가능성이 있으며, 에어백이 작동하지 않을 수도 있다.

1. IG OFF 상태에서 보조 배터리(12 V)의 (-) 단자를 분리한 후 3분 30초 이상 기다린 후 관련 작업을 수행한다. (백업 전원은 약 150ms 간 유효)
2. 에어백 시스템의 고장 증상은 확인이 어렵다. 고장 수리 시에는 고장코드가 가장 중요한 정보를 제공한다.
3. 에어백 시스템의 고장을 수리할 때 배터리를 분리하기 전에 항상 고장코드를 검사한다.
4. 에어백 스퀴브(SQUIB) 커넥터의 저항을 측정하지 않는다. (에어백이 작동할 수 있어 매우 위험하다.)

> **ℹ 참 고**
>
> 스퀴브 : 전기식 에어백 모듈의 인플레이터(팽창기)에 장치되어 있는 점화 장치이다.

5. 에어백 모듈이 오일, 그리스, 세정제 및 물 등으로 인해 손상을 입지 않도록 주의한다.
6. 다른 차량의 에어백 부품을 사용하지 않는다.
7. 부품 교환 시에는 신품으로 교환한다.
8. 모든 에어백 시스템 부품은 재사용 목적으로 분해 및 수리하지 않는다.
9. 에어백 시스템 장착 시 에어백 시스템 컨트롤 모듈(SRSCM)와 충돌 감지 센서 주위의 충격을 주지 않도록 한다. 이 때, 에어백이 갑작스럽게 전개될 수 있으며, 손상 및 부상을 초래할 수 있다.
10. 에어백 모듈을 떨어뜨리거나 케이스, 브래킷, 커넥터에 균열, 흠 또는 기타 결함이 발생한 경우 신품으로 교환한다.

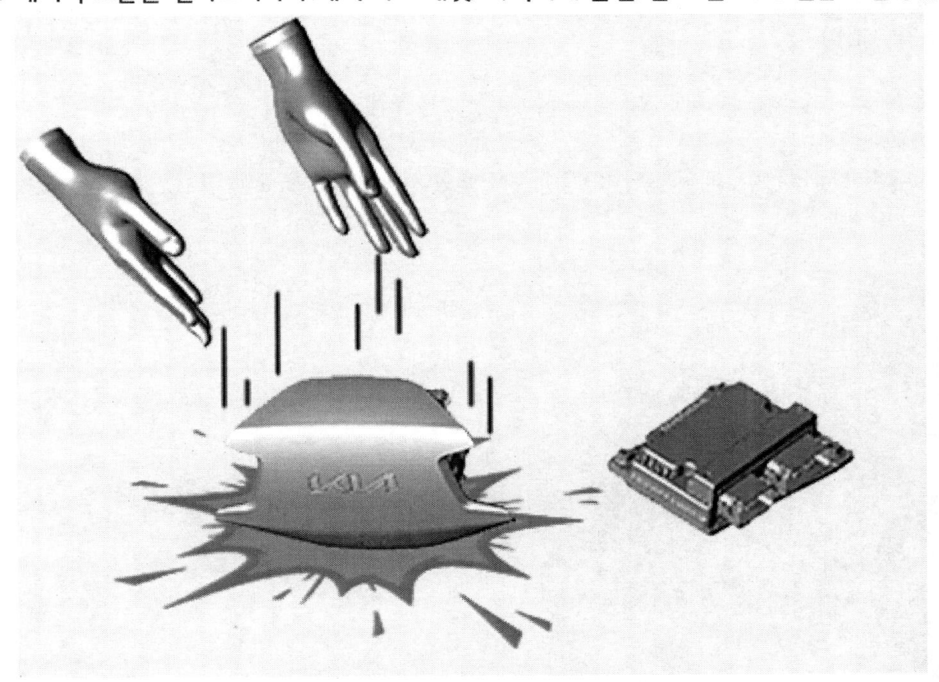

11. 에어백 시스템 정비 완료 후 경고등 점검 및 고장코드를 삭제한다.

> **유 의**
>
> 일부의 경우 에어백 경고등의 작동이 기타 회로 결함에 의해 차단될 수 있다. 따라서 에어백 경고등 점등 시에는 KDS를 사용하여 고장 진단 코드를 삭제한다.

12. 에어백 시스템의 정비 및 점검 작업 완료 후 반드시 시스템을 초기화한다. (IG ON 7초 이상 유지 → IG OFF 3분 30초 이상 유지 → IG ON 7초 이상 유지)

에어백 취급 및 보관

1. 에어백을 분해하지 않는다.
2. 전개된 에어백은 재사용이 불가능하다.
3. 에어백 모듈을 보관 시 다음 주의사항을 반드시 준수한다.
   - 에어백 모듈은 커버 상부면이 위를 향하도록 보관한다.
   - 이중 잠금식 커넥터 잠금 레버는 잠금 상태이어야 하고 커넥터가 손상되지 않도록 위치하여야 한다.
   - 에어백 모듈이 오일, 그리스, 세정제 및 물 등으로 인해 손상을 입지 않도록 주의한다.

   - 주위 온도가 60℃ 이하이고 습도가 높지 않으며 전기적 잡음이 없는 곳에 보관한다.
   - 손상된 에어백 모듈의 처분은 폐기 절차에 따른다.
     (에어백 모듈 - "에어백 모듈 폐기 절차" 참조)

와이어링 주의 사항

아래에서 설명된 주의 사항을 준수한다.

- 절대 에어백 와이어링을 다시 연결하거나 수리하지 않는다. 에어백 와이어링이 손상되었다면 하니스를 교환한다.

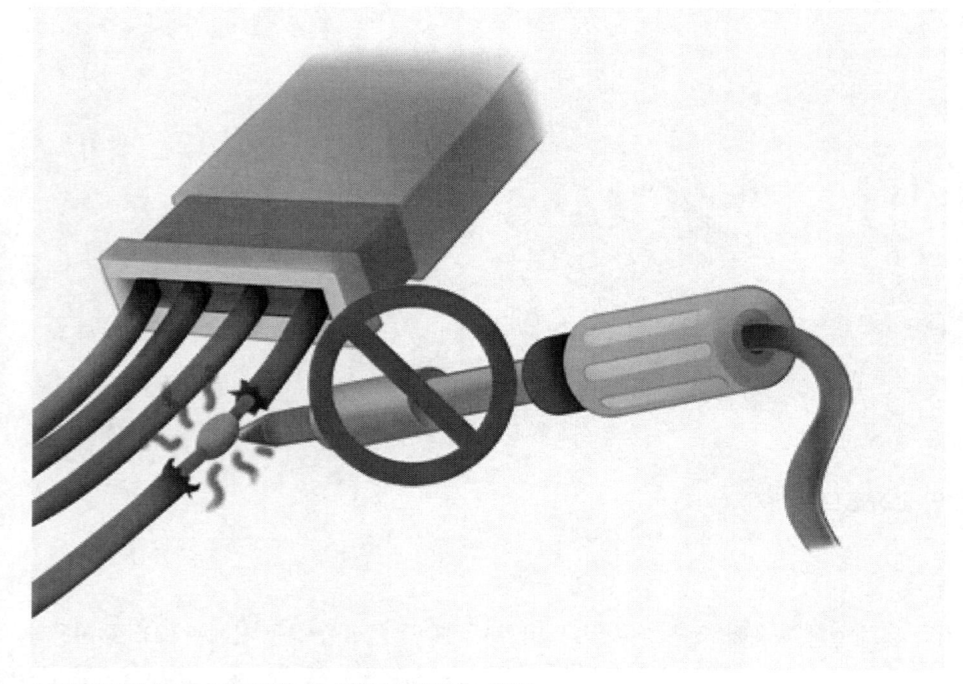

- 와이어링이 다른 부품들과 간섭되지 않도록 한다.

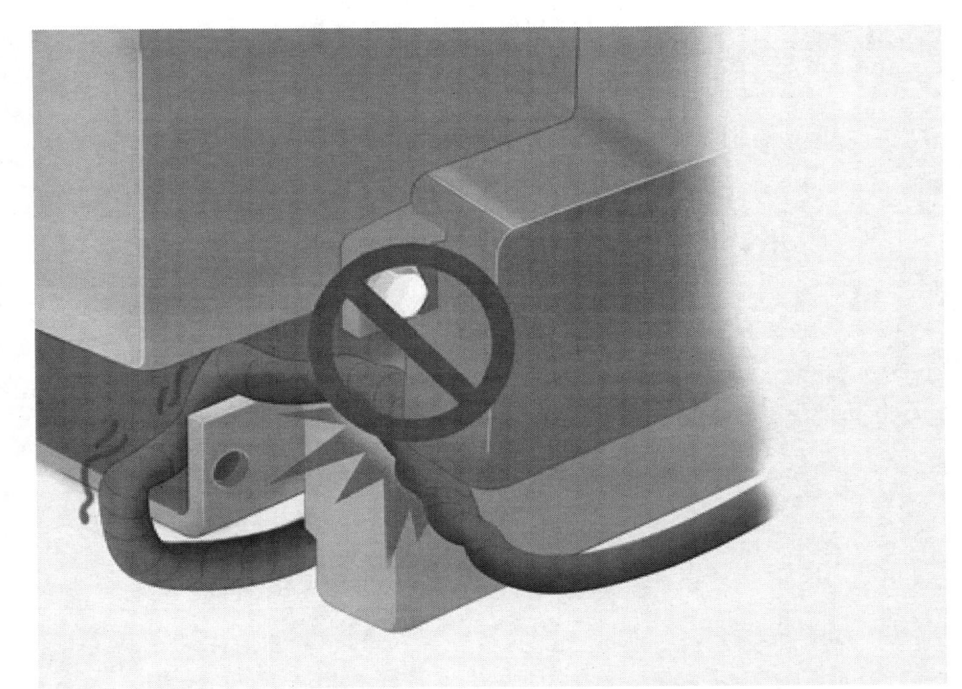

- 에어백 모듈 접지 장착면에 이물질이 없도록 하고, 규정토크로 체결한다. 접지 불량은 진단하기 힘든 간헐적 문제를 일으킬 수 있다.

점검시 주의 사항

테스터 사용 시 커넥터 와이어 측으로 테스터 프로브를 넣는다. 테스터 프로브를 커넥터의 터미널 측으로 넣지 않는다.

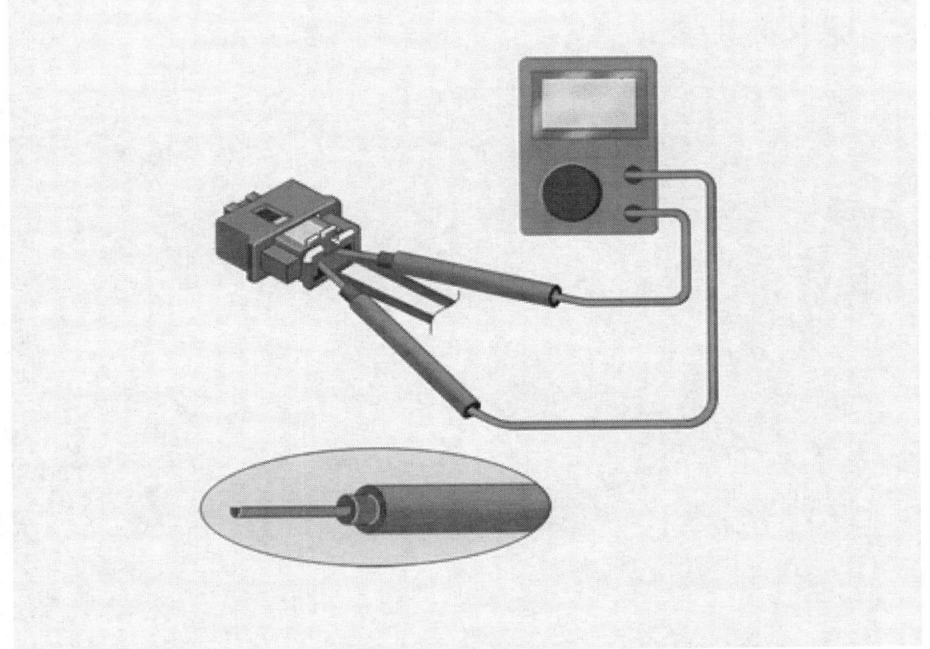

U자 모양의 프로브를 사용하고 프로브를 강제적으로 삽입하지 않는다.

에어백 모듈 커넥터 주의 사항

1. 커넥터 분리
   커넥터를 분리하기 위해, 커넥터를 잡고 반대쪽에서 스프링 장착 슬리브(A)와 슬라이더(B)를 당겨 커넥터를 분리한다. 커넥터를 잡아당기는 것이 아니라 슬리브를 당기는 것에 주의한다.

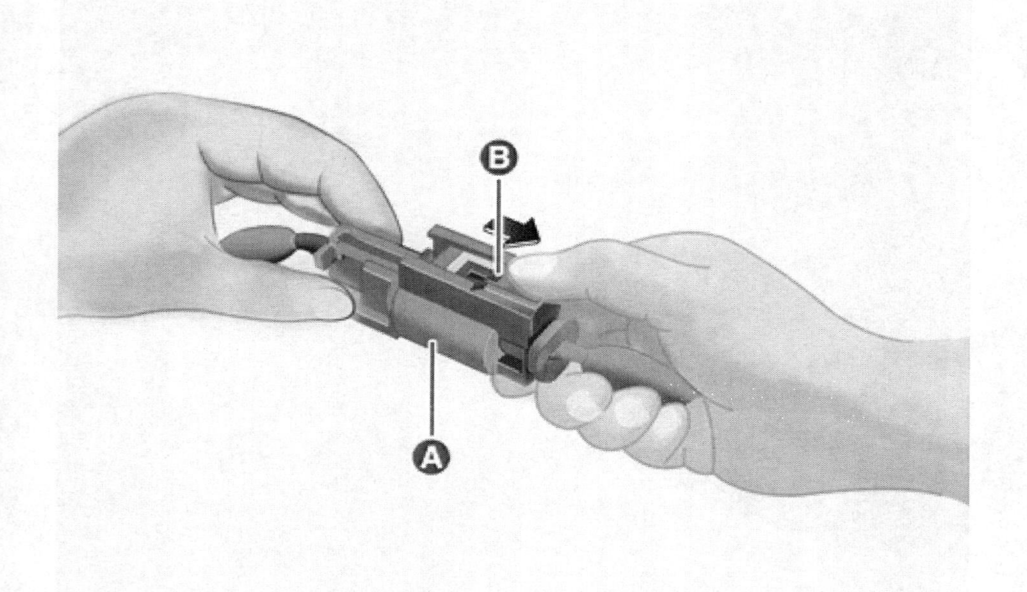

2. 커넥터 연결
   슬리브 쪽 커넥터의 돌출부(C)가 딸깍 소리를 내며 잠길 때까지 양쪽 커넥터를 잡고 단단히 민다.

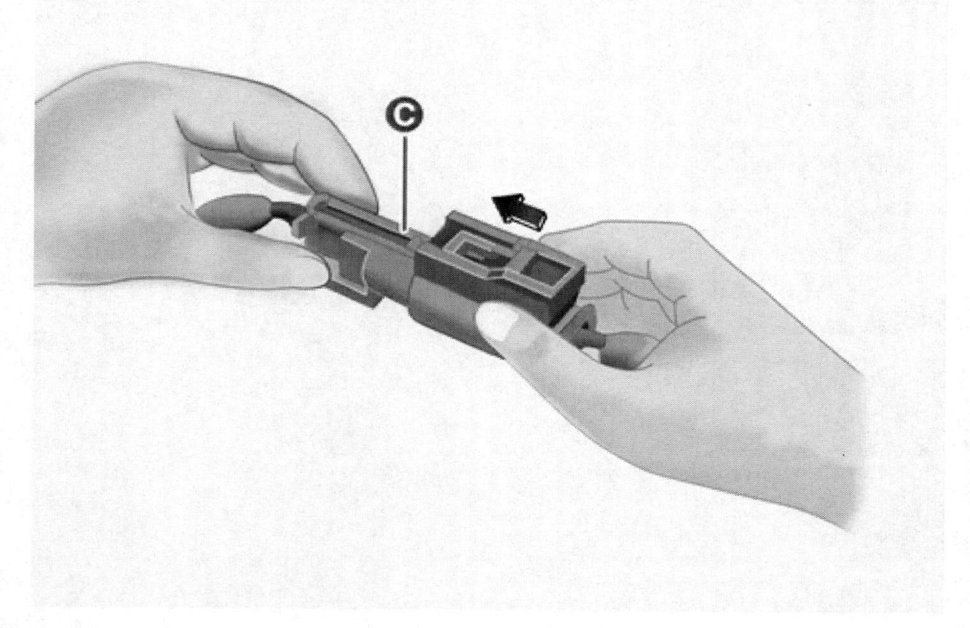

약어

약어	명칭
DAB (Driver Air Bag)	운전석 에어백
PAB (Passenger Air Bag)	동승석 에어백
SAB (Side Air Bag)	측면 에어백
CAB (Curtain Air Bag)	커튼 에어백
KAB (Knee Airbag)	무릎 에어백
SRSCM (Supplemental Restraint System Control Module)	에어백 시스템 컨트롤 모듈
FIS (Front Impact Sensor)	정면 충돌 감지 센서
P-SIS (Pressure Side Impact Sensor)	측면 충돌 감지 센서(압력식)
F-SIS (Front Side Impact Sensor)	전측면 충돌 감지 센서(가속도식)
R-SIS (Rear Side Impact Sensor)	후측면 충돌 감지 센서(가속도식)

개요

에어백 시스템은 차량 충돌 시 운전석 및 동승석에 장치되어 있는 에어백 및 안전벨트 프리텐셔너(BPT)를 작동시켜 운전자 및 동승석에 앉은 승객을 부상으로부터 보호하기 위한 보조 안전 장치(Supplemental Restraint System ; SRS)이다.
SRS 에어백은 운전석 에어백(DAB) 모듈, 운전석 무릎 에어백 모듈, 동승석 에어백(PAB) 모듈, 운전석 및 동승석 안전벨트 프리텐셔너(BPT), 앵커 프리텐셔너, 운전석 및 동승석 좌우에 위치한 측면 에어백(SAB) 모듈 및 커튼 에어백(CAB) 모듈이 있고 이를 제어하는 에어백 시스템 컨트롤 모듈(SRSCM)이 플로어 콘솔 하단에 위치해 있다. 스티어링 칼럼에 위치한 클록 스프링, 정면 충돌을 감지하는 정면 충돌 센서(FIS), 측면 충돌을 감지하는 측면 충돌 센서(SIS), 계기판에 위치한 에어백 경고등 및 에어백 시스템 와이어링으로 구성되어 있다.

에어백 경고등

에어백 시스템 컨트롤 모듈은 전원이 입력되면 에어백 시스템의 이상 유무를 감지하여 에어백 경고등을 점등시킨다.

1. 에어백 시스템이 정상인 경우
   - 에어백 시스템이 정상일 경우에는 에어백 경고등이 3~6초간 점등되었다가 소등된다.

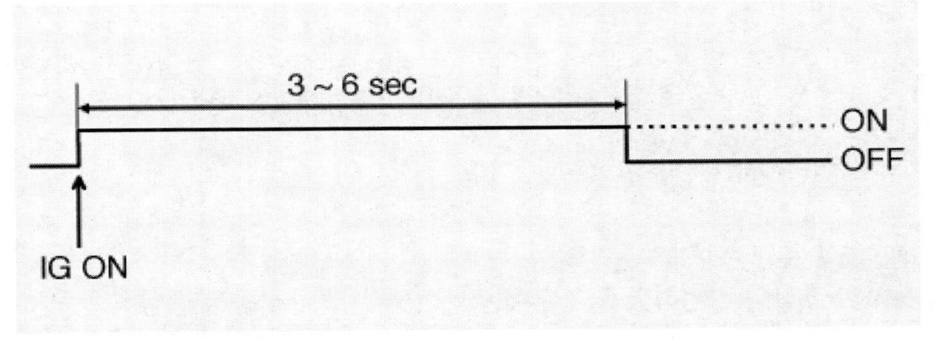

2. 에어백 시스템에 고장이 있는 경우
   - 에어백 시스템에 이상이 있을 경우에는 6초간 점등되었다가 1초간 소등된 후 계속 점등된다. 또는 IG OFF 이후 3분 30초 이내 IG ON할 경우에는 계속 점등될 수 있다.

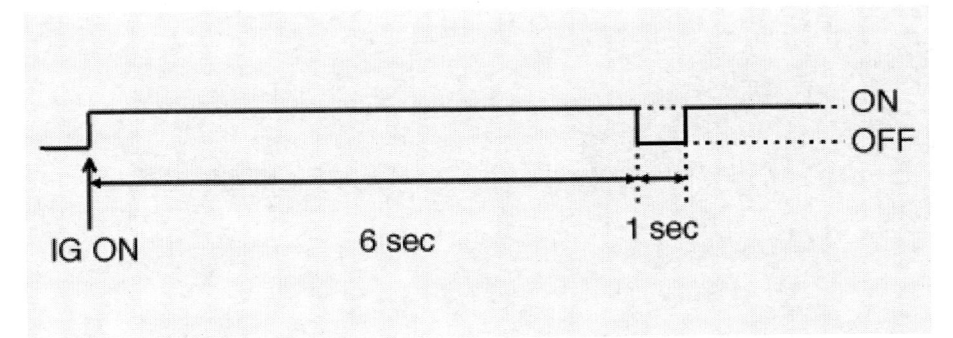

3. 베리언트 코딩(EOL) 모드 중인 경우
   - IG ON 시 에어백 경고등이 베리언트 코딩(EOL)이 정상 완료될 때까지 1초 간격으로 경고등이 깜박인다.
   - 베리언트 코딩(EOL)이 정상적으로 완료되었을 경우 에어백 경고등이 6초 점등되었다가 소등된다.
   - 베리언트 코딩(EOL)이 정상적으로 완료되지 못했을 경우 에어백 경고등은 계속 1초 간격으로 깜박인다.

   (1) 베리언트 코딩(EOL)이 정상 완료되었을 경우

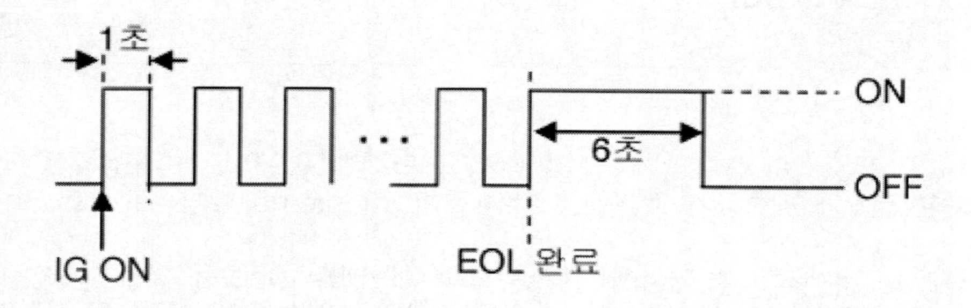

(2) 베리언트 코딩(EOL)이 완료되지 못했을 경우

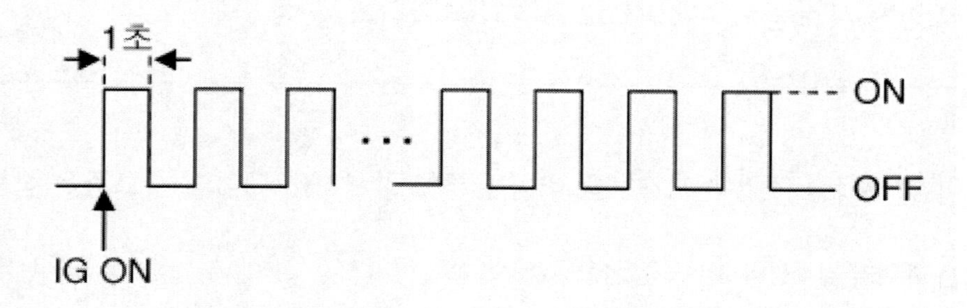

에어백 시스템의 현재 고장 또는 에어백 시스템 컨트롤 모듈의 내부 고장이 있는 경우는 베리언트 코딩(EOL)이 완료되지 못하므로 진단 장비를 이용해 고장 원인 확인 및 조치 완료 후 베리언트 코딩(EOL)을 재실시해야 한다.
아래와 같은 경우에는 에어백 경고등이 계속 점등하게 된다.

- 에어백 시스템의 현재 고장 또는 에어백 시스템 컨트롤 모듈의 내부 고장이 있는 경우
- 충돌 고장 코드가 있는 경우
- 진단 기기를 사용하여 에어백 시스템 컨트롤 모듈과 통신 중일 때

에어백 시스템 컨트롤 모듈이 작동하지 못하는 고장이 발생하였을 경우에는 에어백 경고등 작동을 정상적으로 제어하지 못하게 된다. 이런 경우에 에어백 경고등은 에어백 시스템 컨트롤 모듈과 독립적으로 작동하는 회로를 통해서 정상적으로 동작하게 되는데 다음과 같은 경우가 된다.

- 에어백 시스템 컨트롤 모듈의 배터리 전원 손실 : 에어백 경고등 계속 점등
- 내부 작동 전압의 손실 : 에어백 경고등 계속 점등
- 에어백 시스템 컨트롤 모듈 작동 손실 : 에어백 경고등 계속 점등
- 에어백 시스템 컨트롤 모듈 미 연결 시 : 에어백 경고등 계속 점등

에어백 시스템 전개 후 부품 교환

유 의

- 에어백 관련 작업을 시작하기 전에 진단 기기를 이용하여 고장진단코드를 확인하고, 고장진단코드 리스트를 이용하여 관련 작업을 실시한다.

1. 충돌 후 정면 에어백이 전개되었을 때는 아래 부품을 교환한다.
   1) 에어백 시스템 컨트롤 모듈(SRSCM)
   2) 전개된 에어백
   3) 점화된 안전벨트 프리텐셔너(BPT)
   4) 정면 충돌 감지 센서
   5) 에어백 와이어링 하니스
   6) 운전석 에어백(DAB) 모듈 전개시 클록 스프링의 손상을 점검하고 이상이 있으면 교환한다.
2. 충돌 후 측면 에어백(SAB)/커튼 에어백(CAB) 모듈이 전개되었을 때는 아래 부품을 교환한다.
   1) 에어백 시스템 컨트롤 모듈(SRSCM)
   2) 전개된 에어백
   3) 전개된 쪽의 측면 충돌 감지 센서
   4) 에어백 와이어링 하니스
   5) 점화된 안전벨트 프리텐셔너(BPT)
3. 차량을 수리한 후에는 에어백 시스템이 정상적으로 작동하는지 확인한다.
   1) IG ON으로 한다. 에어백 경고등은 3 ~ 6초간 점등되었다가 소등되어야 한다.

구성부품

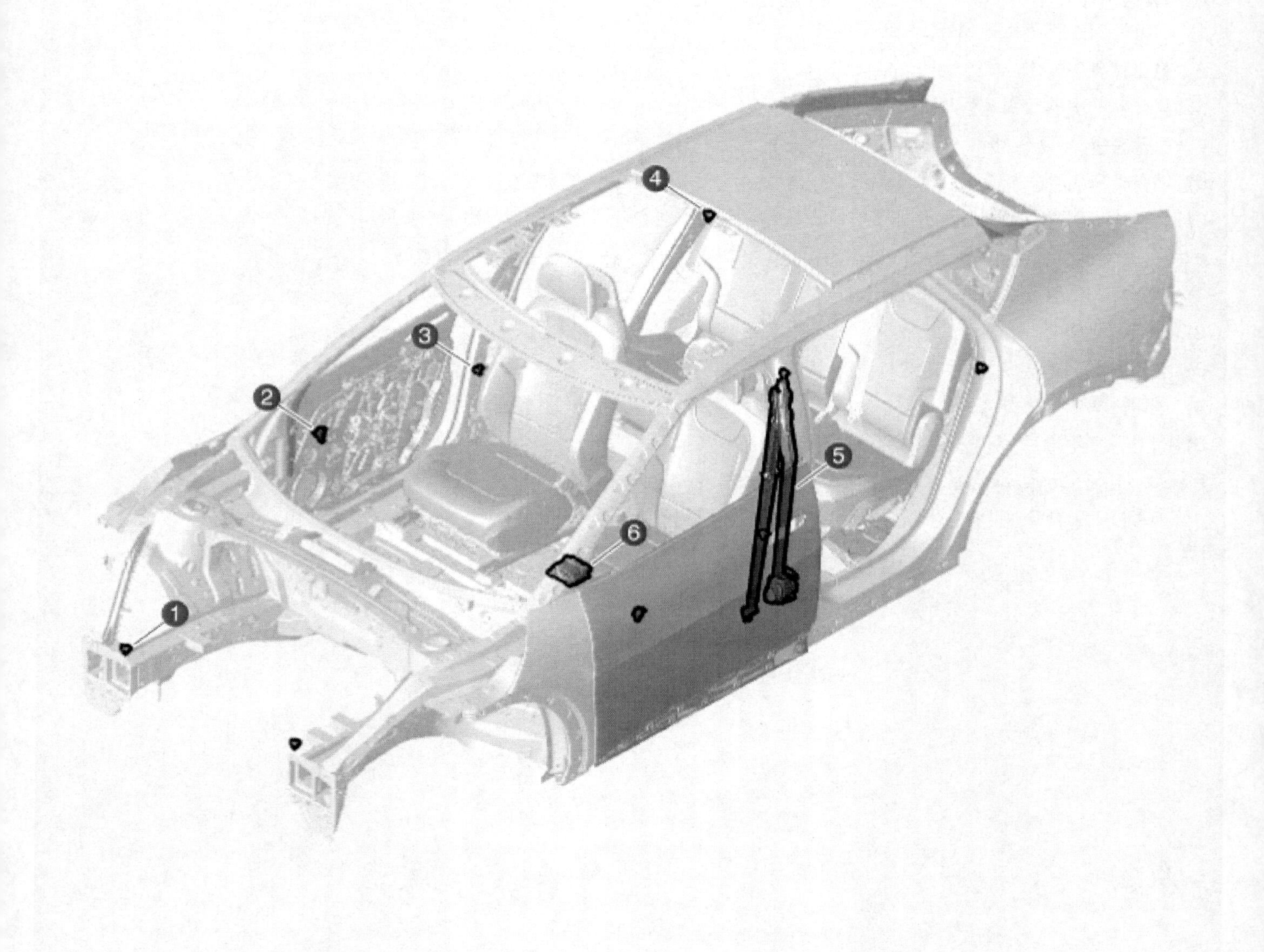

1. 정면 충돌 감지 센서(FIS) 2. 압력 감지식 측면 충돌 감지 센서(P-SIS) 3. 측면 가속도 감지 센서(G-SIS)	4. 후측면 충돌 감지 센서(R-SIS) 5. 프런트 안전벨트 프리텐셔너(BPT) 6. 에어백 시스템 컨트롤 모듈(SRSCM)

개요

- 에어백 시스템 컨트롤 모듈(SRSCM)은 에어백 모듈과 안전벨트 프리텐셔너(BPT)의 전개 여부와 전개 시기를 결정하는 역할을 한다.
- 에어백 모듈이나 안전벨트 프리텐셔너(BPT)의 전개 시점에 전개에 필요한 전원을 에어백 모듈에 공급한다.
- 에어백 시스템의 자기 진단 기능도 수행한다.

탈거

1. 배터리 (-) 단자와 서비스 인터록 커넥터를 분리한다.
   (배터리 제어 시스템 - "보조 배터리 (12V) - 2WD" 참조)
   (배터리 제어 시스템 - "보조 배터리 (12V) - 4WD" 참조)
2. 플로어 콘솔 어셈블리를 탈거한다.
   (바디 - "플로어 콘솔 어셈블리" 참조)
3. 커넥터 잠금 레버를 당겨 커넥터(A)를 분리한다.

4. 너트를 풀어 에어백 시스템 컨트롤 모듈(SRSCM)(A)를 탈거한다.

체결토크 : 0.8 ~ 1.0 kgf·m

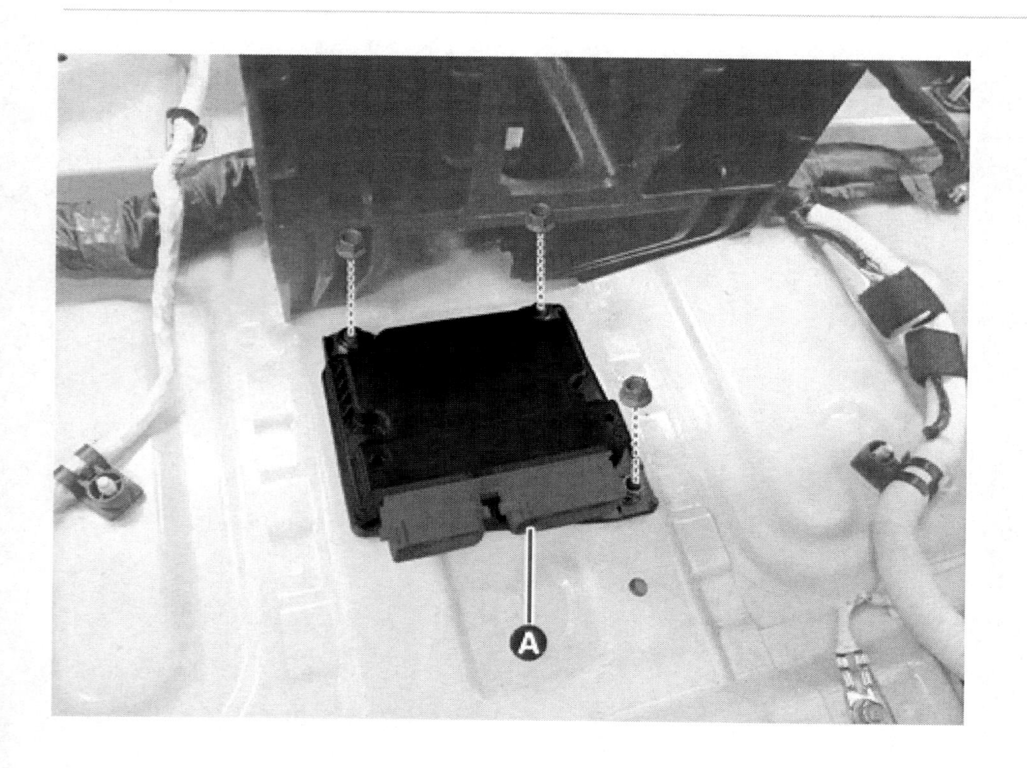

유 의

에어백 시스템 컨트롤 모듈(SRSCM) 커넥터에 손상이 가지 않도록 한다.

장착

1. 장착은 탈거의 역순으로 한다.

▲ 경 고

전복 감지 기능이 적용된 SRSCM의 경우 장착 시 발생된 움직임으로 에어백이 전개될 수 있으므로 배터리가 연결된 상태 또는 배터리 분리 후 3분 30초이 지나지 않은 상태에서 SRSCM을 장착하지 않는다.

2. 에어백 시스템 컨트롤 모듈(SRSCM)을 장착한 후에는 에어백 시스템이 정상적으로 작동하는지 확인한다.

유 의

IG ON으로 하면 에어백 경고등이 3~6초간 점등되었다가 소등되어야 한다.

베리언트 코딩

에어백 시스템 컨트롤 모듈(SRSCM)을 교환하였을 때는 반드시 베리언트 코딩을 실시해야 한다.

베리언트 코딩 방법

1. IG "OFF"하고 KDS를 연결하다.
2. IG "ON"하고 에어백 시스템을 선택하고 "ACU Variant Coding"를 선택한다.
3. KDS 지시에 따른다.

부가기능

• ACU 베리언트 코딩

검사목적	ACU 교환 시 ECU를 차량 제원에 적합하게 설정하는 기능.
검사조건	1.엔진 정지 2.점화스위치 On
연계단품	Supplemental Restraints System Control Module(SRSCM)
연계DTC	B1762 B176200(UDS)
불량현상	미수행 시 증상 : 점화스위치 ON시 에어백의 경고등이 5초간 점등 후 점멸을 반복한다.(DTC 미생성) 실패 시 증상 : 점화스위치 ON시 에어백의 경고등이 점등된다.(DTC 생성)
기 타	수동모드 : 해당 지원 사이트에 VIN을 입력하여 ACU Coding code를 확인하여 입력한다.(4자리) 자동모드 : 진단장비의 경우 VIN입력을 통한 자동 수행(인터넷 연결 필요)

확인

기능 수행 중에는 다른 기능이 동작되지 않도록 주의하십시오.

부가기능

■ ACU 배리언트 코딩

● [ACU 배리언트 코딩]

ACU 교환시 ECU를 차량제원에 맞게 세팅하는 기능입니다.

●[조건]
1. 이그니션 ON

계속 하시려면 [확인] 버튼을 누르십시오.

확인　　취소

! 기능 수행 중에는 다른 기능이 동작되지 않도록 주의하십시오.

부가기능

■ ACU 배리언트 코딩

• [ACU 배리언트 코딩]

ACU 교환 시 ECU를 차량제원에 맞게 사양을 설정하는 기능입니다.

•[조건]
1. 이그니션 ON

* 차량제조사에서 확인된 VIN에 일치하는 ACU Coding code를 확인 후 직접 입력바랍니다.

계속하시려면 [확인] , 취소하시려면 [취소] 버튼을 누르십시오.

확인 취소

! 기능 수행 중에는 다른 기능이 동작되지 않도록 주의하십시오.

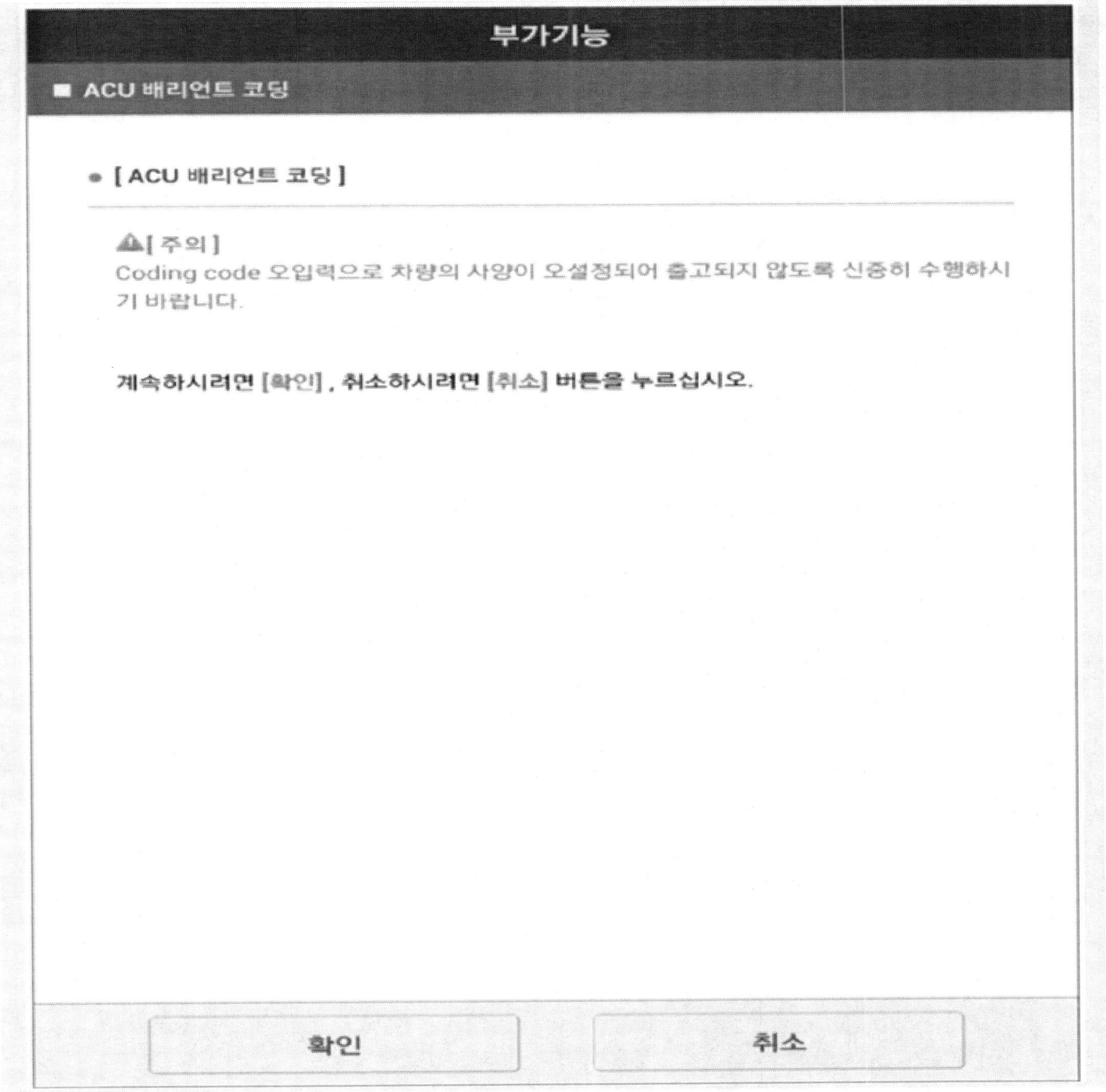

부가기능

■ ACU 배리언트 코딩

• [ACU 배리언트 코딩]

⚠[주의]
Coding code 오입력으로 차량의 사양이 오설정되어 출고되지 않도록 신중히 수행하시기 바랍니다.

계속하시려면 [확인] , 취소하시려면 [취소] 버튼을 누르십시오.

확인 취소

부가기능

■ ACU 배리언트 코딩

• [ACU 배리언트 코딩]

차량제조사에서 확인된 ACU Coding code를 직접 입력합니다.

(ACU Coding code : 영문자 및 숫자가 조합된 4byte 정보)

•[조건]

1. 이그니션 ON

ACU Coding code를 입력 후 [확인] 버튼을 누르십시오.

⚠[주의]

Coding Code가 오입력 되지 않도록 확인 후 신중히 수행바랍니다.

ACU Coding code :

확인 취소

부가기능

■ ACU 배리언트 코딩

● [ACU 배리언트 코딩]

Coding code 오입력으로 차량의 사양이 오설정되어 출고되지 않도록 신중히 수행바랍니다.

ACU Coding 수행 시 입력하는 Coding code가 차량 VIN에 적합한지 차량제조사에서 재확인 바랍니다.

계속하시려면 [확인] , 취소하시려면 [취소] 버튼을 누르십시오.

확인 | 취소

개요

- 정면 충돌 감지 센서(FIS)는 프런트 엔드 모듈 상단 PE 룸쪽 좌우측면에 1개씩 장착되어 있다.
- 정면 충돌 발생 시 에어백 시스템 컨트롤 모듈(SRSCM)은 정면 충돌 감지 센서(FIS) 신호를 이용하여 운전석 에어백(DAB) 모듈, 동승석 에어백(PAB) 모듈, 무릎 에어백(KAB) 모듈, 안전벨트 프리텐셔너(BPT)의 전개 여부와 전개 시기를 결정한다.

탈거

1. 배터리 (-) 단자와 서비스 인터록 커넥터를 분리한다.
   (배터리 제어 시스템 - "보조 배터리 (12V) - 2WD" 참조)
   (배터리 제어 시스템 - "보조 배터리 (12V) - 4WD" 참조)
2. 커넥터(A)를 분리하고 너트를 풀어 정면 충돌 감지 센서 어셈블리(B)를 탈거한다.

체결토크 : 0.8 ~ 0.9 kgf·m

[운전석]

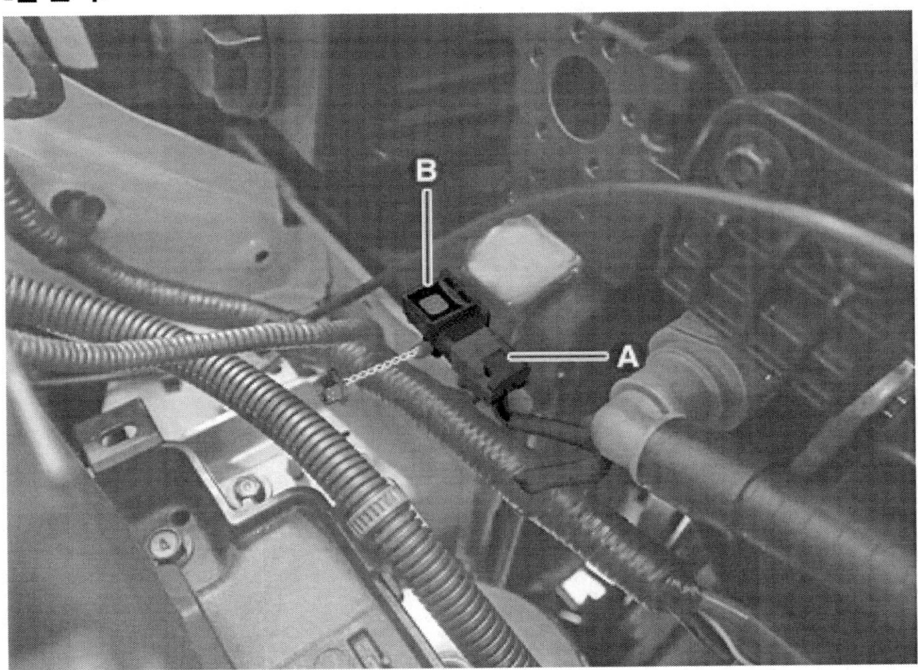

[동승석]

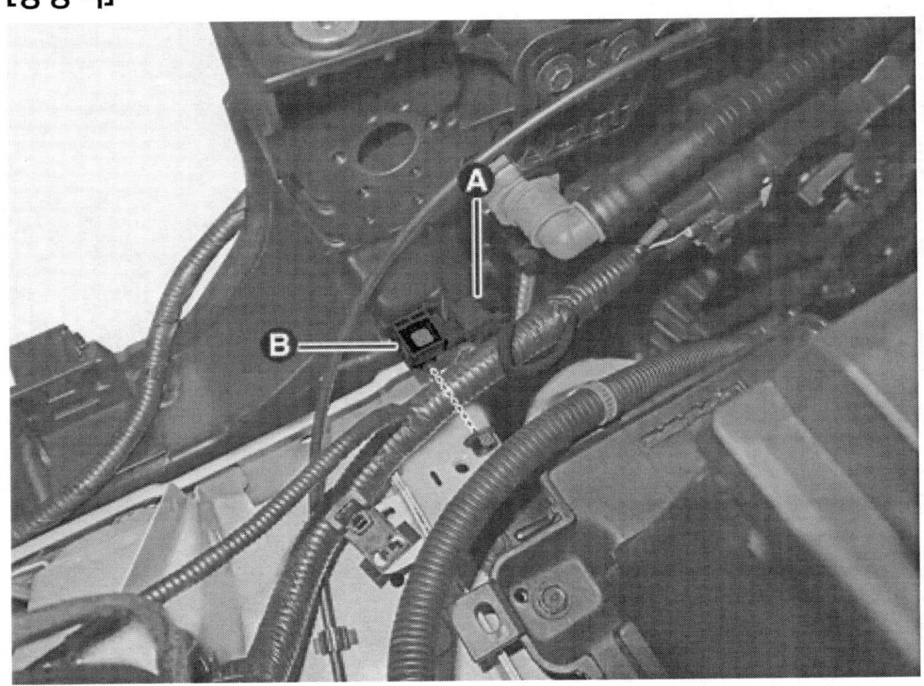

장착

1. 장착은 탈거의 역순으로 한다.
2. 정면 충돌 감지 센서를 장착한 후에는 시스템이 정상적으로 작동하는지 확인한다.

> **유 의**
>
> IG ON하면 에어백 경고등이 3~6초간 점등되었다가 소등되어야 한다.

개요

- 측면 충돌 감지 센서(SIS)는 차량의 측면 충돌 감지를 위하여 좌우측 프런트 도어 모듈 중앙부와 좌우측 센터 필라 부근과 쿼터 판넬 좌우측 부근에 각각 1개씩 장착되어 있다.
- SIS는 충돌할 때의 압력을 감지하는 P - SIS와 전측방 충돌 가속도를 감지하는 F - SIS 그리고 후측방 충돌 가속도를 감지하는 R - SIS로 구성되어 있다.
- 측면 충돌 발생 시 에어백 시스템 컨트롤 모듈(SRSCM)은 측면 충돌 감지 센서 신호를 이용하여 측면 에어백(SAB) 모듈과 센터 측면 에어백(CSAB) 모듈의 전개 여부와 전개 시기를 결정한다.

탈거

측면 충돌 감지 센서(압력식)(P-SIS)

1. 배터리 (-) 단자와 서비스 인터록 커넥터를 분리한다.
   (배터리 제어 시스템 - "보조 배터리 (12V) - 2WD" 참조)
   (배터리 제어 시스템 - "보조 배터리 (12V) - 4WD" 참조)
2. 프런트 도어 트림을 탈거한다.
   (바디 - "프런트 도어 트림" 참조)
3. 커넥터(A)를 분리하고 스크루를 풀어 측면 충돌 감지 센서(압력식)(P-SIS)(B)를 탈거한다.

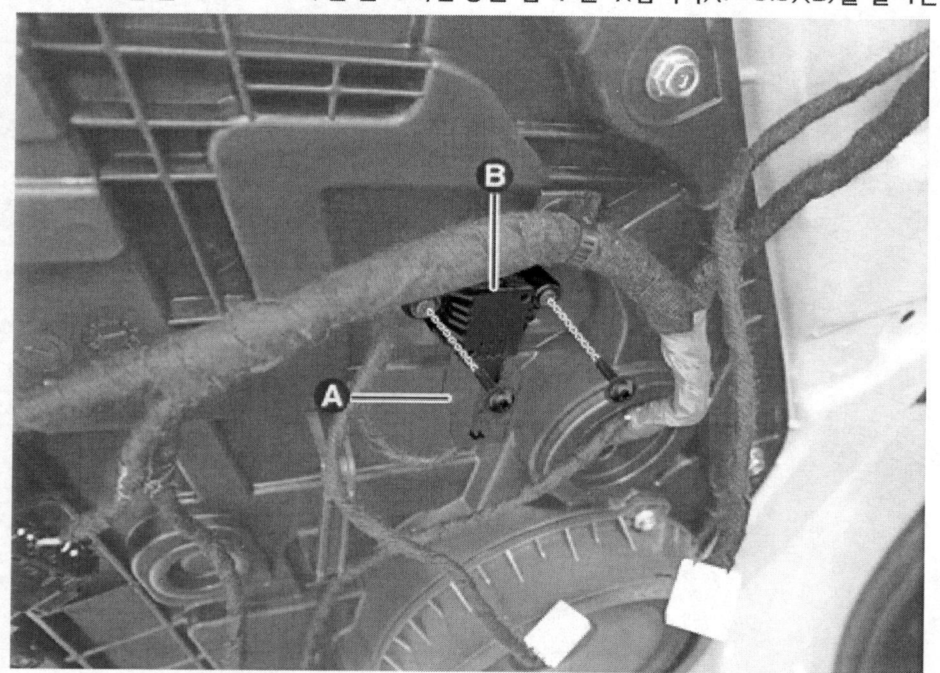

전측면 충돌 감지 센서(가속도식)(F-SIS)

1. 배터리 (-) 단자와 서비스 인터록 커넥터를 분리한다.
   (배터리 제어 시스템 - "보조 배터리 (12V) - 2WD" 참조)
   (배터리 제어 시스템 - "보조 배터리 (12V) - 4WD" 참조)
2. 센터 필라 로어 트림을 탈거한다.
   (바디 - "센터 필라 트림" 참조)
3. 커넥터(A)를 분리하고 너트를 풀어 전측면 충돌 감지 센서(가속도식)(F-SIS)(B)를 탈거한다.

체결토크 : 0.8 ~ 0.9 kgf·m

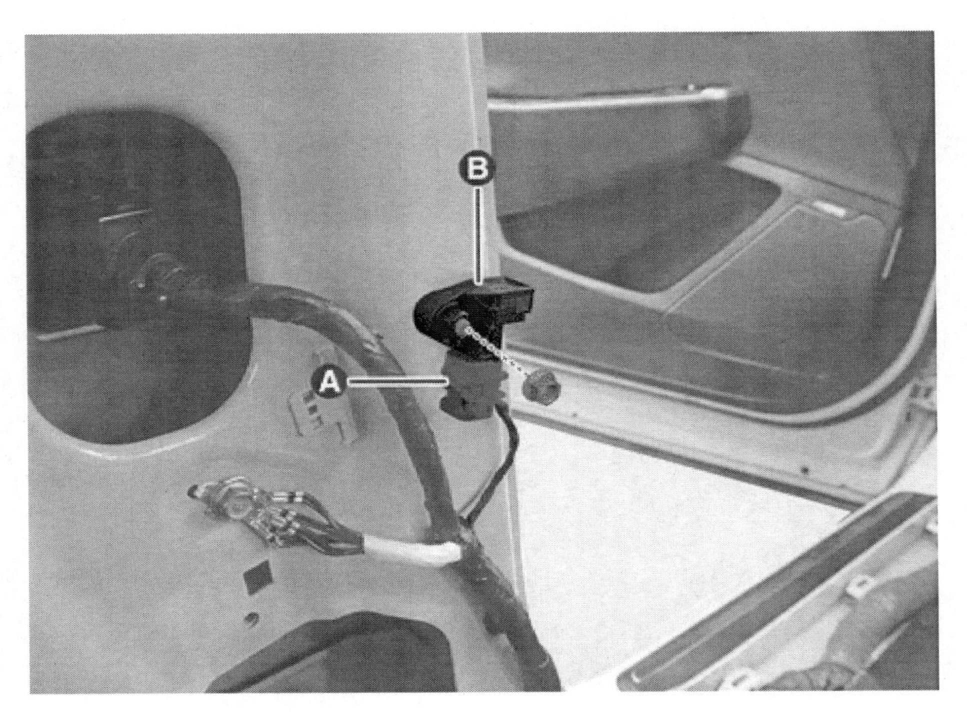

후측면 충돌 감지 센서(가속도식)(R-SIS)

1. 배터리 (-) 단자와 서비스 인터록 커넥터를 분리한다.
   (배터리 제어 시스템 - "보조 배터리 (12V) - 2WD" 참조)
   (배터리 제어 시스템 - "보조 배터리 (12V) - 4WD" 참조)
2. 러기지 사이드 트림를 탈거한다.
   (바디 - "러기지 사이드 트림" 참조)
3. 커넥터(A)를 분리하고 너트를 풀어 후측면 충돌 감지 센서(가속도식)(R-SIS)(B)를 탈거한다.

체결토크 : 0.8 ~ 0.9 kgf·m

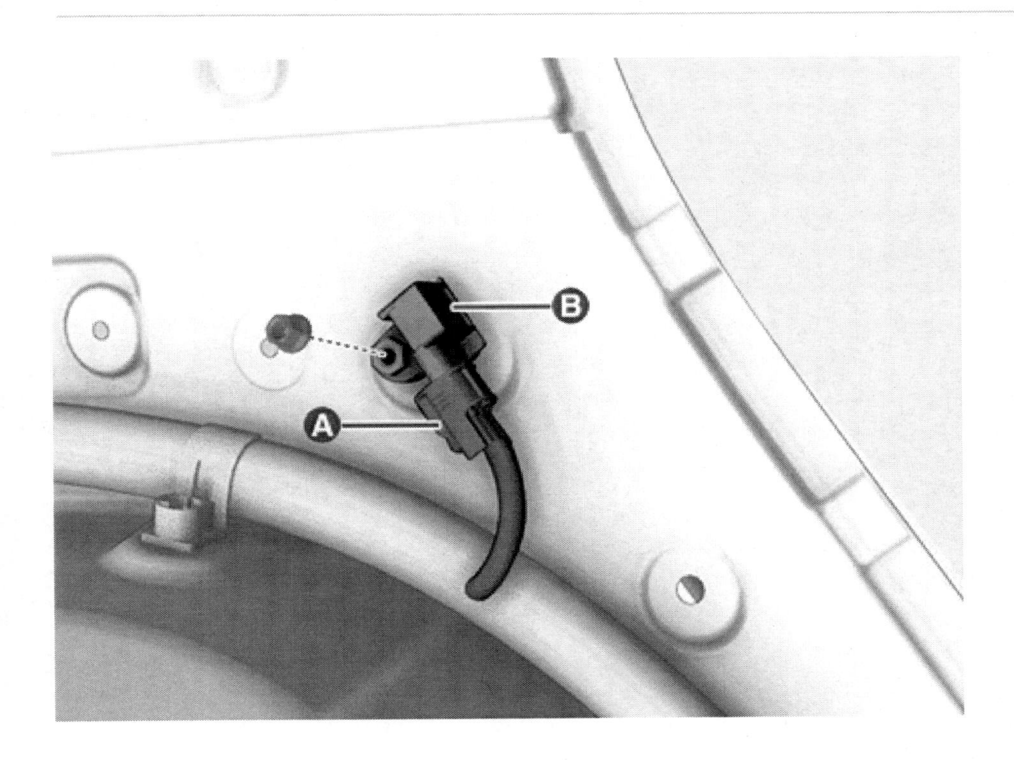

장착

4. 장착은 탈거의 역순으로 한다.
5. 센서를 장착한 후에는 시스템이 정상적으로 작동하는지 확인한다.

유 의

IG ON하면 에어백 경고등이 3~6초간 점등되었다가 소등되어야 한다.

개요

- 정상적인 동승석 에어백(PAB) 모듈의 작동을 위해서 에어백 시스템 컨트롤 모듈(SRSCM)은 승객 구분 시스템 유닛의 DTC 코드를 검출한다.
- 동승석 시트에 장착된 승객 구분 시스템 센서(ODS)는 동승석 승객을 어린이 보호 장치와 성인으로 구분하여 SRSCM에 승객 정보를 보낸다.
- SRSCM은 승객 정보와 충돌 신호를 이용하여 동승석 에어백(PAB) 전개 여부를 결정한다.

탈거

승객 구분 센서 유닛

1. 배터리 (-) 단자와 서비스 인터록 커넥터를 분리한다.
   (배터리 제어 시스템 - "보조 배터리 (12V) - 2WD" 참조)
   (배터리 제어 시스템 - "보조 배터리 (12V) - 4WD" 참조)
2. 동승석 프런트 시트 어셈블리를 탈거한다.
   (바디 - "프런트 시트 어셈블리" 참조)
3. 승객 구분 센서 매트 커넥터(A)를 분리하고 스크루를 풀어 승객 구분 센서 유닛(B)을 탈거한다.

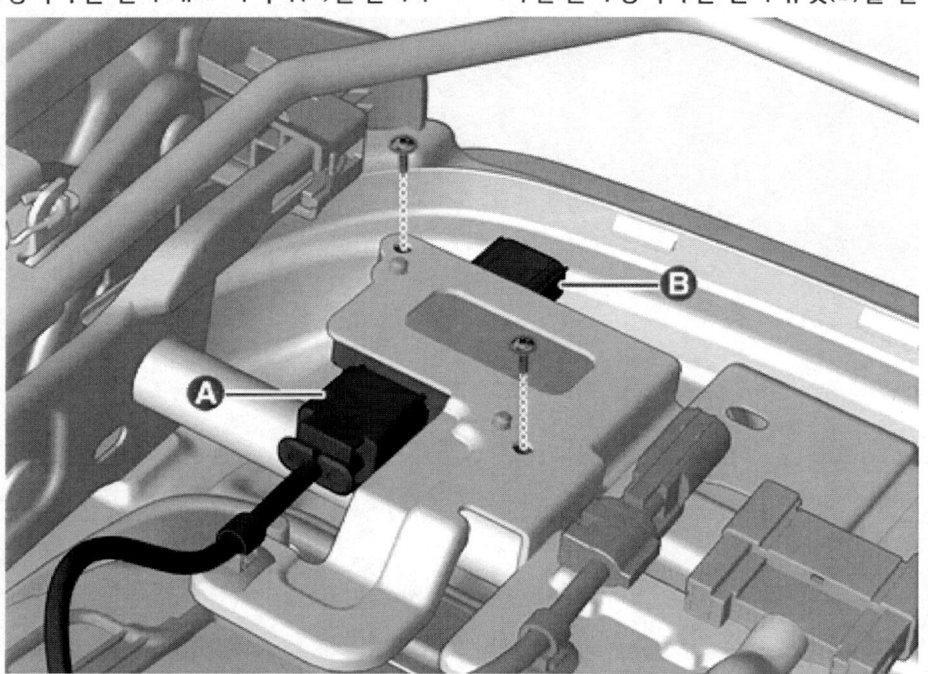

승객 구분 센서 매트

1. 동승석 프런트 시트 쿠션 어셈블리를 탈거한다.
   (바디 -"프런트 시트 쿠션 커버" 참조)

> **유 의**
>
> 승객 구분 센서 매트 교환 시 프런트 시트 쿠션 어셈블리를 교환한다.

장착

승객 구분 센서 유닛

1. 장착은 탈거의 역순으로 한다.
2. 승객 구분 센서 유닛 장착 후 정상 작동하는지 확인한다.

> **유 의**
>
> - IG ON으로 하면 에어백 경고등이 6초간 점등되었다가 소등되어야 한다.
> - 승객 구분 센서 유닛 및 동승석 에어백(PAB) 모듈이 정상 작동 중일 때는 IG ON시 동승석 에어백(PAB) OFF 표시등이 4초간 점등되고 IG OFF시 3초간(총 7초간) 점등되었다가 소등된다.
> - 승객 구분 센서 유닛 교환 시 KDS를 이용하여 초기화를 실시한다.
>   **("승객 구분 센서 영점 재조정" 참조)**

승객 구분 센서 매트

1. 장착은 탈거의 역순으로 한다.
2. 동승석 프런트 시트 어셈블리 장착 후 정상 작동하는지 확인한다.

유 의

- IG ON으로 하면 에어백 경고등이 6초간 점등되었다가 소등되어야 한다.
- 승객 구분 센서 유닛 및 동승석 에어백(PAB) 모듈이 정상 작동 중일 때는 IG ON시 동승석 에어백(PAB) OFF 표시등이 4초간 점등되고 IG OFF시 3초간(총 7초간) 점등되었다가 소등된다.

조정

1. IG "OFF"하고 KDS를 연결한다.
2. IG "ON"하고 KDS 진단화면에서 "차종" 및 "부가 기능"을 선택한다.
3. 승객 구분 센서 영점 재조정을 선택한다.

4. KDS 지시에 따른다.

> **유 의**
>
> 승객 구분 센서 유닛 초기화 후에는 에어백 컨트롤 모듈(SRSCM) 및 승객 구분 센서(ODS) 유닛 DTC를 삭제한다.

구성부품

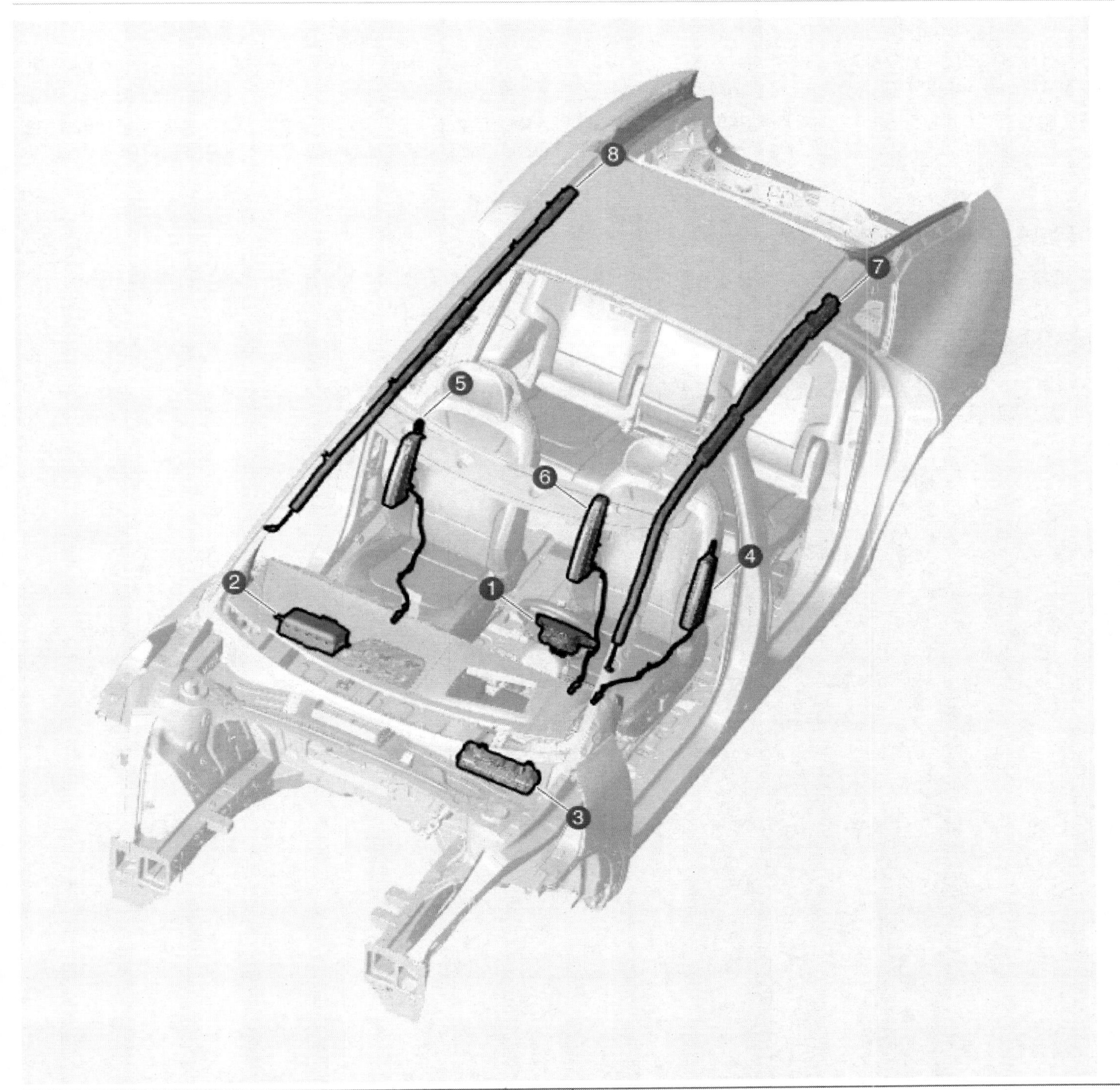

1. 운전석 에어백(DAB) 모듈 2. 동승석 에어백(PAB) 모듈 3. 무릎 에어백(KAB) 모듈 4. 운전석 측면 에어백(SAB) 모듈	5. 동승석 측면 에어백(SAB) 모듈 6. 센터 측면 에어백 (CSAB) 모듈 7. 커튼 에어백(CAB) 모듈[LH] 8. 커튼 에어백(CAB) 모듈[RH]

개요

- 운전석 에어백(DAB) 모듈은 스티어링 휠에 장착되어 있으며, 클록 스프링을 경유하여 에어백 시스템 컨트롤 모듈(SRSCM)에 전기적으로 연결되어 있다. 앞 충돌 발생 시 에어백을 전개하여 운전자를 보호하는 역할을 한다.
- 클록 스프링(Clock Spring)은 자동차 전면 및 측면에 설치되어 있는 센서로부터 발생된 작동 신호를 내부 케이블을 통해 에어백 모듈의 인플레이터(가스 발생 장치)에 전달하는 장치이다. 또한 스티어링 휠 리모트 컨트롤 스위치 및 혼의 작동 신호를 내부 케이블을 통해 해당 시스템으로 전달한다.

⚠ 경 고

에어백 모듈의 저항을 직접 측정하면 에어백 전개를 야기할 수 있어 매우 위험하다.

유 의

사고로 인해 에어백이 전개될 경우 에어백 모듈 인플레이터(가스 발생 장치)의 폭발에 의한 열과 충격으로 클록 스프링 파손 가능성이 있으므로, 클록 스프링은 수리 및 재사용할 수 없다. 반드시 신품으로 교환한다.

고장 진단

에어백 경고등 점등

클록 스프링 정비 절차

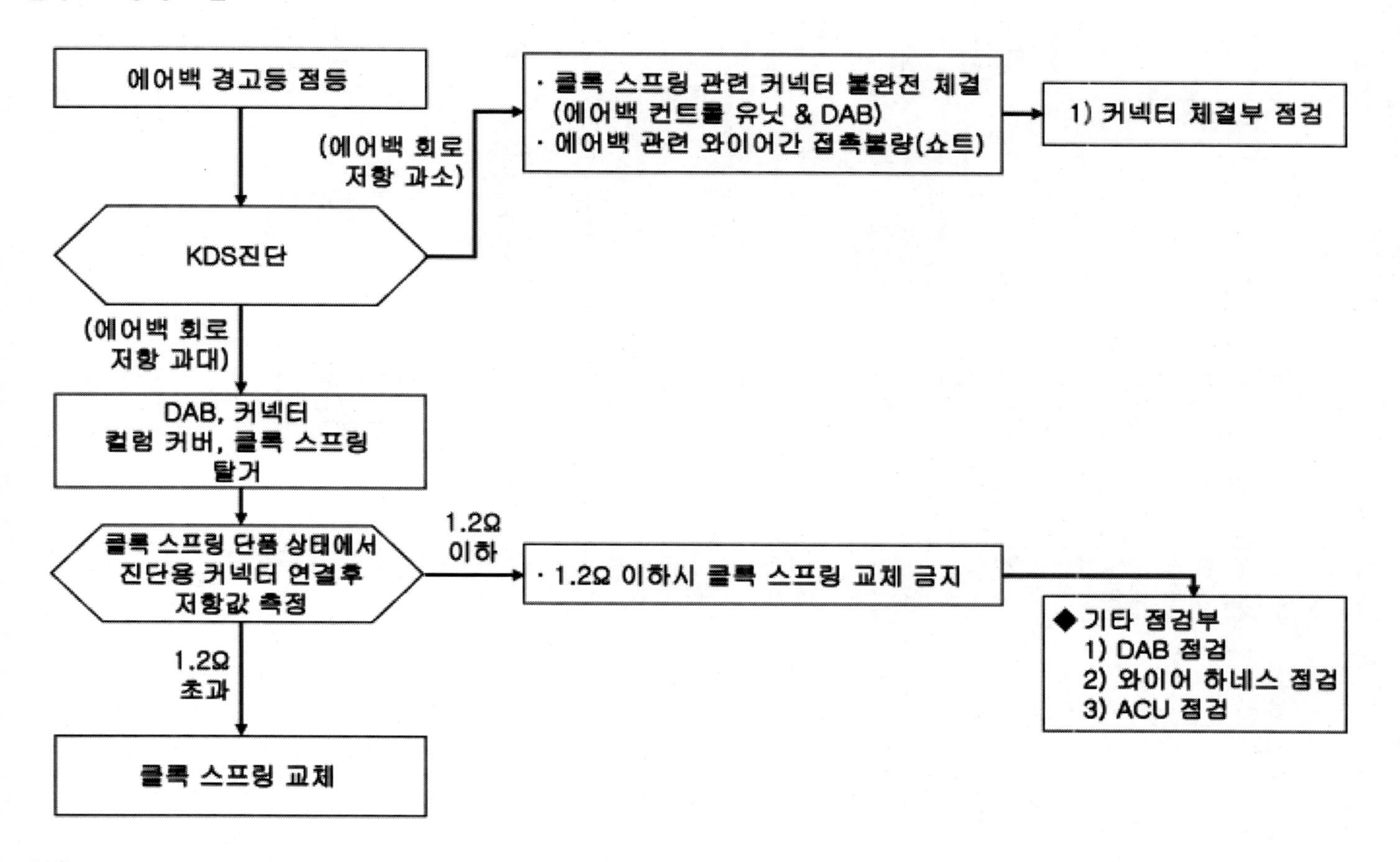

소음

클록 스프링 정비 절차

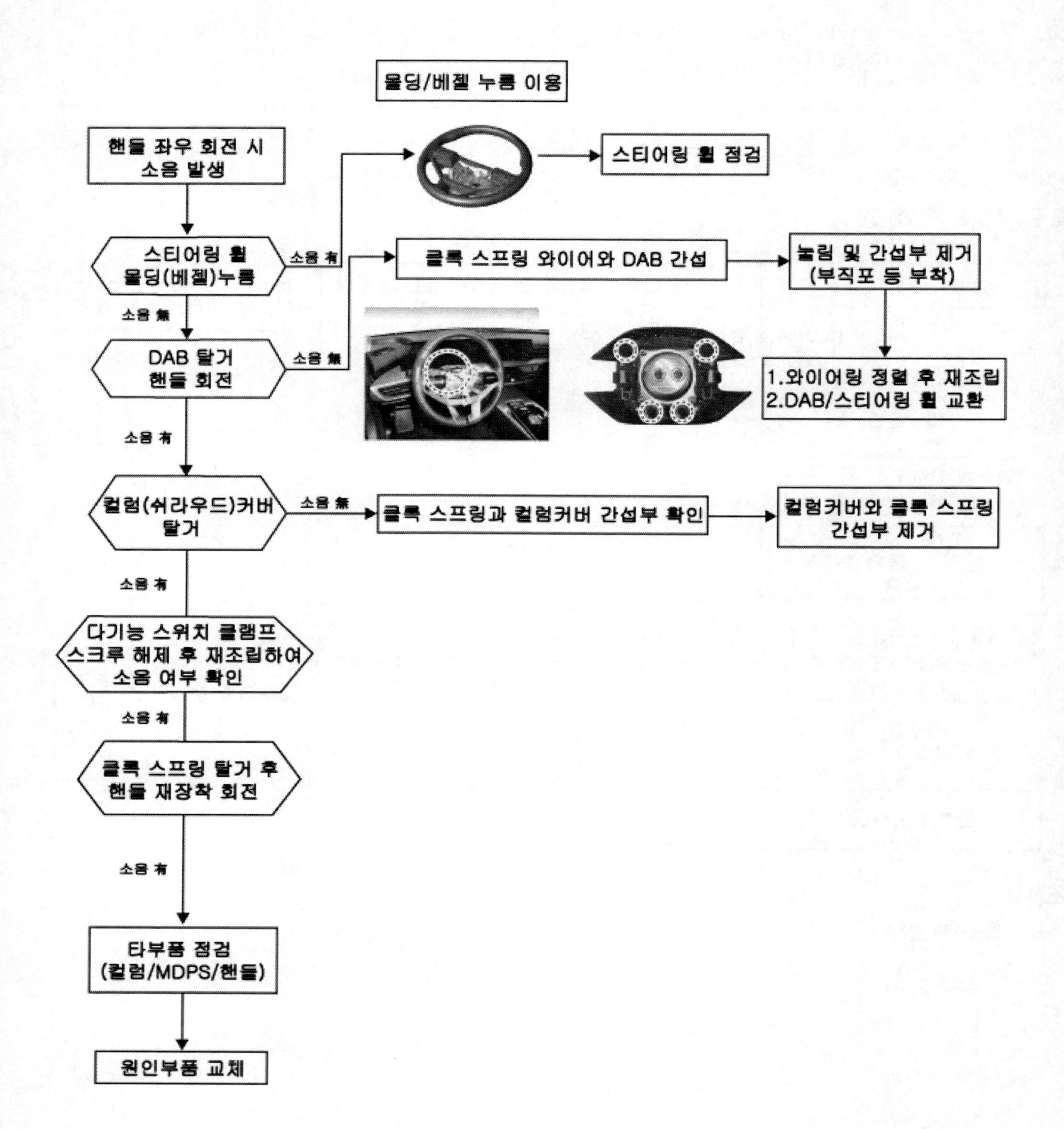
몰딩/베젤 누름 이용
핸들 좌우 회전 시 소음 발생
스티어링 휠 몰딩(베젤)누름
소음 有
스티어링 휠 점검
소음 無
클록 스프링 와이어와 DAB 간섭
눌림 및 간섭부 제거 (부직포 등 부착)
DAB 탈거 핸들 회전
소음 無
1.와이어링 정렬 후 재조립
2.DAB/스티어링 휠 교환
소음 有
컬럼(쉬라우드)커버 탈거
소음 無
클록 스프링과 컬럼커버 간섭부 확인
컬럼커버와 클록 스프링 간섭부 제거
소음 有
다기능 스위치 클램프 스크루 해제 후 재조립하여 소음 여부 확인
소음 有
클록 스프링 탈거 후 핸들 재장착 회전
소음 有
타부품 점검 (컬럼/MDPS/핸들)
원인부품 교체

탈거

운전석 에어백(DAB) 모듈

1. 배터리 (-) 단자와 서비스 인터록 커넥터를 분리한다.
   (배터리 제어 시스템 - "보조 배터리 (12V) - 2WD" 참조)
   (배터리 제어 시스템 - "보조 배터리 (12V) - 4WD" 참조)
2. 끝이 납작한 공구를 사용하여 운전석 에어백(DAB) 모듈 체결 핀(A)을 눌러 잠금을 해제한다.

3. 운전석 에어백(DAB) 모듈(A)을 탈거한다.

4. 에어백 모듈 커넥터(A)와 혼 커넥터(B)를 분리하여 에어백 모듈을 탈거한다.

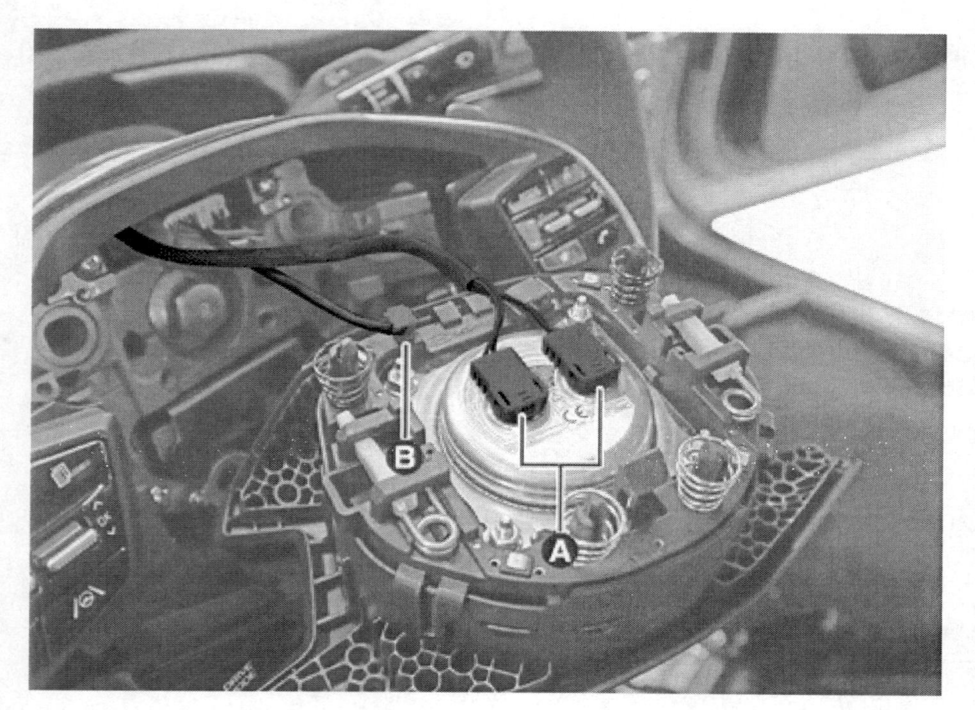

클록 스프링

1. 배터리 (-) 단자와 서비스 인터록 커넥터를 분리한다.
   (배터리 제어 시스템 - "보조 배터리 (12V) - 2WD" 참조)
   (배터리 제어 시스템 - "보조 배터리 (12V) - 4WD" 참조)
2. 스티어링 휠을 탈거한다.
   (스티어링 시스템 - "스티어링 휠" 참조)
3. 스티어링 칼럼 쉬라우드 로어 패널을 탈거한다.
   (바디 - "스티어링 칼럼 쉬라우드 패널" 참조)
4. 클록 스프링 와이어링 하니스와 멀티 펑션 스위치 하니스 커넥터(A)를 분리한다.

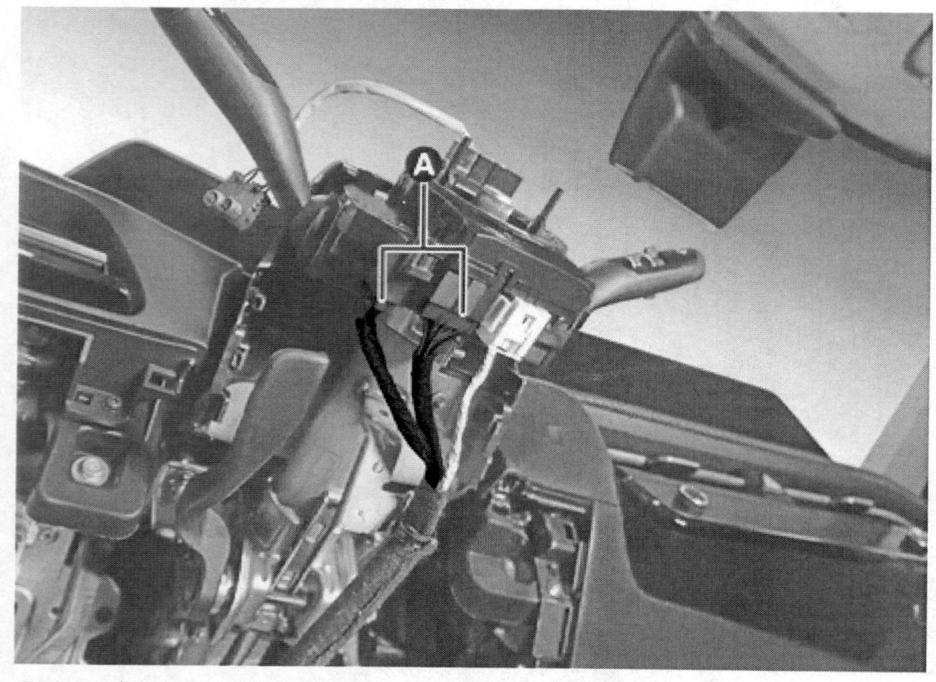

5. 고정 후크(A)를 화살표 방향으로 이격시켜 잠금을 해제한다.

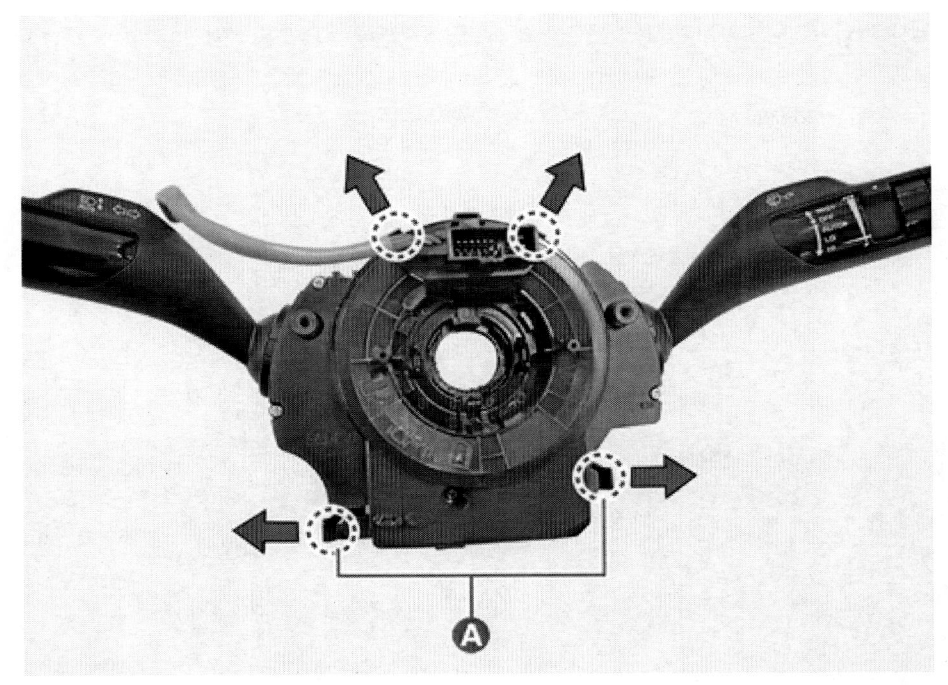

6. 스크루를 풀어 클록 스프링(A)을 탈거한다.

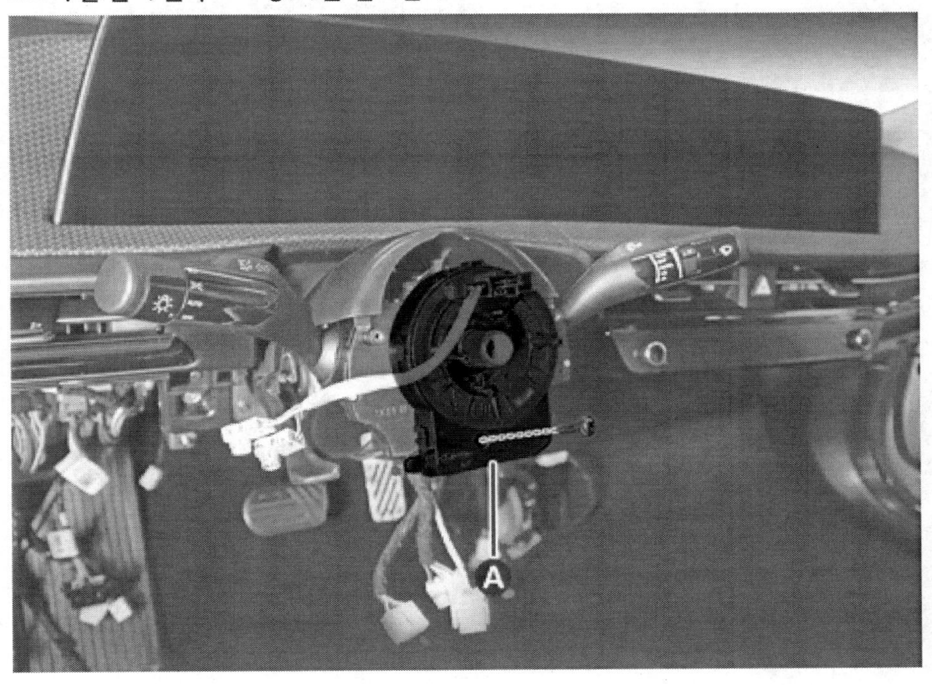

장착

1. 클록 스프링을 차량에 조립하기 전에 중립을 맞춘다.
   - 차량 스티어링 핸들이 직진으로 정렬 시 클록 스프링은 중립 상태이다.
   - 차량 5시 방향 중립 확인창 확인 시 흰색 케이블 보일 경우 중립 상태다.
   - 차량 5시 방향 중립 확인창 확인 시 흰색 케이블이 안 보일경우 반드시 중립 수동 조정을 한다.

> **유 의**
>
> 클록 스프링 중립 미일치 시 A/BAG 경고등 점등, 혼, 오디오, 핸즈프리, 오토 크루즈, 열선, 스티어링 열선 등 스티어링 휠의 전기적인 작동 불량 및 핸들 회전 시 이음 발생.

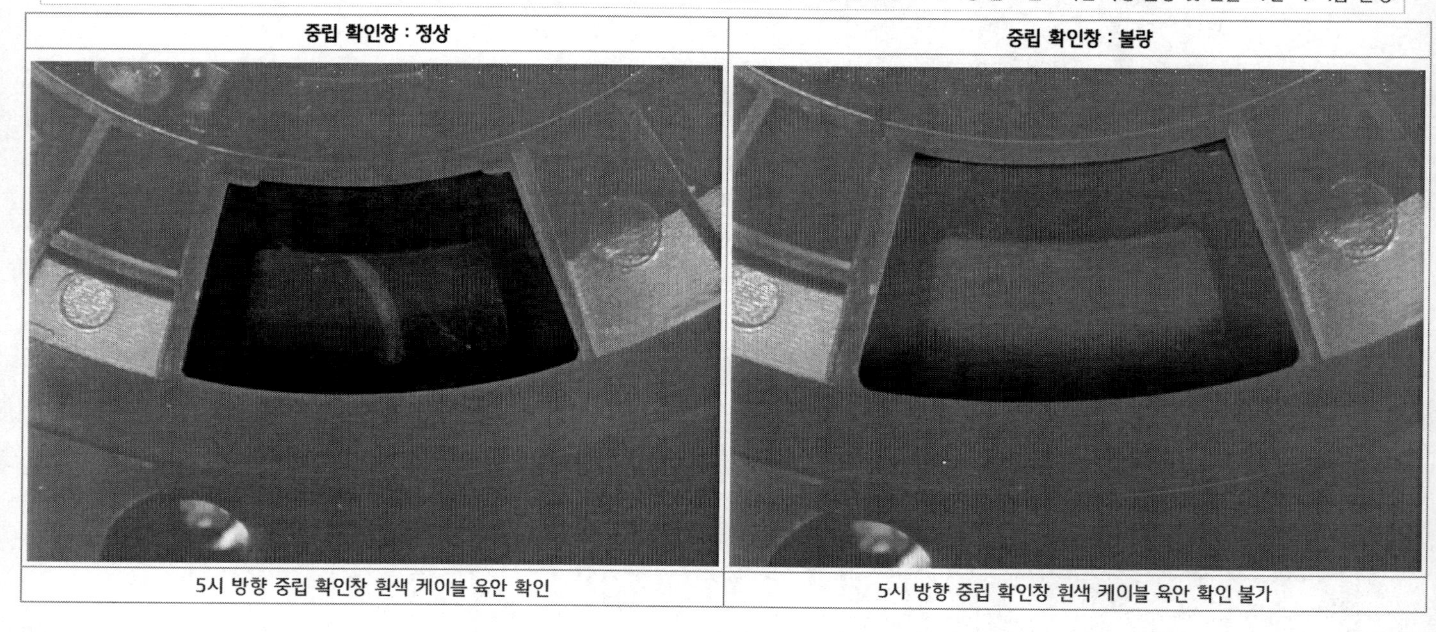

중립 확인창 : 정상	중립 확인창 : 불량
5시 방향 중립 확인창 흰색 케이블 육안 확인	5시 방향 중립 확인창 흰색 케이블 육안 확인 불가

2. 클록 스프링 중립 수동 조정 방법
   (1) 6시 방향 오토 로크(A)를 누르고 시계 방향으로 멈출 때 까지 돌린다.

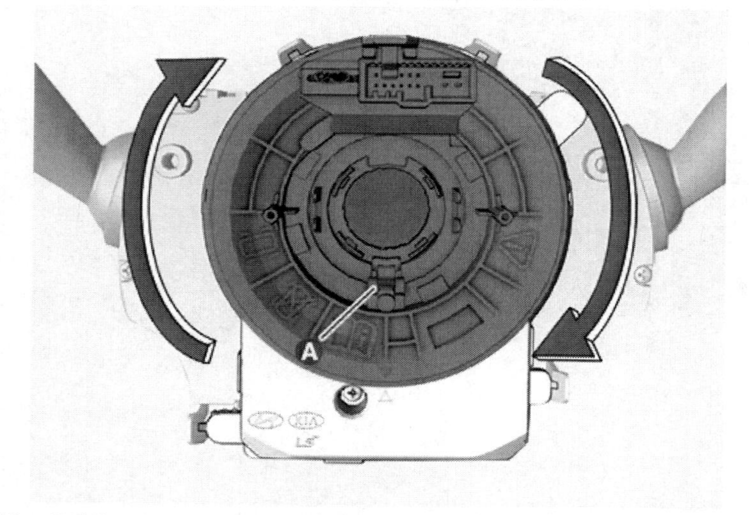

   (2) 6시 방향 오토 로크(A)를 누르고 시계 반대 방향으로 3회전 시킨다.
   (3) 5시 방향 중립 확인창 흰색 케이블 육안 확인 시 중립 상태이다.

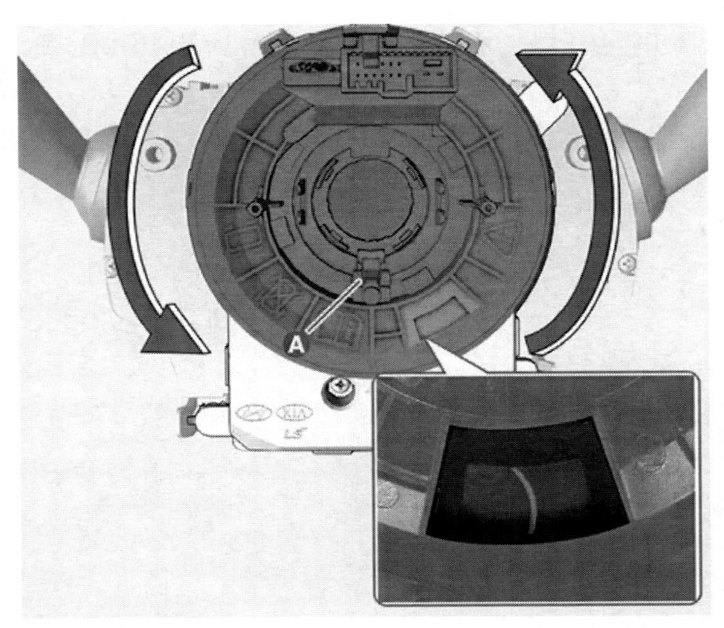

3. 클록 스프링에 클록 스프링 와이어링 하니스 커넥터와 혼 와이어링 하니스 커넥터를 연결한다.
4. 스티어링 칼럼 쉬라우드를 끼우고 스크루를 체결한다.
5. 스티어링 휠을 장착한다.
   (스티어링 시스템 - "스티어링 휠" 참조)
6. 에어백 모듈을 장착한다.
   – DAB 모듈을 휠에 조립 시 에어백 와이어가 휠 내부 구조물에 끼이지 않게 한다.
   – 에어백 와이어를 모듈 중심쪽으로 눌러 주면서 조립한다.
7. 배터리 (-) 단자와 서비스 인터록 커넥터를 연결한다.
   (배터리 제어 시스템 - "보조 배터리 (12V) - 2WD" 참조)
   (배터리 제어 시스템 - "보조 배터리 (12V) - 4WD" 참조)
8. 에어백 모듈을 장착한 후에는 에어백 시스템과 혼이 정상 작동하는지 확인한다.

유 의

- IG ON으로 하면 에어백 경고등이 6초간 점등되었다가 소등되어야 한다.

점검

에어백 모듈

점검 중 문제가 생긴 부품이 발견되었을 때 에어백 모듈을 신품으로 교환한다.

> **⚠ 주 의**
>
> 규정 테스터기를 사용할지라도 에어백 모듈(점화) 회로 저항을 측정하지 말아야 한다. 테스터기로 회로 저항을 측정하였을 때 에어백 전개로 심한 부상을 입을 수도 있다.

1. 에어백 모듈의 움푹 들어간 곳, 균열 또는 변형을 점검한다.
2. 후크 및 커넥터의 손상, 터미널의 손상 및 하니스의 묶음을 점검한다.
3. 에어백 인플레이터 케이스의 움푹 들어간 곳, 균열 또는 변형을 점검한다.

개요

동승석 에어백(PAB) 모듈은 크래쉬 패드 내에 내장되어 있으며, 앞 충돌 시 동승석 승객을 보호하는 역할을 한다.

⚠ 경 고

에어백 모듈의 저항을 직접 측정하면 에어백 전개를 야기할 수 있어 매우 위험하다.

고장진단

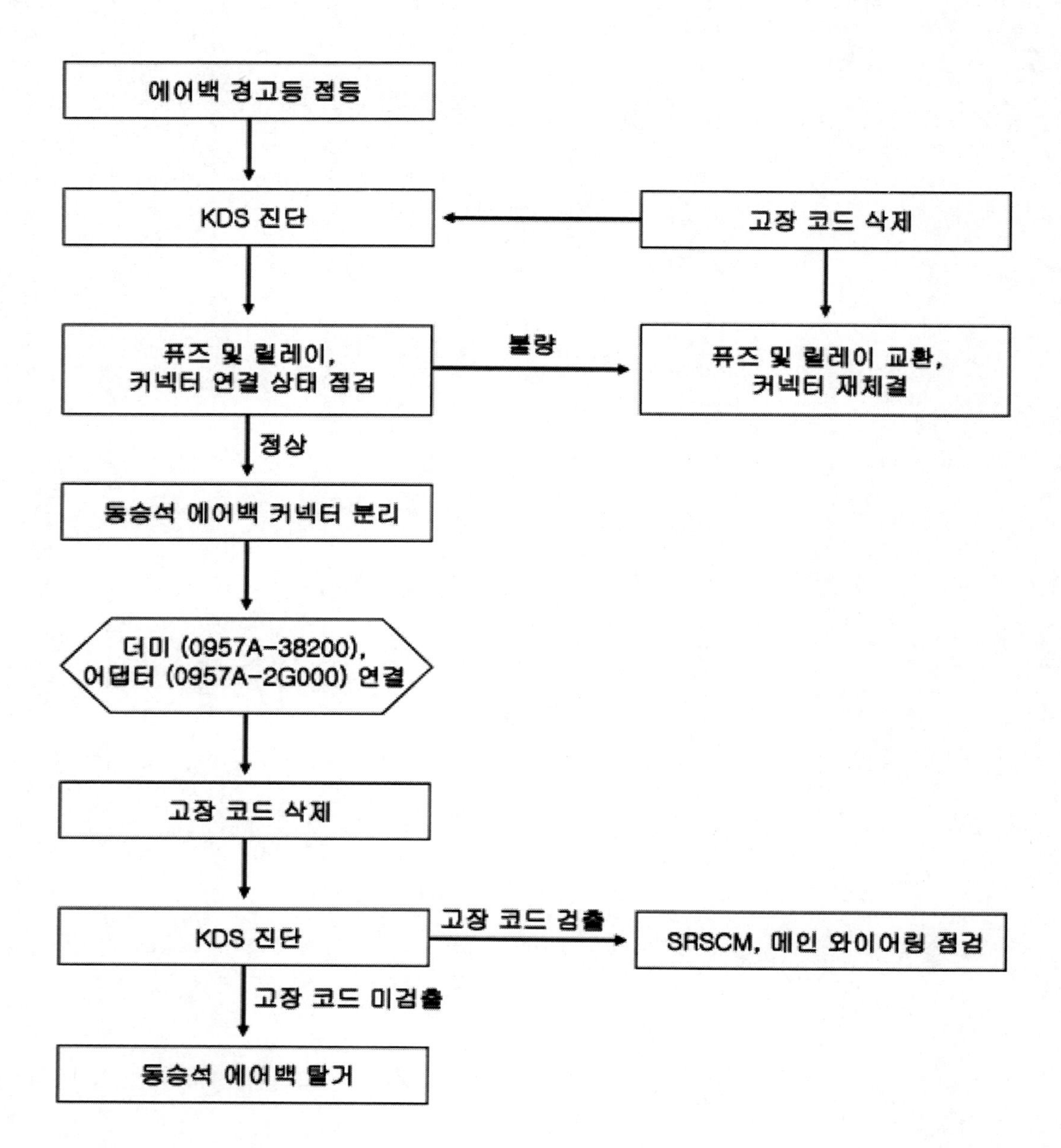

에어백 경고등 점등
KDS 진단
고장 코드 삭제
퓨즈 및 릴레이, 커넥터 연결 상태 점검
불량
퓨즈 및 릴레이 교환, 커넥터 재체결
정상
동승석 에어백 커넥터 분리
더미 (0957A-38200), 어댑터 (0957A-2G000) 연결
고장 코드 삭제
KDS 진단
고장 코드 검출
SRSCM, 메인 와이어링 점검
고장 코드 미검출
동승석 에어백 탈거

탈거

1. 배터리 (-) 단자와 서비스 인터록 커넥터를 분리한다.
   (배터리 제어 시스템 - "보조 배터리 (12V) - 2WD" 참조)
   (배터리 제어 시스템 - "보조 배터리 (12V) - 4WD" 참조)
2. 메인 크래쉬 패드 어셈블리를 탈거한다.
   (바디 - "메인 크래쉬 패드 어셈블리" 참조)
3. 볼트를 풀어 동승석 에어백(PAB) 모듈(A)을 탈거한다.

체결토크 : 0.4 ~ 0.6 kgf·m

장착

1. 장착은 탈거의 역순이다.

> **유 의**
>
> 커넥터 체결 시 잠금 장치가 '탁' 하는 소리가 들리도록 완전히 연결한다.

2. 에어백 모듈을 장착한 후에는 에어백 시스템이 정상적으로 작동하는지 확인한다.

> **유 의**
>
> IG ON으로 하면 에어백 경고등이 6초간 점등되었다가 소등되어야 한다.

개요

측면 에어백(SAB) 모듈은 운전석 시트 백 좌측과 우측, 동승석 시트 백 우측에 1개씩 내장되어 있으며, 측면 충돌 및 전복 사고 발생 시 탑승자를 보호하는 역할을 한다.
측면 충돌 발생 시 좌우측 프런트 도어 모듈 중앙부와 센터 필라, 쿼터 판넬 좌우측 부근에 1개씩 장착되어 있는 측면 충돌 감지 센서(SIS)가 충돌을 감지하며, 이 센서의 신호를 이용하여 에어백 시스템 컨트롤 모듈(SRSCM)이 측면 에어백(SAB)의 전개 여부를 결정한다. 또한 차량의 전복 사고가 발생하였을 때는 에어백 시스템 컨트롤 모듈(SRSCM)이 차량의 전복 사고를 감지하여 측면 에어백(SAB)의 전개 여부를 결정한다.

⚠ 경 고

에어백 모듈의 저항을 직접 측정하면 에어백 전개를 야기할 수 있어 매우 위험하다.

고장진단

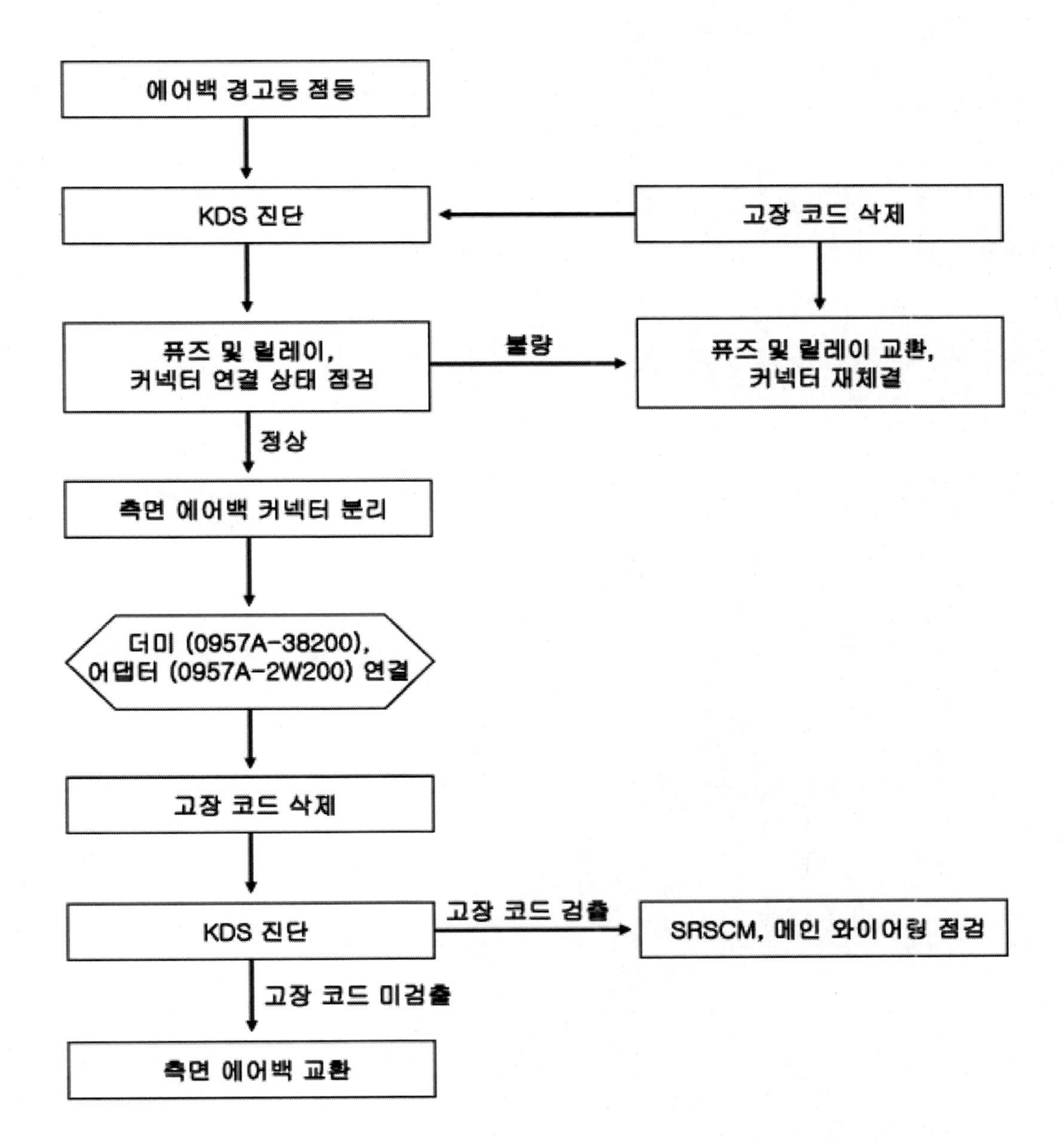
에어백 경고등 점등
KDS 진단
고장 코드 삭제
퓨즈 및 릴레이, 커넥터 연결 상태 점검
불량
퓨즈 및 릴레이 교환, 커넥터 재체결
정상
측면 에어백 커넥터 분리
더미 (0957A-38200), 어댑터 (0957A-2W200) 연결
고장 코드 삭제
KDS 진단
고장 코드 검출
SRSCM, 메인 와이어링 점검
고장 코드 미검출
측면 에어백 교환

탈거

[기본 사양]

1. 배터리 (-) 단자와 서비스 인터록 커넥터를 분리한다.
   (배터리 제어 시스템 - "보조 배터리 (12V) - 2WD" 참조)
   (배터리 제어 시스템 - "보조 배터리 (12V) - 4WD" 참조)
2. 프런트 시트 백 프레임에서 프런트 시트 백 어셈블리를 탈거한다.
   (바디 - "프런트 시트 백 커버" 참조)

> **유 의**
>
> 차량 충돌 후 에어백이 전개되어 에어백을 교체할 경우에는 시트 백 어셈블리를 교환한다.

3. 시트 백 프레임에서 측면 에어백(SAB) 모듈을 탈거한다.
   (1) 측면 에어백(SAB) 모듈 너트(A)를 탈거한다.

   체결토크 : 0.6 ~ 0.8 kgf·m

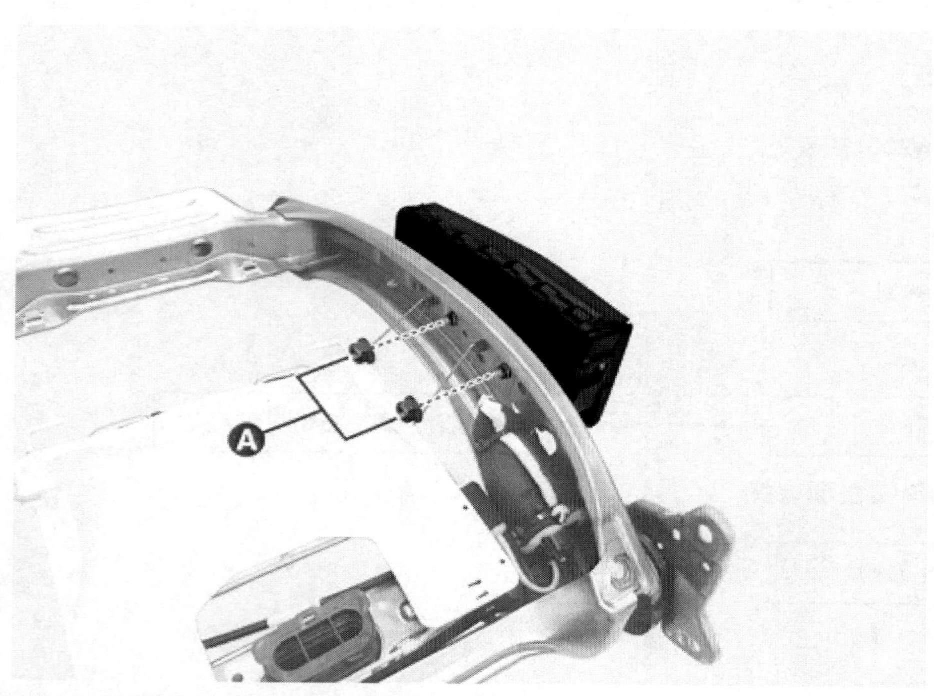

   (2) 클립을 탈거하고 측면 에어백(SAB) 모듈(A)을 탈거한다.

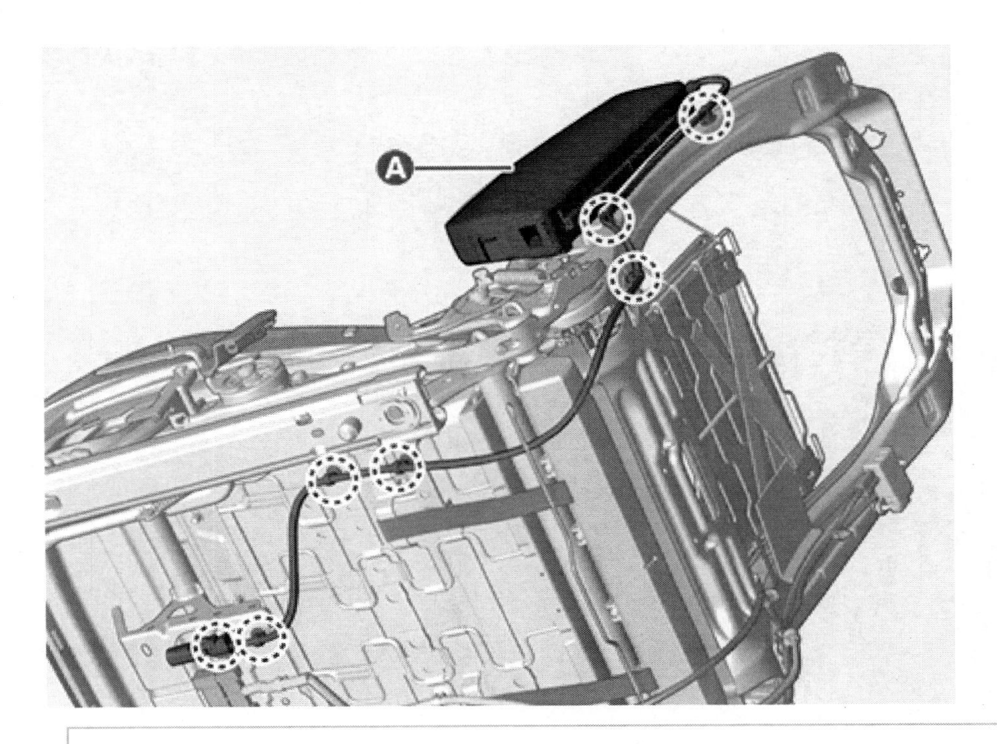

참 고

클립 위치 :

[GT 사양]

1. 배터리 (-) 단자와 서비스 인터록 커넥터를 분리한다.
   (배터리 제어 시스템 - "보조 배터리 (12V) - 2WD" 참조)
   (배터리 제어 시스템 - "보조 배터리 (12V) - 4WD" 참조)
2. 프런트 시트 백 프레임에서 프런트 시트 백 어셈블리를 탈거한다.
   (바디 - "프런트 시트 백 커버" 참조)

유 의

차량 충돌 후 에어백이 전개되어 에어백을 교체할 경우에는 시트 백 어셈블리를 교환한다.

3. 측면 에어백(SAB) 와이어링(A)을 분리한다.

 참 고

클립 위치 :

4. 시트 백 에너지 업소버(A)를 탈거한다.

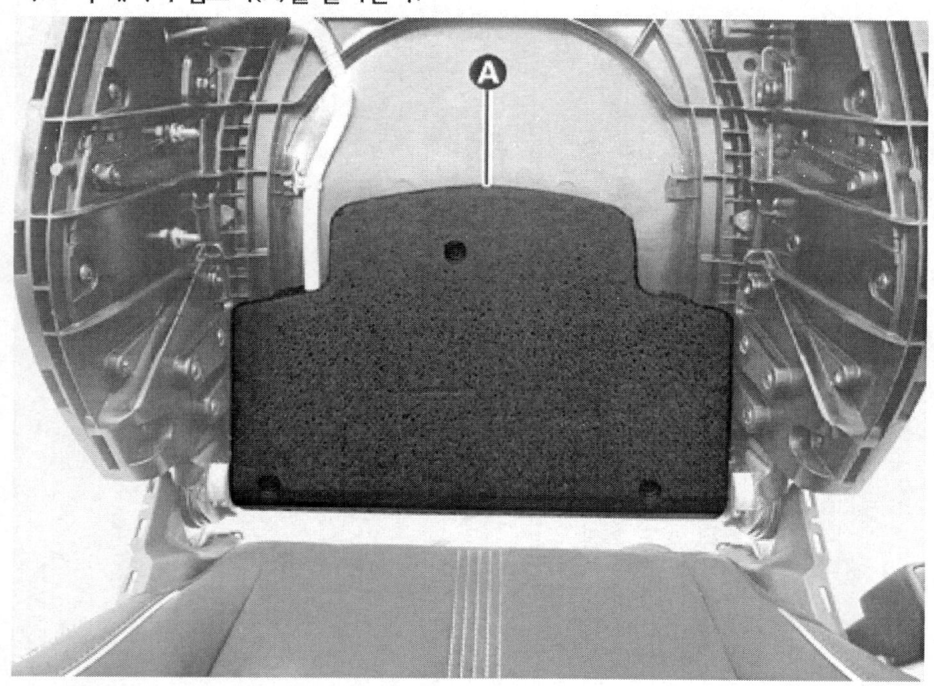

5. 스크루를 풀어 프런트 시트 사이드 커버(A)를 탈거한다.

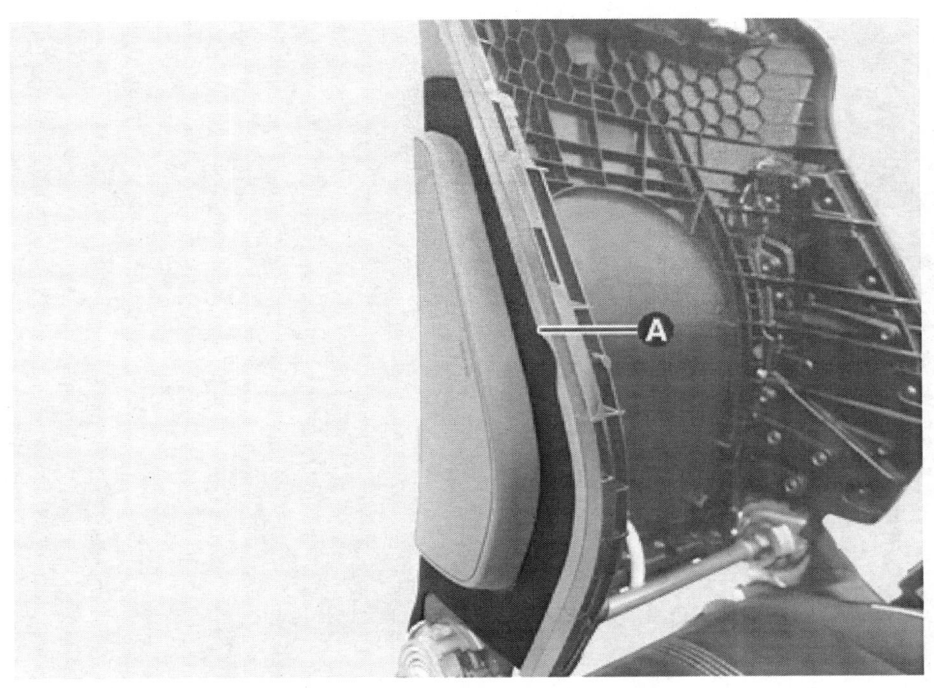

6. 너트 및 볼트를 풀어 측면 에어백(SAB)(A)을 탈거한다.

체결토크 : 0.6 ~ 0.8 kgf·m

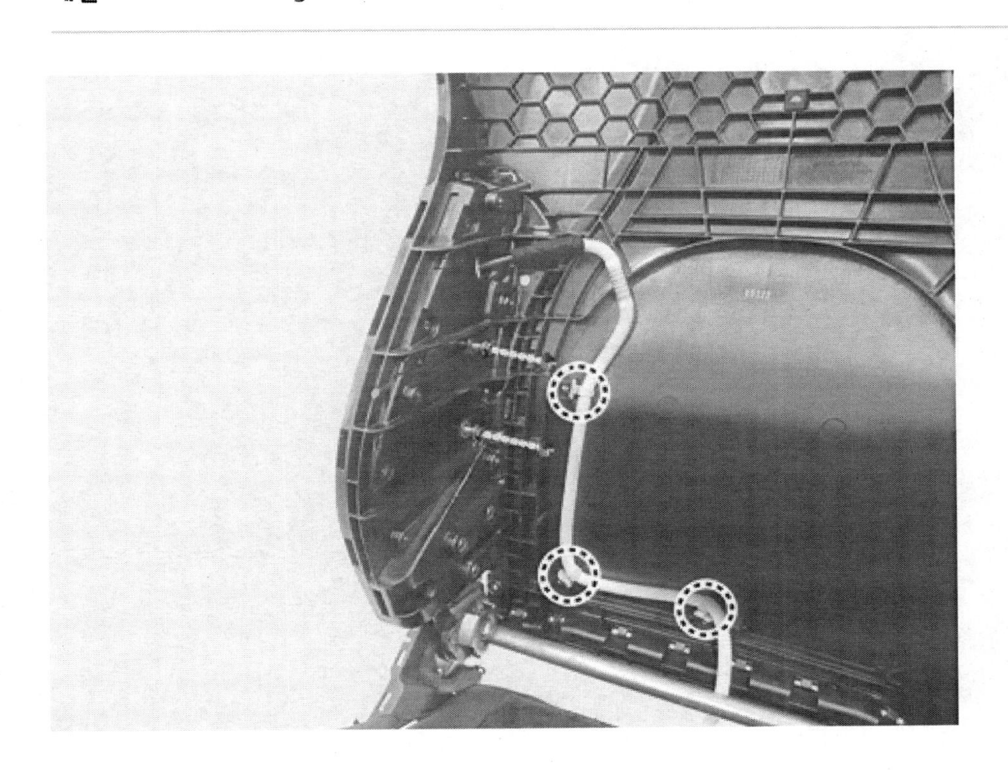

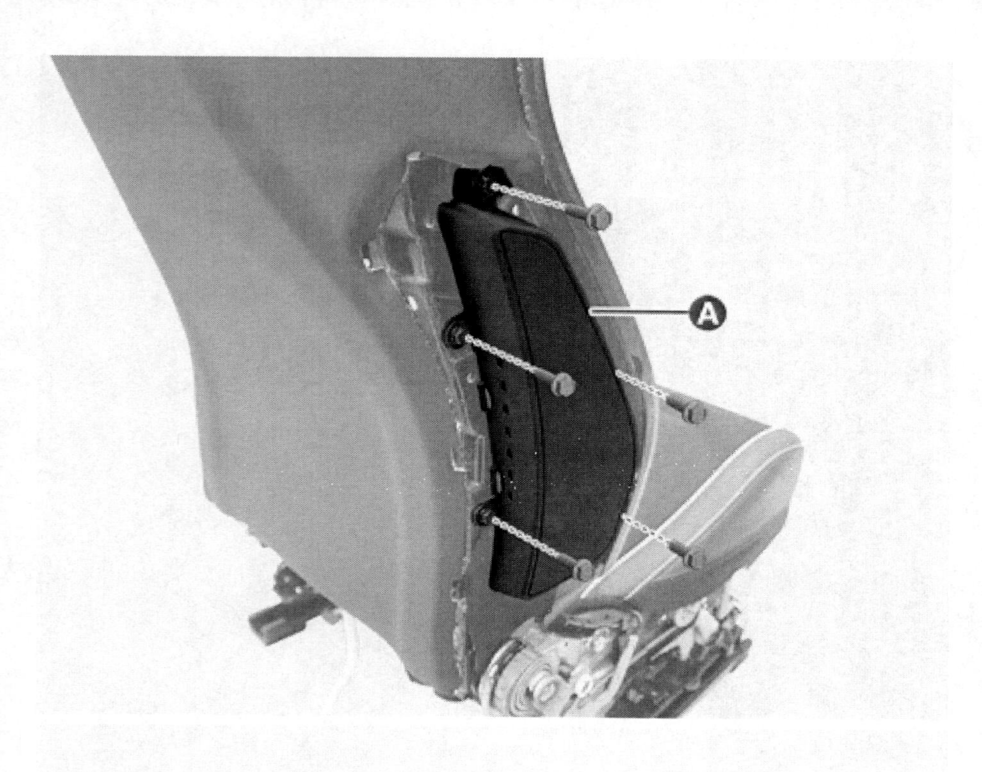

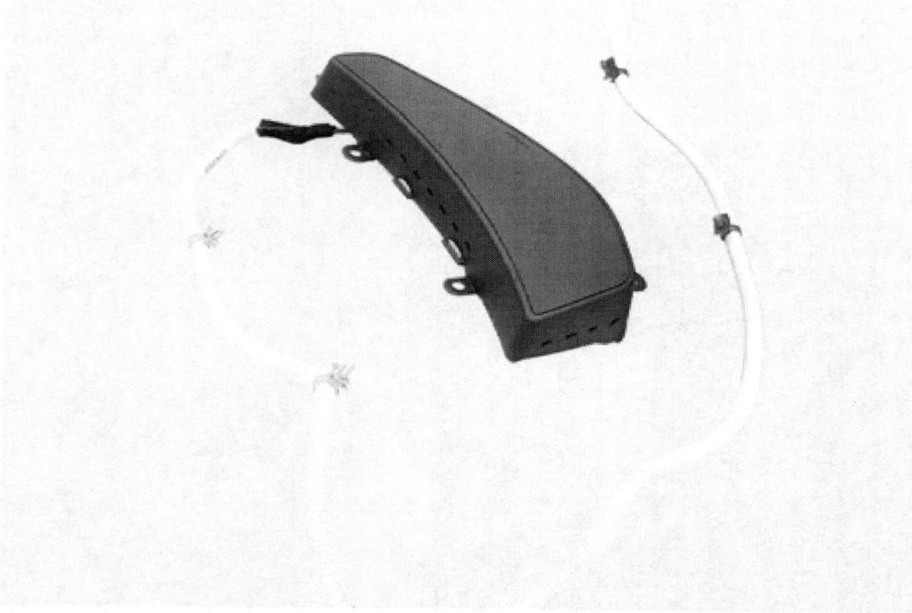

참 고

클립 위치 :

장착

1. 장착은 탈거의 역순이다.

유 의

- 프런트 시트 백 커버의 부적절한 장착은 측면 에어백(SAB)의 정상적인 전개를 방해하므로 프런트 시트 백 커버가 잘 장착되었는지 확인한다.
- 커넥터 체결 시 잠금 장치가 '탁' 하는 소리가 들리도록 완전히 연결한다.

2. 에어백 모듈을 장착한 후에는 에어백 시스템이 정상적으로 작동하는지 확인한다.

유 의

IG ON으로 하면 에어백 경고등이 6초간 점등되었다가 소등되어야 한다.

탈거

1. 배터리 (-) 단자와 서비스 인터록 커넥터를 분리한다.
   (배터리 제어 시스템 - "보조 배터리 (12V) - 2WD" 참조)
   (배터리 제어 시스템 - "보조 배터리 (12V) - 4WD" 참조)
2. 프런트 시트 백 프레임에서 프런트 시트 백 어셈블리를 탈거한다.
   (바디 - "프런트 시트 백 커버" 참조)

> **유 의**
>
> 차량 충돌 후 에어백이 전개되어 에어백을 교체할 경우에는 시트 백 어셈블리를 교환한다.

3. 시트 백 프레임에서 센터 측면 에어백(CSAB) 모듈을 탈거한다.
   (1) 센터 측면 에어백(CSAB) 모듈 너트(A)를 탈거한다.

   체결토크 : 0.6 ~ 0.8 kgf·m

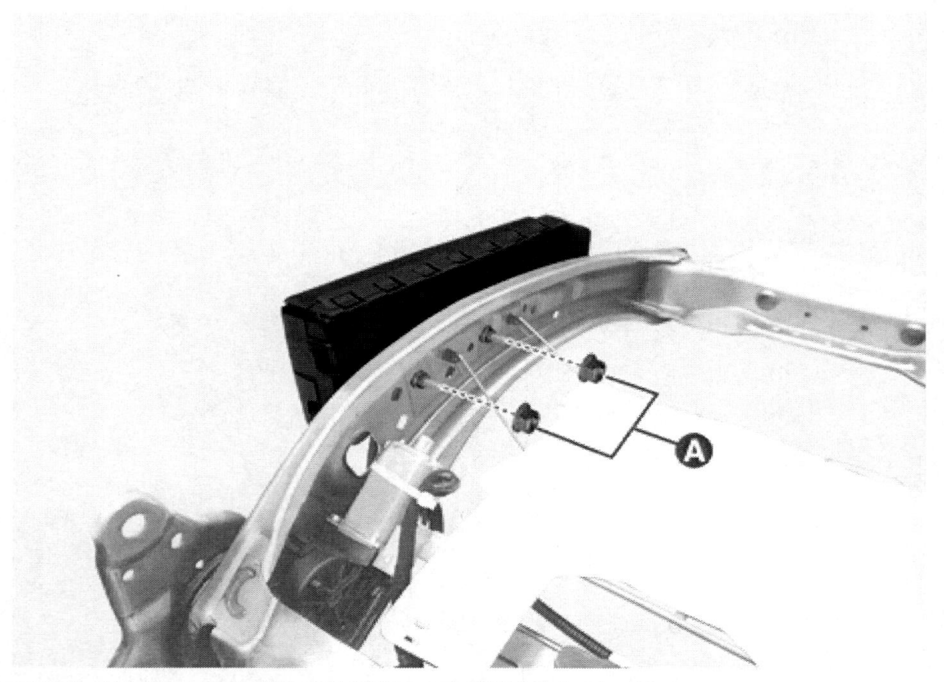

   (2) 클립을 탈거하고 센터 측면 에어백(CSAB) 모듈(A)을 탈거한다.

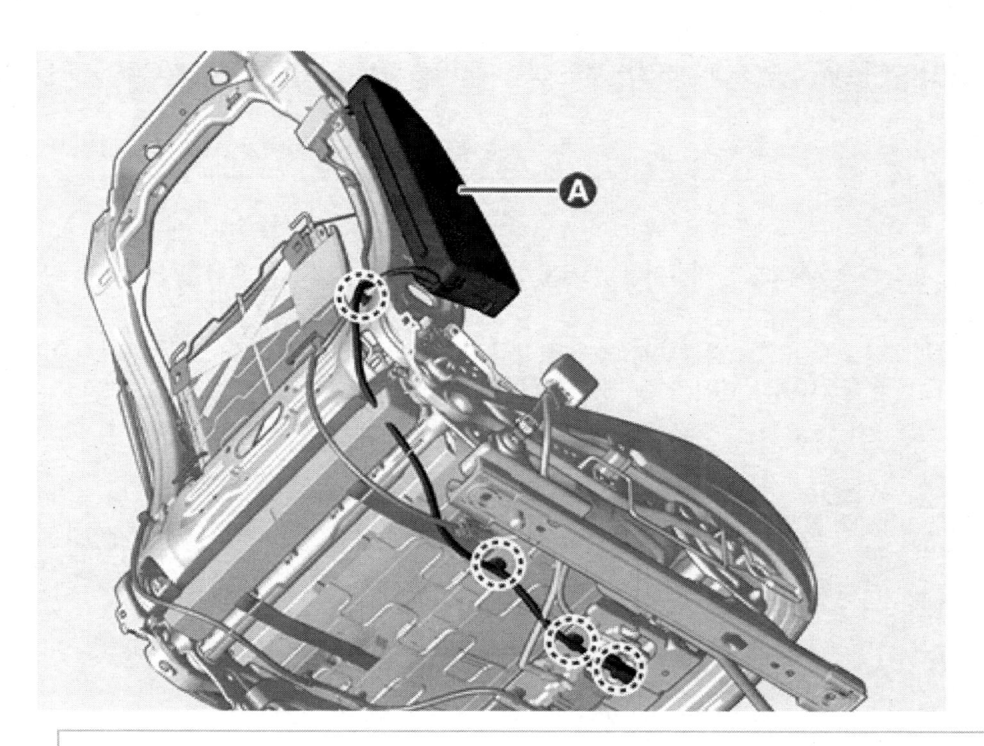

> **참 고**
>
> **클립 장착 위치 :**
>
> 

장착

1. 장착은 탈거의 역순이다.

> **유 의**
>
> - 프런트 시트 백 커버의 부적절한 장착은 측면 에어백(SAB)의 정상적인 전개를 방해하므로 프런트 시트 백 커버가 잘 장착되었는지 확인한다.
> - 커넥터 체결 시 잠금 장치가 '탁' 하는 소리가 들리도록 완전히 연결한다.

2. 에어백 모듈을 장착한 후에는 에어백 시스템이 정상적으로 작동하는지 확인한다.

> **유 의**
>
> IG ON으로 하면 에어백 경고등이 6초간 점등되었다가 소등되어야 한다.

개요

- 커튼 에어백(CAB) 모듈은 루프 트림 좌우측 부분에 1개씩 내장되어 있으며, 측면 충돌 및 전복 사고 발생 시 탑승자를 보호하는 역할을 한다.
- 측면 충돌 발생 시 좌우측 센터 필라 및 프런트 도어 모듈 중앙부에 1개씩 장착되어 있는 G-SIS와 P-SIS가 충돌을 감지하며, 이 센서의 신호를 이용하여 에어백 시스템 컨트롤 모듈(SRSCM)이 커튼 에어백(CAB)의 전개 여부를 결정한다.

⚠ 경 고

에어백 모듈의 저항을 직접 측정하면 에어백 전개를 야기할 수 있어 매우 위험하다.

고장진단

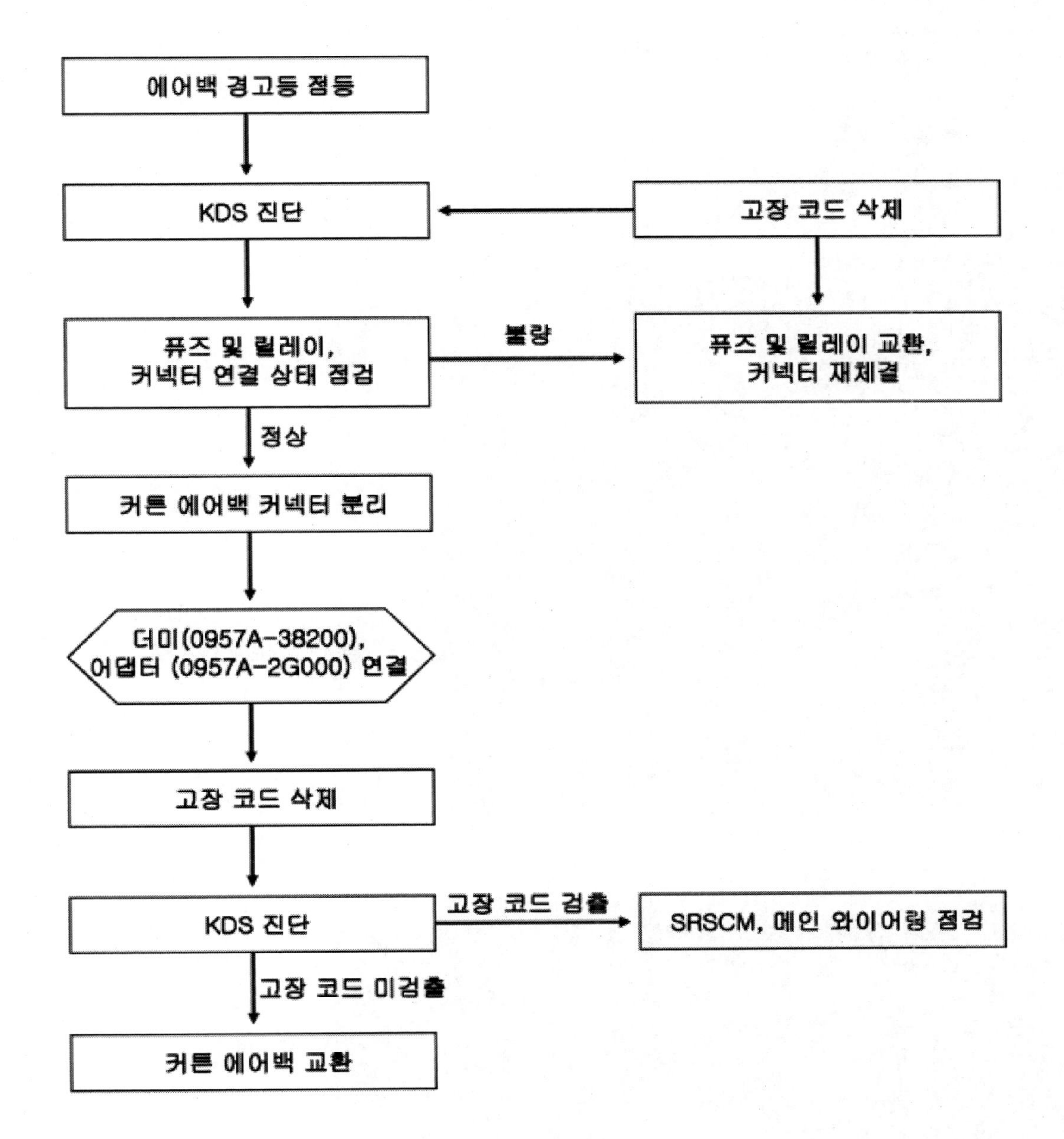
에어백 경고등 점등
KDS 진단
고장 코드 삭제
퓨즈 및 릴레이,
커넥터 연결 상태 점검
불량
퓨즈 및 릴레이 교환,
커넥터 재체결
정상
커튼 에어백 커넥터 분리
더미(0957A-38200),
어댑터 (0957A-2G000) 연결
고장 코드 삭제
KDS 진단
고장 코드 검출
SRSCM, 메인 와이어링 점검
고장 코드 미검출
커튼 에어백 교환

탈거

1. 배터리 (-) 단자와 서비스 인터록 커넥터를 분리한다.
   (배터리 제어 시스템 - "보조 배터리 (12V) - 2WD" 참조)
   (배터리 제어 시스템 - "보조 배터리 (12V) - 4WD" 참조)
2. 루프 트림을 탈거한다.
   (바디 - "루프 트림 어셈블리" 참조)
3. 커튼 에어백(CAB) 모듈 커넥터(A)를 분리한다.

   [LH]

   [RH]

   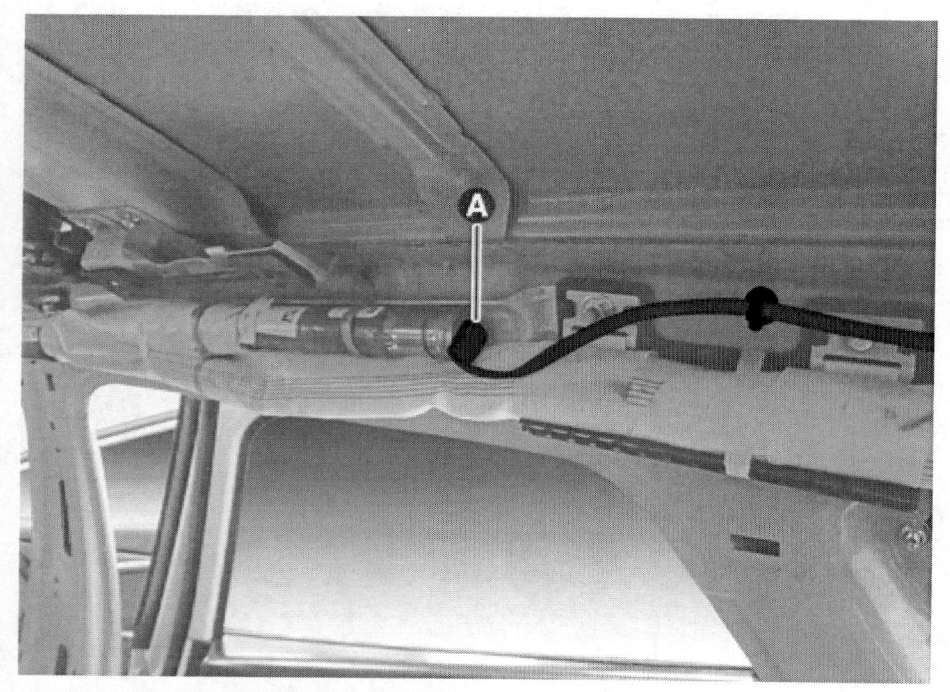

4. 볼트와 너트를 풀어 커튼 에어백(CAB) 모듈(A)을 탈거한다.

체결토크

볼트 : 0.8 ~ 1.2 kgf·m
너트 : 0.4 ~ 0.6 kgf·m

[LH]

[RH]

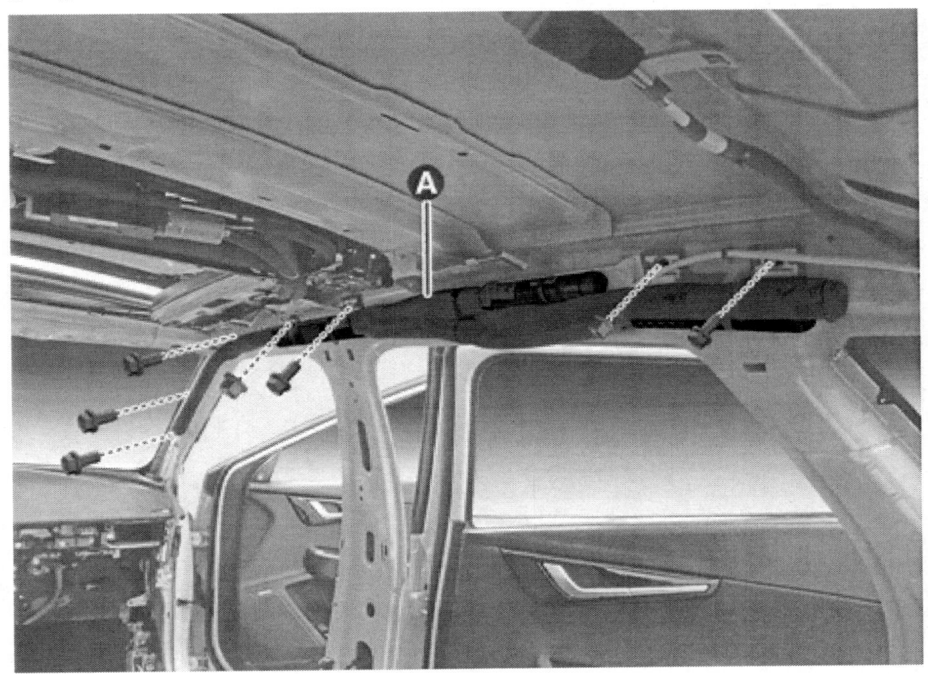

장착

1. 장착은 탈거의 역순이다.

> **유 의**
>
> - 커튼 에어백(CAB) 모듈의 식별은 다음과 같이 모듈에 있는 문구 및 선의 색으로 한다.
> - 좌측 : 노란색 라벨 (플라스틱 커버에 부착)
> - 우측 : 주황색 라벨 (플라스틱 커버에 부착)

- 커튼 에어백(CAB) 모듈 장착 시 비틀리지 않도록 주의한다. 만약 커튼 에어백(CAB) 모듈이 비틀리게 되면 정상적으로 전개가 되지 않을 수 있다.

2. 에어백 모듈을 장착한 후에는 에어백 시스템이 정상적으로 작동하는지 확인한다.

유 의

IG ON으로 하면 에어백 경고등이 6초간 점등되었다가 소등되어야 한다.

개요

무릎 에어백(KAB) 모듈은 운전석쪽 크래쉬 패드 로어 패널 하단에 장착되어 있으며, 정면 충돌 시 운전자를 보호한다.
에어백 시스템 컨트롤 모듈(SRSCM)은 무릎 에어백(KAB)을 언제 전개할지를 결정한다.

⚠ 경 고

에어백 모듈의 저항을 직접 측정하면 에어백 전개를 야기할 수 있어 매우 위험하다.

탈거

1. 배터리 (-) 단자와 서비스 인터록 커넥터를 분리한다.
   (배터리 제어 시스템 - "보조 배터리 (12V) - 2WD" 참조)
   (배터리 제어 시스템 - "보조 배터리 (12V) - 4WD" 참조)
2. 크래쉬 패드 로어 패널을 탈거한다.
   (바디 - "크래쉬 패드 로어 패널" 참조)
3. 무릎 에어백(KAB) 모듈 커넥터(A)를 분리한다.

4. 너트를 풀어 무릎 에어백(KAB) 모듈(A)을 탈거한다.

체결토크 : 0.6 ~ 0.8 kgf·m

장착

1. 장착은 탈거의 역순이다.

> **유 의**
>
> 커넥터 체결 시 잠금 장치가 '탁' 하는 소리가 들리도록 완전히 연결한다.

2. 에어백 모듈을 장착한 후에는 에어백 시스템이 정상적으로 작동하는지 확인한다.

> **유 의**
>
> IG ON으로 하면 에어백 경고등이 6초간 점등되었다가 소등되어야 한다.

에어백 모듈 폐기 절차

에어백이나 안전벨트 프리텐셔너(BPT) 등의 에어백 시스템이 장착된 차량을 폐차시킬 경우에는 에어백을 반드시 먼저 전개시켜야 한다. 또한, 에어백을 전개시킬 경우에는 반드시 숙련된 기술자에 의해 전개시키도록 하며 사용된 에어백은 재사용이 불가능하므로 다른 차량에 장착해서는 안 된다.

유 의

- 차량 폐기 시 에어백 모듈은 원칙적으로 차량에 설치된 상태에서 전개되어야 한다. 불가피한 경우 외에는 에어백 모듈을 탈거하지 않는다.
- 에어백 교체(사고 수리, 보증 수리 등)로 인해 에어백 모듈이 차량에서 탈거된 경우 관련 지침을 참고하여 차량 밖에서 전개시켜야 한다.(차량 내부에서 에어백 모듈을 전개시킬 시 차량 손상을 유발할 수 있다.)
- 에어백 모듈은 분해하지 않는다.
- 에어백 모듈이 손상되지 않도록 한다.
- 에어백 모듈을 떨어뜨리지 않는다.
- 에어백 모듈을 전개시킬 때 에어백 모듈에서 최소 7m 이상 떨어진 곳에서 조작을 한다.
- 에어백 모듈을 전개시킬 때 항상 지정된 특수 공구를 사용하고, 전기적 잡음이 없는 곳에서 실시한다.

⚠ 주 의

- 전개되지 않은 에어백이 사고로 전개될 경우 심각한 상해를 일으킬 수 있으니, 반드시 전개 후에 폐기한다.
- 에어백 모듈 전개는 위험 요소가 없는 평지에서 실시해야 한다
- 에어백 모듈이 전개될 때 폭발음이 발생하므로 주위에 피해가 가지 않는 곳에서 실시한다.
- 에어백 모듈 전개 시 연기가 다소 발생할 수 있으므로 원활한 환기가 되고 근방에 연기 감지기가 없는 곳에서 실시한다.
- 에어백 모듈은 전개되면 매우 뜨거운 열이 발생하므로 최소 30분 정도 지나고 열이 식은 다음에 만지도록 한다.
- 전개된 에어백 모듈에 물이 들어가지 않도록 한다.

참 고

- 전개, 재포장, 폐기 작업이 끝난 후 비눗물로 손을 깨끗이 씻는다.
- 전개 작업 시 항상 보호 장갑, 보호 안경, 귀마개를 착용한다.

에어백 모듈 폐기 시 필요한 도구 및 장비

형상	명칭	비고
	장갑	
	보안경	

	귀마개	
	휠이 장착된 폐타이어 2개	(상단/하단)
	휠이 장착되지 않은 폐타이어 3개	(중간)
	로프 스트랩/래칫 스트랩	(전개 절차 설명에 따라 에어백 모듈 장비 및 타이어를 연결하는데 사용)
	12V 배터리	

차량 내부에서의 전개

1. IG OFF하고 보조 배터리(12 V) (-) 단자를 분리한 후 최소 3분 30초 이상 기다린다.
2. 에어백 모듈이 안전하게 장착되어 있는지 확인한다.
3. 다음과 같이 에어백 모듈을 전개시킬 준비를 한다.
   (1) 차량 내부에서 전개시킬 에어백의 2핀 커넥터를 분리한다.
   (2) 전개용 어댑터를 에어백, BPT에 연결한다.
      – 운전석 에어백(DAB)은 2핀 커넥터를 분리하고 전개용 어댑터를 연결한 후 스티어링 휠에 재장착한다.
4. 작업자는 차량에서 최소 7m 이상 떨어진 곳에 위치한다.
5. 전개용 어댑터에 특수 공구(0957A - 34100A)를 연결한 후 외부 배터리에 연결한다.
   (1) 배터리(12 V)
   (2) 전개용 특수 공구(0957A - 34100A)
   (3) 전개용 어댑터
      – 운전석 에어백(DAB), 동승석 에어백(PAB)
      – 커튼 에어백(CAB), 안전벨트 프리텐셔너(BPT)
      – 측면 에어백(SAB)

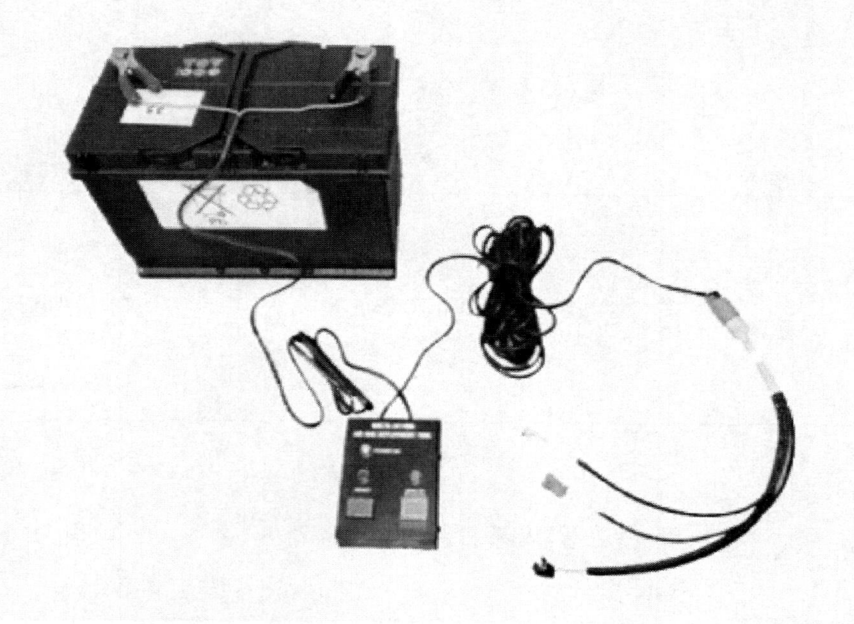

6. 에어백 전개용 공구의 스위치를 작동시켜 에어백을 전개시킨다.
   (1) 외부 배터리에 정상 연결되면 POWER ON(1)이 점등된다.
   (2) READY(2)를 누른 상태에서 READY(2)가 점등되면 DEPLOY(3)를 눌러 에어백을 전개시킨다.

> **참 고**
>
> 에어백이 전개될 때 큰 소음이 발생하고 시각적으로 확인이 되며, 급격히 팽창한 후 천천히 수축한다.

7. 전개된 에어백은 튼튼한 플라스틱 백에 넣어 안전하게 봉한 후 폐기시킨다.

차량 외부에서의 전개

1. 로프(A)를 십자 모양으로 바닥에 펼친 후 휠이 장착된 타이어(B)를 바닥에 올려놓는다.

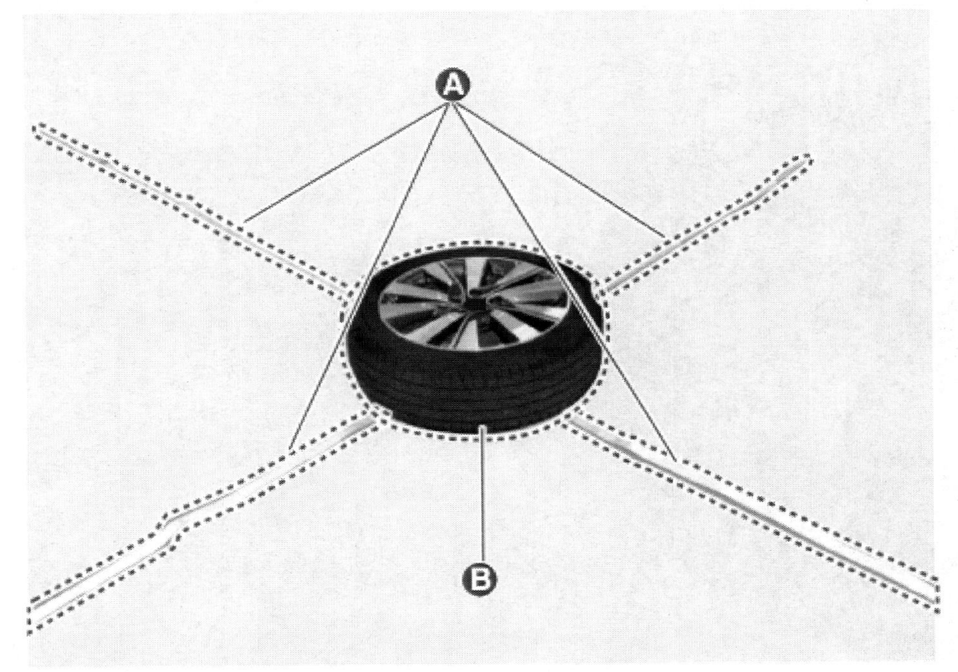

2. 에어백 모듈/프리텐셔너에 전개 어댑터(A)(0K57A - 3U100A)를 장착한다.

3. 에어백 모듈/프리텐셔너(A)를 휠에 고정시킨다.

[에어백 모듈]

> **▲ 주 의**
>
> 에어백 전개면이 위가 아니라 아래를 향하게 되는 경우 에어백이 위로 튀어 올라 작업자에게 큰 상해를 입힐 수 있다.

[프리텐셔너]

▲ 주 의

앵커 프리텐셔너의 피스톤 진행관 끝이 바닥으로 향하게 장착한다.

4. 3개의 폐타이어(A)를 올린 후 그 위에 휠이 장착된 타이어(B)를 올린다.
5. 래칫 스트랩(C)을 이용해 타이어를 고정시킨다.

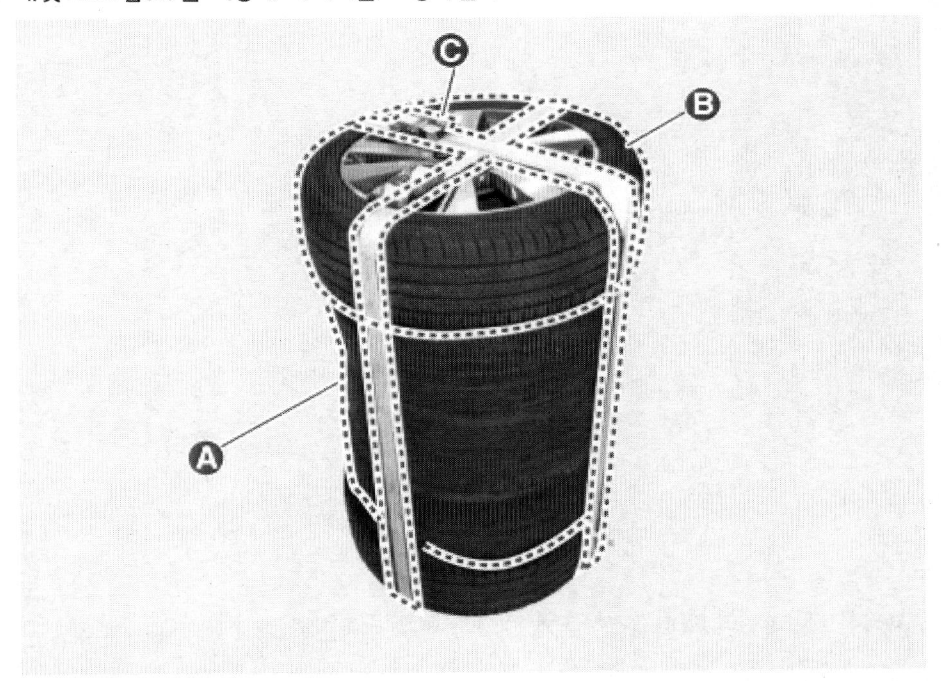

6. 배터리를 연결한 후 에어백 전개용 공구(0957A - 34100A)를 전개 어댑터(0K57A - 3U100A)에 연결한다.

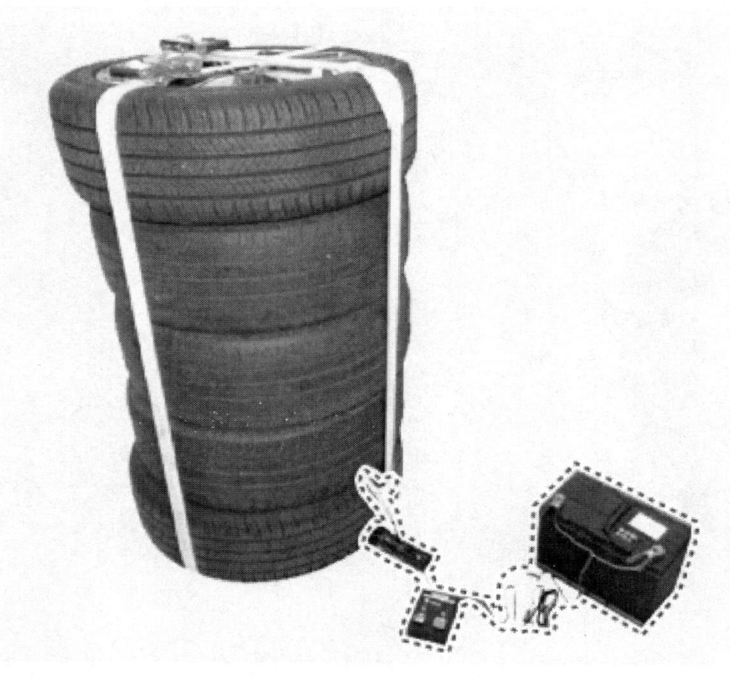

7. 배터리를 연결한 후 에어백 전개용 공구에 POWER ON(A) 점등이 되면 READY(B)를 누른 후 DEPLOY(C)를 눌러서 에어백을 전개시킨다.

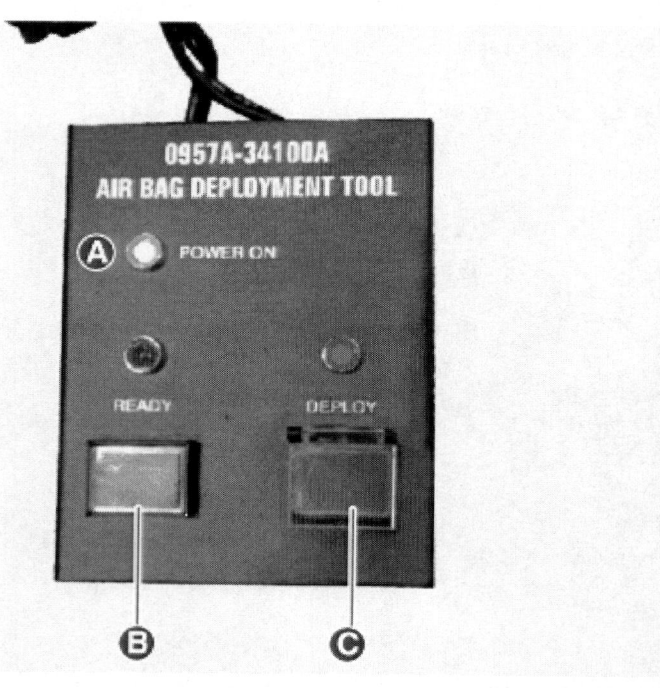

> **참 고**
>
> 에어백이 전개될 때 큰 소음이 발생하고 시각적으로 확인이 되며, 급격히 팽창한 후 천천히 수축한다.

8. 전개된 에어백은 튼튼한 플라스틱 백에 넣어 안전하게 봉한 후 폐기시킨다.

손상된 에어백(미전개 에어백) 폐기 절차

1. 보조 배터리(12 V) (-) 단자를 분리하고 최소한 3분 30초 이상 기다린다.
2. 필요 시 손상된 에어백(미전개 에어백)을 차량에서 탈거한다.
   - 리드 와이어가 있는 에어백은 와이어를 꼬아서 단락을 만든다.
3. 탈거한 에어백을 튼튼한 비닐봉지, 박스 안에 넣어 단단히 봉한 뒤 폐기시킨다.
4. 손상된 에어백을 반납, 폐기하지 않고 개인 보관 시 비닐봉지, 박스에 경고 문구를 작성하여 개별 보관한다.

개요

안전벨트 프리텐셔너(BPT)는 좌우측 센터 필라 하단부 및 쿼터 필라에 장착되어 있다.
앞 및 측면 충돌 또는 전복 사고가 발생하였을 때 안전벨트 프리텐셔너(BPT)는 안전벨트를 감아서 운전석 및 동승석 승객의 몸이 앞으로 쏠려서 차량의 실내 부품들에 부딪치는 것을 방지하는 역할을 한다.

> **⚠ 경 고**
>
> 안전벨트 프리텐셔너(BPT) 모듈의 저항을 직접 측정하면 안전벨트 프리텐셔너(BPT) 전개를 야기할 수 있어 매우 위험하다.

고장진단

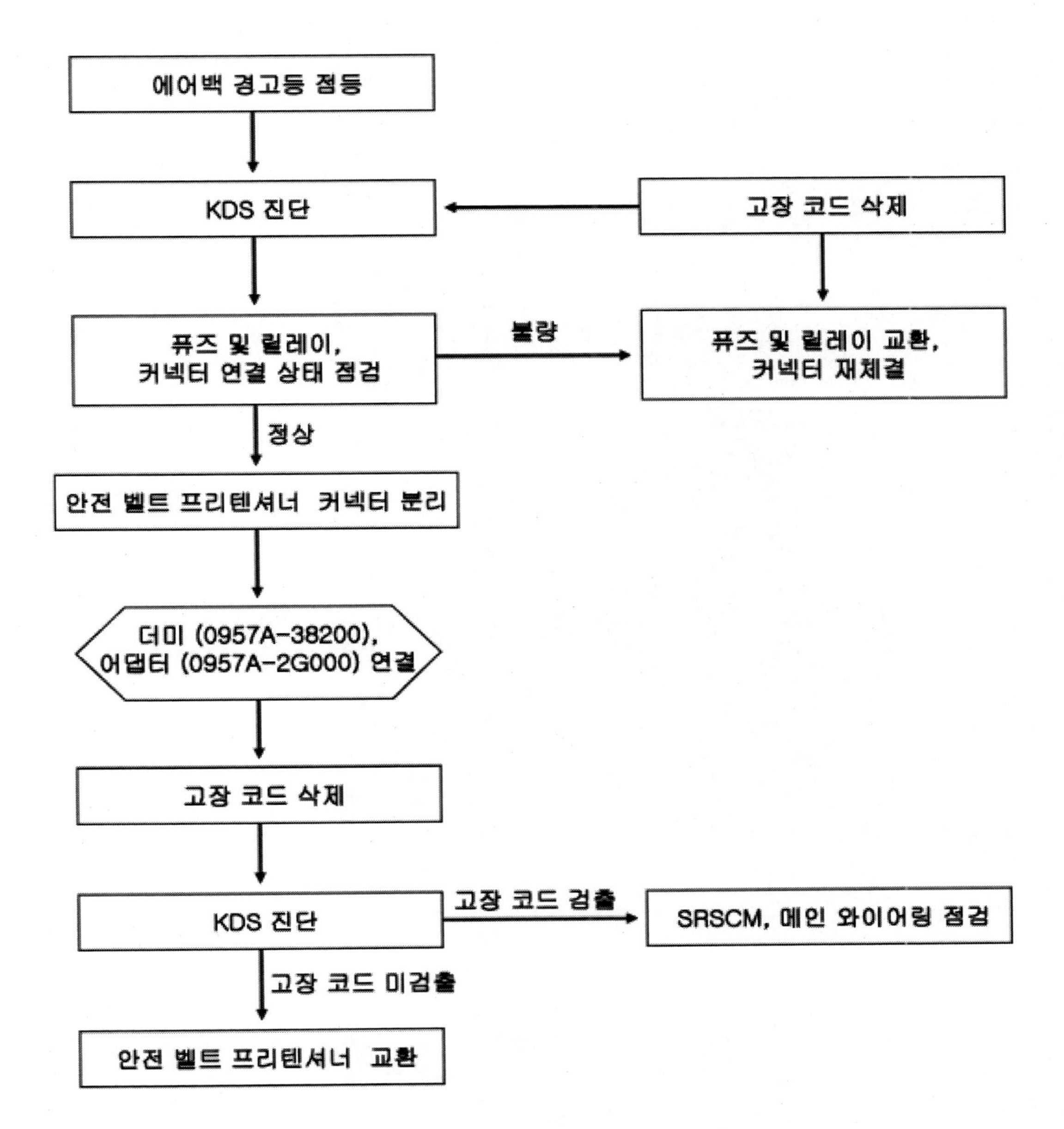
에어백 경고등 점등
KDS 진단
고장 코드 삭제
퓨즈 및 릴레이, 커넥터 연결 상태 점검
불량
퓨즈 및 릴레이 교환, 커넥터 재체결
정상
안전 벨트 프리텐셔너 커넥터 분리
더미 (0957A-38200), 어댑터 (0957A-2G000) 연결
고장 코드 삭제
KDS 진단
고장 코드 검출
SRSCM, 메인 와이어링 점검
고장 코드 미검출
안전 벨트 프리텐셔너 교환

탈거

프런트 안전벨트 프리텐셔너(BPT)

1. 배터리 (-) 단자와 서비스 인터록 커넥터를 분리한다.
   (배터리 제어 시스템 - "보조 배터리 (12V) - 2WD" 참조)
   (배터리 제어 시스템 - "보조 배터리 (12V) - 4WD" 참조)
2. 센터 필라 로어 트림을 탈거한다.
   (바디 - "센터 필라 트림" 참조)
3. 안전벨트 프리텐셔너(BPT) 커넥터(A)를 분리한다.

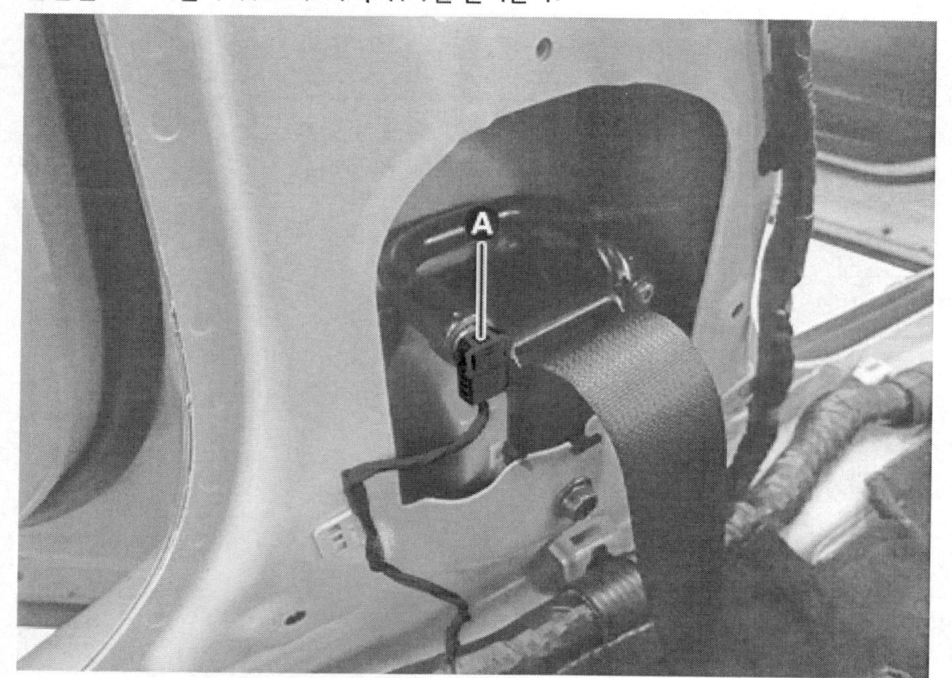

4. 볼트를 풀어 안전벨트 프리텐셔너(BPT)(A)를 탈거한다.

체결토크 : 4.1 ~ 6.1 kgf·m

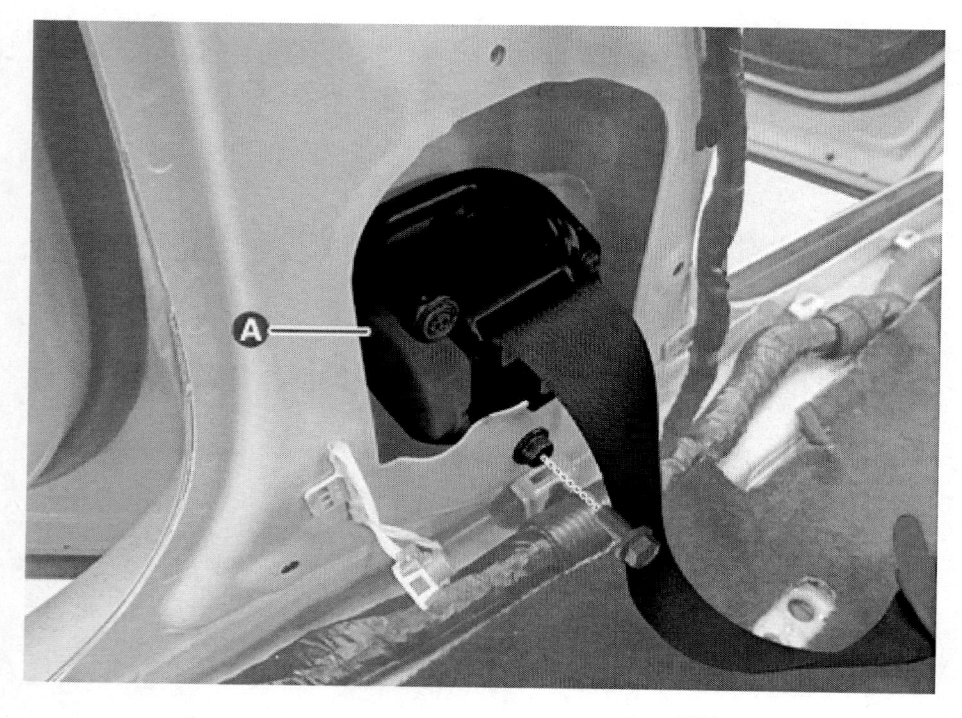

리어 안전벨트 프리텐셔너(BPT)

1. 리어 필라 트림을 탈거한다.
   (바디 - "리어 필라 트림" 참조)
2. 커넥터(A)를 분리하고 볼트를 풀어 리어 안전벨트 프리텐셔너(BPT)(B)를 탈거한다.

체결토크 : 4.1 ~ 6.1 kgf·m

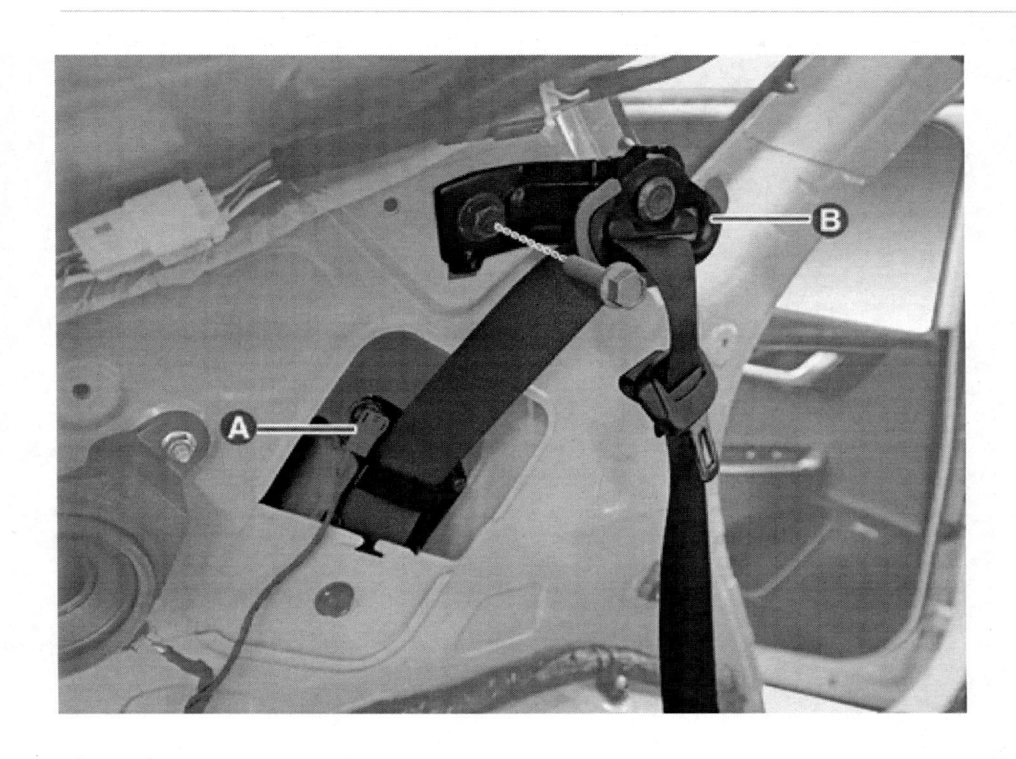

장착

1. 장착은 탈거의 역순으로 진행한다.

점검

> **⚠ 주 의**
>
> 규정 테스터기를 사용할지라도 에어백 모듈(점화) 회로 저항을 측정하지 말아야 한다. 테스터기로 회로 저항을 측정하였을 때 에어백 전개로 심한 부상을 입을 수도 있다.

1. 고장 진단 절차를 참고하여 점검한다.
   (안전벨트 프리텐셔너(BPT) - "고장 진단" 참조)

제　　목 : **2023 EV6 정비지침서(Ⅱ편)**
(전기차 냉각 시스템/히터 및 에어컨 장치/
첨단 운전자 보조 시스템(ADAS)/에어백 시스템)
발행일자 : 2024년 3월 4일 발 행
저　　자 : 기아자동차(주) 오너십기술정보팀
발 행 인 : 김 길 현
발 행 처 : (주) 골든벨
서울시 용산구 원효로 245(원효로1가 53-1)
등　　록 : 제 1987-000018호
대표전화 : 02) 713－4135 / FAX : 02) 718－5510
홈페이지 : http : //www.gbbook.co.kr
I S B N : 978-11-5806-698-7
정　　가 : 30,000원